编审委员会

主　任　侯建国

副主任　窦贤康　陈初升　张淑林　朱长飞

委　员（按姓氏笔画排序）

方兆本　史济怀　古继宝　伍小平
刘　斌　刘万东　朱长飞　孙立广
汤书昆　向守平　李曙光　苏　淳
陆夕云　杨金龙　张淑林　陈发来
陈华平　陈初升　陈国良　陈晓非
周学海　胡化凯　胡友秋　俞书勤
侯建国　施蕴渝　郭光灿　郭庆祥
奚宏生　钱逸泰　徐善驾　盛六四
龚兴龙　程福臻　蒋　一　窦贤康
褚家如　滕脉坤　霍剑青

"十二五"国家重点图书出版规划项目

中国科学技术大学精品教材

数学分析教程

Shuxue Fenxi Jiaocheng

上册 第3版

常庚哲 史济怀 编著

中国科学技术大学出版社

内 容 简 介

本教材第 2 版为普通高等教育“十五”国家级规划教材，在国内同类教材中有着非常广泛和积极的影响. 本版是在第 2 版的基础上经过较大的修改编写而成的，内容得到了必要而合理的调整，逻辑结构更加清晰明了.

本教材分上、下两册. 本书为上册，内容包括实数和数列极限，函数的连续性，函数的导数，Taylor 定理，求导的逆运算，函数的积分，积分学的应用，多变量函数的连续性，多变量函数的微分学，以及多项式的插值与逼近初步(附录). 书中配有丰富的练习题，可供学生巩固基础知识；同时也有适量的问题，可供学有余力的学生练习，并且书后附有问题的解答或提示，以供参考.

本书可供综合性大学和理工科院校的数学系作为教材使用，也可作为科研人员的参考书.

图书在版编目(CIP)数据

数学分析教程. 上册/常庚哲，史济怀编著. —3 版. —合肥：中国科学技术大学出版社，2012.8(2024.7 重印)

(中国科学技术大学精品教材)

“十二五”国家重点图书规划项目

ISBN 978-7-312-03009-3

Ⅰ. 数…　Ⅱ. ① 常…　② 史…　Ⅲ. 数学分析—高等学校—教材　Ⅳ. O17

中国版本图书馆 CIP 数据核字(2012)第 164821 号

中国科学技术大学出版社出版发行
安徽省合肥市金寨路 96 号，230026
http://press.ustc.edu.cn
https://zgkxjsdxcbs.tmall.com
安徽省瑞隆印务有限公司印刷
全国新华书店经销

开本：710 mm×960 mm　1/16　印张：32.25　插页：2　字数：630 千
1998 年 10 月第 1 版　2012 年 8 月第 3 版　2024 年 7 月第 13 次印刷
定价：75.00 元

总　　序

2008年，为庆祝中国科学技术大学建校五十周年，反映建校以来的办学理念和特色，集中展示教材建设的成果，学校决定组织编写出版代表中国科学技术大学教学水平的精品教材系列.在各方的共同努力下，共组织选题281种，经过多轮、严格的评审，最后确定50种入选精品教材系列.

五十周年校庆精品教材系列于2008年9月纪念建校五十周年之际陆续出版，共出书50种，在学生、教师、校友以及高校同行中引起了很好的反响，并整体进入国家新闻出版总署的“十一五”国家重点图书出版规划.为继续鼓励教师积极开展教学研究与教学建设，结合自己的教学与科研积累编写高水平的教材，学校决定，将精品教材出版作为常规工作，以《中国科学技术大学精品教材》系列的形式长期出版，并设立专项基金给予支持.国家新闻出版总署也将该精品教材系列继续列入“十二五”国家重点图书出版规划.

1958年学校成立之时，教员大部分来自中国科学院的各个研究所.作为各个研究所的科研人员，他们到学校后保持了教学的同时又作研究的传统.同时，根据“全院办校，所系结合”的原则，科学院各个研究所在科研第一线工作的杰出科学家也参与学校的教学，为本科生授课，将最新的科研成果融入到教学中.虽然现在外界环境和内在条件都发生了很大变化，但学校以教学为主、教学与科研相结合的方针没有变.正因为坚持了科学与技术相结合、理论与实践相结合、教学与科研相结合的方针，并形成了优良的传统，才培养出了一批又一批高质量的人才.

学校非常重视基础课和专业基础课教学的传统，也是她特别成功的原因之一.当今社会，科技发展突飞猛进、科技成果日新月异，没有扎实的基础知识，很难在科学技术研究中作出重大贡献.建校之初，华罗庚、吴有训、严济慈等老一辈科学家、教育家就身体力行，亲自为本科生讲授基础课.他们以渊博的学识、精湛的讲课艺术、高尚的师德，带出一批又一批杰出的年轻教员，培养了一届又一届优秀学生.入选精品教材系列的绝大部分是基础课或专业基础课的教材,其作者大多直接或间接受到过这些老一辈科学家、教育家的教诲和影响,因此在教材中也贯穿着这些先辈的教育教学理念与科学探索精神.

改革开放之初,学校最先选派青年骨干教师赴西方国家交流、学习,他们在带回先进科学技术的同时,也把西方先进的教育理念、教学方法、教学内容等带回到中国科学技术大学,并以极大的热情进行教学实践,使"科学与技术相结合、理论与实践相结合、教学与科研相结合"的方针得到进一步深化,取得了非常好的效果,培养的学生得到全社会的认可.这些教学改革影响深远,直到今天仍然受到学生的欢迎,并辐射到其他高校.在入选的精品教材中,这种理念与尝试也都有充分的体现.

中国科学技术大学自建校以来就形成的又一传统是根据学生的特点,用创新的精神编写教材.进入我校学习的都是基础扎实、学业优秀、求知欲强、勇于探索和追求的学生,针对他们的具体情况编写教材,才能更加有利于培养他们的创新精神.教师们坚持教学与科研的结合,根据自己的科研体会,借鉴目前国外相关专业有关课程的经验,注意理论与实际应用的结合,基础知识与最新发展的结合,课堂教学与课外实践的结合,精心组织材料、认真编写教材,使学生在掌握扎实的理论基础的同时,了解最新的研究方法,掌握实际应用的技术.

入选的这些精品教材,既是教学一线教师长期教学积累的成果,也是学校教学传统的体现,反映了中国科学技术大学的教学理念、教学特色和教学改革成果.希望该精品教材系列的出版,能对我们继续探索科教紧密结合培养拔尖创新人才,进一步提高教育教学质量有所帮助,为高等教育事业作出我们的贡献.

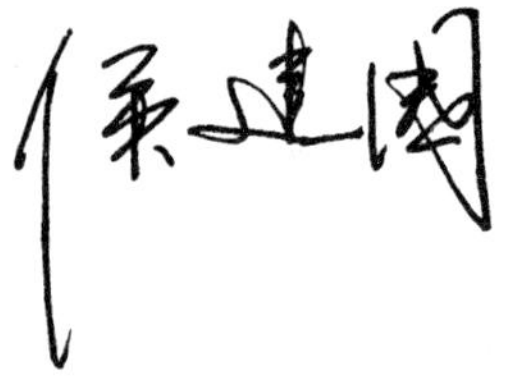

中国科学技术大学校长
中国科学院院士
第三世界科学院院士

第3版前言

本书初版于1998年，由江苏教育出版社出版，第2版于2003年由高等教育出版社出版．现在这一版则是在第2版的基础上经过较大的修改编写而成的．大致说来，有以下变动：

1．经过近十年的教学实践，我们发现原书为介绍计算机辅助几何设计(CAGD)而设置的第5章(插值与逼近初步)、第8章(曲线的表示和逼近)和第15章(曲面的表示与逼近)作为数学分析课程的基本内容不是必需的，特别对将来不从事这一专业学习的读者更是如此．因此，本次改编时把这三章内容删去了．当然，像曲线的弧长、曲线的切向量和曲面的切平面等基本内容仍会出现在相关的章节中．

2．原书对积分在几何学中的应用只讲了曲线弧长的计算，其他如计算面积、体积和侧面积等常要用到的知识都没有提及，这次修改增加了与此相关的内容．

3．为了使学生在大学一年级时能学完微积分的基本知识，改编时把多变量微分学和积分学部分放在无穷级数理论前面来讲，这样做可能会增加学习的难度，但还是值得的．

4．对练习题和问题作了适当的调整，把较难的练习题改成了问题，把较易的问题改成了练习题．另外还新增了一些练习题和问题．

除了上面这些明显的变动外，还改正了不少印刷错误．对有些问题的处理也作了改进．这里就不再一一叙述了．

必须重申，书中有些问题的确有相当的难度，这是为学有余力的读者进一步提高自己的能力而设置的，因而读者不必每题都做，更不要因为有几个题目做不出来而失去信心．

在过去几年里，一些学生、教师和其他读者都曾对本书的前两版提出过不少有益的建议,特别是北京航空航天大学数学与系统科学学院的邢家省副教授的一些建议,对我们的修改很有帮助.借此机会对邢家省副教授及其他读者表示我们真诚的谢意.

常庚哲　史济怀

2012年4月于中国科学技术大学

第2版前言

“数学分析”究竟应该包括哪些内容，从西方和东欧各国名为《数学分析》的书籍来看，一直没有十分明确的定义，但是在我国，它作为大学数学系的一门课程的名称，通常包含一元和多元微分学和积分学，以及与之相关的内容.从它的地位和作用，从所占用的学时数来看，说它是数学系最重要的基础课，是当之无愧的.

微积分已有三百多年的历史，经过跨越好几个世纪的数学巨匠们的精雕细琢，千锤百炼，已经形成了一个完整的、精密的庞大知识宝库.随着时代的进步和科学技术的发展，传统数学分析教材的内容显得比较陈旧，只有极少数的几处(例如 Bernstein 多项式)涉及20世纪初的发现.从21世纪的今天来看，这种反差更加强烈，改革数学分析教材的必要性日益显露出来了.在有些新出版的数学分析教科书中，引入了拓扑空间、微分流形，这是朝“现代化”方向走的一种试验.我们的想法则是在保持原有理论水平的基础上，着重于加强数学分析同现代应用数学的其他分支学科的联系.这样做既不会加重学生的负担，又不会挤占后续课程的时间.我们认为，任何积极的改革，都不应该触动其中最基础的理论部分.回顾20世纪50年代和70年代以抛弃这些基本理论为特色的教学改革都未能坚持下来的历史，我们会变得聪明起来，不再干那种蠢事.

何琛、史济怀、徐森林三位教授所著的《数学分析》(共三册)一书，由高等教育出版社于1985年公开出版.其实，该书早在1985年以前，就以讲义的形式作为中国科学技术大学数学系、少年班和教改试点班的教材.至今，这套教材对中国科学技术大学的数学教学起过重要的作用，在全国同类教材中也产生了积极的影响.

本书正是以上述《数学分析》一书为基础写成的.这中间融合了二十多年来用它作为教科书的教学经验，同时也参考了国内外同类书籍中的许多名著.在我们看来，本教程有如下特色：

1. 从基本理论上看，本教程不但包含了上述《数学分析》的全部内容，而且在许多地方添加了新的材料. 其中值得一提的是，在单变量的积分理论中，我们证明了"Riemann 可积的充分必要条件是被积函数在积分区间上的不连续点的集合是一零测集". 通常这一定理是"实变数函数"课程中的内容，但是我们用了完全属于数学分析的技巧加以处理. 有了这一定理，就可以删去关于可积性的许多讨论，从总体上来看反而缩短了篇幅. 其次，增加了二元凸函数的理论和应用；采用了 Peter Lax 对圆的等周性质的优美证明；收入了能充满整个正方形的 Schoenberg 的连续曲线. 至于更加系统的知识的补充，将在以下作详细介绍.

2. 在第 2 章"函数的连续性"的最后，我们介绍了"混沌现象"，叙述并证明了李天岩和 Yorke(1975)的"周期 3 蕴涵混沌"的著名定理. 虽然对混沌的研究是当今数学的一个热门分支，但是在它的生长点上，则完全是"微积分的"，更具体地说，只不过是连续函数在闭区间上的性质的巧妙应用. 过去，人们热衷于找出函数迭代的表达式，欢喜收敛的迭代. 在这里我们告诉读者，研究不收敛的迭代会碰到一些非常奇特的现象，从而生长出新的理论.

3. 在第 8 章"曲线的表示和逼近"中，我们介绍了计算机辅助几何设计(computer aided geometric design，简写为 CAGD)中广泛使用的 Bézier 曲线. 它的数学基础是经典的 Bernstein 多项式(1912 年). 过去，在很多数学分析书中也介绍过 Bernstein 多项式，主要是用来作为用多项式一致逼近有限闭区间上的连续函数的一个构造性的证明. 在逼近论中，研究 Bernstein 多项式的文献浩如烟海，但由于它的收敛速度十分缓慢，直到 20 世纪 60 年代初期，逼近论的专家们还在为它没有任何的实际应用而悲叹. 正是在那个年代，由法国的工程师 Bézier 创造的、后来被人们称为 Bézier 曲线的曲线被成功地运用到汽车设计之中，已成了当今 CAGD 和 CG(计算机图形学)的理论基础. 人们发现，所谓 Bézier 曲线(曲面)只不过是向量值形式的一元(或二元) Bernstein 多项式，而 Bézier 的成功之点乃是他充分地利用了 Bernstein 多项式的"保形性质"——这恰好是传统的数学分析教材中不曾谈到的.

第 10 章介绍了 Bernstein 多项式的一致逼近性质，这是因为它在理论上确实有着重要的地位；同时第 5 章还研究了它的保形性质，而作为曲线理论的一部分内容，第 8 章讲述了 Bézier 曲线. 这是数学科学同当代 CAGD 与 CG 技术的一个接口. 根据我们的经验，在课堂上讲述这一部分内容时气氛最为活跃，最能激起学生的热情和兴趣. 他们可以在电脑上根据 Bézier 的方法随心所欲地设计自己的曲线，亲身感受到数学理论的威力.

4. 在空间解析几何和过去的多变量函数理论中，学生都要学习曲面.但到后来，到底还有多少曲面能留在头脑之中？无非是椭球面、抛物面、马鞍面……在本书第15章中，我们介绍了 Bernstein-Bézier 曲面，它是当代 CAGD 和 CG 生成曲面的重要工具.在 Bernstein 多项式诞生半个世纪之后，是工程师而不是职业数学家为它找到了实际的应用；而工程师们提出的“控制多边形”这种非常生动的几何概念，又被数学家发展成为研究多元逼近理论的有力方法.数学理论的深入和工程技术的发展相互促进和推动的例子屡见不鲜，Bernstein 多项式和 CAGD、CG 之间的关系，就是这方面的一个有说服力的例证.

5. 在本书的第10章中，当我们用 van der Waerden 方法构造处处连续而处处不可微的函数之后，介绍了“分形几何”的大意.传统的数学分析只是把这个例子当成一个“反例”，当作怪物.而我们在这里试图告诉读者：在自然界和社会的现象中，到处存在着这种不规则、不光滑的东西.

6. 混沌理论、CAGD 和 CG 技术、分形几何等都是当代应用数学的十分活跃的分支，都已形成了各自的完整体系.对这些材料我们是如何选择的呢？我们的原则是：

(1) 只在这些学科的“生长点”上进行讨论，“点到为止”；

(2) 不作一般的空泛的叙述和议论，务必让学生从中学到实质性的数学思想和技巧；

(3) 所涉及的数学必须是“纯微积分的”，不再牵扯任何其他高深知识；

(4) 涉及的数学推导必须是简洁和优美的.

为做到以上几条，特别是后三条，我们必须去搜寻那些初等和简洁的证明.其中有一些经过了我们的再次加工.例如，Bernstein 算子“磨光性质”的 Kelisky-Rivlin 定理(*Pacific J. of Math.*，1967)，原先的证明用到了矩阵的特征值和特征向量，而我们的初等证明，只有短短的几行.

7. 对经典的定理和理论，我们也作了一些新的处理.利用 CAGD 中的“混合函数”(blending functions)方法，把微分学的 Lagrange 中值定理、Cauchy 定理一直到 Taylor 公式的证明，统一到一种风格之下，变得较为简洁.在证明 van der Waerden 函数处处连续而处处不可导的时候，我们采用几何方法，这种方法既是非常严格的，同时又免去了传统证明中一系列烦琐的区间表示.

8. 精选了例题和习题.我们更换了不少例题，对保留下来的例题，也尽量寻找比较简单的解法.凡是一个例题也能用初等方法来解决的，同时也列出了初等的解法，以引导和鼓励读者尽可能用最少的知识来解决问题.特别应当提到的是：我们补充了大量的习题，其中一部分有一定的难度.我们把习题分作两大类：练习题和问题，前者是基本的定理和理论的直接应用，一般不需要太多的技巧，而后者则有相当的挑战性．也许我们认为较难的题目，一些聪明的学生，可能会给出很简单的解法．有些习题同时也是正文的扩充，是本书的一个有机组成部分．

9．在写作风格上，我们很不赞成一些数学书中的所谓"标准写法"，那些语言像是一封电码，没有任何感情色彩．我们力图把读者当成自己的朋友，平等对话，娓娓谈心．

本书与过去已有的同类教材相比有着较大的差别，内容有不少更新，篇幅也随之加大．究竟该讲授些什么，不讲授些什么，一个有经验的教师完全可以针对受教育者的情况和允许的教学课时数作出取舍．文字可以多写，讲课可以少讲，给学生留有自己阅读的余地．

习题的分量是过多了一些，这也要请任课的老师们根据学生的情况适当地选择．初学者应当在教师的指导下做练习，不必题题都做；更不要因为有几个题目做不出来而失去信心．

本书是在1998年江苏教育出版社出版的《数学分析教程》的基础上作了较大的改动编写而成的．经过几年的教学实践，我们发现原书第二册中的隐映射定理、逆映射定理对初学者较难，这次修订把这些内容和较易接受的无穷级数和反常积分交换了次序，使学生在最后一学期才遇到这些较难的概念．一些定理的证明简化了，例如关于可积性的Lebesgue定理，现在的证明比原书更简单了．原书中的"问题"使不少读者望而却步，这次修订删去了一些过于困难的题目，同时增加了一个附录"问题的解答或提示"，目的是使有志于做一些难题的读者知道从何处入手．

在写作本书的时候，我们参考了国内外与数学分析相关的许多优秀著作，在此恕不一一列名致谢．

在写作本书的时候，得到了中国科学技术大学主管教学的负责同志和数学系负责同志的热情鼓励和大力支持，作者们在此谨对他们表示诚挚的感谢．有着数学分析课程多年辅导经验的王建伟同志，对本书的写作提出了许多宝贵的意见，并为本书增添了许多习题，使本书增色不少．

囿于作者们的水平和经验，缺点和错误在所难免．欢迎广大读者对本书多提意见．

常庚哲　史济怀

2002年9月于中国科学技术大学

目　　次

第 1 章　实数和数列极限

粗略地说,数学由三个大的分支——几何学、代数学和分析学组成.它们有着各自的研究对象、内容和方法,同时又互相依赖和渗透.分析学是从"微积分"开始的.虽然在古代已经产生了微积分的朴素的思想,但是作为一门学科,微积分则建立于 17 世纪下半叶.在这一方面,英国、法国和德国的数学家们作出了杰出的贡献.创立微积分的大师们着眼于发展强有力的方法,他们虽然解决了许多过去被认为是无法攻克的难题,却未能为自己的方法奠定无懈可击的理论基础.这就引起了长达一个多世纪的混乱和争论,直到 19 世纪初才玉宇澄清,一切混乱、误解的阴霾才为之一扫.这主要是由于有了严格的极限理论,以及这一理论所依赖的"实数体系的连续性"得以确定.

本书书名为《数学分析教程》,正是研究微积分学的原理和应用,因此我们得从实数理论和数列的极限理论谈起.

1.1　实　　数

在中学里,大家已经学习过有理数,任何有理数 r 都可以表示为两个整数之商:

$$r = \frac{p}{q},$$

式中 p,q 都是整数,且 $q \neq 0$.大家还知道:有理数经过加、减、乘、除(除数不能是 0)四则运算之后仍为有理数.据此,称全体有理数组成一个**数域**.就是说,仅仅通过四则运算,我们不可能从有理数得到别的东西.

那么有理数是如何产生的？让我们从整数说起.

我们说桶内有 5 升水，这说明桶内水的含量，这个量是由数“5”和单位“升”来共同表达的.所以数是反映量的，是量的抽象.量无非是多寡、长短和大小，是比较出来的.例如，2 匹马、5 只羊，这是量的多寡，是可以数的量.似乎可以说，由这种可数量的多寡比较产生了自然数 1，2，3，⋯.但自然数远远不足以度量长短，这是因为长短是连续变化的，这种“连续”的量与上述“可数”的或“离散”的量有根本区别.人们想到，规定一个标准长叫“一尺”，一切长度拿来与这个标准长作比较，就产生了有尽小数的概念，如 3 尺 2 寸 5 分，即 3.25 尺.大小就是面积或体积的比较，而面积是长度的平方，体积是长度的立方.因此要用数反映量，归根到底，就是要创造出足以反映一切长短的全部数来.也就是说，规定了标准的单位长以后，每一个线段都相应有一个数表示其长短，并且数与数的关系能反映线段的长短关系.

那么有尽小数是否能度量一切线段的长度呢？远远不能.例如，把 22 尺布分给 7 个人，每人得 22/7 尺，这个数不能用有尽小数来表示，而是

$$\frac{22}{7} = 3.\dot{1}42\,85\dot{7},$$

即无尽循环小数.这是因为用 7 除 22，除不尽，产生余数 1；再除，产生余数 3.如此下去，每次所余只能是 0，1，⋯，6 这七个数之一.因此最多除 7 次必得重复出现的余数.如果重复出现的余数是 0，就得有尽小数，不然就得无尽循环小数.由此我们可得一般的结论：分数都是有尽小数或无尽循环小数.

那么有尽小数或无尽循环小数是不是一定是分数呢？答案是肯定的.例如

$$3.25 = \frac{325}{100} = \frac{13}{4}.$$

无尽循环小数 $3.\dot{1}42\,85\dot{7}$ 通过下面的方法也可写成分数：记

$$3.\dot{1}42\,85\dot{7} = 3 + \alpha,$$

其中 $\alpha = 0.\dot{1}42\,85\dot{7}$，那么 $10^6\alpha = 142\,857 + \alpha$，于是

$$\alpha = \frac{142\,857}{10^6 - 1} = \frac{142\,857}{999\,999} = \frac{1}{7},$$

所以

$$3.\dot{1}42\,85\dot{7} = 3 + \frac{1}{7} = \frac{22}{7}.$$

由以上讨论知道，任何分数一定是有尽小数或无尽循环小数，反之亦然.那么分数能否度量一切线段的长度呢？仍是远远不能！

我们知道，两条直角边均为 1 的直角三角形的斜边长为 $\sqrt{2}$.这个数就不是一个

分数.事实上,如果$\sqrt{2}$是分数,即

$$\sqrt{2}=\frac{p}{q},$$

其中 p,q 是无公因子的正整数,那么

$$p^2=2q^2,$$

即 p^2 是偶数,因而 p 也是偶数.设 $p=2k$(k 是一自然数),代入上式,得 $4k^2=2q^2$,即

$$q^2=2k^2,$$

所以 q 也是偶数,于是 p,q 有公因子 2,这与 p,q 没有公因子的假设矛盾,所以$\sqrt{2}$不是一个分数.

但是我们也不是对$\sqrt{2}$一无所知,我们知道它在 1 与 2 之间;算得精确些,知道它在 1.4 与 1.5 之间;再精确些,它在 1.41 与 1.42 之间;再精确些,它在 1.414 与 1.415 之间……也就是说,

$$\sqrt{2}=1.414\,21\cdots,$$

它不是有尽小数,也不是无尽循环小数,否则它就是分数了.

于是我们看到,用标准长去量一切线段,只能出现上述三种情况:量得尽,得长为有尽小数;量不尽,出现循环,得长为无尽循环小数;量不尽,且不出现循环,得无尽不循环小数.对第三种情况,我们自然用量得的无尽不循环小数表示该线段的长度.也就是说,在分数(有尽或无尽循环小数)的基础上,再补充无尽不循环小数,就可以度量一切线段的长度了.

我们把 $0,\pm1,\pm2,\cdots$叫作整数;把 0 和正负分数(整数也是分数)叫作有理数,因而有理数包括 0、正负有尽小数和无尽循环小数;把正负无尽不循环小数叫作无理数.有理数和无理数统称为实数.有尽小数显然也可看作特殊的无尽循环小数,例如

$$1.25=1.250\,0\cdots=1.249\,9\cdots.$$

这样,实数就是全体无尽小数.

今后我们用 $\mathbf{Z}$ 记全体整数,$\mathbf{N}$ 记自然数,$\mathbf{N}^*$ 记全体正整数,$\mathbf{Q}$ 记全体有理数,$\mathbf{R}$ 记全体实数,$\mathbf{R}\backslash\mathbf{Q}$ 记全体无理数.

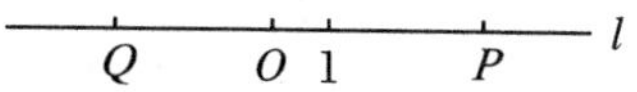

图 1.1

构造了实数以后,我们就可以建立数轴.在直线 l(图 1.1)上任取一点 O 当作原点,再取一个线段当作单位长,以此单位长从原点开始往右量,量得线段 OP 的长为 x,则以 x 表示 P 点,叫作 P 点

的坐标.以此单位长从原点开始往左量,量得线段 OQ 的长为 x',则以 $-x'$ 表示 Q 点,叫作 Q 点的坐标.这样,l 上每一点都对应一个实数,即该点的坐标,l 叫作数轴.有了数轴就可以建立平面和空间坐标系,从而就可以建立解析几何学.

至此,问题还没有完.数轴上每一点都对应一个实数为其坐标,那么每一实数是否都是数轴上某点的坐标呢?也就是说,全体实数是否正好充满整个数轴?答案是肯定的,但严格的证明要等证明了闭区间套定理(定理 1.5.2)之后才能给出.但对任何有理数 p/q,很容易找到数轴上和它对应的点:把单位长度分成 q 等份,找出代表 $1/q$ 的那一点,由此便容易找出代表 p/q 的那一点.

对固定的正整数 q,让 p 取遍所有的整数,那么 p/q 这些数把数轴分成一些长度为 $1/q$ 的区间.每一个实数 x 位于这些区间中的一个区间,这就是说,对任意固定的实数 x,一定可找出一个整数 p,使得

$$\frac{p}{q} \leqslant x < \frac{p+1}{q},$$

这个不等式等价于

$$0 \leqslant x - \frac{p}{q} < \frac{1}{q}.$$

由此得

$$\left| x - \frac{p}{q} \right| < \frac{1}{q}.$$

由于 q 是任意取定的正整数,我们可以事先把 q 取得充分大,以至使 $1/q$ 小于我们预想的值.上面那个不等式表明:每一个实数都能用有理数去逼近到任意精确的程度.

不等式在数轴上的表示是非常形象的:$a<b$ 意即 a 在 b 的左边.设 $a<b$,所有在 a 与 b 之间的点的集合称为开区间,我们写为

$$(a,b) = \{x : a < x < b\}.$$

闭区间 $[a,b]$ 是由开区间 (a,b) 添上两个端点而组成的,即

$$[a,b] = \{x : a \leqslant x \leqslant b\}.$$

半开或半闭的区间 $(a,b]$ 或 $[a,b)$ 可类似地定义.记 $\mathbf{R} = (-\infty, +\infty)$,对 $a \in \mathbf{R}$,定义

$$(-\infty, a] = \{x \in \mathbf{R} : x \leqslant a\}, \quad (a, +\infty) = \{x \in \mathbf{R} : x > a\}.$$

一个数 x 的绝对值是指它到原点的距离,记为 $|x|$.点 x 与 y 之间的距离是 $|x-y|$.对任何实数 x 与 y,我们有

$$-|x| \leqslant x \leqslant |x|, \quad -|y| \leqslant y \leqslant |y|,$$

把这两个不等式相加,得到

$$-(|x|+|y|)\leqslant x+y\leqslant |x|+|y|,$$

这等价于

$$|x+y|\leqslant |x|+|y|.$$

这个不等式称为三角形不等式. 容易证明,式中等号成立的条件是 x 与 y 中至少有一个等于 0,或者 x 与 y 有相同的正负号.

我们说 $\mathbf{R}$ 中的数集 E 在 $\mathbf{R}$ 中是稠密的,如果在任意两个实数间必有 E 中的一个数.

上面这段讨论说明,有理数集 $\mathbf{Q}$ 在 $\mathbf{R}$ 中是稠密的.

前面我们证明了 $\sqrt{2}$ 是无理数,那么 $\sqrt{3}$, $\sqrt{5}$ 是不是也是无理数? 答案是肯定的,下面就给出证明.

例 1　证明:若 $n\in\mathbf{N}^*$ 且 n 不是完全平方数,那么 $\sqrt{n}$ 是无理数.

证明　用反证法. 假设 $\sqrt{n}=p/q$,其中 $p,q\in\mathbf{N}^*$. 由于 n 不是完全平方数,故有 $m\in\mathbf{N}^*$,使得 $m<p/q<m+1$,由此得到 $0<p-mq<q$. 在等式 $p^2=nq^2$ 的两边都减去 mpq,得到 $p^2-mpq=nq^2-mpq$,这等价于

$$\frac{p}{q}=\frac{nq-mp}{p-mq}.$$

令 $p_1=nq-mp$, $q_1=p-mq$. 由于 $q_1\in\mathbf{N}^*$ 且 $q_1<q$,所以 $p_1\in\mathbf{N}^*$ 且 $p_1<p$. 对等式

$$\frac{p}{q}=\frac{p_1}{q_1}$$

反复地进行同样的讨论,可以得出两串递减的正整数列

$$p>p_1>p_2>p_3>\cdots \quad 与 \quad q>q_1>q_2>q_3>\cdots,$$

使得

$$\frac{p}{q}=\frac{p_1}{q_1}=\frac{p_2}{q_2}=\frac{p_3}{q_3}=\cdots.$$

这是不可能的,因为从 p 或 q 开始的正整数不可能无止境地递减下去. 这就证明了 $\sqrt{n}$ 不可能是有理数. □

上行中所用的记号"□"表示待证明的命题已经证明完毕.

上述证明中所用到的方法,叫作**无穷递降法**. 这是在初等数论中常用的一种方法.

数的产生和发展是由计数和量测的需要而促成的. 因此,如果我们只局限于有

理数范围，那就不得不承认边长为 1 的正方形的对角线是无法量测的. 不言而喻，我们不可能作出这样的结论，因为任何度量几何都不可能建立在这样的基础之上. 只能承认，局限在有理数的范围之内，我们无法给数轴上的每一个点规定一个数. 也就是说，为了度量的需要，光有有理数还是不够的. 这就迫使我们增添一类新数——无尽不循环小数，我们称之为无理数，有理数和无理数合起来统称为实数. 这样实数和数轴上的点就建立了一一对应，或者说，全体实数正好充满了数轴. 这一事实称为实数的连续性.

定义实数的方式有好多种. 通过无尽小数来定义实数只是其中的一种，而且是比较简单和直观的一种，因为它同通常的测量过程相关. 需要指出的是，实数的连续性和数轴的连续性是一回事，这实际上是一条公理. 我们并未涉及实数公理化的研究，因为我们觉得对学习数学分析来说，这里介绍的基本内容已经够用了.

练习题 1.1

1. 设 a 为有理数，b 为无理数. 求证：$a+b$ 与 $a-b$ 都是无理数；当 $a\neq 0$ 时，ab 与 b/a 也是无理数.
2. 证明：两个不同的有理数之间有无限多个有理数，也有无限多个无理数.
3. 证明：$\sqrt[3]{2}$ 是无理数.
4. 证明：$\sqrt{2}+\sqrt{3}$ 是无理数.
5. 在平面直角坐标系中，当 x 和 y 都是有理数时，称点 (x,y) 为有理点. 证明：圆周 $(x-\sqrt{2})^2+y^2=2$ 上只有唯一的有理点.
6. 证明：任何有理数都可以表示为有尽小数或无尽循环小数；无尽循环小数一定是有理数.
7. 0.101 001 000 100 001 0…是有理数还是无理数？
8. 把下列循环小数化为分数：
$$0.249\,99\cdots,\quad 0.\dot{3}7\dot{5},\quad 4.\dot{5}1\dot{8}.$$
9. 逐步地写下所有的正整数以得到下面的无尽小数：
$$0.123\,456\,789\,101\,112\,131\,4\cdots.$$
问它是有理数吗？
10. 证明：
(1) 若 $r+s\sqrt{2}=0$，其中 r,s 是有理数，则 $r=s=0$；
(2) 若 $r+s\sqrt{2}+t\sqrt{3}=0$，其中 r,s,t 是有理数，则 $r=s=t=0$.
11. 设 $n\geqslant 2$，实数 $a_1,a_2,\cdots,a_n$ 都大于 -1，并且它们有着相同的符号. 证明：
$$(1+a_1)(1+a_2)\cdots(1+a_n)>1+a_1+a_2+\cdots+a_n.$$

12. 设 $a_1, a_2, \cdots, a_n (n \geqslant 2)$ 都是正数，且 $a_1 + a_2 + \cdots + a_n < 1$. 证明：

(1) $\dfrac{1}{1 - \sum\limits_{k=1}^{n} a_k} > \prod\limits_{k=1}^{n} (1 + a_k) > 1 + \sum\limits_{k=1}^{n} a_k$；

(2) $\dfrac{1}{1 + \sum\limits_{k=1}^{n} a_k} > \prod\limits_{k=1}^{n} (1 - a_k) > 1 - \sum\limits_{k=1}^{n} a_k$.

13. 设 $a_1, a_2, \cdots, a_n$ 为实数. 证明不等式：

$$\left| \sum_{i=1}^{n} a_i \right| \leqslant \sum_{i=1}^{n} | a_i |,$$

并指明式中等号成立的条件.

14. 求证：

$$\max(a, b) = \frac{a+b}{2} + \frac{|a-b|}{2},$$

$$\min(a, b) = \frac{a+b}{2} - \frac{|a-b|}{2},$$

并解释其几何意义.

15. 设 n 个分数 $\dfrac{a_1}{b_1}, \dfrac{a_2}{b_2}, \cdots, \dfrac{a_n}{b_n}$ 的分母 $b_1, b_2, \cdots, b_n$ 都大于零. 证明：$\dfrac{a_1 + a_2 + \cdots + a_n}{b_1 + b_2 + \cdots + b_n}$ 介于这些分数的最小值和最大值之间.

16. 设 $n = 2, 3, \cdots, x > -1$ 且 $x \neq 0$. 求证：$(1+x)^n > 1 + nx$.

(提示：用数学归纳法.)

17. 设 $x, y \geqslant 0, m, n$ 为正整数. 求证：

$$x^m y^n + x^n y^m \leqslant x^{m+n} + y^{m+n},$$

等号当且仅当 $x = y$ 时成立.

问题 1.1

1. 设非负整数 a, b 使得 $\dfrac{a^2 + b^2}{1 + ab}$ 为整数. 求证：这个整数必是某一整数的平方.

(本题是1988年第29届国际数学奥林匹克竞赛的试题，有11名中学生给出了正确的证明，我国的6名参赛选手中有2人此题得了满分.)

2. 设 n 为正整数，且 $x \geqslant 0, y \geqslant 0$. 求证：当 $n > 1$ 时，

$$\frac{x^n + y^n}{2} \geqslant \left(\frac{x+y}{2} \right)^n,$$

等号当且仅当 $x = y$ 时成立.

3. 设 $a_1 \leqslant a_2 \leqslant \cdots \leqslant a_n$，且 $b_1 \leqslant b_2 \leqslant \cdots \leqslant b_n$. 证明 Chebychëv(切比雪夫，1821～1894)不等式：

$$\sum_{i=1}^{n} a_i \sum_{i=1}^{n} b_i \leqslant n \sum_{i=1}^{n} a_i b_i .$$

4. 设 $a_1 \leqslant a_2 \leqslant \cdots \leqslant a_n, b_1 \leqslant b_2 \leqslant \cdots \leqslant b_n$,并且 $b_1 + b_2 + \cdots + b_n = 0$.求证：$\sum_{i=1}^{n} a_i b_i \geqslant 0$.

5. 已知素数的个数是无限的.考虑无尽小数 $x = 0.a_1 a_2 a_3 \cdots$,其中

$$a_n = \begin{cases} 1, & \text{当 } n \text{ 为素数时}, \\ 0, & \text{其他}. \end{cases}$$

问:x 是有理数吗?

6. 已知圆周率 $\pi = 3.141\,592\,653\,589\,7 \cdots$.求证:若正有理数 p/q 比 $355/113$ 更接近于 π,则 $q > 16\,586$.

7. 设 $x_0 = 0, x_1, \cdots, x_n$ 都是正数,且满足

$$x_1 + \cdots + x_n = 1.$$

证明：

$$\sum_{i=1}^{n} \frac{x_i}{\sqrt{1 + x_0 + \cdots + x_{i-1}} \sqrt{x_i + \cdots + x_n}} < \frac{\pi}{2}.$$

8. 对任意给定的无理数 x,证明:存在无穷多个有理数 $p/q(q>0)$,使得

$$\left| x - \frac{p}{q} \right| < \frac{1}{q^2}.$$

1.2 数列和收敛数列

一个**数列**,正如其词义所表达的,是指一个接着一个并且永无尽头的数的排列.例如

$$1, 2, 3, \cdots, n, \cdots;$$

$$1, \frac{1}{2}, \frac{1}{4}, \cdots, \frac{1}{2^n}, \cdots;$$

$$1, -1, 1, -1, \cdots, (-1)^{n-1}, \cdots.$$

这些都是数列.数列的最一般的表示是

$$a_1, a_2, \cdots, a_n, \cdots,$$

其中 a_n 中的下标 n 指明了这一项在数列中的位置.a_n 被说成是这个数列的第 n 项,也称作数列的**通项**.为节约书写起见,数列常常记为 $\{a_n\}$,这里的下标 n 依次地取遍正整数集 $\mathbf{N}^*$.下标 n 不具有实质性的意义,这样的符号称为**哑符号**.因此,

上述数列也可以记为$\{a_m\}$，下标m依次地取遍正整数集$\mathbf{N}^*$．注意：数列中可以出现若干相等的项，甚至所有的项都可以相等．

在数列中，特别值得重视的是所谓"**收敛数列**"．粗略地讲，收敛数列具有这样的性质：当n变得越来越大时，项a_n就越来越接近某一个常数a．这种现象在实际中是经常出现的．我们可以人为地作出下面这个收敛数列的例子：

$$\begin{aligned} a_1 &= 0.300\,00\cdots, \\ a_2 &= 0.330\,00\cdots, \\ &\cdots, \\ a_n &= 0.\underbrace{333\,33\cdots3}_{n个}30\cdots, \\ &\cdots. \end{aligned}$$

很明显，当n越来越大时，项a_n将与实数$0.333\cdots=1/3$越来越近．

我们不得不承认，上述关于收敛数列的说法，不但含糊不清，而且会招致误解．什么叫作"越来越大"？什么叫作"越来越近"？如果只停留在这种说法上，任何科学的、有价值的讨论都不可能进行下去．我们必须给出一个明确的定义．

定义1.2.1　设$\{a_n\}$是一个数列，a是一个实数．如果对任意给定的$\varepsilon>0$，存在一个$N\in\mathbf{N}^*$，使得当$n>N$时，有

$$|a_n-a|<\varepsilon, \tag{1}$$

就说数列$\{a_n\}$当n趋向无穷大时以a为**极限**，记成

$$\lim_{n\to\infty} a_n = a,$$

也可以简记为$a_n\to a(n\to\infty)$．我们也说数列$\{a_n\}$**收敛于**a．存在极限的数列称为**收敛数列**；不收敛的数列称为**发散数列**．

现在再来考察出现在定义1.2.1前的那个数列$\{a_n\}$．由于

$$\begin{aligned} \left|\frac{1}{3}-a_n\right| &= |\,0.333\cdots3\cdots-0.\underbrace{33\cdots3}_{n个}30\cdots\,| \\ &= 0.\underbrace{00\cdots0}_{n个}33\cdots = \frac{1}{10^n}\times 0.33\cdots3\cdots = \frac{1}{3\times10^n}, \end{aligned}$$

因此对任意给定的$\varepsilon>0$，取$N=[1/\varepsilon]+1$（这里记号$[x]$表示不超过x的最大整数），当$n>N$时，便有

$$\left|\frac{1}{3}-a_n\right| = \frac{1}{3\times10^n} < \frac{1}{10^n} < \frac{1}{n} < \frac{1}{N} < \varepsilon.$$

这就严格地证明了：当n趋向于无穷大时，数列a_n以$1/3$为其极限．

由于极限是一个十分重要的概念，我们对定义1.2.1应当有更深入的考虑．

(1) 在定义 1.2.1 中,正数 ε 必须是任意给定的,不能用一个很小的正数来代替.所谓"任意",着重强调的是"任意小"的方面,而不是"任意大"那一方面.很显然,若在定义 1.2.1 中把"对任意给定的 $\varepsilon>0$"改成"对任意给定的 $\varepsilon\in(0,1/2)$",其他词句不作改变,仍旧可以作为数列收敛的定义.

(2) 当正数 ε 给定之后,满足要求的 N 通常是与 ε 有关的.一般来说,当 ε 变小时,相应的 N 将变大.很明显,如果 $N\in\mathbf{N}^*$ 满足 $|a_n-a|<\varepsilon$ 的要求,那么 $N+1,N+2,N+3,\cdots$都能满足 $|a_n-a|<\varepsilon$ 的要求.在证明数列收敛的时候,我们重视的是满足条件的 N 的**存在性**,并不需要找出满足要求的最小的正整数.

这里举几个证明数列极限的例子.

例 1 证明:

$$\lim_{n\to\infty}\frac{3\sqrt{n}+1}{2\sqrt{n}-1}=\frac{3}{2}.$$

证明 因为

$$\left|\frac{3\sqrt{n}+1}{2\sqrt{n}-1}-\frac{3}{2}\right|=\frac{5}{4\sqrt{n}-2}=\frac{5}{2\sqrt{n}+2(\sqrt{n}-1)}$$
$$<\frac{5}{2\sqrt{n}}<\frac{3}{\sqrt{n}},$$

所以,对任意给定的 $\varepsilon>0$,只要取 $N=[9/\varepsilon^2]$,当正整数 $n>N$ 时,便有

$$\left|\frac{3\sqrt{n}+1}{2\sqrt{n}-1}-\frac{3}{2}\right|<\frac{3}{\sqrt{n}}<\varepsilon.$$ □

例 2 证明:对任意的正数 $\alpha>0$,有

$$\lim_{n\to\infty}\frac{1}{n^\alpha}=0.$$

证明 先设 $\alpha\geqslant1$.这时

$$\left|\frac{1}{n^\alpha}-0\right|=\frac{1}{n^\alpha}\leqslant\frac{1}{n}.$$

对任意的 $\varepsilon>0$,取 $N=[1/\varepsilon]$,当正整数 $n>N$ 时,便有

$$\left|\frac{1}{n^\alpha}-0\right|\leqslant\frac{1}{n}<\varepsilon.$$

这就对 $\alpha\geqslant1$ 的情形证明了结论.

现设 $0<\alpha<1$,总可以找到 $m\in\mathbf{N}^*$,使得 $m\alpha>1$.由于$\{1/n^{m\alpha}\}$收敛于 0,故对任意给定的 $\varepsilon>0$,存在 N,使得当 $n>N$ 时,有 $1/n^{m\alpha}<\varepsilon^m$,这等价于 $1/n^\alpha<\varepsilon$.所以,可以断言:对一切 $\alpha>0$,有

$$\lim_{n\to\infty}\frac{1}{n^\alpha} = 0. \qquad \square$$

例 3　当$|q|<1$时，求证：

$$\lim_{n\to\infty} q^n = 0.$$

证明　当 $q=0$ 时，结论显然成立. 设$0<|q|<1$，则

$$\alpha = \frac{1}{|q|} - 1 > 0.$$

由二项式展开，可见

$$(1+\alpha)^n = 1 + n\alpha + \frac{n(n-1)}{2}\alpha^2 + \cdots > n\alpha.$$

由此得出

$$|q^n - 0| = |q|^n = \frac{1}{(1+\alpha)^n} < \frac{1}{n\alpha}.$$

因此，对任给的 $\varepsilon>0$，只要取 $N=[1/(\alpha\varepsilon)]$，当 $n>N$ 时，必有

$$|q^n| < \frac{1}{n\alpha} < \frac{1}{N\alpha} < \varepsilon. \qquad \square$$

例 3 也可用一个更简单的方法来做：要使

$$|q|^n < \varepsilon, \tag{2}$$

即 $n\ln|q|<\ln\varepsilon$，只需

$$n > \frac{\ln\varepsilon}{\ln|q|}, \tag{3}$$

因此取 $N=[\ln\varepsilon/\ln|q|]$，则当 $n>N$ 时，式(3)便成立，因而式(2)也成立.

例 4　求证：$\lim\limits_{n\to\infty} n^{1/n}=1$.

证明　利用几何平均-算术平均不等式，得到

$$1 \leqslant n^{1/n} = (\underbrace{1\cdots1}_{n-2\text{个}}\sqrt{n}\sqrt{n})^{1/n} \leqslant \frac{(n-2)+2\sqrt{n}}{n} = 1 + \frac{2(\sqrt{n}-1)}{n}.$$

因此

$$0 \leqslant n^{1/n} - 1 < \frac{2}{\sqrt{n}}.$$

所以，对任给的 $\varepsilon>0$，取 $N=[4/\varepsilon^2]$，当 $n>N$ 时，有

$$|n^{1/n} - 1| < \frac{2}{\sqrt{n}} < \frac{2}{\sqrt{N}} < \varepsilon. \qquad \square$$

以上的例子给读者演示了证明数列极限的"$\varepsilon-N$ 方法". 不仅如此，其中例 2、例 3 和例 4 的结论本身还有重要的用处，最好能将它们记住.

练 习 题 1.2

1. 利用极限定义,证明:

(1) $\lim\limits_{n\to\infty}\dfrac{1}{1+\sqrt{n}}=0$;

(2) $\lim\limits_{n\to\infty}\dfrac{\sin n}{n}=0$;

(3) $\lim\limits_{n\to\infty}\dfrac{n!}{n^n}=0$;

(4) $\lim\limits_{n\to\infty}\dfrac{(-1)^{n-1}}{n}=0$;

(5) $\lim\limits_{n\to\infty}\dfrac{2n+3}{5n-10}=\dfrac{2}{5}$;

(6) $\lim\limits_{n\to\infty}0.\underbrace{99\cdots9}_{n个}=1$;

(7) $\lim\limits_{n\to\infty}\dfrac{1+2+\cdots+n}{n^2}=\dfrac{1}{2}$;

(8) $\lim\limits_{n\to\infty}\dfrac{1^2+2^2+\cdots+n^2}{n^3}=\dfrac{1}{3}$;

(9) $\lim\limits_{n\to\infty}\arctan n=\dfrac{\pi}{2}$;

(10) $\lim\limits_{n\to\infty}\dfrac{n^2\arctan n}{1+n^2}=\dfrac{\pi}{2}$.

2. 设 $\lim\limits_{n\to\infty}a_n=a$.求证:$\lim\limits_{n\to\infty}|a_n|=|a|$.举例说明,这个命题的逆命题不真.

3. 设$\{a_n\}$是由整数组成的数列.求证:数列$\{a_n\}$收敛,当且仅当从某一项起数列的项都等于一个常数.

4. 下列陈述是否可以作为$\lim\limits_{n\to\infty}a_n=a$ 的定义?若回答是肯定的,请证明之;若回答是否定的,请举出反例.

(1) 对无限多个正数 $\varepsilon>0$,存在 $N\in\mathbf{N}^*$,当 $n>N$ 时,有$|a_n-a|<\varepsilon$;

(2) 对任意给定的 $\varepsilon>1$,存在 $N\in\mathbf{N}^*$,当 $n>N$ 时,有$|a_n-a|<\varepsilon$;

(3) 对任意给定的正数 $\varepsilon<1$,存在 $N\in\mathbf{N}^*$,当 $n>N$ 时,有$|a_n-a|<\varepsilon$;

(4) 对每一个正整数 k,存在 $N_k\in\mathbf{N}^*$,当 $n>N_k$ 时,有$|a_n-a|<1/k$;

(5) 对任意给定的两个正数 ε 与δ,在区间$(a-\varepsilon,a+\delta)$之外至多只有数列$\{a_n\}$中的有限多项.

5. 用精确语言表达“数列$\{a_n\}$不以 a 为极限”这一陈述.

6. 设数列$\{a_n\}$满足 $\lim\limits_{n\to\infty}\dfrac{a_n}{n}=0$,证明:

$$\lim_{n\to\infty}\frac{\max(a_1,a_2,\cdots,a_n)}{n}=0.$$

7. 设 a,b,c 是三个给定的实数,令 $a_0=a,b_0=b,c_0=c$,并归纳地定义

$$\begin{cases} a_n=\dfrac{b_{n-1}+c_{n-1}}{2}, \\ b_n=\dfrac{c_{n-1}+a_{n-1}}{2}, \quad (n=1,2,3,\cdots). \\ c_n=\dfrac{a_{n-1}+b_{n-1}}{2} \end{cases}$$

求证：

$$\lim_{n\to\infty} a_n = \lim_{n\to\infty} b_n = \lim_{n\to\infty} c_n = \frac{1}{3}(a+b+c).$$

1.3　收敛数列的性质

有了数轴，我们就可以用几何的语言来刻画收敛数列. 绝对值不等式 $|a_n - a| < \varepsilon$ 等价于

$$a - \varepsilon < a_n < a + \varepsilon,$$

而后者正是 $a_n \in (a-\varepsilon, a+\varepsilon)$. 我们称关于 a 对称的开区间 $(a-\varepsilon, a+\varepsilon)$ 为 a 的 ε **邻域**，这样一来，定义 1.2.1 就可以用几何语言等价地表达为：

定义 1.3.1　数列 $\{a_n\}$ 当 $n\to\infty$ 时收敛于实数 a 是指：对任意的 $\varepsilon>0$，总存在 $N\in\mathbf{N}^*$，使得此数列中除有限多项 $a_1, a_2, \cdots, a_N$ 可能是例外，其他的项均落在 a 的 ε 邻域内(图 1.2).

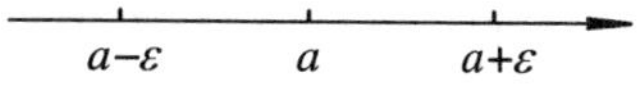

图 1.2

定理 1.3.1　如果数列 $\{a_n\}$ 收敛，则它只有一个极限. 也就是说，收敛数列的极限是唯一的.

证明　用反证法. 假设收敛数列 $\{a_n\}$ 有两个不同的极限 a 与 b，不妨设 $a<b$. 令 $\varepsilon = (b-a)/2$. 对这个 $\varepsilon>0$，必有 $N_1\in\mathbf{N}^*$，当 $n>N_1$ 时一切 a_n 均在 b 的 ε 邻域内；同时又有 $N_2\in\mathbf{N}^*$，当 $n>N_2$ 时一切 a_n 均在 a 的 ε 邻域内. 因此，当 $n>\max(N_1, N_2)$ 时，一切 a_n 都必须同时在这两个开区间内，但因这两个开区间没有公共点(图 1.3)，这就产生了矛盾. 所以，只能有 $a=b$，这就证明了极限是唯一的. □

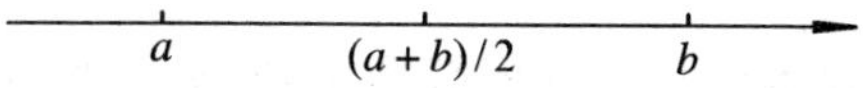

图 1.3

定义 1.3.2　设 $\{a_n\}$ 是一个数列. 如果存在一个实数 A，使得 $a_n \leqslant A$ 对一切 $n\in\mathbf{N}^*$ 成立，则称 $\{a_n\}$ 是**有上界**的，A 是此数列的一个**上界**.

类似地，可以定义**有下界**的数列.

如果数列 $\{a_n\}$ 既有下界又有上界，则称它是一个**有界数列**.

非常明显的是，数列 $\{a_n\}$ 是有界数列必须且只需它的各项全都包含在同一个有限的区间之内.

定理 1.3.2 收敛数列是有界的.

证明 设收敛数列$\{a_n\}$的极限是 a,那么,对 a 的 1 邻域,必存在 $N\in\mathbf{N}^*$,使得凡是 $n>N$ 的项a_n 都在这个邻域内,不在这个开区间内的至多是 $a_1,a_2,\cdots,a_N$ 这些项.我们完全可以找到一个大一些的区间,它既包含 a 的 1 邻域,又包含着 $a_1,a_2,\cdots,a_N$,这就证明了数列$\{a_n\}$是有界的.如果有人还希望有更形式化一些的证明,这就是:当 $n>N$ 时,有$|a_n-a|<1$,于是

$$|a_n|=|a_n-a+a|\leqslant|a_n-a|+|a|<1+|a|.$$

若令 $M=|a_1|+|a_2|+\cdots+|a_N|+|a|+1$,则对一切 $n\in\mathbf{N}^*$,有$|a_n|<M$. □

请注意,这个命题的逆命题是不正确的.我们马上将看到**发散**的有界数列.

定义 1.3.3 设$\{a_n\}$是一个数列,$k_i\in\mathbf{N}^*$($i=1,2,3,\cdots$),且满足 $k_1<k_2<k_3<\cdots$,那么数列$\{a_{k_n}\}$叫作$\{a_n\}$的一个**子列**.

由这个定义,$\{a_n\}$自身也可以看作是$\{a_n\}$的子列.

定理 1.3.3 设收敛数列$\{a_n\}$的极限是 a,那么$\{a_n\}$的任何一个子列都收敛于 a.

证明 由条件,对任意的 $\varepsilon>0$,存在 $N\in\mathbf{N}^*$,当 $n>N$ 时,有$|a_n-a|<\varepsilon$.

任取$\{a_n\}$的一个子列$\{a_{k_n}\}$,令

$$b_n=a_{k_n}\quad(n\in\mathbf{N}^*).$$

由于 $k_n\geqslant n$ 对$n\in\mathbf{N}^*$ 成立,故当 $n>N$ 时,有 $k_n\geqslant n>N$,因此

$$|b_n-a|=|a_{k_n}-a|<\varepsilon.$$

这正表明$\{b_n\}$收敛于 a. □

这个定理告诉我们:如果数列$\{a_n\}$的两个子列收敛于不同的极限,那么数列$\{a_n\}$是发散的.这个结论通常被用来证明某个数列是发散的.我们考察数列$\{(-1)^{n-1}\}$,显然它是一个有界的数列,但它不是一个收敛数列.这是因为它的奇数位置上的所有项组成的子数列的极限是 1,而偶数位置上的所有项组成的子数列的极限是-1.

从定理 1.3.3 容易得到下面的推论:

推论 1.3.1 数列$\{a_n\}$收敛的充分必要条件是它的偶数项子列$\{a_{2n}\}$和奇数项子列$\{a_{2n-1}\}$都收敛,而且有相同的极限.

证明 从定理 1.3.3 立得推论的必要性.现证充分性.设$\lim\limits_{n\to\infty}a_{2n}=\lim\limits_{n\to\infty}a_{2n-1}=a$.由于$\lim\limits_{k\to\infty}a_{2k}=a$,对任给的 $\varepsilon>0$,存在 $K_1\in\mathbf{N}^*$,当 $k>K_1$ 时,有

$$|a_{2k}-a|<\varepsilon. \tag{1}$$

由于$\lim\limits_{h\to\infty}a_{2k-1}=a$,对任给的 $\varepsilon>0$,存在 $K_2\in\mathbf{N}^*$,当 $k>K_2$ 时,有

$$|a_{2k-1}-a|<\varepsilon. \tag{2}$$

现取 $N=\max(2K_1,2K_2-1)$，那么当 $n>N$ 时，如果 $n=2k$，由于 $2k>2K_1$，$k>K_1$，所以由式(1)，知 $|a_{2k}-a|<\varepsilon$，即

$$|a_n-a|<\varepsilon. \tag{3}$$

如果 $n=2k-1$，由于 $2k-1>2K_2-1$，$k>K_2$，由式(2)，知 $|a_{2k-1}-a|<\varepsilon$，即

$$|a_n-a|<\varepsilon. \tag{4}$$

由式(3)和(4)，即知 $\lim\limits_{n\to\infty}a_n=a$. □

以后将要多次用到这个推论.

定理 1.3.4(极限的四则运算)　设 $\{a_n\}$ 与 $\{b_n\}$ 都是收敛数列，则 $\{a_n+b_n\}$，$\{a_nb_n\}$ 也是收敛数列. 如果 $\lim\limits_{n\to\infty}b_n\neq0$，则 $\{a_n/b_n\}$ 也收敛，并且有：

(1) $\lim\limits_{n\to\infty}(a_n\pm b_n)=\lim\limits_{n\to\infty}a_n\pm\lim\limits_{n\to\infty}b_n$；

(2) $\lim\limits_{n\to\infty}a_nb_n=\lim\limits_{n\to\infty}a_n\cdot\lim\limits_{n\to\infty}b_n$，特别地，如果 c 是常数，便有 $\lim\limits_{n\to\infty}ca_n=c\lim\limits_{n\to\infty}a_n$；

(3) $\lim\limits_{n\to\infty}\dfrac{a_n}{b_n}=\dfrac{\lim\limits_{n\to\infty}a_n}{\lim\limits_{n\to\infty}b_n}$，其中 $\lim\limits_{n\to\infty}b_n\neq0$.

证明　设 $\lim\limits_{n\to\infty}a_n=a$，$\lim\limits_{n\to\infty}b_n=b$.

(1) 对任给的 $\varepsilon>0$，存在 $N_1\in\mathbf{N}^*$，使得当 $n>N_1$ 时，有

$$|a_n-a|<\frac{\varepsilon}{2};$$

也存在 $N_2\in\mathbf{N}^*$，使得当 $n>N_2$ 时，有

$$|b_n-b|<\frac{\varepsilon}{2}.$$

所以，当 $n>N=\max(N_1,N_2)$ 时，以上两个不等式都能成立，从而有

$$\begin{aligned}|(a_n\pm b_n)-(a\pm b)|&=|(a_n-a)\pm(b_n-b)|\\&\leqslant|a_n-a|+|b_n-b|\\&<\frac{\varepsilon}{2}+\frac{\varepsilon}{2}=\varepsilon.\end{aligned}$$

这就证明了

$$\lim_{n\to\infty}(a_n\pm b_n)=a\pm b.$$

(2) 由于 $\{b_n\}$ 是收敛的，它必有界. 这就是说，存在正数 M，使得 $|b_n|<M$ 对一切 $n\in\mathbf{N}^*$ 成立. 从而有

$$|a_nb_n-ab|=|a_nb_n-ab_n+ab_n-ab|$$

$$\leqslant |b_n||a_n-a|+|a||b_n-b|$$
$$\leqslant M|a_n-a|+|a||b_n-b|.$$

因为$\{a_n\}$,$\{b_n\}$分别收敛于 a,b,故对任意的 $\varepsilon>0$,可以找到一个 $N\in\mathbf{N}^*$,使得当 $n>N$ 时,

$$|a_n-a|<\frac{\varepsilon}{2M},\quad |b_n-b|<\frac{\varepsilon}{2(|a|+1)}$$

同时成立(见(1)的证明,我们没有再去重复那里的细节,以后更是如此).因此,当 $n>N$ 时,

$$|a_nb_n-ab|<M\frac{\varepsilon}{2M}+\frac{|a|\varepsilon}{2(|a|+1)}<\frac{\varepsilon}{2}+\frac{\varepsilon}{2}=\varepsilon.$$

这就表明

$$\lim_{n\to\infty}a_nb_n=ab.$$

(3) 先来证明:当 $b\neq0$ 时,

$$\lim_{n\to\infty}\frac{1}{b_n}=\frac{1}{b}.$$

对$|b|/2>0$,存在 N_1,当 $n>N_1$ 时,有

$$|b_n-b|<\frac{|b|}{2}.$$

此时,有$|b_n|\geqslant|b|-|b_n-b|>|b|-|b|/2=|b|/2>0$,这表明:在 $b\neq0$ 的条件下,$\{b_n\}$中至多只有有限多项等于 0.在 $n>N_1$ 的条件下,

$$\left|\frac{1}{b_n}-\frac{1}{b}\right|=\frac{|b_n-b|}{|b_nb|}\leqslant\frac{2}{b^2}|b_n-b|.$$

由于 $b_n\to b$,对任给的 $\varepsilon>0$,存在 $N_2\in\mathbf{N}^*$,使得当 $n>N_2$ 时,有$|b_n-b|<\frac{b^2}{2}\varepsilon$.因此,当 $n>\max(N_1,N_2)$时,便有

$$\left|\frac{1}{b_n}-\frac{1}{b}\right|\leqslant\frac{2}{b^2}|b_n-b|<\frac{2}{b^2}\frac{b^2}{2}\varepsilon=\varepsilon.$$

这正说明

$$\lim_{n\to\infty}\frac{1}{b_n}=\frac{1}{b}.$$

再由已证的(2),便得出

$$\lim_{n\to\infty}\frac{a_n}{b_n}=\lim_{n\to\infty}a_n\left(\frac{1}{b_n}\right)=\frac{a}{b}.$$ □

利用已知的一些简单的收敛数列,借助于上述四则运算性质,便可计算更复杂的一些数列的极限,而不需要使用“$\varepsilon-N$”推理.下面是一些例子.

例 1　计算极限

$$\lim_{n\to\infty}\frac{2n^2-3n+4}{5n^2+4n-1}.$$

解　易知

$$\frac{2n^2-3n+4}{5n^2+4n-1}=\frac{2-\dfrac{3}{n}+\dfrac{4}{n^2}}{5+\dfrac{4}{n}-\dfrac{1}{n^2}}.$$

利用 1.2 节中例 2 的结论，可知所求的极限等于 2/5.　□

例 2　设 $|q|<1$，计算极限

$$\lim_{n\to\infty}(1+q+q^2+\cdots+q^{n-1}).$$

解　因为

$$1+q+q^2+\cdots+q^{n-1}=\frac{1-q^n}{1-q},$$

故得

$$\lim_{n\to\infty}(1+q+q^2+\cdots+q^{n-1})=\frac{1}{1-q}-\frac{1}{1-q}\lim_{n\to\infty}q^n=\frac{1}{1-q}.$$

这里用到了 1.2 节中例 3 的结果：$\lim\limits_{n\to\infty}q^n=0$.　□

例 3　证明：$\{\sin n\}$是一个发散的数列.

证明　用反证法.如果 $\lim\limits_{n\to\infty}\sin n=a$，那么在等式

$$\sin(n+1)-\sin(n-1)=2\sin 1\cos n$$

的两边取极限（$n\to\infty$），可得 $0=2\sin 1\lim\limits_{n\to\infty}\cos n$，即 $\lim\limits_{n\to\infty}\cos n=0$. 再在等式 $\sin 2n=2\sin n\cos n$ 的两边取极限，即得 $a=0$. 于是在等式

$$\sin^2 n+\cos^2 n=1$$

的两边取极限，就得到“$0=1$”的矛盾.　□

定义 1.3.4　如果收敛数列$\{a_n\}$的极限等于 0，那么这个数列称为**无穷小数列**，简称**无穷小**.

关于无穷小，有下面的定理：

定理 1.3.5　(1) $\{a_n\}$为无穷小的充分必要条件是$\{|a_n|\}$为无穷小；

(2) 两个无穷小之和(或差)仍为无穷小；

(3) 设$\{a_n\}$为无穷小，$\{c_n\}$为有界数列，那么$\{c_na_n\}$也为无穷小；

(4) 设 $0\leqslant a_n\leqslant b_n$（$n\in\mathbf{N}^*$），如果$\{b_n\}$为无穷小，那么$\{a_n\}$也为无穷小；

(5) $\lim\limits_{n\to\infty}a_n=a$ 的充分必要条件是$\{a_n-a\}$为无穷小.

利用定理 1.3.4 可直接推出(2).至于其他四条,是极易证明的,留给读者作练习.

由于无穷小一定是有界的,故由(3)知道,两个无穷小之积必为无穷小.但是必须注意,两个无穷小的商未必是无穷小,例如,$\{1/n\}$与$\{1/n^2\}$的商$\{n\}$便不是无穷小.

例 4 已知 $a_n \to a(n\to\infty)$.求证:

$$\frac{a_1+a_2+\cdots+a_n}{n}\to a \quad (n\to\infty).$$

证明 我们只需证明

$$\frac{a_1+a_2+\cdots+a_n}{n}-a=\frac{(a_1-a)+(a_2-a)+\cdots+(a_n-a)}{n}$$

是无穷小,而条件是$\{a_n-a\}$是无穷小.这表明只需对 $a=0$ 这一特殊情况来证明这个命题就行了.

由于 $a_n\to 0(n\to\infty)$,对任给的 $\varepsilon>0$,存在一个正整数 N,当 $n>N$ 时,便有$|a_n|<\varepsilon/2$.设 $n>N$,这时有

$$\begin{aligned}\left|\frac{a_1+a_2+\cdots+a_n}{n}\right| &= \left|\frac{a_1+a_2+\cdots+a_N+a_{N+1}+\cdots+a_n}{n}\right| \\ &\leqslant \frac{|a_1+a_2+\cdots+a_N|}{n}+\frac{1}{n}(|a_{N+1}|+\cdots+|a_n|) \\ &\leqslant \frac{|a_1+a_2+\cdots+a_N|}{n}+\frac{n-N}{n}\frac{\varepsilon}{2}.\end{aligned}$$

由于 N 已经取定,$|a_1+a_2+\cdots+a_N|$便是一个有限数.再取整数 $N_1>N$,使得当 $n>N_1$ 时,有

$$\frac{|a_1+a_2+\cdots+a_N|}{n}<\frac{\varepsilon}{2}.$$

可见,当 $n>N_1$ 时,有

$$\left|\frac{a_1+a_2+\cdots+a_n}{n}\right|<\frac{\varepsilon}{2}+\frac{\varepsilon}{2}=\varepsilon.$$

这就证明了当 $a_n\to 0(n\to\infty)$时,

$$\lim_{n\to\infty}\frac{a_1+a_2+\cdots+a_n}{n}=0.$$ □

例 5 设$\lim\limits_{n\to\infty} a_n=a$,$\lim\limits_{n\to\infty} b_n=b$.证明:

$$\lim_{n\to\infty}\frac{a_1b_n+a_2b_{n-1}+\cdots+a_nb_1}{n}=ab.$$

证明　先设 $b=0$. 由于$\{a_n\}$收敛,所以有界,从而存在 $M>0$,使得$|a_n|\leqslant M$ $(n=1,2,\cdots)$. 于是

$$\left|\frac{a_1b_n+a_2b_{n-1}+\cdots+a_nb_1}{n}\right|\leqslant M\frac{|b_1|+\cdots+|b_n|}{n}\to 0\quad(n\to\infty).$$

这里已经用了例4的结果. 现设 $b\neq 0$,则有$\lim\limits_{n\to\infty}(b_n-b)=0$. 于是用刚才得到的结果,有

$$\lim_{n\to\infty}\frac{1}{n}(a_1(b_n-b)+\cdots+a_n(b_1-b))=0,$$

即

$$\lim_{n\to\infty}\left(\frac{a_1b_n+\cdots+a_nb_1}{n}-b\frac{a_1+\cdots+a_n}{n}\right)=0.$$

由此即得

$$\lim_{n\to\infty}\frac{a_1b_n+\cdots+a_nb_1}{n}=ab.$$

□

定理 1.3.6(夹逼原理)　设

$$a_n\leqslant b_n\leqslant c_n\quad(n\in\mathbf{N}^*).$$

如果$\lim\limits_{n\to\infty}a_n=\lim\limits_{n\to\infty}c_n=a$,那么

$$\lim_{n\to\infty}b_n=a.$$

证明　由条件可知

$$0\leqslant b_n-a_n\leqslant c_n-a_n,$$

并且$\{c_n-a_n\}$是无穷小. 由定理1.3.5(4),可知$\{b_n-a_n\}$是无穷小. 这样便得到

$$\lim_{n\to\infty}b_n=\lim_{n\to\infty}(b_n-a_n)+\lim_{n\to\infty}a_n=0+a=a.$$

□

夹逼原理在计算某些极限的时候非常有用.

例6　设 $a>0$. 求证:$\lim\limits_{n\to\infty}a^{1/n}=1$.

证明　先设 $a\geqslant 1$. 当 $n>a$ 时,有

$$1\leqslant a^{1/n}\leqslant n^{1/n}.$$

在1.2节的例4中,已经证明了$\lim\limits_{n\to\infty}n^{1/n}=1$. 由夹逼原理,知$\lim\limits_{n\to\infty}a^{1/n}=1$对 $a\geqslant 1$ 成立. 再设 $a\in(0,1)$,这时,$a^{-1}>1$. 于是

$$\lim_{n\to\infty}a^{1/n}=\frac{1}{\lim\limits_{n\to\infty}\left(\dfrac{1}{a}\right)^{1/n}}=\frac{1}{1}=1.$$

□

例7　设 $a>1,k\in\mathbf{N}^*$. 求证:$\{n^k/a^n\}$是无穷小.

证明　先设 $k=1$. 把 a 写成 $1+\eta$,其中 $\eta>0$. 我们有

$$0<\frac{n}{a^n}=\frac{n}{(1+\eta)^n}=\frac{n}{1+n\eta+\frac{n(n-1)}{2}\eta^2+\cdots}<\frac{2}{(n-1)\eta^2}.$$

由于$\left\{\frac{2}{(n-1)\eta^2}\right\}(n\geqslant 2)$是无穷小,可见$\{n/a^n\}$是无穷小.根据等式

$$\frac{n^k}{a^n}=\left(\frac{n}{(a^{1/k})^n}\right)^k,$$

再注意到 $a^{1/k}>1$,由刚才所述的结果,知$\{n/(a^{1/k})^n\}$是无穷小.最后那个等式表明,$\{n^k/a^n\}$可以表示为有限个(k 个)无穷小的乘积,所以也是无穷小. □

例 8 求极限$\lim\limits_{n\to\infty}(\sqrt{n+3}-\sqrt{n-1})$.

解 我们有不等式

$$0<\sqrt{n+3}-\sqrt{n-1}=\frac{4}{\sqrt{n+3}+\sqrt{n-1}}\leqslant\frac{4}{\sqrt{n+3}}<\frac{4}{\sqrt{n}}.$$

因为$\{4/\sqrt{n}\}$是无穷小,所以

$$\lim_{n\to\infty}(\sqrt{n+3}-\sqrt{n-1})=0.$$ □

例 9 设

$$a_n=\frac{1}{\sqrt{n^2+1}}+\frac{1}{\sqrt{n^2+2}}+\cdots+\frac{1}{\sqrt{n^2+n}}.$$

求极限$\lim\limits_{n\to\infty}a_n$.

解 我们有显然的不等式

$$\frac{n}{\sqrt{n^2+n}}<a_n<\frac{n}{\sqrt{n^2+1}}.$$

由于

$$1<\sqrt{1+\frac{1}{n^2}}<\sqrt{1+\frac{1}{n}}<1+\frac{1}{n},$$

由夹逼原理,得

$$\lim_{n\to\infty}\sqrt{1+\frac{1}{n^2}}=\lim_{n\to\infty}\sqrt{1+\frac{1}{n}}=1.$$

这样我们有

$$\lim_{n\to\infty}\frac{n}{\sqrt{n^2+n}}=\lim_{n\to\infty}\frac{1}{\sqrt{1+\frac{1}{n}}}=\frac{1}{\lim\limits_{n\to\infty}\sqrt{1+\frac{1}{n}}}=1.$$

同理,可得

$$\lim_{n\to\infty}\frac{n}{\sqrt{n^2+1}}=\frac{1}{\lim\limits_{n\to\infty}\sqrt{1+\frac{1}{n^2}}}=1.$$

再一次利用夹逼原理,可得

$$\lim_{n\to\infty}a_n=1.$$

□

在结束本节的时候,我们来叙述并证明一些通过不等式来表达的收敛数列的性质.

定理 1.3.7 (1) 设 $\lim\limits_{n\to\infty}a_n=a$,$\alpha,\beta$ 满足 $\alpha<a<\beta$,那么当 n 充分大时,有 $a_n>\alpha$;同样,当 n 充分大时,有 $a_n<\beta$.

(2) 设 $\lim\limits_{n\to\infty}a_n=a$,$\lim\limits_{n\to\infty}b_n=b$,且 $a<b$,那么当 n 充分大时,一定有 $a_n<b_n$.

(3) 设 $\lim\limits_{n\to\infty}a_n=a$,$\lim\limits_{n\to\infty}b_n=b$,并且当 n 充分大时 $a_n\leqslant b_n$,那么有 $a\leqslant b$.

证明 (1) 令 $\varepsilon=a-\alpha>0$,则必存在 $N\in\mathbf{N}^*$,使得当 $n>N$ 时,一切 a_n 属于 a 的 ε 邻域.因此必有 $a-\varepsilon<a_n$,即 $a_n>\alpha$ 对 $n>N$ 成立.类似地,可证明第二个结论.

(2) 令 $m=(a+b)/2$,于是 $a<m<b$.由(1)可知,存在一个 $N\in\mathbf{N}^*$,使得当 $n>N$ 时,有

$$a_n<m<b_n.$$

(3) 用反证法.假设 $a>b$.由(2)可知,存在 $N\in\mathbf{N}^*$,使得当 $n>N$ 时,有 $a_n>b_n$,这与条件 $a_n\leqslant b_n$ 对充分大的 n 成立的假设相违背,因此只能是 $a\leqslant b$. □

练 习 题 1.3

1. 回答下列问题:

(1) 若$\{a_n\}$,$\{b_n\}$都发散,对$\{a_n+b_n\}$与$\{a_nb_n\}$是否收敛能不能作出肯定的结论?

(2) 若$\{a_n\}$收敛而$\{b_n\}$发散,这时$\{a_n+b_n\}$的敛散性如何?

(3) 若 $\lim\limits_{n\to\infty}a_n=a\neq0$ 而$\{b_n\}$发散,这时$\{a_nb_n\}$的敛散性如何?

(4) 若 $\lim\limits_{n\to\infty}a_n=0$ 而$\{b_n\}$发散,这时$\{a_nb_n\}$的敛散性如何?

(5) 设 $a_n\leqslant b_n\leqslant c_n$ 且 $\lim\limits_{n\to\infty}(c_n-a_n)=0$,问$\{b_n\}$是否必收敛?

2. 若 $\lim\limits_{n\to\infty}a_n=a\neq0$,求证:$\lim\limits_{n\to\infty}\dfrac{a_{n+1}}{a_n}=1$.举例说明,当 $a=0$ 时不能得出上述结论.

3. 求下列极限:

(1) $\lim\limits_{n\to\infty}\dfrac{3^n+(-2)^n}{3^{n+1}+(-2)^{n+1}}$;

(2) $\lim\limits_{n\to\infty}\left(\dfrac{1+2+\cdots+n}{n+2}-\dfrac{n}{2}\right)$；

(3) $\lim\limits_{n\to\infty}\sqrt{n}(\sqrt{n+1}-\sqrt{n})$；

(4) $\lim\limits_{n\to\infty}(\sqrt{n^2+n}-n)^{1/n}$；

(5) $\lim\limits_{n\to\infty}\left(1-\dfrac{1}{n}\right)^{1/n}$；

(6) $\lim\limits_{n\to\infty}(n^2-n+2)^{1/n}$；

(7) $\lim\limits_{n\to\infty}(\arctan n)^{1/n}$；

(8) $\lim\limits_{n\to\infty}(2\sin^2 n+\cos^2 n)^{1/n}$.

4. 求下列极限：

(1) $\lim\limits_{n\to\infty}\dfrac{1+a+a^2+\cdots+a^{n-1}}{1+b+b^2+\cdots+b^{n-1}}(|a|<1,|b|<1)$；

(2) $\lim\limits_{n\to\infty}\left(\dfrac{1}{1\cdot 2}+\dfrac{1}{2\cdot 3}+\cdots+\dfrac{1}{n(n+1)}\right)$；

(3) $\lim\limits_{n\to\infty}\left(1-\dfrac{1}{2^2}\right)\left(1-\dfrac{1}{3^2}\right)\cdots\left(1-\dfrac{1}{n^2}\right)$；

(4) $\lim\limits_{n\to\infty}\left(1-\dfrac{1}{1+2}\right)\left(1-\dfrac{1}{1+2+3}\right)\cdots\left(1-\dfrac{1}{1+2+\cdots+n}\right)$；

(5) $\lim\limits_{n\to\infty}\dfrac{1}{n}|1-2+3-4+\cdots+(-1)^{n-1}n|$；

(6) $\lim\limits_{n\to\infty}(1+x)(1+x^2)(1+x^4)\cdots(1+x^{2^{n-1}})(|x|<1)$.

5. 求极限：

(1) $\lim\limits_{n\to\infty}(a^n+b^n)^{1/n}(0\leqslant a\leqslant b)$；

(2) $\lim\limits_{n\to\infty}(a_1^n+a_2^n+\cdots+a_m^n)^{1/n}(a_i\geqslant 0,i=1,2,\cdots,m)$.

6. 设 $\lim\limits_{n\to\infty}a_n=a$. 证明：

$$\lim_{n\to\infty}\frac{[na_n]}{n}=a,$$

这里 $[x]$ 表示不超过 x 的最大整数.

7. 设 $a_n>0(n=1,2,3,\cdots)$，且 $\lim\limits_{n\to\infty}a_n=a$. 求证：

$$\lim_{n\to\infty}(a_1a_2\cdots a_n)^{1/n}=a.$$

8. 利用第 7 题的结论，证明：

(1) 若 $a_n>0(n=1,2,3,\cdots)$，且 $\lim\limits_{n\to\infty}\dfrac{a_{n+1}}{a_n}=a$，则 $\lim\limits_{n\to\infty}\sqrt[n]{a_n}=a$；

(2) 当 $a>0$ 时，$\lim\limits_{n\to\infty}a^{1/n}=1$；

(3) $\lim\limits_{n\to\infty}n^{1/n}=1$；

(4) $\lim_{n\to\infty}(n!)^{-1/n}=0$.

9. 证明：

$$\lim_{n\to\infty}\frac{1}{n}\left(1+\frac{1}{2}+\frac{1}{3}+\cdots+\frac{1}{n}\right)=0.$$

10. 如果 $a_0+a_1+\cdots+a_p=0$,求证：

$$\lim_{n\to\infty}(a_0\sqrt{n}+a_1\sqrt{n+1}+\cdots+a_p\sqrt{n+p})=0.$$

11. 设数列$\{a_n\}$满足

$$\lim_{n\to\infty}a_{2n-1}=a,\quad \lim_{n\to\infty}a_{2n}=b.$$

证明：

$$\lim_{n\to\infty}\frac{a_1+a_2+\cdots+a_n}{n}=\frac{a+b}{2}.$$

12. 证明：

$$\lim_{n\to\infty}\sum_{k=1}^{n}\left(\sqrt{1+\frac{k}{n^2}}-1\right)=\frac{1}{4}.$$

问 题 1.3

1. 设数列$\{x_n\}$满足 $\lim_{n\to\infty}(x_n-x_{n-2})=0$.求证：

$$\lim_{n\to\infty}\frac{x_n-x_{n-1}}{n}=0.$$

2. (Toeplitz(特普利茨,1881～1940)定理) 设 $n,k\in\mathbf{N}^*$ 时,$t_{nk}\geqslant 0$,且 $\sum_{k=1}^{n}t_{nk}=1$, $\lim_{n\to\infty}t_{nk}=0$.如果 $\lim_{n\to\infty}a_n=a$,令

$$x_n=\sum_{k=1}^{n}t_{nk}a_k,$$

试证：

$$\lim_{n\to\infty}x_n=a.$$

3. 设 $\lim_{n\to\infty}a_n=a$.证明：

$$\lim_{n\to\infty}\frac{a_1+2a_2+\cdots+na_n}{n^2}=\frac{a}{2}.$$

4. 设 $\lim_{n\to\infty}a_n=a$.证明：

$$\lim_{n\to\infty}\frac{1}{2^n}\sum_{k=1}^{n}\binom{n}{k}a_k=a.$$

1.4 数列极限概念的推广

为了今后讨论的方便,我们有必要将极限的概念加以扩充.

定义 1.4.1 如果数列$\{a_n\}$满足条件:对任何正数 A,都存在 $N\in\mathbf{N}^*$,使得当 $n>N$ 时,有 $a_n>A$,则称数列$\{a_n\}$趋向于$+\infty$(正无穷大),记作

$$\lim_{n\to\infty} a_n = +\infty.$$

如果对任何正数 A,都存在 $N\in\mathbf{N}^*$,使得当 $n>N$ 时,有 $a_n<-A$,则称数列$\{a_n\}$趋向于$-\infty$(负无穷大),记作

$$\lim_{n\to\infty} a_n = -\infty.$$

虽然以上两种数列按照定义 1.2.1 是发散的,但是我们在这里还是使用了 lim 这一记号,用来说明当 n 无限增大时这两种数列有某种确定的变化趋势.

例 1 设 $a_n=n^2-3n-5(n=1,2,3,\cdots)$.求证:$\lim\limits_{n\to\infty} a_n=+\infty$.

证明 当 $n\geqslant 9$ 时,有

$$a_n = n^2-3n-5 > n^2-3n-5n = n(n-8)\geqslant n.$$

从而对任何正数 A,取 $N=\max(9,[A]+1)$,当 $n>N$ 时,有

$$a_n\geqslant n\geqslant [A]+1>A.$$

因此 $\lim\limits_{n\to\infty} a_n=+\infty$.

定义 1.4.2 如果$\lim\limits_{n\to\infty}|a_n|=+\infty$,则称$\{a_n\}$趋向于$\infty$,记作$\lim\limits_{n\to\infty} a_n=\infty$.

无论三种情形

$$\lim_{n\to\infty} a_n=+\infty,\quad \lim_{n\to\infty} a_n=-\infty,\quad \lim_{n\to\infty} a_n=\infty$$

中的哪一种,数列$\{a_n\}$都称为**无穷大**.

无穷大有下列简单的性质:

(1) 如果$\{a_n\}$是无穷大,那么$\{a_n\}$必然无界.

注意,上述命题的逆命题不成立,例如

$$1,0,2,0,3,0,\cdots,n,0,\cdots$$

是无界的,但这个数列不是无穷大.但有:

(2) 从无界数列中一定能选出一个子列是无穷大.

(3) 如果$\lim_{n\to\infty} a_n = +\infty$(或$-\infty$,$\infty$),那么对$\{a_n\}$的任意子列$\{a_{k_n}\}$,也有

$$\lim_{n\to\infty} a_{k_n} = +\infty \quad (或 -\infty, \infty).$$

(4) 如果$\lim_{n\to\infty} a_n = +\infty$,$\lim_{n\to\infty} b_n = +\infty$,那么

$$\lim_{n\to\infty}(a_n + b_n) = +\infty, \quad \lim_{n\to\infty} a_n b_n = +\infty.$$

上述性质对$a_n - b_n$和a_n/b_n不成立.例如,$a_n = n$,$b_n = n$都是无穷大,而$a_n - b_n = 0$,$a_n/b_n = 1$都不是无穷大.

(5) $\{a_n\}$是无穷大的充分必要条件是$\{1/a_n\}$为无穷小.

上面这些性质的证明都很容易,留给读者作练习.

将全体实数的集合$\mathbf{R}$连同两个符号$-\infty$与$+\infty$放在一起,从而形成扩充的实数系统,我们把这扩充了的系统记作$\mathbf{R}_\infty$,即$\mathbf{R}_\infty = \mathbf{R}\cup\{-\infty, +\infty\}$.

练习题 1.4

1. 设三次多项式$p(x) = x^3 - 4x^2 + 5x - 6$.求证:

$$\lim_{n\to\infty} p(n) = +\infty, \quad \lim_{n\to\infty} p(-n) = -\infty.$$

2. 求证:$\lim_{n\to\infty}\frac{1}{n}(1+2+3+\cdots+n) = +\infty$.

3. 求证:$\lim_{n\to\infty}\frac{1}{n^2}(1^2+2^2+3^2+\cdots+n^2) = +\infty$.

4. 求证:$\lim_{n\to\infty} n(\sqrt{n} - \sqrt{n+1}) = -\infty$.

5. 求证:$\lim_{n\to\infty}\left(\frac{1}{\sqrt{n+1}} + \frac{1}{\sqrt{n+2}} + \cdots + \frac{1}{\sqrt{n+n}}\right) = +\infty$.

问题 1.4

1. 设$a_0 = 1$,$a_{n+1} = a_n + 1/a_n$($n = 1,2,\cdots$).求证:$\lim_{n\to\infty} a_n = +\infty$.

2. 设$\{a_n\}$是一个正数数列.如果

$$\lim_{n\to\infty}\frac{a_{n+1} + a_{n+2}}{a_n} = +\infty,$$

那么$\{a_n\}$必为无界数列.

1.5 单调数列

在 1.3 节中我们强调过，有界数列不一定收敛．本节将要引入一类特殊的数列——单调数列，对这类数列而言，有界和收敛是等价的．

定义 1.5.1 如果数列$\{a_n\}$满足

$$a_n \leqslant a_{n+1} \quad (n = 1,2,\cdots),$$

则称此数列为**递增数列**；如果$\{a_n\}$满足

$$a_n \geqslant a_{n+1} \quad (n = 1,2,\cdots),$$

则称此数列为**递减数列**．如果上面两个不等式都是严格的，即 $a_n < a_{n+1}$（或 $a_n > a_{n+1}$）$(n=1,2,\cdots)$，则称此数列为**严格递增**的（或**严格递减**的）．

递增或递减的数列统称为**单调数列**．

关于单调数列，有下面的重要结果：

定理 1.5.1 单调且有界的数列一定有极限．

证明 不妨设数列$\{a_n\}$是递增的且有上界．我们把这个数列的各项表示成十进制无尽小数：

$$\begin{aligned} a_1 &= A_1.b_{11}b_{12}b_{13}\cdots, \\ a_2 &= A_2.b_{21}b_{22}b_{23}\cdots, \\ a_3 &= A_3.b_{31}b_{32}b_{33}\cdots, \\ &\cdots, \end{aligned}$$

其中 $A_1,A_2,A_3,\cdots$是整数，而 $b_{ij}(i,j=1,2,\cdots)$是从 0 到 9 中的数码．现在从上到下考察由整数 $A_1,A_2,A_3,\cdots$组成的那一列．因为数列$\{a_n\}$是有界的，这些整数不能无限地增大；又因为这些数列是递增的，所以整数数列$\{A_n\}$在到达最大值之后将保持不变，记这个最大的整数为 A，并设它在第 N_0 行上出现．现在从上往下考察第二列 $b_{11},b_{21},b_{31},\cdots$，不过只需把注意力集中在第 N_0 行和以下的各行上．如果 x_1 是第 N_0 行后出现在这一列上的最大数码，我们设它出现在第 N_1 行上，其中 $N_1 \geqslant N_0$．那么 x_1 一旦出现将再也不会改变，这是因为$\{a_n\}$是递增数列．接着我们考察第三列的数码 $b_{12},b_{22},b_{32},\cdots$．同样的讨论表明，第三列上的数码将在第 $N_2 \geqslant N_1$ 行以及以后的各行上取一个定值 x_2．如果我们对第四列、第五列……重复这一过程，就会得到数码 $x_3,x_4,\cdots$和相应的正整数 $N_2 \leqslant N_3 \leqslant \cdots$．容易看出，数

$$a = A.x_1x_2x_3x_4\cdots$$

应该是数列$\{a_n\}$的极限. 为了证明这一结论,对任意给定的 $\varepsilon>0$,取 $m\in\mathbf{N}^*$,使得 $10^{-m}<\varepsilon$,那么对所有的 $n>N_m$,a_n 的整数部分以及小数点后的前m 位上的数码与a 的是一样的,因此我们有$|a_n-a|\leqslant 10^{-m}<\varepsilon$. 这样就用 ε-N 语言证明了

$$\lim_{n\to\infty} a_n = A.x_1x_2x_3\cdots.$$

□

这个定理在直观上是很清楚的. 如果 M 是递增数列$\{a_n\}$的一个上界,那么$[M,+\infty)$中的一切实数都是这个数列的上界. 具有这种性质的最大区间的左端点就是数列$\{a_n\}$的极限. 也就是说,递增数列$\{a_n\}$的"最小上界"是数列的极限,至于最小上界的精确定义将会在 1.8 节中加以细说.

值得注意的是:定理中涉及的极限既不需要预先给定,也不需要预先知道. 这里所说的意思是,在规定的条件下,极限必定存在. 我们说这是一种存在性的证明,以后将不断地遇到这种类型的证明.

十分重要的是:这个定理是实数的连续性的一种表现形式. 这个定理的成立,有赖于在有理数的基础上添加了无理数;否则,结论不一定总是对的.

我们来看一些例子.

例 1　求数列$\{a^n/n!\}$的极限,这里 a 是一个任意给定的实数.

解　令 $x_n=|a|^n/n!\,(n\in\mathbf{N}^*)$. 当 $n\geqslant|a|$时,

$$x_{n+1} = x_n\frac{|a|}{n+1}\leqslant x_n.$$

因此,$\{x_n\}$从某个确定的项开始是递减的数列,并且显然有下界 0. 从而极限 $x=\lim\limits_{n\to\infty}x_n$ 存在. 在等式 $x_{n+1}=x_n\dfrac{|a|}{n+1}$的两边令 $n\to\infty$,得到 $x=x\cdot 0=0$,所以$\{x_n\}$为无穷小,从而$\{a^n/n!\}$也是无穷小. □

例 2　对 $n\in\mathbf{N}^*$,设

$$a_n = 1+\frac{1}{2}+\cdots+\frac{1}{n}.$$

求证:$\{a_n\}$发散.

证明　很明显,$\{a_n\}$是严格递增数列,即满足条件

$$a_1<a_2<\cdots<a_n<a_{n+1}<\cdots.$$

我们只需证明这个数列没有上界. 事实上,对 $k\in\mathbf{N}^*$,有

$$a_{2^k} = 1+\frac{1}{2}+\left(\frac{1}{3}+\frac{1}{4}\right)+\left(\frac{1}{5}+\cdots+\frac{1}{8}\right)+\left(\frac{1}{9}+\cdots+\frac{1}{16}\right)$$

$$+\cdots+\left(\frac{1}{2^{k-1}+1}+\cdots+\frac{1}{2^k}\right)$$

$$\geqslant 1+\frac{1}{2}+\left(\frac{1}{4}+\frac{1}{4}\right)+\left(\frac{1}{8}+\cdots+\frac{1}{8}\right)+\left(\frac{1}{16}+\cdots+\frac{1}{16}\right)$$
$$+\cdots+\left(\frac{1}{2^k}+\cdots+\frac{1}{2^k}\right)$$
$$=1+\underbrace{\frac{1}{2}+\frac{1}{2}+\cdots+\frac{1}{2}}_{k\text{个}}=1+\frac{k}{2}\quad(k=0,1,\cdots).$$

因此$\{a_n\}$是无界的. □

例 3 对 $n\in\mathbf{N}^*$,设

$$a_n=1+\frac{1}{2^\alpha}+\cdots+\frac{1}{n^\alpha},$$

这里 $\alpha>1$.求证:a_n 收敛.

证明 很明显,$\{a_n\}$是严格递增数列.易知

$$a_{2^k-1}=1+\left(\frac{1}{2^\alpha}+\frac{1}{3^\alpha}\right)+\left(\frac{1}{4^\alpha}+\cdots+\frac{1}{7^\alpha}\right)+\left(\frac{1}{8^\alpha}+\cdots+\frac{1}{15^\alpha}\right)$$
$$+\cdots+\left(\frac{1}{(2^{k-1})^\alpha}+\cdots+\frac{1}{(2^k-1)^\alpha}\right)$$
$$\leqslant 1+\frac{2}{2^\alpha}+\frac{4}{4^\alpha}+\frac{8}{8^\alpha}+\cdots+\frac{2^{k-1}}{(2^{k-1})^\alpha}$$
$$=1+\frac{1}{2^{\alpha-1}}+\frac{1}{4^{\alpha-1}}+\cdots+\frac{1}{(2^{k-1})^{\alpha-1}}$$
$$=1+\frac{1}{2^{\alpha-1}}+\left(\frac{1}{2^{\alpha-1}}\right)^2+\cdots+\left(\frac{1}{2^{\alpha-1}}\right)^{k-1}$$
$$=\frac{1-\left(\frac{1}{2^{\alpha-1}}\right)^k}{1-\frac{1}{2^{\alpha-1}}}<\frac{2^{\alpha-1}}{2^{\alpha-1}-1}.$$

至此,已证明$\{a_n\}$有一子列$\{a_{2^n-1}\}$是有上界的.因为$\{a_n\}$是递增数列,由此得知$\{a_n\}$也有上界,从而$\{a_n\}$是收敛数列. □

在上述例子中,我们只证明了对任何 $\alpha>1$,数列$\{a_n\}$的极限是存在的,却没有研究其极限值是多少.即使对 $\alpha=2$ 及 $\alpha=4$ 等等,想要计算数列$\{a_n\}$的极限的精确值,对初学者来说也绝非易事,我们将在本教材第 17 章中给予解答.

作为定理 1.5.1 的一个重要应用,我们来证明 1.1 节中曾经提到过的闭区间套定理.它是实数系统连续性的一种表现形式.

定理 1.5.2(闭区间套定理) 设 $I_n=[a_n,b_n]$($n\in\mathbf{N}^*$),并且 $I_1\supset I_2\supset I_3\supset$

$\cdots \supset I_n \supset I_{n+1} \supset \cdots$. 如果这一列区间的长度 $|I_n| = b_n - a_n \to 0 (n \to \infty)$, 那么交集 $\bigcap_{n=1}^{\infty} I_n$ 含有唯一的一点.

证明　由这一列区间的包含关系可知:它们的左端点组成递增数列 $\{a_n\}$, 而右端点组成递减数列 $\{b_n\}$. 显然, $\{a_n\}$ 有上界 b_1, 而 $\{b_n\}$ 有下界 a_1. 因此由定理 1.5.1, 以下两个极限存在:

$$a = \lim_{n\to\infty} a_n, \quad b = \lim_{n\to\infty} b_n.$$

由于 $a_n \leqslant b_n (n \in \mathbf{N}^*)$, 可见 $a \leqslant b$. 因此, 不等式

$$a_n \leqslant a \leqslant b \leqslant b_n$$

对一切 $n \in \mathbf{N}^*$ 成立. 由此式可得

$$0 \leqslant b - a \leqslant b_n - a_n = |I_n|.$$

由 $|I_n| \to 0 (n \to \infty)$, 可知必有 $a = b$. 这时, $a_n \leqslant a \leqslant b_n$ 对 $n \in \mathbf{N}^*$ 成立, 即 $a \in I_n$ $(n = 1, 2, \cdots)$. 由此得到 $a \in \bigcap_{n=1}^{\infty} I_n$. 显然, 点 a 是唯一的. □

应当特别指出:定理中的"闭区间"的"闭"字是不可以去掉的. 请看下面的例子:设开区间 $I_n = (0, 1/n) (n = 1, 2, \cdots)$. 显然

$$I_1 \supset I_2 \supset I_3 \supset \cdots \supset I_n \supset I_{n+1} \supset \cdots,$$

而且 $|I_n| = 1/n \to 0 (n \to \infty)$, 但是 $\bigcap_{n=1}^{\infty} I_n = \varnothing$, 是空集.

现在可以来回答 1.1 节中提出的问题:每一个实数是否都是数轴上某点的坐标? 1.1 节中已经对有理数回答了这个问题. 现设

$$x = a.b_1 b_2 b_3 \cdots$$

是一个无理数, 即无尽不循环小数, 其中 a 是某一整数, $b_1, b_2, b_3, \cdots$ 是 $0, 1, \cdots, 9$ 中的某个数码. 由 x 可以生成下列闭区间套:

$$I_0 = [a, a+1],$$

$$I_1 = \left[a + \frac{b_1}{10}, a + \frac{b_1 + 1}{10}\right],$$

$$I_2 = \left[a + \frac{b_1}{10} + \frac{b_2}{10^2}, a + \frac{b_1}{10} + \frac{b_2 + 1}{10^2}\right],$$

$$\cdots,$$

$$I_n = \left[a + \frac{b_1}{10} + \frac{b_2}{10^2} + \cdots + \frac{b_n}{10^n}, a + \frac{b_1}{10} + \frac{b_2}{10^2} + \cdots + \frac{b_n + 1}{10^n}\right],$$

$$\cdots.$$

显然, $I_0 \supset I_1 \supset I_2 \supset \cdots \supset I_n \supset \cdots$, 而且 $|I_n| = 1/10^n \to 0 (n \to \infty)$. 于是根据闭区间

套定理,它确定唯一的一点,这点的坐标就是 x.

现在我们来讨论无穷个数如何相加的问题.形如

$$\sum_{n=1}^{\infty} a_n = a_1 + a_2 + \cdots + a_n + \cdots \tag{1}$$

的和式称为无穷级数,其中每个 $a_i(i\in\mathbf{N}^*)$都是实数.对任何有限的和,我们都能计算,但对无限项的和如何计算?合理的做法是先算出它的前 n 项的和

$$S_n = a_1 + a_2 + \cdots + a_n \quad (n \in \mathbf{N}^*),$$

由此构成的数列$\{S_n\}$称为式(1)的部分和数列.如果

$$\lim_{n\to\infty} S_n = S,$$

就称级数(1)是收敛的,S 称为级数(1)的和.如果数列$\{S_n\}$不收敛,就称级数(1)是发散的,级数(1)没有和.

例 2 告诉我们,级数

$$\sum_{n=1}^{\infty} \frac{1}{n} = 1 + \frac{1}{2} + \frac{1}{3} + \cdots \frac{1}{n} + \cdots$$

是发散的.例 3 告诉我们级数

$$\sum_{n=1}^{\infty} \frac{1}{n^{\alpha}} = 1 + \frac{1}{2^{\alpha}} + \frac{1}{3^{\alpha}} + \cdots + \frac{1}{n^{\alpha}} + \cdots$$

当 $\alpha>1$ 时是收敛的.

本教材第 14 章、第 15 章将对无穷级数有详细的讨论,这里只作些最基本的介绍,因为有一点关于无穷级数的知识,对以后的叙述将有许多方便.

练 习 题 1.5

1. 利用定理 1.5.1,证明下列数列极限存在:

(1) $x_n = \frac{10}{1}\cdot\frac{11}{3}\cdots\frac{n+9}{2n-1}$;

(2) $x_n = \left(1-\frac{1}{2}\right)\left(1-\frac{1}{3}\right)\cdots\left(1-\frac{1}{n+1}\right)$.

2. 设 $x_1=\sqrt{2}$,并定义 $x_{n+1}=\sqrt{2+x_n}\,(n=1,2,3,\cdots)$.求证:$\lim\limits_{n\to\infty} x_n$ 存在.

3. 求证:如果单调数列有一子列收敛,那么原数列也必收敛.

4. 设数列$\{a_n\}$满足 $0<a_n<1$,且有不等式$(1-a_n)a_{n+1}>1/4\,(n=1,2,3,\cdots)$.求证:$\lim\limits_{n\to\infty} a_n=1/2$.

(提示:因为有不等式

$$0 < a_n(1-a_n) \leqslant \frac{1}{4},$$

根据题设,得$(1-a_n)a_{n+1} > 1/4 \geqslant a_n(1-a_n)$,从而$\{a_n\}$严格递增.)

5. 求证:$a_n = (n!)^{1/n}$是递增数列.
6. 设$\{x_n\}$是一个非负的数列,满足

$$x_{n+1} \leqslant x_n + \frac{1}{n^2} \quad (n = 1,2,\cdots).$$

证明:$\{x_n\}$收敛.

问 题 1.5

1. 设 $c>0, a_1 = c/2, a_{n+1} = c/2 + a_n^2/2\ (n=1,2,\cdots)$. 证明:

$$\lim_{n\to\infty} a_n = \begin{cases} 1 - \sqrt{1-c}, & 0 < c \leqslant 1, \\ +\infty, & c > 1. \end{cases}$$

2. 设数列$\{u_n\}$定义如下:

$$u_1 = b,$$
$$u_{n+1} = u_n^2 + (1-2a)u_n + a^2 \quad (n = 1,2,\cdots).$$

问 a, b 为何值时$\{u_n\}$收敛? 极限值是什么?

3. 设 $A>0, 0<y_0<A^{-1}$,且

$$y_{n+1} = y_n(2 - Ay_n) \quad (n = 0,1,\cdots).$$

证明:$\lim\limits_{n\to\infty} y_n = A^{-1}$.

4. 设数列$\{a_n\}$由下式定义:

$$a_n = 2^{n-1} - 3a_{n-1} \quad (n = 1,2,\cdots).$$

求 a_0 所有可能的值,使得$\{a_n\}$是严格递增的.

1.6　自然对数的底 e

在中学里,我们已经知道,不只在数学里,而且在全部科学中,圆周率 π 是一个十分重要的常数. 现在我们来介绍另一个十分重要的常数:自然对数的底 e.

同时考察如下两个数列:

$$e_n = \left(1 + \frac{1}{n}\right)^n \quad (n \in \mathbf{N}^*),$$

$$s_n = 1 + \frac{1}{1!} + \frac{1}{2!} + \cdots + \frac{1}{n!} \quad (n \in \mathbf{N}^*).$$

显然,数列$\{s_n\}$是严格递增的,并且,由于

$$s_n \leqslant 1 + 1 + \frac{1}{2} + \frac{1}{2^2} + \cdots + \frac{1}{2^{n-1}} < 3,$$

即$\{s_n\}$有上界,所以 $s = \lim\limits_{n\to\infty} s_n$ 存在.

利用二项式展开,得

$$\begin{aligned} e_n &= 1 + \sum_{k=1}^{n} \binom{n}{k} \frac{1}{n^k} \\ &= 1 + \frac{1}{1!} + \frac{1}{2!}\left(1 - \frac{1}{n}\right) + \frac{1}{3!}\left(1 - \frac{1}{n}\right)\left(1 - \frac{2}{n}\right) \\ &\quad + \cdots + \frac{1}{n!}\left(1 - \frac{1}{n}\right)\left(1 - \frac{2}{n}\right)\cdots\left(1 - \frac{n-1}{n}\right), \end{aligned}$$

这里共有 $n+1$ 个加项.在 e_{n+1}的类似展开式中,将有 $n+2$ 个加项,在其中的最初 $n+1$ 个加项中每一项都不会小于 e_n 的相同位置上的项,而最后一个加项是一个正数.这就说明:对 $n \in \mathbf{N}^*$,有 $e_n < e_{n+1}$,即$\{e_n\}$也是一个严格递增的数列.此外,由 e_n 的展开式,可以看出

$$e_n \leqslant 1 + \frac{1}{1!} + \frac{1}{2!} + \cdots + \frac{1}{n!} = s_n < 3$$

对一切 $n \in \mathbf{N}^*$ 成立.这就证明了$\lim\limits_{n\to\infty} e_n$ 的存在性,记 $\mathrm{e} = \lim\limits_{n\to\infty} e_n$,从而得知 $\mathrm{e} \leqslant s$.

另一方面,当 $n \geqslant m$ 时,有

$$e_n \geqslant 1 + \frac{1}{1!} + \frac{1}{2!}\left(1 - \frac{1}{n}\right) + \cdots + \frac{1}{m!}\left(1 - \frac{1}{n}\right)\cdots\left(1 - \frac{m-1}{n}\right).$$

把 $m \in \mathbf{N}^*$ 暂时地固定,同时令 $n \to \infty$,由上式,知

$$\mathrm{e} \geqslant 1 + \frac{1}{1!} + \frac{1}{2!} + \cdots + \frac{1}{m!}.$$

这时再令 $m \to \infty$,得出 $\mathrm{e} \geqslant s$.于是我们证明了 $\mathrm{e} = s$.以 e 作为底而作成的对数称为**自然对数**.为了与大家已经习惯了的以 10 为底的对数符号 lg 区别开来,自然对数符号记作 ln.在本书中,除了少数显著申明了的情形,我们谈到“对数”都是指自然对数.其中的理由到第 3 章便可明白.

我们已经证明,数列$\{e_n\}$与$\{s_n\}$都递增地收敛于 e.这两个事实都有理论上的意义.从计算来看,使用极限

$$\lim_{n\to\infty}\left(1 + \frac{1}{1!} + \frac{1}{2!} + \cdots + \frac{1}{n!}\right) = \mathrm{e}$$

更为有利. 我们取充分大的 n, 用 s_n 作为 e 的近似值. 由于

$$s_{n+1}=s_n+\frac{1}{(n+1)!}=s_n+\frac{1}{n!}\cdot\frac{1}{n+1},$$

在计算 s_{n+1} 的时候, 就能充分地利用上面已经算出的 s_n 的数值, 并且只需多作一次除法运算(除以 $n+1$). 我们利用计算器, 很容易对 $n\leqslant 10$ 算出 s_n 到小数点后 7 位小数. 例如

$$s_8=2.7182787,\quad s_9=2.7182815,\quad s_{10}=2.7182818.$$

由这种近似所产生的误差, 可以用下面的方法来作估计: 由于

$$\begin{aligned}0&<s_{n+m}-s_n\\&=\frac{1}{(n+1)!}+\frac{1}{(n+2)!}+\cdots+\frac{1}{(n+m)!}\\&=\frac{1}{(n+1)!}\left[1+\frac{1}{n+2}+\cdots+\frac{1}{(n+2)\cdots(n+m)}\right]\\&<\frac{1}{(n+1)!}\left[1+\frac{1}{n+1}+\left(\frac{1}{n+1}\right)^2+\cdots+\left(\frac{1}{n+1}\right)^{m-1}\right]\\&<\frac{1}{(n+1)!}\cdot\frac{1}{1-\frac{1}{n+1}}=\frac{1}{n!n},\end{aligned}$$

令 $m\to\infty$, 得到

$$0<\mathrm{e}-s_n\leqslant\frac{1}{n!n}\quad(n\in\mathbf{N}^*).\tag{1}$$

因此, 用 s_{10} 来逼近 e 所产生的误差将小于 10^{-7}. 特别地, 我们看到 $\mathrm{e}<3$.

我们来证明下面的定理:

定理 1.6.1 自然对数的底 e 是无理数.

证明 用反证法. 假设 $\mathrm{e}=p/q$, 其中 $p,q\in\mathbf{N}^*$. 由于 $2<\mathrm{e}<3$, 可见 e 不是正整数, 因此 $q\geqslant 2$. 由式(1), 可得

$$0<q!(\mathrm{e}-s_q)\leqslant\frac{1}{q}\leqslant\frac{1}{2}.\tag{2}$$

但是

$$q!(\mathrm{e}-s_q)=(q-1)!p-q!\left(1+1+\frac{1}{2!}+\cdots+\frac{1}{q!}\right)$$

是整数, 这与式(2)矛盾! □

通过上述讨论, 我们看到, 数列 $\{e_n\}$ 与 $\{s_n\}$ 的各项都是有理数, 但是它们的极限却是无理数. 我们又一次看到了在全体有理数中添加无理数的必要性. 如果不这样做, 极限运算就无法进行.

从$\lim\limits_{n\to\infty}(1+1/n)^n=\mathrm{e}$,很容易得到

$$\begin{aligned}\lim_{n\to\infty}\left(1-\frac{1}{n}\right)^n &= \lim_{n\to\infty}\left(\frac{n-1}{n}\right)^n\\ &= \lim_{n\to\infty}\frac{1}{\left(1+\dfrac{1}{n-1}\right)^{n-1}\left(1+\dfrac{1}{n-1}\right)} = \frac{1}{\mathrm{e}},\end{aligned}$$

$$\begin{aligned}\lim_{n\to\infty}\left(1+\frac{2}{n}\right)^n &= \lim_{n\to\infty}\left(\frac{n+2}{n}\right)^n\\ &= \lim_{n\to\infty}\left(\frac{n+2}{n+1}\right)^n\left(\frac{n+1}{n}\right)^n\\ &= \lim_{n\to\infty}\left(1+\frac{1}{n+1}\right)^{n+1}\left(1+\frac{1}{n+1}\right)^{-1}\left(1+\frac{1}{n}\right)^n\\ &= \mathrm{e}^2.\end{aligned}$$

练 习 题 1.6

1. 求下列极限:

(1) $\lim\limits_{n\to\infty}\left(1+\dfrac{1}{n-2}\right)^n$; (2) $\lim\limits_{n\to\infty}\left(1-\dfrac{1}{n+3}\right)^n$;

(3) $\lim\limits_{n\to\infty}\left(\dfrac{1+n}{2+n}\right)^n$; (4) $\lim\limits_{n\to\infty}\left(1+\dfrac{3}{n}\right)^n$;

(5) $\lim\limits_{n\to\infty}\left(1+\dfrac{1}{2n^2}\right)^{4n^2}$.

2. 设 $k\in\mathbf{N}^*$.求证:

$$\lim_{n\to\infty}\left(1+\frac{k}{n}\right)^n=\mathrm{e}^k.$$

3. 求证:数列$\{(1+1/n)^n\}$是严格递增数列.

(提示:用几何平均-算术平均不等式

$$\left(1+\frac{1}{n}\right)^n=1\cdot\underbrace{\left(1+\frac{1}{n}\right)\cdots\left(1+\frac{1}{n}\right)}_{n\text{个}}<\left(\frac{1+n(1+1/n)}{n+1}\right)^{n+1}.)$$

4. 求证:数列$\{(1+1/n)^{n+1}\}$是严格递减数列.

(提示:$\left(\dfrac{n}{n+1}\right)^{n+1}=1\cdot\underbrace{\left(\dfrac{n}{n+1}\right)\cdots\left(\dfrac{n}{n+1}\right)}_{n+1\text{个}}<\left(\dfrac{1+(n+1)n/(n+1)}{n+2}\right)^{n+2}$).

5. 证明不等式:

$$\left(1+\frac{1}{n}\right)^n<\mathrm{e}<\left(1+\frac{1}{n}\right)^{n+1}\quad(n\in\mathbf{N}^*).$$

6. 利用对数函数 $\ln x$ 的严格递增性质,证明:

$$\frac{1}{n+1}<\ln\left(1+\frac{1}{n}\right)<\frac{1}{n}$$

对一切 $n\in\mathbf{N}^*$ 成立.

7. 设 $n\in\mathbf{N}^*$ 且 $k=1,2,\cdots$. 证明不等式:

$$\frac{k}{n+k}<\ln\left(1+\frac{k}{n}\right)<\frac{k}{n}.$$

8. 对 $n\in\mathbf{N}^*$,求证:

$$\frac{1}{2}+\frac{1}{3}+\cdots+\frac{1}{n+1}<\ln(n+1)<1+\frac{1}{2}+\cdots+\frac{1}{n}.$$

9. 令

$$x_n=1+\frac{1}{2}+\cdots+\frac{1}{n}-\ln(n+1)\quad(n\in\mathbf{N}^*).$$

证明:$\lim\limits_{n\to\infty}x_n$ 存在,此极限常记为 γ,叫作 Euler(欧拉,1707~1783)常数.

10. 利用第9题,证明:

$$1+\frac{1}{2}+\frac{1}{3}+\cdots+\frac{1}{n}=\ln n+\gamma+\varepsilon_n,$$

其中 $\lim\limits_{n\to\infty}\varepsilon_n=0$.

11. 证明不等式:

$$\left(\frac{n+1}{\mathrm{e}}\right)^n<n!<\mathrm{e}\left(\frac{n+1}{\mathrm{e}}\right)^{n+1}.$$

12. 证明:

$$\lim_{n\to\infty}\frac{(n!)^{1/n}}{n}=\frac{1}{\mathrm{e}}.$$

13. 求证:

$$\mathrm{e}=1+\frac{1}{1!}+\frac{1}{2!}+\cdots+\frac{1}{n!}+\frac{\theta_n}{n!n},$$

其中 $\theta_n\in(n/(n+1),1)$.

14. 求极限 $\lim\limits_{n\to\infty}(n!\ \mathrm{e}-[n!\ \mathrm{e}])$.

15. 求极限 $\lim\limits_{n\to\infty}\left(\frac{1}{n+1}+\frac{1}{n+2}+\cdots+\frac{1}{n+n}\right)$.

16. 设 $x_n=\left(1+\frac{1}{2}\right)\left(1+\frac{1}{2^2}\right)\cdots\left(1+\frac{1}{2^n}\right)$. 证明:$\lim\limits_{n\to\infty}x_n$ 存在.

问 题 1.6

1. 求证:当 $n\geqslant 3$ 时,有不等式

$$\sum_{k=1}^{n}\frac{1}{k!}-\frac{3}{2n}<\left(1+\frac{1}{n}\right)^{n}<\sum_{k=1}^{n}\frac{1}{k!}.$$

2. 求证等式：

$$1+\frac{1}{3}+\frac{1}{5}+\cdots+\frac{1}{2n-1}=\ln 2\sqrt{n}+\frac{\gamma}{2}+\varepsilon_n,$$

其中 γ 是 Euler 常数，$\lim\limits_{n\to\infty}\varepsilon_n=0$.

3. 求极限

$$\lim_{n\to\infty}\left(1+\frac{1}{n^2}\right)\left(1+\frac{2}{n^2}\right)\cdots\left(1+\frac{n}{n^2}\right).$$

4. 记 $H_n=1+\frac{1}{2}+\cdots+\frac{1}{n}\ (n=1,2,\cdots)$，用 k_n 表示使得 $H_k\geqslant n$ 的最小下标. 证明：

$$\lim_{n\to\infty}\frac{k_{n+1}}{k_n}=\mathrm{e}.$$

5. 设 $s_n=1+2^2+3^3+\cdots+n^n$. 求证：当 $n\geqslant 3$ 时，有

$$n^n\left(1+\frac{1}{4(n-1)}\right)<s_n<n^n\left(1+\frac{2}{\mathrm{e}(n-1)}\right).$$

1.7 基本列和 Cauchy 收敛原理

在本节中，我们来推导一般的数列收敛的充分必要条件，而不再限于单调数列.

定义 1.7.1 设 $\{a_n\}$ 是一实数列. 对任意给定的 $\varepsilon>0$，若存在 $N\in\mathbf{N}^*$，使得当 $m,n\in\mathbf{N}^*$ 且 $m,n>N$ 时，有

$$|a_m-a_n|<\varepsilon,$$

则称数列 $\{a_n\}$ 是一个**基本列**或 Cauchy（柯西，1789～1857）列.

粗略地说，基本列的特征是：只要数列中两个项充分地靠后，而不论它们的相对位置如何，它们之差的绝对值便可以小到事先任意给定的程度.

在定义 1.7.1 中，显然只需考虑 $m>n$ 的情形. 我们可以令 $m=n+p$. 这样一来，基本列的定义可以等价地叙述为：对任意给定的 $\varepsilon>0$，若存在 $N\in\mathbf{N}^*$，使得当 $n>N$ 时，

$$|a_{n+p}-a_n|<\varepsilon$$

对一切 $p\in\mathbf{N}^*$ 成立，则数列 $\{a_n\}$ 叫作**基本列**.

我们先来看几个例子.

例1　设$|q|<1$.求证:$\{q^n\}$是基本列.

证明　1.2节中的例3告诉我们,当$|q|<1$时,$\{q^n\}$是无穷小.对任意给定的$\varepsilon>0$,存在$N\in\mathbf{N}^*$,当$n>N$时,有$|q|^n<\varepsilon/2$.因此,当$n>N$时,

$$|q^n-q^{n+p}|=|q|^n|1-q^p|\leqslant(1+|q|^p)|q|^n\leqslant 2|q|^n<\varepsilon$$

对任何$p\in\mathbf{N}^*$成立,从而$\{q^n\}$是基本列. □

例2　求证:$\{(-1)^n\}$不是基本列.

证明　对$\varepsilon_0=1$及一切$n\in\mathbf{N}^*$,总有

$$|(-1)^{n+1}-(-1)^n|=|(-1)^n||-1-1|=2>1,$$

因此$\{(-1)^n\}$不是基本列. □

例3　设$a_n=1+\frac{1}{2^2}+\cdots+\frac{1}{n^2}$.求证:$\{a_n\}$是基本列.

证明　对任何$p\in\mathbf{N}^*$,有

$$\begin{aligned}0&<a_{n+p}-a_n\\&=\frac{1}{(n+1)^2}+\frac{1}{(n+2)^2}+\cdots+\frac{1}{(n+p)^2}\\&<\frac{1}{n(n+1)}+\frac{1}{(n+1)(n+2)}+\cdots+\frac{1}{(n+p-1)(n+p)}\\&=\left(\frac{1}{n}-\frac{1}{n+1}\right)+\left(\frac{1}{n+1}-\frac{1}{n+2}\right)+\cdots+\left(\frac{1}{n+p-1}-\frac{1}{n+p}\right)\\&=\frac{1}{n}-\frac{1}{n+p}<\frac{1}{n}<\varepsilon,\end{aligned}$$

因此只需$n>N=[1/\varepsilon]+1$,即知$\{a_n\}$是基本列. □

例4　当$\alpha\leqslant 1$时,设$a_n=1+\frac{1}{2^\alpha}+\cdots+\frac{1}{n^\alpha}$.求证:$\{a_n\}$不是基本列.

证明　我们总有

$$\begin{aligned}a_{n+p}-a_n&=\frac{1}{(n+1)^\alpha}+\cdots+\frac{1}{(n+p)^\alpha}\\&\geqslant\frac{1}{n+1}+\frac{1}{n+2}+\cdots+\frac{1}{n+p}\geqslant\frac{p}{n+p}.\end{aligned}$$

由此可见,对$n\in\mathbf{N}^*$,有

$$a_{2n}-a_n\geqslant\frac{n}{n+n}=\frac{1}{2},$$

因而$\{a_n\}$不是基本列. □

本节中心的议题是要证明:一个数列是收敛数列的充分必要条件是,它是基本

列.为此,我们需做一些预备工作.

引理 1.7.1 从任一数列中必可取出一个单调子列.

证明 先引入一个定义:如果数列中的一项大于这个项之后的所有各项,则称这一项是一个"龙头".分两种情况来讨论.

情况(a) 如果在数列中存在着无穷多个"龙头",那么把这些可作"龙头"的项依次取下来,显然将得到一个严格递减的数列.

情况(b) 设在此数列中只有有限多个项可作"龙头".这时取出最后一个"龙头"的下一项,记作 a_{i_1}.由于 a_{i_1} 不是"龙头",在它的后边必有一项 $a_{i_2}(i_2>i_1)$满足 $a_{i_1}\leqslant a_{i_2}$;因 a_{i_2} 也不是"龙头",在它的后边也必可找到一项 $a_{i_3}(i_3>i_2)$,使得 $a_{i_3}\geqslant a_{i_2}$.如此进行下去,就得到子列$\{a_{i_n}\}$,它显然是一个递增的子列. □

定理 1.7.1(列紧性定理) 从任何有界的数列中必可选出一个收敛的子列.

此定理也称作 Bolzano(波尔查诺,1781～1848)-Weierstrass(魏尔斯特拉斯,1815～1897)定理.

证明 设$\{a_n\}$是一个有界的数列.根据引理 1.7.1,从中可以取出一个单调子列$\{a_{i_n}\}$,这个子列当然也是有界的.利用定理 1.5.1,得知$\{a_{i_n}\}$是一个收敛数列. □

现在来证明本节的主要定理.

定理 1.7.2 一个数列收敛的充分必要条件是,它是基本列.

证明 必要性.设$\{a_n\}$是一个收敛数列,其极限记作 a.因此,对任意给定的 $\varepsilon>0$,存在正整数 N,当 $n>N$ 时,有

$$|a_n-a|<\frac{\varepsilon}{2}.$$

当 $m,n\in\mathbf{N}^*$,且 $m,n>N$ 时,可得

$$\begin{aligned}|a_n-a_m|&=|a_n-a+a-a_m|\\&\leqslant|a_n-a|+|a-a_m|<\frac{\varepsilon}{2}+\frac{\varepsilon}{2}=\varepsilon.\end{aligned}$$

这表明$\{a_n\}$是一个基本列.

充分性.设$\{a_n\}$是一个基本列.首先证明基本列必是有界的.对 $\varepsilon_0=1$ 而言,可以取出一个 $N\in\mathbf{N}^*$,且当 $n>N$ 时,有

$$|a_n-a_{N+1}|<\varepsilon_0=1.$$

由此知

$$|a_n|\leqslant|a_n-a_{N+1}|+|a_{N+1}|<1+|a_{N+1}|.$$

再令

$$M = \max(|a_1|, |a_2|, \cdots, |a_N|, |a_{N+1}| + 1),$$

可见$|a_n| \leqslant M$对一切$n \in \mathbf{N}^*$成立.因此,$\{a_n\}$是有界数列.

根据定理1.7.1,从有界数列$\{a_n\}$中可选出一个收敛的子列$\{a_{i_n}\}$,设$a_{i_n} \to a$ $(n \to \infty)$.我们来证明这个a也是数列$\{a_n\}$的极限.由于$\{a_n\}$是基本列,对任给的$\varepsilon > 0$,存在一个$N_1 \in \mathbf{N}^*$,使得当$m, n > N_1$时,都有$|a_m - a_n| < \varepsilon/2$.又因$\lim\limits_{n \to \infty} a_{i_n} = a$,对任给的$\varepsilon > 0$,存在$N_2 \in \mathbf{N}^*$,当$n > N_2$时,$|a_{i_n} - a| < \varepsilon/2$.现取$N = \max(N_1, N_2)$,当$n > N$时,有

$$|a_n - a| \leqslant |a_n - a_{i_n}| + |a_{i_n} - a| < \frac{\varepsilon}{2} + \frac{\varepsilon}{2} = \varepsilon,$$

这正说明$\lim\limits_{n \to \infty} a_n = a$. □

定理1.7.2又称为数列的**Cauchy收敛原理**,是一个在理论上非常重要的定理,在数学分析的全部内容中,有着各式各样的表述.它告诉我们,当我们来判断一个数列是否收敛时,只需通过数列的自身,而无须求助于另外的数.还应指出的是,Bolzano-Weierstrass定理和Cauchy收敛原理是实数系统连续性的另外两种表现形式.

练习题 1.7

1. 对任意给定的$\varepsilon > 0$,存在$N \in \mathbf{N}^*$,当$n > N$时,有

$$|a_n - a_N| < \varepsilon.$$

问$\{a_n\}$是不是基本列?

2. (1) 数列$\{a_n\}$满足

$$|a_{n+p} - a_n| \leqslant \frac{p}{n},$$

且对一切$n, p \in \mathbf{N}^*$成立.问$\{a_n\}$是不是基本列?

(2) 当$|a_{n+p} - a_n| \leqslant p/n^2$时,上述结论又如何?

3. 证明下列数列收敛:

(1) $a_n = 1 - \dfrac{1}{2^2} + \dfrac{1}{3^2} - \cdots + (-1)^{n-1}\dfrac{1}{n^2}$ $(n \in \mathbf{N}^*)$;

(2) $b_n = a_0 + a_1 q + \cdots + a_n q^n$ $(n \in \mathbf{N}^*)$,其中$\{a_0, a_1, a_2, \cdots\}$为一有界数列,$|q| < 1$;

(3) $a_n = \sin x + \dfrac{\sin 2x}{2^2} + \cdots + \dfrac{\sin nx}{n^2}$ $(n \in \mathbf{N}^*, x \in \mathbf{R})$;

(4) $a_n = \dfrac{\sin 2x}{2(2 + \sin 2x)} + \dfrac{\sin 3x}{3(3 + \sin 3x)} + \cdots + \dfrac{\sin nx}{n(n + \sin nx)}$ $(n \in \mathbf{N}^*, x \in \mathbf{R})$.

4. 设数列

$$\{|a_2-a_1|+|a_3-a_2|+\cdots+|a_n-a_{n-1}|\}$$

有界. 求证:$\{a_n\}$收敛.

5. 用精确语言表述"数列$\{a_n\}$不是基本列".

6. 设 $a_n\in[a,b](n\in\mathbf{N}^*)$. 证明:如果$\{a_n\}$发散,则$\{a_n\}$必有两个子列收敛于不同的数.

1.8 上确界和下确界

设 E 是一个由实数组成的集合. 如果存在一个实数 A,使得对任何 $x\in E$,有 $x\geqslant A$,那么称 A 是 E 的一个**下界**;如果存在一个实数 B,使得对任何 $x\in E$,有 $x\leqslant B$,那么称 B 是 E 的一个**上界**. 如果集合 E 既有下界又有上界,那么称 E 为**有界集**. 很明显,当 E 中的元素个数有限时,E 是一个有界集合,这时 E 中既有最大的数,也有最小的数. 当 E 的元素无限时,例如 $E=(0,1)$时,E 是有界集,但 E 中没有最大的数,也没有最小的数.

设 E 是一个非空的有上界的集合,B 是 E 的一个上界. 很显然,一切不小于 B 的实数都是 E 的上界. 这说明,E 的全体上界组成的集合是一个无限集合. 这个无限集合中,有没有最小的数呢? 回答是肯定的,这就是所谓的"确界原理". 这个原理同样也是实数连续性的一种表现.

定义 1.8.1 设 E 为一非空的有上界的集合,实数 β 满足以下两个条件:

(1) 对任何 $x\in E$,有 $x\leqslant\beta$;

(2) 对任意给定的 $\varepsilon>0$,必可找到一个 $x_\varepsilon\in E$,使得 $x_\varepsilon>\beta-\varepsilon$.

这时,称 β 为集合 E 的**上确界**,记为 $\beta=\sup E$.

由(1)与(2)可见,E 的上确界 β 是 E 的最小上界.

类似地,可给出:

定义 1.8.2 设 E 为一非空的有下界的集合,实数 α 满足以下两个条件:

(1) 对任何 $x\in E$,有 $x\geqslant\alpha$;

(2) 对任意给定的 $\varepsilon>0$,必可找到一个 $y_\varepsilon\in E$,使得 $y_\varepsilon<\alpha+\varepsilon$.

这时,称 α 为集合 E 的**下确界**,记为 $\alpha=\inf E$.

同理可知,E 的下确界是 E 的最大下界.

例如

$$\inf(0,1)=0, \qquad \sup(0,1)=1,$$

$$\inf\left\{\frac{1}{n}:n\in\mathbf{N}^*\right\}=0, \qquad \sup\left\{\frac{1}{n}:n\in\mathbf{N}^*\right\}=1,$$

$$\inf\{\arctan x:x\in\mathbf{R}\}=-\frac{\pi}{2}, \qquad \sup\{\arctan x:x\in\mathbf{R}\}=\frac{\pi}{2}.$$

由这些例子可见,对集合 $E=(0,1)$,它的下确界和上确界都不在 E 中;对集合 $E=\{\arctan x:x\in\mathbf{R}\}$,也是如此;对 $E=\{1/n:n\in\mathbf{N}^*\}$,其下确界不属于 E,但上确界属于 E.

显然,若集合 E 中有最大(最小)数 a,那么 $\sup E\,(\inf E)=a$.

我们有下面重要的定理:

定理 1.8.1 非空的有上界的集合必有上确界;非空的有下界的集合必有下确界.

证明 我们先证明第一个论断.

设非空集合 E 有一个上界 γ.任取一点 $x\in E$,很显然,E 的最小上界应该在 $[x,\gamma]$ 中寻找.我们记 $a_1=x$,$b_1=\gamma$.用 $[a_1,b_1]$ 的中点 $(a_1+b_1)/2$ 把这个区间一分为二,先看右边那个闭区间中有没有 E 中的点,若有 E 中的点,将这个区间记为 $[a_2,b_2]$,否则将左边那个区间记为 $[a_2,b_2]$.接着再把 $[a_2,b_2]$ 用其中点一分为二,先看右边那个小区间,若其中有 E 中的点,把它记为 $[a_3,b_3]$,否则把左边那个小区间记作 $[a_3,b_3]$.如此这般继续下去,我们得出了一列闭区间套 $I_n=[a_n,b_n]$ $(n\in\mathbf{N}^*)$,$I_1\supset I_2\supset I_3\supset\cdots$,并且 $|I_n|=(\gamma-x)/2^{n-1}$ $(n\in\mathbf{N}^*)$.这个区间套的其他两个重要的特征是:

(a) 在 I_n 右端点的右边再也没有 E 中的点;

(b) I_n 总包含着 E 中的点,这里 $n=1,2,\cdots$.

根据闭区间套定理,存在唯一的实数 β,使得 $\beta\in\bigcap\limits_{n=1}^{\infty}I_n$.我们来证明 $\beta=\sup E$.

注意,$\lim\limits_{n\to\infty}a_n=\lim\limits_{n\to\infty}b_n=\beta$.任取 $c\in E$,由性质(a)可知:对一切 $n\in\mathbf{N}^*$,有 $c\leqslant b_n$,令 $n\to\infty$,便得到 $c\leqslant\beta$.这表明 β 是 E 的一个上界.由于 $\lim\limits_{n\to\infty}a_n=\beta$,故对任给的 $\varepsilon>0$,存在一个 $N\in\mathbf{N}^*$,使得 $\beta-\varepsilon<a_N$.在区间 I_N 中,依性质(b),一定有 E 中的一点,记为 d.因此 $d\geqslant a_N>\beta-\varepsilon$,这表明 β 是 E 的最小上界.

第二个论断可以通过第一个论断来证明.设 E 有下界 m,即对每一个 $x\in E$,有 $x\geqslant m$.现定义 $F=\{-x:x\in E\}$,则因 $x\geqslant m$,所以 $-x\leqslant -m$,即 $-m$ 是集合 F 的一个上界,根据第一个论断,F 有上确界,记 $\beta=\sup F$.我们去证明 $-\beta=\inf E$.为此,取 $x\in E$,则 $-x\in F$,$-x\leqslant\beta$,故 $x\geqslant -\beta$,即 $-\beta$ 是 E 的一个下界.为证明

$-\beta$是E的最大下界,任取$\varepsilon>0$,要证明存在$y_\varepsilon\in E$,使得$y_\varepsilon<-\beta+\varepsilon$.由于$\beta=\sup F$,所以存在$x_\varepsilon\in F$,使得$x_\varepsilon>\beta-\varepsilon$,$-x_\varepsilon<-\beta+\varepsilon$.记$y_\varepsilon=-x_\varepsilon\in E$,则有$y_\varepsilon<-\beta+\varepsilon$,故$-\beta=\inf E$. □

若记$F=-E$,则上面证明了

$$-\sup(-E)=\inf E\quad \text{或}\quad \sup(-E)=-\inf E.$$

这一性质在下面的讨论中要多次用到.

定理 1.8.1 也称为**确界原理**,它也是实数连续性的一种表现形式.有了确界原理,我们便可以很容易地证明“单调有界数列必有极限”,即定理 1.5.1.事实上,设$\{a_n\}$是一个递增数列,且有上界.由确界原理,知$a=\sup a_n$是存在的.一方面,$a\geqslant a_n$对一切$n\in\mathbf{N}^*$成立;另一方面,对任给的$\varepsilon>0$,一定有一个$a_N(N\in\mathbf{N}^*)$,使得$a-\varepsilon<a_N$.由数列的递增性质,$a_n\geqslant a_N>a-\varepsilon$对$n\geqslant N$成立,即

$$0\leqslant a-a_n<\varepsilon$$

对$n\geqslant N$成立,这正是$\lim\limits_{n\to\infty}a_n=a$.

上面只对有界的集合定义了上确界和下确界.如果E是一个没有上界的集合,我们定义

$$\sup E=+\infty;$$

如果E没有下界,则规定

$$\inf E=-\infty.$$

当E是一个数列时,$\sup E=+\infty$等价于从这个数列中可取出一个趋向于$+\infty$的子列;$\inf E=-\infty$等价于从中可以取出一个趋于$-\infty$的子列.

练 习 题 1.8

1. 指出下列数集的下确界和上确界:

   (1) $\{-1,0,3,8,9,12\}$;　　(2) $\{1/n:n\in\mathbf{N}^*\}$;

   (3) $\{\sqrt{n}:n\in\mathbf{N}^*\}$;　　(4) $\left\{\sin\dfrac{\pi}{n}:n\in\mathbf{N}^*\right\}$;

   (5) $\{x:x^2-2x-3<0\}$;　　(6) $\{x:|\ln x|<1\}$.

2. 求数列$\{(1+1/n)^n:n\in\mathbf{N}^*\}$和$\{(1+1/n)^{n+1}:n\in\mathbf{N}^*\}$的下确界和上确界.

3. 求数列$\{n^{1/n}:n\in\mathbf{N}^*\}$的下确界和上确界.

4. 设在数列$\{a_n:n\in\mathbf{N}^*\}$中,既没有最小值,也没有最大值.求证:数列$\{a_n\}$发散.

5. 试用定理 1.8.1 证明中使用的“二分法”,证明定理 1.7.1(Bolzano-Weierstrass 定理).

1.9　有限覆盖定理

在这里，我们介绍与实数的连续性等价的最后一个命题. 为此，需要引入一些定义.

定义 1.9.1　如果 A 是实数集，$\mathscr{I}=\{I_\lambda\}$是一个开区间族，其中 $\lambda\in\Lambda$，这里的 Λ 称为指标集. 如果

$$A\subset\bigcup_{\lambda\in\Lambda}I_\lambda,$$

称开区间族$\{I_\lambda\}$是 A 的一个**开覆盖**，或者说$\{I_\lambda\}$盖住了 A.

$\mathscr{I}=\{I_\lambda\}$是 A 的开覆盖也可以等价地叙述为：任取 $a\in A$，总有 $\mathscr{I}$ 中的一个成员，记为 $I_{\lambda(a)}$，使得 $a\in I_{\lambda(a)}$.

定理 1.9.1（紧致性定理）　设$[a,b]$是一个有限闭区间，并且它有一个开覆盖$\{I_\lambda\}$，那么从这个开区间族中必可选出有限个成员（开区间）来，这有限个开区间所成的族仍是$[a,b]$的开覆盖.

这个定理常称为**有限覆盖定理**，也叫作 **Heine**（海涅，1821～1881）**-Borel**（博雷尔，1871～1956）**定理**.

证明　用反证法. 假如定理的结论不成立，也就是说，$\{I_\lambda\}$中任意有限个区间都不能覆盖$[a,b]$. 我们用证明定理 1.8.1 的所谓"二分法"来导出矛盾. 记 $a=a_1,b=b_1$，用$[a_1,b_1]$的中点$(a_1+b_1)/2$ 把这个区间一分为二：

$$\left[a_1,\frac{a_1+b_1}{2}\right],\quad\left[\frac{a_1+b_1}{2},b_1\right].$$

显然，这两个区间中至少有一个不能被$\{I_\lambda\}$中的有限个区间所覆盖，否则，$[a_1,b_1]$就能被$\{I_\lambda\}$中的有限个区间所覆盖. 把那个不能被$\{I_\lambda\}$中有限个区间所覆盖的区间记为$[a_2,b_2]$，再把$[a_2,b_2]$一分为二：

$$\left[a_2,\frac{a_2+b_2}{2}\right],\quad\left[\frac{a_2+b_2}{2},b_2\right].$$

同理，其中必有一个不能被$\{I_\lambda\}$中的有限个区间所覆盖，把它记为$[a_3,b_3]$. 如此可以无限继续下去，得到一列区间$\{[a_n,b_n]\}(n=1,2,\cdots)$，它们具有下列性质：

(a) $[a_{n+1},b_{n+1}]\subset[a_n,b_n](n=1,2,\cdots)$；

(b) $b_n-a_n=\frac{1}{2^{n-1}}(b_1-a_1)\to0(n\to\infty)$；

(c) 每个$[a_n,b_n]$都不能被$\{I_\lambda\}$中的有限个区间所覆盖.

从(a),(b)两条性质知道,$\{[a_n,b_n]\}$满足闭区间套定理的条件,因而存在唯一的 $\eta\in[a_n,b_n]$($n=1,2,\cdots$),且

$$\lim_{n\to\infty} a_n = \lim_{n\to\infty} b_n = \eta. \tag{1}$$

因为 $\eta\in[a_1,b_1]=[a,b]$,而$\{I_\lambda\}$是$[a,b]$的开覆盖,故$\{I_\lambda\}$中必有区间(α,β),使得 $\eta\in(\alpha,\beta)$.记

$$\varepsilon = \min(\eta-\alpha,\beta-\eta).$$

从式(1)可知,必有正整数 N_1,N_2,使得当 $n>N_1$ 时,$|a_n-\eta|<\varepsilon$;当 $n>N_2$ 时,$|b_n-\eta|<\varepsilon$.因此当 $n>N=\max(N_1,N_2)$时,有

$$\alpha \leqslant \eta-\varepsilon < a_n < b_n < \eta+\varepsilon \leqslant \beta.$$

这就是说$[a_n,b_n]\subset(\alpha,\beta)$,即$\{I_\lambda\}$中一个区间就覆盖了$[a_n,b_n]$,这与性质(c)矛盾. □

必须指出,在定理 1.9.1 中,若把有限闭区间换成开区间或无穷区间,结论就不再成立.例如,$\{(1/n,1)\}$($n=2,3,\cdots$)是开区间$(0,1)$的一个开覆盖,但不可能从中选出有限个来覆盖$(0,1)$;$\{(0,n)\}$($n=1,2,\cdots$)是无穷区间$(1,+\infty)$的一个开覆盖,从中也选不出有限个来覆盖$(1,+\infty)$.

至此,我们已经介绍了六条定理,即"单调且有界的数列一定有极限"(定理 1.5.1)、闭区间套定理(定理 1.5.2)、Bolzano-Weierstrass 定理(定理 1.7.1)、Cauchy 收敛原理(定理 1.7.2)、确界原理(定理 1.8.1)以及有限覆盖定理(定理 1.9.1),这六条定理都是实数系统连续的等价陈述,从其中的任一条定理都可推导出其他定理.若不将无理数添加到有理数上而组成实数系统,这些定理就不再成立.

上面的讨论说明,将无理数添加到有理数上而组成实数系统是非常重要的,但实数系统仍然有它的不足之处,因为最简单的二次代数方程式 $x^2+1=0$ 在实数系统中没有解.这正像极限

$$\lim_{n\to\infty}\left(1+\frac{1}{1!}+\frac{1}{2!}+\cdots+\frac{1}{n!}\right)$$

在有理数系统中不存在那样给我们带来不便.因此,有必要在实数系统之上添加虚数单位 i 以构成复数系统,发展出一套在理论上和应用上都十分重要的复数域上的微积分学,这就是我们将来要学习的"复分析"课程的内容.复分析是建立在我们正开始学习的实数域上的微积分理论的基础上的.

问 题 1.9

1. 设开区间族$\{I_\lambda\}$是有限闭区间$[a,b]$的一个开覆盖，则必存在$\sigma>0$，使得只要区间$A\subset[a,b]$且A的长度$|A|<\sigma$，就必有$\{I_\lambda\}$中的一个区间包含A. 其中σ称为 Lebesgue(勒贝格，1875～1941)数.
2. 试利用上述结论，证明有限覆盖定理.

1.10　上极限和下极限

考察任意给定的数列$\{a_n\}$. 如果它收敛于一个有穷的极限，那么它的任一子列都收敛于这个极限. 如果它不收敛于一个有穷的极限，但是有界，按照 Bolzano-Weierstrass 定理，从中可以找出一个收敛的子列. 如果$\{a_n\}$无界，那么总可以找到一个子列趋向于$-\infty$或$+\infty$.

我们把数列$\{a_n\}$的收敛子列$\{a_{k_n}\}$的极限称为$\{a_n\}$的一个极限点. 对收敛数列而言，极限点只有一个，即它的极限. 对发散数列而言，如果它有界，则它可以有若干个甚至无穷多个极限点；如果它无界，则除了有限的极限点外，它还可以以$+\infty$或$-\infty$为其极限点.

定义 1.10.1　设$\{a_n\}$是一个数列，E是由$\{a_n\}$的全部极限点构成的集合. 记

$$a^* = \sup E, \quad a_* = \inf E,$$

则a^*和a_*分别称为数列$\{a_n\}$的**上极限**和**下极限**，记为

$$a^* = \limsup_{n\to\infty} a_n, \quad a_* = \liminf_{n\to\infty} a_n.$$

例 1　考察数列

$$a_n = \frac{(-1)^n}{1+1/n} \quad (n = 1,2,3,\cdots).$$

由于

$$a_{2n} = \left(1+\frac{1}{2n}\right)^{-1} \to 1 \quad (n\to\infty),$$

$$a_{2n-1} = -\left(1+\frac{1}{2n-1}\right)^{-1} \to -1 \quad (n\to\infty),$$

所以 $E=\{-1,1\}$，从而

$$\lim_{n\to\infty}\inf a_n=-1,\quad \lim_{n\to\infty}\sup a_n=1.$$ □

当 E 是一个无穷集合时，就产生一个问题：$a^*=\sup E$ 或 $a_*=\inf E$ 是不是 E 中的元素，即 a^* 或 a_* 是不是 $\{a_n\}$ 中某个子列的极限？下面的定理给出了肯定的回答.

定理 1.10.1 设 $\{a_n\}$ 为一数列，E 与 a^* 的意义已在定义 1.10.1 中描述. 那么：

(1) $a^*\in E$；

(2) 若 $x>a^*$，则存在 $N\in\mathbf{N}^*$，使得当 $n\geqslant N$ 时，有 $a_n<x$；

(3) a^* 是满足前两条性质的唯一的数.

证明 (1) 若 $a^*=+\infty$，则此时 E 无上界，从而 $\{a_n\}$ 也没有上界. 因此，从 $\{a_n\}$ 中可选出一个子列 $a_{k_n}\to+\infty(n\to\infty)$，于是得 $a^*\in E$.

如果 $a^*=-\infty$，那么 E 中只含唯一的元素，即 $E=\{-\infty\}$，这时，$\lim\limits_{n\to\infty}a_n=-\infty$.

如果 a^* 是一个有限数，为了证明 $a^*\in E$，必须且只需证明可以从数列 $\{a_n\}$ 中选出一个子列收敛于 a^*. 因为 $a^*=\sup E$，故必存在一个 $l_1\in E$，使得

$$a^*-1<l_1<a^*+1.$$

l_1 作为 $\{a_n\}$ 的某一子列的极限，一定存在正整数 k_1，使得

$$a^*-1<a_{k_1}<a^*+1.$$

同理，存在 $l_2\in E$，使得

$$a^*-\frac{1}{2}<l_2<a^*+\frac{1}{2}.$$

l_2 作为 $\{a_n\}$ 的某一子列的极限，一定有正整数 $k_2>k_1$，使得

$$a^*-\frac{1}{2}<a_{k_2}<a^*+\frac{1}{2}.$$

归纳可得：对任何 $n\in\mathbf{N}^*$，存在 k_n，满足 $k_n>k_{n-1}>\cdots>k_1$，使得

$$a^*-\frac{1}{n}<a_{k_n}<a^*+\frac{1}{n}.$$

由此可知，$\lim\limits_{n\to\infty}a_{k_n}=a^*\in E$.

这样就对所有可能的情况证明了(1).

(2) 假设存在一个数 $x>a^*$，使得有无穷多个 n 满足 $a_n\geqslant x$. 在这种情况下，存在一个 $y\in E$，满足 $y\geqslant x>a^*$. 这与 a^* 的定义矛盾.

(3) 设有两个数 p 与 q 同时满足(1)与(2)，且 $p<q$. 选取 x，使得 $p<x<q$.

因为 p 满足(2),所以 $a_n<x$ 对 $n\geqslant N$ 成立,但这时 q 不能满足(1). □

对下极限 a_*,也可以建立类似的定理.

性质(1)表明:数列 $\{a_n\}$ 的上(下)极限正是它的一切收敛的子列的极限所组成的集合中的最大(小)者.一个数列虽然可能没有极限,但它的上极限和下极限却是一定存在的.

我们有:

定理 1.10.2 设 $\{a_n\}$,$\{b_n\}$ 是两个数列.

(1) $\liminf\limits_{n\to\infty} a_n\leqslant\limsup\limits_{n\to\infty} a_n$;

(2) $\lim\limits_{n\to\infty} a_n=a$ 当且仅当 $\liminf\limits_{n\to\infty} a_n=\limsup\limits_{n\to\infty} a_n=a$;

(3) 若 N 是某个正整数,当 $n>N$ 时,$a_n\leqslant b_n$,那么

$$\liminf_{n\to\infty} a_n\leqslant\liminf_{n\to\infty} b_n,\quad \limsup_{n\to\infty} a_n\leqslant\limsup_{n\to\infty} b_n.$$

证明 (1)与(2)是十分明显的事实.我们只证(3),而且只证其中的第二个不等式,因为对第一个不等式可以作类似的证明.记

$$\limsup_{n\to\infty} a_n=a^*,\quad \limsup_{n\to\infty} b_n=b^*.$$

如果 $b^*=+\infty$,不等式自然成立.如果 $a^*=+\infty$,那么有子列 $a_{k_n}\to+\infty(n\to\infty)$,这时也有 $b_{k_n}\to+\infty(n\to\infty)$,从而 $b^*=+\infty$,不等式中的等号成立.同样,a^* 与 b^* 中有一个为 $-\infty$ 时,结论自然成立.现在设 a^* 与 b^* 都是有限数.我们用反证法,设 $b^*<a^*$,取定 x,满足

$$b^*<x<a^*.$$

由定理 1.10.1(2),存在正整数 N_1,当 $n>N_1$ 时,$b_n<x$,因而当 $n>\max(N,N_1)$ 时,有

$$a_n\leqslant b_n<x<a^*.$$

这与 a^* 的定义不合. □

例 2 设数列 $\{a_n\}$ 对一切 $m,n\in\mathbf{N}^*$,满足

$$0\leqslant a_{m+n}\leqslant a_m+a_n.$$

求证:数列 $\{a_n/n\}$ 存在极限.

证明 任意固定 $k\in\mathbf{N}^*$,则一切不小于 k 的正整数 n 都可以表示成

$$n=mk+l\quad(l\in\{0,1,2,\cdots,k-1\}),$$

这里 m 为正整数.因此,由题设条件,可知

$$\frac{a_n}{n}=\frac{a_{mk+l}}{n}\leqslant\frac{a_{mk}+a_l}{n}\leqslant\frac{ma_k+a_l}{n}$$

$$=\frac{ma_k}{mk+l}+\frac{a_l}{n}=\frac{a_k}{k+l/m}+\frac{a_l}{n}.$$

因为 k 是固定的，所以当 $n\to\infty$ 时，$m\to\infty$. 由此可知

$$\limsup_{n\to\infty}\frac{a_n}{n}\leqslant\frac{a_k}{k}\quad(k=1,2,3,\cdots).$$

在上式中，令 $k\to\infty$，取下极限，得

$$\limsup_{n\to\infty}\frac{a_n}{n}\leqslant\liminf_{k\to\infty}\frac{a_k}{k}.$$

这只能有

$$\limsup_{n\to\infty}\frac{a_n}{n}=\liminf_{n\to\infty}\frac{a_n}{n}.$$

因为 $0\leqslant a_n/n\leqslant a_1(n\in\mathbf{N}^*)$，所以 $\{a_n/n\}$ 有界. 这说明 $\lim\limits_{n\to\infty}(a_n/n)$ 存在. □

定理 1.10.3 对数列 $\{a_n\}$，定义 $\alpha_n=\inf\limits_{k\geqslant n}a_k$，$\beta_n=\sup\limits_{k\geqslant n}a_k$，那么：

(1) $\{\alpha_n\}$ 是递增数列，$\{\beta_n\}$ 是递减数列；

(2) $\lim\limits_{n\to\infty}\alpha_n=a_*$，$\lim\limits_{n\to\infty}\beta_n=a^*$.

证明 (1) 按定义，有

$$\alpha_n=\inf\{a_n,a_{n+1},\cdots\},\quad \alpha_{n+1}=\inf\{a_{n+1},a_{n+2},\cdots\}.$$

显然，$\alpha_n\leqslant\alpha_{n+1}$. 同理，可得 $\beta_n\geqslant\beta_{n+1}$.

(2) 我们只证明 $\lim\limits_{n\to\infty}\beta_n=a^*$，$\lim\limits_{n\to\infty}\alpha_n=a_*$ 的证明是类似的.

(a) 先设 a^* 是一个有限数. 任取 $l\in E$，则有 $\{a_n\}$ 的子列 $\{a_{i_k}\}$，使得 $\lim\limits_{k\to\infty}a_{i_k}=l$. 对任意给定的 n，选取 $k\geqslant n$，于是 $i_k\geqslant k\geqslant n$，因而

$$a_{i_k}\leqslant\sup\{a_n,a_{n+1},\cdots\}=\beta_n.$$

令 $k\to\infty$，即得 $l\leqslant\beta_n$. 由于 l 是 E 中的任意数，故有 $a^*\leqslant\beta_n$. 这样 $\{\beta_n\}$ 就是一个递减且有下界的数列，因而有极限，故得

$$a^*\leqslant\lim_{n\to\infty}\beta_n. \tag{1}$$

对任意的 $\varepsilon>0$，由定理 1.10.1(2)，存在 $n_0\in\mathbf{N}^*$，当 $n\geqslant n_0$ 时，$a_n\leqslant a^*+\varepsilon$，因此 $\sup\limits_{k\geqslant n_0}a_k\leqslant a^*+\varepsilon$，即 $\beta_{n_0}\leqslant a^*+\varepsilon$. 由于 $\{\beta_n\}$ 是递减的，故当 $n>n_0$ 时，$\beta_n\leqslant\beta_{n_0}\leqslant a^*+\varepsilon$，从而得 $\lim\limits_{n\to\infty}\beta_n\leqslant a^*+\varepsilon$. 再令 $\varepsilon\to0$，得

$$\lim_{n\to\infty}\beta_n\leqslant a^*. \tag{2}$$

综合式(1)与(2)，即得 $\lim\limits_{n\to\infty}\beta_n=a^*$.

(b) 设 $a^*=+\infty$，则有一子列以 $+\infty$ 为极限，于是

$$\beta_n=\sup\{a_n,a_{n+1},\cdots\}=+\infty,$$

故 $\lim\limits_{n\to\infty}\beta_n=+\infty$.

(c) 设 $a^* = -\infty$,这表示 $\lim\limits_{n\to\infty} a_n = -\infty$. 因此对任意的 $A>0$,存在 $n_0\in N$,当 $n\geqslant n_0$ 时,$a_n<-A$,因而

$$\beta_{n_0} = \sup\{a_{n_0}, a_{n_0+1}, \cdots\} \leqslant -A.$$

于是当 $n>n_0$ 时,$\beta_n\leqslant\beta_{n_0}\leqslant -A$,这正是 $\lim\limits_{n\to\infty}\beta_n = -\infty$. □

定理 1.10.3 证明了

$$a^* = \lim_{n\to\infty}\sup_{k\geqslant n} a_k, \quad a_* = \lim_{n\to\infty}\inf_{k\geqslant n} a_k.$$

这两个等式常用来作为上下极限的定义,同时也说明了用记号 $\limsup\limits_{n\to\infty}$ 和 $\liminf\limits_{n\to\infty}$ 来记上下极限的原因. 上下极限也可记为

$$a^* = \overline{\lim_{n\to\infty}}\, a_n, \quad a_* = \underline{\lim_{n\to\infty}}\, a_n.$$

例 3 证明下列不等式:

$$\liminf_{n\to\infty} a_n + \liminf_{n\to\infty} b_n \leqslant \liminf_{n\to\infty}(a_n + b_n) \leqslant \liminf_{n\to\infty} a_n + \limsup_{n\to\infty} b_n, \tag{3}$$

$$\liminf_{n\to\infty} a_n + \limsup_{n\to\infty} b_n \leqslant \limsup_{n\to\infty}(a_n + b_n) \leqslant \limsup_{n\to\infty} a_n + \limsup_{n\to\infty} b_n. \tag{4}$$

证明 我们只证明不等式(3),不等式(4)的证明是一样的. 由定理 1.10.3,只需证明

$$\inf_{k\geqslant n} a_k + \inf_{k\geqslant n} b_k \leqslant \inf_{k\geqslant n}(a_k + b_k) \leqslant \inf_{k\geqslant n} a_k + \sup_{k\geqslant n} b_k. \tag{5}$$

当 $k\geqslant n$ 时,

$$\inf_{k\geqslant n} a_k \leqslant a_k, \quad \inf_{k\geqslant n} b_k \leqslant b_k,$$

所以

$$\inf_{k\geqslant n} a_k + \inf_{k\geqslant n} b_k \leqslant a_k + b_k.$$

当 n 固定时,$\inf\limits_{k\geqslant n} a_k + \inf\limits_{k\geqslant n} b_k$ 是 $\{a_k + b_k\}$ 的一个下界,因而

$$\inf_{k\geqslant n} a_k + \inf_{k\geqslant n} b_k \leqslant \inf_{k\geqslant n}(a_k + b_k).$$

这就是式(5)左边的不等式. 再证式(5)右边的不等式. 记 $c_k = a_k + b_k$,则 $a_k = c_k - b_k$,于是

$$\inf_{k\geqslant n} a_k = \inf_{k\geqslant n}(c_k - b_k) \geqslant \inf_{k\geqslant n} c_k + \inf_{k\geqslant n}(-b_k) = \inf_{k\geqslant n} c_k - \sup_{k\geqslant n} b_k.$$

这里我们用到了定理 1.8.1 中已证明的事实: $\inf(-E) = -\sup E$. 由此即得

$$\inf_{k\geqslant n}(a_k + b_k) \leqslant \inf_{k\geqslant n} a_k + \sup_{k\geqslant n} b_k,$$

这就是式(5)右边的不等式. □

注意,式(3)和(4)中的不等号是可能出现的. 例如

$$\{a_n\} = \{0,1,2,0,1,2,\cdots\}, \quad \{b_n\} = \{2,3,1,2,3,1,\cdots\},$$

那么

$$\{a_n + b_n\} = \{2,4,3,2,4,3,\cdots\}.$$

因而

$$\liminf_{n\to\infty} a_n = 0, \quad \limsup_{n\to\infty} a_n = 2,$$

$$\liminf_{n\to\infty} b_n = 1, \quad \limsup_{n\to\infty} b_n = 3,$$

$$\liminf_{n\to\infty}(a_n + b_n) = 2, \quad \limsup_{n\to\infty}(a_n + b_n) = 4.$$

这时,式(3)和(4)中出现的都是不等式.

练 习 题 1.10

1.求 $\liminf\limits_{n\to\infty} a_n$ 和 $\limsup\limits_{n\to\infty} a_n (n\in\mathbf{N}^*)$,设:

(1) $a_n = \dfrac{(-1)^n}{n} + \dfrac{1+(-1)^n}{2}$;

(2) $a_n = n^{(-1)^n}$;

(3) $a_n = \arctan n^{(-1)^n}$;

(4) $a_n = (1+2^{(-1)^n n})^{1/n}$;

(5) $a_n = 1 + n\sin\dfrac{n\pi}{2}$;

(6) $a_n = \dfrac{n^2}{1+n^2}\cos\dfrac{2n\pi}{3}$;

(7) $a_n = \begin{cases} 0, & \text{当 } n \text{ 为偶数时}, \\ \dfrac{1}{(n!)^{1/n}}, & \text{当 } n \text{ 为奇数时}. \end{cases}$

2. 试证下面诸式当两边有意义时成立:

(1) 若 $\lim\limits_{n\to\infty} b_n = b$,则

$$\liminf_{n\to\infty} (a_n + b_n) = \liminf_{n\to\infty} a_n + b,$$

$$\limsup_{n\to\infty} (a_n + b_n) = \limsup_{n\to\infty} a_n + b;$$

(2) $\liminf\limits_{n\to\infty}(-a_n) = -\limsup\limits_{n\to\infty} a_n$,$\limsup\limits_{n\to\infty}(-a_n) = -\liminf\limits_{n\to\infty} a_n$;

(3) 若$\{a_n\}$和$\{b_n\}$均为非负数列,则

$$\liminf_{n\to\infty} a_n \cdot \liminf_{n\to\infty} b_n \leqslant \liminf_{n\to\infty} (a_n b_n) \leqslant \liminf_{n\to\infty} a_n \cdot \limsup_{n\to\infty} b_n,$$

$$\liminf_{n\to\infty} a_n \cdot \limsup_{n\to\infty} b_n \leqslant \limsup_{n\to\infty} (a_n b_n) \leqslant \limsup_{n\to\infty} a_n \cdot \limsup_{n\to\infty} b_n;$$

(4) 若 $b_n \geqslant 0 (n = 1,2,\cdots)$,且$\lim\limits_{n\to\infty} b_n = b$,则

$$\liminf_{n\to\infty} (a_n b_n) = b \liminf_{n\to\infty} a_n, \quad \limsup_{n\to\infty} (a_n b_n) = b \limsup_{n\to\infty} a_n.$$

3. 设 $a_n \geqslant 0 (n\in\mathbf{N}^*)$.求证:$\limsup\limits_{n\to\infty}\sqrt[n]{a_n} \leqslant 1$ 的充分必要条件是,对任意的 $l>1$,有

$$\lim_{n\to\infty} \frac{a_n}{l^n} = 0.$$

问 题 1.10

1. 设数列$\{x_n\}$有界，且$\lim\limits_{n\to\infty}(x_{n+1}-x_n)=0$，分别记$\{x_n\}$的上下极限为 L 和 l. 证明：$\{x_n\}$的极限点充满区间$[l,L]$.
2. 设 $a_n>0$. 求证：

$$\limsup_{n\to\infty} n\left(\frac{1+a_{n+1}}{a_n}-1\right)\geqslant 1.$$

1.11 Stolz 定理

作为上下极限概念的应用，我们来证明计算某种类型极限时很有用的 Stolz（斯托尔茨，1842～1905）定理.

定理 1.11.1$\left(\text{Stolz}, \dfrac{\infty}{\infty}\text{型}\right)$ 设$\{b_n\}$是严格递增且趋于$+\infty$的数列. 如果

$$\lim_{n\to\infty}\frac{a_n-a_{n-1}}{b_n-b_{n-1}}=A, \tag{1}$$

那么

$$\lim_{n\to\infty}\frac{a_n}{b_n}=A, \tag{2}$$

其中 A 可以是$+\infty$或$-\infty$.

证明 (a) 先设 A 为有限数. 由式(1)知，对任意的 $\varepsilon>0$，存在 n_0，当 $n\geqslant n_0$ 时，有

$$A-\varepsilon<\frac{a_n-a_{n-1}}{b_n-b_{n-1}}<A+\varepsilon.$$

由此得

$$A-\varepsilon<\frac{a_{n_0}-a_{n_0-1}}{b_{n_0}-b_{n_0-1}}<A+\varepsilon,$$

$$A-\varepsilon<\frac{a_{n_0+1}-a_{n_0}}{b_{n_0+1}-b_{n_0}}<A+\varepsilon,$$

$$\cdots,$$

$$A-\varepsilon<\frac{a_n-a_{n-1}}{b_n-b_{n-1}}<A+\varepsilon,$$

因而有

$$A-\varepsilon<\frac{a_n-a_{n_0-1}}{b_n-b_{n_0-1}}<A+\varepsilon,$$

即

$$A-\varepsilon<\frac{\dfrac{a_n}{b_n}-\dfrac{a_{n_0-1}}{b_n}}{1-\dfrac{b_{n_0-1}}{b_n}}<A+\varepsilon.$$

于是得

$$(A-\varepsilon)\left(1-\frac{b_{b_0-1}}{b_n}\right)+\frac{a_{n_0-1}}{b_n}<\frac{a_n}{b_n}<(A+\varepsilon)\left(1-\frac{b_{n_0-1}}{b_n}\right)+\frac{a_{n_0-1}}{b_n}.$$

从而得

$$A-\varepsilon\leqslant\liminf_{n\to\infty}\frac{a_n}{b_n}\leqslant\limsup_{n\to\infty}\frac{a_n}{b_n}\leqslant A+\varepsilon.$$

再令 $\varepsilon\to0$,即得

$$A\leqslant\liminf_{n\to\infty}\frac{a_n}{b_n}\leqslant\limsup_{n\to\infty}\frac{a_n}{b_n}\leqslant A.$$

由此即知式(2)成立.

(b) 设 $A=+\infty$,由式(1)知,当 n 充分大时,有 $a_n-a_{n-1}>b_n-b_{n-1}>0$,因而$\{a_n\}$也是严格递增且趋于$+\infty$的数列.现在把式(1)写成

$$\lim_{n\to\infty}\frac{b_n-b_{n-1}}{a_n-a_{n-1}}=0,$$

由(a),知$\lim\limits_{n\to\infty}\dfrac{b_n}{a_n}=0$,因而$\lim\limits_{n\to\infty}\dfrac{a_n}{b_n}=+\infty$.

(c) 设 $A=-\infty$,记 $c_n=-a_n$,那么

$$\lim_{n\to\infty}\frac{c_n-c_{n-1}}{b_n-b_{n-1}}=-\lim_{n\to\infty}\frac{a_n-a_{n-1}}{b_n-b_{n-1}}=+\infty.$$

由(b),知 $\lim\limits_{n\to\infty}\dfrac{c_n}{b_n}=+\infty$,因而$\lim\limits_{n\to\infty}\dfrac{a_n}{b_n}=-\infty$. □

例 1 设 $\lim\limits_{n\to\infty}x_n=a$.证明:$\lim\limits_{n\to\infty}\dfrac{x_1+x_2+\cdots+x_n}{n}=a$.

证明 这个命题在 1.3 节的例 4 中已经证明过,现在用 Stolz 定理来证则特别简单.令

$$a_n = x_1 + x_2 + \cdots + x_n, \quad b_n = n,$$

那么$\{b_n\}$是严格递增且趋于$+\infty$的数列,故可用 Stolz 定理.现在

$$\lim_{n\to\infty}\frac{a_n - a_{n-1}}{b_n - b_{n-1}} = \lim_{n\to\infty} x_n = a,$$

由 Stolz 定理,得到

$$\lim_{n\to\infty}\frac{x_1 + x_2 + \cdots + x_n}{n} = \lim_{n\to\infty}\frac{a_n}{b_n} = a,$$

这里允许 $a = +\infty$或$-\infty$,而在 1.3 节的例 4 中 a 只能是有限数. □

例 2　设 k 为正整数,计算极限

$$\lim_{n\to\infty}\frac{1^k + 2^k + \cdots + n^k}{n^{k+1}}.$$

解　令 $a_n = 1^k + 2^k + \cdots + n^k, b_n = n^{k+1}$,那么

$$b_n - b_{n-1} = n^{k+1} - (n-1)^{k+1} = (k+1)n^k + \cdots + (-1)^{k+1},$$

所以

$$\lim_{n\to\infty}\frac{a_n - a_{n-1}}{b_n - b_{n-1}} = \lim_{n\to\infty}\frac{n^k}{(k+1)n^k + \cdots + (-1)^{k+1}} = \frac{1}{k+1}.$$

由 Stolz 定理,知所求的极限为 $1/(k+1)$. □

练 习 题 1.11

1. 计算下列极限:

(1) $\lim\limits_{n\to\infty}\dfrac{1+\frac{1}{2}+\cdots+\frac{1}{n}}{\ln n}$;　　(2) $\lim\limits_{n\to\infty}\dfrac{1+\frac{1}{3}+\cdots+\frac{1}{2n-1}}{\ln 2\sqrt{n}}$;

(3) $\lim\limits_{n\to\infty}\dfrac{1+\frac{1}{\sqrt{2}}+\cdots+\frac{1}{\sqrt{n}}}{\sqrt{n}}$;　　(4) $\lim\limits_{n\to\infty}\dfrac{1+\sqrt{2}+\cdots+\sqrt{n}}{n\sqrt{n}}$.

2. 计算极限 $\lim\limits_{n\to\infty}(n!)^{1/n^2}$.(提示:取对数.)

3. 计算极限

$$\lim_{n\to\infty}\frac{1^2 + 3^2 + \cdots + (2n-1)^2}{n^3}.$$

4. 设 $\lim\limits_{n\to\infty} a_n = a$.证明:

$$\lim_{n\to\infty}\frac{a_1 + 2a_2 + \cdots + na_n}{n^2} = \frac{a}{2}.$$

5. 举例说明 Stolz 定理的逆命题不成立.

6. 证明$\frac{0}{0}$型的 Stolz 定理：设 $a_n\to 0$，$b_n\to 0$，且 $b_1>b_2>b_3>\cdots$. 如果

$$\lim_{n\to\infty}\frac{a_n-a_{n-1}}{b_n-b_{n-1}}=A,$$

那么

$$\lim_{n\to\infty}\frac{a_n}{b_n}=A.$$

问 题 1.11

1. 设 $0<x_1<1/q\,(0<q\leqslant 1)$，并且 $x_{n+1}=x_n(1-qx_n)\,(n\in\mathbf{N}^*)$. 求证：$\lim\limits_{n\to\infty}nx_n=1/q$.

2. 设数列$\{a_n\}$满足$\lim\limits_{n\to\infty}a_n\sum\limits_{i=1}^{n}a_i^2=1$. 求证：$\lim\limits_{n\to\infty}\sqrt[3]{3n}a_n=1$.

3. 令

$$x_n=\frac{1}{n^2}\sum_{k=1}^{n}\ln\binom{n}{k}\quad(n=1,2,3,\cdots).$$

求极限 $\lim\limits_{n\to\infty}x_n$.

4. 试利用问题 1.3 中第 2 题的 Toeplitz 定理，证明 Stolz 定理.

第 2 章　函数的连续性

世界上的事物都处在不断运动和变化之中，反映这些事物的数量方面，也是在不断变化的，因此就有了变量的概念．粗略地说，某些变量之间的相互制约的关系就是函数．函数是数学分析中最重要的研究对象．

本章的主要内容是：函数的概念、函数的极限和连续函数．

我们先从集合间的映射谈起．

2.1　集合的映射

集合是数学的一切分支的基本概念．我们假设读者已经熟悉集合的概念、并和交的运算以及一些基本的记号．

定义 2.1.1　设 A，B 是两个集合，如果 f 是一种规律，使得对 A 中的每一个元素 x，B 中有唯一确定的元素——记为 $f(x)$——与 x 对应，则称 f 是一个从 A 到 B 的**映射**，用

$$f: A \to B$$

来表示．集合 A 叫作映射 f 的**定义域**；$f(x) \in B$ 叫作 x 在映射 f 之下的**像**或 f 在 x 上的**值**．

由此可见，映射是一个相当广泛的概念．

例 1　设 $A=\{$甲，乙，丙$\}$，$B=\{X, Y, Z\}$．

(1) 令 $f($甲$)=X$，$f($乙$)=Y$，$f($丙$)=Z$．这种规律 f，就是一个从 A 到 B 的映射 $f: A \to B$．

(2) 若令 $f($甲$)=f($乙$)=f($丙$)=Y$，我们得到另一个映射 $f: A \to B$．　□

例 2 设 $\mathbf{N}^*$ 为正整数的全体，$\mathbf{R}$ 为实数的全体，那么，一个映射 $f:\mathbf{N}^* \to \mathbf{R}$ 就对应着一个数列：$f(1),f(2),\cdots,f(n),\cdots$. 反之，任意给定一个数列

$$a_1,a_2,\cdots,a_n,\cdots,$$

实质上就是给出了一个从 $\mathbf{N}^*$ 到 $\mathbf{R}$ 的映射. □

例 3 让每一个 $x\in[-1,1]$ 对应着 $\sqrt{1-x^2}$，这就给出了一个规律 f，也就是一个映射

$$f:[-1,1]\to \mathbf{R}.$$

这时，$f(x)=\sqrt{1-x^2}\ (-1\leqslant x\leqslant 1)$. □

要确定一个映射 f，须有两个要素：

(1) f 的定义域 A；

(2) 规律 f，即对任何 $x\in A$，像 $f(x)$ 是什么.

设 $E\subset A$，即 E 为 A 的一个子集. 令

$$f(E)=\{f(x):x\in E\}.$$

也就是说，$f(E)$ 是在映射 f 之下 E 中元素的像的全体，称为 E 的像. 显然，如果 $f:A\to B$，那么 $f(E)\subset B$. 特别地，定义域 A 的像 $f(A)$ 叫作 f 的**值域**.

例如，对例 1(1)，$f(A)=B$；对例 1(2)，$f(A)=\{Y\}$；对例 3，$f([-1,1])=[0,1]$.

定义 2.1.2 设 $f:A\to B$，且 $g:A\to B$. 如果对任何 $x\in A$，均有 $f(x)=g(x)$，则称映射 f 与 g **相等**，记为 $f=g$.

定义 2.1.3 设 $f:A\to B$. 如果 $f(A)=B$，则称 f 是从 A 到 B 上的**满射**，也就是说，B 中的任何元素都是 A 中某一元素在 f 之下的像.

定义 2.1.4 设 $f:A\to B$. 如果当 $x,y\in A$，且 $x\neq y$ 时，有 $f(x)\neq f(y)$，则称 f 为**单射**.

定义 2.1.5 设 $f:A\to B$ 既是单射又是满射，则称映射 f 是**一对一**的. 这时，也说 f 在集合 A 与 B 之间建立一个**一一对应**.

例如，对例 1(1)，f 是一对一的；对例 1(2)，f 不是一对一的；对例 3，f 也不是一对一的，因为 $f(1)=f(-1)=0$.

在 f 是从 A 到 B 的一一映射的情况之下，可以定义映射 f 的逆映射 $f^{-1}:B\to A$. 其规律是：如果 $y=f(x)$，则 $f^{-1}(y)=x$. 例如，对例 1(1)，$f^{-1}(X)=$ 甲，$f^{-1}(Y)=$ 乙，$f^{-1}(Z)=$ 丙.

定义 2.1.6 设 $f:A\to B$，$F\subset B$，则 A 的子集

$$f^{-1}(F)=\{x\in A:f(x)\in F\}$$

叫作 F 的**原像**.

例如,对例 1(1),$f^{-1}(B)=A$,$f^{-1}(\{X\})=\{甲\}$;对例 1(2),$f^{-1}(\{Y\})=A$,但是,$f^{-1}(\{X\})=f^{-1}(\{Z\})=\varnothing$,这里$\varnothing$表示空集.

定义 2.1.7　设映射 $f:B\to C$,映射 g 的定义域为 A.当 $x\in A_1=g^{-1}(B)$时,定义映射

$$f\circ g(x)=f(g(x)).$$

显然,$f\circ g:A_1\to C$,称为映射 f 与 g 的**复合**.

为了说明映射复合的概念,我们看看以下两个例子.

例 4　有 n 个顾客,分别以 $A_1,A_2,\cdots,A_n$ 作为他们的标志符(例如,他们的名字就可以用来作为标志符),每人抽到一张彩票,写有号码 $1,2,\cdots,n$ 中的一个.抽奖之后,持有号码为 i 的彩票的顾客得到了一份奖品 $f(i)(i=1,2,\cdots,n)$.总之,每一位顾客都得到了自己的奖品.

现在,我们有两个映射.第一个是

$$g:\{A_1,A_2,\cdots,A_n\}\to\{1,2,\cdots,n\},$$

也就是说$(g(A_1),g(A_2),\cdots,g(A_n))$是 $1,2,\cdots,n$ 的某一个排列,这个映射反映了顾客抽彩票的情况.第二个映射记为

$$f:\{1,2,\cdots,n\}\to\{l_1,l_2,\cdots,l_n\},$$

表示的是摇奖的结果.作为总的结果,每位顾客都有一份奖品,这是一个映射,记为

$$h:\{A_1,A_2,\cdots,A_n\}\to\{l_1,l_2,\cdots,l_n\},$$

映射 h 是映射 f 与 g 的复合,即 $h=f\circ g$,也就是说,对 $A_i(i=1,2,\cdots,n)$,有

$$h(A_i)=f\circ g(A_i)=f(g(A_i)).$$

□

例 5　设

$$g(x)=x^2+3x-2\quad(-\infty<x<+\infty),$$

$$f(x)=\sqrt{2+\cos x+\sin x}\quad(-\infty<x<+\infty),$$

那么 f 与 g 的复合是

$$f\circ g(x)=\sqrt{2+\cos(x^2+3x-2)+\sin(x^2+3x-2)},$$

它的定义域是 $\mathbf{R}$.　□

我们可以考虑多次复合的情况.设 f,g 与 h 都是 A 到 A 的映射,可以定义两次复合

$$f\circ(g\circ h)(x)=f(g\circ h(x))=f(g(h(x))).$$

依这一定义,可知对一切 $x\in A$,有

$$(f\circ g)\circ h(x)=f\circ g(h(x))=f(g(h(x))).$$

比较以上两个等式，立即得出

$$f\circ(g\circ h)=(f\circ g)\circ h,$$

这表明“复合”这一运算是可以“结合”的. 因此，把 $f\circ(g\circ h)$ 直接写成 $f\circ g\circ h$ 不会造成混乱.

设 $f:A\to A$，那么 f 的 n 次的复合 $f\circ f\circ\cdots\circ f$（这里有 n 个 f），可以简记为 f^n.

例 6 讨论一次函数 $f(x)=ax+b$.

利用数学归纳法，可以证明

$$f^n(x)=a^nx+(a^{n-1}+a^{n-2}+\cdots+a+1)b.$$

注意，这仍是一个一次函数. □

但是，“复合”运算通常是不可以交换的. 例如，令 $f(x)=2x+1$，$g(x)=x-1$，那么

$$f\circ g(x)=2(x-1)+1=2x-1,$$
$$g\circ f(x)=(2x+1)-1=2x,$$

可见 $f\circ g\neq g\circ f$.

现在设映射 $f:A\to B$ 是一个一一对应，因此它的逆射 $f^{-1}:B\to A$ 也是一个一一对应，并且

$$f^{-1}\circ f(x)=f^{-1}(f(x))=x$$

对一切 $x\in A$ 成立. 若集合 A 到自身的映射 I_A，使得 $I_A(x)=x$ 对一切 $x\in A$ 成立，则称 I_A 为 A 上的**恒等映射**. 显然，恒等映射是唯一存在的，因此我们有 $f^{-1}\circ f=I_A$. 由于对一切 $y\in B$，有 $f\circ f^{-1}(y)=y$，所以 $f\circ f^{-1}=I_B$. 当 $A=B$ 时，如果 $f:A\to A$ 是一对一的，那么 f^{-1} 存在，并且有

$$f^{-1}\circ f=f\circ f^{-1}=I_A.$$

练 习 题 2.1

1. 设 $A=\{a,b,c,d\}$. 证明有唯一映射 $f:A\to A$，满足下列条件：

   (1) $f(a)=b$，$f(c)=d$；

   (2) $f\circ f(x)=x$ 对一切 $x\in A$ 成立.

2. 设映射 f 满足 $f\circ f(a)=a$. 求 $f^n(a)$.

3. 定义映射 $D:\mathbf{R}\to\{0,1\}$ 如下：

$$D(x)=\begin{cases}1, & \text{当 } x \text{ 为有理数时},\\ 0, & \text{当 } x \text{ 为无理数时}.\end{cases}$$

   (1) 求复合映射 $D\circ D$；

(2) 求 $D^{-1}(\{0\}), D^{-1}(\{1\}), D^{-1}(\{0,1\})$.

4. 设 A 是由 n 个元素组成的集合.若映射 $f: A \to A$ 是单射,则称 f 是 A 的一个排列.

(1) 证明:$f(A) = A$.

(2) 证明:f^{-1}存在.

(3) A 共有多少个排列?

5. 设 A 是由 n 个元素组成的集合.若映射 f 满足 $f(a) = a$ 对一切 $a \in A$ 成立,则称 f 为 A 的恒等排列.求证:当 $n \geqslant 2$ 时,存在非恒等排列 f,使得 $f \circ f$ 为恒等排列.

2.2 集合的势

设 A 与 B 是两个集合,如果存在一个从 A 到 B 上的一对一的映射,我们就称集合 A 与 B 有相同的"势"或有相同的"基数",这时我们称 A 与 B **等价**,用 $A \sim B$ 表示.这就在某些集合之间建立了一种关系.显然,刚才定义的关系具有下列性质:

自反性:$A \sim A$;

对称性:若 $A \sim B$,则 $B \sim A$;

传递性:若 $A \sim B$ 且 $B \sim C$,则 $A \sim C$.

我们给出如下的定义:

定义 2.2.1　令 $\mathbf{N}^*$ 是正整数的全体,且

$$N_n = \{1, 2, \cdots, n\}.$$

(1) 如果存在一个正整数 n,使得集合 $A \sim N_n$,那么 A 叫作**有限集**.空集也被认为是有限集.

(2) 如果集合 A 不是有限集,则称 A 为**无限集**.

(3) 若 $A \sim \mathbf{N}^*$,则称 A 为**可数集**.

(4) 若 A 既不是有限集,也不是可数集 ,则称 A 为**不可数集**.

(5) 若 A 是有限集或者 A 是可数集,则称 A 是**至多可数**的.

对两个有限集 A 与 B,显然,A 与 B 有相等的势的充分必要条件是它们的元素个数相等.但是,对无限集而言,"元素个数相等"这样的话就变得十分含混,而一一对应的概念是明确的、毫不含糊的.在有限集之间,利用一一对应可以完全决定元素个数的多寡.设想在一个大礼堂中,恰有 2 000 个座位.在一次演出中所有座位都有观众坐着,并且还有人站着,我们立刻知道到场的观众多于 2 000 名;如果不但

没有人站着而且还有位子空着，便知道到场的人数不足 2 000. 只有当既没有空着的位子又没有站着的人的时候，观众的人数才正好是 2 000. 由此可见，集合的势是有限集中"元素个数"这一概念的推广，并且"势"是一切互相等价的集合唯一共有的属性.

例 1 设 A 是整数的全体，我们来证明 A 是可数集. 这只需将 A 排列为

$$0, 1, -1, 2, -2, 3, -3, \cdots.$$

直觉告诉我们，这样的排列方法可以把全部整数无遗漏又无重复地排出来. 对这个例子，我们甚至可以明确地写出从 $\mathbf{N}^*$ 到 A 的一个一一映射：

$$f(n) = \begin{cases} \dfrac{n}{2}, & \text{当 } n \text{ 为偶数时}, \\ -\dfrac{n-1}{2}, & \text{当 } n \text{ 为奇数时}. \end{cases}$$

□

例 2 证明：$(0,1)$ 与 $[0,1]$ 有相同的势.

证明 我们作出下面的从 $[0,1]$ 到 $(0,1)$ 上的映射：

$$f(x) = \begin{cases} \dfrac{1}{2}, & \text{当 } x = 0 \text{ 时}, \\ \dfrac{1}{n+2}, & \text{当 } x = \dfrac{1}{n} (n \in \mathbf{N}^*) \text{ 时}, \\ x, & \text{当 } x \neq 0 \text{ 且 } x \text{ 不是正整数的倒数时}. \end{cases}$$

不难验证 f 是一对一的. □

从以上两个例子可以看出，这两个无限集都与它们的某个真子集有相同的势. 这种现象在有限集的情形下是绝不会发生的.

定理 2.2.1 可数集 A 的每一个无限子集是可数集.

证明 设 $E \subset A$，并且 E 是无限集. 集合 A 是可数的，因此可以将 A 排列成

$$a_1, a_2, \cdots, a_n, \cdots.$$

按照如下方式构造数列 $\{k_n\}$：令 k_1 是最小的正整数，使得 $a_{k_1} \in E$. 当 $k_1, \cdots, k_{s-1}$ $(s \geqslant 2)$ 选定之后，令 k_s 是大于 k_{s-1} 的最小正整数，且使得 $a_{k_s} \in E$. 这样，便得到了一个映射 $f: E \to \mathbf{N}^*$. 具体地说，

$$f(a_{k_n}) = n \quad (n \in \mathbf{N}^*).$$

这就证明了所需的结论. □

粗略地说，这个定理表明，可数集代表着"最小的"无限势，因为没有不可数的集能作为一个可数集的子集.

定理 2.2.2 设 $\{E_n\}(n = 1, 2, 3, \cdots)$ 是一列至多可数集. 令

$$S=\bigcup_{n=1}^{\infty}E_n,$$

那么 S 是至多可数集.

证明　设对 $n\in\mathbf{N}^*$,

$$E_n=\{x_{n1},x_{n2},\cdots,x_{nk},\cdots\},$$

考虑如下的无穷阵列:

$$\begin{array}{ccccccccc}
x_{11}, & & x_{12}, & & x_{13}, & & x_{14}, & & \cdots \\
 & \nearrow & & \nearrow & & \nearrow & & & \\
x_{21}, & & x_{22}, & & x_{23}, & & x_{24}, & & \cdots \\
 & \nearrow & & \nearrow & & \nearrow & & & \\
x_{31}, & & x_{32}, & & x_{33}, & & x_{34}, & & \cdots \\
 & \nearrow & & \nearrow & & \nearrow & & & \\
x_{41}, & & x_{42}, & & x_{43}, & & x_{44}, & & \cdots \\
\vdots & & \vdots & & \vdots & & \vdots & &
\end{array}$$

其中第 n 行由 E_n 的元素组成.这个阵列包含着 S 中的所有元素.按照箭头所指示的那样,这些元素可以排成一行:

$$x_{11};x_{21},x_{12};x_{31},x_{22},x_{13};x_{41},x_{32},x_{23},x_{14};\cdots.$$

当两个集合 E_i 与 E_j 有公共的元素时,这些元素在这一行中会重复地出现.我们顺着从左到右的方向顺次地看下去,对那些有重复的元素只保留第一次遇见的那一个,剔除其他相同的元素.这样做过之后,仍然得到并集 S.由此可知,S 是至多可数的. □

定理 2.2.3　**R** 中的全体有理数是可数的.

证明　我们先证明$[0,1)$中全体有理数是可数的.显然,排列

$$\begin{array}{l}
0;\\
\frac{1}{2};\\
\frac{1}{3},\frac{2}{3};\\
\frac{1}{4},\frac{2}{4},\frac{3}{4};\\
\frac{1}{5},\frac{2}{5},\frac{3}{5},\frac{4}{5};\\
\frac{1}{6},\frac{2}{6},\frac{3}{6},\frac{4}{6},\frac{5}{6};\\
\cdots
\end{array}$$

穷尽了[0,1)中的所有有理数.我们把这些数重新排列,从第一行开始,接着第二行,然后第三行……在同一行中,将数从左到右地排列成

$$0,\frac{1}{2},\frac{1}{3},\frac{2}{3},\frac{1}{4},\frac{2}{4},\frac{3}{4},\frac{1}{5},\frac{2}{5},\cdots.$$

然后剔除重复的数,得到的可数集就是[0,1)中有理数的全体.

很明显,当有理数 $r\in[0,1)$时,对任何整数 n,映射 $r\mapsto r+n$ 是[0,1)中的有理数和$[n,n+1)$中的有理数之间的一个一一对应,因此,$[n,n+1)$中的全体有理数也是可数的.这样,$\mathbf{R}$ 中的全体有理数可以表示为

$$\bigcup_{n=-\infty}^{+\infty}\{x:x\in[n,n+1),x\in\mathbf{Q}\}.$$

上式是可数个互不相交的可数集的并集,依定理 2.2.2,它是可数的. □

下面我们来指明一个并不那么显然的事实:并不是每一个无限集都是可数的.具体地说,我们来证明:

定理 2.2.4 [0,1]上的全体实数是不可数的.

证明 用反证法.假设有某一种方法把[0,1]之间的全体实数无遗漏地排成了一行:

$$x_1,x_2,\cdots,x_n,\cdots.$$

把区间[0,1]三等分.在所分成的三个闭区间中,至少有一个闭区间不含 x_1.如果有两个小区间都不含 x_1,那么为了确定起见,取靠左边的那个小区间并将其记作 I_1;如果仅有一个小区间不含 x_1,那就将这个区间记作 I_1.接着,将 I_1 分成相等的三份,从中总可以确定出一个更小的闭区间,记作 I_2,其中不含 x_2(当然也不含 x_1).如此继续下去,得到一个闭区间套:

$$I_0=[0,1]\supset I_1\supset I_2\supset\cdots\supset I_n\supset\cdots,$$

其中 I_n 不含 $x_1,x_2,\cdots,x_n,\cdots$.由于$|I_n|=1/3^n\ (n=1,2,\cdots)$,根据闭区间套定理,有

$$\bigcap_{n=1}^{\infty}I_n=\{x^*\},$$

其中 $x^*\in[0,1]$.因为 x^* 属于一切 $I_n(n=1,2,\cdots)$,所以 x^* 不能等于 $x_1,x_2,\cdots,x_n,\cdots$中的任何一个.这说明上述排列并未穷尽[0,1]上的所有实数,由此得出矛盾.这表明我们的假设不能成立,从而就证明了[0,1]上的全体实数是不可数的. □

对集合的势的研究是一门很大的学问,不属于我们这门课程的内容.在这里,我们只定义了可数集,陈述了可数集的几个简单的性质,并证明了不可数的无限集的存在,特别是指出了一个长度不为 0 的区间上全体实数所成的集是不可数的.这将为今后的叙述带来方便.

练习题 2.2

1. 在平面直角坐标系中，两坐标均为有理数的点(x,y)称为**有理点**. 试证：平面上全体有理点所成的集合是一可数集.
2. 如果复数 x 满足多项式方程

$$a_0x^n + a_1x^{n-1} + \cdots + a_{n-1}x + a_n = 0,$$

其中 $a_0\neq 0, a_1, \cdots, a_n$ 都是整数，那么 x 称为**代数数**. 试证：代数数全体是可数集.
3. 设 A 是数轴上长度不为零的、互不相交的区间所成的集合（注意：集合 A 的元素是区间）. 试证：A 是至多可数的.
4. 设 $S=\{(x_1,x_2,\cdots,x_n,\cdots): x_i=0$ 或 $1, i=1,2,\cdots\}$. 求证：S 与区间$[0,1]$有相等的势.
5. 按下列步骤证明 $\mathbf{R}$ 是不可数的：

(1) 若 $\mathbf{R}$ 可数，则$[0,1)$上的实数也可数. 将$[0,1)$排成$[0,1)=\{x_1,x_2,\cdots,x_n,\cdots\}$. 把 x_1, x_2, x_3, …写成二进制小数的形式：

$$x_1 = 0.x_{11}x_{12}x_{13}\cdots,$$
$$x_2 = 0.x_{21}x_{22}x_{23}\cdots,$$
$$x_3 = 0.x_{31}x_{32}x_{33}\cdots,$$
$$\cdots.$$

(2) 令

$$a_k=\begin{cases}0, & x_{kk}=1,\\ 1, & x_{kk}=0\end{cases}\quad (k\geqslant 1).$$

考察 $x=0.a_1a_2a_3\cdots$，然后证明：$x\in[0,1)$，并且 $x\neq x_k$ 对一切自然数 $k\geqslant 1$ 成立.

6. 证明：可数条直线绝不可能覆盖住全平面.

2.3 函　数

函数是一类特殊的映射. 如果对映射 $f: X\to Y$，X 与 Y 都由实数组成，则 f 称为一个**函数**. 简而言之，函数是从实数到实数的映射. 说得更精确一些，f 是单变量函数.

函数是这门课程中最基本、最主要的研究对象.

在 2.1 节中所有关于映射下的定义和证明过的那些性质，对函数全都适用.

函数有其定义域.函数表示一个规律,依靠这个规律对定义域中的任何实数,有一个确定的实数与之对应.函数也有两个要素:第一是定义域;第二是对应规律.

例 1 有 10 种产品,分别编号成 1,2,…,10.表 2.1 列出了每一种产品的价格,例如说是每千克的价格.

表 2.1 产品的价格

1	2	3	4	5	6	7	8	9	10
x_1	x_2	x_3	x_4	x_5	x_6	x_7	x_8	x_9	x_{10}

这里没有什么"公式",但它完全符合函数的定义,所以它是一个函数.这个函数的定义域是 $X=\{1,2,\cdots,10\}$.这是一个由表格表示的函数,用列表的方式来定义函数的做法,在日常生活中是经常遇到的. □

例 2 设

$$f(x)=\sqrt{\frac{1+x}{1-x}}.$$

这里 f 显然是一个函数,不过它的定义域没有被明显地写出来.在这种情况下,我们应当这样来理解:定义域就是一切使得上式右边的表达式有意义的自变量 x 的全体.

有了这种共识,我们可以来确定这个函数的定义域.当且仅当

$$x\neq 1,\quad 且\quad \frac{1+x}{1-x}\geqslant 0$$

时,右边的表达式才有意义.当 $x\neq 1$ 时,最后那个不等式等价于

$$1-x^2=(1-x)(1+x)=(1-x)^2\frac{1+x}{1-x}\geqslant 0.$$

由此可见函数 f 的定义域是 $[-1,1)$. □

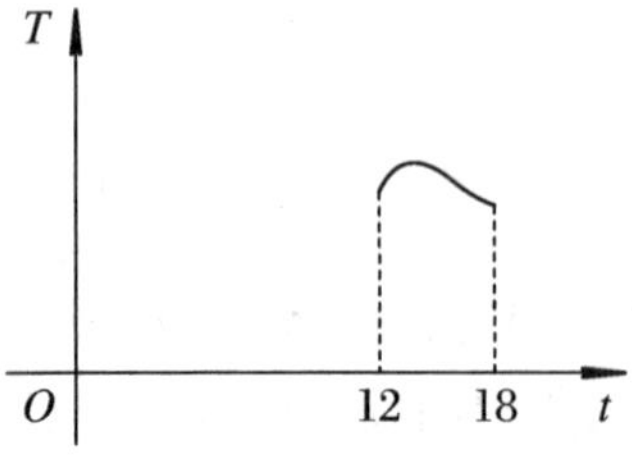

图 2.1

例 3 图 2.1 表示的是某月某日正午 12 时到下午 6 时气温随时间变化的情况,它是 OtT 平面上的一段曲线,其中 t 表示时间,T 表示气温.在这里,也看不到什么"公式".但是,如果我们想知道从正午 12 时到下午 6 时这一段时间内任何一个时刻的温度,借助于一条有刻度的直尺,就可以从这个图上"读"出来.至于读得是否准确,那是技术上的问题,不是理论上的问题.用函数的定义来检验,由图 2.1 所表示的确是一个"货真价实"的函数,它的定义域是 $[12,18]$.

这里所涉及的是一个由图形来表示的函数. 大家很容易地就能感受到它的优点:函数的动态非常清晰生动地展示在我们的面前. 由图2.1可以看出:下午2时的时候,温度差不多是最高的;从正午到下午2时气温不断地升高;下午2时以后气温基本上呈下降的趋势,但中间也有若干反复. □

例4　从甲地到乙地,行李收费如下:行李重不超过50 kg时,每千克收费0.50元;超过50 kg时,超重部分每千克加收0.25元. 用x表示行李的重量,用$f(x)$表示其运费,这时有

$$f(x)=\begin{cases}0.50x, & 0\leqslant x\leqslant 50,\\ 0.50\times 50+0.75(x-50), & x>50.\end{cases}$$

显然,f是一个函数,它的定义域是全体非负实数. 容易被初学者误解的是:以为上面的f是"两个"函数,因为f被两个"公式"表示. 正确的理解是:这两个公式联合起来表示出一个函数f. 这种函数叫作分段函数. 为了计算$f(x)$,首先要看自变量x属于哪一个范围,然后用相应的那个公式来计算,切勿"张冠李戴". □

因为函数的定义域与值域都由实数组成,而对实数可以进行四则运算,因此,比起对一般映射的研究,对函数的研究将变得更加具体,内容更加丰富.

设f与g是两个函数,定义域分别为A与B,那么在$A\cap B$上,由

$$f(x)+g(x)\quad(x\in A\cap B)$$

产生一个函数,这个函数记为$f+g$,称作f与g的**和**. 在计算函数值时,应注意

$$(f+g)(x)=f(x)+g(x)\quad(x\in A\cap B).$$

类似地,可以定义f与g的**差**、**积**与**商**:

$$(f-g)(x)=f(x)-g(x),$$
$$(fg)(x)=f(x)g(x),$$
$$\left(\frac{f}{g}\right)(x)=\frac{f(x)}{g(x)}.$$

在最后一式中,还应当要求g在$A\cap B$上不取零值.

特别地,当c为常数时,$(cf)(x)=cf(x)(x\in A)$.

例5　设

$$f(x)=\sqrt{1-x^2}\quad(-1\leqslant x\leqslant 1),$$
$$g(x)=\ln x\quad(x>0).$$

易知,$f\pm g$与fg的定义域为$(0,1]$,但是f/g的定义域是开区间$(0,1)$. □

设函数f在X与Y之间建立了一个一一对应,那么依2.1节,有逆映射f^{-1}: $Y\to X$,这时我们称f^{-1}为f的**反函数**. 函数f与f^{-1}之间的联系是,如果

$$y=f(x)\quad(x\in X),$$

那么

$$x = f^{-1}(y) \quad (y \in Y).$$

反之也是如此.由以上两式,推知

$$f \circ f^{-1}(y) = f(x) = y \quad (y \in Y),$$

$$f^{-1} \circ f(x) = f^{-1}(y) = x \quad (x \in X).$$

这表明 $f \circ f^{-1}$是 Y 上的恒等映射,$f^{-1} \circ f$ 是X 上的恒等映射.

人们十分关心的是:一个函数什么时候一定有反函数.一个既简单又重要的事实由下面的定理 2.3.1 所揭示.不过,首先需要如下定义:

定义 2.3.1 函数 $f: X \to Y$ 叫作X 上的**递增(递减)函数**,如果对任何 $x_1, x_2 \in X$,只要 $x_1 < x_2$,便有 $f(x_1) \leqslant f(x_2)$($f(x_1) \geqslant f(x_2)$).函数 f 叫作**严格递增(严格递减)函数**,如果对任何 $x_1, x_2 \in X$,只要 $x_1 < x_2$,便有 $f(x_1) < f(x_2)$($f(x_1) > f(x_2)$).

在 X 上的(严格)递增或(严格)递减函数,统称为**(严格)单调函数**.

例如,取常值的函数是递增函数同时也是递减函数,但不是严格单调函数.正弦函数在$[-\pi/2, \pi/2]$上是严格递增的,在$[\pi/2, 3\pi/2]$上是严格递减的.函数 $f(x) = 3x - 100$ 在全实轴上是严格递增的.

定理 2.3.1 设函数 f 在其定义域X 上是严格递增(递减)的,那么反函数 f^{-1} 必存在,f^{-1}的定义域为 $f(X)$,并且 f^{-1}在这一集合上也是严格递增(递减)的.

证明 令 $Y = f(X)$.由于 f 的严格单调性,由 $f(x_1) = f(x_2)$,其中 $x_1, x_2 \in X$,只能推出 $x_1 = x_2$.这表明 $f: X \to Y$ 是一个一一对应,因此反函数 f^{-1}存在.

现在设 f 是严格递增的,我们来证 f^{-1}也是严格递增的.用反证法.如果 f^{-1}在 Y 上不是严格递增的,则存在 $y_1, y_2 \in Y$,且 $y_1 < y_2$,但是 $f^{-1}(y_1) \geqslant f^{-1}(y_2)$.由于 f 是严格递增的,便有

$$f(f^{-1}(y_1)) \geqslant f(f^{-1}(y_2)),$$

即 $y_1 \geqslant y_2$,这与 $y_1 < y_2$ 矛盾.这就证明了 f^{-1}一定也是严格递增的. □

在结束本节的时候,我们来研究在已知函数 f 的图像的情况下,如何简便地得出其反函数 f^{-1}的图像.

一般来说,函数 $f: X \to Y$ 的图像是指平面点集

$$G(f) = \{(x, f(x)) : x \in X\},$$

它通常是一条平面曲线.当函数 f 有反函数f^{-1}时,同一条曲线 $G(f)$本质上也可以看成是 f^{-1}的图像,只不过是需要把纵轴上的点集当作 f^{-1}的定义域,并不需要把图像重画一遍.但是,人们往往习惯于把定义域画在横轴上,这就提出了重新作图的问题.按照人们的习惯,应当有

$$G(f^{-1}) = \{(y, f^{-1}(y)) : y \in Y\} = \{(f(x), x) : x \in X\}.$$

注意到(a,b)与(b,a)是关于直线 $y=x$ 镜像对称的两点，我们便知道 $G(f)$与 $G(f^{-1})$互相关于坐标系第一、第三象限的分角线镜像对称. 利用这一观察，我们很容易由 $G(f)$得出 $G(f^{-1})$，见图 2.2.

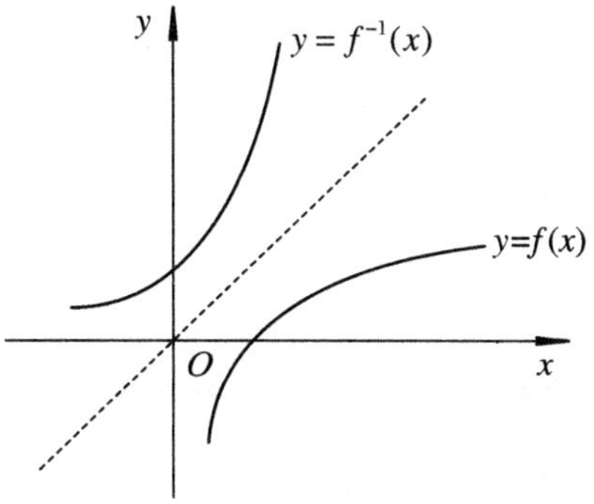

图 2.2

练 习 题 2.3

1. 求下列函数的定义域：

(1) $f(x)=\sqrt{1-x^2}$；　　(2) $f(x)=\sqrt[3]{\dfrac{1+x}{1-x}}$；

(3) $f(x)=\dfrac{x+1}{x^2+x-2}$；　　(4) $f(x)=\ln\dfrac{1+\sin x}{1-\cos x}$.

2. 给定函数 $f:\mathbf{R}\to\mathbf{R}$，如果 $x\in\mathbf{R}$ 使 $f(x)=x$，则称 x 为 f 的一个**不动点**. 若 $f\circ f$ 有唯一的不动点，求证：f 也有唯一的不动点.

3. 设 $f:\mathbf{R}\to\mathbf{R}$. 若 $f\circ f$ 有且仅有两个不动点 $a,b\,(a\neq b)$，求证只有以下两种情况：

(1) a,b 都是 f 的不动点；

(2) $f(a)=b, f(b)=a$.

4. 设函数 $f:\mathbf{R}\to\mathbf{R}$，且每一实数都是 $f\circ f$ 的不动点. 试问：

(1) 有几个这样的函数?

(2) 若 f 在 $\mathbf{R}$ 上递增，有几个这样的函数?

5. 求下列函数 f 的 n 次复合 f^n：

(1) $f(x)=\dfrac{x}{\sqrt{1+x^2}}$；

(2) $f(x)=\dfrac{x}{1+bx}$.

6. 设 $f:\mathbf{R}\to\mathbf{R}$ 满足方程

$$f(x+y)=f(x)+f(y)\quad(x,y\in\mathbf{R}).$$

试证:对一切有理数 x,有 $f(x)=xf(1)$.

7. 设函数 $f:\mathbf{R}\to\mathbf{R}$,$l$ 为一正数.如果 $f(x+l)=f(x)$对一切 x 成立,则称 f 是周期为l 的**周期函数**.如果 f 以任何正数为周期,求证:f 为常值函数.

8. 试证:$\sin x^2$,$\sin x+\cos\sqrt{2}x$ 均不是周期函数.

9. 设函数 $f:(-a,a)\to\mathbf{R}$.如果对任何 $x\in(-a,a)$,有 $f(x)=f(-x)$,则称 f 为**偶函数**;若 $f(x)=-f(-x)$,则称 f 为**奇函数**.求证:$(-a,a)$上的任何函数均可表示为一个奇函数和一个偶函数之和.

10. 函数

$$\cosh x=\frac{e^x+e^{-x}}{2},\quad \sinh x=\frac{e^x-e^{-x}}{2}$$

分别称为**双曲余弦**和**双曲正弦**.证明:

(1) $\cosh x$ 是偶函数,$\sinh x$ 是奇函数;

(2) $\cosh^2 x-\sinh^2 x=1\ (x\in\mathbf{R})$.

11. 求双曲正弦 $y=\sinh x$ 和双曲余弦 $y=\cosh x$ 的反函数.

问 题 2.3

1. 设 $f(x+T)=kf(x)$对一切 $x\in\mathbf{R}$ 成立,其中 T 和k 是两个正数.证明:$f(x)=a^x\varphi(x)$对一切 $x\in\mathbf{R}$ 成立,其中 a 为常数,φ 是周期为T 的函数.

2. 设 $a<b$.证明:

(1) 若 f 的图像关于直线$x=a$ 对称,也关于直线 $x=b$ 对称,则 f 是以 $2(b-a)$为周期的周期函数.

(2) 若 f 的图像关于直线$x=a$ 对称,也关于点(b,y_0)中心对称,则 f 是以 $4(b-a)$为周期的周期函数.

(3) 若 f 的图像关于点(a,y_0)中心对称,也关于点(b,y_1)中心对称,则 $f(x)=\varphi(x)+cx$ $(x\in\mathbf{R})$,其中 φ 是一周期函数,c 是常数.特别地,当 $y_0=y_1$ 时,$c=0$.

2.4 函数的极限

可以举出很多实际的例子,来说明有必要研究当自变量 x 无限趋近于一点 x_0

时函数值 $f(x)$ 的变化趋势. 其中又有许多场合表明，当自变量 x 无限趋近于 x_0 时，对应的函数值 $f(x)$ 无限趋近于一个固定的实数，这就是函数极限的一个很粗糙的说法. 为了作深入的研究，我们必须有一个精确的函数极限定义.

定义 2.4.1　设函数 f 在点 x_0 的近旁有定义，但 x_0 这一点自身可以是例外. 设 l 是一个实数. 如果对任意给定的 $\varepsilon>0$，存在一个 $\delta>0$，使得对一切满足不等式 $0<|x-x_0|<\delta$ 的 x，均有

$$|f(x)-l|<\varepsilon,$$

则称当 x 趋于点 x_0 时函数 f 有**极限** l，记作

$$\lim_{x\to x_0} f(x)=l;$$

或者更简单一些，记作

$$f(x)\to l\quad (x\to x_0).$$

这时，也可以说函数 f 在点 x_0 有**极限** l.

在学习这一定义时，要注意以下三点：

(1) 在讨论 f 在点 x_0 的极限时，f 在 x_0 是否有定义并不重要，因为不等式 $0<|x-x_0|$ 已经把 $x=x_0$ 的可能性排除在外；

(2) 在一般情形之下，δ 与 ε 有关系，为了强调这种依赖关系，有时把 δ 写为 $\delta(\varepsilon)$，但这不意味着 δ 是 ε 的函数；

(3) f 在 x_0 是否有极限、有极限时极限值等于多少，只取决于 f 在点 x_0 的充分小的近旁的状态，而与 f 在远处的值无关.

让我们来看若干例子.

例 1　证明：$\lim\limits_{x\to 0} x\sin\dfrac{1}{x}=0$.

证明　函数 $x\sin\dfrac{1}{x}$ 除 $x=0$ 之外，在其他各点均有意义. 对任意给定的 $\varepsilon>0$，取 $\delta=\varepsilon$，当 $0<|x-0|=|x|<\delta$ 时，有

$$\left|x\sin\frac{1}{x}-0\right|=\left|x\sin\frac{1}{x}\right|\leqslant|x|<\delta=\varepsilon.$$

这就证明了所需的结论. □

例 2　求极限 $\lim\limits_{x\to 3}(x^2-4x+4)$.

解　虽然函数 x^2-4x+4 在 $x=3$ 处有定义，但这一事实与当前所讨论的问题无关. 我们将这个二次三项式写成 $x-3$ 的多项式，得到

$$x^2-4x+4=(x-3)^2+2(x-3)+1.$$

对任给的 $\varepsilon>0$，取 $\delta=\min(1,\varepsilon/3)$，当 $0<|x-3|<\delta$ 时，有

$$|(x^2-4x+4)-1|\leqslant|x-3|(|x-3|+2)<|x-3|(1+2)$$
$$=3|x-3|<3\delta\leqslant\varepsilon.$$

这就证明了所求的极限是 1. □

以上这个例子虽然是一个很简单、很特殊的问题，但是其解法中所使用的方法对计算多项式的极限具有普遍的意义.

例 3 求极限 $\lim\limits_{x\to1}\dfrac{x^2-1}{x^2-x}$.

解 这时所讨论的函数在 $x=1$ 处没有定义. 由于 $x\neq1$，所以可以同时消去分子与分母中的公因式 $x-1$，从而得出

$$\frac{x^2-1}{x^2-x}=\frac{x+1}{x}.$$

由此我们察觉到当 $x\to1$ 时，函数的极限为 2. 为了证明这一观察，对任意给定的小于 1 的正数 ε，取 $\delta=\varepsilon/2$，当 $0<|x-1|<\delta$ 时，有

$$|x|=|x-1+1|\geqslant1-|x-1|\geqslant1-\delta=1-\frac{\varepsilon}{2}>\frac{1}{2}.$$

由此得出

$$\left|\frac{x^2-1}{x^2-x}-2\right|=\frac{|x-1|}{|x|}<2|x-1|<2\delta=\varepsilon,$$

所以

$$\lim_{x\to1}\frac{x^2-1}{x^2-x}=2.$$ □

对初学者来说，依据函数极限的定义，利用 $\varepsilon-\delta$ 语言来证明极限或计算极限，多做一些这样的练习是十分必要的. 学习中，熟练地、巧妙地运用 $\varepsilon-\delta$ 语言，常常是一个难点. 只有多做多练，才能逐渐地克服这一困难. 但是，这并不是说每一个极限的证明和计算，都得使用这种"精确语言"，那样做未免过于烦琐. 掌握极限运算的一些性质，将使极限计算大为简化.

我们先从函数极限和数列极限的关系说起，熟悉了这一关系，对我们将会有很大的好处. 这是因为，数列的极限在第 1 章中已被详尽地研究过.

定理 2.4.1 函数 f 在 x_0 处有极限 l 的充分必要条件是，对任何一个收敛于 x_0 的数列 $\{x_n\neq x_0: n=1,2,3,\cdots\}$，数列 $\{f(x_n)\}$ 有极限 l.

证明 必要性. 设 $\lim\limits_{x\to x_0}f(x)=l$，对任给的 $\varepsilon>0$，存在一个 $\delta>0$，使得当 $0<|x-x_0|<\delta$ 时，有 $|f(x)-l|<\varepsilon$. 对已取定的 $\delta>0$，只要 $\lim\limits_{n\to\infty}x_n=x_0$，便存在一个 $N\in\mathbf{N}^*$，使得当 $n>N$ 时，有 $0<|x_n-x_0|<\delta$. 这样，当 $n>N$ 时，有

$$|f(x_n)-l|<\varepsilon.$$

这正是 $\lim\limits_{n\to\infty} f(x_n)=l$.

充分性. 假设 $\lim\limits_{x\to x_0} f(x)=l$ 不成立，那么，必有一个正数 ε_0，对每一个正整数 n，一定有一点 x_n，满足 $0<|x_n-x_0|<1/n$，且使得 $|f(x_n)-l|\geqslant\varepsilon_0>0$. 这就是说，我们已经找到了一个数列 $\{x_n\neq x_0: n=1,2,3,\cdots\}$，虽然它收敛于 x_0，但是 $\lim\limits_{n\to\infty} f(x_n)\neq l$.

这样便完全证明了定理. □

利用定理 2.4.1 来判断函数极限不存在比较方便. 下面是两个例子.

例 4　求证：$\lim\limits_{x\to 0}\sin\dfrac{1}{x}$ 不存在.

证明　令

$$x_n=\frac{1}{(2n+1/2)\pi}\to 0,\quad x'_n=\frac{1}{2n\pi}\to 0\quad (n\to\infty),$$

以及 $f(x)=\sin\dfrac{1}{x}$. 我们有 $f(x_n)=1\to 1, f(x'_n)=0\to 0(n\to\infty)$. 由定理 2.4.1，知该极限不存在. □

例 5　定义函数 $D:\mathbf{R}\to\{0,1\}$ 如下：

$$D(x)=\begin{cases}1, & \text{当 } x \text{ 为有理数时},\\ 0, & \text{当 } x \text{ 为无理数时}.\end{cases}$$

证明：对任意的 $x_0\in\mathbf{R}$，$\lim\limits_{x\to x_0} D(x)$ 不存在.

证明　对任意的 $x_0\in\mathbf{R}$，一定存在全由有理数组成的数列 $\{s_n\}$ 和全由无理数组成的数列 $\{t_n\}$，使它们都趋向于 x_0，这样就有

$$\lim_{n\to\infty} D(s_n)=1,\quad \lim_{n\to\infty} D(t_n)=0.$$

由定理 2.4.1，即知 $\lim\limits_{x\to x_0} D(x)$ 不存在. □

上例中定义的函数 D 叫作 Dirichlet（狄利克雷，1805～1859）函数，看上去这个函数有太多的人工雕琢的成分，不太自然，但是用它来澄清一些似是而非的误解时，是十分方便的. 例如，由例 5 知，处处不存在极限的函数是存在的. 以后还将多次遇到这个函数.

下面是函数极限的几个基本性质.

定理 2.4.2（函数极限的唯一性）　若 $\lim\limits_{x\to x_0} f(x)$ 存在，则它是唯一的.

证明　任取一收敛于 x_0 的数列 $\{x_n\neq x_0: n\in\mathbf{N}^*\}$. 由定理 2.4.1，知

$$\lim_{n\to\infty} f(x_n) = \lim_{x\to x_0} f(x).$$

我们已知数列的极限的唯一性，从而知函数极限也是唯一的. □

定理 2.4.3 若 f 在 x_0 处有极限，那么 f 在 x_0 的一个近旁是有界的. 也就是说，存在整数 M 及 δ，使得当 $0<|x-x_0|<\delta$ 时，$|f(x)|<M$.

证明 设 f 在 x_0 处的极限等于 l. 依定义，存在 $\delta>0$，使得当 $0<|x-x_0|<\delta$ 时，有 $|f(x)-l|<1$. 因此

$$|f(x)| \leqslant |f(x)-l| + |l| < 1+|l|$$

对 $0<|x-x_0|<\delta$ 成立. 由此可见，$M=1+|l|$ 满足要求. □

定理 2.4.4 设 $\lim\limits_{x\to x_0} f(x)$ 与 $\lim\limits_{x\to x_0} g(x)$ 存在，那么有：

(1) $\lim\limits_{x\to x_0}(f\pm g)(x) = \lim\limits_{x\to x_0} f(x) \pm \lim\limits_{x\to x_0} g(x)$；

(2) $\lim\limits_{x\to x_0} fg(x) = \lim\limits_{x\to x_0} f(x) \cdot \lim\limits_{x\to x_0} g(x)$；

(3) $\lim\limits_{x\to x_0}\dfrac{f}{g}(x) = \dfrac{\lim\limits_{x\to x_0} f(x)}{\lim\limits_{x\to x_0} g(x)}$，其中 $\lim\limits_{x\to x_0} g(x)\neq 0$.

证明 由于(1)与(2)的证明比较容易，我们只证(3).

有了定理 2.4.1，证明本定理的(3)就很简单了. 设 $\lim\limits_{x\to x_0} f(x)=l$，$\lim\limits_{x\to x_0} g(x)=m\neq 0$，那么对任意收敛于 x_0 的数列 $\{x_n\}$，有 $\lim\limits_{n\to\infty} f(x_n)=l$，$\lim\limits_{n\to\infty} g(x_n)=m\neq 0$. 于是由数列中已知的结果，有 $\lim\limits_{n\to\infty}\dfrac{f(x_n)}{g(x_n)}=\dfrac{l}{m}$. 由于 $\{x_n\}$ 是任意趋于 x_0 的数列，由定理 2.4.1，即知

$$\lim_{x\to x_0}\frac{f(x)}{g(x)} = \frac{l}{m}.$$ □

函数极限也有类似于数列极限那样的“夹逼原理”，这样的定理也提供了计算极限的有效方法.

定理 2.4.5（夹逼原理） 设函数 f，g 与 h 在点 x_0 的近旁（点 x_0 自身可能是例外）满足不等式

$$f(x) \leqslant h(x) \leqslant g(x).$$

如果 f 与 g 在点 x_0 有相同的极限 l，那么函数 h 在点 x_0 也有极限 l.

证明 由于 $f(x)\to l\ (x\to x_0)$，对任意给定的 $\varepsilon>0$，存在 $\delta_1>0$，使得当 $0<|x-x_0|<\delta_1$ 时，有

$$l-\varepsilon < f(x) < l+\varepsilon.$$

类似地，存在 δ_2，使得当 $0<|x-x_0|<\delta_2$ 时，有

$$l-\varepsilon<g(x)<l+\varepsilon.$$

取 $\delta=\min(\delta_1,\delta_2)$，当 $0<|x-x_0|<\delta$ 时，我们可得

$$l-\varepsilon<f(x)\leqslant h(x)\leqslant g(x)<l+\varepsilon.$$

由此推出，当 $0<|x-x_0|<\delta$ 时，$|h(x)-l|<\varepsilon$ 成立. 这便证明了 $h(x)\to l$ $(x\to x_0)$. □

这个定理当然也能用定理 2.4.1 来证明，请读者作为练习来完成它.

定理 2.4.6　设存在 $r>0$，使得当 $0<|x-x_0|<r$ 时，不等式 $f(x)\leqslant g(x)$ 成立. 又设在 x_0 处这两个函数都有极限，那么

$$\lim_{x\to x_0}f(x)\leqslant\lim_{x\to x_0}g(x).$$

证明　取收敛于 x_0 的数列 $\{x_n\}$，并让它满足

$$0<|x_n-x_0|<r\quad(n\in\mathbf{N}^*).$$

从而有

$$f(x_n)\leqslant g(x_n)\quad(n=1,2,\cdots).$$

令 $n\to\infty$，得 $\lim\limits_{n\to\infty}f(x_n)\leqslant\lim\limits_{n\to\infty}g(x_n)$. 再由定理 2.4.1，可知这正是

$$\lim_{x\to x_0}f(x)\leqslant\lim_{x\to x_0}g(x).$$ □

完全可以只利用函数自身的信息而无须凭借其他实数，来判断函数是否有极限，这就是下面将要陈述的重要定理. 为了叙述方便，我们先引进两个记号：

$$B_\delta(x_0)=\{x:|x-x_0|<\delta\},\quad B_\delta(\check{x}_0)=\{x:0<|x-x_0|<\delta\}.$$

称 $B_\delta(x_0)$ 为 x_0 的以 x_0 为中心、δ 为半径的邻域（简称 x_0 的邻域），$B_\delta(\check{x}_0)$ 为 x_0 的以 x_0 为中心、δ 为半径的空心邻域（简称 x_0 的空心邻域）. 利用这两个记号，函数极限的定义 2.4.1 可以叙述为：

如果对任意给定的 $\varepsilon>0$，存在一个 $\delta>0$，使得对一切 $x\in B_\delta(\check{x})$，均有

$$|f(x)-l|<\varepsilon,$$

就称 l 为 f 当 x 趋于 x_0 时的极限，记作

$$\lim_{x\to x_0}f(x)=l.$$

定理 2.4.7　函数 f 在 x_0 处有极限，必须且只需对任意给定的 $\varepsilon>0$，存在 $\delta>0$，使得对任意的 $x_1,x_2\in B_\delta(\check{x}_0)$，都有 $|f(x_1)-f(x_2)|<\varepsilon$.

证明　必要性. 设 $\lim\limits_{x\to x_0}f(x)=l$，那么对任意给定的 $\varepsilon>0$，存在 $\delta>0$，只要 $x\in B_\delta(\check{x}_0)$，便有

$$|f(x)-l|<\frac{\varepsilon}{2}.$$

现对任意的 $x_1,x_2\in B_\delta(\check{x}_0)$，当然有

$$|f(x_1)-l|<\frac{\varepsilon}{2},\quad |f(x_2)-l|<\frac{\varepsilon}{2}.$$

因而

$$\begin{aligned}|f(x_1)-f(x_2)|&\leqslant|f(x_1)-l|+|f(x_2)-l|\\&<\frac{\varepsilon}{2}+\frac{\varepsilon}{2}=\varepsilon.\end{aligned}$$

充分性.设对任意给定的 $\varepsilon>0$，存在 $\delta>0$，当 $x_1,x_2\in B_\delta(\check{x}_0)$时，有

$$|f(x_1)-f(x_2)|<\varepsilon.$$

现设$\{x_n\neq x_0:n\in\mathbf{N}^*\}$是任一个收敛于 x_0 的数列.对刚才已经确定的 $\delta>0$，可以找到正整数 N，当 $m,n>N$ 时，有 $0<|x_m-x_0|<\delta$，且 $0<|x_n-x_0|<\delta$，即 x_m，$x_n\in B_\delta(\check{x}_0)$.由此得到

$$|f(x_m)-f(x_n)|<\varepsilon.$$

这表明数列$\{f(x_n)\}$是一个基本列，因此是收敛数列，设其极限是 l_x.设$\{y_n\neq x_0:n\in\mathbf{N}^*\}$是另一个收敛于 x_0 的数列，数列$\{f(y_n)\}$也应有极限，记为 l_y.我们来证明 $l_x=l_y$.事实上，把$\{x_n\}$与$\{y_n\}$交错地排列，作为一个新的数列$\{z_n\}$：

$$x_1,y_1,x_2,y_2,\cdots,x_n,y_n,\cdots.$$

显然 $z_n\neq x_0(n\in\mathbf{N}^*)$，可是 $z_n\to x_0(n\to\infty)$.因此数列$\{f(z_n)\}$有极限，记为 l.注意到$\{f(x_n)\}$和$\{f(y_n)\}$都是$\{f(z_n)\}$的子列，所以必须有

$$l_x=l_y=l.$$

再根据定理 2.4.1，知$\lim\limits_{x\to x_0}f(x)$存在. □

定理 2.4.7 称为函数极限的 **Cauchy 收敛原理**.这是一个非常有用的定理.

将一个比较复杂的函数看成若干个简单函数的复合，常有助于计算极限.这时，需要下面的定理：

定理 2.4.8 设$\lim\limits_{x\to x_0}f(x)=l$，$\lim\limits_{t\to t_0}g(t)=x_0$.如果在 t_0 的某个邻域 $B_\eta(t_0)$内 $g(t)\neq x_0$，那么

$$\lim_{t\to t_0}f(g(t))=l.$$

证明 由于$\lim\limits_{x\to x_0}f(x)=l$，对任意给定的 $\varepsilon>0$，存在 $\sigma>0$，使得只要 $x\in B_\sigma(\check{x}_0)$，便有

$$|f(x)-l|<\varepsilon. \tag{1}$$

对这个由 ε 决定的$\sigma>0$，因为$\lim\limits_{t\to t_0}g(t)=x_0$，故存在 $\eta_1>0$，只要 $t\in B_{\eta_1}(\check{t}_0)$，便有

$$|g(t)-x_0|<\sigma. \tag{2}$$

现取 $\delta=\min(\eta,\eta_1)$，则当 $t\in B_\delta(\check{t}_0)$时，也有 $t\in B_\eta(\check{t}_0)$，$t\in B_{\eta_1}(\check{t}_0)$，此时 $g(t)\neq x_0$，式(2)变成

$$0<|g(t)-x_0|<\sigma,$$

即 $g(t)\in B_\sigma(\check{x}_0)$. 于是由式(1)，即得

$$|f(g(t))-l|<\varepsilon.$$

这正是 $\lim\limits_{t\to t_0}f(g(t))=l$. □

定理2.4.8中，条件 $g(t)\neq x_0$ 至为重要，没有这个条件定理可能就不成立. 例如，令

$$f(x)=\begin{cases}1, & x=0,\\ 0, & x\neq 0,\end{cases}\quad g(t)\equiv 0,$$

那么 $\lim\limits_{t\to 0}g(t)=0$，$\lim\limits_{x\to 0}f(x)=0$. 按照定理2.4.8，应有

$$\lim_{t\to 0}f(g(t))=0.$$

但事实上，$f(g(t))\equiv 1$，即上式不成立. 不成立的原因就在于条件 $g(t)\neq 0$ 被破坏了.

下面引进的单边极限的概念，有时也有助于函数极限的计算. 在有些场合，人们只需要研究当自变量 x 从点 x_0 的一边(在大于 x_0 的一边或小于 x_0 的一边)趋向于 x_0 时函数的动态，即在限制条件 $x>x_0$(或 $x<x_0$)下来研究 $\lim\limits_{x\to x_0}f(x)$. 为此，我们给出：

定义 2.4.2 设函数 f 在(x_0,x_0+r)(r 是一个确定的正数)上有定义. 设 l 是一个给定的实数. 若对任意给定的 $\varepsilon>0$，存在一个 $\delta\in(0,r)$，使得当 $0<x-x_0<\delta$ 时，有

$$|f(x)-l|<\varepsilon,$$

则称 l 为 f 在 x_0 处的**右极限**，表示成

$$l=\lim_{x\to x_0^+}f(x).$$

在右极限存在的情形下，这个右极限常记为 $f(x_0+)$或 $f(x_0+0)$. 也就是说，

$$f(x_0+)=\lim_{x\to x_0^+}f(x).$$

类似地，可以定义 f 在 x_0 处的**左极限** $f(x_0-)$.

右极限和左极限统称为**单边极限**.

特别应当注意的是，切勿将左、右极限的记号 $f(x_0-)$，$f(x_0+)$误认为是函数 f 在 x_0 处的值. 因为 f 完全可能在 x_0 处没有定义，即使在 $f(x_0)$有意义时，$f(x_0)$

与 $f(x_0-)$，$f(x_0+)$ 这两者之间也可能毫无联系.例如

$$f(x)=\begin{cases}x-5, & 1<x\leqslant 2,\\ 10, & x=1,\\ x+2, & 0\leqslant x<1.\end{cases}$$

这是一个定义在 $[0,2]$ 上的函数.容易看出

$$f(1-)=\lim_{x\to 1^-}f(x)=\lim_{x\to 1}(x+2)=3,$$

$$f(1+)=\lim_{x\to 1^+}f(x)=\lim_{x\to 1}(x-5)=-4.$$

它们和 $f(1)=10$ 没有关系.

极限与单边极限的关系体现在下面的定理中.

定理 2.4.9 设函数 f 在 x_0 的某个邻域内（x_0 可能是例外）有定义，那么 $\lim\limits_{x\to x_0}f(x)$ 存在的充分必要条件是

$$f(x_0+)=f(x_0-),$$

这个共同的值也就是函数 f 在 x_0 处的极限值.

这一事实至为明显，略去不证. □

例 6 证明：$\lim\limits_{x\to 0}\dfrac{\sin x}{x}=1$.

证明 令 $f(x)=\dfrac{\sin x}{x}$.这个函数除 $x=0$ 之外处处有定义，很明显，对任意的 $x\neq 0$，有

$$f(-x)=f(x).$$

这是偶函数.显然可见，任何偶函数的图像关于纵轴是对称的.

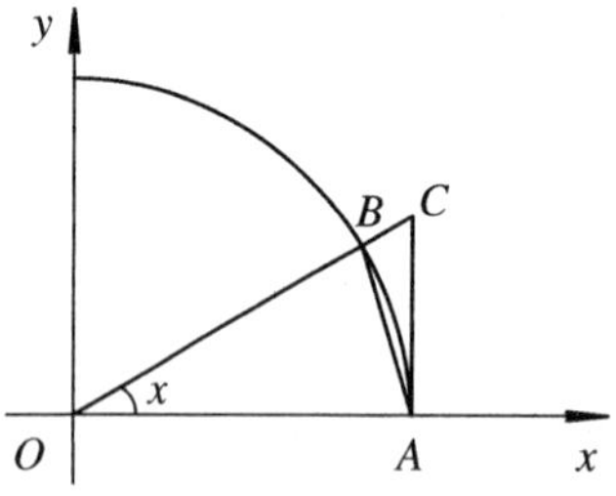

图 2.3

首先证明 $f(0+)=1$.实际上，考察区间 $(0,\pi/2)$，作出中心在原点、半径为 1 的圆周（称为单位圆）在第一象限那一部分的图像.设点 C 是过点 A 作的垂线与 OB 的延长线的交点，$x=\angle AOB$ 以弧度计算.由图 2.3，可见 $\triangle AOB$ 的面积 $<$ 扇形 OAB 的面积 $<\triangle AOC$ 的面积.

由于 $x\in(0,\pi/2)$，从上面的面积关系，可以推出不等式

$$\sin x<x<\tan x.$$

由此推出

$$\cos x < \frac{\sin x}{x} < 1.$$

更进一步,有

$$0 < 1 - \frac{\sin x}{x} < 1 - \cos x.$$

由于

$$0 < 1 - \cos x = 2\sin^2\frac{x}{2} < \frac{x^2}{2} < \frac{\pi}{4}x,$$

所以对任给的 $\varepsilon>0$,可取 $\delta=\min(\pi/2, 4\varepsilon/\pi)$,当 $x\in(0,\delta)$时,有

$$0 < 1 - \frac{\sin x}{x} < \frac{\pi}{4}x < \frac{\pi}{4}\delta \leqslant \varepsilon.$$

这就证明了 $f(0+)=1$.由于 f 是偶函数,所以也有 $f(0-)=1$,从而 $f(0+)=f(0-)=1$.依定理2.4.9,即得

$$\lim_{x\to 0}\frac{\sin x}{x} = 1. \qquad \square$$

例6中所指出的极限是一个十分有用的事实,不可以将它只作为一个普通的例子来对待.

例7　计算极限 $\lim\limits_{x\to 0}\dfrac{1-\cos x}{x^2}$.

解　易知

$$\frac{1-\cos x}{x^2} = \frac{2\sin^2\dfrac{x}{2}}{x^2} = \frac{1}{2}\left(\left(\sin\frac{x}{2}\right)\Big/\frac{x}{2}\right)^2.$$

若令 $t=x/2$,那么 $x\to 0$ 等价于 $t\to 0$.根据例6,有

$$\lim_{x\to 0}\frac{1-\cos x}{x^2} = \frac{1}{2}\lim_{t\to 0}\left(\frac{\sin t}{t}\right)^2 = \frac{1}{2}\left(\lim_{t\to 0}\frac{\sin t}{t}\right)^2$$

$$= \frac{1}{2}\times 1^2 = \frac{1}{2}. \qquad \square$$

例7中所用的技巧——$t=x/2$,称为**变量代换**,又称**换元**,在数学分析的各个部分中都是非常有用的.

我们用一个较难的例子作为本节的结尾.

例8　下面的函数称为 Riemann(黎曼,1826~1866)函数:

$$R(x) = \begin{cases} 1, & x = 0, \\ \dfrac{1}{q}, & x = \dfrac{p}{q}(q>0, p, q \text{ 互素}), \\ 0, & x \text{ 为无理数}. \end{cases}$$

对任意的实数 x_0，证明：$\lim\limits_{x\to x_0} R(x)=0$.

证明 对任意给定的 $\varepsilon>0$，取充分大的正整数 q_0，使得 $1/q_0<\varepsilon$. 容易知道，在区间 (x_0-1,x_0+1) 中，满足 $0<q\leqslant q_0$ 的分数 p/q 只有有限多个. 因此总能取到充分小的 $\delta>0$，使得 $(x_0-\delta,x_0+\delta)$ 中的有理数的分母 $q>q_0$. 故当无理数 x 满足 $0<|x-x_0|<\delta$ 时，$R(x)=0$；当有理数 $x=p/q$ 满足 $0<|x-x_0|<\delta$ 时，必有 $q>q_0$. 因而

$$0\leqslant R(x)=\frac{1}{q}<\frac{1}{q_0}<\varepsilon.$$

这就证明了 $\lim\limits_{x\to x_0} R(x)=0$. □

练 习 题 2.4

1. 用 $\varepsilon-\delta$ 语言表述 $f(x_0-)=1$.
2. 求证：$\lim\limits_{x\to x_0} f(x)$ 存在当且仅当 $f(x_0-)=f(x_0+)$ 为有限数.
3. 设 $\lim\limits_{x\to x_0} f(x)=A$. 用 $\varepsilon-\delta$ 语言证明：

   (1) $\lim\limits_{x\to x_0}|f(x)|=|A|$；　　(2) $\lim\limits_{x\to x_0} f^2(x)=A^2$；

   (3) $\lim\limits_{x\to x_0}\sqrt{f(x)}=\sqrt{A}\ (A>0)$；　　(4) $\lim\limits_{x\to x_0}\sqrt[3]{f(x)}=\sqrt[3]{A}$.
4. 用 $\varepsilon-\delta$ 语言证明：

   (1) $\lim\limits_{x\to 2} x^3=8$；　　(2) $\lim\limits_{x\to 3}\dfrac{x-3}{x^2-9}=\dfrac{1}{6}$；

   (3) $\lim\limits_{x\to 1}\dfrac{x^4-1}{x-1}=4$；　　(4) $\lim\limits_{x\to 0}\sqrt{1+2x}=1$；

   (5) $\lim\limits_{x\to 1^+}\dfrac{x-1}{\sqrt{x^2-1}}=0$.
5. 设

$$f(x)=\begin{cases}x^2, & x\geqslant 2,\\ -ax, & x<2.\end{cases}$$

   (1) 求 $f(2+)$ 与 $f(2-)$；

   (2) 若 $\lim\limits_{x\to 2} f(x)$ 存在，a 应取何值？
6. 设 $\lim\limits_{x\to x_0} f(x)>a$. 求证：当 x 足够靠近 x_0 但 $x\neq x_0$ 时，$f(x)>a$.
7. 设 $f(x_0-)<f(x_0+)$. 求证：存在 $\delta>0$，使得当

$$x\in(x_0-\delta,x_0),\quad y\in(x_0,x_0+\delta)$$

时，有 $f(x)<f(y)$.

8. 设 f 在 $(-\infty,x_0)$ 上是递增的，并且存在一个数列 $\{x_n\}$ 满足 $x_n<x_0(n=1,2,\cdots)$，$x_n\to x_0$ $(n\to\infty)$，且使得

$$\lim_{n\to\infty}f(x_n)=A.$$

求证：$f(x_0-)=A$.

9. 用肯定的语气表达"当 $x\to x_0$ 时，$f(x)$ 不收敛于 l".

10. 对任何 $n\in\mathbf{N}^*$，$A_n\subset[0,1]$ 是有限集，且 $A_i\cap A_j=\varnothing\ (i\neq j,i,j\in\mathbf{N}^*)$. 定义函数

$$f(x)=\begin{cases}\dfrac{1}{n}, & x\in A_n,\\ 0, & x\in[0,1],x\notin A_n.\end{cases}$$

对任意的 $x_0\in[0,1]$，求极限 $\lim\limits_{x\to x_0}f(x)$.

11. 计算下列极限：

(1) $\lim\limits_{x\to 2}\dfrac{1+x-x^3}{1+x^2}$；　(2) $\lim\limits_{x\to 1}\dfrac{x^2-2x+1}{x^2-x}$；

(3) $\lim\limits_{x\to 1}\dfrac{x^m-1}{x-1}$；　(4) $\lim\limits_{x\to 1}\dfrac{x^m-1}{x^n-1}$，

(5) $\lim\limits_{x\to 0}\dfrac{\sqrt{1+x}-1}{x}$；　(6) $\lim\limits_{x\to 0}\dfrac{\sqrt{1+x}-\sqrt{1-x}}{x}$；

(7) $\lim\limits_{x\to 0}\dfrac{(1+x)^{1/m}-1}{x}$；　(8) $\lim\limits_{x\to 1}\dfrac{x+x^2+\cdots+x^m-m}{x-1}$.

12. 求下列极限：

(1) $\lim\limits_{x\to 0}\dfrac{\sin ax}{\sin bx}\ (b\neq 0)$；　(2) $\lim\limits_{x\to 0}\dfrac{x^2}{1-\cos x}$；

(3) $\lim\limits_{x\to 0}\dfrac{\sin\sin x}{x}$；　(4) $\lim\limits_{x\to 0}\dfrac{\tan x}{x}$；

(5) $\lim\limits_{h\to 0}\sin(x+h)$；　(6) $\lim\limits_{h\to 0}\dfrac{\sin(x+h)-\sin x}{h}$；

(7) $\lim\limits_{x\to 0}\dfrac{1-\cos x\cos 2x\cdots\cos nx}{x^2}$；　(8) $\lim\limits_{n\to\infty}\cos\dfrac{x}{2}\cos\dfrac{x}{4}\cdots\cos\dfrac{x}{2^n}$.

13. 求下列极限：

(1) $\lim\limits_{x\to 0}x\left[\dfrac{1}{x}\right]$；　(2) $\lim\limits_{x\to 2^+}\dfrac{[x]^2-4}{x^2-4}$；

(3) $\lim\limits_{x\to 2^-}\dfrac{[x]^2+4}{x^2+4}$；　(4) $\lim\limits_{x\to 1^-}\dfrac{[4x]}{1+x}$.

14. 求极限 $\lim\limits_{n\to\infty}n\sin(2\pi n!\,\mathrm{e})$ 的值.

15. 设

$$f(x)=\begin{cases}1, & x\neq 0,\\ 0, & x=0,\end{cases}\quad g(t)=\begin{cases}\dfrac{1}{q}, & t=\dfrac{p}{q},\\ 0, & t\text{ 为无理数},\end{cases}$$

易知 $\lim\limits_{x\to 0}f(x)=1$，$\lim\limits_{t\to 0}g(t)=0$. 根据定理 2.4.8，应有 $\lim\limits_{t\to 0}f(g(t))=1$. 但事实上，$f(g(t))=D(t)$ 是 Dirichlet 函数. 根据例 5，它处处没有极限. 问发生这个矛盾的原因是什么？

16. 设

$$f(x)=\begin{cases}1, & x=0,\\ q, & x=\dfrac{p}{q}(q>0,p,q\text{ 互素}),\\ 0, & x\text{ 为无理数}.\end{cases}$$

证明：f 在 $(-\infty,+\infty)$ 上每点的邻域内都无界.

2.5 极限过程的其他形式

在 2.4 节中，我们详尽地讨论了下列形式的极限：$\lim\limits_{x\to x_0}f(x)=l$，这里 x_0 与 l 都是确定的实数. 在单边极限 $\lim\limits_{x\to x_0^+}f(x)$ 或 $\lim\limits_{x\to x_0^-}f(x)$ 中，x_0 也是确定的实数. 有很多理由说明，有必要放宽 x_0 和 l 为实数这一限制. 例如，某种放射性物质的质量是时间 t 的函数，随着时间的无限延长，这一物质的质量可以变得“要多小就有多小”，这时 t 所接近的就不是一个实数. 这就是另外一种形式的极限.

由 x_0 与 l 的不同状态和各种不同的搭配，将得到许许多多不同形式的极限. 我们只讨论其中的两种. 事实上，只要对前一节那种形式的极限的原理有透彻的了解，就可以举一反三，触类旁通，那种几乎是重复的、使人感到乏味的叙述也就成为多余的了.

定义 2.5.1 设 l 是一确定的实数，表达式

$$\lim_{x\to\infty}f(x)=l$$

的意思是，对任意给定的 $\varepsilon>0$，存在一个正数 A，当 x 满足 $|x|>A$ 时，有 $|f(x)-l|<\varepsilon$. 这时，我们说“当 x 趋向于无穷时，函数 f 有极限 l”. 上式也可以简记为

$$f(x) \to l = f(\infty) \quad (x \to \infty).$$

至此,我们不难联想如何用“精确语言”来定义

$$f(x) \to l \quad (x \to +\infty),$$

$$f(x) \to l \quad (x \to -\infty).$$

这里仅对第二个表达式给出定义.

定义 2.5.2 对任意给定的 $\varepsilon>0$,存在一个正数 $A>0$,使得当 $x<-A$ 时,有

$$|f(x)-l|<\varepsilon.$$

在这种情况下,我们说“在负无穷处函数 f 有极限 l”,记为

$$f(-\infty)=\lim_{x\to-\infty}f(x)=l.$$

第一个表达式的精确定义请读者自行给出.

显然,我们有:

定理 2.5.1 $\lim\limits_{x\to\infty}f(x)=l$ 当且仅当

$$f(-\infty)=\lim_{x\to-\infty}f(x)=l, \quad f(+\infty)=\lim_{x\to+\infty}f(x)=l$$

同时成立.

例 1 设

$$f(x)=\left(1+\frac{1}{[x]}\right)^{[x]} \quad (x\geqslant 1),$$

这里$[x]$表示不大于 x 的最大整数.试求 $\lim\limits_{x\to+\infty}f(x)$.

解 在 1.6 节中,已经证明数列$\{(1+1/n)^n\}$递增地趋向于自然对数的底 e.因此,对任给的 $\varepsilon>0$,存在 $N\in\mathbf{N}^*$,使得

$$0<\mathrm{e}-\left(1+\frac{1}{N}\right)^N<\varepsilon.$$

由于 f 是递增函数,当 $x\geqslant N$ 时,有$[x]\geqslant N$,从而有

$$0<\mathrm{e}-f(x)\leqslant \mathrm{e}-\left(1+\frac{1}{N}\right)^N<\varepsilon.$$

这就证明了

$$\lim_{x\to+\infty}\left(1+\frac{1}{[x]}\right)^{[x]}=\mathrm{e}.$$ □

建议读者用 $\varepsilon-A$ 语言来证明以下更加容易证明的极限:

$$\lim_{x\to+\infty}\left(1+\frac{1}{[x]}\right)=1.$$

在 2.4 节中,我们证明了许多定理,其中有关于极限的四则运算的定理、夹逼原理等等,它们虽然说是对“$x\to x_0$”这种极限过程来叙述和证明的,但是它们对其

他极限过程显然也是适用的，只是应当在同一类极限过程中加以运用．至于定理 2.4.7，即 Cauchy 收敛原理，只需加以明显的改动，也可以成立（见练习题 2.5 中的第 9 题）．

例如，应用极限的四则运算法则，可以得到

$$\begin{aligned}\lim_{x\to+\infty}\left(1+\frac{1}{[x]}\right)^{[x]+1} &= \lim_{x\to+\infty}\left(1+\frac{1}{[x]}\right)^{[x]}\cdot\lim_{x\to+\infty}\left(1+\frac{1}{[x]}\right)\\ &= \mathrm{e}\cdot 1=\mathrm{e},\end{aligned}$$

$$\begin{aligned}\lim_{x\to+\infty}\left(1+\frac{1}{[x]+1}\right)^{[x]} &= \lim_{x\to+\infty}\left(1+\frac{1}{[x]+1}\right)^{[x]+1}\cdot\lim_{x\to+\infty}\left(1+\frac{1}{[x]+1}\right)^{-1}\\ &= \mathrm{e}\cdot\frac{1}{1}=\mathrm{e}.\end{aligned}$$

下面的例子与 2.4 节中的例 6 一样是一个重要的极限．

例 2 $\lim\limits_{x\to\infty}\left(1+\dfrac{1}{x}\right)^{x}=\mathrm{e}.$

证明 先设 $x\geqslant 1$．由不等式 $[x]\leqslant x<[x]+1$，得

$$\left(1+\frac{1}{[x]+1}\right)^{[x]}<\left(1+\frac{1}{x}\right)^{x}<\left(1+\frac{1}{[x]}\right)^{[x]+1}.$$

我们已经知道，当 $x\to+\infty$ 时，上式左、右两边的函数趋向于极限 e．由夹逼原理，便知

$$\lim_{x\to+\infty}\left(1+\frac{1}{x}\right)^{x}=\mathrm{e}.$$

现在再来讨论 $x\to-\infty$ 的情形．令 $y=-(x+1)$．易知，当 $x\to-\infty$ 时，$y\to+\infty$，而

$$\begin{aligned}\left(1+\frac{1}{x}\right)^{x} &= \left(1+\frac{1}{y}\right)^{y+1}\\ &= \left(1+\frac{1}{y}\right)^{y}\left(1+\frac{1}{y}\right)\to\mathrm{e}\cdot 1=\mathrm{e}\quad(y\to+\infty),\end{aligned}$$

综上，可得

$$\lim_{x\to-\infty}\left(1+\frac{1}{x}\right)^{x}=\mathrm{e}.$$

□

练 习 题 2.5

1. 用 $\varepsilon-A$ 语言证明：

(1) $\lim\limits_{x\to-\infty}\dfrac{x^2+1}{3x^2-x+1}=\dfrac{1}{3}$； (2) $\lim\limits_{x\to\infty}\dfrac{3x+2}{2x+3}=\dfrac{3}{2}$；

(3) $\lim\limits_{x\to+\infty}(x-\sqrt{x^2-a})=0$；　　(4) $\lim\limits_{x\to+\infty}(\sqrt{x+1}-\sqrt{x-1})=0$.

2. 定出常数 a 和 b，使得下列等式成立：

(1) $\lim\limits_{x\to\infty}\left(\dfrac{x^2+1}{x+1}-ax-b\right)=0$；

(2) $\lim\limits_{x\to+\infty}(\sqrt{x^2-x+1}-ax-b)=0$；

(3) $\lim\limits_{x\to-\infty}(\sqrt{x^2-x+1}-ax-b)=0$.

3. 证明：

$$\lim_{x\to+\infty}(\sin\sqrt{x+1}-\sin\sqrt{x-1})=0.$$

4. 设常数 $a_1,a_2,\cdots,a_n$ 满足 $a_1+a_2+\cdots+a_n=0$. 求证：

$$\lim_{x\to+\infty}\sum_{k=1}^{n}a_k\sin\sqrt{x+k}=0.$$

5. 求极限 $\lim\limits_{n\to\infty}\sin(\pi\sqrt{n^2+1})$.

6. 求下列极限：

(1) $\lim\limits_{x\to\infty}\left(\dfrac{1+x}{3+x}\right)^x$；　　(2) $\lim\limits_{x\to\infty}\left(\dfrac{x+a}{x-a}\right)^x$；

(3) $\lim\limits_{x\to0}(1-2x)^{1/x}$；　　(4) $\lim\limits_{n\to\infty}\left(\dfrac{n+x}{n-2}\right)^n$.

7. 用极限来定义函数：

$$f(x)=\lim_{n\to\infty}n^x\left(\left(1+\frac{1}{n}\right)^{n+1}-\left(1+\frac{1}{n}\right)^n\right).$$

求 f 的定义域，并写出 f 的表达式.

8. 如果对 $x\in(-1,1)$，有 $\left|\sum\limits_{k=1}^{n}a_k\sin kx\right|\leqslant|\sin x|$，求证：

$$\left|\sum_{k=1}^{n}ka_k\right|\leqslant 1.$$

9. 证明：$\lim\limits_{x\to+\infty}f(x)$ 存在的充分必要条件是，对任意的 $\varepsilon>0$，存在一个正数 A，只要 x_1,x_2 满足 $x_1>A,x_2>A$，便有 $|f(x_1)-f(x_2)|<\varepsilon$.

10. 设 f 是 $(-\infty,+\infty)$ 上的周期函数，且 $\lim\limits_{x\to+\infty}f(x)=0$. 求证：$f=0$.

问题 2.5

1. 设 f 在 $(0,+\infty)$ 上满足函数方程 $f(2x)=f(x)(x>0)$，并且 $\lim\limits_{x\to+\infty}f(x)$ 存在且有限. 求证：f 为常值函数.

2. 设 a 和 b 是两个大于1的常数，函数 $f:\mathbf{R}\to\mathbf{R}$ 在 $x=0$ 的邻域内有界，并且对一切 $x\in\mathbf{R}$，有 $f(ax)=bf(x)$. 求证：

$$\lim_{x\to 0} f(x)=f(0).$$

3. 设 f 和 g 是两个周期函数，且满足

$$\lim_{x\to +\infty}(f(x)-g(x))=0.$$

证明：$f=g$.

4. 设 $x_n>0$. 证明：

(1) $\limsup\limits_{n\to\infty}\left(\frac{x_1+x_{n+1}}{x_n}\right)^n\geqslant \mathrm{e}$；

(2) 上式中的 e 是最佳常数.

2.6 无穷小与无穷大

在这一节中，我们首先来介绍另一类型的“极限”. 之所以在极限两字上加上引号，是因为“极限值”不是一个实数. 在这个意义上，它与前面讨论过的极限大不相同. 作为一个例子，考察函数 $f(x)=1/x$. 除了 $x=0$ 之外，$f(x)$ 处处都有定义. $y=1/x$ 的图像是位于第一和第三象限双曲线的两支(图 2.4). 很显然，当 $x\to 0$ 时，$f(x)$ 的值可以变得要多大就有多大. 为了研究函数的这种行为，我们引进如下定义：

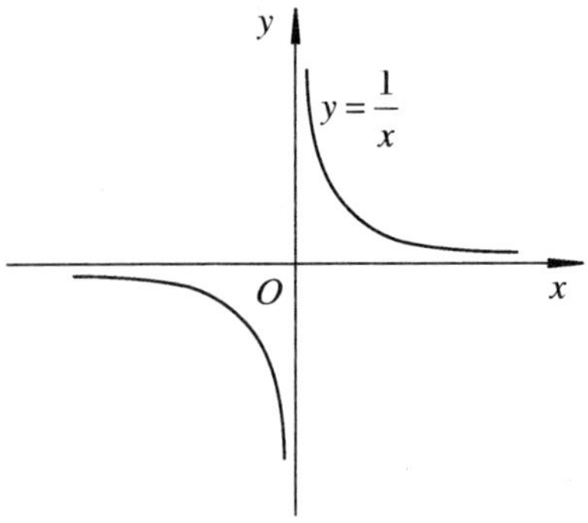

图 2.4

定义 2.6.1 设 x_0 是一个实数，函数 $f(x)$ 在 x_0 的一个近旁(可能除 x_0 之外)有定义. 如果对任意给定的正数 A，存在 $\delta>0$，使得当 $0<|x-x_0|<\delta$ 时，有 $|f(x)|>A$，则称“当 x 趋向于 x_0 时，函数 f 趋向于**无穷大**”，记作

$$\lim_{x\to x_0} f(x)=\infty,$$

或者

$$f(x)\to\infty\quad (x\to x_0).$$

类似地，还可以定义

$$\lim_{x\to x_0^+} f(x)=+\infty,\quad \lim_{x\to x_0^-} f(x)=-\infty,$$

$$\lim_{x\to -\infty} f(x)=\infty,\quad \lim_{x\to +\infty} f(x)=\infty,$$

等等.对所有这些情形,我们说"在所标明的极限过程中,f 是一个**无穷大(量)**".

与上述情形相对照,如果在某一极限过程中,$\lim f(x)=0$,则称"在该过程中,f 是一个**无穷小(量)**".

显然,无穷大的倒数是无穷小;不取零值的无穷小的倒数是无穷大.

在同一极限过程中,为确定起见,例如,在 $x\to x_0$ 的过程中,f 与 g 都是无穷小,那么我们可以按下面的定义对这两个无穷小进行比较.

定义 2.6.2　设当 $x\to x_0$ 时,f 与 g 都是无穷小,并且 g 在 x_0 的一个充分小的近旁(除 x_0 之外)不取零值.

(1) 如果 $\lim\limits_{x\to x_0}\dfrac{f(x)}{g(x)}=0$,那么称 f 是比 g **更高阶的无穷小**;

(2) 如果 $\lim\limits_{x\to x_0}\dfrac{f(x)}{g(x)}=l\neq 0$,则称 f 与 g 是**同阶的无穷小**;

(3) 如果(2)中的极限值 $l=1$,那么称 f 与 g 是**等价的无穷小**,记为

$$f\sim g\quad(x\to x_0).$$

可以把无穷小的"阶"进行"量化".为此,要取一个无穷小作为标准.当 $x\to x_0$ 时,很自然地取 $x-x_0$ 当作"1阶无穷小".设当 $x\to x_0$ 时,f 是一个无穷小,那么当 f 与 $(x-x_0)^\alpha$ $(\alpha>0)$ 为同阶的无穷小时,称 f 为 α **阶的无穷小**.

例如,由于

$$\sin x\sim x\quad(x\to 0),$$

$$\sqrt{1+x}-1\sim\frac{1}{2}x\quad(x\to 0),$$

$$1-\cos x\sim\frac{1}{2}x^2\quad(x\to 0),$$

可见当 $x\to 0$ 时,$\sin x$ 和 $\sqrt{1+x}-1$ 都是1阶无穷小,$1-\cos x$ 是2阶无穷小.

在同一极限过程中的两个无穷大,也可以按此进行比较.具体地说,设在某一极限过程中,f 与 g 都是无穷大,那么:

当 $\lim\dfrac{f(x)}{g(x)}=0$ 时,称 g 是比 f **更高阶的无穷大**,也可以说 f 是比 g **更低阶的无穷大**.

当 $\lim\dfrac{f(x)}{g(x)}$ 存在且不等于0时,称它们是**同阶的无穷大**;当这极限值等于1时,称 f 与 g 是**等价的无穷大**.

类似地,我们可以定义无穷大的"阶"的概念.无须作出一般的定义,只需通过

以下例子来说明这个概念,就足以使人明白.

例如,当 $x\to1$ 时,最好取 $1/(x-1)$ 作为标准的无穷大.由于

$$\frac{x^2+x-2}{(x^2-1)^3}=\frac{x+2}{(x-1)^2(x+1)^3}=\left(\frac{1}{x-1}\right)^2\frac{x+2}{(x+1)^3},$$

$$\lim_{x\to1}\frac{x+2}{(x+1)^3}=\frac{3}{8}\neq0,$$

因此当 $x\to1$ 时,$\dfrac{x^2+x-2}{(x^2-1)^3}$是一个 2 阶的无穷大.又如,当 $x\to\infty$ 时,取$|x|$为标准的无穷大是十分合理的.因此,由

$$\sqrt{2x^2+1}=|x|\sqrt{2+\frac{1}{x^2}},$$

$$\sqrt{2}<\sqrt{2+\frac{1}{x^2}}<\sqrt{2}+\frac{1}{|x|},$$

可知

$$\lim_{x\to\infty}\frac{\sqrt{2x^2+1}}{|x|}=\lim_{x\to\infty}\sqrt{2+\frac{1}{x^2}}=\sqrt{2}\neq0,$$

从而得出当 $x\to\infty$ 时,$\sqrt{2x^2+1}$是 1 阶的无穷大.

值得注意的是,不是对每一个无穷小或无穷大都能定出"阶"来.大家知道,当 $x\to0$ 时,$x\sin\dfrac{1}{x}$是一个无穷小.可是,把 x 取为标准的无穷小时,不可能为无穷小 $x\sin\dfrac{1}{x}$"定阶".

当 $x\to+\infty$ 时,函数

$$\ln x,\quad x^{\alpha}(\alpha>0),\quad a^x(a>1),\quad x^x$$

都是无穷大,它们之间的阶哪个高,哪个低?我们将在 3.6 节中证明,在上面的顺序中,后一个是比前一个更高阶的无穷大,这样一个认识在讨论许多问题时都要用到.

等价的无穷小(无穷大)的作用,可从下面的定理中看出.

定理 2.6.1 如果当 $x\to x_0$(x_0 可以是 $\pm\infty$)时,f,g 是等价的无穷小或无穷大,那么:

(1) $\lim\limits_{x\to x_0}f(x)h(x)=\lim\limits_{x\to x_0}g(x)h(x)$;

(2) $\lim\limits_{x\to x_0}\dfrac{f(x)}{h(x)}=\lim\limits_{x\to x_0}\dfrac{g(x)}{h(x)}$.

证明 (1) 证明很简单,因为 $f\sim g$,所以

$$\lim_{x\to x_0} f(x)h(x) = \lim_{x\to x_0}\frac{f(x)}{g(x)}g(x)h(x) = \lim_{x\to x_0} g(x)h(x).$$

(2) 证明与(1)是一样的. □

例如,我们已知

$$\sin x \sim x \quad (x\to 0),$$

当 a,b 为常数且 $a,b\neq 0$ 时,有

$$\lim_{x\to 0}\frac{\sin ax}{\sin bx} = \lim_{x\to 0}\frac{ax}{bx} = \frac{a}{b}.$$

又如,计算

$$\lim_{x\to 0}\frac{\left(\sqrt{1+\sqrt{x}}-1\right)\tan\dfrac{x}{2}}{1-\cos x^{3/4}}.$$

因为当 $x\to 0$ 时,有

$$\sqrt{1+\sqrt{x}}-1\sim\frac{1}{2}\sqrt{x},\quad \tan\frac{x}{2}\sim\frac{x}{2},\quad 1-\cos x^{3/4}\sim\frac{1}{2}x^{3/2},$$

所以由定理2.6.1,得

$$\lim_{x\to 0}\frac{\left(\sqrt{1+\sqrt{x}}-1\right)\tan\dfrac{x}{2}}{1-\cos x^{3/4}} = \lim_{x\to 0}\frac{\dfrac{1}{2}\sqrt{x}\cdot\dfrac{x}{2}}{\dfrac{1}{2}x^{3/2}} = \frac{1}{2}.$$

特别应注意的是:这种代替只能发生在以因式形式出现的无穷小(或无穷大)上,而不能发生在以加项或减项出现的无穷小(或无穷大)上.不牢记这一点,将会产生错误.例如,计算

$$\lim_{x\to 0}\frac{\sin x-\tan x}{x^3}.$$

这时如果错误地将 $\sin x$ 和 $\tan x$ 都用 x 来代替,得到的结果将是0.但事实上,

$$\sin x-\tan x = \sin x\left(1-\frac{1}{\cos x}\right) = \frac{\sin x(\cos x-1)}{\cos x},$$

因此

$$\lim_{x\to 0}\frac{\sin x-\tan x}{x^3} = -\lim_{x\to 0}\frac{\sin x}{x}\,\frac{1-\cos x}{x^2}\,\frac{1}{\cos x} = -\frac{1}{2}.$$

在结束本节的时候,我们介绍两个记号,它们将为今后的表达带来方便.在某些场合,我们并不需要某一个量的十分具体的表达式(有时这种表达式十分复杂),只需知道这个量的动态就已足够了,这时,如果把这个量原封不动地写上去,反而增添不必要的麻烦.

定义 2.6.3 设函数 f 与 g 在 x_0 的近旁(x_0 除外)有定义，并且 $g(x)\neq 0$.

(1) 当 $x\to x_0$ 时，若比值 $f(x)/g(x)$ 保持有界，即存在正常数 M，使得 $|f(x)|\leqslant M|g(x)|$ 成立，就用 $f(x)=O(g(x))(x\to x_0)$ 来表示；

(2) 当 $x\to x_0$ 时，若 $f(x)/g(x)$ 是一个无穷小，即

$$\lim_{x\to x_0}\frac{f(x)}{g(x)}=0,$$

就用 $f(x)=o(g(x))(x\to x_0)$ 来表示.

特别地，记号 $f(x)=O(1)(x\to x_0)$ 与 $f(x)=o(1)(x\to x_0)$ 分别表示在 $x\to x_0$ 的过程中函数 f 有界与 f 是一个无穷小.

例如

$$3x^2-2x+10=O(x^2)\quad(x\to\infty),$$
$$x=O(\sin x)\quad(x\to 0),$$
$$x^{3/2}\sin\frac{1}{x}=o(x)\quad(x\to 0).$$

我们对符号 O,o 的用法作一点说明. 记号 $O(g(x))$ 与 $o(g(x))$ 并不具体地代表一个量，而只是表示量的一种状态、一种类型. 式子 $f(x)=O(g(x))$ 或 $f(x)=o(g(x))$ 中的符号“=”应当理解为属于($\in$)的意思，表示函数 f 属于等式右边所代表的类型，而式子 $O(g(x))=f(x)$ 或 $o(f(x))=f(x)$ 都没有明确的意义，所以这里的“等式”两边的项不能像通常的等式那样进行交换. 又如，式子

$$O(1)+o(1)=O(1)\quad(x\to x_0)$$

是有意义的，它表示当 $x\to x_0$ 时，一个有界量与无穷小量的和仍是一个有界量；但是我们不能去掉等式左边与右边的 $O(1)$ 而得出 $o(1)=0$ 这种结论. 又如 $O(1)+O(1)=O(1)$ 有着明确的意义，即在 $x\to x_0$ 的过程中，两个有界量之和仍是一个有界量，这时我们既不能从等式的两边同时取走一个 $O(1)$，也无须把上式写为 $O(1)+O(1)=2O(1)$.

练 习 题 2.6

1. 求下列无穷小或无穷大的阶：

(1) $x-5x^3+x^{10}(x\to 0)$；　　(2) $x-5x^3+x^{10}(x\to\infty)$；

(3) $\dfrac{x+1}{x^4+1}(x\to\infty)$；　　(4) $x^3-3x+2\ (x\to 1)$；

(5) $\dfrac{2x^5}{x^3-3x+1}(x\to+\infty)$；　　(6) $\dfrac{1}{\sin\pi x}(x\to 1)$；

(7) $\sqrt{x\sin x}\ (x\to 0)$；　(8) $\sqrt{x^2+\sqrt[3]{x}}\ (x\to 0)$；

(9) $\sqrt{x^2+\sqrt[3]{x}}\ (x\to\infty)$；　(10) $\sqrt{1+x}-\sqrt{1-x}\ (x\to 0)$；

(11) $\sin\left(\sqrt{1+\sqrt{1+\sqrt{x}}}-\sqrt{2}\right)\ (x\to 0^+)$；　(12) $\sqrt{1+\tan x}-\sqrt{1-\sin x}\ (x\to 0)$；

(13) $\sqrt{x+\sqrt{x+\sqrt{x}}}\ (x\to\infty)$；　(14) $(1+x)(1+x^2)\cdots(1+x^n)\ (x\to+\infty)$.

2. 当 $x\to x_0$ 时，$\alpha=o(1)$.求证：

(1) $o(\alpha)+o(\alpha)=o(\alpha)$；　(2) $o(c\alpha)=o(\alpha)$（c 为常数）；

(3) $(o(\alpha))^k=o(\alpha^k)$；　(4) $\dfrac{1}{1+\alpha}=1-\alpha+o(\alpha)$.

3. 利用等价无穷小替换，求下列极限：

(1) $\lim\limits_{x\to 0}\dfrac{x\tan^4 x}{\sin^3 x(1-\cos x)}$；　(2) $\lim\limits_{x\to 0}\dfrac{\sqrt{1+x^2}-1}{1-\cos x}$；

(3) $\lim\limits_{x\to 0}\dfrac{\sqrt{1+x^4}-1}{1-\cos^2 x}$；　(4) $\lim\limits_{x\to 0}\dfrac{\tan\tan x}{\sin x}$；

(5) $\lim\limits_{x\to 0}\dfrac{(1+x+x^2)^{1/n}-1}{\sin 2x}\ (n\in\mathbf{N}^*)$.

问 题 2.6

1. 设 $\lim\limits_{x\to 0}f(x)=0$，且 $f(x)-f(x/2)=o(x)\ (x\to 0)$.求证：

$$f(x)=o(x)\quad(x\to 0).$$

2. 设函数列 $f_n:(0,+\infty)\to\mathbf{R}\ (n=1,2,3,\cdots)$；对任何 $n\in\mathbf{N}^*$，f_n 都是无穷大（$x\to+\infty$）.试证：存在 $(0,+\infty)$ 上的一个函数 f，当 $x\to+\infty$ 时，f 是比 $f_n\ (n\in\mathbf{N}^*)$ 更高阶的无穷大.

2.7 连 续 函 数

在函数定义中，所涉及的对象相当一般，如果不从中加以选择地来进行研究，就很难得出多少有用的结论.一类十分重要且在自然界经常出现的函数——我们称之为连续函数——将成为主要的研究对象.

大家知道，气温是时间的函数.这种函数具备下面所指出的那些特征.设想在2011年夏季的一天，在我国某地正午的气温正好是42℃，而午夜的气温却只有

8 ℃.尽管在这一天之中温差相当大,但直觉和经验都告诉我们,在正午前后的一段很小的时间区间之内,气温的变化不会太大,与 42 ℃相差不会很大;并且,这种温差要多小就可以有多小,只要我们把时间限制在中午 12 时前后的一段合适的区间之内.除了这一特征之外,这种函数还有另一条性质,即一定存在那么一个时刻,在这个时刻气温会等于当天的最低气温和最高气温之间任意一个指定的气温.

为了正确地描述和深入研究这类函数,给出如下的定义:

定义 2.7.1 设 $f:[a,b]\to\mathbf{R}$.我们称函数 f 在点 $x_0\in(a,b)$ **连续**,如果

$$\lim_{x\to x_0} f(x) = f(x_0).$$

也就是说,对任意给定的 $\varepsilon>0$,存在一个适当的 $\delta>0$,使得当 $|x-x_0|<\delta$ 时,有

$$|f(x)-f(x_0)|<\varepsilon.$$

由这一定义可以看出,若函数 f 在 x_0 处连续,f 在 x_0 这一点必有极限,并且极限值正是 $f(x_0)$.由此可见,f 必须在点 x_0 处有定义.

函数 f 在点 x_0 处近傍的图像(图 2.5)表明:不论平行于横轴的两条直线 $y=f(x_0)\pm\varepsilon$ 围成的带状区域多么狭窄,必可找到平行于纵轴的两条直线 $x=x_0\pm\delta$,使得当 $x\in(x_0-\delta,x_0+\delta)$时,相应的曲线段 $y=f(x)$将全部被包含在这两组平行直线所围成的矩形之中.

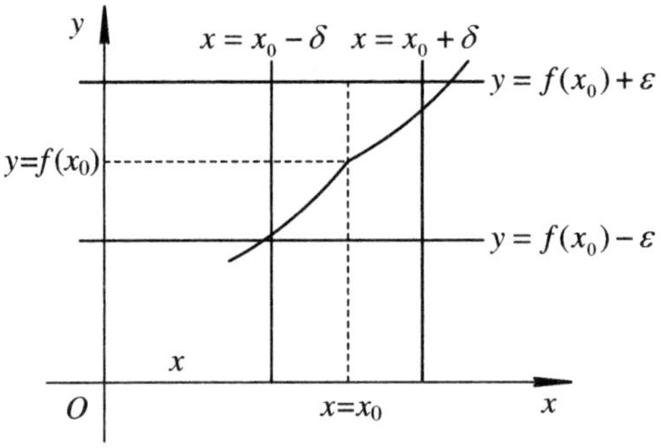

图 2.5

下面给出几个例子.

例 1 常值函数是处处连续的.

证明 设 $f=c$,这里 c 是一个实数.对任意给定的 $x_0\in\mathbf{R}$ 和 $\varepsilon>0$,取 $\delta=1$,对凡是满足 $|x-x_0|<1$ 的 x,都有

$$|f(x)-f(x_0)|=|c-c|=0<\varepsilon.$$ □

例 2 函数 $f(x)=x$ 是处处连续的.

证明　对任意给定的 $x_0\in\mathbf{R}$ 和 $\varepsilon>0$，取 $\delta=\varepsilon$，对凡是满足 $|x-x_0|<\delta$ 的 x，都有

$$|f(x)-f(x_0)|=|x-x_0|<\varepsilon.$$ □

例 3　正弦函数与余弦函数在每一个实数值上是连续的.

证明　任取 $x_0\in\mathbf{R}$，作和差化积：

$$\sin x-\sin x_0=2\sin\frac{x-x_0}{2}\cos\frac{x+x_0}{2}.$$

由此可见，对任给的 $\varepsilon>0$，取 $\delta=\varepsilon$，当 $|x-x_0|<\delta$ 时，有

$$\begin{aligned}|\sin x-\sin x_0|&\leqslant 2\left|\sin\frac{x-x_0}{2}\right|\leqslant 2\left|\frac{x-x_0}{2}\right|\\&=|x-x_0|<\varepsilon.\end{aligned}$$

可见正弦函数在 x_0 处连续.

又因为

$$\begin{aligned}|\cos x-\cos x_0|&=\left|\sin\left(\frac{\pi}{2}-x\right)-\sin\left(\frac{\pi}{2}-x_0\right)\right|\\&\leqslant\left|\frac{\pi}{2}-x-\left(\frac{\pi}{2}-x_0\right)\right|=|x-x_0|,\end{aligned}$$

再根据同样的方法，也就证明了余弦函数在 x_0 处是连续的. □

例 4　设 D 是 2.4 节中的例 5 定义的 Dirichlet 函数. 证明：

(1) D 在每一点都不连续；

(2) 令 $f(x)=xD(x)$，则 f 除在 $x=0$ 处连续之外，其他各点处都不连续.

证明　(1) 2.4 节中的例 5 已经证明，对任意的 $x_0\in\mathbf{R}$，$\lim\limits_{x\to x_0}D(x)$ 都不存在，D 当然在 x_0 处不连续.

(2) 先证 f 在 $x_0=0$ 处连续. 此时，$f(0)=0$. 对任意给定的 $\varepsilon>0$，取 $\delta=\varepsilon$，当 $|x-0|=|x|<\delta$ 时，有

$$|f(x)-f(0)|=|xD(x)|\leqslant|x|<\delta=\varepsilon,$$

因此 f 在 $x=0$ 处是连续的.

现在设 $x\neq0$. 这时，$f(x)/x=D(x)$. 如果 f 在 $x_0\neq0$ 处连续，那么

$$\lim_{x\to x_0}D(x)=\lim_{x\to x_0}\frac{f(x)}{x}=\frac{\lim\limits_{x\to x_0}f(x)}{x_0}=\frac{f(x_0)}{x_0}=D(x_0).$$

这表明 D 在 x_0 处连续，此为矛盾. 这说明 f 只在 $x=0$ 处连续. □

这个例子说明，存在处处不连续的函数，也存在只有一个连续点的函数，而这些都是通过 Dirichlet 函数来表达的.

既然可以定义单边极限,自然也可以定义单边连续.

定义 2.7.2 如果 $f(x_0+)=f(x_0)$,则称函数 f 在 x_0 处**右连续**;如果 $f(x_0-)=f(x_0)$,则称函数 f 在 x_0 处**左连续**.

非常明显,函数 f 在 x_0 处连续必须且只需 $f(x_0-)=f(x_0+)=f(x_0)$.

例 5 指数函数 $a^x(a>0,a\neq1)$在其定义域上的每一个点处是连续的.

证明 首先证明:$f(x)=a^x$ 在 $x=0$ 处是连续的,即要证明:

$$\lim_{x\to0}a^x=f(0)=1.$$

先设 $a>1$,此时 f 是严格递增的.在 1.3 节的例 6 中已经证明 $\lim\limits_{n\to\infty}a^{1/n}=1$,因此对任意给定的 $\varepsilon>0$,必存在一个正整数 N,使得

$$0<a^{1/N}-1<\varepsilon.$$

此时,取正数 $\delta<1/N$,当 $x\in(0,\delta)$时,可以推知

$$0<a^x-1<a^\delta-1<a^{1/N}-1<\varepsilon.$$

这就证明了

$$\lim_{x\to0^+}a^x=1\quad(a>1).$$

如果 $0<a<1$,我们有

$$\lim_{x\to0^+}a^x=\frac{1}{\lim\limits_{x\to0^+}\dfrac{1}{a^x}}=\frac{1}{\lim\limits_{x\to0^+}\left(\dfrac{1}{a}\right)^x}=\frac{1}{1}=1.$$

我们已经证明了 $f(0+)=f(0)=1$,下面再来计算 $f(0-)=\lim\limits_{x\to0^-}a^x$.作变换 $y=-x$,则有

$$f(0-)=\lim_{y\to0^+}a^{-y}=\frac{1}{\lim\limits_{y\to0^+}a^y}=\frac{1}{1}=1.$$

这样就证明了 a^x 在 $x=0$ 处是连续的.

最后来讨论 $x\to x_0$(x_0 为任意给定的实数)的情况.由

$$\lim_{x\to x_0}a^x=\lim_{x\to x_0}a^{x_0}a^{x-x_0}=a^{x_0}\lim_{x\to x_0}a^{x-x_0}=a^{x_0}\lim_{t\to0}a^t,$$

知

$$\lim_{x\to x_0}a^x=a^{x_0}.$$

□

如果始终都坚持用定义来证明函数在一点处是连续的,实在是太麻烦了.我们知道,“连续”是通过极限来定义的,充分地利用已经揭示出的函数极限的各种性质,将大大简化证明.例如,利用函数极限四则运算的性质,可以立刻写出以下定理:

定理 2.7.1　如果函数 f 与 g 在 x_0 处连续，那么 $f\pm g$ 与 fg 都在 x_0 处连续. 进一步，若 $g(x_0)\neq 0$，则 f/g 也在 x_0 处连续.

这样一来，多项式函数、三角函数在它们各自的定义域上的每一点处连续. 有理函数是指两个多项式之商，它在除去分母的零点之外的其他点处都是连续的.

利用证明复合函数的极限定理的方法，立刻得到：

定理 2.7.2　设函数 g 在 t_0 处连续，记 $g(t_0)$ 为 x_0. 如果函数 f 在 x_0 处连续，那么复合函数 $f\circ g$ 在 t_0 处连续.

定义 2.7.3　设 I 是一个开区间，例如 (a,b)，$(a,+\infty)$，$(-\infty,b)$ 或 $(-\infty,+\infty)$. 如果函数 f 在 I 上的每一点处都连续，则称 f 在 I 上**连续**. 设 $I=[a,b]$，称 f 在 I 上连续，是指 f 在 (a,b) 上连续，并且在 a 点处右连续，同时在 b 点处左连续. 人们也称 f 是 I 上的**连续函数**. 不论区间 I 是开的或闭的，是有限的或无穷的，我们用 $C(I)$ 记 I 上连续函数的全体.

利用定理 2.7.2，可以从已知的连续函数出发，使用函数复合的技巧，得出不可胜数的其他连续函数，例如 $\sin a^x$，$\cos\sin x$ 等等.

定理 2.7.3　设 f 是在区间 I 上严格递增(减)的连续函数，那么 f^{-1} 是 $f(I)$ 上的严格递增(减)的连续函数.

证明　在推论 2.10.1 中，我们将看到 $J=f(I)$ 也是一个区间. 下面来证明 f^{-1} 在 J 上是连续的. 不妨设 f 在 I 上严格递增. 任取 $y_0\in J$，令 $x_0=f^{-1}(y_0)$（即 $y_0=f(x_0)$）. 任意地给定 $\varepsilon>0$，使得 $x_0-\varepsilon$ 与 $x_0+\varepsilon$ 都在 I 中. 令

$$\begin{aligned}\delta_1 &= y_0 - f(x_0-\varepsilon) > 0,\\ \delta_2 &= f(x_0+\varepsilon) - y_0 > 0,\\ \delta &= \min(\delta_1,\delta_2).\end{aligned}$$

当 $|y-y_0|<\delta$ 时，有

$$y_0-\delta_1\leqslant y_0-\delta<y<y_0+\delta\leqslant y_0+\delta_2.$$

由 f^{-1} 严格递增的性质，可得

$$\begin{aligned}f^{-1}(y_0-\delta_1)&\leqslant f^{-1}(y_0-\delta)<f^{-1}(y)\\ &<f^{-1}(y_0+\delta)\leqslant f^{-1}(y_0+\delta_2),\end{aligned}$$

这也就是

$$x_0-\varepsilon<f^{-1}(y)<x_0+\varepsilon,$$

上式还可以写成等价的形式 $|f^{-1}(y)-f^{-1}(y_0)|<\varepsilon$. 这个式子成立的条件是 $|y-y_0|<\delta$. 这就说明 f^{-1} 在 y_0 处是连续的. 因为 y_0 是在 J 上任取的，所以 f^{-1} 在 J 上连续. □

当 $n\in\mathbf{N}^*$ 时，$f(x)=x^n$ 作为一个 n 次多项式，在 $\mathbf{R}$ 上是连续的.当限制在 $[0,+\infty)$ 上时，它是严格递增的，因此其反函数 $f^{-1}(x)=x^{1/n}$ 在 $[0,+\infty)$ 上也是连续的.由此可知，对任何正有理数 r，x^r 在 $[0,+\infty)$ 上是连续的.

现在考察指数函数 a^x.当 $a>1$ 时，它在 $\mathbf{R}$ 上是严格递增的连续函数.其反函数记作 $\log_a x$.易知，它也是 $(0,+\infty)$ 上的严格递增的连续函数.特别地，当 $a=\mathrm{e}$ 时，$\ln x$ 是 $(0,+\infty)$ 上的严格递增的连续函数.

对幂函数 $f(x)=x^\mu$（$x>0$，μ 为任意指定的实数），可把它等价地写成

$$f(x)=\mathrm{e}^{\mu\ln x}\quad(x>0),$$

可见幂函数在 $(0,+\infty)$ 上是连续的.

由于正弦函数 $\sin x$ 在 $[-\pi/2,\pi/2]$ 上是严格递增的，所以它的反函数 $\arcsin x$ 定义在 $[-1,1]$ 上，值域是 $[-\pi/2,\pi/2]$.同理，余弦函数 $\cos x$ 在 $[0,\pi]$ 上是严格递减的，故它的反函数 $\arccos x$ 定义在 $[-1,1]$ 上，值域是 $[0,\pi]$；正切函数 $\tan x$ 在 $(-\pi/2,\pi/2)$ 上是严格递增的，故它的反函数 $\arctan x$ 定义在 $(-\infty,+\infty)$ 上，值域是 $(-\pi/2,\pi/2)$.以上三个反函数在各自的定义域上都是连续的.

多项式函数、幂函数、指数函数、对数函数、三角函数与反三角函数，以及由它们经过有限次的四则运算、有限次复合所形成的函数，统称为**初等函数**.这样，我们已经证明了下面的定理.

定理 2.7.4 初等函数在它们各自的定义域上都是连续的.

设 x_0 是函数 f 的定义域中的一点.如果 f 在 x_0 连续，则称 x_0 为 f 的**连续点**；如果 f 在 x_0 不连续，则称 x_0 为 f 的**间断点**.间断点有不同的类型，请看下面的定义：

定义 2.7.4 设 x_0 是函数 f 的间断点.

(1) 如果 $f(x_0+)$ 与 $f(x_0-)$ 存在，且是有限的数，但 $f(x_0+)\neq f(x_0-)$，则称 x_0 为 f 的一个**跳跃点**，差 $|f(x_0+)-f(x_0-)|>0$ 称为 f 在这一点的**跳跃**；

(2) 如果 $f(x_0+)$ 与 $f(x_0-)$ 存在且有限，并且 $f(x_0+)=f(x_0-)$，但不等于 $f(x_0)$，则称 x_0 为 f 的**可去间断点**（意思是说，如果修改函数 f 在 x_0 处的值，可使 x_0 成为新的函数的连续点）；

(3) 如果 $f(x_0+)$ 与 $f(x_0-)$ 二者中至少有一个不存在或者不是有限的数，那么 x_0 叫作 f 的**第二类间断点**.

跳跃点和可去间断点统称为 f 的**第一类间断点**.

在下面三个函数：

$$f(x)=\begin{cases}x^2+1, & x\geqslant 0,\\ x, & x<0,\end{cases}$$

$$g(x) = \begin{cases} \dfrac{\sin x}{x}, & x \neq 0, \\ 2, & x = 0, \end{cases}$$

$$h(x) = \begin{cases} \sin \dfrac{1}{x}, & x \neq 0, \\ 0, & x = 0 \end{cases}$$

中，f 以 $x=0$ 为跳跃点，g 以 $x=0$ 为可去间断点，而 h 则以 $x=0$ 为第二类间断点.

对区间上的单调函数，我们可对它的间断点有比较确切的了解.

定理 2.7.5　设 f 是区间 (a,b) 上的递增（减）函数，则 f 的间断点一定是跳跃点，而且跳跃点集是至多可数的.

证明　不妨设 f 在 (a,b) 上递增. 任意取定 $x \in (a,b)$，这时数集 $\{f(t): a < t < x\}$ 是有上界的，因为 $f(x)$ 就是它的一个上界，从而这个数集有上确界（记作 A）. 很显然，$A \leqslant f(x)$. 我们来证明 $f(x-) = A$.

事实上，对任意给定的 $\varepsilon > 0$，由于 A 是上述集合的最小上界，故存在 $\delta > 0$，使得 $a < x - \delta$，并且

$$A - \varepsilon < f(x - \delta).$$

由于 f 是递增的，所以

$$f(x - \delta) \leqslant f(t) \leqslant A$$

对 $t \in (x-\delta, x)$ 成立. 结合最后的两个不等式，我们得出 $|f(t) - A| < \varepsilon$ 对 $t \in (x-\delta, x)$ 成立，因此 $f(x-) = A$ 得证. 用同样的方法，可以证明 $f(x+)$ 存在且有限，并且

$$f(x-) \leqslant f(x) \leqslant f(x+).$$

任取 $x \in (a,b)$，当 $f(x-) = f(x+)$ 时，函数 f 在点 x 处连续. 只有当 $f(x+) > f(x-)$ 时，f 以点 x 为跳跃点. 所以 f 在 (a,b) 中只能有跳跃类型的间断点.

最后我们指出，跳跃点集至多可数. 为此，设 E 表示函数 f 在 (a,b) 上的间断点的全体. 任取一点 $x \in E$，这时，$f(x-) < f(x+)$. 在开区间 $(f(x-), f(x+))$ 内任意取出一个有理数，记作 $r(x)$. 因为当 $x_1, x_2 \in E$ 且 $x_1 < x_2$ 时，可推出 $f(x_1+) \leqslant f(x_2-)$，故有 $r(x_1) < r(x_2)$.

我们可以利用 $x \mapsto r(x)$ 这一关系，将集 E 与有理数集的一个子集之间建立一个一一对应. 由于后者是至多可数的，所以 E 也是至多可数的. □

我们已经证明了初等函数在它们各自的定义域上都是连续的. 现在又证明了单调函数的间断点是至多可数的，那么，是不是存在间断点不可数的函数呢？前面的 Dirichlet 函数是一个处处不连续的函数的例子，它的间断点的集合为 **R**，是不可数集.

练 习 题 2.7

1. 回答下列问题：

(1) 设 $f(x)=\sin\dfrac{1}{x}$,能否定义 $f(0)$,使得 f 在 $x=0$ 处是连续的?

(2) 设 $f(x)=x\sin\dfrac{1}{x}$,如何理解函数 f 的定义域?

(3) 设函数 f 在点 x_0 的近旁有定义,并且

$$\lim_{h\to 0} f(x_0+h)=f(x_0),$$

f 是否在 x_0 处连续?

(4) 设函数 f 在点 x_0 的近旁有定义,并且

$$\lim_{h\to 0}\left(f(x_0+h)-f(x_0-h)\right)=0,$$

f 是否在 x_0 处连续?

(5) 设连续函数 f 在区间 (a,b) 中的全体有理点上取零值,f 是怎样的函数?

2. 研究下列函数在 $x=0$ 处的连续性：

(1) $f(x)=|x|$;

(2) $f(x)=[x]$;

(3) $f(x)=\begin{cases} e^{-1/x^2}, & x\neq 0, \\ 0, & x=0; \end{cases}$

(4) $f(x)=\begin{cases} \dfrac{\sin x}{|x|}, & x\neq 0, \\ 1, & x=0; \end{cases}$

(5) $f(x)=\begin{cases} (1+x^2)^{1/x^2}, & x\neq 0, \\ 2.7, & x=0. \end{cases}$

3. 定出 a,b 和 c,使得函数

$$f(x)=\begin{cases} -1, & x\leqslant -1, \\ ax^2+bx+c, & |x|<1 \text{ 且 } x\neq 0, \\ 0, & x=0, \\ 1, & x\geqslant 1 \end{cases}$$

在 $(-\infty,+\infty)$ 上连续.

4. 讨论函数 $f+g$ 和 fg 在 x_0 处的连续性,如果：

(1) f 在 x_0 处连续,但 g 在 x_0 处不连续;

(2) f 和 g 在 x_0 处都不连续.

5. 设函数 f 在 x_0 处连续，$f(x_0)>0$. 证明：当 x 充分靠近 x_0 时，有

$$f(x)>\frac{f(x_0)}{2}.$$

6. 设函数 f 在 x_0 处连续. 证明 $|f|$ 和 f^2 都在 x_0 处连续. 反之是否成立?

7. 设函数 f,g 在 (a,b) 上连续，又令

$$F(x)=\max(f(x),g(x)) \quad (a<x<b),$$
$$G(x)=\min(f(x),g(x)) \quad (a<x<b).$$

证明：F 和 G 是 (a,b) 上的连续函数.

8. 设函数 f 只有可去间断点，又令

$$g(x)=\lim_{t\to x}f(t).$$

证明：g 是连续函数.

9. 设函数 f 在 $\mathbf{R}$ 上递增(或递减). 若定义 $F(x)=f(x+)$. 试证明：F 在 $\mathbf{R}$ 上右连续.

10. 设 f 在 $\mathbf{R}$ 上连续，且对一切 $x,y\in\mathbf{R}$，有 $f(x+y)=f(x)+f(y)$. 证明：$f(x)=f(1)x$ 对一切 $x\in\mathbf{R}$ 成立.

问 题 2.7

1. 设 $f_i\in C[a,b]$ $(i=1,2,3)$. 定义 $f(x)$ 是三个数 $f_1(x),f_2(x),f_3(x)$ 中处于中间的那一个. 证明：$f\in C[a,b]$.

2. 设 f 在 (a,b) 内只有第一类间断点，且对一切 $x,y\in(a,b)$，有不等式

$$f\left(\frac{x+y}{2}\right)\leqslant\frac{f(x)+f(y)}{2}.$$

求证：$f\in C(a,b)$.

3. 设 f 对一切 $x,y\in\mathbf{R}$，满足函数方程 $f(x+y)=f(x)+f(y)$. 证明：

(1) 若 f 在一点 x_0 处连续，则 $f(x)=f(1)x$；

(2) 若 f 在 $\mathbf{R}$ 上单调，则 $f(x)=f(1)x$.

4. 设 f 是 $\mathbf{R}$ 上不恒等于零的连续函数. 如果对任何 $x,y\in\mathbf{R}$，有等式

$$f(x+y)=f(x)f(y),$$

试证明：$f(x)=a^x$，其中 $a=f(1)$ 是一个正数.

5. 设 $f\in C(0,+\infty)$. 如果对任何 $x,y\in\mathbf{R}$，有等式

$$f(xy)=f(x)f(y),$$

试证明：$f=0$，或者 $f(x)=x^a$，其中 a 为常数.

6. 设 $n\in\mathbf{N}^*$. 求满足函数方程

$$f(x+y^n)=f(x)+(f(y))^n \quad (x,y\in\mathbf{R})$$

的一切连续函数 f.

7. 设 $f:\mathbf{R}\to\mathbf{R}$，$f(x^2)=f(x)$对一切实数 x 成立，且 f 在 $x=0$ 与 $x=1$ 处连续. 证明：f 为常值函数.

2.8 连续函数与极限计算

如果函数 f 在 x_0 处连续，那么

$$\lim_{x\to x_0} f(x) = f(x_0).$$

此式表明：计算函数 f 在其连续点的极限，就相当于计算在那一点的函数值. 这就大大地简化了初等函数在其定义域上每一点的极限的计算. 函数 f 在 x_0 处连续这一事实也可以表示为

$$\lim_{x\to x_0} f(x) = f(\lim_{x\to x_0} x).$$

这个式子表明：对连续函数而言，极限符号与函数符号可交换.

例 1 计算下列极限：

(1) $\lim\limits_{x\to 0}\dfrac{\ln(1+x)}{x}$； (2) $\lim\limits_{x\to 0}\dfrac{a^x-1}{x}(a>0)$； (3) $\lim\limits_{x\to 0}\dfrac{(1+x)^\alpha-1}{x}(\alpha\in\mathbf{R})$.

解 (1) 因为

$$\frac{\ln(1+x)}{x} = \ln(1+x)^{1/x},$$

$$\lim_{x\to 0}(1+x)^{1/x} = \lim_{y\to\infty}\left(1+\frac{1}{y}\right)^y = \mathrm{e},$$

故所求的极限是

$$\lim_{x\to 0}\ln(1+x)^{1/x} = \ln \mathrm{e} = 1.$$

(2) 作变换 $t=a^x-1$. 当 $x\to 0$ 时，$t\to 0$，反之亦然. 解出

$$x = \frac{\ln(1+t)}{\ln a}$$

之后，可见

$$\frac{a^x-1}{x} = \frac{t}{\ln(1+t)}\ln a.$$

由(1)，即得

$$\lim_{x\to 0}\frac{a^x-1}{x} = \ln a\lim_{t\to 0}\frac{t}{\ln(1+t)} = \ln a.$$

(3) 当 $\alpha=0$ 时,极限值显然为 0. 当 $\alpha\neq0$ 时,有

$$\frac{(1+x)^{\alpha}-1}{x}=\frac{\mathrm{e}^{\alpha\ln(1+x)}-1}{x}=\frac{\mathrm{e}^{\alpha\ln(1+x)}-1}{\alpha\ln(1+x)}\cdot\frac{\alpha\ln(1+x)}{x}.$$

由(1)和(2),立刻可得

$$\lim_{x\to0}\frac{(1+x)^{\alpha}-1}{x}=\alpha.$$ □

考察有理函数 $p(x)/q(x)$,其中 p 与 q 是多项式. 设想我们打算求极限

$$l=\lim_{x\to x_0}\frac{p(x)}{q(x)}.$$

如果 x_0 不是 q 的零点,即 $q(x_0)\neq0$,那么 $l=p(x_0)/q(x_0)$. 现设 $q(x_0)=0$,这时 l 为一有限数的必要条件是 $p(x_0)=0$. 这是因为

$$\lim_{x\to x_0}p(x)=\lim_{x\to x_0}\frac{p(x)}{q(x)}q(x)=\lim_{x\to x_0}\frac{p(x)}{q(x)}\lim_{x\to x_0}q(x)=l\cdot0=0,$$

即 $p(x_0)=0$. 因此,可以设

$$p(x)=(x-x_0)^{\alpha}p_1(x)\quad(\alpha\in\mathbf{N}^*),$$
$$q(x)=(x-x_0)^{\beta}q_1(x)\quad(\beta\in\mathbf{N}^*),$$

其中 $p_1(x_0)\neq0$,并且 $q_1(x_0)\neq0$. 这样便有

$$\frac{p(x)}{q(x)}=(x-x_0)^{\alpha-\beta}\frac{p_1(x)}{q_1(x)}.$$

这时,显然可见 l 为一有限数当且仅当 $\alpha\geqslant\beta$. 更精确地说,当 $\alpha>\beta$ 时,$l=0$;当 $\alpha=\beta$ 时,$l=p_1(x_0)/q_1(x_0)$.

以上的推理表明,我们有一种确定的方法来计算任何有理函数的极限.

例 2　设 $m,n\in\mathbf{N}^*$. 计算极限

$$l=\lim_{x\to1}\left(\frac{m}{x^m-1}-\frac{n}{x^n-1}\right).$$

解　作变量代换 $x-1=t$,则当 $x\to1$ 时,$t\to0$. 于是有

$$\begin{aligned}\frac{m}{x^m-1}-\frac{n}{x^n-1}&=\frac{m}{(1+t)^m-1}-\frac{n}{(1+t)^n-1}\\&=\frac{m((1+t)^n-1)-n((1+t)^m-1)}{((1+t)^m-1)((1+t)^n-1)}.\end{aligned}\tag{1}$$

由二项式定理,得

$$(1+t)^m=1+mt+o(t)\quad(t\to0),$$
$$(1+t)^m=1+mt+\frac{1}{2}m(m-1)t^2+o(t^2)\quad(t\to0).$$

$(1+t)^n$ 也有类似的表达式.把它们代入式(1),即得

$$\begin{aligned}
&\frac{m}{x^m-1}-\frac{n}{x^n-1}\\
&\quad=\frac{m\left(nt+\dfrac{n(n-1)}{2}t^2+o(t^2)\right)-n\left(mt+\dfrac{m(m-1)}{2}t^2+o(t^2)\right)}{(mt+o(t))(nt+o(t))}\\
&\quad=\frac{\dfrac{mn(n-m)}{2}t^2+o(t^2)}{mnt^2+o(t^2)}=\frac{\dfrac{mn(n-m)}{2}+o(1)}{mn+o(1)}\quad(t\to 0).
\end{aligned}$$

两边令 $x\to 1$,即 $t\to 0$,可得

$$\lim_{x\to 1}\left(\frac{m}{x^m-1}-\frac{n}{x^n-1}\right)=\frac{n-m}{2}.$$ □

从这道例题可以看出 O,o 这套记号的方便之处.

现在转来讨论所谓"幂指函数".函数 $u(x)^{v(x)}$ $(u(x)>0)$ 称为**幂指函数**.例如,我们已经研究过的函数 $(1+1/x)^x$ 就是幂指函数.在其定义域之内,有等式

$$u(x)^{v(x)}=\mathrm{e}^{v(x)\ln u(x)}.$$

可见当 u,v 为连续函数时,幂指函数 $u(x)^{v(x)}$ 也是连续函数.

如果在某一极限过程中(我们不明确标出这一过程,以使它有更大的选择性),有

$$\lim u(x)=1,\quad \lim v(x)=\infty,$$

那么称极限 $\lim u(x)^{v(x)}$ 是"1^∞ 型"的.这里 1^∞ 仅仅是一个符号,不能误认它为"1 的无穷次幂"——这种说法本身就毫无意义.根据这个符号,极限

$$\lim_{x\to\infty}\left(1+\frac{1}{x}\right)^x=\mathrm{e}$$

就是"1^∞ 型"的.

我们的目的是要指明,利用连续函数计算 1^∞ 型的极限时,有一套固定的步骤可以将它确定出来.把幂指函数 u^v 改写为

$$u^v=((1+(u-1))^{1/(u-1)})^{(u-1)v}.$$

记 $A=u-1$.当 $u\to 1$ 时,A 为无穷小量.因为

$$\lim_{A\to 0}(1+A)^{1/A}=\mathrm{e},$$

故只要极限

$$\lambda=\lim(u-1)v$$

存在且有限,那么立即得出

$$\lim u^v=\mathrm{e}^{\lambda}.$$

例 3 设 $a_1,a_2,\cdots,a_n$ 是任意给定的正数.计算极限

$$l=\lim_{x\to 0}\left(\frac{a_1^x+a_2^x+\cdots+a_n^x}{n}\right)^{1/x}.$$

解 当 $x\to 0$ 时,$a_i^x\to 1\ (i=1,2,\cdots,n)$.可见这个极限是 1^∞ 型的.令

$$A=\frac{a_1^x+a_2^x+\cdots+a_n^x-n}{n}.$$

因为 $v=1/x$,所以

$$Av=\frac{1}{n}\sum_{i=1}^{n}\frac{a_i^x-1}{x},$$

于是

$$\lambda=\lim_{x\to 0}Av=\frac{1}{n}\sum_{i=1}^{n}\ln a_i=\ln(a_1a_2\cdots a_n)^{1/n}.$$

最后得到

$$l=\mathrm{e}^{\lambda}=(a_1a_2\cdots a_n)^{1/n}.$$

即极限 l 等于 n 个正数 $a_1,a_2,\cdots,a_n$ 的几何平均数. □

例 4 计算极限 $\lim\limits_{x\to\infty}\left(\cos\dfrac{1}{x}\right)^{x^2}$.

解 显然,这个极限是 1^∞ 型的.令

$$A=\cos\frac{1}{x}-1.$$

此时,$v=x^2$,因此

$$\lim_{x\to\infty}Av=\lim_{x\to\infty}x^2\left(\cos\frac{1}{x}-1\right)=\lim_{t\to 0}\frac{\cos t-1}{t^2}=-\frac{1}{2}.$$

这里,我们用了代换 $t=1/x$.最后得出

$$\lim_{x\to\infty}\left(\cos\frac{1}{x}\right)^{x^2}=\frac{1}{\sqrt{\mathrm{e}}}.$$ □

练 习 题 2.8

1. 计算下列极限:

(1) $\lim\limits_{x\to 1}\dfrac{x^2-1}{2x^2-x-1}$;

(2) $\lim\limits_{x\to 0}\dfrac{(1+x)^5-(1+5x)}{x^2+x^5}$;

(3) $\lim\limits_{x\to 0}\dfrac{(1+x)(1+2x)(1+3x)-1}{x}$;

(4) $\lim\limits_{x\to a}\dfrac{(x^n-a^n)-na^{n-1}(x-a)}{(x-a)^2}(n\in\mathbf{N}^*)$；

(5) $\lim\limits_{x\to 1}\dfrac{x^{n+1}-(n+1)x+n}{(x-1)^2}(n\in\mathbf{N}^*)$.

2. 计算下列极限：

(1) $\lim\limits_{x\to 1}\dfrac{\sqrt[m]{x}-1}{\sqrt[n]{x}-1}(m,n\in\mathbf{N}^*)$；

(2) $\lim\limits_{x\to 0}\dfrac{\sqrt[m]{1+\alpha x}-1}{x}(m\in\mathbf{N}^*)$；

(3) $\lim\limits_{x\to 0}\dfrac{\sqrt[m]{1+\alpha x}-\sqrt[n]{1+\beta x}}{x}(m,n\in\mathbf{N}^*)$；

(4) $\lim\limits_{x\to 1}\dfrac{(1-\sqrt{x})(1-\sqrt[3]{x})\cdots(1-\sqrt[n]{x})}{(1-x)^{n-1}}(n\in\mathbf{N}^*)$.

3. 计算下列极限：

(1) $\lim\limits_{x\to 0}\left(\dfrac{1+\tan x}{1+\sin x}\right)^{1/\sin x}$；

(2) $\lim\limits_{x\to 0}\left(\dfrac{\cos x}{\cos 2x}\right)^{1/x^2}$；

(3) $\lim\limits_{x\to\pi/4}(\tan x)^{\tan 2x}$；

(4) $\lim\limits_{x\to\pi/2}(\sin x)^{\tan x}$；

(5) $\lim\limits_{x\to+\infty}\left(\sin\dfrac{1}{x}+\cos\dfrac{1}{x}\right)^x$；

(6) $\lim\limits_{x\to 0^+}(\cos\sqrt{x})^{1/x}$；

(7) $\lim\limits_{x\to\infty}\cos^n\dfrac{x}{\sqrt{n}}$；

(8) $\lim\limits_{x\to 0}(2e^{x/(1+x)}-1)^{(x^2+1)/x}$；

(9) $\lim\limits_{x\to a}\left(\dfrac{\sin x}{\sin a}\right)^{1/(x-a)}(a\neq\pm k\pi,k\in\mathbf{N}^*)$.

4. 设$|x|<1$.求极限

$$\lim_{n\to\infty}\left(1+\frac{x+x^2+\cdots+x^n}{n}\right)^n.$$

2.9 函数的一致连续性

设 I 是一个区间，它可以是开的、半开的、闭的，也可以是无界的.设函数 $f:I\to\mathbf{R}$.我们给出：

定义 2.9.1 如果对任意给定的 $\varepsilon>0$，总存在一个 $\delta>0$，使得当 $x_1,x_2\in I$ 且 $|x_1-x_2|<\delta$ 时，有 $|f(x_1)-f(x_2)|<\varepsilon$，则称函数 f 在区间 I 上是**一致连续**的.

乍看起来，这里的一致连续的定义，同过去的函数在一点连续的定义非常相近. 实际上，这两者之间存在着原则上的差别. 很显然的是，如果 f 在 I 上一致连续，那么 f 在 I 中的每一点上必连续，即 f 在 I 上连续. 但是，当 f 在 I 上连续时，一般地，我们不能作出函数 f 在区间 I 上一致连续的结论. 让我们从研究以下的例子中来体会这种差别.

例1　试证：函数 $\sqrt{x}$ 在 $[0,+\infty)$ 上是一致连续的.

证明　首先，对任何 $x_1,x_2\geqslant 0$，有不等式 $\sqrt{x_1}+\sqrt{x_2}\geqslant\sqrt{|x_2-x_1|}$. 事实上，设 $x_2\geqslant x_1\geqslant 0$，这时可得 $x_2\geqslant|x_2-x_1|$，从而有

$$\sqrt{x_1}+\sqrt{x_2}\geqslant\sqrt{x_2}\geqslant\sqrt{|x_2-x_1|}.$$

于是，当 $x_1\neq x_2$ 时，

$$|\sqrt{x_2}-\sqrt{x_1}|=\frac{|x_2-x_1|}{\sqrt{x_2}+\sqrt{x_1}}\leqslant\frac{|x_2-x_1|}{|x_2-x_1|^{1/2}}=|x_2-x_1|^{1/2}.$$

可见对任意给定的 $\varepsilon>0$，取 $\delta=\varepsilon^2$，当 $x_1,x_2\in[0,+\infty)$ 且 $|x_1-x_2|<\delta$ 时，有

$$|\sqrt{x_2}-\sqrt{x_1}|\leqslant|x_2-x_1|^{1/2}<\delta^{1/2}=\varepsilon.$$

这表明函数 $\sqrt{x}$ 在其定义域上是一致连续的. □

例2　由于对任何实数 x_1,x_2，有

$$|\sin x_1-\sin x_2|\leqslant|x_1-x_2|,\quad |\cos x_1-\cos x_2|\leqslant|x_1-x_2|,$$

可见函数 $\sin x$ 与 $\cos x$ 在 $\mathbf{R}$ 上一致连续. □

为了证明某个函数在区间 I 上“不一致连续”，我们需要不一致连续的精确表述.

函数 f 在区间 I 上**不是一致连续**的，当且仅当存在一个 $\varepsilon_0>0$，对每一个 $n\in\mathbf{N}^*$，都可以在 I 中找到两个点，记为 s_n 与 t_n，使得虽然有 $|s_n-t_n|<1/n$，但是

$$|f(s_n)-f(t_n)|\geqslant\varepsilon_0.$$

按照以上的表述，证明“不一致连续”就变得比较容易了.

例3　在区间 $I=[0,+\infty)$ 上，求证：

(1) 函数 x 一致连续；

(2) 当 $n=2,3,4,\cdots$ 时，x^n 不一致连续.

证明　(1) 证明是十分明显的，只要取 $\delta=\varepsilon$ 就可以完成.

(2) 我们先证 x^2 在 I 上不一致连续. 对任何 $n\in\mathbf{N}^*$，在 I 中取两个点：

$$s_n=n,\quad t_n=n+\frac{1}{2n}.$$

这时，$0<t_n-s_n=1/(2n)<1/n$，但是

$$t_n^2 - s_n^2 = (t_n - s_n)(t_n + s_n) = \frac{1}{2n}\left(2n + \frac{1}{2n}\right) > 1,$$

所以 x^2 在$[0,+\infty)$上不一致连续.

当 $n \geqslant 3$ 时,对 x_1, x_2,在满足 $x_2 > x_1 \geqslant 1$ 的条件下,易证

$$x_2^n - x_1^n > x_2^2 - x_1^2.$$

由 x^2 在$[0,+\infty)$上不一致连续,立刻可知 $x^n(n \geqslant 3)$在$[0,+\infty)$上也是不一致连续的. □

例 4 求证:函数 $\sin\frac{1}{x}$在$(0,1)$上是不一致连续的.

证明 对任何 $n \in \mathbf{N}^*$,取

$$s_n = \frac{1}{2n\pi + \pi/2} \in (0,1), \quad t_n = \frac{1}{2n\pi} \in (0,1).$$

我们有

$$0 < t_n - s_n = \frac{\pi/2}{2n\pi(2n\pi + \pi/2)} < \frac{1}{2n\pi} < \frac{1}{n},$$

但是

$$\left|\sin\frac{1}{t_n} - \sin\frac{1}{s_n}\right| = \left|\sin\left(2n\pi + \frac{\pi}{2}\right)\right| = 1.$$

这就证明了函数 $\sin\frac{1}{x}$在$(0,1)$上不是一致连续的. □

例 3(2)以及例 4 中的函数在指定的区间上虽然不是一致连续的,但是作为初等函数,它们在相应的区间上是连续的.由此可见,"连续"和"一致连续"有着重大区别.当然,函数 f 在区间 I 上的一致连续性蕴涵 f 在 I 上的连续性.

为什么有些函数在指定的区间上连续但不一致连续?为了弄清楚这种差异是怎样产生的,先让我们回顾函数 f 在区间 I 上连续的定义:对任何 $x_0 \in I$ 及任意给定的 $\varepsilon > 0$,存在 $\delta > 0$,当 I 中的点 x 满足 $|x - x_0| < \delta$ 时,有 $|f(x) - f(x_0)| < \varepsilon$.目前我们应当特别强调的是,$\delta$ 不仅仅与给定的 ε 有关(前面我们指出过这一点),而且与点 x_0 的位置有关(我们不曾强调这一点).区间 I 上有不可数的无穷个点.对同一个 $\varepsilon > 0$,相应地就有不可数无穷个 δ.在这种情况下,我们无法保证最小的 δ 的存在.而在一致连续的定义中,δ 完全由 ε 所决定,与自变量在区间 I 上的位置毫无关系.图 2.6 对读者的理解可能会有帮助.考虑函数 $f(x) = 1/x\ (0 < x < 1)$.由不等式

$$\left|\sin\frac{1}{x_1} - \sin\frac{1}{x_2}\right| \leqslant \left|\frac{1}{x_1} - \frac{1}{x_2}\right| \quad (0 < x_1 < 1, 0 < x_2 < 1)$$

及例4,可知函数 $1/x$ 在此开区间上也是不一致连续的.这一事实可以从几何图像上看得比较明显.作函数 $y=1/x\ (0<x<1)$ 的图像(图2.6).对任意给定的 $\varepsilon>0$,作两条平行于横轴的直线,它们夹着一个"带形区域",带宽正好等于 ε.在这两条直线与曲线 $y=1/x$ 的交点上,分别作平行于纵轴的直线,以这两条直线同横轴的两个交点为端点可以作一个开区间,记为 $I(x)$,其中 x 表示 $I(x)$ 的左端点.当 $s,t\in I(x)$ 时,$|1/s-1/t|<\varepsilon$ 成立.对同样的 $\varepsilon>0$,当 $0<x'<x$ 时,$|I(x')|<|I(x)|$,这里绝对值表示区间长度.由于当 $x\to0$ 时曲线越来越陡峭,显然可见

$$\lim_{x\to0^+}|I(x)|=0.$$

因此对这个 ε,一个统一的正数 δ 根本找不到!

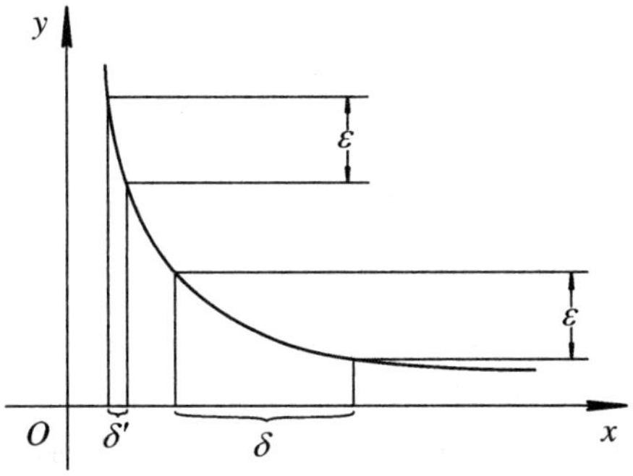

图 2.6

大家也许已经发现,函数 $1/x$ 之所以在 $(0,1)$ 上不一致连续,是因为我们允许自变量可以向0无限制地靠近.因此,如果不允许自变量任意地接近0,也许可以使连续变成一致.这个观察是完全正确的,因为我们有:

例5 对任意固定的 $\sigma>0$,函数 $f(x)=1/x$ 在 $[\sigma,+\infty)$ 上是一致连续的.

证明 任取 $s,t\in[\sigma,+\infty)$,我们有

$$\left|\frac{1}{s}-\frac{1}{t}\right|=\frac{|s-t|}{st}\leqslant\frac{1}{\sigma^2}|s-t|.$$

由此可见,对任给的 $\varepsilon>0$,取 $\delta=\sigma^2\varepsilon$,只要 $s,t\in[\sigma,+\infty)$ 且 $|s-t|<\delta$,便有

$$\left|\frac{1}{s}-\frac{1}{t}\right|\leqslant\frac{1}{\sigma^2}\delta=\varepsilon.$$

这就证明了所需的结论. □

在怎样的区间上,函数 f 的连续性也蕴涵 f 的一致连续性?有界的闭区间就有这种特性.在这类区间上,连续函数还有其他一些十分重要的性质,这正是下一节中要讨论的内容.

练 习 题 2.9

1. 研究下列函数的一致连续性：

(1) $f(x)=\cos\dfrac{1}{x}\ (x>0)$；　　(2) $f(x)=\sin^2 x\ (x\in\mathbf{R})$；

(3) $f(x)=\sqrt[3]{x}\ (x\geqslant 0)$；　　(4) $f(x)=\sin x^2\ (x\in\mathbf{R})$；

(5) $f(x)=\dfrac{x}{1+x^2\sin^2 x}\ (x\geqslant 0)$.

2. 设函数 f 和 g 在区间 I 上一致连续. 证明：$f+g$ 也在 I 上一致连续.

3. 如果 f 在 (a,b) 上一致连续，证明：$f(a+)$ 和 $f(b-)$ 存在且有限.

问 题 2.9

1. 设 f 在 $[0,+\infty)$ 上一致连续，且对任何 $x\in[0,1]$，有 $\lim\limits_{n\to\infty} f(x+n)=0\ (n\in\mathbf{N}^*)$. 证明：$\lim\limits_{x\to+\infty} f(x)=0$. 举例说明，仅由 f 在 $[0,+\infty)$ 上的连续性推不出上述结论.

2. 设 I 为区间. 如果存在正常数 k，使得

$$|f(x)-f(y)|\leqslant k|x-y|$$

对任何 $x,y\in I$ 成立，那么称 f 在 I 上满足 **Lipschitz**（利普希茨，1832～1903）**条件**. 求证：如果 f 在 $[a,+\infty)\ (a>0)$ 上满足 Lipschitz 条件，那么 $f(x)/x$ 在 $[a,+\infty)$ 上一致连续.

2.10 有限闭区间上连续函数的性质

在本节中，我们讨论闭区间 $[a,b]$（a 与 b 都是实数）. 设函数 $f:[a,b]\to\mathbf{R}$ 在该区间上连续.

定理 2.10.1 设函数 f 在 $[a,b]$ 上连续，那么 f 在 $[a,b]$ 上必定一致连续.

证明 用反证法. 假设 f 在 $[a,b]$ 上不一致连续，即存在 $\varepsilon_0>0$，对任意的 $n\in\mathbf{N}^*$，总能找到 $s_n,t_n\in[a,b]$，使得虽然 $|s_n-t_n|<1/n$，但是

$$|f(s_n)-f(t_n)|\geqslant\varepsilon_0. \tag{1}$$

由于 $\{s_n\}$ 是完全包含在 $[a,b]$ 中的数列，由列紧性定理可知，存在一个子列 $\{s_{k_n}\}$，使得

$$s_{k_n} \to s^* \in [a,b] \quad (n \to \infty).$$

这时,我们有

$$|t_{k_n} - s^*| \leqslant |t_{k_n} - s_{k_n}| + |s_{k_n} - s^*|$$
$$< \frac{1}{k_n} + |s_{k_n} - s^*| \leqslant \frac{1}{n} + |s_{k_n} - s^*|.$$

上式对一切 $n \in \mathbf{N}^*$ 成立.由上式,可知 $t_{k_n} \to s^* (n \to \infty)$.由式(1)得知,对一切 $n \in \mathbf{N}^*$,有

$$|f(s_{k_n}) - f(t_{k_n})| \geqslant \varepsilon_0. \tag{2}$$

在式(2)的两边令 $n \to \infty$,再由 f 的连续性,得到

$$0 = |f(s^*) - f(s^*)| = |\lim_{n\to\infty} f(s_{k_n}) - \lim_{n\to\infty} f(t_{k_n})|$$
$$= \lim_{n\to\infty} |f(s_{k_n}) - f(t_{k_n})| \geqslant \varepsilon_0 > 0.$$

此为矛盾.这就证明了 f 必在$[a,b]$上一致连续. □

注意,区间必须是闭的、有界的,这两个条件缺一不可.缺了其中任何一个,定理2.10.1的结论可能就不成立.2.9节中的例3(2)及例4,可以作为反例来说明之.除了一致连续性外,有界闭区间上的连续函数还有以下四条重要的性质.

定理 2.10.2　有界闭区间上的连续函数必在该区间上有界.

证明　用反证法.设 f 在$[a,b]$上连续,如果它在$[a,b]$上没有上界,那么任意自然数 n 都不能作为它的上界,因而必有 $x_n \in [a,b]$,使得 $f(x_n) > n (n = 1, 2, \cdots)$.由于$[a,b]$是有限的闭区间,故从数列$\{x_n\}$中可以选出一个子数列$\{x_{k_n}\}$,使得

$$x_{k_n} \to \xi \in [a,b] \quad (n \to \infty).$$

一方面,由函数 f 连续,必要求

$$\lim_{n\to\infty} f(x_{k_n}) = f(\xi); \tag{3}$$

但另一方面,由

$$f(x_{k_n}) > k_n \geqslant n \quad (n = 1,2,3,\cdots),$$

得出极限 $\lim\limits_{n\to\infty} f(x_{k_n}) = +\infty$,这与式(3)矛盾.因此,$f$ 在$[a,b]$上必有上界.同理,可证 f 在$[a,b]$上有下界. □

如果 f 在某个开区间上连续,上面的结论就不再成立,它可能是有界的,也可能是无界的.例如,$f(x) = 1/x$ 在$(0,1)$上连续,但它在$(0,1)$上是无界的;$f(x) = x$ 在$(0,1)$上连续,它当然还是有界的.如果 f 在某个无穷区间$[a, +\infty)$上连续,上面的结论也不成立,请读者举出相应的例子.

从定理2.10.2,还可得:

定理 2.10.3 设 f 在 $[a,b]$ 上连续. 记

$$M = \sup_{x\in[a,b]} f(x), \quad m = \inf_{x\in[a,b]} f(x),$$

则必存在 $x^*, x_* \in [a,b]$，使得

$$f(x^*) = M, \quad f(x_*) = m.$$

也就是说，有界闭区间上的连续函数必能取到它在此区间上的最大值和最小值.

证明 由定理 2.10.2 知 m 和 M 都是有限数，根据上确界的定义，对任意的 $n\in\mathbf{N}^*$，必定存在 $x_n\in[a,b]$，使得

$$M - \frac{1}{n} < f(x_n) \leqslant M.$$

与定理 2.10.2 的证明一样，从数列 $\{x_n\}$ 中可以选出子列 $\{x_{k_n}\}$，使得 $x_{k_n}\to x^*\in[a,b]$. 在不等式

$$M - \frac{1}{k_n} < f(x_{k_n}) \leqslant M$$

的两边令 $n\to\infty$，再根据 f 的连续性，即得

$$f(x^*) = M.$$

同理，可证存在 $x_*\in[a,b]$，使得 $f(x_*) = m$. □

设 $[a,b]$ 上有一条连续曲线，如果 $f(a)<0$，$f(b)>0$，那么这条曲线和 x 轴至少有一个交点. 这一事实非常直观而且有用，这就是：

定理 2.10.4（零值定理） 设 f 在 $[a,b]$ 上连续. 如果 $f(a)f(b)<0$，则必存在一点 $c\in(a,b)$，使得 $f(c)=0$.

证明 不妨设 $f(a)<0<f(b)$. 把区间 $[a,b]$ 二等分，分点是 $(a+b)/2$. 如果 $f((a+b)/2)=0$，就取 $c=(a+b)/2$. 如果 $f((a+b)/2)\neq 0$，则 $f((a+b)/2)$ 必与 $f(a)$，$f(b)$ 中的某一个异号，也就是说，在两个闭子区间

$$\left[a, \frac{a+b}{2}\right], \quad \left[\frac{a+b}{2}, b\right]$$

中，必有一个使 f 在其端点取值异号，记这个闭子区间为 $[a_1,b_1]$，即 $[a_1,b_1]$ 满足下面三个条件：

$$[a,b]\supset[a_1,b_1], \quad 0 < b_1 - a_1 = \frac{b-a}{2}, \quad f(a_1) < 0 < f(b_1).$$

对 $[a_1,b_1]$ 重复上面的讨论，就能得到一列闭区间 $[a_k,b_k]$，满足：

(a) $[a,b]\supset[a_1,b_1]\supset\cdots\supset[a_k,b_k]\supset\cdots$；

(b) $0<b_k-a_k=\dfrac{1}{2^k}(b-a)$；

(c) $f(a_k)<0<f(b_k)$.

如果对某个 k,有 $f((a_k+b_k)/2)=0$,则取 $c=(a_k+b_k)/2$,定理就得到证明.否则,就把此过程无限进行下去.于是由闭区间套定理知,存在 $c\in[a_k,b_k](k=1,2,\cdots)$,使得 $\lim\limits_{k\to\infty}a_k=\lim\limits_{k\to\infty}b_k=c$.由 f 的连续性,在(c)中式子的两边取 $k\to\infty$ 的极限,得 $f(c)\leqslant 0\leqslant f(c)$,即 $f(c)=0$. □

零值定理有许多应用.

例 1　证明:方程 $2^x-4x=0$ 在区间 $(0,1/2)$ 内有一个根.

证明　在区间 $[0,1/2]$ 上研究连续函数 $f(x)=2^x-4x$.由于 $f(0)=1$, $f(1/2)=\sqrt{2}-2<0$,可见存在一个数 $c\in(0,1/2)$,使得 $f(c)=0$.因此,c 就是原方程的一个根. □

例 2　证明:任何实系数奇次代数方程必有实根.

证明　设方程为

$$x^{2n+1}+a_0x^{2n}+a_1x^{2n-1}+\cdots+a_{2n-1}x+a_{2n}=0.$$

将方程左边的多项式记为 $p(x)$.将 $p(x)$ 写成

$$p(x)=x^{2n+1}\left(1+\frac{a_0}{x}+\frac{a_1}{x^2}+\cdots+\frac{a_{2n}}{x^{2n+1}}\right).$$

由此得知

$$\lim_{x\to+\infty}p(x)=+\infty,\quad \lim_{x\to-\infty}p(x)=-\infty.$$

因此,存在实数 a,b,使得 $a<b$,且 $p(a)<0,p(b)>0$.由零值定理可知,存在 $c\in(a,b)$,使得 $p(c)=0$.这里的 c 就是原方程的一个实根. □

例 3　某短跑运动员用 10 s 跑完了 100 m.证明:至少有一段 10 m 的路程他恰用 1 s 跑完.

证明　任取 $x\in[0,90]$,用 $f(x)$ 记运动员跑完 $[x,x+10]$ 这段路程所需的时间(以 s 为单位),那么 f 是定义在 $[0,90]$ 上的一个连续函数.我们要证明存在 $x_0\in[0,90]$,使得 $f(x_0)=1$.如果对每个 $x\in[0,90]$,都有 $f(x)=1$,问题已经证明.因此,不妨设存在 $x_1\in[0,90]$,使得 $f(x_1)>1$.因为 100 m 是用 10 s 跑完的,所以必有 $x_2\in[0,90]$,使得 $f(x_2)<1$.现在令 $g(x)=f(x)-1$,那么 $g(x_1)=f(x_1)-1>0$, $g(x_2)=f(x_2)-1<0$.由零值定理,必有介于 x_1 和 x_2 之间的 x_0,使得 $g(x_0)=0$,即 $f(x_0)=1$. □

用零值定理还可证明下面的定理:

定理 2.10.5(介值定理)　设 f 是区间 $[a,b]$ 上非常值的连续函数,γ 是介于 $f(a)$ 与 $f(b)$ 之间的任何实数,则必存在 $c\in(a,b)$,使得 $f(c)=\gamma$.

证明 不妨设 $f(a)<\gamma<f(b)$.令

$$g(x)=f(x)-\gamma,$$

则 g 在$[a,b]$上连续,且 $g(a)=f(a)-\gamma<0<f(b)-\gamma=g(b)$.于是由零值定理,存在 $c\in(a,b)$,使得 $g(c)=0$,即 $f(c)=\gamma$. □

推论 2.10.1 设非常值函数 f 在 $I=[a,b]$上连续,那么 f 的值域$f(I)$是一个闭区间.

事实上,设 M 与 m 分别为f 在$[a,b]$上的最大值和最小值.由介值定理,可知$f(I)=[m,M]$.

我们在证明定理 2.7.3 时用过这一结论.

练 习 题 2.10

1. 如果 f 在(a,b)上一致连续,证明:f 在(a,b)上有界.
2. 若函数 f 和 g 都在区间 I 上一致连续,问 fg 是否在 I 上一致连续?试就 I 为有限区间或无穷区间分别讨论之.
3. 设函数 f 在开区间(a,b)上连续,$f(a+)$和 $f(b-)$存在且有限.证明:f 在(a,b)上一致连续.
4. 设函数 f 在区间$[a,+\infty)$上连续,$f(+\infty)$存在且有限.证明:f 在$[a,+\infty)$上一致连续.
5. 设 f 在区间$[a,+\infty)$上连续.若存在常数 b 和 c,使得 $\lim\limits_{x\to+\infty}(f(x)-bx-c)=0$,证明:$f$ 在$[a,+\infty)$上一致连续.
6. 求证:三次方程 $x^3+2x-1=0$ 只有唯一的实根,且此根在$(0,1)$内.
7. 设 $\varphi\in C(\mathbf{R})$,且
$$\lim_{x\to+\infty}\frac{\varphi(x)}{x^n}=\lim_{x\to-\infty}\frac{\varphi(x)}{x^n}=0.$$
(1) 证明:当 n 为奇数时,方程 $x^n+\varphi(x)=0$ 有一个实根;
(2) 证明:当 n 为偶数时,存在 y,使得对所有的 $x\in\mathbf{R}$,有
$$y^n+\varphi(y)\leqslant x^n+\varphi(x).$$
8. 设 $f\in C[0,1]$且 $f(0)=f(1)$.求证:对任何 $n\in\mathbf{N}^*$,存在 $x_n\in[0,1]$,使得 $f(x_n)=f(x_n+1/n)$.
9. 设 $f\in C(\mathbf{R})$且 $\lim\limits_{x\to+\infty}f(x)=\lim\limits_{x\to-\infty}f(x)=+\infty$,又设 f 的最小值$f(a)<a$.求证:$f\circ f$ 至少在两个点上取到最小值.
10. 设函数 $f:[a,b]\to\mathbf{R}$ 在有理点上取无理数值,在无理点上取有理数值.证明:f 不是$[a,b]$上的连续函数.
11. 设对任意的 $x,y\in(-\infty,+\infty)$,函数 f 满足 $|f(x)-f(y)|\leqslant k|x-y|$ $(0<k<1)$.

求证：

(1) 函数 $kx-f(x)$ 递增；

(2) 存在唯一的 $\xi\in(-\infty,+\infty)$，使得 $f(\xi)=\xi$.

12. 证明：在 $(-\infty,+\infty)$ 上连续的周期函数必在 $(-\infty,+\infty)$ 上一致连续. 由此证明：$\sin^2 x+\sin x^2$ 不是周期函数.

问 题 2.10

1. 设 $f\in C(\mathbf{R})$，且 $\lim\limits_{x\to\infty} f(f(x))=\infty$. 求证：$\lim\limits_{x\to\infty} f(x)=\infty$.
2. 设 $f,g\in C[a,b]$. 如果存在 $x_n\in[a,b]$，使得 $g(x_n)=f(x_{n+1})(n=1,2,\cdots)$，则必存在 $x_0\in[a,b]$，使得 $f(x_0)=g(x_0)$.
3. 设函数 f 在区间 $[a,+\infty)$ 上连续且有界. 求证：对每一个数 $\lambda>0$，存在数列 $x_n\to+\infty$，使得

$$\lim_{n\to\infty}(f(x_n+\lambda)-f(x_n))=0.$$

4. (1) 证明：不存在 $\mathbf{R}$ 上的连续函数，使它的任一个函数值都恰好被取到两次.

   (2) 是否存在 $\mathbf{R}$ 上的连续函数，使它的任一个函数值都恰好被取到三次？

2.11　函数的上极限和下极限

在 1.10 节中，我们引进了数列的上极限和下极限. 对一个数列来说，它的极限不一定存在，但是它的上极限和下极限却总是存在的，且当数列的极限存在时，这个极限正好是上下极限. 由此可见，使用上下极限来讨论问题，可以较少地受到约束. 根据同样的理由，我们也引进函数的上下极限的概念.

在 1.4 节中，我们定义过记号 $\mathbf{R}_\infty=\mathbf{R}\cup\{-\infty,+\infty\}$，即实数的全体再加上两个记号 $-\infty$ 与 $+\infty$.

设函数 f 定义在 $B_\delta(\check{x}_0)$ 上，且在点 x_0 的近旁有界. 这时，一定存在 $x_n\in B_\delta(\check{x}_0)$ $(n=1,2,\cdots)$，使得 $x_n\to x_0(n\to\infty)$，并且数列 $\{f(x_n)\}$ 收敛于一个数. 如果 f 在 x_0 的近旁无上(下)界，则必存在数列 $x_n\in B_\delta(\check{x}_0)$，$x_n\to x_0(n\to\infty)$，使得当 $n\to\infty$ 时，$f(x_n)\to+\infty(-\infty)$.

定义 2.11.1　令

$$E=\{l\in\mathbf{R}_\infty:\text{存在数列 } x_n\in B_\delta(\check{x}_0),x_n\to x_0,\text{使得 } f(x_n)\to l\}.$$

这是一个非空的集合.设 $a^*=\sup E$,$a_*=\inf E$,分别称它们为 f 当 $x\to x_0$ 时的**上极限**和**下极限**,分别记作

$$\limsup_{x\to x_0} f(x),\quad \liminf_{x\to x_0} f(x).$$

对其他的极限过程,例如 $x\to x_0^+$,$x\to x_0^-$,$x\to-\infty$,$x\to+\infty$ 以及 $x\to\infty$,可以类似地定义函数 f 的上极限和下极限.

例 1 设

$$f(x)=\begin{cases}\sin\dfrac{1}{x}, & x\neq 0,\\ 0, & x=0.\end{cases}$$

对 $n\in\mathbf{N}^*$,令

$$x_n=\left(2n\pi+\frac{\pi}{2}\right)^{-1},\quad y_n=\left(2n\pi-\frac{\pi}{2}\right)^{-1}.$$

显然,$x_n\to 0$,$y_n\to 0\ (n\to\infty)$,并且

$$f(x_n)=f(-y_n)=1,\quad f(-x_n)=f(y_n)=-1.$$

因此

$$\limsup_{x\to 0^-} f(x)=\limsup_{x\to 0^+} f(x)=\limsup_{x\to 0} f(x)=1,$$

$$\limsup_{x\to 0^-} f(x)=\limsup_{x\to 0^+} f(x)=\limsup_{x\to 0} f(x)=-1.$$ □

与定理 1.10.1 平行,可以对函数的上极限建立如下的定理.

定理 2.11.1 设函数 f 定义在 I 上,那么:

(1) $a^*\in E$;

(2) 若 $y>a^*$,则存在 $\delta>0$,使得当 $0<|x-x_0|<\delta$ 时,$f(x)<y$;

(3) a^* 是满足前述两条性质的唯一的数.

证明 (1) 若 $a^*=+\infty$,则对任何 $n\in\mathbf{N}^*$,必存在 $l_n\in E$,使得 $l_n>n$.由此可知,存在 x_n,满足 $0<|x_n-x_0|<1/n$ 且 $f(x_n)>n$.这表明 $x_n\in \boldsymbol{I}$,$x_n\to x_0$,使得 $f(x_n)\to+\infty$,即 $a^*=+\infty\in E$.

若 $a^*=-\infty$,即 $E=\{-\infty\}$,当然 $a^*\in E$.

再设 a^* 为有限数.对任何 $n\in\mathbf{N}^*$,存在 $l_n\in E$,使得

$$a^*-\frac{1}{n}<l_n<a^*+\frac{1}{n}.$$

于是,存在 x_n 满足 $0<|x_n-x_0|<1/n$,使得

$$a^*-\frac{1}{n}<f(x_n)<a^*+\frac{1}{n}.$$

从而 $x_n\in I$ 且 $x_n\to x_0$，使得 $f(x_n)\to a^*$. 因此，$a^*\in E$.

(2) 假设命题不真，则对任何 $n\in\mathbf{N}^*$，存在 x_n，满足 $0<|x_n-x_0|<1/n$，使得 $f(x_n)\geqslant y$. 于是，存在子列 $\{x_{k_n}\}$，使得 $f(x_{k_n})\to y_1(n\to\infty)$. 由此得到 $y_1\geqslant y>a^*$，且 $y_1\in E$. 这与 a^* 的定义矛盾.

(3) 设有两个数 p 与 q 同时满足(1)与(2)，但 $p<q$. 选取 y，满足 $p<y<q$. 因为 p 满足(2)，故存在 $\delta>0$，使得 $0<|x-x_0|<\delta$ 时，$f(x)<y$，因而 q 不能满足(1). □

对 a_*，也可以建立类似的定理.

下面的定理列举了函数的上下极限的简单性质，它们在应用中能提供很多方便.

定理 2.11.2　设 f,g 在 I 上有定义，那么：

(1) $\liminf\limits_{x\to x_0} f(x)\leqslant\limsup\limits_{x\to x_0} f(x)$；

(2) $\lim\limits_{x\to x_0} f(x)=a$ 当且仅当 $\liminf\limits_{x\to x_0} f(x)=\limsup\limits_{x\to x_0} f(x)=a$；

(3) 若当 $x\in I$ 时，$f(x)\leqslant g(x)$成立，则

$$\liminf_{x\to x_0} f(x)\leqslant\liminf_{x\to x_0} g(x),\quad \limsup_{x\to x_0} f(x)\leqslant\limsup_{x\to x_0} g(x).$$

证明　(1)与(2)甚为明显，只需证明(3). 我们来证其中的第二个不等式. 令

$$a^*=\limsup_{x\to x_0} f(x),\quad b^*=\limsup_{x\to x_0} g(x).$$

存在子数列 $x_n\in I$，且 $x_n\to x_0$，使得$\lim\limits_{n\to\infty} f(x_n)=a^*$. 另外，由 $f(x_n)\leqslant g(x_n)(n=1,2,\cdots)$，可以从$\{x_n\}$中选出子列$\{x_{k_n}\}$，使得

$$\lim_{n\to\infty} g(x_{k_n})=b\geqslant a^*=\lim_{n\to\infty} f(x_{k_n}).$$

又由 b^* 的定义，知 $b^*\geqslant b\geqslant a^*$，这正是我们需要证明的. (3)的第一个不等式也可以类似地证明. □

最后我们指出，数列的上下极限可以看成是函数的上下极限的特殊情况. 设有数列 $\{a_n\}$，在(0,1)上定义函数 f：

$$f(x)=a_n,\quad x\in\left[\frac{1}{n+1},\frac{1}{n}\right)(n=1,2,\cdots).$$

不难证明(请读者作为练习来证明)：

$$\limsup_{n\to\infty} a_n=\limsup_{x\to 0^+} f(x),\quad \liminf_{n\to\infty} a_n=\liminf_{x\to 0^+} f(x).$$

练习题 2.11

1. 对下列函数 f，求 $\limsup\limits_{x\to\infty} f(x)$，$\liminf\limits_{x\to\infty} f(x)$：

(1) $f(x)=\sin x$；

(2) $f(x)=x^2\cos x$；

(3) $f(x)=\dfrac{x}{1+x^2\sin^2 x}$.

2. 设函数 f 在一点 x_0 的左边 $(x_0-\delta,x_0)$ 上连续，且

$$\liminf_{x\to x_0^-} f(x)<\alpha<\limsup_{x\to x_0^-} f(x).$$

求证：一定有数列 $x_n\to x_0^-$，使得 $f(x_n)=\alpha\ (n=1,2,3,\cdots)$.

3. 设函数 f 在 x_0 的空心邻域内有定义，令

$$\varphi(\delta)=\inf\{f(x):0<|x-x_0|<\delta\},$$
$$\psi(\delta)=\sup\{f(x):0<|x-x_0|<\delta\}.$$

求证：

(1) φ 和 ψ 分别是递减和递增函数；

(2) 令 $\alpha=\lim\limits_{\delta\to 0^+}\varphi(\delta)$，$\beta=\lim\limits_{\delta\to 0^+}\psi(\delta)$，则

$$\alpha=\liminf_{x\to x_0} f(x),\quad \beta=\limsup_{x\to x_0} f(x).$$

2.12 混沌现象

自然界中的许多现象，是由严格的因果关系所支配的．例如月亮的阴晴圆缺、四季的更迭、日食和月食的发生……对这一类完全由因果关系支配的系统进行一般研究，自然有着重大意义．这种完全由因果关系所制约的系统，通常叫作**决定性系统**．研究决定性系统的数学分支，称为**动力系统理论**．

决定性系统的基本特征是：在这个系统中，今日的种种现象，是昨日种种现象的必然结果；而明日种种现象，又以今日的种种状态为其原因．这就是说，从系统的初始状态出发，依据系统的因果规律，将确定系统未来的一切．

用一个简单的例子来说，设函数 f 代表某种因果规律，f 的定义域中的一点 x 表示一种初始状态，那么由状态 x 到下一个状态 $f(x)$，就是由于规律 f 在起作用．如果 $f(x)$ 仍在 f 的定义域中，那么自然要考虑再下一个状态 $f\circ f(x)=f^2(x)$．如此继续下去，促使我们要来研究函数的迭代．

设 I 是任意一个区间，函数 $f:I\to I$．将 f 反复地复合，产生 $f^2(x)=f\circ f(x)$，$f^3(x)=f\circ f^2(x)=f\circ f\circ f(x)$．一般地，$f^n(x)=f\circ f^{n-1}(x)\ (n\geqslant 3)$．此外，我们规定

$f^0(x)=x$，即 f^0 表示恒等映射，还有 $f^1(x)=f(x)(x\in I)$. 称 f^n 为 f 的**第 n 次迭代**.

在研究函数迭代时，自然首先会想到把 f^n 的表达式通过 f 的表达式计算出来. 遗憾的是，除了对很简单、很特殊的 f，第 n 次迭代 f^n 的解析表达式要么根本求不出来，要么即使求了出来，也因太复杂而没有什么实用价值. 因此，寻找 f^n 的表达式不是研究函数迭代的正确方向.

对任意固定的 $x\in I$，考虑序列

$$x, f(x), f^2(x), \cdots, f^n(x), \cdots.$$

如果正整数 m 使得 $f^m(x)=x$，称 m 为点 x 的一个**周期**，称 x 为 f 的一个**周期点**. 如果 m 是点 x 的一个**周期**，那么 m 的任何正整数倍一定也是 x 的周期，这是因为当 $k\in\mathbf{N}^*$ 时，

$$\begin{aligned} f^{km}(x) &= \underbrace{f^m \circ f^m \circ \cdots \circ f^m}_{k\text{个}}(x) \\ &= \underbrace{f^m \circ \cdots \circ f^m}_{k-1\text{个}}(x) = \cdots = f^m(x) = x. \end{aligned}$$

如果 x 是 f 的一个周期点，那么 x 的一切周期中的最小者，称为 x 的**最小周期**. 设 $p\in\mathbf{N}^*$ 是点 x 的最小周期，而 n 是 x 的大于 p 的周期，那么必有 $p\mid n$（即 p 整除 n）. 这一事实可证明如下. 用反证法. 若 $p\nmid n$，那么存在 $q, r\in\mathbf{N}^*$，使得 $n=pq+r\ (0<r<p)$. 于是有

$$x = f^n(x) = f^{pq+r}(x) = f^r \circ f^{pq}(x) = f^r(x).$$

这表明，比 p 更小的正整数 r 也是点 x 的一个周期，这与 p 是 x 的最小周期的定义矛盾.

如果 x 的最小周期是 n，则称 x 是 f 的一个 n 周期点，这时序列 $x, f(x), f^2(x), \cdots, f^n(x), \cdots$ 实际上是以下 n 个不同的点构成的有限数列：

$$x, f(x), f^2(x), \cdots, f^{n-1}(x)$$

这一模式的无限次的反复. 这个有限数列叫作点 x 的 n **周期轨**.

设 x 是 f 的 1 周期点，即 $x=f(x)$. 这说明 x 是 f 的一个不动点. 反过来说，f 的不动点也是一个 1 周期点. 1 周期点有十分明显的几何特征：它是函数 $y=f(x)$ 的图像与正方形 $I\times I$ 的对角线 $y=x$ 的交点的横坐标. 再设 α 是 f 的 2 周期点，那么令 $\beta=f(\alpha)\neq\alpha$，此时有 $f(\beta)=f^2(\alpha)=\alpha$. 这表明两点 (α,β) 与 (β,α) 同时在曲线 $y=f(x)$ 上. 注意，因为 $\alpha\neq\beta$，故这两点关于对角线 $y=x$ 是镜像对称的. 这一事实为寻找 f 的 2 周期点提供了一个几何方法.

但是，对 3 周期点、4 周期点……就没有这么简单的判别方法.

例 1 在区间$[0,1]$上,考察函数

$$f(x)=\begin{cases} x+\dfrac{1}{2}, & x\in\left[0,\dfrac{1}{2}\right],\\ 2(1-x), & x\in\left[\dfrac{1}{2},1\right]. \end{cases}$$

由图 2.7 可知,函数有 1 周期点(不动点)和 2 周期点.此外,由

$$f(0)=\frac{1}{2},\quad f\left(\frac{1}{2}\right)=1,\quad f(1)=0,$$

知 $f^3(0)=0$,所以 0 是 f 的一个 3 周期点,当然 1/2 与 1 也是 f 的 3 周期点. □

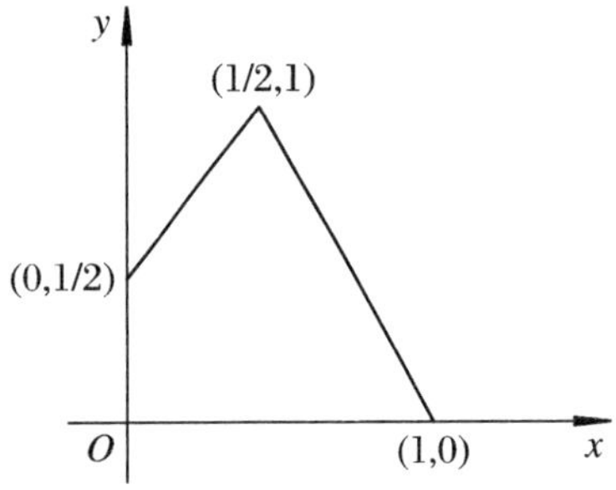

图 2.7

但是,即使对图 2.7 这样最简单的图像,谁能看得出 f 还有 4 周期点、5 周期点……?1975 年,李天岩(Tien-Yien Li)与 J. A. Yorke 在《美国数学月刊》上发表了一篇题为《周期 3 蕴涵混沌》(*Period Three Implies Chaos*)的论文,揭示了下面惊人的事实:

定理 2.12.1(Li-Yorke) 设 $f:I\to I$ 为连续函数.若 f 有 3 周期点,那么,对任何 $n\in\mathbf{N}^*$,f 有 n 周期点.

定理的证明并不复杂,但是,为了方便读者,我们把证明分解成以下三个简单的引理.

引理 2.12.1 设函数 $f:I\to I$ 连续,并且 $J=[a,b]\subset I$.如果 $f(J)\supset J$,那么 f 在 J 上有一个不动点.

证明 由于 $f(J)\supset J$,可以找到 $c,d\in J$,使得 $f(c)=a$ 以及 $f(d)=b$.若 $c=a$ 或 $d=b$,那么点 a 或 b 就是 f 的不动点.如果不是这样,则说明 $c>a$ 且 $d<b$.这时,连续函数 $\varphi(x)=f(x)-x$ 满足 $\varphi(c)=f(c)-c=a-c<0$,而 $\varphi(d)=f(d)-d=b-d>0$,因此由零值定理可知,φ 在 c 与 d 之间必有一个零点,这一点正是 f 的不动点. □

引理 2.12.2 设函数 $f:I\to I$ 连续,J_1,J_2 是 I 的两个闭子区间.如果 $f(J_1)\supset J_2$,那么必存在 J_1 的闭子区间 K,使得 $f(K)=J_2$.

证明 设 $J_1=[a,b]$,$J_2=[U,V]$.由于 $f(J_1)\supset J_2$,必存在 $u,v\in[a,b]$,使得 $f(u)=U$,$f(v)=V$.不妨设 $u<v$($u>v$ 的情形可类似处理).令

$$E=\{s:f(s)=U,u\leqslant s<v\}.$$

因为 $f(u)=U$,故 E 为非空集且有上界,因而它必有上确界.记 $u^*=\sup E$.我们

证明 $u^* \in E$，即要证明 $f(u^*) = U$. 由上确界的定义知，对任意正的整数 n，必有 $s_n \in E$，使得

$$u^* - \frac{1}{n} < s_n \leqslant u^*.$$

由此可得 $\lim\limits_{n\to\infty} s_n = u^*$. 由于 $s_n \in E$，故 $f(s_n) = U$. 令 $n \to \infty$，并利用 f 的连续性，即得 $f(u^*) = U$. 这就证明了 $u^* \in E$，而且 $u^* \neq v$（因为 $f(v) = V$）. 有了 u^* 之后，可以定义

$$F = \{t : f(t) = V, u^* < t \leqslant v\}.$$

F 当然有下确界，记 $v^* = \inf F$. 同理，可证 $f(v^*) = V$. 由此可知 $u^* \neq v^*$. 记 $K = [u^*, v^*]$，那么对任意的 $x \in (u^*, v^*)$，由于 $x > u^*$，必有 $f(x) \neq U$，又因 $x < v^*$，所以 $f(x) \neq V$.

由于 $f(u^*) = U, f(v^*) = V$，故由介值定理，对任意的 $\eta \in (U, V)$，必有 $\xi \in [u^*, v^*]$，使得 $f(\xi) = \eta$. 这就证明了

$$f([u^*, v^*]) \supset [U, V]. \tag{1}$$

为了证明 $f([u^*, v^*]) \subset [U, V]$，必须证明：对任意的 $x < U$（或 $x > V$），不可能存在 $s \in [u^*, v^*]$，使得 $f(s) = x$. 如果有这样的 x，我们再取一点 $x' \in (U, V)$. 根据式(1)，存在 $s' \in [u^*, v^*]$，使得 $f(s') = x'$，那么由于 $f(s) = x$，而且 $x < U < x'$，故由介值定理，必有 ξ 介于 s 与 s' 之间，使得 $f(\xi) = U$. 由于 $\xi > u^*$，这是不可能的. 这就证明了

$$f([u^*, v^*]) \subset [U, V]. \tag{2}$$

综合式(1)与(2)，即知 $f(K) = [U, V]$. □

引理 2.12.3　设函数 $f: I \to I$ 连续，$J_0, J_1, \cdots, J_{n-1}$ 是 I 的 n 个闭子区间. 如果

$$f(J_0) \supset J_1, f(J_1) \supset J_2, \cdots, f(J_{n-2}) \supset J_{n-1}, f(J_{n-1}) \supset J_0,$$

那么：

(1) 存在 $x_0 \in J_0$，使得 $f^n(x_0) = x_0$；

(2) $f(x_0) \in J_1, f^2(x_0) \in J_2, \cdots, f^{n-1}(x_0) \in J_{n-1}$.

用一句通俗的话说，当 j 从 0“跑过”1，2，…，$n-1$ 时，$f^j(x_0)$ 依次地“拜访”$J_0, J_1, \cdots, J_{n-1}$，最后仍然回到 x_0.

证明　因为 $f(J_{n-1}) \supset J_0$，由引理 2.12.2 知，有一个闭子区间 $K_{n-1} \subset J_{n-1}$，使得 $f(K_{n-1}) = J_0$. 类似地，因 $f(J_{n-2}) \supset J_{n-1} \supset K_{n-1}$，又可以找到一个闭子区间 $K_{n-2} \subset J_{n-2}$，使得 $f(K_{n-2}) = K_{n-1}$. 同理，可以找到一个闭子区间 $K_1 \subset J_1$，使得 $f(K_1) = K_2$. 最后，存在 J_0 的闭子区间 K_0，使得 $f(K_0) = K_1$. 因此，我们看到

$$f(K_0) = K_1,$$
$$f^2(K_0) = K_2,$$
$$f^3(K_0) = K_3,$$
$$\cdots,$$
$$f^{n-1}(K_0) = K_{n-1},$$
$$f^n(K_0) = f(K_{n-1}) = J_0 \supset K_0.$$

对函数 f^n 运用引理 2.12.1,我们可以找到一点 $x_0 \in K_0 \subset J_0$,使得 $f^n(x_0) = x_0$.很显然,我们有 $f^k(x_0) \in K_k \subset J_k (k=1,2,\cdots,n-1)$. □

现在可以来证明定理 2.12.1.

根据假定,设 η 是 f 的一个 3 周期点,那么 $\eta, f(\eta), f^2(\eta)$ 构成 η 的 3 周期轨.不妨设

$$\eta < f(\eta) < f^2(\eta).$$

为简单起见,设 $\alpha = \eta, \beta = f(\eta), \gamma = f^2(\eta)$,于是有

$$f(\alpha) = \beta, \quad f(\beta) = \gamma, \quad f(\gamma) = \alpha.$$

记 $H = [\alpha, \beta], K = [\beta, \gamma]$.由于 $f(\alpha) = \beta, f(\beta) = \gamma$,故由介值定理,知

$$f(H) \supset K. \tag{3}$$

又因 $f(\beta) = \gamma, f(\gamma) = \alpha$,仍由介值定理,知

$$f(K) \supset [\alpha, \gamma] = H \cup K. \tag{4}$$

现在来证明,对任意的 $n \in \mathbf{N}^*$,f 必有 n 周期点.当 $n=1$ 时,由式(4),知 $f(K) \supset K$,故由引理 2.12.1,f 在 K 上有一个不动点,即 1 周期点.再设 $n=2$,由式(4),知 $f(K) \supset H$.由式(3),知 $f(H) \supset K$.于是由引理 2.12.3 知,存在一点 $x_0 \in K$,使得 $f^2(x_0) = x_0$,且 $f(x_0) \in H$.我们证明 2 是 x_0 的最小周期.若 $f(x_0) = x_0$,那么 $x_0 \in H \cap K = \{\beta\}$,即 $x_0 = \beta$,这就导致

$$f(x_0) = f(\beta) = \gamma > \beta = x_0$$

的矛盾.现设 $n > 3$,记

$$J_0 = J_1 = \cdots = J_{n-2} = K, \quad J_{n-1} = H.$$

从式(4),知 $f(J_j) \supset J_{j+1} (j = 0,1,\cdots,n-2)$.又从式(3),有 $f(J_{n-1}) \supset J_0$,即引理 2.12.3 的要求都满足.因此有一点 $x_0 \in J_0 = K$,使得 $f^n(x_0) = x_0$,且

$$f^j(x_0) \in J_j \quad (j = 1,2,\cdots,n-1). \tag{5}$$

现在证明 n 是 x_0 的最小周期.否则,存在 $k < n$,使得 $f^k(x_0) = x_0$,于是 x_0, $f(x_0), \cdots, f^{k-1}(x_0)$ 构成 x_0 的 k 周期轨.由于 $n-1 > n-2 \geqslant k-1$,所以 $f^{n-1}(x_0)$ 必是

$$x_0, f(x_0), \cdots, f^{n-2}(x_0)$$

中的一个.由式(5)知,它们都在 K 中.但是 $f^{n-1}(x_0) \in J_{n-1} = H$.这说明 $f^{n-1}(x_0) \in K \cap H = \{\beta\}$.因此 $x_0 = f^n(x_0) = f(\beta) = \gamma$,而

$$\alpha = f(\gamma) = f(x_0) \in J_1 = K = [\beta, \gamma].$$

这是不可能的.这样就完全证明了定理 2.12.1. □

根据定理 2.12.1,我们可以断言,图 2.7 所表示的函数 f 对一切 $n \in \mathbf{N}^*$ 有 n 周期点.

这是一个十分美妙和惊人的结果.在李天岩与 Yorke 的论文公开发表之后不久,就有人指出,这一结果只不过是乌克兰数学家 A. N. Sharkovsky 的一个定理的特殊情况.这个定理于 1964 年用俄文发表.Sharkovsky 全面地研究了怎样的周期会蕴涵另外的周期.这里介绍他所得到的结论.任何 $n \in \mathbf{N}^*$ 都可唯一地表示成 $n = 2^s(2p+1)$,这里 s 与 p 是非负整数.很显然,$s=0$ 当且仅当 n 是奇数,而 $p=0$ 意味着 n 是 2 的非负方幂.Sharkovsky 将正整数按下列方式排序:

$$\begin{aligned}
&3 \prec 5 \prec 7 \prec 9 \prec \cdots, \\
&2 \cdot 3 \prec 2 \cdot 5 \prec 2 \cdot 7 \prec 2 \cdot 9 \prec \cdots, \\
&2^2 \cdot 3 \prec 2^2 \cdot 5 \prec 2^2 \cdot 7 \prec 2^2 \cdot 9 \prec \cdots, \\
&\cdots, \\
&\cdots \prec 2^5 \prec 2^4 \prec 2^3 \prec 2^2 \prec 2 \prec 1,
\end{aligned}$$

并且证明了:

定理 2.12.2　设函数 $f: I \to I$ 连续且具有 m 周期点.若在上述排序中,m 先于 $n \in \mathbf{N}^*$,那么 f 必具有 n 周期点.

容易看出,李天岩与 Yorke 的定理只是 Sharkovsky 定理的一个特殊情况.

Sharkovsky 定理还断言:如果 m 先于 n,则对每个正整数 n,一定存在连续映射 $f: I \to I$,它有 n 周期点,但没有 m 周期点.

下面的例子中的 f 有 5 周期点,因而有位于 5 之后的任何 n 周期点,但没有位于 5 之前的 3 周期点.

例 2　考察由图 2.8 所表示的分段线性函数 $f: [0,4] \to [0,4]$.由于

$$\begin{aligned}
&f(0) = 2, \quad f(2) = 3, \quad f(3) = 1, \\
&f(1) = 4, \quad f(4) = 0,
\end{aligned}$$

因此 0,1,2,3,4 都是 5 周期点.我们来证明 f 没有 3 周期点.由图 2.8,有

$$\begin{aligned}
&f([0,1]) = [2,4], \\
&f^2([0,1]) = f([2,4]) = [0,3], \\
&f^3([0,1]) = f([0,3]) = [1,4].
\end{aligned}$$

类似地,有

$$f^3([1,2]) = [2,4], \quad f^3([3,4]) = [0,3].$$

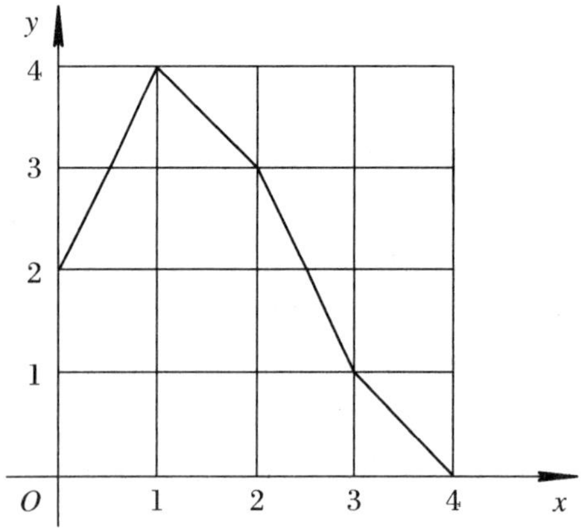

图 2.8

由此得知,在区间[0,1],[1,2]与[3,4]中,f^3没有不动点.

因为$f^3([2,3])=[0,4]\supset[2,3]$,故$f^3$在[2,3]中至少有一个不动点.我们说,这个不动点是唯一的.事实上,$f:[2,3]\to[1,3]$是严格递减函数,$f:[1,3]\to[1,4]$与$f:[1,4]\to[0,4]$也是严格递减函数.这就说明,f^3在[2,3]上是严格递减函数,所以f^3在[2,3]中的不动点(记作x_0)是唯一的.由图2.8看出,函数f有唯一的不动点,记作x_1.由于$f^3(x_1)=x_1$,故由f^3的不动点的唯一性,知$x_0=x_1$.这说明x_0是f的不动点,而不是f的3周期点. □

虽然Sharkovsky定理的内容比李天岩与Yorke的定理的内容要广泛和深刻,而且先发表10年,但是李天岩与Yorke的论文仍有其自身的价值.李天岩与Yorke的论文的重要意义在于,他们第一次提出了“混沌现象”的严格的数学定义.

定义2.12.1 设f是区间I到自身的连续映射,f满足下列条件:

(1) f的周期点的最小周期没有上界.

(2) 存在I的不可数子集S,满足:

(a) 对任何$x,y\in S$且$x\neq y$,有

$$\limsup_{n\to\infty}|f^n(x)-f^n(y)|>0;$$

(b) 对任何$x,y\in S$,有

$$\liminf_{n\to\infty}|f^n(x)-f^n(y)|=0.$$

这时称f描述的系统为**混沌系统**.

李天岩与Yorke还证明了:如果f有3周期点,那么f是混沌的,即f所描述的系统是一个混沌系统.

定义2.12.1(2)鲜明地刻画了“混沌”的数学含义.对集合S中的任何初始值$x_0\neq y_0$,考虑各自的迭代序列:

$$x_0,f(x_0),f^2(x_0),\cdots,f^n(x_0),\cdots;$$

$$y_0, f(y_0), f^2(y_0), \cdots, f^n(y_0), \cdots.$$

(2)中的(a)与(b)说明，在数列$\{|f^n(x_0)-f^n(y_0)|: n\in\mathbf{N}^*\}$中，必可找到一个子列，它的极限是一个正数，又一定存在一个子列收敛于0.这意味着系统在迭代(或称演化)过程中，两条轨道中对应项的距离既可以无限次地接近0，又可以无限次地超过一个正常数.在同一系统中，从两个初始点引出的两条轨道时而无限靠近，时而相互远离，忽分忽合，而且这种现象无限次地反复出现.这表明系统的长期行为没有规律，飘忽不定，类似于一种随机现象.由于能导致这种随机行为的初始值来自一个不可数集S，所以这种不规则行为成了不可忽视的现象.

混沌现象可能出现于物理、化学、生物以及社会科学等许多领域所遇到的数学问题中，因而引起了科学家们的广泛兴趣.

通过学习这一节内容，我们还可以得到方法论的某种启示.在古典的微积分中，本来已经有很多地方讨论过函数的迭代，但是，那时候人们关心的是计算迭代的极限$\lim\limits_{n\to\infty} f^n(x)$，一旦确定这个极限不存在，就将它搁置在一边，不予理睬.而正是在这个极限不存在的时候，再来研究序列$\{f^n(x)\}$的变化，才能发现这个序列会显示出各种各样的复杂变化，因此才有 Sharkovsky 定理和李天岩与 Yorke 的定理.

练 习 题 2.12

1. 设x是f的一个n周期点.记$x_0=x, x_k=f^k(x)(k=1,2,\cdots,n-1)$.证明：$x$的$n$周期轨$\{x_0,x_1,\cdots,x_{n-1}\}$中各点两两不同，且都是$f$的$n$周期点.
2. 设$f:[a,b]\to[a,b]$连续.若f有4周期点，求证：f必有2周期点.
3. 设$f:[a,b]\to[a,b]$连续.若对某个正整数n，f有2^n周期点，求证：f必有2周期点，2^2周期点……2^{n-1}周期点.
4. 设$I_0, I_1, \cdots, I_n$是I的闭子区间，f在I上连续，且满足$f(I_i)\supset I_{i+1}(i=0,1,\cdots,n-1)$.求证：存在一点$x\in I_0$，使得$f^i(x)\in I_i(i=1,2,\cdots,n)$.

第 3 章　函数的导数

世间万物都是在不断变化的，从数量方面来反映这种变化的就是函数. 在第 2 章中，我们研究过函数的变化趋势，即函数的极限及其有关的性质. 但是，仅仅了解函数的变化是远不能满足科学和日常生活的需要的，更重要的是要研究函数关于自变量变化的快慢. 例如，“1 kg 牛奶的价格上涨了 1 元”这一句话是十分笼统的，并没有告诉人们多少信息. 但是，“1 kg 牛奶的价格在五年之中上涨了 1 元”与“1 kg 牛奶在一个月之内上涨了 1 元”这两句话在人们心中就会引起不同的反应：第一句话可能不会引起人们的注意，但是第二句话很可能造成消费者心理上的混乱. 又如，汽车、火车、飞机的速度是它们工作效率的重要标志；一条公路如果在一段很短的距离之内，它的海拔高度有相当大的上升或下降，那么司机在这一段路上驾驶时必须全神贯注. 变化的速度，也称为“变化率”，它的原始含义对每个人都是很清楚的，通常指的是在一定的变化过程中“改变量的平均值”. 但是，为了解决科学技术、生产、生活中的实际问题，有必要对它作出完全精确的数学描述. 在历史上，正是实际问题对这种“精确描述”的急切需要，促使了“微分学”的产生，而“微分学”正是数学分析的一个重要的组成部分. 在 3.1 节中，我们用来自三个不同领域中的例子来说明“变化率”的概念，并由此抽象出“导数”的定义.

3.1　导数的定义

我们的第一个例子来自质点的运动学.

例 1　考察非匀速直线运动的瞬时速度.

设一质点做非匀速运动，它所走过的路程与时间的关系为 $s = s(t)$. 我们考虑

质点在时刻 t 的**瞬时速度**. 为此,考虑从时间 t 到 $t+\Delta t$ 这一段时间区间,这里 Δt 可以是正值,也可以是负值. 在这一段时间内,质点走过的路程为

$$\Delta s = s(t+\Delta t) - s(t).$$

当 $|\Delta t|$ 很小时,我们认为运动近似地是匀速的,因此这一段时间的平均速度是

$$\frac{\Delta s}{\Delta t} = \frac{s(t+\Delta t) - s(t)}{\Delta t}.$$

如果这时我们把 Δt 固定下来,那么上述平均速度只能是在时刻 t 质点速度的一个近似值,只有当我们令 $\Delta t\to 0$ 时,上述比值的极限才可以作为质点在时刻 t 的瞬时速度的合理定义. 因此,如果极限

$$\lim_{\Delta t\to 0}\frac{\Delta s}{\Delta t} = \lim_{\Delta t\to 0}\frac{s(t+\Delta t) - s(t)}{\Delta t}$$

存在且有限,则称这个数值为质点在时刻 t 的瞬时速度. □

例 2　考察非均匀棒的线密度.

在物理上,形状接近于直线的细长物体称为棒. 棒的横断面很小且在任何部分都是一样的. 在棒的各处分布着质量. 设想从棒的左端 A 开始,到 x 点处质量为 $m(x)$,我们来计算在棒的各点上的密度(称为线密度). 考察邻近的一点 $x+\Delta x$,在两点 x 与 $x+\Delta x$ 之间,质量的增量是 $\Delta m = m(x+\Delta x) - m(x)$,那么平均线密度是比值

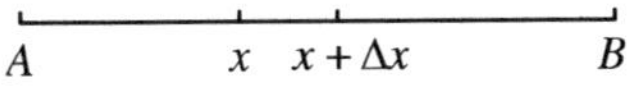

图 3.1

$$\frac{\Delta m}{\Delta x} = \frac{m(x+\Delta x) - m(x)}{\Delta x},$$

只有当 $\Delta x\to 0$ 时,上述比值才能准确地表示在点 x 附近物质密度的情况. 因此,我们定义

$$\rho(x) = \lim_{\Delta x\to 0}\frac{m(x+\Delta x) - m(x)}{\Delta x}$$

为棒在点 x 处的线密度,这时自然要假设上式右边的极限存在且有限. □

例 3　考察曲线的切线.

在中学里,我们只会作圆的切线,那完全是用几何的方法作出的. 设 A 是圆周上的一点,那么这个圆在 A 点的切线就是过 A 点且与过 A 点的半径垂直的直线. 在中学物理中还知道,质点做匀速圆周运动时,在各点处的速度指向过该点的切线的方向. 对其他各种曲线,我们并未定义过"切线"的概念. 为了研究曲线的运动,确实需要对一般的曲线的切线作出定义并指明如何计算切线. 在历史上,切线的计算也是推动微分学的发生和发展的一个动力.

当前,我们只讨论一类比较简单的曲线,即**显式曲线**.

在曲线 $y=f(x)$ 上，任意固定一点 $P_0=(x_0,y_0)$，其中 $y_0=f(x_0)$；再取曲线上与 P_0 邻近的一点 $P=(x,f(x))$. 连接两点 P_0 与 P 作曲线的一条“割线”（图 3.2）. 这条割线的斜率是

$$\tan\theta=\frac{\overline{QP}}{\overline{P_0Q}},$$

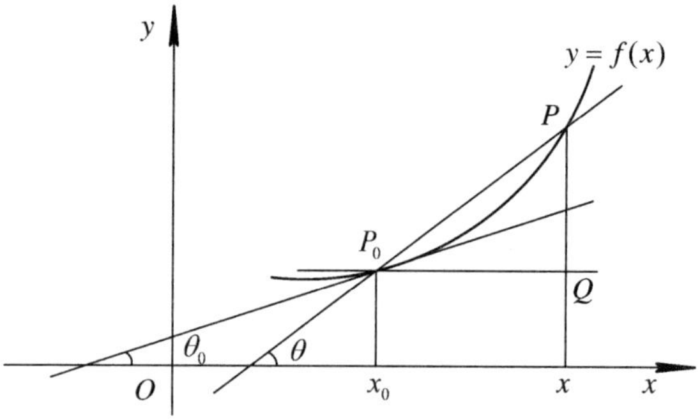

图 3.2

其中点 Q 是过点 P_0 所作的平行于横轴的直线与过 P 所作的平行于纵轴的直线的交点，θ 表示这条割线与横轴的正向所夹成的角. 将点的坐标代入，得到

$$\tan\theta=\frac{f(x)-f(x_0)}{x-x_0}.$$

当点 P 沿着曲线向点 P_0 移动时，割线 P_0P 绕着 P_0 转动，角 θ 也随着变化. 如果当 $x\to x_0$ 时，$\tan\theta$ 有有限的极限

$$\lambda=\lim_{x\to x_0}\frac{f(x)-f(x_0)}{x-x_0},$$

则我们有理由把经过点 P_0、以 λ 为斜率的直线称作曲线在点 P_0 处的切线. 若把这条切线与横轴正向的夹角记为 θ_0，自然应当有 $\lambda=\tan\theta_0$. 这时曲线在 P_0 处的切线方程可以通过“点斜式”立即写出

$$\frac{y-y_0}{x-x_0}=\lambda,\quad 即\quad y=y_0+\lambda(x-x_0),$$

这里 (x,y) 是在切线上变动的点. □

这三个问题来自三个完全不同的领域，但是，在解决它们的时候，都涉及计算一类有着共同类型的极限. 共同之处在于：都是考虑“函数的改变量与相应的自变量的改变量之比当自变量的改变量趋于 0 时的极限”，这正是函数在一点的“变化率”. 如果有好几个实例能导致同一类型的极限，数学家通常采用的办法是：撇开这

些实例所包含的具体内容，以免这些内容搅乱了我们的注意力，而只将其中的数学本质抽象出来作更进一步的研究. 在本书以后的部分，大家还将不断看到这种处理手法.

定义 3.1.1 设函数 f 在点 x_0 的近旁有定义，如果极限

$$\lim_{h\to 0}\frac{f(x_0+h)-f(x_0)}{h}$$

存在且有限，则称这个极限值为 f 在点 x_0 的**导数**，记作 $f'(x_0)$，并称函数 f 在点 x_0 **可导**.

有了这个定义之后，再回头看那三个例子. 对例 1 来说，到时刻 t 所走过的路程 $s(t)$ 的导数 $s'(t)$ 是运动着的质点在时刻 t 的瞬时速度. 对例 2 来说，线密度 $\rho(x)=m'(x)$，这里 $m(x)$ 表示非均匀棒从 A 到 x 这一段的质量. 例 3 是一个几何问题，曲线 $y=f(x)$ 上一点处切线的斜率，正好是函数 f 的导数 $f'(x)$. 曲线 $y=f(x)$ 在 $(x_0, f(x_0))$ 处的切线的方程是

$$y=f(x_0)+f'(x_0)(x-x_0).$$

下面我们引入单边导数的概念.

定义 3.1.2 设函数 f 在点 x_0 的右边 $[x_0, x_0+r)$ 上有定义. 若极限

$$\lim_{h\to 0^+}\frac{f(x_0+h)-f(x_0)}{h}$$

存在且有限，则称此极限为 f 在点 x_0 的**右导数**，记作 $f'_+(x_0)$. 类似地，可定义 f 在点 x_0 的**左导数** $f'_-(x_0)$. 显然，函数 f 在点 x_0 可导的一个充分必要条件是，在点 x_0 的左、右导数存在且相等，这里 $f'(x_0)=f'_-(x_0)=f'_+(x_0)$.

关于在一点可导与在该点连续的关系，有下面的定理：

定理 3.1.1 若函数 f 在点 x_0 可导，则 f 必在 x_0 连续.

证明 记 f 在 x_0 的导数为 $f'(x_0)$. 于是由

$$\begin{aligned}\lim_{x\to x_0}(f(x)-f(x_0)) &= \lim_{x\to x_0}\frac{f(x)-f(x_0)}{x-x_0}\cdot(x-x_0)\\ &= \lim_{x\to x_0}\frac{f(x)-f(x_0)}{x-x_0}\cdot\lim_{x\to x_0}(x-x_0)\\ &= f'(x_0)\cdot 0=0,\end{aligned}$$

可知

$$\lim_{x\to x_0}f(x)=f(x_0).$$

这说明 f 在点 x_0 连续. □

但是，函数在一点的连续性却无法保证该函数在这一点可导. 下面给出的简单

例子说明,连续函数可以在一点乃至无穷多个点上没有导数.

例 4 设 $f(x)=|x|$.证明:函数 f 在 $x=0$ 处不可导.

证明 因为

$$f'_+(0)=\lim_{h\to0^+}\frac{f(h)-f(0)}{h}=\lim_{h\to0^+}\frac{h}{h}=1,$$

$$f'_-(0)=\lim_{h\to0^-}\frac{f(h)-f(0)}{h}=\lim_{h\to0^-}\frac{-h}{h}=-1,$$

所以 $f'_+(0)\neq f'_-(0)$,从而 $f(x)$在 $x=0$ 处不可导,见图 3.3.这个图对我们有明显的启示:在坐标原点处,曲线的“右割线”就是直线 $y=x$,并不随着 $h\to0^+$ 而变化.而“左割线”是直线 $y=-x$,也不随着 $h\to0^-$ 而变化.因此,在这个点上曲线没有切线. □

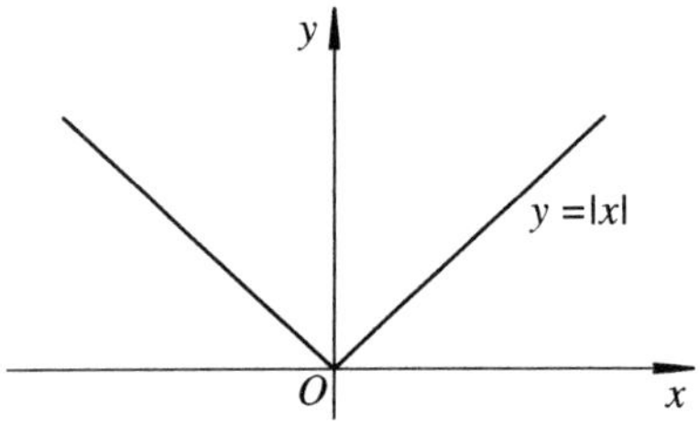

图 3.3

这个例子的有趣之处还在于:它提供了一个实例,说明一条连续的曲线可以在一点处没有切线.事实上,我们可以造出一条连续曲线,它在可数个点处没有切线.这种曲线是很容易造出的.在区间$[-1,1]$上考虑函数$|x|$,接着将它以周期 2 向左、右两边反复地拓展,得出一个定义在 $\mathbf{R}$ 上的连续函数,它的图像是图 3.4.很明显,在 x 为整数的地方,曲线没有切线.更令人惊奇的是,把可数个这种锯齿形函数“叠加”起来,竟可以制造一条“处处都没有切线的连续曲线”.的确,在历史上曾有一段相当长的时间,人们怎么也想象不出一条连续的曲线竟然到处都没有切线!但是,由于知识的局限,我们还不能在这里作出这个反例,这个任务留待下册的第 15 章来完成.

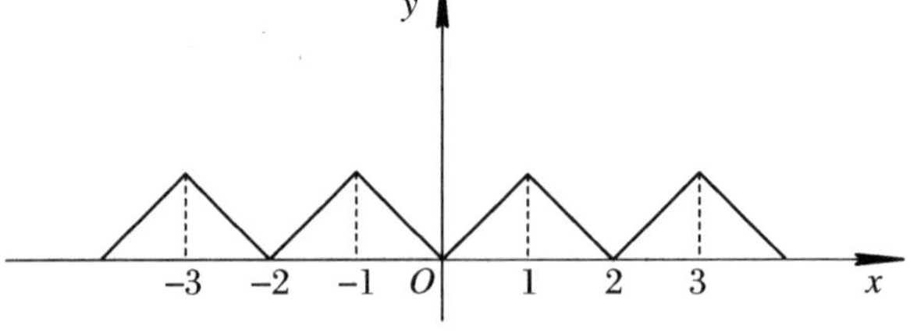

图 3.4

定义 3.1.3 如果函数 f 在开区间(a,b)中的每一点可导,则称 f 在(a,b)上**可导**;如果 f 在(a,b)上可导,并且在点 a 处有右导数,在点 b 处有左导数,则称 f

在闭区间$[a,b]$上**可导**.

类似地,可以定义 f 在$[a,b)$与$(a,b]$上**可导**.

以后,我们将常常研究在一个区间(a,b)上由全体可导函数所构成的集合.由定理3.1.1可知,它是区间(a,b)上全体连续函数组成的集合的一个子集.有理由希望,从对可导函数的研究可以得出许多更具体、更生动的结论.

练习题3.1

1. 设函数 f 在 $x=0$ 可导且 $f(0)=0$.求极限

$$\lim_{x\to 0}\frac{f(x)}{x}.$$

2. 设 f 在 $x=0$ 可导,$a_n\to 0^-$,$b_n\to 0^+$ $(n\to\infty)$.证明:

$$\lim_{n\to\infty}\frac{f(b_n)-f(a_n)}{b_n-a_n}=f'(0).$$

3. 设 f 是偶函数且在 $x=0$ 可导.证明:$f'(0)=0$.
4. 设函数 f 在 x_0 可导.证明:

$$\lim_{h\to 0}\frac{f(x_0+h)-f(x_0-h)}{2h}=f'(x_0).$$

举例说明,即使上式左边的极限存在且有限,f 在 x_0 也未必可导.

5. 在抛物线 $y=x^2$ 上:

(1) 哪一点的切线平行于直线 $y=4x-5$?

(2) 哪一点的切线垂直于直线 $2x-6y+5=0$?

(3) 哪一点的切线与直线 $3x-y+1=0$ 交成 45°的角?

6. 证明:抛物线 $y=x^2$ 上的两点(x_1,x_1^2)和(x_2,x_2^2)处的切线互相垂直的充分必要条件是,x_1 和 x_2 满足关系 $4x_1x_2+1=0$.
7. 设函数 f 在 $x=a$ 可导,且 $f(a)\neq 0$.求数列极限

$$\lim_{n\to\infty}\left(\frac{f(a+1/n)}{f(a)}\right)^n.$$

8. 设函数 φ 在点 a 处连续,又在 a 的近旁有 $f(x)=(x-a)\varphi(x)$ 和 $g(x)=|x-a|\varphi(x)$.证明:f 在点 a 处可导,并求出 $f'(a)$.又问:在什么条件下 g 在点 a 处可导?
9. 设 $f(x)=x(x-1)^2(x-2)^3$.求 $f'(0)$,$f'(1)$和 $f'(2)$.
10. 设

$$f(x)=\begin{cases}0, & x=0,\\ x^\lambda\sin\dfrac{1}{x}, & x\neq 0.\end{cases}$$

求证：当 $\lambda>1$ 时 $f'(0)$ 存在；而当 $\lambda\leqslant 1$ 时，f 在 $x=0$ 处不可导.

问 题 3.1

1. 证明：Riemann 函数 $R(x)$ 处处不可导.
2. 试构造一个函数 f，它在 $(-\infty,+\infty)$ 上处处不可导，但

$$\lim_{n\to\infty} n\left(f\left(x+\frac{1}{n}\right)-f(x)\right)$$

处处存在.

3.2 导数的计算

我们首先从导数的定义 3.1.1 出发，来计算一些最简单的函数的导数.

例 1 设 $f=c$ 为常值函数.求证：$f'=0$.

证明 由于

$$f(x+h)-f(x)=c-c=0$$

对一切实数 x 与 h 成立，由定义 3.1.1，可知 $f'(x)=0$ 对一切 $x\in\mathbf{R}$ 成立，即 $f'=0$. □

例 2 计算 $f(x)=x^n(n\in\mathbf{N}^*)$ 的导数.

解 任意取定 $x_0\in\mathbf{R}$.由因式分解，知

$$\begin{aligned}f(x)-f(x_0)&=x^n-x_0^n\\&=(x-x_0)(x^{n-1}+x^{n-2}x_0+\cdots+xx_0^{n-2}+x_0^{n-1}).\end{aligned}$$

由此得到

$$\frac{f(x)-f(x_0)}{x-x_0}=\sum_{i=0}^{n-1}x_0^i x^{n-1-i}.$$

两边取极限 $(x\to x_0)$，得到

$$\begin{aligned}f'(x_0)&=\lim_{x\to x_0}\frac{f(x)-f(x_0)}{x-x_0}=\lim_{x\to x_0}\sum_{i=0}^{n-1}x_0^i x^{n-1-i}\\&=\sum_{i=0}^{n-1}x_0^{n-1}=nx_0^{n-1}.\end{aligned}$$

这说明，对任何 $x\in\mathbf{R}$，有 $(x^n)'=nx^{n-1}$. □

例 3　求函数 $f(x)=x^\alpha(x>0,\alpha\in\mathbf{R})$ 的导数.

解　按定义，得

$$(x^\alpha)'=\lim_{h\to0}\frac{(x+h)^\alpha-x^\alpha}{h}=\lim_{h\to0}\frac{x^\alpha[(1+h/x)^\alpha-1]}{h}$$

$$=x^{\alpha-1}\lim_{h\to0}\frac{(1+h/x)^\alpha-1}{h/x}=\alpha x^{\alpha-1},$$

这里已经利用了 2.8 节中的例 1(3)的结果.

从这个例子，可知

$$(\sqrt{x})'=\frac{1}{2\sqrt{x}}(x>0),\quad \left(\frac{1}{x}\right)'=-\frac{1}{x^2}(x\neq0).$$

例 4　求正弦函数的导数.

解　设 $f(x)=\sin x$，于是

$$f(x+h)-f(x)=\sin(x+h)-\sin x=2\cos\left(x+\frac{h}{2}\right)\sin\frac{h}{2}.$$

由此得

$$f'(x)=\lim_{h\to0}\frac{f(x+h)-f(x)}{h}=\lim_{h\to0}\cos\left(x+\frac{h}{2}\right)\frac{\sin\frac{h}{2}}{\frac{h}{2}}$$

$$=\lim_{h\to0}\cos\left(x+\frac{h}{2}\right)\cdot\lim_{h\to0}\frac{\sin\frac{h}{2}}{\frac{h}{2}}=\cos x.$$

这表明 $(\sin x)'=\cos x$ 对一切 $x\in\mathbf{R}$ 成立. □

例 5　求证：$(\cos x)'=-\sin x$ 对 $x\in\mathbf{R}$ 成立.

建议读者仿例 4 来证明. □

例 6　设 $a>0$. 求 $f(x)=a^x$ 的导数.

解　按定义，得

$$(a^x)'=\lim_{h\to0}\frac{a^{x+h}-a^x}{h}=a^x\lim_{h\to0}\frac{a^h-1}{h}=a^x\ln a,$$

这里已经利用了 2.8 节中的例 1(2)的结果.

如果取 $a=\mathrm{e}$，那么

$$(\mathrm{e}^x)'=\mathrm{e}^x.$$

这就是说，指数函数 e^x 在求导运算之下仍为自己. 据此，我们说 e^x 是求导运算的

一个“不动点”.从这个意义上来说,e^x 是最简单的指数函数.

以上几个例子都是从导数的定义出发来求导的.如果每一次求导都从定义开始,不但十分麻烦,而且有时甚至相当困难.我们希望发现一些求导所遵守的法则,利用它们可以从已知的导数顺利地求出其他一大批函数的导数.

定理 3.2.1(求导的四则运算) 设函数 f 和 g 在点 x 处可导,则 $f\pm g$,fg 也在点 x 处可导;如果 $g(x)\neq 0$,那么函数 f/g 也在点 x 处可导.精确地说,我们有以下公式:

(1) $(f\pm g)'(x)=f'(x)\pm g'(x)$;

(2) $(fg)'(x)=f'(x)g(x)+f(x)g'(x)$;

(3) $\left(\dfrac{f}{g}\right)'(x)=\dfrac{f'(x)g(x)-f(x)g'(x)}{g^2(x)}$.

证明 (1) 由于

$$\frac{(f\pm g)(x+h)-(f\pm g)(x)}{h}=\frac{f(x+h)-f(x)}{h}\pm\frac{g(x+h)-g(x)}{h},$$

以及 f 与 g 均在点 x 处可导,令 $h\to 0$,便得出(1)中的公式.

(2) 因为

$$\frac{fg(x+h)-fg(x)}{h}=\frac{f(x+h)-f(x)}{h}g(x+h)+f(x)\frac{g(x+h)-g(x)}{h},$$

故由 f 与 g 在点 x 处可导的条件以及所蕴涵的 f 和 g 在点 x 连续的事实,在上式两边令 $h\to 0$,便得出(2)中的公式.

(3) 利用等式

$$\begin{aligned}&\frac{1}{h}\left(\frac{f(x+h)}{g(x+h)}-\frac{f(x)}{g(x)}\right)\\&\quad=\frac{1}{g(x+h)g(x)}\left(\frac{f(x+h)-f(x)}{h}g(x)-f(x)\frac{g(x+h)-g(x)}{h}\right),\end{aligned}$$

以及 f 在点 x 处可导,g 在点 x 处连续、可导,在上式的两边令 $h\to 0$,便得(3)中的公式. □

如果 c 为常数且 f 在点 x 处可导,利用定理 3.2.1(2)及例 1,有

$$(cf)'(x)=(c)'f(x)+cf'(x)=0+cf'(x),$$

即

$$(cf)'(x)=cf'(x).$$

这表明,任何常数因子都可以提到求导符号的外边来.

例 7 计算正切函数和余切函数的导数.

解 利用定理3.2.1(3),有

$$(\tan x)' = \left(\frac{\sin x}{\cos x}\right)' = \frac{(\sin x)'\cos x - \sin x(\cos x)'}{\cos^2 x}$$

$$= \frac{\cos^2 x + \sin^2 x}{\cos^2 x},$$

即

$$(\tan x)' = \frac{1}{\cos^2 x}.$$

类似地,可证

$$(\cot x)' = -\frac{1}{\sin^2 x}.$$ □

对复合函数的求导,有以下的“链式法则”:

定理3.2.2(链式法则) 设函数 φ 在点 t_0 处可导,函数 f 在点 $x_0=\varphi(t_0)$ 处可导,那么复合函数 $f\circ\varphi$ 在点 t_0 处可导,并且

$$(f\circ\varphi)'(t_0) = f'\circ\varphi(t_0)\varphi'(t_0).$$

证明 定义

$$g(x) = \begin{cases} \dfrac{f(x)-f(x_0)}{x-x_0}, & x \neq x_0, \\ f'(x_0), & x = x_0. \end{cases}$$

那么

$$\lim_{x\to x_0} g(x) = \lim_{x\to x_0}\frac{f(x)-f(x_0)}{x-x_0} = f'(x_0) = g(x_0).$$

这说明 g 在 x_0 处连续.于是有

$$\frac{f(\varphi(t))-f(\varphi(t_0))}{t-t_0} = g(\varphi(t))\frac{\varphi(t)-\varphi(t_0)}{t-t_0}. \tag{1}$$

这是因为当 $\varphi(t)=\varphi(t_0)$ 时,上式两边都是0;当 $\varphi(t)\neq\varphi(t_0)$ 时,上式为

$$\frac{f(\varphi(t))-f(\varphi(t_0))}{t-t_0} = \frac{f(\varphi(t))-f(\varphi(t_0))}{\varphi(t)-\varphi(t_0)}\frac{\varphi(t)-\varphi(t_0)}{t-t_0},$$

当然也成立.现在式(1)的两边令 $t\to t_0$,由于

$$\lim_{t\to t_0} g(\varphi(t)) = g(\varphi(t_0)) = g(x_0) = f'(x_0),$$

所以

$$(f\circ\varphi)'(t_0) = f'(x_0)\varphi'(t_0) = f'(\varphi(t_0))\varphi'(t_0).$$ □

链式法则是一个很有用的公式,利用它可以容易地计算出许许多多比较复杂的函数的导数.

例 8 设 $y=\cos(x^2+5x+2)$. 求 y'.

解 引入中间变量 $u=\varphi(x)=x^2+5x+2$,就有 $y=f(u)=\cos u$,于是 $y=f\circ\varphi(x)$. 由链式法则,得到

$$y'=f'\circ\varphi(x)\varphi'(x)=-(2x+5)\sin(x^2+5x+2).\qquad\square$$

可以把上述链式法则推广到由三个或更多的环节组成的复合函数. 例如,如果

$$y=f(u),\quad u=\varphi(v),\quad v=\psi(x),$$

即

$$y=f\circ\varphi\circ\psi(x),$$

则 y 关于自变量 x 的导数是

$$y'=(f\circ\varphi\circ\psi)'(x)=f'(u)\varphi'(v)\psi'(x),$$

即

$$(f\circ\varphi\circ\psi)'(x)=f'\circ\varphi\circ\psi(x)\varphi'\circ\psi(x)\psi'(x).$$

在具体操作的时候,只需像“剥洋葱”那样,一层一层地把“皮”剥下,无须再设置一些中间变量,只要做到“胸中有数”,便能实现求导. 请看以下例子.

例 9 设 $y=\sin\ln\dfrac{x}{1+x^2}\ (x>0)$. 求 y'.

解 将链式法则记在心中. 我们有

$$\begin{aligned}y'&=\cos\ln\frac{x}{1+x^2}\left(\ln\frac{x}{1+x^2}\right)'\\&=\cos\ln\frac{x}{1+x^2}\left(\frac{x}{1+x^2}\right)^{-1}\left(\frac{x}{1+x^2}\right)'\\&=\left(\frac{1+x^2}{x}\right)\cdot\frac{1-x^2}{(1+x^2)^2}\cdot\cos\ln\frac{x}{1+x^2}\\&=\frac{1-x^2}{x(1+x^2)}\cos\ln\frac{x}{1+x^2}.\end{aligned}\qquad\square$$

例 10 求 $y=\ln(x+\sqrt{a^2+x^2})$的导数.

解 易知

$$\begin{aligned}y'&=\frac{1}{x+\sqrt{a^2+x^2}}\left(1+\frac{1}{2}(x^2+a^2)^{-1/2}2x\right)\\&=\frac{1}{x+\sqrt{a^2+x^2}}\left(1+\frac{x}{\sqrt{a^2+x^2}}\right)=\frac{1}{\sqrt{a^2+x^2}}.\end{aligned}$$

定理 3.2.3(反函数的求导) 设 $y=f(x)$在包含 x_0 的区间 I 上连续且严格单调. 如果它在 x_0 处可导,且 $f'(x_0)\neq0$,那么它的反函数 $x=f^{-1}(y)$在 $y_0=$

$f(x_0)$处可导，并且

$$(f^{-1})'(y_0) = \frac{1}{f'(x_0)}.$$

证明　由于

$$\frac{f^{-1}(y) - f^{-1}(y_0)}{y - y_0} = \frac{x - x_0}{f(x) - f(x_0)} = \left(\frac{f(x) - f(x_0)}{x - x_0}\right)^{-1},$$

由定理2.7.3，知 f^{-1} 在 y_0 处也连续，从而 $y \to y_0$ 蕴涵 $x \to x_0$，在上式的两边令 $y \to y_0$，立即得出

$$(f^{-1})'(y_0) = (f'(x_0))^{-1}.$$

□

在3.1节的例3中，我们把计算曲线的切线问题作为引入导数概念的推动力之一.但是，把这个例子看成“导数的几何解释”，也有着同样的重要性.也就是说，函数 f 在点 x_0 处的导数 $f'(x_0)$，可以看成平面曲线 $y=f(x)$在点$(x_0, f(x_0))$处的切线的斜率.从几何的角度来理解导数的意义，对我们研究问题大有好处.几何图形上的启示往往起着重要的作用.

例如，定理3.2.3是不难从图形上“读”出来的.我们说过，在同一个直角坐标系中，函数 $y=f(x)$的图像与函数 $x=f^{-1}(y)$的图像是同一条曲线(图3.5).设这条曲线在点(x_0, y_0)处有确定的切线，且这条切线同 x 轴的正向和y 轴的正向所夹的角分别为α 和β.容易看出 $\alpha+\beta=\pi/2$，由此得到

$$\tan\alpha = \frac{1}{\tan\beta},$$

即 $f'(x_0)=1/(f^{-1})'(y_0)$.这正是定理3.2.3的结论.

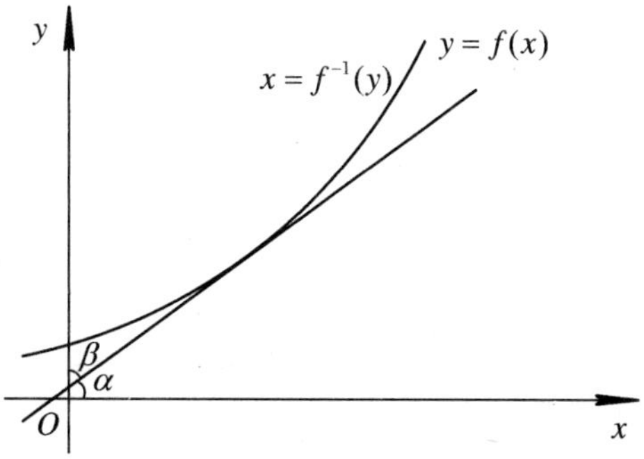

图 3.5

例 11　求函数 $y=\log_a x\ (a>0)$的导数.

解　$y=\log_a x$ 的反函数是$x=a^y$.根据定理3.2.3和例6，有

$$(\log_a x)' = \frac{1}{(a^y)'} = \frac{1}{a^y \ln a} = \frac{1}{x\ln a}.$$ □

特别地，当 $a = \mathrm{e}$ 时，由例 11，得

$$(\ln x)' = \frac{1}{x} \quad (x > 0).$$

这时公式得到了显著的简化，从而说明了为什么在高等数学中，人们常常乐于用 e 作底来取对数. 我们已经说过，用 e 作底的对数叫作**自然对数**.

例 12 计算下列反三角函数的导数：

(1) $f(x) = \arcsin x$； (2) $f(x) = \arctan x$.

解 (1) 令 $y = \arcsin x$，那么 $x = \sin y$. 将函数 $\sin y$ 对 y 求导，得到 $\cos y$. 由定理 3.2.3，有

$$f'(x) = \frac{1}{\cos y} = \frac{1}{\sqrt{1-\sin^2 y}}.$$

这里的根式必须取正号，因为当 $|y| < \pi/2$ 时，$\cos y > 0$. 这就是说

$$(\arcsin x)' = \frac{1}{\sqrt{1-x^2}} \quad (|x| < 1).$$

利用同样的方法，可以算出

$$(\arccos x)' = -\frac{1}{\sqrt{1-x^2}} \quad (|x| < 1).$$

(2) 令 $y = \arctan x$，于是 $x = \tan y$. 将函数 $\tan y$ 对 y 求导，得到 $1/\cos^2 y$. 由定理 3.2.3，有

$$f'(x) = \cos^2 y = \frac{1}{1+\tan^2 y},$$

即

$$(\arctan x)' = \frac{1}{1+x^2}.$$

利用同样的方法，可以算出

$$(\mathrm{arccot}\, x)' = -\frac{1}{1+x^2}.$$ □

例 13 对幂指函数求导.

幂指函数是指形如 $f(x) = u(x)^{v(x)}$ 的函数，在它的定义域上 $u(x) > 0$. 将 f 改写为

$$f(x) = \mathrm{e}^{\ln f(x)} = \mathrm{e}^{v(x)\ln u(x)},$$

然后将上式的两边对 x 求导，有

$$f'(x)=e^{v\ln u}(v\ln u)'=e^{v\ln u}\left(v'\ln u+\frac{v}{u}u'\right),$$

即

$$f'(x)=f(x)\left(v'(x)\ln u(x)+\frac{v(x)}{u(x)}u'(x)\right).$$ □

例 14 设 f 是一个恒取正值的可导函数,那么由公式

$$(\ln f(x))'=\frac{f'(x)}{f(x)},$$

可以推出

$$f'(x)=f(x)(\ln f(x))'.$$ □

这个公式对计算由许多个函数的乘积组成的函数 f 的导数通常是十分方便的.例如,设

$$f(x)=u_1(x)u_2(x)\cdots u_n(x),$$

这时得出

$$(u_1u_2\cdots u_n)'=u_1u_2\cdots u_n\left(\sum_{i=1}^{n}\ln u_i\right)'=u_1u_2\cdots u_n\sum_{i=1}^{n}\frac{u_i'}{u_i},$$

即

$$(u_1u_2\cdots u_n)'=u_1'u_2\cdots u_n+u_1u_2'\cdots u_n+\cdots+u_1u_2\cdots u_{n-1}u_n'.$$

这是定理 3.2.1(2)中公式的推广.

到此为止,我们已经学会了如何对最简单的初等函数求导.不仅如此,我们还学会了求导运算的许多法则,包括求导的四则运算、链式法则、反函数的求导法则.有了这些,我们已经有了本领来求任何初等函数的导数.这种本领如此之大,以至于你企图找出一个你不会求导的函数都非常不容易.这表明,我们用以求导的工具已经相当完备.每一位数学家、科学家和工程师都应该学会求导的技巧,并必须做到既快又不出错.为了达到这种熟练程度,读者必须做大量的习题,就如同过去的营业员、会计师去练习打算盘那样.

现在,我们把已经学习过的求导公式总结如下:

$c'=0$(c 为常数), $(x^{\mu})'=\mu x^{\mu-1}$, $(e^x)'=e^x$,

$(a^x)'=a^x\ln a$, $(\log_a x)'=\dfrac{1}{x\ln a}$, $(\ln x)'=\dfrac{1}{x}$,

$(\sin x)'=\cos x$, $(\cos x)'=-\sin x$, $(\tan x)'=\dfrac{1}{\cos^2 x}$,

$(\cot x)'=-\dfrac{1}{\sin^2 x}$, $(\arcsin x)'=\dfrac{1}{\sqrt{1-x^2}}$, $(\arccos x)'=-\dfrac{1}{\sqrt{1-x^2}}$,

$(\arctan x)'=\dfrac{1}{1+x^2}$, $(\text{arccot}\, x)'=-\dfrac{1}{1+x^2}$.

最后举一个导数应用的例子.

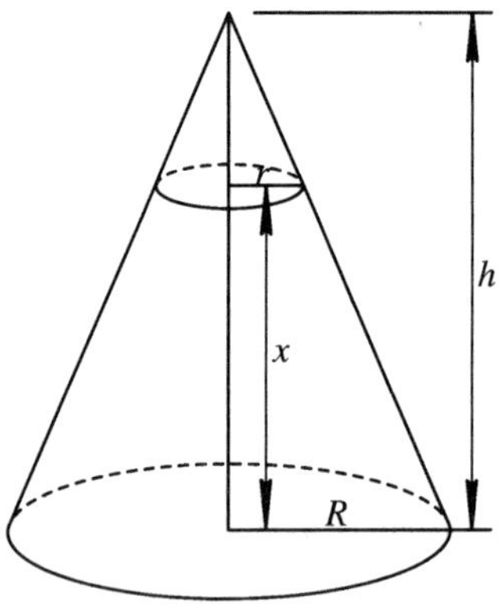

图 3.6

例 15 有一底半径为 R cm 的正圆锥容器，顶点有一小孔，以便向容器内注水. 现以 A cm^3/s 的速度向容器内注水，试求容器内水位等于锥高的一半时，水面上升的速度.

解 从图 3.6 容易看出，水面高度 x 是时间 t 的函数，设为 $x=x(t)$，故水面上升的速度便是 $x'(t)$. 设锥高为 h，我们先算出水面高度为 x 时，圆锥内水的体积 V. 从图中可以看出，$r=\dfrac{h-x}{h}R$，因而

$$
\begin{aligned}
V &= \frac{\pi R^2}{3}\left(h-\frac{(h-x)^3}{h^2}\right)\\
&= \frac{\pi R^2}{3h^2}(h^3-(h-x)^3).
\end{aligned}
$$

因此，水量增加的速度

$$
\begin{aligned}
V'(t) &= \frac{\pi R^2}{3h^2}(-3(h-x)^2(-x'(t)))\\
&= \frac{\pi R^2}{h^2}(h-x)^2x'(t).
\end{aligned}
$$

根据题中假设 $V'(t)=A$，得

$$
x'(t)=\frac{Ah^2}{\pi R^2(h-x)^2}.
$$

这就是水面上升的速度. 从表达式中可以看出，当 x 越大时，$x'(t)$越大，即水面上升的速度越快，这与直观是一致的. 特别地，当 $x=h/2$ 时，水面上升的速度为 $4A/(\pi R^2)$，这就是本题的答案. □

练 习 题 3.2

1. 求 $y'=y'(x)$，其中 a,b 均为常数：

(1) $y=x^3-2x+6$； (2) $y=\sqrt{x}-\dfrac{1}{x}$；

(3) $y=a\cos x+b\sin x$； (4) $y=x^{3/5}+x\sin x$；

(5) $y=3\ln x^2+a\mathrm{e}^{bx}$； (6) $y=\log_a x+ba^x(a>0)$；

(7) $y=x\sin x^2$； (8) $y=a\tan bx+b\arctan ax$；

(9) $y=\sqrt[3]{x}\cos x$；

(10) $y=(x^3+1)(ax+b)$；

(11) $y=\dfrac{ax+b}{cx+d}$（c,d 为常数）；

(12) $y=a^x\ln x\ (a>0)$；

(13) $y=x\ln x$；

(14) $y=a^x\tan x\ (a>0)$；

(15) $y=\arcsin x+x^2\arctan x$；

(16) $y=\dfrac{x\ln x}{1+x^2}$；

(17) $y=\dfrac{\cos x-\sin x}{\cos x+\sin x}$；

(18) $y=\dfrac{\sin x}{x}+\dfrac{x}{\sin x}$；

(19) $y=x\ln x\sin x$；

(20) $y=\sin^3 x$；

(21) $y=e^{ax}\cos bx$；

(22) $y=x^{x^x}\ (x>0)$；

(23) $y=\sqrt{1-x^2}$；

(24) $y=\arctan(1+x^2)$；

(25) $y=\sqrt{x+\sqrt{x+\sqrt{x}}}$；

(26) $y=\ln(\cos x+\sin x)$；

(27) $y=x(\cos\ln x-\sin\ln x)$；

(28) $y=a^{\sin x}\ (a>0)$；

(29) $y=\dfrac{\arcsin x}{\sqrt{1-x^2}}$；

(30) $y=\cosh x$.

2. 利用 $1+x+\cdots+x^n$ 的求和公式，求出下列各式的和：

(1) $1+2x+3x^2+\cdots+nx^{n-1}$；

(2) $\displaystyle\sum_{k=1}^{n}\frac{k}{2^{k-1}}$；

(3) $1^2+2^2x+3^2x^2+\cdots+n^2x^{n-1}$.

3. 证明组合恒等式：

(1) $\displaystyle\sum_{k=1}^{n}k\binom{n}{k}=n2^{n-1}\ (n\in\mathbf{N}^*)$；

(2) $\displaystyle\sum_{k=1}^{n}k^2\binom{n}{k}=n(n+1)2^{n-2}\ (n\in\mathbf{N}^*)$.

4. 若 f 是一个可导的周期函数，试证：f' 也是周期函数.

5. 证明：

(1) 若 f 是可导的奇函数，则 f' 是偶函数；

(2) 若 f 是可导的偶函数，则 f' 是奇函数.

对以上命题作出几何解释.

6. 设 f 是一个三次多项式，且 $f(a)=f(b)=0$. 证明：函数 f 在 $[a,b]$ 上不变号的充分必要条件是 $f'(a)f'(b)\leqslant 0$.

7. 设函数 f 在 $[a,b]$ 上连续，$f(a)=f(b)=0$，且

$$f'_+(a)f'_-(b)>0.$$

证明：f 在 (a,b) 内至少有一个零点.

8. 证明：双曲线 $xy=a>0$ 在各点处的切线与两坐标轴所围成的三角形的面积为常数.
9. 证明抛物线的光学性质：若光源置于抛物线的焦点上，则其经过抛物镜面的反射之后，成为一束平行于抛物线的对称轴的光线.
10. 水自高为 18 cm、底半径为 6 cm 的圆锥形漏斗流入直径为 10 cm 的圆柱形桶内. 已知漏斗水深 12 cm 时，水面下降的速度为 1 cm/s，求此时桶中水面上升的速度.

问 题 3.2

1. 设 $f(0)=0$，$f'(0)$存在且有限，令

$$x_n=f\left(\frac{1}{n^2}\right)+f\left(\frac{2}{n^2}\right)+\cdots+f\left(\frac{n}{n^2}\right)\quad(n\in\mathbf{N}^*),$$

试求 $\lim\limits_{n\to\infty}x_n$，并利用以上结果，计算：

(1) $\lim\limits_{n\to\infty}\sum\limits_{i=1}^{n}\sin\dfrac{i}{n^2}$；　　(2) $\lim\limits_{n\to\infty}\prod\limits_{i=1}^{n}\left(1+\dfrac{i}{n^2}\right)$.

2. 把$[0,1]$上满足条件$|p|\leqslant1$ 的二次多项式 p 的全体记作 V. 证明：

$$\sup\{|p'(0)|:p\in V\}=8.$$

3. 设函数 f 在 $x=0$ 处连续. 如果

$$\lim_{x\to0}\frac{f(2x)-f(x)}{x}=m,$$

求证：$f'(0)=m$.

4. 求证：在 $\mathbf{R}$ 上不存在可导函数 f，满足

$$f\circ f(x)=-x^3+x^2+1.$$

5. 求证：在 $\mathbf{R}$ 上不存在可导函数 f，满足

$$f\circ f(x)=x^2-3x+3.$$

3.3 高 阶 导 数

设函数 f 在区间 I 上可导，那么 $f'(x)(x\in I)$在 I 上定义了一个函数f'，称之为 f 的**导函数**. 这时，我们自然要进一步研究 f'是不是可导. 如果 f'在I 上可导，那么 f'的导函数$(f')'$——记为 f''——称为 f 的**二阶导函数**. 二阶导函数 f''的导函数(如果存在的话)记为 f'''，称为 f 的三阶导函数. 由归纳可知，对任何正整数 $n\in$

$\mathbf{N}^*$,可以定义 f 的 n **阶导函数** $f^{(n)}$.

对非匀速直线运动,若用 $s(t)$ 表示质点的位移和时间的关系,那么一阶导数 $s'(t)$ 是速度函数,而二阶导数 $s''(t)$ 是质点的加速度函数. 为了说法上的一致起见,函数 f 的导数也称为 f 的一阶导数. 对平面曲线 $y=f(x)$ 来说,一阶导数 $f'(x)$ 表示曲线上各点切线的斜率. 至于二阶导数 $f''(x)$ 的许多重要的几何应用,我们将在以后细细道来.

例 1 考虑函数 $y=\mathrm{e}^{\lambda x}$(λ 为常数). 我们有

$$y' = \lambda \mathrm{e}^{\lambda x}, \quad y'' = \lambda^2 \mathrm{e}^{\lambda x}, \quad y''' = \lambda^3 \mathrm{e}^{\lambda x}, \quad \cdots.$$

利用归纳法,可证:对一切 $n\in\mathbf{N}^*$,有公式

$$y^{(n)} = \lambda^n \mathrm{e}^{\lambda x}.$$

□

例 2 对 $n\in\mathbf{N}^*$,证明:

$$\sin^{(n)} x = \sin\left(x + \frac{n\pi}{2}\right).$$

证明 因为

$$(\sin x)' = \cos x = \sin\left(x + \frac{\pi}{2}\right),$$

所以

$$\begin{aligned}(\sin x)'' &= \left(\sin\left(x + \frac{\pi}{2}\right)\right)' \\ &= \sin\left(x + \frac{\pi}{2} + \frac{\pi}{2}\right)\left(x + \frac{\pi}{2}\right)' \\ &= \sin\left(x + \frac{2\pi}{2}\right).\end{aligned}$$

由归纳可知

$$\sin^{(n)} x = \sin\left(x + \frac{n\pi}{2}\right).$$

同理可证,对一切 $n\in\mathbf{N}^*$,有

$$\cos^{(n)} x = \cos\left(x + \frac{n\pi}{2}\right).$$

□

例 3 定义函数

$$f(x) = \begin{cases} x^4 \sin\dfrac{1}{x}, & x \neq 0, \\ 0, & x = 0. \end{cases}$$

求 f''.

解 欲求 f''，须先求 f'. 当 $x\neq 0$ 时，$f'(x)=\left(x^4\sin\dfrac{1}{x}\right)'$ 可用公式计算，但 $f'(0)$ 只能由导数的定义来计算，即

$$f'(0)=\lim_{h\to 0}\frac{f(h)-f(0)}{h}=\lim_{h\to 0}h^3\sin\frac{1}{h}=0.$$

因此

$$f'(x)=\begin{cases}4x^3\sin\dfrac{1}{x}-x^2\cos\dfrac{1}{x}, & x\neq 0,\\ 0, & x=0.\end{cases}$$

按照导数的定义，有

$$f''(0)=\lim_{h\to 0}\frac{f'(h)-f'(0)}{h}=\lim_{h\to 0}\left(4h^2\sin\frac{1}{h}-h\cos\frac{1}{h}\right)=0,$$

从而

$$f''(x)=\begin{cases}12x^2\sin\dfrac{1}{x}-6x\cos\dfrac{1}{x}-\sin\dfrac{1}{x}, & x\neq 0,\\ 0, & x=0.\end{cases}$$

请注意，对任何 $n\in\mathbf{N}^*$，$f^{(n)}(x)$ 对 $x\neq 0$ 都是存在的，但是 $f'''(0)$ 已不存在. □

对 n 阶导数，显然有下列公式：

$$(f+g)^{(n)}=f^{(n)}+g^{(n)},\quad (cf)^{(n)}=cf^{(n)},$$

这里 c 是任意的常数. 下面我们来计算两个函数乘积的 n 阶导数 $(fg)^{(n)}$. 首先，

$$(fg)'=f'g+fg',$$

接着进行下列计算：

$$(fg)''=(f'g)'+(fg')'=f''g+f'g'+f'g'+fg''.$$

也就是说，我们有

$$(fg)''=f''g+2f'g'+fg''.$$

耐心地再做一次，得到

$$(fg)'''=f'''g+3f''g'+3f'g''+fg'''.$$

这里所呈现的规律看上去多么像 Newton（牛顿，1642～1727）二项式展开！事实上，我们有：

定理 3.3.1（Leibniz（莱布尼茨，1646～1716）） 设函数 f 与 g 在区间 I 上都有 n 阶导数，那么乘积 fg 在区间 I 上也有 n 阶导数，并且

$$(fg)^{(n)}=\sum_{k=0}^{n}\binom{n}{k}f^{(n-k)}g^{(k)},$$

这里 $f^{(0)}=f$，$g^{(0)}=g$，其中组合系数

$$\binom{n}{k} = \frac{n!}{k!(n-k)!} \quad (k = 0,1,2,\cdots,n).$$

证明　我们把欲证的等式的右边改写为下面代数上对称的形式：

$$\sum_{i+j=n} \frac{n!}{i!j!} f^{(i)} g^{(j)},$$

这里的和式是对所有满足 $i+j=n$ 的有序非负整数对 (i,j) 来求，所以共有 $n+1$ 个加项. 这种"对称化"的处理，将对计算带来方便.

我们对 n 来进行归纳. 当 $n=1$ 时，命题显然成立. 现在假设 $m\geqslant 1$，有

$$(fg)^{(m)} = \sum_{i+j=m} \frac{m!}{i!j!} f^{(i)} g^{(j)}.$$

在上式的两边再求一次导数，得到

$$\begin{aligned}(fg)^{(m+1)} &= \sum_{i+j=m} \frac{m!}{i!j!} (f^{(i)} g^{(j)})' \\ &= \sum_{i+j=m} \frac{m!}{i!j!} (f^{(i+1)} g^{(j)} + f^{(i)} g^{(j+1)}) \\ &= \sum_{i+j=m} \frac{m!}{i!j!} f^{(i+1)} g^{(j)} + \sum_{i+j=m} \frac{m!}{i!j!} f^{(i)} g^{(j+1)}.\end{aligned}$$

在最后的那个和式中，令 $k=j+1$，于是 $j=k-1$，且 $i+k=i+j+1=m+1$. 因此，这个和式变为

$$\sum_{i+k=m+1} \frac{m!}{i!(k-1)!} f^{(i)} g^{(k)}.$$

再把"哑指标" k 换为 j，得到

$$\sum_{i+j=m+1} \frac{m!}{i!(j-1)!} f^{(i)} g^{(j)}.$$

对称地，有

$$\sum_{i+j=m} \frac{m!}{i!j!} f^{(i+1)} g^{(j)} = \sum_{i+j=m+1} \frac{m!}{(i-1)!j!} f^{(i)} g^{(j)}.$$

从而有

$$\begin{aligned}(fg)^{(m+1)} &= \sum_{i+j=m+1} m!\left(\frac{1}{(i-1)!j!} + \frac{1}{i!(j-1)!}\right) f^{(i)} g^{(j)} \\ &= \sum_{i+j=m+1} m!\frac{(i+j)}{i!j!} f^{(i)} g^{(j)} \\ &= \sum_{i+j=m+1} \frac{(m+1)!}{i!j!} f^{(i)} g^{(j)}.\end{aligned}$$

这就完成了归纳证明. □

例 4 设 $y=x^2\cos x$. 求 $y^{(50)}$.

解 利用 Leibniz 定理,有

$$y^{(50)}=(x^2\cos x)^{(50)}$$
$$=(\cos x)^{(50)}x^2+\binom{50}{1}(\cos x)^{(49)}(x^2)'+\binom{50}{2}(\cos x)^{(48)}(x^2)''.$$

等式只需写到这些项,因为 x^2 的三阶及三阶以上的导数恒等于零. 由于

$$(\cos x)^{(48)}=\cos(x+24\pi)=\cos x,$$
$$(\cos x)^{(49)}=-\sin x,$$
$$(\cos x)^{(50)}=-\cos x,$$

所以

$$y^{(50)}=(2\,450-x^2)\cos x-100x\sin x.$$ □

所谓"研究函数",就是研究函数的变化. 我们已经知道,函数的导数就是函数的变化率. 由此自然想到,函数的导数既然能深刻地表示函数变化的规律,自然也就成为研究函数的重要工具. 在下一节中,我们将叙述并证明微分学中几个非常重要的定理,以后将利用它们作为研究函数的基本工具.

练 习 题 3.3

1. 求以下 y 关于 x 的二阶导数 y'':

(1) $y=\mathrm{e}^{-x^2}$; (2) $y=x^2a^x(a>0)$;

(3) $y=\sqrt{a^2-x^2}$; (4) $y=\dfrac{1}{a+\sqrt{x}}$;

(5) $y=\tan x$; (6) $y=(1+x^2)\arctan x$;

(7) $y=\ln\sin x$; (8) $y=\dfrac{\arcsin x}{\sqrt{1-x^2}}$;

(9) $y=x^3\cos x$; (10) $y=x\ln x$.

2. (1) 设 $f(x)=\mathrm{e}^{2x-1}$,求 $f''(0)$;

(2) 设 $f(x)=\arctan x$,求 $f''(1)$;

(3) 设 $f(x)=\sin^2 x$,求 $f''(\pi/2)$.

3. 求下列高阶导数:

(1) $y=\dfrac{1+x}{\sqrt{1-x}}$, $y^{(10)}$; (2) $y=\dfrac{x^2}{1-x}$, $y^{(8)}$.

4. 求 $(\mathrm{e}^x\cos x)^{(n)}$ 和 $(\mathrm{e}^x\sin x)^{(n)}$.

5. 设函数 f 在 $(-\infty,x_0)$ 上有二阶导数,令

$$g(x)=\begin{cases}f(x), & x\leqslant x_0,\\ a(x-x_0)^2+b(x-x_0)+c, & x>x_0.\end{cases}$$

问 a,b,c 为何值时,函数 g 在 $\mathbf{R}$ 上有二阶导函数?

问 题 3.3

1. 设 $m,n\in\mathbf{N}^*$. 证明:

$$\sum_{k=0}^{n}(-1)^k\binom{n}{k}k^m=\begin{cases}0, & m\leqslant n-1,\\ (-1)^n n!, & m=n.\end{cases}$$

2. 设 u,v,w 都是 t 的可导函数,试作出 $(uvw)^{(n)}$ 的 Leibniz 公式,这里 $n\in\mathbf{N}^*$.
3. 设 $f_n(x)=x^{n-1}e^{1/x}$. 求证:

$$f_n^{(n)}(x)=\frac{(-1)^n}{x^{n+1}}e^{1/x}.$$

4. 设 $f(x)=\arctan x$. 求证:

$$f^{(n)}(x)=\frac{P_{n-1}(x)}{(1+x^2)^n},$$

其中 P_{n-1} 为最高次项系数是 $(-1)^{n-1}n!$ 的 $n-1$ 次多项式.

5. 设 $f(x)=\arctan x$. 求证:当 $n\in\mathbf{N}^*$ 时,

$$f^{(n)}(x)=(n-1)!\cos^n y\sin n\left(y+\frac{\pi}{2}\right),$$

其中 $y=f(x)$.

6. 设 $f_n(x)=x^n\ln x\ (n\in\mathbf{N}^*)$. 求极限

$$\lim_{n\to\infty}\frac{f_n^{(n)}(1/n)}{n!}.$$

7. 设多项式 p 只有实零点. 求证: $(p'(x))^2\geqslant p(x)p''(x)$ 对一切 $x\in\mathbf{R}$ 成立.
8. 设 $f(x)=(1+\sqrt{x})^{2n+2}\ (n\in\mathbf{N}^*)$. 求 $f^{(n)}(1)$.

3.4　微分学的中值定理

在这一节中,我们研究定义在有限闭区间 $[a,b]$ 上的函数 f,并且设 f 在 $[a,b]$ 上连续,在开区间 (a,b) 上可导. 以下所有的讨论都是在这些条件之下进行的.

定义 3.4.1 设函数 $f:(a,b)\to\mathbf{R}$. 如果对点 $x_0\in(a,b)$，存在 $\delta>0$，使得 $\Delta=(x_0-\delta,x_0+\delta)\subset(a,b)$，并且当 $x\in\Delta$ 时，$f(x_0)\geqslant f(x)$，即 $f(x_0)$ 是 f 在 Δ 上的最大值，那么称 $f(x_0)$ 是 f 在 (a,b) 上的一个**极大值**，x_0 称为 f 的一个**极大值点**.

类似地，可以定义 f 在 (a,b) 上的**极小值**和**极小值点**.

极小值和极大值统称为**极值**，而极小值点和极大值点统称为**极值点**.

应当特别强调的是，极值点只能在区间 $[a,b]$ 的内点上才可定义；极值是一个局部的概念，它只在极值点的一个充分小的近旁才有最大值或最小值的特征. 在图 3.7 中，x_1,x_2,x_3,x_4 都是极值点. 确切地说，x_1 与 x_3 是极小值点，x_2 与 x_4 是极大值点.

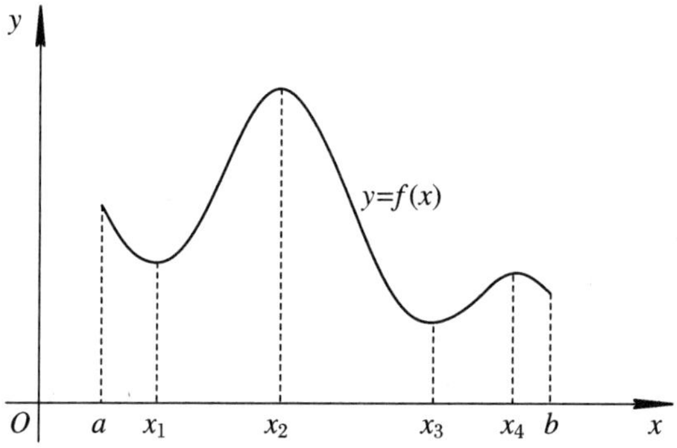

图 3.7

从图 3.7 可见，极小值 $f(x_1)$ 比极大值 $f(x_4)$ 还大. 由此可知，f 在区间 $[a,b]$ 上的最大值与最小值，同 f 在这区间内的极值是不同的概念. 当然，如果在 $[a,b]$ 的内点 x_0 上，函数 f 取得它在 $[a,b]$ 上的最大(或最小)值，那么 $f(x_0)$ 自然是一个极大(或极小)值.

当函数 f 在 (a,b) 上可导时，下述的 Fermat(费马，1601～1665)定理给出了极值点的必要条件.

定理 3.4.1(Fermat) 若函数 f 在其极值点 $x_0\in(a,b)$ 处可导，则必有 $f'(x_0)=0$.

证明 设 $f(x_0)$ 是极大值. 依定义 3.4.1，存在 $\delta>0$，使得当 $x\in(x_0-\delta,x_0+\delta)$ 时，有 $f(x_0)\geqslant f(x)$. 因此，当 $x_0-\delta<x<x_0$ 时，有

$$\frac{f(x)-f(x_0)}{x-x_0}\geqslant 0,$$

而当 $x_0<x<x_0+\delta$ 时,又有不等式

$$\frac{f(x)-f(x_0)}{x-x_0}\leqslant 0.$$

定理的条件是 $f'(x_0)$存在,因此 $f'_-(x_0)$与 $f'_+(x_0)$存在且相等.在以上两个不等式中分别令 $x\to x_0^-$, $x\to x_0^+$,得到

$$f'_-(x_0)\geqslant 0,\quad f'_+(x_0)\leqslant 0.$$

因此必有 $f'(x_0)=0$. □

定义 3.4.2 满足 $x_0\in(a,b)$且 $f'(x_0)=0$ 的点 x_0,称为函数 f 的一个**驻点**.

定理3.4.1说的是:函数在其上可导的极值点必为驻点.但是这个命题的逆命题是不正确的.例如函数 $f(x)=x^3$, $x=0$ 是它的一个驻点,但是它不是一个极值点.Fermat 定理的几何意义是:如果 x_0 是函数 f 的极值点且在$(x_0,f(x_0))$处曲线 $y=f(x)$的切线存在,那么这条切线必与横轴平行.

定理 3.4.2(Rolle(罗尔,1652~1719)) 设函数 f 在$[a,b]$上连续,在(a,b)内可导,且 $f(a)=f(b)$,那么存在一点 $\xi\in(a,b)$,使得 $f'(\xi)=0$.

证明 闭区间$[a,b]$上的连续函数 f 一定取到它的最小值,记为 m;也一定取得它的最大值,记为 M.如果 $M=m$,那么 f 是$[a,b]$上的常值函数,这时 $f'=0$,因此(a,b)中的任何一点 ξ 都可充当所求的点.

设 $M>m$.由于 $f(a)=f(b)$,可见 m 与 M 中至少有一个是 f 在内点 $\xi\in(a,b)$上所取得的.这时 ξ 必为一极值点,依 Fermat 定理,知 $f'(\xi)=0$. □

作为 Rolle 定理的应用,我们来看:

例 1 考察 $2n$ 次多项式

$$Q(x)=x^n(1-x)^n\quad(n\in\mathbf{N}^*).$$

求证:n 次多项式 $Q^{(n)}$ 在$(0,1)$中有 n 个互不相同的实零点.

证明 利用 Leibniz 定理,计算 Q 的 m 阶导数:

$$\begin{aligned}Q^{(m)}(x)&=(x^n(1-x)^n)^{(m)}\\&=\sum_{i+j=m}\frac{m!}{i!j!}\frac{n!}{(n-i)!}\frac{n!}{(n-j)!}(-1)^jx^{n-i}(1-x)^{n-j}.\end{aligned}$$

由此看出,当 $m=0,1,2,\cdots,n-1$ 时,上式右边的各项中均含有因式 $x(1-x)$,因此

$$Q^{(m)}(0)=Q^{(m)}(1)=0\quad(m=0,1,2,\cdots,n-1).$$

首先,由 $Q(0)=Q(1)=0$,根据 Rolle 定理知,存在 $\xi\in(0,1)$,使得 $Q'(\xi)=0$.注意到 Q'在区间$[0,\xi]$与$[\xi,1]$上满足 Rolle 定理的条件,因此存在 $\eta_1\in(0,\xi)$及 $\eta_2\in(\xi,1)$,使得 $Q''(\eta_i)=0(i=1,2)$,这里 $0<\eta_1<\eta_2<1$.因为 Q''在三个区间

$[0,\eta_1]$,$[\eta_1,\eta_2]$,$[\eta_2,1]$上都满足 Rolle 定理的条件,由此存在 $0<\xi_1<\xi_2<\xi_3<1$,使得

$$Q'''(\xi_i) = 0 \quad (i = 1,2,3).$$

如此继续下去,得知存在 $0<\lambda_1<\lambda_2<\cdots<\lambda_{n-1}<1$,使得 $Q^{n-1}(\lambda_i)=0\ (i=1,2,\cdots,n-1)$.注意到

$$Q^{(n-1)}(0) = Q^{(n-1)}(1) = 0,$$

可知 $Q^{(n-1)}$ 在$[0,\lambda_1]$,$[\lambda_1,\lambda_2]$,$\cdots$,$[\lambda_{n-1},1]$这 n 个区间上都满足 Rolle 定理的条件,从而得知存在 $0<\mu_1<\mu_2<\cdots<\mu_n<1$,使得

$$Q^{(n)}(\mu_i) = 0 \quad (i = 1,2,\cdots,n).$$ □

在通常的数学分析教科书中,大都把 Rolle 定理推广到 Lagrange(拉格朗日,1736～1813)定理,进而推广到 Cauchy 定理.在这里,我们陈述并证明一个定理,它与 Cauchy 定理实际上是等价的.

引理 3.4.1 设函数 f 与 λ 在$[a,b]$上连续,在(a,b)上可导,并且 $\lambda(a)=1$,$\lambda(b)=0$,则必存在一点 $\xi\in(a,b)$,使得

$$f'(\xi) = \lambda'(\xi)(f(a) - f(b)).$$

证明 引入函数

$$\varphi(x) = f(x) - (\lambda(x)f(a) + (1 - \lambda(x))f(b)).$$

由直接的计算,可知 $\varphi(a)=\varphi(b)=0$.因此函数 φ 满足 Rolle 定理的条件,从而存在一点 $\xi\in(a,b)$,使得 $\varphi'(\xi)=0$.由

$$\varphi'(x) = f'(x) - \lambda'(x)(f(a) - f(b)),$$

将 ξ 代入上式,得到

$$f'(\xi) = \lambda'(\xi)(f(a) - f(b)).$$ □

我们将从引理 3.4.1 推导出定理 3.4.3、定理 3.4.4 以及下一章的定理 4.3.1.现在取

$$\lambda(x) = \frac{b - x}{b - a} \quad (a \leqslant x \leqslant b),$$

由引理 3.4.1 得出:

定理 3.4.3(Lagrange) 设 f 在$[a,b]$上连续,在(a,b)上可导,则存在一点 $\xi\in(a,b)$,使得

$$\frac{f(b) - f(a)}{b - a} = f'(\xi).$$

在一元函数微分学中,这是一个十分重要的定理,称为 **Lagrange 中值定理**.

现在我们来看看上式的几何解释.在区间$[a,b]$上,画出函数 $y=f(x)$的图

像.用直线段把这条曲线的两个端点$(a,f(a))$与$(b,f(b))$连接起来(图3.8),上式的左边正是这条直线段的斜率.上式的意义是:在曲线 $y=f(x)$的一个内点上,有平行于这段直线的切线.很显然,Rolle 定理是 Lagrange 中值定理的特例.

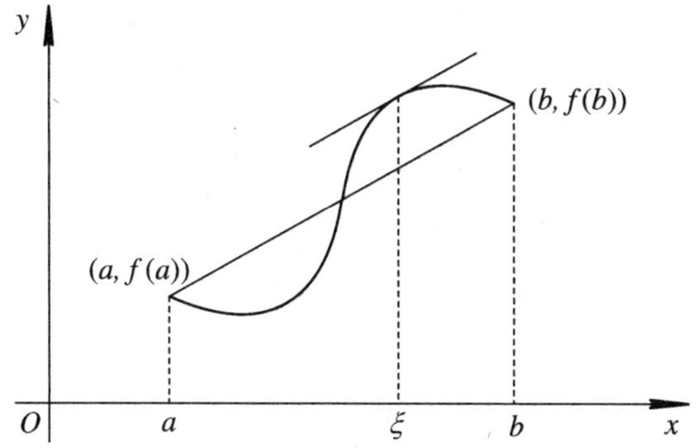

图 3.8

我们再来谈谈定理3.4.3的运动学意义.设 f 是质点的运动规律,质点在时间区间$[a,b]$上走过的路程是 $f(b)-f(a)$,那么$\dfrac{f(b)-f(a)}{b-a}$代表质点在(a,b)上的平均速度.定理3.4.3表明,在(a,b)中存在这样的时刻 ξ,质点在 ξ 处的瞬时速度 $f'(\xi)$恰好就是它在$[a,b]$上的平均速度.

Lagrange 中值定理有着很多的应用.

例 2　证明:$\arctan x$ 在$(-\infty,\infty)$上一致连续.

证明　任取 $x_1,x_2\in\mathbf{R}$,且 $x_1<x_2$.在区间$[x_1,x_2]$上,函数 $\arctan x$ 满足中值定理的条件,因此存在 $\xi\in(x_1,x_2)$,使得

$$\arctan x_2-\arctan x_1=\frac{1}{1+\xi^2}(x_2-x_1).$$

由于

$$0<\frac{1}{1+\xi^2}\leqslant 1,$$

所以

$$|\arctan x_2-\arctan x_1|\leqslant|x_2-x_1|$$

对一切 x_1,x_2 成立.因此,对任意给定的 ε,可取 $\delta=\varepsilon$,只要$|x_1-x_2|<\delta$,而不管 x_1,x_2 这两点位于何处,总有

$$|\arctan x_2-\arctan x_1|<\varepsilon.$$

这说明 $\arctan x$ 在$(-\infty,\infty)$上是一致连续的.　□

从以上的证明中不难看出,如果函数 f 在开区间 (a,b) 上有有界的导函数,那么 f 在 $[a,b]$ 上一定是一致连续的.

例 3 设 $0<\alpha<\beta<\pi/2$.求证:

$$\frac{\beta-\alpha}{\cos^2\alpha}<\tan\beta-\tan\alpha<\frac{\beta-\alpha}{\cos^2\beta}.$$

证明 在区间 $[\alpha,\beta]$ 上对函数 $\tan x$ 使用中值定理,可知存在 $\xi\in(\alpha,\beta)$,使得

$$\tan\beta-\tan\alpha=(\beta-\alpha)(\tan x)'\Big|_{x=\xi}=\frac{\beta-\alpha}{\cos^2\xi}.$$

由于在 $(0,\pi/2)$ 上 $\cos x$ 是严格递减函数,故由 $0<\alpha<\beta<\pi/2$,可得

$$\cos^2\alpha>\cos^2\xi>\cos^2\beta>0.$$

于是

$$\frac{\beta-\alpha}{\cos^2\alpha}<\frac{\beta-\alpha}{\cos^2\xi}=\tan\beta-\tan\alpha<\frac{\beta-\alpha}{\cos^2\beta}.$$ □

例 4 设 f 在区间 $(a,+\infty)$ 上可导,且 $\lim\limits_{x\to+\infty}f'(x)=0$.证明:

$$\lim_{x\to+\infty}\frac{f(x)}{x}=0.$$

证明 因为 $\lim\limits_{x\to+\infty}f'(x)=0$,所以对任意的 $\varepsilon>0$,存在 $A>0$,当 $x>A$ 时,$|f'(x)|<\varepsilon/2$.在区间 $[A,x]$ 上用 Lagrange 中值定理,得

$$f(x)-f(A)=f'(\xi)(x-A)\quad(A<\xi<x).$$

因而有

$$|f(x)-f(A)|=|f'(\xi)|(x-A)<\frac{\varepsilon}{2}(x-A).$$

于是

$$|f(x)|\leqslant|f(A)|+|f(x)-f(A)|\leqslant|f(A)|+\frac{\varepsilon}{2}(x-A).$$

由此得

$$\frac{|f(x)|}{x}\leqslant\frac{|f(A)|}{x}+\frac{\varepsilon}{2}\left(1-\frac{A}{x}\right)\leqslant\frac{|f(A)|}{x}+\frac{\varepsilon}{2}.$$

取 $A'=\max(A,2|f(A)|/\varepsilon)$,当 $x>A'$ 时,有 $0<|f(x)|/x<\varepsilon$.这就证明了 $\lim\limits_{x\to+\infty}\frac{f(x)}{x}=0$. □

推论 3.4.1 设函数 f 在 $[a,b]$ 上连续,在 (a,b) 上可导,则函数 f 在 $[a,b]$ 上为常数的充分必要条件是,$f'=0$ 在 (a,b) 上成立.

证明 必要性十分明显,只需证明充分性.设 $f'=0$ 在 (a,b) 上成立.任取两

点 $x_1, x_2 \in [a, b]$，且 $x_1 < x_2$，那么存在 $\xi \in (x_1, x_2)$，使得 $f(x_2) - f(x_1) = f'(\xi)(x_2 - x_1)$. 由于 $f'(\xi) = 0$，故 $f(x_1) = f(x_2)$，即函数 f 在 $[a, b]$ 上的任何两点取相等的值，所以它是常数. □

由推论还可以得出一个十分有用的性质：设函数 f 与 g 在 $[a, b]$ 上连续，在 (a, b) 上可导，并且 $f' = g'$ 在 (a, b) 上成立，那么 $f - g$ 在 $[a, b]$ 上是一个常数. 为了证明这个结论，只需将推论应用于函数 $f - g$ 即可.

例 5 证明：当 $x \in (-\infty, 1)$ 时，

$$\arctan \frac{1 + x}{1 - x} = \arctan x + \frac{\pi}{4}.$$

证明 对任意的正数 $A > 0$，在区间 $(-A, 1)$ 上同时考虑下列函数：

$$f(x) = \arctan \frac{1 + x}{1 - x}, \quad g(x) = \arctan x.$$

求导运算表明

$$f'(x) = g'(x) = \frac{1}{1 + x^2}$$

对 $x \in (-A, 1)$ 成立. 因此 $f - g$ 在所讨论的区间中是一个常数. 由于 $0 \in (-A, 1)$ 且 $f(0) - g(0) = \pi/4$，故 $f(x) = g(x) + \pi/4$ 在 $(-A, 1)$ 上成立. 因为 A 是任意的正数，所以该等式在 $(-\infty, 1)$ 上成立. □

上面的证明只不过是演示一种证明等式的方法. 其实，不用求导也可证明例 5 的结论，只需在三角公式

$$\tan(\alpha + \beta) = \frac{\tan\alpha + \tan\beta}{1 - \tan\alpha\tan\beta}$$

中，令 $\alpha = \pi/4, \beta = \arctan x$ 便可得证.

现在，我们回头来推导最后一个中值定理. 如果另一个函数 g 在 $[a, b]$ 上连续，在 (a, b) 上可导，并且 $g(a) \neq g(b)$，那么

$$\lambda(x) = \frac{g(b) - g(x)}{g(b) - g(a)} \quad (a \leqslant x \leqslant b)$$

就是一个合适的选择. 如果我们设在开区间 (a, b) 上 $g'(x) \neq 0$，那么就保证了条件 $g(a) \neq g(b)$ 成立. 这是因为若 $g(a) = g(b)$，那么由 Rolle 定理，存在 $\xi \in (a, b)$，使得 $g'(\xi) = 0$，这与 $g'(x) \neq 0$ 矛盾.

将这样选择的 λ 代入引理 3.4.1，立即得出：

定理 3.4.4(Cauchy) 设函数 f 和 g 在区间 $[a, b]$ 上连续，在区间 (a, b) 上可导，且当 $x \in (a, b)$ 时，$g'(x) \neq 0$，这时必存在一点 $\xi \in (a, b)$，使得

$$\frac{f(b)-f(a)}{g(b)-g(a)}=\frac{f'(\xi)}{g'(\xi)}.$$

在上式中,若取 $g(x)=x$,Cauchy 中值定理就退化为 Lagrange 中值定理.可见 Cauchy 中值定理是 Lagrange 中值定理的推广.

本节中的 Rolle 定理、Lagrange 中值定理和 Cauchy 中值定理,前一个都是后一个的特例,它们统称为"微分学的中值定理".它们有一些共同的特征:对函数的要求是,在闭区间$[a,b]$上连续、在开区间(a,b)上可导;在结论中都断言在开区间(a,b)上有某一点 ξ 存在.这种 ξ,至少有一个,但是可能不止一个.定理只是言明这种点的"存在性",除了对一些比较简单的函数,而无法指明这种点的确切位置.

我们用 Darboux(达布,1842～1917)定理作为本节的结尾.

定理 3.4.5(Darboux) 如果 f 在$[a,b]$上可导,那么:

(1) 导函数 f'可以取到$f'(a)$与 $f'(b)$之间的一切值;

(2) f'无第一类间断点.

证明 (1) 先证明:如果 $f'(a)f'(b)<0$,那么必有 $\xi\in(a,b)$,使得 $f'(\xi)=0$.不妨设 $f'(a)>0,f'(b)<0$.由于

$$f'(a)=\lim_{x\to a^+}\frac{f(x)-f(a)}{x-a}>0,$$

所以存在 $\delta_1>0$,当 $x\in(a,a+\delta_1)$时,$\dfrac{f(x)-f(a)}{x-a}>0$.由于 $x>a$,故有 $f(x)>f(a)$.又因为

$$f'(b)=\lim_{x\to b^-}\frac{f(x)-f(b)}{x-b}<0,$$

所以存在 $\delta_2>0$,当 $x\in(b-\delta_2,b)$时,$\dfrac{f(x)-f(b)}{x-b}<0$.由于 $x<b$,故有 $f(x)>f(b)$.这说明 $f(a)$,$f(b)$都不是 f 在$[a,b]$上的最大值,故必有 $\xi\in(a,b)$,使得 f 在 ξ 点取得最大值.由 Fermat 定理,得 $f'(\xi)=0$.

现在设 $f'(a)<f'(b)$.任取介于 $f'(a)$与 $f'(b)$之间的 γ,即

$$f'(a)<\gamma<f'(b).$$

记 $F(x)=f(x)-\gamma x$,那么 $F'(x)=f'(x)-\gamma$,于是

$$F'(a)=f'(a)-\gamma<0,\quad F'(b)=f'(b)-\gamma>0.$$

从而由上面所证的结论,存在 $\xi\in(a,b)$,使得 $F'(\xi)=0$,即

$$f'(\xi)=\gamma.$$

(2) 用反证法.如果 x_0 是 f' 的一个第一类间断点,那么 $f'(x_0+)$ 和 $f'(x_0-)$ 都存在.于是由 Lagrange 中值定理,可得

$$f'(x_0)=f'_+(x_0)=\lim_{x\to x_0^+}\frac{f(x)-f(x_0)}{x-x_0}$$

$$=\lim_{x\to x_0^+}\frac{f'(\xi_x)(x-x_0)}{x-x_0}=\lim_{x\to x_0^+}f'(\xi_x),$$

这里 $x_0<\xi_x<x$.由于当 $x\to x_0^+$ 时,$\xi_x\to x_0^+$,且已知 $f'(x_0+)$ 存在,所以得

$$f'(x_0)=f'(x_0+).$$

同理,可证 $f'(x_0)=f'(x_0-)$.由此知 f' 在 x_0 处连续.这与 x_0 是 f' 的间断点矛盾. □

如果 f' 是 $[a,b]$ 上的连续函数,它当然有介值性,Darboux 定理的意义在于,即使 f' 在 $[a,b]$ 上不连续,它仍然具有介值性,这一点是导函数所特有的性质.从这一性质马上可以断言,不存在可导函数 f,使得

$$f'(x)=D(x)\quad 或\quad f'(x)=R(x),$$

其中 $D(x)$ 和 $R(x)$ 分别为 Dirichlet 函数和 Riemann 函数.

练 习 题 3.4

1. 证明:对任意的实数 c,方程 $x^3-3x+c=0$ 在 $[0,1]$ 上无相异的根.
2. 设函数 f 在 (a,b) 上可导,且 $f(a+)=f(b-)$ 是有限的或为 ∞.求证:存在一点 $\xi\in(a,b)$,使得 $f'(\xi)=0$.
3. 证明下列不等式:
   (1) $|\sin x-\sin y|\leqslant|x-y|\ (x,y\in\mathbf{R})$;
   (2) $py^{p-1}(x-y)\leqslant x^p-y^p\leqslant px^{p-1}(x-y)\ (0<y<x,p>1)$;
   (3) $\dfrac{a-b}{a}<\ln\dfrac{a}{b}<\dfrac{a-b}{b}\ (0<b<a)$;
   (4) $\dfrac{a-b}{\sqrt{1+a^2}\sqrt{1+b^2}}<\arctan a-\arctan b<a-b\ (0<b<a)$.
4. 设函数 f 在 $\mathbf{R}$ 上有 n 阶导数,且 p 是一个 n 次多项式,其最高次项系数为 a_0.如果有互不相同的 x_i,使得 $f(x_i)=p(x_i)(i=0,1,\cdots,n)$.求证:存在 ξ,满足 $a_0=f^{(n)}(\xi)/n!$.
5. 设常数 $a_0,a_1,a_2,\cdots,a_n$ 满足

$$\frac{a_0}{n+1}+\frac{a_1}{n}+\cdots+\frac{a_{n-1}}{2}+a_n=0.$$

   求证:多项式 $a_0x^n+a_1x^{n-1}+\cdots+a_{n-1}x+a_n$ 在 $(0,1)$ 内有一个零点.
6. 设函数 f 在开区间 $(0,a)$ 上可导,且 $f(0+)=+\infty$.证明:f' 在 $x=0$ 的右旁无下界.

7. 设 $xf'(x)-f(x)=0$ 对一切 $x>0$ 成立,且 $f(1)=1$.求 $f(2)$.
8. 设函数 f 在区间$[a,b]$上可导,且 $ab>0$.求证:存在 $\xi\in(a,b)$,使得

$$\frac{af(b)-bf(a)}{a-b}=f(\xi)-\xi f'(\xi).$$

9. 设 f 既不是常值函数又不是线性函数,且在$[a,b]$上连续,在(a,b)内可导.证明:存在一点$\xi\in(a,b)$,使得

$$|f'(\xi)|>\left|\frac{f(b)-f(a)}{b-a}\right|.$$

10. 如果二阶可导的函数 f 是微分方程 $y''+y=0$ 的一个解,证明:$f^2+(f')^2$ 是一个常值函数.
11. 利用第10题的结果,证明:微分方程 $y''+y=0$ 的解都具有形式

$$y(x)=\lambda\cos x+\mu\sin x,$$

这里 λ 与 μ 为常数.

12. 设 f 在$(-r,r)$上有 n 阶导数,且 $\lim\limits_{x\to 0}f^{(n)}(x)=l$.求证:$f^{(n)}(0)=l$.

问 题 3.4

1. 设函数 f 与 g 在$(-\infty,+\infty)$上可导,且在 $-\infty$ 和 $+\infty$ 处分别存在有限的极限;又设当 $x\in\mathbf{R}$ 时,$g'(x)\neq 0$.证明:存在 $\xi\in(-\infty,+\infty)$,使得

$$\frac{f(+\infty)-f(-\infty)}{g(+\infty)-g(-\infty)}=\frac{f'(\xi)}{g'(\xi)}.$$

2. 如果函数 f 与 g 可导,且对一切 x,都有

$$\begin{vmatrix} f(x) & g(x) \\ f'(x) & g'(x) \end{vmatrix}\neq 0,$$

证明:在 f 的任何两个不同的零点之间,至少有 g 的一个零点.

3. 设 p 是一个实系数多项式,再构造一个多项式

$$q(x)=(1+x^2)p(x)p'(x)+x(p(x)^2+p'(x)^2).$$

假设方程 $p(x)=0$ 有 n 个大于1的不同实根,试证:方程 $q(x)=0$ 至少有 $2n-1$ 个不同的实根.

4. 设 $n\in\mathbf{N}^*$,且

$$f(x)=\sum_{k=1}^{n}c_k e^{\lambda_k x},$$

其中 $\lambda_1,\lambda_2,\cdots,\lambda_n$ 为互不相等的实数,$c_1,c_2,\cdots,c_n$ 是不同时为0的实数.试问:函数 f 至多能有多少个实零点?

5. 设函数 f 在$[a,+\infty)$上可导,$f(a)=0$,且当 $x\geqslant a$ 时,有$|f'(x)|\leqslant|f(x)|$.求证:$f=0$.

6. 设函数 f 在 $[0,+\infty)$ 上可导，且 $0\leqslant f(x)\leqslant x/(1+x^2)$. 证明：存在 $\xi>0$，使得

$$f'(\xi)=\frac{1-\xi^2}{(1+\xi^2)^2}.$$

7. 设函数 f 在 $[0,1]$ 上连续，在 $(0,1)$ 上可导，并且 $f(0)=0$，$f(1)=1$；又设 $k_1,k_2,\cdots,k_n$ 是任意的 n 个正数. 求证：在 $(0,1)$ 中存在 n 个互不相同的数 $t_1,t_2,\cdots,t_n$，使得

$$\sum_{i=1}^{n}\frac{k_i}{f'(t_i)}=\sum_{i=1}^{n}k_i.$$

3.5　利用导数研究函数

在这里，所谓"研究函数"是指探究函数在指定区间上的单调性、凸性以及确定函数在这区间上的最小值和最大值. 上一节所证明的 Lagrange 中值定理为这些研究提供了强有力的工具.

3.5.1　单调性

函数的单调性，是指函数的递减或递增的性质. 首先，我们有：

定理 3.5.1　设函数 f 在区间 $[a,b]$ 上连续，在 (a,b) 上可导，那么 f 在 $[a,b]$ 上递增(减)的充分必要条件是，$f'\geqslant 0(\leqslant 0)$ 在区间 (a,b) 上成立.

证明　先证必要性. 设 f 在 $[a,b]$ 上递增，任取一点 $x\in(a,b)$，对能使 $x+h\in(a,b)$ 的一切 h，不论 h 取正值还是取负值，总有

$$\frac{f(x+h)-f(x)}{h}\geqslant 0.$$

令 $h\to 0$. 由于 f 在 x 可导，所以

$$f'(x)\geqslant 0\quad(a<x<b).$$

类似地，当 f 在 $[a,b]$ 上递减时，可以推出 $f'(x)\leqslant 0$ 对 $x\in(a,b)$ 成立.

再证充分性. 设在 (a,b) 上 $f'\geqslant 0$. 对任何 $x_1,x_2\in[a,b]$ 且 $x_1<x_2$，依 Lagrange中值定理，可得

$$f(x_2)-f(x_1)=f'(\xi)(x_2-x_1),$$

其中 $\xi\in(x_1,x_2)\subset(a,b)$. 因此 $f'(\xi)\geqslant 0$，由此得 $f(x_2)\geqslant f(x_1)$. □

类似地，当在 (a,b) 上 $f'\leqslant 0$ 时，对任何 $x_1,x_2\in[a,b]$ 且 $x_1<x_2$，可以推出 $f(x_1)\geqslant f(x_2)$.

关于严格的单调性,有下面的充分条件:

定理 3.5.2 设函数 f 在 $[a,b]$ 上连续,在 (a,b) 上可导.如果 $f'>0(f'<0)$ 在 (a,b) 上成立,那么 f 在 $[a,b]$ 上是严格递增(严格递减)的.

证明与定理 3.5.1 的充分性的证明是一样的. □

应当特别指出,定理 3.5.2 的逆定理不能成立,即严格递增(严格递减)的函数并不必须有严格正的(严格负的)导函数.例如,函数 $f(x)=x^3$ 虽然在 $(-\infty,+\infty)$ 上是严格递增的,但是 $f'(0)=0$.

f 在 $[a,b]$ 上严格递增(递减)的充分条件还可减弱为:

定理 3.5.3 设函数 f 在 $[a,b]$ 上连续,在开区间 (a,b) 内除了有限个点之外,有正(负)的导数,那么 f 在 $[a,b]$ 上严格递增(严格递减).

证明 设除了在点 $x_1,x_2,\cdots,x_n\in(a,b)$ 处,$f'>0$,这里 $x_1<x_2<\cdots<x_n$.于是,f 在区间 $[a,x_1],[x_1,x_2],\cdots,[x_n,b]$ 上都是连续的,且在 $(a,x_1),(x_1,x_2),\cdots,(x_n,b)$ 上,$f'>0$.因此,在 $[a,x_1],[x_1,x_2],\cdots,[x_n,b]$ 的每一个区间上,f 是严格递增的.因此,在 $[a,b]$ 上,f 也是严格递增的. □

下面的定理提供了严格单调函数的一个充分必要的条件.

定理 3.5.4 设函数 f 在区间 $[a,b]$ 上连续,在开区间 (a,b) 上可导,那么 f 在 $[a,b]$ 上严格递增(严格递减)的充分必要条件是:

(1) 当 $x\in(a,b)$ 时,$f'\geqslant 0\ (f'\leqslant 0)$;

(2) 在 (a,b) 的任何开子区间上,$f'\neq 0$.

证明 先证必要性.由定理 3.5.1 可见,条件(1)是必要的.如果(2)不能被满足,即存在一个被 (a,b) 包含的开区间,在其上 $f'=0$,那么在这个开区间上 f 是一常数,因此 f 在 $[a,b]$ 上不是严格单调的.这样就证明了条件(2)也是必要的.

再证充分性.设条件(1)与(2)同时成立.由 $f'\geqslant 0$ 及定理 3.5.1 知,f 在 $[a,b]$ 上是递增的.若有 $x_1,x_2\in[a,b]$,其中 $x_1<x_2$,使得 $f(x_1)=f(x_2)$,那么对 $x\in[x_1,x_2]$,有 $f(x_1)=f(x)=f(x_2)$.这表明在 (x_1,x_2) 上 f 为常数,从而在 (x_1,x_2) 上 $f'=0$,这与条件(2)相违.所以只能是当 $x_1,x_2\in[a,b]$,且 $x_1<x_2$ 时,$f(x_1)<f(x_2)$,即 f 在 $[a,b]$ 上是严格递增的.

类似地,当 $x\in(a,b)$ 时,由 $f'(x)\leqslant 0$ 且在 (a,b) 的任何开子区间上 $f'\neq 0$,可以推出 f 在 $[a,b]$ 上是严格递减的. □

上述判断单调性的方法,可以帮助我们证明许多不等式.

例 1 求证:当 $0<x<\pi/2$ 时,

$$\frac{2}{\pi}<\frac{\sin x}{x}<1.$$

证明　由于当 $0<x<\pi/2$ 时，$0<\sin x<x$ 是熟知的事实，我们只需证明左边那一个不等式. 考察函数

$$f(x)=\begin{cases}1, & x=0,\\ \dfrac{\sin x}{x}, & 0<x\leqslant\dfrac{\pi}{2}.\end{cases}$$

由于

$$f'(x)=\frac{x\cos x-\sin x}{x^2}\quad\left(0<x<\frac{\pi}{2}\right),$$

以及已知的不等式 $x<\tan x$，我们知道 $f'(x)<0$ 对 $x\in(0,\pi/2)$ 成立. 因此，f 在 $[0,\pi/2]$ 上是严格递减的函数，从而当 $x\in(0,\pi/2)$ 时，

$$f\left(\frac{\pi}{2}\right)<f(x),\quad 即\quad \frac{2}{\pi}<\frac{\sin x}{x}.$$

□

例 2　设 $n\in\mathbf{N}^*$. 求证：

$$e^x>1+\frac{x}{1!}+\frac{x^2}{2!}+\cdots+\frac{x^n}{n!}\quad(x>0).$$

证明　用数学归纳法. 令

$$\varphi(x)=e^x-(1+x)\quad(x\geqslant 0).$$

显然，$\varphi(0)=0$. 一阶导数

$$\varphi'(x)=e^x-1>0$$

对 $x>0$ 成立. 这表明 φ 在 $[0,+\infty)$ 上是严格递增的. 特别地，当 $x>0$ 时，有 $\varphi(x)>\varphi(0)=0$，即 $e^x>1+x$. 因此，$n=1$ 时命题正确.

设

$$e^x>1+\frac{x}{1!}+\frac{x^2}{2!}+\cdots+\frac{x^n}{n!}.$$

考察函数

$$\psi(x)=e^x-\left(1+\frac{x}{1!}+\frac{x^2}{2!}+\cdots+\frac{x^{n+1}}{(n+1)!}\right),$$

其中 $x\in[0,+\infty)$. 显然，$\psi(0)=0$. 依归纳假设，

$$\psi'(x)=e^x-\left(1+\frac{x}{1!}+\frac{x^2}{2!}+\cdots+\frac{x^n}{n!}\right)>0$$

对 $x\in(0,+\infty)$ 成立. 这表明在 $[0,+\infty)$ 上函数 ψ 是严格递增的. 特别地，当 $x>0$ 时，有 $\psi(x)>\psi(0)=0$. 这正是

$$e^x>1+\frac{x}{1!}+\frac{x^2}{2!}+\cdots+\frac{x^{n+1}}{(n+1)!}.$$

□

3.5.2 极值

在 3.4 节中,我们定义过极值点和极值,并且指出过:若 x_0 是函数 f 的一个极值点,并且 $f'(x_0)$ 存在,那么必有 $f'(x_0)=0$,即 x_0 是 f 的一个驻点.但是,若 f 在 x_0 处不可导,则 x_0 不会是驻点.例如,函数 $f(x)=|x|$ 在 $x=0$ 处取得极小值(实际上是最小值),但这一点不是 f 的驻点,因为这时 $f'(0)$ 不存在.很明显的是,在 0 的左边,函数 $|x|$ 是严格递减的,而在 0 的右边,它是严格递增的,所以 $f(0)$ 是最小值.这种观察有其一般性,函数 f 由递减转变为递增的临界点,应是 f 的一个极小值点;而由递增转变为递减的临界点,应是 f 的一个极大值点.这样便有:

定理 3.5.5 设函数 f 在 $[a,b]$ 上连续,$x_0\in(a,b)$.

(1) 如果存在正数 $\delta>0$,使得在 $(x_0-\delta,x_0)$ 上 $f'>0$,而在 $(x_0,x_0+\delta)$ 上 $f'<0$,那么 $f(x_0)$ 是 f 的一个严格极大值,所谓"严格极大值"是指,当 $0<|x-x_0|<\delta$ 时,$f(x)<f(x_0)$;

(2) 如果存在正数 $\delta>0$,使得在 $(x_0-\delta,x_0)$ 上 $f'<0$,而在 $(x_0,x_0+\delta)$ 上 $f'>0$,那么 $f(x_0)$ 是 f 的一个严格极小值,所谓"严格极小值"是指,当 $0<|x-x_0|<\delta$ 时,$f(x)>f(x_0)$.

证明 我们只需证(1),因为(2)的证明是与其完全类似的.由定理 3.5.2 可知,f 在 $[x_0-\delta,x_0]$ 上是严格递增的,所以当 $x\in(x_0-\delta,x_0)$ 时,有 $f(x)<f(x_0)$;由同一定理知,f 在 $[x_0,x_0+\delta]$ 上是严格递减的.故当 $x\in(x_0,x_0+\delta)$ 时,$f(x_0)>f(x)$,即 $f(x_0)$ 是 f 的一个严格极大值. □

请注意,上面的定理完全没有要求 f 在 x_0 处可导,因此适合函数 $|x|$ 在 $x=0$ 的情况.

但是有这样的情形,存在着这样的函数 f,在它的某个极值点的任何一侧,f 都不具有单调的性质.考察函数

$$f(x)=\begin{cases}x\sin\dfrac{1}{x}+|x|, & x\neq 0,\\ 0, & x=0.\end{cases}$$

它是一个处处连续的偶函数,$f(0)$ 是它的一个极小值.但是当 $x>0$ 时,

$$f'(x)=\sin\frac{1}{x}-\frac{1}{x}\cos\frac{1}{x}+1,$$

所以对一切 $n\in\mathbf{N}^*$,有

$$f'\left(\frac{1}{n\pi}\right)=1-n\pi(-1)^n=1+(-1)^{n+1}n\pi.$$

当 n 依次地取 1,2,…时,$f'\left(\frac{1}{n\pi}\right)$交替地改变符号,因此对任意的 $\delta>0$,函数 f 在区间$(0,\delta)$上都不是单调的,在$(-\delta,0)$上也是如此.这时定理 3.5.2 就不能用了.

下面的定理需要更强一些的条件,即设在驻点处 f 的二阶导数存在.

定理 3.5.6 设 f 在$[a,b]$上连续,$x_0\in(a,b)$是 f 的一个驻点.进一步,设$f''(x_0)$存在,那么:

(1) 当 $f''(x_0)<0$ 时,$f(x_0)$是 f 的一个严格极大值;

(2) 当 $f''(x_0)>0$ 时,$f(x_0)$是 f 的一个严格极小值.

证明 我们只证明(1).由于 x_0 是 f 的一个驻点,$f'(x_0)=0$,于是

$$\lim_{x\to x_0}\frac{f'(x)}{x-x_0}=\lim_{x\to x_0}\frac{f'(x)-f'(x_0)}{x-x_0}=f''(x_0)<0.$$

因此存在一个 $\delta>0$,使得当 $0<|x-x_0|<\delta$ 时,

$$\frac{f'(x)}{x-x_0}<0.$$

由此可知,当 $x\in(x_0,x_0+\delta)$时,$f'(x)<0$;而当 $x\in(x_0-\delta,x_0)$时,$f'(x)>0$.依定理 3.5.5(1),便知 $f(x_0)$是 f 的一个严格极大值.

可用类似的方法来证明(2). □

如果 $f''(x_0)=0$,这时各种情形都可能发生.例如 $f(x)=x^3$,$f''(0)=0$,这时 $x=0$ 不是 f 的极值点.又如 $f(x)=x^4$,$f''(0)=0$,这时 f 在 $x=0$ 处取严格的极小值;而当 $f(x)=-x^4$ 时,$f''(0)=0$,这时 f 在 $x=0$ 处取严格的极大值.因此,当$f''(x_0)=0$ 时,还需有其他条件才能断言 f 在x_0 处是否取极值.我们将在 4.2 节中仔细讨论这个问题.

现在来讨论函数的最小值与最大值的问题,这个问题有重大的理论价值和应用价值.我们已经知道,连续函数 f 在它有定义的有限闭区间$[a,b]$上,必取到它的最小值和最大值.为行文简短起见,最小值和最大值统称为**最值**,而在其上取到最值的点称为**最值点**.当函数 f 有最大值(或最小值)时,这个值便是唯一的,但是最值点却不一定只有一个.例如,函数 $\sin x$ 在$(-\infty,+\infty)$上的最小值、最大值分别是 -1 与 1,但是最小值点与最大值点都有无限多个.

设函数 f 在$[a,b]$上连续.如果 f 的最值点在开区间(a,b)的内部,那么最值点就必然是极值点.因此,要选出 f 的最值点,只需在 f 的全体极值点与区间的两个端点a 与 b 所组成的点集中去挑选.如果这个点集只含有限多个点,那么只需计算 f 在这些点上的值,其中最小的数与最大的数就分别是 f 在$[a,b]$上的最小值与最大值.设 f 在(a,b)上可导,而 f 的驻点的数目有限,记为 $t_1,t_2,\cdots,t_n$,如果

我们不愿意一一甄别其中哪一些是极值点,那么用

$$\min(f(a),f(t_1),f(t_2),\cdots,f(t_n),f(b)),$$
$$\max(f(a),f(t_1),f(t_2),\cdots,f(t_n),f(b))$$

来算出 f 的最小值与最大值也不失是一种可行的方法.麻烦的是,当 f 在 (a,b) 内还有若干个不可导的点时,这些点自然不被算在驻点之列,因此函数 f 在这些点上所取的值必然要添加进来,再一并比较.

下面我们来看几个例子.

例 3 设 $f(x)=(x-1)(x-2)^2$.求函数 f 在区间 $[0,5/2]$ 上的最小值与最大值.

解 对 f 求导数,得到

$$f'(x)=(3x-4)(x-2),\quad f''(x)=6x-10.$$

从而得驻点 $x=4/3$ 和 $x=2$.由于 $f''(4/3)=-2<0$, $f''(2)=2>0$.由定理 3.5.6 知, $x=4/3$ 和 $x=2$ 分别为 f 的严格极大值点和严格极小值点.又知

$$f(0)=-4,\quad f\left(\frac{5}{2}\right)=\frac{3}{8},\quad f\left(\frac{4}{3}\right)=\frac{4}{27},\quad f(2)=0,$$

比较这些值之后,便知 f 在 $[0,5/2]$ 上的最小值为 -4,最大值为 $3/8$.还有一种可考虑的办法是,注意在 $[0,1]$ 上 $f'(x)>0$,所以 f 在此区间上的最小值与最大值分别是 -4 与 0;在 $[2,5/2]$ 上 $f'(x)>0$,所以 f 在此区间上的最小值与最大值分别是 0 与 $3/8$.至于在区间 $[1,2]$ 上,按照平均值不等式,得

$$\begin{aligned}0\leqslant f(x)&=\frac{1}{2}(2x-2)(2-x)^2\\&\leqslant\frac{1}{2}\left(\frac{2x-2+4-2x}{3}\right)^3\\&=\frac{4}{27}<\frac{3}{8},\end{aligned}$$

可见 f 在 $[0,5/2]$ 上最小值是 -4(在 $x=0$ 处取到),最大值是 $3/8$(在 $x=5/2$ 处取到),见图 3.9. □

例 4 计划修建一条水渠,它的横断面是彼此全等的等腰梯形.设这梯形的底边与侧边的长等于常数 b(图 3.10).为了获得最大的流量,应当使横断面的面积尽可能地大,问这时水渠应当有怎样的坡度?

解 坡度可以通过图 3.10 中的角 θ 来刻画.因为此梯形的上底为 $b+2b\cos\theta$,高为 $b\sin\theta$,所以梯形的面积为

$$f(\theta)=b^2(1+\cos\theta)\sin\theta\quad(0\leqslant\theta\leqslant\pi)$$

令 $f'(\theta)=0$,得到

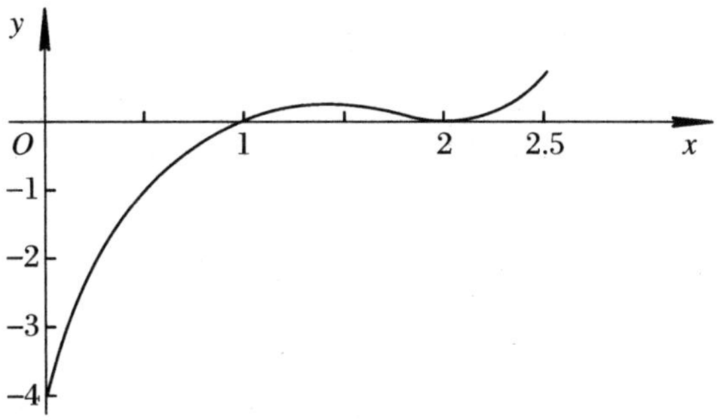

图 3.9

$$(1+\cos\theta)\cos\theta = 1-\cos^2\theta.$$

解之得 $\theta=\pi/3$. 由于 $f(0)=f(\pi)=0$,但

$$f\left(\frac{\pi}{3}\right)=\frac{3}{4}\sqrt{3}b^2>0,$$

所以坡度为 $180^\circ-60^\circ=120^\circ$时,给出的横断面的面积最大.

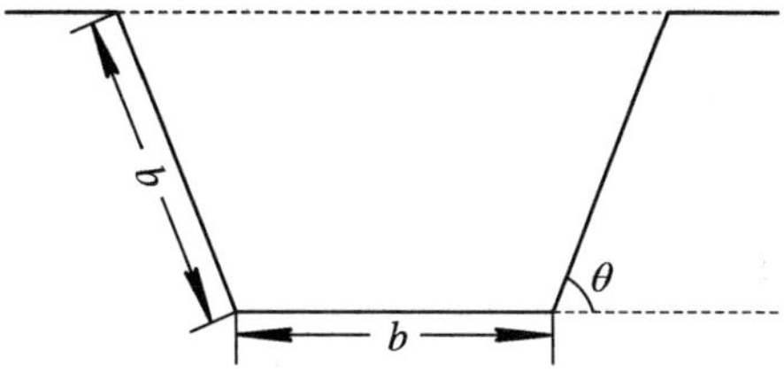

图 3.10

仅仅利用平均值不等式的初等解法更为简便. 考虑$(f/b^2)^2$,我们有

$$\begin{aligned}(1+\cos\theta)^2\sin^2\theta &= \frac{1}{3}(3-3\cos\theta)(1+\cos\theta)^3\\ &\leqslant \frac{1}{3}\left(\frac{3}{2}\right)^4,\end{aligned}$$

式中等号当且仅当

$$3-3\cos\theta = 1+\cos\theta,$$

即 $\cos\theta=1/2$,亦即 $\theta=\pi/3$ 时成立. □

例 5　求 $n+1$ 个多项式

$$x^i(1-x)^{n-i}\quad(i=0,1,\cdots,n)$$

在[0,1]上的最小值与最大值.

解　很明显,当 $x\in[0,1]$时,有

$$0\leqslant x^i(1-x)^{n-i}\leqslant 1\quad(i=0,1,\cdots,n).$$

当 $i=0$ 时,多项式为$(1-x)^n$,这是一个严格递减函数. 所以当 $x=0$ 时,函数取得最大值 1;当 $x=1$ 时,取得最小值 0. 当 $i=n$ 时,x^n 是严格递增的,最小值 0 与最大值 1 分别在 $x=0$ 与 $x=1$ 取到.

当 $i=1,2,\cdots,n-1$ 时,$x^i(1-x)^{n-i}$ 在 $x=0$ 与 $x=1$ 处取值为 0,这就是它们的最小值.最大值在(0,1)内达到.下面求驻点.令

$$\begin{aligned}(x^i(1-x)^{n-i})' &= ix^{i-1}(1-x)^{n-i}-(n-i)x^i(1-x)^{n-i-1}\\ &= x^{i-1}(1-x)^{n-i-1}(i-nx)\\ &= 0,\end{aligned}$$

得唯一的驻点 $x=i/n\ (1\leqslant i\leqslant n-1)$,这也是最大值点.因此最大值等于

$$\frac{i^i(n-i)^{n-i}}{n^n}\quad (i=1,2,\cdots,n-1).$$ □

这个问题同样也可以用初等方法来解.利用几何平均-算术平均不等式,可得

$$\begin{aligned}(n-i)^i i^{n-i}x^i(1-x)^{n-i} &= ((n-i)x)^i(i(1-x))^{n-i}\\ &\leqslant \left(\frac{i(n-i)x+i(n-i)(1-x)}{n}\right)^n\\ &= \left(\frac{i(n-i)}{n}\right)^n.\end{aligned}$$

因此

$$x^i(1-x)^{n-i}\leqslant\frac{i^i(n-i)^{n-i}}{n^n},$$

式中等号当且仅当 $(n-i)x=i(1-x)$,即 $x=i/n$ 时成立.

光学中 Fermat 光行最速原理说的是:光在传播时,走的总是最节省时间的路线.所以,在相同的均匀介质中,光按直线行进.在下面的例题中,我们从 Fermat 原理出发,推导出光的折射定律.

例 6 设有两种均匀的介质,它们以平面作为分界面.在第一种介质中有一点 A,在第二种介质中有一点 B.如果有一束光从点 A 射向点 B,问这束光走怎样的路线?

解 这个问题完全可以放在平面上来考虑.设两种介质的分界线是水平的直线,直线上有一点 P,光线从点 A 出发经点 P 折射到点 B(图 3.11).设 AP 与分界线的夹角为 α,BP 与分界线的夹角为 β(这两个角不相邻).点 A 与点 B 在分界线上的正投影分别为 A_1 与 B_1.若令 $d=|A_1B_1|$,$h=|AA_1|$,$k=|BB_1|$.并设 $|A_1P|=x$,那么 $|B_1P|=d-x$.于是

$$|AP|=\sqrt{h^2+x^2},\quad |BP|=\sqrt{k^2+(d-x)^2}.$$

设在这两种介质中光的速度分别为 a 和 b,那么光束从点 A 经点 P 折射到点 B 所需的时间是

$$T(x)=\frac{1}{a}\sqrt{h^2+x^2}+\frac{1}{b}\sqrt{k^2+(d-x)^2}.$$

我们来求函数 T 的最小值.对 $T(x)$ 求导,得

$$T'(x)=\frac{x}{a\sqrt{h^2+x^2}}-\frac{d-x}{b\sqrt{k^2+(d-x)^2}},$$

$$T''(x)=\frac{h^2}{a(h^2+x^2)^{3/2}}+\frac{k^2}{b(k^2+(d-x)^2)^{3/2}}.$$

因为 $T'(0)<0,T'(d)>0$,所以存在一点 $x_0\in(0,d)$,使得 $T'(x_0)=0$.由 $T''>0$,知 T' 是严格递增函数,因此,T 的驻点 x_0 是唯一的.在 x_0 处 T 取得最小值,点 x_0 满足

$$\frac{x_0}{a\sqrt{h^2+x_0^2}}=\frac{d-x_0}{b\sqrt{k^2+(d-x_0)^2}},$$

即

$$\frac{\cos\alpha}{a}=\frac{\cos\beta}{b}.$$

这正是著名的光的折射定律. □

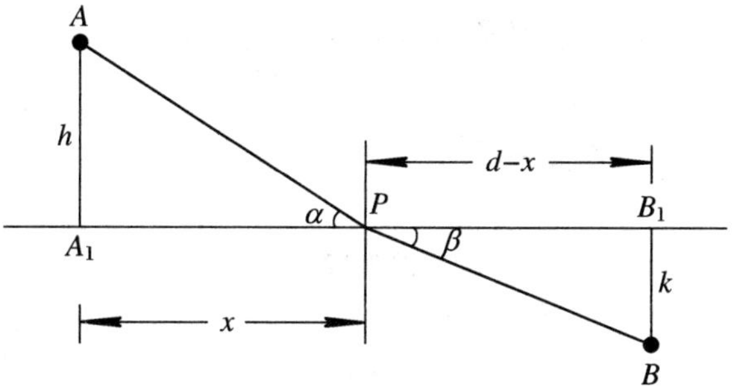

图 3.11

十分有趣的是,从光的折射定律出发,也可以推导出 Fermat 光行最速原理,而且用初等数学就可以证明.如图 3.12 所标注的那样,$|BC|<|BD|$,$\alpha=\angle ACD$,$\beta=\pi-\angle BCD$.自 D 向直线 AC,BC 作垂线,垂足分别记为 P,Q,则有

$$\begin{aligned}|AC|-|AD|&<|AC|-|AD|\cos\angle A\\&=|AC|-|AP|=|CP|,\\|BD|-|BC|&>|BD|\cos\angle B-|BC|\\&=|BQ|-|BC|=|CQ|.\end{aligned}$$

因此

$$\frac{|AC|-|AD|}{\cos\alpha}<\frac{|CP|}{\cos\alpha}=|CD|=\frac{|CQ|}{\cos\beta}$$

$$<\frac{|BD|-|BC|}{\cos\beta}.$$

这也就是

$$\frac{|AC|}{\cos\alpha}+\frac{|BC|}{\cos\beta}<\frac{AD}{\cos\alpha}+\frac{|BD|}{\cos\beta}.$$

设 a,b 分别是光在两种介质中的速度.依折射定律,有

$$\cos\alpha : a=\cos\beta : b,$$

从而上面的不等式变为

$$\frac{|AC|}{a}+\frac{|BC|}{b}<\frac{|AD|}{a}+\frac{|BD|}{b}.$$

这正是光行最速原理.

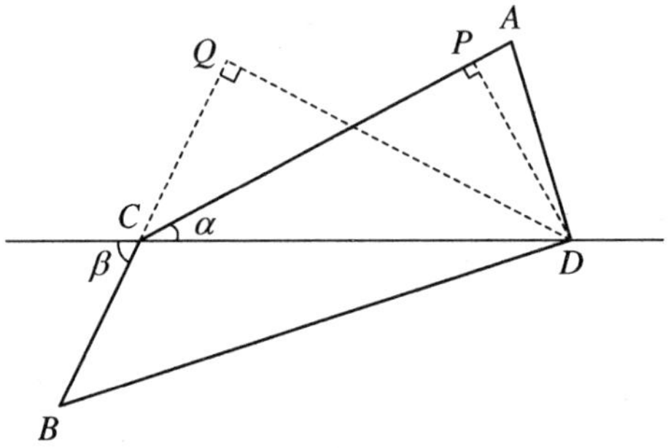

图 3.12

3.5.3 凸性

设函数 f 在区间 I 上有定义.考察 f 的图像 $y=f(x)(x\in I)$.它是展布在 I 上的一段曲线.过曲线上的任何不同的两点作的直线段,称为曲线过这两点的**弦**.如果曲线上任何弦都不落在曲线 $y=f(x)$ 在此弦的两个端点之间那一部分的下方,则函数 f 叫作 I 上的**凸函数**(convex function),也可以说函数 f 在 I 上是**凸的**.图 3.13 是凸函数图像的例子.

现在,我们要把上述的几何描述用解析式子表示出来.设 $x_1,x_2\in I$,且 $x_1<x_2$.任意取定 $x\in(x_1,x_2)$,见图 3.14,令

$$t=\frac{x-x_1}{x_2-x_1},$$

由此解出

$$x=(1-t)x_1+tx_2,$$

这里 $t\in(0,1)$. 在由两点(x_1,y_1)与(x_2,y_2)所决定的直线段上,取点(x,y). 在由三点(x_1,y_1),(x_2,y_1),(x_2,y_2)所决定的直角三角形上,由相似关系,可知

$$\frac{y-y_1}{y_2-y_1}=\frac{x-x_1}{x_2-x_1}=t.$$

从而可以得出 $y=(1-t)y_1+ty_2(0<t<1)$. 设点$(x_1,f(x_1))$与$(x_2,f(x_2))$决定一条弦,那么前述的几何定义可以表示为

$$f((1-t)x_1+tx_2)\leqslant(1-t)f(x_1)+tf(x_2),$$

这对一切 $t\in(0,1)$成立.

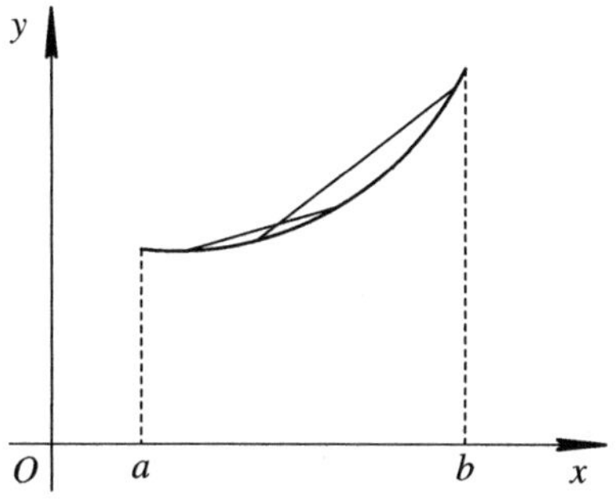

图 3.13

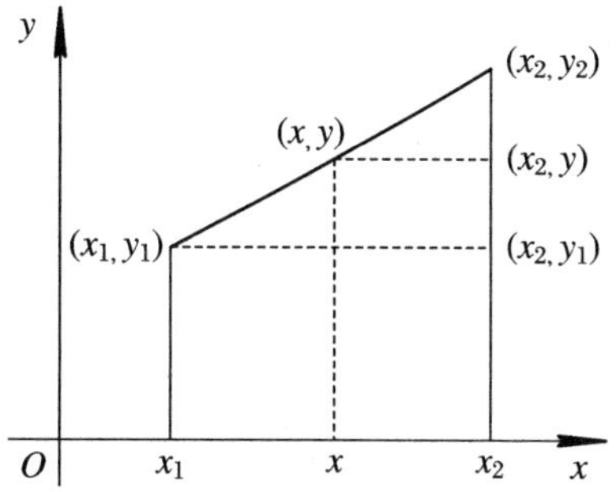

图 3.14

为了表达式的对称性,我们设 $\lambda_1=1-t,\lambda_2=t$,于是 $\lambda_1>0,\lambda_2>0$ 且 $\lambda_1+\lambda_2=1$. 这样,我们可以给出凸函数的下述定义.

定义 3.5.1　设函数 f 在区间 I 上有定义. 如果对任何 $x_1,x_2\in I,x_1\neq x_2$,以及任意的 $\lambda_1,\lambda_2>0$,且 $\lambda_1+\lambda_2=1$,都有

$$f(\lambda_1x_1+\lambda_2x_2)\leqslant\lambda_1f(x_1)+\lambda_2f(x_2),$$

则称 f 为 I 上的**凸函数**. 如果上述不等式对任何 $x_1\neq x_2$ 及 $\lambda_1,\lambda_2>0(\lambda_1+\lambda_2=1)$ 不等号总成立,我们就说 f 在 I 上是**严格凸函数**.

我们首先证明下述定理:

定理 3.5.7　设 f 在区间 I 上是凸函数,则对任何 $x_1,x_2,\cdots,x_n\in I$,以及 $\lambda_1,\lambda_2,\cdots,\lambda_n>0$,且 $\lambda_1+\lambda_2+\cdots+\lambda_n=1$,都有

$$f\left(\sum_{i=1}^{n}\lambda_ix_i\right)\leqslant\sum_{i=1}^{n}\lambda_if(x_l). \tag{1}$$

如果 f 是 I 上的严格凸函数,则当 $x_1,x_2,\cdots,x_n$ 不全相等时,有

$$f\left(\sum_{i=1}^{n}\lambda_ix_i\right)<\sum_{i=1}^{n}\lambda_if(x_i). \tag{2}$$

证明 用数学归纳法. 当 $n=2$ 时, 这正是凸函数和严格凸函数的定义. 设 $n=k\geqslant 2$ 时命题成立, 我们来证 $n=k+1$ 时命题也成立. 设 $x_1,x_2,\cdots,x_{k+1}\in I$, $\lambda_1,\lambda_2,\cdots,\lambda_{k+1}>0$, 并且

$$\lambda_1+\lambda_2+\cdots+\lambda_{k+1}=1.$$

令

$$\mu_i=\frac{\lambda_i}{1-\lambda_{k+1}}\quad (i=1,2,\cdots,k).$$

易见 $\mu_i>0\,(i=1,2,\cdots,k)$ 且 $\mu_1+\mu_2+\cdots+\mu_k=1$. 这时还有

$$\mu_1x_1+\mu_2x_2+\cdots+\mu_kx_k\in I.$$

于是

$$\begin{aligned}f\Big(\sum_{i=1}^{k+1}\lambda_ix_i\Big)&=f\Big((1-\lambda_{k+1})\sum_{i=1}^{k}\mu_ix_i+\lambda_{k+1}x_{k+1}\Big)\\&\leqslant(1-\lambda_{k+1})f\Big(\sum_{i=1}^{k}\mu_ix_i\Big)+\lambda_{k+1}f(x_{k+1})\\&\leqslant(1-\lambda_{k+1})\sum_{i=1}^{k}\mu_if(x_i)+\lambda_{k+1}f(x_{k+1})\\&=\sum_{i=1}^{k+1}\lambda_if(x_i).\end{aligned}$$

因此, 我们已经证明: 当 f 为 I 上的凸函数时, 对任何 $n\in\mathbf{N}^*$, 不等式(1)成立.

再设 f 是 I 上的严格凸函数, 并且 $x_1,x_2,\cdots,x_n$ 不全相等. 我们重新审查归纳证明. 当 $n=2$ 时, x_1,x_2 不全相等就是 $x_1\neq x_2$. 按定义, 严格的不等号成立. 假设 $n=k$ 时, 严格的不等号成立. 再设 $x_1,x_2,\cdots,x_{k+1}$ 不全相等. 如果其中的 $x_1,x_2,\cdots,x_k$ 不全相等, 那么上述归纳法中最后的那个不等号应当是严格的; 如果 $x_1=\cdots=x_k\neq x_{k+1}$, 则

$$\sum_{i=1}^{k}\mu_ix_i=x_1\sum_{i=1}^{k}\mu_i=x_1\neq x_{k+1}.$$

这时归纳过程的第一个不等号就应当是严格的. 总之, 不等式(2)对一切 $n\in\mathbf{N}^*$ 成立. □.

定理 3.5.8 设 f 在区间 I 上是凸函数, 则对任何 $x_1,x_2,\cdots,x_n\in I$, 以及对任意的正数 $\beta_1,\beta_2,\cdots,\beta_n$, 有不等式

$$f\Big(\sum_{i=1}^{n}\beta_ix_i\Big/\sum_{i=1}^{n}\beta_i\Big)\leqslant\frac{\sum\limits_{i=1}^{n}\beta_if(x_i)}{\sum\limits_{i=1}^{n}\beta_i}.\tag{3}$$

如果 f 是严格凸的,那么当 $x_1,x_2,\cdots,x_n\in I$ 不全相等时,式(3)中成立着严格的不等号.

证明　只需令

$$\lambda_i=\beta_i/\sum_{j=1}^{n}\beta_j\quad(i=1,2,\cdots,n),$$

再由定理3.5.7便推出本定理. □

人们通常把式(1)与(3)称为Jensen(詹森,1859～1925)不等式.

定理3.5.9　函数 f 在区间 I 上是凸函数,当且仅当对任何 $(x_1,x_2)\subset I$ 及任何 $x\in(x_1,x_2)$,有

$$\frac{f(x)-f(x_1)}{x-x_1}\leqslant\frac{f(x_2)-f(x_1)}{x_2-x_1}\leqslant\frac{f(x_2)-f(x)}{x_2-x}.\tag{4}$$

f 是 I 上的严格凸函数,当且仅当式(4)中出现的都是严格的不等号.

证明　必要性.当 $x\in(x_1,x_2)$ 时,记

$$\lambda_1=\frac{x_2-x}{x_2-x_1}>0,\quad\lambda_2=\frac{x-x_1}{x_2-x_1}>0,$$

那么

$$\lambda_1>0,\quad\lambda_2>0,\quad\lambda_1+\lambda_2=1,\quad\text{且}\quad x=\lambda_1x_1+\lambda_2x_2.$$

由凸性的定义,可知

$$f(x)=f(\lambda_1x_1+\lambda_2x_2)\leqslant\lambda_1f(x_1)+\lambda_2f(x_2).\tag{5}$$

将 $f(x)$ 改写成

$$f(x)=\lambda_1f(x)+\lambda_2f(x),$$

之后代入式(5),得到

$$\lambda_1(f(x)-f(x_1))\leqslant\lambda_2(f(x_2)-f(x)).$$

用 $\lambda_1\lambda_2$ 同除上式的两边,得到

$$\frac{f(x)-f(x_1)}{x-x_1}\leqslant\frac{f(x_2)-f(x)}{x_2-x}.\tag{6}$$

现在,我们需要一个初等的结果:如果 $b>0,d>0$,且 $a/b\leqslant c/d$,那么有

$$\frac{a}{b}\leqslant\frac{a+c}{b+d}\leqslant\frac{c}{d}.$$

这一事实的证明只需要直截了当的计算.现在

$$a=f(x)-f(x_1),\quad c=f(x_2)-f(x),$$
$$b=x-x_1>0,\quad d=x_2-x>0.$$

利用已知的式(6),立即可得出不等式(4).如果 f 是严格凸函数,那么式(4)中出现

的都是严格的不等号.必要性到此证完.

充分性.如果式(4)成立,自然式(6)也成立.从式(6)开始,把上述的过程反推回去,可得出式(5).这正好是 f 在 I 上为凸函数(或严格凸函数)的定义. □

观察一下这个定理的几何意义是有帮助的.在图 3.15 中,画出了曲线 $y=f(x)$ 的三条弦,它们组成了一个三角形.不等式(4)的几何表示是

$$P_1P \text{ 的斜率} \leqslant P_1P_2 \text{ 的斜率} \leqslant PP_2 \text{ 的斜率}.$$

这正表明曲线向下凸.凸函数的这一特性称为割线斜率的递增性.

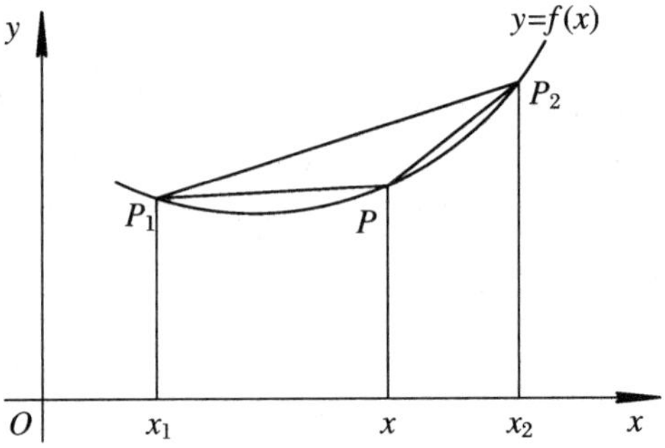

图 3.15

在函数 f 存在导数 f' 的情况下,判断 f 的凸性将变得比较容易,因为我们有:

定理 3.5.10 设 f 在 $[a,b]$ 上连续,在 (a,b) 上可导,则 f 在 $[a,b]$ 上为凸函数(严格凸函数)的一个充分必要条件是,f' 在 (a,b) 上递增(严格递增).

证明 必要性.设 $(x_1,x_2)\subset(a,b)$,x 与 x' 满足 $x_1<x<x'<x_2$.先对 $x_1<x<x_2$ 用定理 3.5.9,得不等式

$$\frac{f(x)-f(x_1)}{x-x_1} \leqslant \frac{f(x_2)-f(x_1)}{x_2-x_1} \leqslant \frac{f(x_2)-f(x)}{x_2-x}; \tag{7}$$

再对 $x_1<x'<x_2$ 用定理 3.5.9,得

$$\frac{f(x')-f(x_1)}{x'-x_1} \leqslant \frac{f(x_2)-f(x_1)}{x_2-x_1} \leqslant \frac{f(x_2)-f(x')}{x_2-x'}. \tag{8}$$

由式(7)的左边不等式和式(8)的右边不等式,得

$$\frac{f(x)-f(x_1)}{x-x_1} \leqslant \frac{f(x_2)-f(x_1)}{x_2-x_1} \leqslant \frac{f(x_2)-f(x')}{x_2-x'}. \tag{9}$$

在式(9)中,令 $x\to x_1^+$,$x'\to x_2^-$,得

$$f'(x_1) \leqslant \frac{f(x_2)-f(x_1)}{x_2-x_1} \leqslant f'(x_2). \tag{10}$$

这就证明了 f'是递增的.

在 f 是严格凸函数的情形下,我们取一点 x^*,满足 $x_1<x^*<x_2$.对 $x_1<x^*$ 用式(10)的左边不等式,对 $x^*<x_2$ 用式(10)的右边不等式,得

$$f'(x_1)\leqslant\frac{f(x^*)-f(x_1)}{x^*-x_1},\quad \frac{f(x_2)-f(x^*)}{x_2-x^*}\leqslant f'(x_2). \tag{11}$$

由于 f 是严格凸函数,用定理3.5.9,得

$$\frac{f(x^*)-f(x_1)}{x^*-x_1}<\frac{f(x_2)-f(x^*)}{x_2-x^*}.$$

由式(11),得 $f'(x_1)<f'(x_2)$,即 f 是严格递增的.必要性证完.

充分性.设 f'在(a,b)上递增.对任何 $x\in(x_1,x_2)$,由 Lagrange 中值定理可知,存在 $\xi\in(x_1,x)$与 $\eta\in(x,x_2)$,使得

$$\frac{f(x)-f(x_1)}{x-x_1}=f'(\xi),\quad \frac{f(x_2)-f(x)}{x_2-x}=f'(\eta).$$

因为 $\xi<x<\eta$,所以 $f'(\xi)\leqslant f'(\eta)$,从而有

$$\frac{f(x)-f(x_1)}{x-x_1}\leqslant\frac{f(x_2)-f(x)}{x_2-x}.$$

利用定理3.5.9,可知 f 在$[a,b]$上为凸函数.容易看出,当 f'严格递增时,$f'(\xi)<f'(\eta)$.上述不等式中成立着严格的不等号,从而 f 在$[a,b]$上是严格的凸函数. □

当 f 在(a,b)上有二阶导数时,我们有下列应用起来更方便的定理.

定理 3.5.11　设函数 f 在$[a,b]$上连续,在(a,b)上有二阶导数,则 f 在$[a,b]$上为凸函数的充分必要条件是,$f''\geqslant 0$ 在(a,b)上成立;而 f 在$[a,b]$上为严格的凸函数的充分必要条件是,$f''\geqslant 0$ 在(a,b)上成立,并且在(a,b)的任何开的子区间内 f''不恒等于0.

证明　第一个结论,可由定理3.5.1与定理3.5.10得出;第二个结论,可由定理3.5.4与定理3.5.10推出. □

对具体的凸函数使用 Jensen 不等式,可以得出许许多多的不等式,这是证明与构造不等式的一种常用的方法.

例7　设 $a_1,a_2,\cdots,a_n$ 是n 个不全相等的正数,定义

$$f(x)=\begin{cases}\left(\dfrac{a_1^x+a_2^x+\cdots+a_n^x}{n}\right)^{1/x}, & x\neq 0,\\ \sqrt[n]{a_1a_2\cdots a_n}, & x=0.\end{cases}$$

证明:f 是$(-\infty,+\infty)$上的严格递增函数.

证明　先设 $0<\alpha<\beta$,我们证明 $f(\alpha)<f(\beta)$,即

$$\left(\frac{a_1^{\alpha}+a_2^{\alpha}+\cdots+a_n^{\alpha}}{n}\right)^{1/\alpha}<\left(\frac{a_1^{\beta}+a_2^{\beta}+\cdots+a_n^{\beta}}{n}\right)^{1/\beta}. \tag{12}$$

记 $b_i=a_i^{\alpha}, a_i=b_i^{1/\alpha}, p=\beta/\alpha$，式(12)就变成

$$\left(\frac{b_1+b_2+\cdots+b_n}{n}\right)^{p}<\frac{b_1^{p}+b_2^{p}+\cdots+b_n^{p}}{n}\quad\left(p=\frac{\beta}{\alpha}>1\right). \tag{13}$$

记 $g(x)=x^p\,(x>0)$，则 $g'(x)=px^{p-1}$，$g''(x)=p(p-1)x^{p-2}>0$，因此 g 是 $(0,+\infty)$ 上严格的凸函数，由定理 3.5.7 知不等式(13)成立，因而式(12)成立. 在不等式(12)中令 $\alpha\to0^+$，由 2.8 节中的例 4，即得

$$\sqrt[n]{a_1a_2\cdots a_n}<\left(\frac{a_1^{\beta}+a_2^{\beta}+\cdots+a_n^{\beta}}{n}\right)^{1/\beta}\quad(\beta>0).$$

再设 $\alpha<\beta<0$，则 $-\alpha>-\beta>0$. 对 $a_1^{-1},a_2^{-1},\cdots,a_n^{-1}$ 这组数用刚才的结果，得

$$\left(\frac{(a_1^{-1})^{-\beta}+(a_2^{-1})^{-\beta}+\cdots+(a_n^{-1})^{-\beta}}{n}\right)^{\frac{1}{-\beta}}<\left(\frac{(a_1^{-1})^{-\alpha}+(a_2^{-1})^{-\alpha}+\cdots+(a_n^{-1})^{-\alpha}}{n}\right)^{\frac{1}{-\alpha}},$$

即

$$\left(\frac{a_1^{\beta}+a_2^{\beta}+\cdots+a_n^{\beta}}{n}\right)^{-1/\beta}<\left(\frac{a_1^{\alpha}+a_2^{\alpha}+\cdots+a_n^{\alpha}}{n}\right)^{-1/\alpha}.$$

由此即得

$$\left(\frac{a_1^{\alpha}+a_2^{\alpha}+\cdots+a_n^{\alpha}}{n}\right)^{1/\alpha}<\left(\frac{a_1^{\beta}+a_2^{\beta}+\cdots+a_n^{\beta}}{n}\right)^{1/\beta}. \tag{14}$$

在式(14)中令 $\beta\to0^-$，即得

$$\left(\frac{a_1^{\alpha}+a_2^{\alpha}+\cdots+a_n^{\alpha}}{n}\right)^{1/\alpha}<\sqrt[n]{a_1a_2\cdots a_n}\quad(\alpha<0).$$

这就证明了 f 是 $(-\infty,+\infty)$ 上严格的递增函数. □

由定理 3.5.7 知道，在式(1)和(3)中，等式成立的充分必要条件是 $a_1=\cdots=a_n$. 从 $f(0)\leqslant f(1)$，即得早已知道的几何平均-算数平均不等式：

$$\sqrt[n]{a_1a_2\cdots a_n}\leqslant\frac{a_1+a_2+\cdots+a_n}{n},$$

等号成立当且仅当 $a_1=a_2=\cdots=a_n$.

另外，容易证明：

$$\lim_{x\to+\infty}\left(\frac{a_1^{x}+a_2^{x}+\cdots+a_n^{x}}{n}\right)^{1/x}=\max(a_1,a_2,\cdots,a_n),$$

$$\lim_{x\to-\infty}\left(\frac{a_1^{x}+a_2^{x}+\cdots+a_n^{x}}{n}\right)^{1/x}=\min(a_1,a_2,\cdots,a_n).$$

练习题 3.5

1. 研究下列函数在指定区间上的增减性：

(1) $f(x)=\tan x$，$(-\pi/2,\pi/2)$；

(2) $f(x)=\arctan x-x$，$\mathbf{R}$.

2. 证明不等式：

(1) $x(x-\arctan x)>0\ (x\neq 0)$；

(2) $x-\dfrac{x^2}{2}<\ln(1+x)<x\ (x>0)$；

(3) $x-\dfrac{x^3}{6}<\sin x<x\ (x>0)$；

(4) $\ln(1+x)>\dfrac{\arctan x}{1+x}\ (x>0)$.

3. 证明不等式：

(1) 当 $0<x_1<x_2<\pi/2$ 时，

$$\frac{\tan x_2}{\tan x_1}>\frac{x_2}{x_1};$$

(2) 当 $x,y>0$ 且 $\beta>\alpha>0$ 时，

$$(x^\alpha+y^\alpha)^{1/\alpha}>(x^\beta+y^\beta)^{1/\beta};$$

(3) 若 $x>-1$，则

$$(1+x)^\alpha\leqslant 1+\alpha x\quad(0<\alpha\leqslant 1),$$
$$(1+x)^\alpha\geqslant 1+\alpha x\quad(\alpha<0,\text{或 }\alpha\geqslant 1);$$

(4) 设 $p\geqslant 2$，当 $x\in[0,1]$时，

$$\left(\frac{1+x}{2}\right)^p+\left(\frac{1-x}{2}\right)^p\leqslant\frac{1}{2}(1+x^p).$$

4. 设函数 f 在$[0,1]$上有三阶导函数，且 $f(0)=f(1)=0$. 令 $F(x)=x^2f(x)$，求证：存在 $\xi\in(0,1)$，使得 $F'''(\xi)=0$.

5. 设函数 f 在区间$[0,+\infty)$上可导，$f(0)=0$，且 f'严格递增. 求证：$f(x)/x$ 在$(0,+\infty)$上也严格递增.

6. 设函数 f 在 $\mathbf{R}$ 上有界且 $f''\geqslant 0$. 证明：f 为常值函数.

7. 设函数 f 和 g 在区间$[a,+\infty)$上连续，且当 $x>a$ 时 $|f'(x)|\leqslant g'(x)$. 证明：当 $x\geqslant a$ 时，

$$|f(x)-f(a)|\leqslant g(x)-g(a).$$

8. 证明：当 $x>0$ 且 $x\neq 1$ 时，有

$$(1-x)(x^2e^{1/x}-e^x)>0.$$

9. 求下列函数的最大值和最小值：

(1) $f(x)=x^4-2x^2+5\ (|x|\leqslant 2)$；

(2) $f(x)=\sin 2x-x\ (|x|\leqslant\pi/2)$；

(3) $f(x)=x\ln x\ (x>0)$；

(4) $f(x)=x^2-3x+2\ (x\in\mathbf{R})$；

(5) $f(x)=|x^2-3x+2|$ ($|x|\leqslant 10$)；　　(6) $f(x)=\arctan\dfrac{1-x}{1+x}$ ($0\leqslant x\leqslant 1$).

10. 质量为 W 的物体放在一粗糙的平面上，对它施加一个力以克服摩擦，使它在平面上滑动. 设摩擦系数为 μ，问该力应与水平面成何角度，方可使力最小？

11. 内接于椭圆 $\dfrac{x^2}{a^2}+\dfrac{y^2}{b^2}=1$、边平行于坐标轴的矩形，何时面积最大？

12. 对体积一定的圆锥形帐篷，其高与底半径之比为多少时，表面积最小？

13. 从半径为 R 的圆纸片上剪去一个扇形，做成一个圆锥形漏斗，如何选取扇形的顶角，可使漏斗的容积最大？

14. 设 $0<a<b\leqslant 2a$. 在区间 $[a,b]$ 上讨论双曲线 $xy=1$. 在该曲线上每一点作切线，它与横轴及两条平行直线 $x=a$，$x=b$ 围成一个梯形. 问这条切线位于何处，才能使梯形的面积最大？

15. 对某量作 n 次测量，得到 n 个数据 $x_1,x_2,\cdots,x_n$. 试求出一数 x^*，使得函数 $\sum_{i=1}^{n}(x-x_i)^2$ 在 x^* 处取得最小值.

16. 求出使得不等式 $a^x\geqslant x^a$ ($x>0$) 成立的一切正数 a.

17. 设函数 f 在 $[a,b]$ 上连续，导函数 f' 在 (a,b) 上递增. 求证：对任何 $x\in[a,b]$，有
$$(b-x)f(a)+(x-a)f(b)\geqslant(b-a)f(x).$$

18. 判断以下函数 f 的凸性：
(1) $f(x)=x^{\mu}$ ($\mu\geqslant 1,x\geqslant 0$)；
(2) $f(x)=a^x$ ($a>0,x\in\mathbf{R}$)；
(3) $f(x)=\ln\dfrac{1}{x}$ ($x>0$)；
(4) $f(x)=x\ln x$ ($x>0$)；
(5) $f(x)=-\sin x$ ($0\leqslant x<\pi$).

19. 证明下列不等式，并指明式中等号成立的条件：
(1) $a^{(x_1+x_2+\cdots+x_n)/n}\leqslant(a^{x_1}+a^{x_2}+\cdots+a^{x_n})/n$，$a>0$ 但 $a\neq 1$；
(2) 当 $x_1,x_2,\cdots,x_n>0$ 时，
$$\frac{x_1+x_2+\cdots+x_n}{n}\leqslant(x_1^{x_1}x_2^{x_2}\cdots x_n^{x_n})^{1/(x_1+x_2+\cdots+x_n)};$$
(3) 设 $\lambda_1,\lambda_2,\cdots,\lambda_n>0$ 且 $\lambda_1+\lambda_2+\cdots+\lambda_n=1$，则对一切 $x_i\geqslant 0$ ($i=1,2,\cdots,n$)，有
$$x_1^{\lambda_1}x_2^{\lambda_2}\cdots x_n^{\lambda_n}\leqslant\sum_{i=1}^{n}\lambda_i x_i.$$

20. 证明：同一区间上的两个凸函数之和仍为凸函数.

21. 设 $f:[a,b]\to\mathbf{R}$ 为凸函数. 如果有 $c\in(a,b)$，使得 $f(a)=f(c)=f(b)$，求证：f 为常值函数.

22. 设 $a<b<c<d$. 求证：若 f 在 $[a,c]$ 及 $[b,d]$ 上为凸函数，那么 f 在 $[a,d]$ 上也是凸

函数.

23. 设函数 f 在 $[a,b]$ 上连续,在 (a,b) 上二次可导,$f(a)=f(b)=0$,且存在 $c\in(a,b)$,使得 $f(c)>0$.证明:存在 $\xi\in(a,b)$,使得 $f''(\xi)<0$.

问 题 3.5

1. 设 I 是一个开区间,f 是 I 上的凸函数.求证:

(1) 在 I 上存在递增的左导函数 f'_- 和右导函数 f'_+,并且 $f'_-\leqslant f'_+$ 对 $x\in I$ 成立;

(2) 设 $x\in I$,若 f'_+ 在点 x 处左连续,或者 f'_- 在点 x 处右连续,则 f 在点 x 处可导;

(3) 若 $[a,b]\subset I$,则当 $x_1,x_2\in[a,b]$ 时,有

$$|f(x_2)-f(x_1)|\leqslant M|x_2-x_1|,$$

其中 M 为常数,从而知凸函数总是连续的.

2. 设 I 为一个开区间,函数 f 在 I 上为凸函数的一个充分必要条件是,对每一点 $c\in I$,都存在一个数 a,使得

$$f(x)\geqslant a(x-c)+f(c)$$

对一切 $x\in I$ 成立.请对此作出几何解释.

3. 设函数 f 在区间 I 上可导,则 f 在 I 上为凸函数的一个充分必要条件是,图像 $G(f)$ 位于它的每一条切线的上方.

4. 设 $f:[0,+\infty)\to\mathbf{R}$,且对任何 $x\in[0,+\infty)$,有 $x=f(x)e^{f(x)}$.求证:

(1) f 是严格递增的;

(2) $\lim\limits_{x\to+\infty}f(x)=+\infty$;

(3) $\lim\limits_{x\to+\infty}\dfrac{f(x)}{\ln x}=1$.

5. 设 p 是多项式.如果

$$p'''(x)-p''(x)-p'(x)+p(x)\geqslant 0$$

在 $(-\infty,+\infty)$ 上成立,求证:$p\geqslant 0$.

6. 设方阵 $\boldsymbol{A}=(a_{ij})(i,j=1,2,\cdots,n)$ 中的一切元素均为正数,其各行的和以及各列的和均为1.又设 $\boldsymbol{x}$ 是一个 n 维列向量,各分量均为正数.令 $\boldsymbol{y}=\boldsymbol{Ax}$,并设 $\boldsymbol{x}$ 与 $\boldsymbol{y}$ 的分量分别为 $x_1,x_2,\cdots,x_n$ 及 $y_1,y_2,\cdots,y_n$.求证:$y_1y_2\cdots y_n\geqslant x_1x_2\cdots x_n$.

7. 设微分方程为

$$\begin{cases} y''+p(x)y'+q(x)y=r(x) \quad (a<x<b),\\ y(a)=A,\\ y(b)=B,\end{cases}$$

其中 $q(x)<0$,A,B 为常数.如果这个方程在 $[a,b]$ 上有连续的解,则解必是唯一的.

8. 令 $P_n(x)=1+x+\frac{x^2}{2!}+\cdots+\frac{x^n}{n!}$ $(n\in\mathbf{N}^*)$. 求证：

(1) 当 $x<0$ 时，

$$P_{2n}(x)>\mathrm{e}^x>P_{2n+1}(x);$$

(2) 当 $x>0$ 时，

$$\mathrm{e}^x>P_n(x)\geqslant\left(1+\frac{x}{n}\right)^n.$$

9. 设 $f\in C[a,b]$,定义函数

$$\mathrm{D}^2f(x)=\lim_{h\to0}\frac{f(x+h)+f(x-h)-2f(x)}{h^2}$$

(假设对任何 $x\in(a,b)$,上述极限均存在). 若 $\mathrm{D}^2f(x)=0$ $(a<x<b)$,求证: $f(x)=c_1x+c_2$,其中 c_1,c_2 为常数.

10. 对任意的正整数 n,证明:当 $x\in(0,\pi)$时,恒有

$$\sum_{k=1}^{n}\frac{\sin kx}{k}>0.$$

3.6 L'Hospital 法则

设函数 f 与 g 在 x_0 的近旁(可能除点 x_0 之外)有定义. 又设当 $x\to x_0$ 时 $f(x)\to l$,但是 $g(x)\to0$,因此就不能直接用“商的极限等于极限的商”这一性质来计算 $\lim\limits_{x\to x_0}\frac{f(x)}{g(x)}$;而且,我们还知道这一极限存在时,必须有 $l=0$,这是因为

$$\begin{aligned}l&=\lim_{x\to x_0}f(x)=\lim_{x\to x_0}g(x)\frac{f(x)}{g(x)}\\&=\lim_{x\to x_0}g(x)\lim_{x\to x_0}\frac{f(x)}{g(x)}=0\cdot\lim_{x\to x_0}\frac{f(x)}{g(x)}=0.\end{aligned}$$

这时,我们面临着在条件

$$\lim_{x\to x_0}f(x)=\lim_{x\to x_0}g(x)=0$$

之下,极限

$$\lim_{x\to x_0}\frac{f(x)}{g(x)}$$

的计算问题. 我们把这种极限类型记作“$\frac{0}{0}$型”. 请特别注意, $\frac{0}{0}$仅仅是一个代表某种极限类型的记号,决不意味着“0 可以用作除数”. 回忆 2.8 节中的记号“1^∞型”,就不会对当前的记号感到奇怪了.

应用 Cauchy 中值定理,可以容易地得到求$\frac{0}{0}$型极限的一种有效的办法. 我们只对单边极限进行讨论,对双边极限也将有同样的结果,因为这时可以化作左极限和右极限来考虑.

定理 3.6.1(L'Hospital(洛必达 1661～1704))　设 f,g 在(a,b)上可导,并且 $g(x)\neq 0$ 对 $x\in(a,b)$成立. 又设

$$\lim_{x\to a^+} f(x) = \lim_{x\to a^+} g(x) = 0.$$

在这些条件下,如果极限

$$\lim_{x\to a^+}\frac{f'(x)}{g'(x)}$$

存在(或为∞),那么便有

$$\lim_{x\to a^+}\frac{f(x)}{g(x)} = \lim_{x\to a^+}\frac{f'(x)}{g'(x)}.$$

证明　补充定义

$$f(a) = g(a) = 0,$$

以保持 f,g 在$[a,b)$上的连续性. 利用 Cauchy 中值定理,对 $x\in(a,b)$,有

$$\frac{f(x)}{g(x)} = \frac{f(x)-f(a)}{g(x)-g(a)} = \frac{f'(\xi)}{g'(\xi)},$$

这里 $a<\xi<x$. 由此可见,当 $x\to a^+$时,有 $\xi\to a^+$. 因此

$$\lim_{x\to a^+}\frac{f(x)}{g(x)} = \lim_{\xi\to a^+}\frac{f'(\xi)}{g'(\xi)} = \lim_{x\to a^+}\frac{f'(x)}{g'(x)}.$$ □

如果上式中的最后一个极限仍是$\frac{0}{0}$型的,那么在确定 f',g'仍满足定理的条件之后,便可得出

$$\lim_{x\to a^+}\frac{f(x)}{g(x)} = \lim_{x\to a^+}\frac{f'(x)}{g'(x)} = \lim_{x\to a^+}\frac{f''(x)}{g''(x)}.$$

在需要的时候,这一过程可以再继续下去.

我们将通过例子看到,用 L'Hospital 法则来求$\frac{0}{0}$型极限,的确是一种简单有效的方法. 人们几乎只需从事非常机械的求导计算. 机械式的操作往往使人麻木,因

此我们在这里提醒读者:在使用 L'Hospital 法则计算极限的时候,要检查定理的条件是否被满足,想到使用等价无穷小替换,并且把那些有确定的、非零的极限的因式及早地分离出来.这样做能够减少麻烦,提高效率.

例 1 计算极限 $\lim\limits_{x\to 0}\dfrac{\ln\cos x}{x(x+2)}$.

解 $\lim\limits_{x\to 0}\dfrac{\ln\cos x}{x(x+2)}=\dfrac{1}{2}\lim\limits_{x\to 0}\dfrac{\ln\cos x}{x}=\dfrac{1}{2}\lim\limits_{x\to 0}\dfrac{-\sin x}{\cos x}=\dfrac{1}{2}\cdot 0=0.$ □

例 2 计算极限 $\lim\limits_{x\to 0}\dfrac{x-\sin x}{\sin^3 x}$.

解 $\lim\limits_{x\to 0}\dfrac{x-\sin x}{\sin^3 x}=\lim\limits_{x\to 0}\dfrac{x-\sin x}{x^3}=\lim\limits_{x\to 0}\dfrac{1-\cos x}{3x^2}=\dfrac{1}{6}\lim\limits_{x\to 0}\dfrac{\sin x}{x}=\dfrac{1}{6}.$ □

L'Hospital 法则当 $x\to+\infty$($-\infty$或∞)时也是成立的,因为我们有:

定理 3.6.2 设函数 f,g 在区间$(a,+\infty)$上可导,且 $g(x)\neq 0$ 对 $x\in(a,+\infty)$成立,并且

$$\lim_{x\to+\infty}f(x)=\lim_{x\to+\infty}g(x)=0,$$

那么当 $\lim\limits_{x\to+\infty}\dfrac{f'(x)}{g'(x)}$存在(或为$\infty$)时,有

$$\lim_{x\to+\infty}\frac{f(x)}{g(x)}=\lim_{x\to+\infty}\frac{f'(x)}{g'(x)}.$$

证明 作变换 $x=1/t$,则 $x\to+\infty$ 相当于 $t\to 0^+$.这时,我们有

$$\lim_{t\to 0^+}f\left(\frac{1}{t}\right)=\lim_{t\to 0^+}g\left(\frac{1}{t}\right)=0.$$

依定理 3.6.1,可知

$$\lim_{x\to+\infty}\frac{f(x)}{g(x)}=\lim_{t\to 0^+}\frac{f\left(\frac{1}{t}\right)}{g\left(\frac{1}{t}\right)}=\lim_{t\to 0^+}\frac{f'\left(\frac{1}{t}\right)\left(-\frac{1}{t^2}\right)}{g'\left(\frac{1}{t}\right)\left(-\frac{1}{t^2}\right)}$$

$$=\lim_{t\to 0^+}\frac{f'\left(\frac{1}{t}\right)}{g'\left(\frac{1}{t}\right)}=\lim_{x\to+\infty}\frac{f'(x)}{g'(x)}.$$ □

如果在同一极限过程中,有

$$\lim f(x)=\infty,\quad \lim g(x)=\infty,$$

这时称极限

$$\lim\frac{f(x)}{g(x)}$$

为"$\frac{\infty}{\infty}$型".对这种类型的极限,自然也不能用"商的极限等于极限的商"这一性质,但是同样也有相应的 L'Hospital 法则.

定理 3.6.3　设函数 f 与 g 在 (a,b) 上可导,$g(x)\neq 0$,且

$$\lim_{x\to a^+} g(x) = \infty.$$

如果极限 $\lim\limits_{x\to a^+}\frac{f'(x)}{g'(x)}$ 存在(或为 ∞),那么

$$\lim_{x\to a^+}\frac{f(x)}{g(x)} = \lim_{x\to a^+}\frac{f'(x)}{g'(x)}.$$

证明　令

$$l = \lim_{x\to a^+}\frac{f'(x)}{g'(x)}. \tag{1}$$

我们只对 l 为有限数的情形来证明本定理,而 $l=-\infty$ 或 $l=+\infty$ 时,证明是类似的.根据式(1),对任意给定的 $\varepsilon>0$,存在一个 $\delta>0$,当 $x\in(a,a+\delta)$ 时,

$$l-\varepsilon < \frac{f'(x)}{g'(x)} < l+\varepsilon.$$

因此,对 $(x,c)\subset(a,a+\delta)$,依 Cauchy 中值定理,必存在 $\xi\in(x,c)$,使得

$$l-\varepsilon < \frac{f(x)-f(c)}{g(x)-g(c)} = \frac{f'(\xi)}{g'(\xi)} < l+\xi.$$

但因

$$\frac{f(x)-f(c)}{g(x)-g(c)} = \left(\frac{f(x)}{g(x)} - \frac{f(c)}{g(x)}\right)\left(1-\frac{g(c)}{g(x)}\right)^{-1},$$

固定 c,对 $x\to a^+$ 取上极限,得

$$\limsup_{x\to a^+}\frac{f(x)}{g(x)} \leqslant l+\varepsilon.$$

令 $\varepsilon\to 0$,得

$$\limsup_{x\to a^+}\frac{f(x)}{g(x)} \leqslant l.$$

利用同样的技巧,还可以得出

$$\liminf_{x\to a^+}\frac{f(x)}{g(x)} \geqslant l.$$

这也就是

$$\lim_{x\to a^+}\frac{f(x)}{g(x)} = l.$$

□

在这个证明中，用到了函数的上下极限，因此十分简洁. 应当强调指出的是，本定理省去了通常还要加上的另一个条件：

$$\lim_{x\to a^+} f(x) = \infty.$$

极限 $\lim\limits_{x\to a^+}\dfrac{f'(x)}{g'(x)}$ 的存在性是十分必要的. 如果它不存在，那就谈不上 L'Hospital 法则. 例如

$$\lim_{x\to\infty}\frac{x+\sin x}{x} = \lim_{x\to\infty}1 + \lim_{x\to\infty}\frac{\sin x}{x} = 1+0 = 1,$$

但是

$$\lim_{x\to\infty}\frac{(x+\sin x)'}{(x)'} = \lim_{x\to\infty}(1+\cos x)$$

不存在，不符合法则的先决条件. 这个例子也说明，由 $\lim\limits_{x\to a^+}\dfrac{f'(x)}{g'(x)}$ 不存在，不能断言 $\lim\limits_{x\to a^+}\dfrac{f(x)}{g(x)}$ 不存在.

利用定理 3.6.3，可以用统一的方法对 2.6 节中提到的下面几个无穷大的量级作一比较. 当 $x\to+\infty$ 时，函数

$$\ln x,\quad x^{\mu}(\mu>0),\quad e^x,\quad x^x$$

都是无穷大. 可以证明：在上述的顺序中，后一个是比前一个更高阶的无穷大. 事实上，

$$\lim_{x\to+\infty}\frac{\ln x}{x^{\mu}} = \lim_{x\to+\infty}\frac{1}{x}\,\frac{1}{\mu x^{\mu-1}} = \frac{1}{\mu}\lim_{x\to+\infty}\frac{1}{x^{\mu}} = 0.$$

设正整数 n 满足 $n-1<\mu\leqslant n$，于是连续使用 L'Hospital 法则 n 次之后，可得

$$\begin{aligned}\lim_{x\to+\infty}\frac{x^{\mu}}{e^x} &= \mu\lim_{x\to+\infty}\frac{x^{\mu-1}}{e^x} = \mu(\mu-1)\lim_{x\to+\infty}\frac{x^{\mu-2}}{e^x}\\ &= \cdots = \mu(\mu-1)\cdots(\mu-n+1)\lim_{x\to+\infty}\frac{x^{\mu-n}}{e^x} = 0.\end{aligned}$$

此外，还有

$$\lim_{x\to+\infty}\frac{e^x}{x^x} = \lim_{x\to+\infty}e^{x(1-\ln x)} = 0.$$

得到这一个等式时，根本不需要用 L'Hospital 法则.

定理 3.6.3 中只要求分母是无穷大量，这对处理某些问题带来了方便.

例 3 设 f 在 $(a,+\infty)$ 上可导，且 $\lim\limits_{x\to+\infty}f'(x)=0$. 求证：

$$\lim_{x\to+\infty}\frac{f(x)}{x}=0.$$

证明　因为分母 $g(x)=x\to+\infty$,用定理 3.6.3,立刻得到

$$\lim_{x\to+\infty}\frac{f(x)}{x}=\lim_{x\to+\infty}f'(x)=0.$$ □

3.4 节中的例 4 曾用 Lagrange 中值定理证明过这个结论,与之相比,现在的做法简单了许多.

例 4　设 f 在 $(a,+\infty)$ 上可导. 如果对 $\alpha>0$,

$$\lim_{x\to+\infty}(\alpha f(x)+xf'(x))=\beta,$$

证明:$\lim\limits_{x\to+\infty}f(x)=\beta/\alpha$.

证明　因为 $\alpha>0$,所以 $\lim\limits_{x\to+\infty}x^{\alpha}=+\infty$. 由定理 3.6.3,得

$$\lim_{x\to+\infty}f(x)=\lim_{x\to+\infty}\frac{x^{\alpha}f(x)}{x^{\alpha}}=\lim_{x\to+\infty}\frac{\alpha x^{\alpha-1}f(x)+x^{\alpha}f'(x)}{\alpha x^{\alpha-1}}$$

$$=\lim_{x\to+\infty}\left(f(x)+\frac{x}{\alpha}f'(x)\right)=\frac{\beta}{\alpha}.$$ □

在计算极限时,有时也会遇到"$0\cdot\infty$ 型"、"$\infty-\infty$ 型"、"0^0 型"、"∞^0 型"等情况. 这些记号的意义不难由它们的外形来推断. 只要经过适当的变换,最终都可以化为"$\frac{0}{0}$ 型"或"$\frac{\infty}{\infty}$ 型"的情况,再使用 L'Hospital 法则去解决.

例 5　求极限 $\lim\limits_{x\to0^+}x^{\mu}\ln x\ (\mu>0)$.

解　这是"$0\cdot\infty$ 型",但可以化为"$\frac{\infty}{\infty}$ 型".

$$\lim_{x\to0^+}\frac{\ln x}{x^{-\mu}}=-\frac{1}{\mu}\lim_{x\to0^+}\frac{x^{-1}}{x^{-\mu-1}}=-\frac{1}{\mu}\lim_{x\to0^+}x^{\mu}=0.$$ □

例 6　求极限 $\lim\limits_{x\to\pi/2}(\sec x-\tan x)$.

解　这是"$\infty-\infty$ 型",但可以变化为"$\frac{0}{0}$ 型".

$$\lim_{x\to\pi/2}(\sec x-\tan x)=\lim_{x\to\pi/2}\frac{1-\sin x}{\cos x}=\lim_{x\to\pi/2}\frac{\cos x}{\sin x}=0.$$ □

例 7　求极限 $\lim\limits_{x\to0^+}(\sin x)^x$.

解　这是"0^0 型". 由于

$$(\sin x)^x=e^{x\ln\sin x},$$

我们只需求出 $\lim\limits_{x\to0^+}x\ln\sin x$,而这已是"$0\cdot\infty$ 型". 由于

$$x\ln\sin x = x\ln x + x\ln\frac{\sin x}{x},$$

利用例 5 的结果,可得

$$\begin{aligned}\lim_{x\to0^+}x\ln\sin x &= \lim_{x\to0^+}x\ln x + \lim_{x\to0}\ln\frac{\sin x}{x}\\ &= 0+0\cdot\ln 1 = 0.\end{aligned}$$

可见

$$\lim_{x\to0^+}(\sin x)^x = e^0 = 1.$$ □

例 8 求极限 $\lim\limits_{x\to(\pi/2)^-}(\tan x)^{\pi/2-x}$.

解 这是"∞^0 型".作变换 $t=\pi/2-x$,则当 $x\to(\pi/2)^-$ 时,$t\to0^+$,从而原极限变成

$$\lim_{t\to0^+}\left(\frac{\cos t}{\sin t}\right)^t = \lim_{t\to0^+}\frac{1}{(\sin t)^t} = 1,$$

这里利用了例 7 的结果. □

练 习 题 3.6

1. 计算下列极限:

(1) $\lim\limits_{x\to0}\dfrac{e^{ax}-e^{bx}}{\sin ax-\sin bx}$;

(2) $\lim\limits_{x\to0}\dfrac{\tan x-x}{x-\sin x}$;

(3) $\lim\limits_{x\to0}\dfrac{x\cot x-1}{x^2}$;

(4) $\lim\limits_{x\to0}\dfrac{x(e^x+1)-2(e^x-1)}{x^3}$;

(5) $\lim\limits_{x\to+\infty}\dfrac{e^x+e^{-x}}{x^3}$;

(6) $\lim\limits_{x\to1^-}\ln x\ln(1-x)$;

(7) $\lim\limits_{x\to0^+}x^x$;

(8) $\lim\limits_{x\to1}x^{1/(1-x)}$;

(9) $\lim\limits_{x\to\infty}\left(\cos\dfrac{a}{x}\right)^x$;

(10) $\lim\limits_{x\to1}\left(\dfrac{1}{\ln x}-\dfrac{1}{x-1}\right)$;

(11) $\lim\limits_{x\to0}\left(\dfrac{1}{x}-\dfrac{1}{e^x-1}\right)$;

(12) $\lim\limits_{x\to\infty}x\left(\left(1+\dfrac{1}{x}\right)^x-e\right)$;

(13) $\lim\limits_{x\to0}\left(\dfrac{2}{\pi}\arccos x\right)^{1/x}$;

(14) $\lim\limits_{x\to+\infty}\left(\dfrac{2}{\pi}\arctan x\right)^x$.

2. 设 f 在点 x 处有二阶导数.求证:

$$f''(x) = \lim_{h\to0}\frac{f(x+h)+f(x-h)-2f(x)}{h^2}.$$

由此推出结论:若 f 是二阶可导的凸函数,则必有 $f''\geqslant0$.

3. 设 f 在 0 的某一邻域内有二阶连续导数，且 $f(0)=0$. 定义 $g(0)=f'(0)$，且当 $x\neq 0$ 时 $g(x)=f(x)/x$. 求证：g 在此邻域内有连续的导函数.
4. 设 f 在 $(a,+\infty)$ 上可导. 如果
$$\lim_{x\to+\infty}(f(x)+xf'(x)\ln x)=l,$$
证明：$\lim\limits_{x\to+\infty}f(x)=l$.
5. 设 f 在 $(a,+\infty)$ 上有二阶导数. 如果
$$\lim_{x\to+\infty}(f(x)+2f'(x)+f''(x))=l,$$
证明：$\lim\limits_{x\to+\infty}f(x)=l$，且 $\lim\limits_{x\to+\infty}f'(x)=\lim\limits_{x\to+\infty}f''(x)=0$.

3.7 函数作图

在 2.3 节中曾经说过，函数有三种表示方法，即列表法、图示法和解析法(或公式法)，并且说过，用图形来表示函数有直观、醒目的优点. 从图形上看，函数的动态即它的递增、递减、正性、凸性将一览无余. 但是，用图形表示的函数不便于作理论上和数值上的研究，所以人们常常偏爱用解析式表达的函数. 不过，在许多场合，我们也希望将一个已有解析式的函数用图形表示出来，以便直观地了解它的性态. 这就产生了函数作图的需要. 虽说当代的电子计算机在带有作图软件的环境中，能在顷刻之间相当准确地描绘出十分复杂的初等函数的图像，但是我们这里即将介绍的“函数作图”，并没有失去它的价值. 这是因为：第一，当我们手头上没有计算机时，可作为应急的办法；第二，在许多场合我们并不刻意去追求数值的准确性，需要的是了解函数的几何形态，数值的精确性是第二位的要求.

一般来说，在作图之前，我们应当考虑下列三点：

(1) 明确函数的定义域和值域，以界定函数图像的存在范围；

(2) 函数是否具有对称性，这又可以分为轴对称和中心对称：如果找到了对称轴或对称中心，我们的劳动将减少一半，对称的部分可以用“复制”的方法得到；

(3) 函数是否具有周期性，对周期函数，只需作出它在一个周期之内的图像.

在定义 3.5.1 中，我们定义过凸函数和严格凸函数，但并未引进所谓“凹函数”和“严格凹函数”这些名词，而且今后也不使用这些名词. 但是，在函数作图的时候，为了表达上的方便，当 $-f$ 在某一个区间上为凸函数时，我们称 $y=f(x)$ 的图像在该区间上是“凹的”，相应地也有图像为“严格凹的”这种说法.

定义 3.7.1 设函数 f 在 x_0 的两旁(包括 x_0 在内)有定义.在 x_0 的一侧图像 $y=f(x)$ 是严格凸的,另一侧是严格凹的,那么称 x_0 是 f 的一个**拐点**.

显然,当 f 在 x_0 的近旁有连续的二阶导数时,x_0 为拐点的必要条件是 $f''(x_0)=0$.不过,这不是拐点的充分条件.考察函数 $f(x)=x^4$,虽然这时有 $f''(0)=0$,但 $x=0$ 不是 f 的拐点,这是因为 $f''(x)=12x^2>0(x\neq0)$,所以 f 在 $\mathbf{R}$ 上是严格凸的.如果 $f''(x_0)=0$,并且 f'' 在 x_0 的一侧取正值,在另一侧取负值,可以断言 x_0 是 f(或图像 $y=f(x)$)的拐点.在拐点的近旁,曲线在拐点上的切线把曲线 $y=f(x)$ 分在它的两侧.这一观察对函数作图会有帮助.

为了使函数的几何形态尽可能地精确,还需要引进曲线的渐近线的概念.

定义 3.7.2 (1) 如果 $\lim\limits_{x\to+\infty}f(x)=a$ 或 $\lim\limits_{x\to-\infty}f(x)=b$,则称 $y=a$ 或 $y=b$ 为 $y=f(x)$ 的一条**水平渐近线**;

(2) 如果 $\lim\limits_{x\to x_0^+}f(x)=\pm\infty$ 或 $\lim\limits_{x\to x_0^-}f(x)=\pm\infty$,则称 $x=x_0$ 为 $y=f(x)$ 的一条**竖直渐近线**;

(3) 如果 $a\neq0$,使得 $\lim\limits_{x\to+\infty}(f(x)-(ax+b))=0$ 或 $\lim\limits_{x\to-\infty}(f(x)-(ax+b))=0$,则称 $y=ax+b$ 为 $y=f(x)$ 的一条**斜渐近线**.

水平渐近线和竖直渐近线往往一眼就能看出来.例如,$y=0$ 是 $y=\dfrac{1}{1+x^2}$ 的一条水平渐近线,$x=\pi/2$ 和 $x=-\pi/2$ 是 $y=\tan x$ 的两条竖直渐近线.

如何求 $y=f(x)$ 的斜渐近线?设 $y=ax+b$ 是 $y=f(x)$ 的一条斜渐近线.由于

$$0=\lim_{x\to+\infty}\frac{f(x)-(ax+b)}{x}=\lim_{x\to+\infty}\left(\frac{f(x)}{x}-a\right)=\lim_{x\to+\infty}\frac{f(x)}{x}-a,$$

所以

$$a=\lim_{x\to+\infty}\frac{f(x)}{x}. \tag{1}$$

有了 a,便可以从

$$b=\lim_{x\to+\infty}(f(x)-ax) \tag{2}$$

求得 b.式(1)和(2)便是求斜渐近线的公式.

例 1 求函数 $y=\dfrac{(1+x)^2}{4(1-x)}$ 的渐近线.

解 记 $f(x)=\dfrac{(1+x)^2}{4(1-x)}$,则显然有

$$\lim_{x\to1^+} f(x) = -\infty, \quad \lim_{x\to1^-} f(x) = +\infty.$$

因此，$x=1$ 是 $y=f(x)$的一条竖直渐近线. 由于

$$a = \lim_{x\to\pm\infty} = \frac{f(x)}{x} = \lim_{x\to\pm\infty} \frac{(1+x)^2}{4x(1-x)} = -\frac{1}{4},$$

$$b = \lim_{x\to\pm\infty}(f(x)-ax) = \lim_{x\to\pm\infty}\left(\frac{(1+x)^2}{4(1-x)} + \frac{x}{4}\right) = -\frac{3}{4},$$

所以 $y=-\frac{1}{4}x-\frac{3}{4}$是 $y=f(x)$的一条斜渐近线. □

现在可以列出作图的大致步骤：

(1) 确定函数的定义域；

(2) 判定函数是否有奇偶性、周期性及其他对称性；

(3) 确定函数的增减区间及极值点；

(4) 确定函数的凹凸区间及拐点；

(5) 确定函数是否有渐近线；

(6) 求出一些特殊点的值.

例 2　作出多项式函数 $f(x)=4x^3-3x$ 的图像.

解　这是一个奇函数，所以只需在$[0,+\infty)$上讨论. 求导得

$f'(x)=12x^2-3,\quad f''(x)=24x.$

由此可知 $x=1/2$ 是 f 在$[0,+\infty)$中唯一的驻点. 实际上，1/2 是最小值点，最小值是 $f(1/2)=-1$，其值域是$[-1,+\infty)$. 函数 f 在$[0,1/2]$上严格递减，当 $x>1/2$ 时严格递增，在$[0,+\infty)$上严格凸.

表 3.1

x	$\left(0,\frac{1}{2}\right)$	$\left(\frac{1}{2},+\infty\right)$
f'	−	+
f''	+	+
f	↘凸	↗凸

把以上结果填入表 3.1 中.

根据表 3.1 以及 $f(0)=0, f(\sqrt{3}/2)=0$，便可画出 $y=4x^3-3x$ 的图像了(图 3.16).

例 3　设函数

$$f(x) = (x-1)^2 + 2\ln x,$$

作出函数 f 的图像.

解　f 的定义域是$(0,+\infty)$，没有对称性和周期性. 计算导数，得

$$f'(x) = \frac{2}{x}\left(\left(x-\frac{1}{2}\right)^2 + \frac{3}{4}\right) > 0\ (x>0),$$

$$f''(x)=2\left(1-\frac{1}{x^2}\right)\begin{cases}>0, & x>1,\\<0, & 0<x<1.\end{cases}$$

表 3.2

x	$(0,1)$	$(1,+\infty)$
f'	+	+
f''	−	+
f	↗凹	↗凸

因此 $x=1$ 是拐点.由 $\lim\limits_{x\to0^+}f(x)=-\infty$,知 $x=0$ 是一条竖直渐近线.由 $a=\lim\limits_{x\to+\infty}\dfrac{f(x)}{x}=+\infty$,知 f 没有斜渐近线.根据 $f(1)=0$, $f'(1)=2$ 及表 3.2,即得 $y=f(x)$ 的图像,如图 3.17 所示.

在例 3 中,我们只描绘了曲线上的一个点.为什么只取一个点就基本上符合要求了呢?这是因为我们并不在乎数值上的偏差,重视的乃是函数的形态,是“神似”.当我们欣赏一个优秀的漫画家创作的某名人的漫画时,一看便知是谁,这就是“神似”,这绝不意味着漫画中五官配置的比例与真人的严格相等.

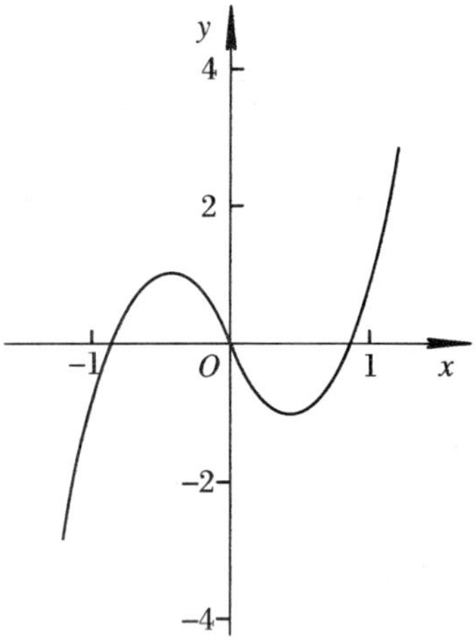

图 3.16

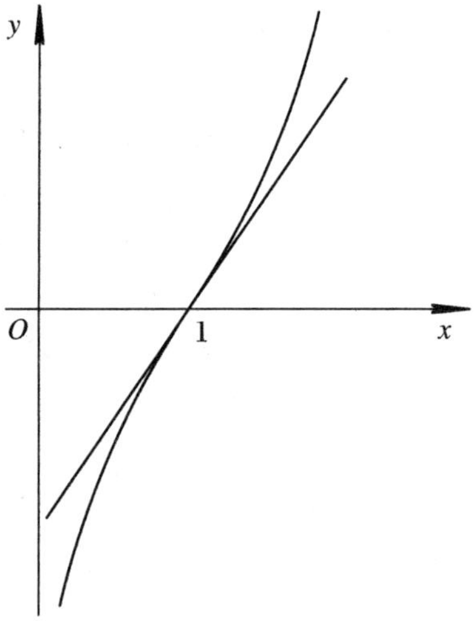

图 3.17

例 4 作函数 $y=\dfrac{(1+x)^2}{4(1-x)}$ 的图像.

解 记 $f(x)=\dfrac{(1+x)^2}{4(1-x)}$,它的定义域是 $(-\infty,1)$,$(1,+\infty)$.计算导数,得

$$f'(x)=\frac{(3-x)(1+x)}{4(1-x)^2},\quad f''(x)=\frac{2}{(1-x)^3}.$$

易知 $x=3$ 和 $x=-1$ 是驻点.根据 f' 和 f'' 填写表 3.3.

表 3.3

x	$(-\infty,-1)$	$(-1,1)$	$(1,3)$	$(3,+\infty)$
f'	$-$	$+$	$+$	$-$
f''	$+$	$+$	$-$	$-$
f	↘凸	↗凸	↗凹	↘凹

又从例 1 知道,它有竖直渐近线 $x=1$ 和斜渐近线 $y=-\dfrac{1}{4}(x+3)$,再由 $f(-1)=0, f(3)=-2$,可得其图像如图 3.18 所示.

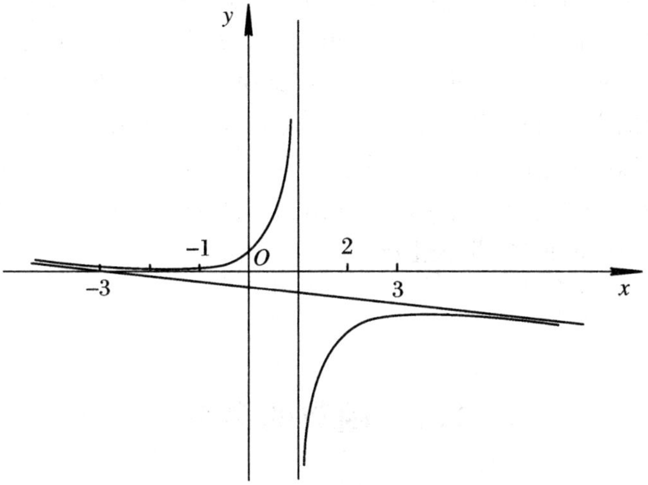

图 3.18

练 习 题 3.7

画出下列曲线:

(1) $y=x^4-2x+10$; (2) $y=\mathrm{e}^{-x^2}$;

(3) $y=\ln(1+x^2)$; (4) $y=x-\ln(1+x)$;

(5) $y=\dfrac{x}{1-x^2}$; (6) $y=x^2\mathrm{e}^{-x}$;

(7) $y=\dfrac{x}{2}+\operatorname{arccot} x$; (8) $y=\dfrac{x^4}{(1+x)^3}$.

第 4 章　一元微分学的顶峰
——Taylor 定理

在第 3 章中，Lagrange 中值定理可以说是其中最重要的定理，我们已经看到它的许多应用. 在本章中，我们要把 Lagrange 定理作进一步的推广，得出所谓的 Taylor（泰勒，1685～1731）定理. 我们不想把话说得太绝对，但至少可以说：凡是用一元微分学中的定理、技巧能解决的问题，其中的大部分都可以用 Taylor 定理来解决. 掌握了 Taylor 定理之后，回过头去看前面的那些理论，似乎一切都在你的掌握之中，使你有一种"会当凌绝顶，一览众山小"的意境. 从这个意义上说，"Taylor 定理是一元微分学的顶峰"并不过分.

4.1　函数的微分

设函数 $f:(a,b)\to\mathbf{R}$. 回顾 f 在点 $x_0\in(a,b)$ 处可导的定义，即极限

$$\lim_{\Delta x\to 0}\frac{f(x_0+\Delta x)-f(x_0)}{\Delta x}$$

存在，通常记它为 $f'(x_0)$. 由此推知

$$\frac{f(x_0+\Delta x)-f(x_0)}{\Delta x}-f'(x_0)$$

当 $\Delta x\to 0$ 时是一个无穷小. 或者说，当 $\Delta x\to 0$ 时，

$$f(x_0+\Delta x)-f(x_0)=f'(x_0)\Delta x+o(\Delta x). \tag{1}$$

此式的左边是函数 f 在点 x_0 处的一个改变量；右边是两项的和，其中第一项是自变量的改变量 Δx 的齐次线性函数，第二项当 $\Delta x\to 0$ 时是比 Δx 高阶的无穷小.

当 $f'(x_0)\neq 0$ 时,式(1)右边的第一项是与 Δx 同阶的无穷小.与第二项相比,它占有更重的分量,或者说起着主要的作用.这一性质是在 f 在点 x_0 处可导的条件之下得出的.

我们作出下面的定义:

定义 4.1.1 设函数 f 在(a,b)上有定义,且 $x_0\in(a,b)$.如果存在一个常数 λ,使得

$$f(x_0+\Delta x)-f(x_0)=\lambda\Delta x+o(\Delta x)\quad(\Delta x\to 0),\tag{2}$$

则称函数 f 在点 x_0 处**可微**.函数的改变量的线性主要部分 $\lambda\Delta x$ 称为f 在 x_0 处的**微分**,记为 $\mathrm{d}f(x_0)$.

前面的推导表明,f 在点 x_0 处可导时,必在同一点可微.现在我们反过来提出这样的问题:如果 f 在点 x_0 处可微,在点 x_0 处是否可导?那个线性主要部分的系数 λ 究竟是什么?

用 Δx 同除式(2)的两边,得到

$$\frac{f(x_0+\Delta x)-f(x_0)}{\Delta x}=\lambda+o(1).$$

令 $\Delta x\to 0$,可得

$$\lambda=\lim_{\Delta x\to 0}\frac{f(x_0+\Delta x)-f(x_0)}{\Delta x}=f'(x_0).$$

这表明 f 在点 x_0 处可导,而且 Δx 的系数只能是f 在点 x_0 处的导数.

我们证明了:对单变量函数来说,可导和可微是同一件事.在大多数场合,当我们说 f 在点 x_0 处"可微"时,往往是为了突出函数 f 具有式(1)所表达的性质.我们还证明了

$$\mathrm{d}f(x_0)=f'(x_0)\Delta x.\tag{3}$$

公式(3)也有不尽如人意之处,因为它的右边出现自变量的改变量 Δx,而左边没有 Δx 的痕迹.虽然如此,在实际操作中并不会造成混乱.例如,在某一问题中,我们用 h 来表示自变量的改变量,那么这时就应当写成 $\mathrm{d}f(x_0)=f'(x_0)h$,等等.如果函数 f 在(a,b)上可微,那么 $\mathrm{d}f(x)=f'(x)\Delta x$ 对一切 $x\in(a,b)$成立.对特殊的函数 $f(x)=x$,有

$$\mathrm{d}x=(x)'\Delta x=\Delta x.$$

这表明,当 x 是自变量时,有 $\mathrm{d}x=\Delta x$,即它的改变量就等于自身的微分.这样一来,式(3)可以改成

$$\mathrm{d}f(x)=f'(x)\mathrm{d}x.\tag{4}$$

现在,从几何上来看看微分的意义.作曲线 $y=f(x)$的图像,以及曲线在

$(x_0, f(x_0))$处的切线(图 4.1). 图中字母的意义如下:

$P_0=(x_0, f(x_0))$, 曲线上固定的点;

$P=(x_0+\Delta x, f(x_0+\Delta x))$, 曲线上与点 P_0 邻近的点;

$Q=(x_0+\Delta x, f(x_0))$;

$T=(x_0+\Delta x, f(x_0)+f'(x_0)\Delta x)$, 曲线在点 P_0 处的切线与直线 $x=x_0+\Delta x$ 的交点.

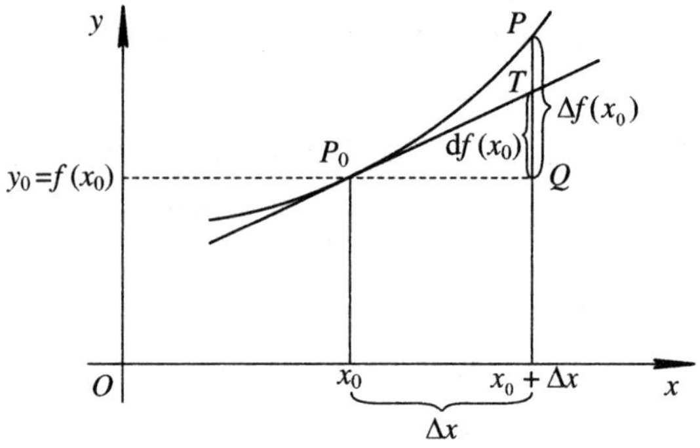

图 4.1

由此可知

$$\overline{QT}=f'(x_0)\Delta x=\mathrm{d}f(x_0),$$

这里$\overline{QT}$是带符号的线段. 此式表明函数在一点处的微分, 等于它在该点处"切线函数"的改变量. 此外,

$$\overline{TP}=\Delta f(x_0)-\mathrm{d}f(x_0).$$

它是函数的改变量与函数的微分之差. 当 $\Delta x\to 0$ 时, $\overline{TP}$是比 $\Delta x=\overline{P_0Q}$更高阶的无穷小. 这些事实, 从图 4.1 中可以明显看到.

现在总结一下有关微分的一些事实:

(1) 微分是 Δx 的一个齐次线性函数, 它的系数是 $f'(x_0)$, 这个线性函数的定义域是整个实数, 即 $\Delta x\in(-\infty,+\infty)$;

(2) 当 $\Delta x\to 0$ 时, 微分与函数改变量的差别仅仅是比 Δx 高阶的无穷小;

(3) 微分的几何意义是该点的切线函数的改变量.

如果把自变量的改变量直接写成 $x-x_0$, 那么式(1)成为

$$f(x)=f(x_0)+f'(x_0)(x-x_0)+o(x-x_0)\quad(x\to x_0). \tag{5}$$

这个式子也可以作为 f 在 x_0 处可微的定义. 性质(2)为我们提供了这样的数值应

用：当$|x-x_0|$相当小时，

$$f(x)\approx f(x_0)+f'(x_0)(x-x_0), \tag{6}$$

即函数值$f(x)$可以近似地由式(6)右边的x的线性函数来代替.由于$y=f(x_0)+f'(x_0)(x-x_0)$是在点$(x_0,f(x_0))$处曲线的切线方程，这表明在这一点的近旁，曲线$y=f(x)$可以用直线(即该点的切线)来代替.看两个例子.

例1　对半径为r的圆，其面积是r的函数，$f(r)=\pi r^2$，当其半径从r变到$r+h$(这里h可以是负值)时，圆面积的改变量是

$$f(r+h)-f(r)=2\pi rh+\pi h^2. \tag{7}$$

这个数值的几何意义是，半径为r与半径为$r+h$的两个同心圆所围成的圆环的面积(图4.2).式(7)右边的第一项可以解释为一个矩形的面积，它的长是$2\pi r$(即内圆周的周长)，宽是h，这里设$h>0$.当h很小时，此矩形的面积可近似地代替圆环的面积.所产生的误差是式(7)中的最后一项，用这一项可以来估计逼近的误差.　□

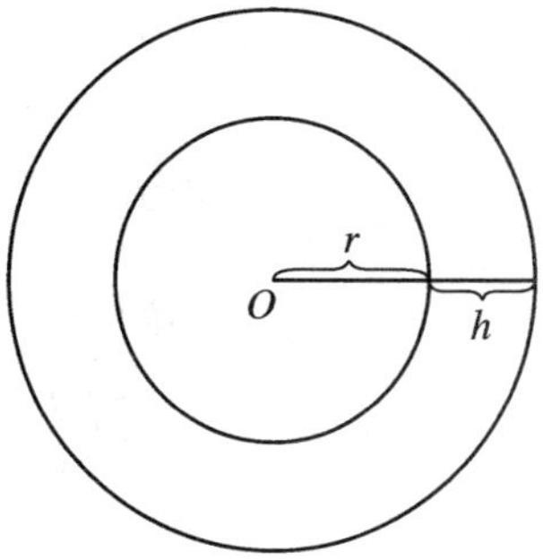

图4.2

上例中出现的是一个十分简单的函数(r的二次多项式)，所以近似的误差是可以精确表达的，但对一般情况，在我们当前这个学习阶段上，逼近的误差还难于估计.

例2　计算$\sin 30°5'$.

解　首先必须把其中角度的数据化成弧度.由于30°等于$\pi/6$，$5'$约等于0.001 454 4(弧度)，所以

$$\begin{aligned}\sin 30°5' &\approx \sin\left(\frac{\pi}{6}+0.001\,454\,4\right)\\ &\approx \sin\frac{\pi}{6}+0.001\,454\,4\cos\frac{\pi}{6}\\ &=\frac{1}{2}+\frac{\sqrt{3}}{2}\times 0.001\,454\,4=0.501\,259\,5\cdots.\end{aligned}$$

计算器得出的结果是0.501 259 1…，差别发生在小数点后的第七位上.　□

但是，用这种方法来作近似计算，还是相当粗略的.我们说$|x-x_0|$很小，问题是：多小才算"很小"？此外，对这种"近似"所带来的误差没有可靠的控制.这些问题到4.3节中将得到解答.

学会了求导运算，求微分就是轻而易举的事.这由以下的例子可以看出来.

例 3 求 dx^5.

解 $dx^5=(x^5)'dx=5x^4dx$. □

例 4 求 $de^{(x^2-1/x)}$.

解 易知

$$de^{(x^2-1/x)} = (e^{(x^2-1/x)})'dx = \left(x^2-\frac{1}{x}\right)'e^{(x^2-1/x)}dx.$$

$$= \left(2x+\frac{1}{x^2}\right)e^{(x^2-1/x)}dx.$$ □

一般地,关于函数四则运算的微分,有下列法则:

(1) $d(f\pm g)=df\pm dg$;

(2) $d(fg)=gdf+fdg$;

(3) $d\left(\frac{f}{g}\right)=\frac{gdf-fdg}{g^2}$,其中 $g\neq 0$.

我们只证(3)中的公式.易知

$$d\left(\frac{f}{g}\right) = \left(\frac{f}{g}\right)'dx = \frac{gf'-fg'}{g^2}dx$$

$$= \frac{gf'dx-fg'dx}{g^2} = \frac{gdf-fdg}{g^2}.$$

如果 c 是一个常数,显然 $dc=0$.由上述的(2),得知 $d(cf)=cdf$,即常数因子可以提到微分运算的符号之外.

现在我们可以给出"导数"的另外一种记法.直到目前为止,f 的导函数被记作 f'.在公式(4)的两边除以 dx,得到

$$\frac{df(x)}{dx} = f'(x).$$

这就是说,导函数 f' 可以用 $\frac{df}{dx}$ 来表示,这是导数的 Leibniz 记号.由于 $\frac{df}{dx}$ 是函数的微分与自变量的微分的商,因此导数也称为**微商**.此后,这两种名词经常被混用而无须加以特别说明.

设 $y=f(x)$ 可微,则 $dy=f'(x)dx$ 仍是 x 的函数.如果 $f'(x)$ 仍可微,则可计算 dy 的微分,记为 $d^2y=d(dy)$,那么

$$d^2y = d(dy) = d(f'(x)dx) = (f''(x)dx)dx = f''(x)dx^2,$$

这里 $dx^2=(dx)^2$,而不是 $dx^2=d(x^2)=2xdx$.称 d^2y 为 $y=f(x)$ 的二阶微分.如果 $f''(x)$ 仍可微,那么还可计算 $y=f(x)$ 的三阶微分:

$$d^3y = d(d^2y) = d(f''(x)dx^2) = (f'''(x)dx)dx^2 = f'''(x)dx^3.$$

如果 f 在 x 处有 n 阶导数，那么有

$$d^n y = f^{(n)}(x)dx^n.$$

因而有记号

$$\frac{d^n y}{dx^n} = f^{(n)}(x) \quad (n = 1,2,\cdots).$$

复合函数的微分公式有重要的意义.设 $y = f(x)$ 且 $x = \varphi(t)$.当 t 在 φ 的定义域中变化时，$\varphi(t)$ 的值不超过 f 的定义域.我们可以定义复合函数 $y = f\circ\varphi(t)$，这时 t 已是自变量.从而有微分公式

$$dy = (f\circ\varphi)'(t)dt = f'(x)\varphi'(t)dt.$$

又知 $dx = \varphi'(t)dt$，代入上式，便得出

$$dy = f'(x)dx. \tag{8}$$

如果 x 是自变量，上式自然成立.这就是说，公式(8)无论是对独立的自变量还是对中间变量都是正确的，这称为**一阶微分形式的不变性**.

对高阶微分，这种微分形式的不变性是否还成立？即如果 $y = f(x)$，$x = \varphi(t)$，是否还有

$$d^n y = f^{(n)}(x)dx^n \quad (n \geqslant 2)?$$

答案是否定的.例如 $y = e^x$，$x = t^3$，由此得复合函数 $y = e^{t^3}$，所以 $dy = 3t^2e^{t^3}dt$，以及

$$d^2 y = (6t + 9t^4)e^{t^3}dt^2, \tag{9}$$

而

$$e^x dx^2 = 9t^4e^{t^3}dt^2. \tag{10}$$

显然，$d^2 y \neq e^x dx^2$.式(10)比式(9)少了一项 $6te^{t^3}dt^2$.

一般来说，设 $y = f(x)$，$x = \varphi(t)$，由一阶微分形式的不变性，得

$$dy = f'(x)dx.$$

由于这时 x 和 dx 都是 t 的函数，所以

$$d^2 y = f''(x)dx^2 + f'(x)d^2 x.$$

与 x 是自变量的情形相比较，多了 $f'(x)d^2 x$ 这一项，因而高阶微分不具有形式不变性.

练 习 题 4.1

1. 求 y 关于 x 的微分：

(1) $y=\frac{1}{x}$； (2) $y=\arctan(ax+b)$；

(3) $y=\sin x-x\cos x$； (4) $y=\ln(x+\sqrt{x^2+a^2})$.

2. 填空：

(1) $\mathrm{d}(\quad)=\frac{\mathrm{d}x}{x}$； (2) $\mathrm{d}(\quad)=\frac{\mathrm{d}x}{1+x^2}$；

(3) $\mathrm{d}(\quad)=\frac{\mathrm{d}x}{\sqrt{x}}$； (4) $\mathrm{d}(\quad)=(2x+1)\mathrm{d}x$；

(5) $\mathrm{d}(\quad)=(\cos x+\sin x)\mathrm{d}x$； (6) $\mathrm{d}(\quad)=\frac{\mathrm{d}x}{\sqrt{1+x^2}}$；

(7) $\mathrm{d}(\quad)=\mathrm{e}^{-ax}\mathrm{d}x$； (8) $\mathrm{d}(\quad)=\cos x\sin x\mathrm{d}x$；

(9) $\mathrm{d}(\quad)=\frac{\mathrm{d}x}{x\ln x}$； (10) $\mathrm{d}(\quad)=\frac{x\mathrm{d}x}{\sqrt{x^2+a^2}}$；

(11) $\mathrm{d}(\quad)=\cos^2x\sin x\mathrm{d}x$； (12) $\mathrm{d}(\quad)=\sin^2x\mathrm{d}x$.

3. 设 u,v,w 均为 x 的可微函数,求 y 关于 x 的微分：

(1) $y=uvw$； (2) $y=\frac{u}{v^2}$；

(3) $y=\frac{1}{\sqrt{u^2+v^2+w^2}}$； (4) $y=\arctan\frac{u}{vw}$；

(5) $y=\ln(u^2+v^2+w^2)^{1/2}$.

4. 对下列方程作微分,然后解出 y'：

(1) $x=y+\mathrm{e}^y$； (2) $x=y+\ln y$；

(3) $\frac{x^2}{a^2}+\frac{y^2}{b^2}=1$； (4) $\sqrt{x}+\sqrt{y}=\sqrt{a}$ (常数 $a>0$)；

(5) $\frac{y^2}{x}=\sqrt{x^2+y^2}$.

5. 利用微分作近似计算：

(1) $\sqrt[4]{80}$； (2) $\sin 29^\circ$；

(3) $\arctan 1.05$； (4) $\lg 11$.

4.2 带 Peano 余项的 Taylor 定理

如果函数 f 在 x_0 处可微,便有上一节的公式(5)：

$$f(x)=f(x_0)+f'(x_0)(x-x_0)+o(x-x_0)\quad(x\to x_0).$$

如果实际需要计较到 $x-x_0$ 的二阶无穷小，那么上述公式就没有任何意义.因此自然会提出这样的问题：在 $f''(x_0)$ 存在的条件下，$f(x)$ 能不能用 $x-x_0$ 的一个二次多项式来近似，并使得其误差当 $x\to x_0$ 时是比 $(x-x_0)^2$ 高阶的无穷小？把这一要求用公式写出来，就是

$$f(x)=A+B(x-x_0)+C(x-x_0)^2+o((x-x_0)^2)\quad(x\to x_0),\tag{1}$$

其中 A,B,C 是常数.如果这个要求能被满足，我们问常数 A,B,C 该如何确定？

首先，令 $x\to x_0$，得出

$$A=\lim_{x\to x_0}f(x)=f(x_0).$$

在这样的条件下，把式(1)改写为

$$\frac{f(x)-f(x_0)}{x-x_0}=B+C(x-x_0)+o(x-x_0)\quad(x\to x_0).$$

在上式的两边令 $x\to x_0$，由 f 在 x_0 处可导，得

$$B=\lim_{x\to x_0}\frac{f(x)-f(x_0)}{x-x_0}=f'(x_0).$$

为了求出 C，注意到

$$C=\lim_{x\to x_0}\frac{f(x)-f(x_0)-f'(x_0)(x-x_0)}{(x-x_0)^2},$$

对上式的右边用 L'Hospital 法则，得

$$C=\lim_{x\to x_0}\frac{f'(x)-f'(x_0)}{2(x-x_0)}=\frac{1}{2}\lim_{x\to x_0}\frac{f'(x)-f'(x_0)}{x-x_0}.$$

由于 $f''(x_0)$ 存在，可见

$$C=\frac{1}{2}f''(x_0).$$

到此为止，我们证明了只有唯一的一个二次多项式，即

$$f(x_0)+f'(x_0)(x-x_0)+\frac{1}{2}f''(x_0)(x-x_0)^2\tag{2}$$

才能满足式(1)的要求.是不是多项式(2)确实满足式(1)的要求呢？答案是肯定的，这是因为使用一次 L'Hospital 法则，便得出

$$\lim_{x\to x_0}\frac{f(x)-\left(f(x_0)+f'(x_0)(x-x_0)+\frac{1}{2}f''(x_0)(x-x_0)^2\right)}{(x-x_0)^2}$$

$$=\lim_{x\to x_0}\frac{f'(x)-f'(x_0)-f''(x_0)(x-x_0)}{2(x-x_0)}$$

$$= \frac{1}{2}\left(\lim_{x \to x_0} \frac{f'(x) - f'(x_0)}{x - x_0} - f''(x_0)\right)$$

$$= \frac{1}{2}(f''(x_0) - f''(x_0)) = 0,$$

所以式(1)成立

再继续下去,不会有任何本质的困难.

我们给出:

定义 4.2.1 设函数 f 在点 x_0 处有直到 n 阶的导数,这里 n 是任意给定的正整数.令

$$T_n(f, x_0; x) = f(x_0) + \frac{1}{1!}f'(x_0)(x - x_0) + \frac{1}{2!}f''(x_0)(x - x_0)^2 + \cdots + \frac{1}{n!}f^{(n)}(x_0)(x - x_0)^n,$$

称它为 f 在 x_0 处的 n 次 Taylor 多项式.

我们有下列重要的定理:

定理 4.2.1 设函数 f 在点 x_0 处有直到 n 阶的导数,则有

$$f(x) = T_n(f, x_0; x) + o((x - x_0)^n) \quad (x \to x_0). \tag{3}$$

证明 用数学归纳法. $n = 1$ 时,已知式(3)成立.现设 $n = k$ 时,式(3)成立.由

$$T'_{k+1}(f, x_0; x) = T_k(f', x_0; x),$$

再利用 L'Hospital 法则和归纳假定,即得

$$\lim_{x \to x_0} \frac{f(x) - T_{k+1}(f, x_0; x)}{(x - x_0)^{k+1}} = \frac{1}{k+1} \lim_{x \to x_0} \frac{f'(x) - T_k(f', x_0; x)}{(x - x_0)^k} = 0.$$

这说明当 $n = k + 1$ 时,式(3)也成立. □

令

$$R_n(x) = f(x) - T_n(f, x_0; x) \quad (n = 1, 2, \cdots),$$

称它为**余项**.当前,对余项 R_n 只有定性的刻画:

$$\lim_{x \to x_0} \frac{R_n(x)}{(x - x_0)^n} = 0.$$

这种余项我们称为 **Peano**(佩亚诺,1852～1932)**余项**.

我们把公式(3)明确地写出来,就是

$$f(x) = f(x_0) + \frac{1}{1!}f'(x_0)(x - x_0) + \frac{1}{2!}f''(x_0)(x - x_0)^2 + \cdots + \frac{1}{n!}f^{(n)}(x_0)(x - x_0)^n + o((x - x_0)^n) \quad (x \to x_0).$$

在这个公式的右边中，除了最后一项之外，前面是不超过 n 次的多项式. 右边的第一项是一个常数，而当 $x \to x_0$ 时，第二项、第三项……依次是 $x - x_0$ 的一阶、二阶……无穷小. 这个公式的意义在于，在点 x_0 的近旁，一个很复杂的函数可以用多项式来近似地代替，公式的右边按照层次以及其数值上的重要性从重要到次重要依次摆了出来. 虽然余项一般已不是多项式，但是比起前面那些项的总和，已是微不足道. 因此，定理 4.2.1 是研究函数在一点近旁的性态的有力工具.

称多项式

$$T_n(f,0;x) = f(0) + \frac{f'(0)}{1!}x + \frac{f''(0)}{2!}x^2 + \cdots + \frac{f^{(n)}(0)}{n!}x^n$$

为 f 的 n 次 Maclaurin（麦克劳林，1698～1746）多项式. 相应地，

$$f(x) = T_n(f,0;x) + o(x^n) \tag{4}$$

就称为**带有 Peano 余项的 Maclaurin 定理**. 公式(3)或(4)通常也叫作函数 f 的 **Taylor 展开式或 Maclaurin 展开式**.

例 1 求 $f(x) = e^x$ 的 Maclaurin 展开式.

解 由于 $(e^x)^{(k)} = e^x (k = 1,2,\cdots)$，可见 e^x 的各阶导数在 $x = 0$ 处取值为 1. 于是当 $x \to 0$ 时，有

$$e^x = 1 + x + \frac{1}{2!}x^2 + \cdots + \frac{1}{n!}x^n + o(x^n).$$ □

例 2 求函数 $f(x) = \sin x$ 的 Maclaurin 展开式.

解 由于

$$f^{(k)}(x) = \sin\left(x + \frac{k\pi}{2}\right) \quad (k = 0,1,2,\cdots),$$

所以，当 k 为偶数时，$f^{(k)}(0) = 0$. 此外，还有

$$f^{(2k+1)}(0) = \sin\left(k\pi + \frac{\pi}{2}\right) = (-1)^k.$$

由此得出，当 $x \to 0$ 时，有

$$\sin x = x - \frac{x^3}{3!} + \frac{x^5}{5!} - \cdots + (-1)^{n-1}\frac{x^{2n-1}}{(2n-1)!} + o(x^{2n}).$$ □

例 3 与例 2 类似，可以证明：当 $x \to 0$ 时，有

$$\cos x = 1 - \frac{x^2}{2!} + \frac{x^4}{4!} - \cdots + (-1)^n\frac{x^{2n}}{(2n)!} + o(x^{2n+1}).$$ □

例 4 求函数 $f(x) = \ln(1 + x)$ 的 Maclaurin 展开式.

解 经计算得

$$f(x) = \ln(1 + x), \quad f(0) = 0,$$

$$f'(x)=\frac{1}{1+x},\qquad f'(0)=1,$$

$$f''(x)=\frac{-1}{(1+x)^2},\quad f''(0)=-1,$$

$$f'''(x)=\frac{1\cdot 2}{(1+x)^3},\quad f'''(0)=2!.$$

一般地，

$$f^{(k)}(x)=\frac{(-1)^{k-1}(k-1)!}{(1+x)^k},\quad f^{(k)}(0)=(-1)^{k-1}(k-1)!\quad (k\in\mathbf{N}^*).$$

于是当 $x\to 0$ 时，有

$$\ln(1+x)=x-\frac{x^2}{2}+\frac{x^3}{3}+\cdots+(-1)^{n-1}\frac{x^n}{n}+o(x^n).$$ □

例 5 求函数 $f(x)=(1+x)^\lambda\ (x>-1)$ 的 Maclaurin 展开式.

解 计算 f 的导数，得

$$f^{(k)}(x)=\lambda(\lambda-1)\cdots(\lambda-k+1)(1+x)^{\lambda-k}\quad (k=1,2,\cdots).$$

将 $x=0$ 代入上式，得

$$f^{(k)}(0)=\lambda(\lambda-1)\cdots(\lambda-k+1)\quad (k=1,2,\cdots).$$

由此便知，当 $x\to 0$ 时，有

$$(1+x)^\lambda=1+\lambda x+\frac{\lambda(\lambda-1)}{2!}x^2+\cdots+\frac{\lambda(\lambda-1)\cdots(\lambda-n+1)}{n!}x^n+o(x^n).$$

虽然这里的 λ 不必是正整数，但我们还是使用符号

$$\binom{\lambda}{k}=\frac{\lambda(\lambda-1)\cdots(\lambda-k+1)}{k!}\quad (k=1,2,\cdots),$$

还规定 $\binom{\lambda}{0}=1$. 于是有公式

$$(1+x)^\lambda=\sum_{k=0}^{n}\binom{\lambda}{k}x^k+o(x^n)\quad (x\to 0).$$ □

例 6 求函数 $f(x)=\arctan x$ 的 Maclaurin 展开式.

解 由于 f 在 $x=0$ 处有任意阶的导数，故由定理 4.2.1，有

$$\arctan x=\sum_{k=0}^{2n+1}\frac{f^{(k)}(0)}{k!}x^k+o(x^{2n+1})\quad (x\to 0),\tag{5}$$

其中 $n\in\mathbf{N}^*$. 问题是如何简便地把 $f^{(k)}(0)$ 计算出来.

由 $f(x)=\arctan x$，得 $f(0)=0$；由 $f'(x)=\dfrac{1}{1+x^2}$，得 $f'(0)=1$.

在恒等式 $(1+x^2)f'(x)=1$ 的两边，对 x 求 n 阶导数，利用 Leibniz 公式，得

$$(1+x^2)f^{(n+1)}(x)+2nxf^{(n)}(x)+n(n-1)f^{(n-1)}(x)=0. \tag{6}$$

将 $x=0$ 代入式(6)，得到

$$f^{(n+1)}(0)=-(n-1)nf^{(n-1)}(0), \tag{7}$$

这里 $n\in\mathbf{N}^*$. 由式(7)，可得

$$f^{(n)}(0)=\begin{cases}0, & \text{当 } n \text{ 为偶数时},\\ (-1)^k(2k)!, & \text{当 } n=2k+1 \text{ 时},\end{cases}$$

这里 $k=0,1,2,\cdots$，代入式(5)，便得出

$$\arctan x=\sum_{k=0}^{n}\frac{(-1)^k}{2k+1}x^{2k+1}+o(x^{2n+2})\quad(x\to 0).$$

写得再清楚一些，就是

$$\arctan x=x-\frac{x^3}{3}+\frac{x^5}{5}-\cdots+(-1)^n\frac{1}{2n+1}x^{2n+1}+o(x^{2n+2}).$$ □

利用同样的技巧可以算出 $\arcsin x$ 的 Maclaurin 展开式，请读者把它当作一个习题来做.

对以上这几个 Maclaurin 展开式，其系数都有很强的规律性，便于记忆. 为了应用，熟记它们是很有好处的.

对函数值的近似计算来说，在公式(3)中取 $n=2,3$，可望获得比用微分所得到的更为精确的结果. 但是，同样的缺点在这里也存在，即对余项 $R_n(x)$ 没有定量的估计，只有一种定性的了解：当 $x\to x_0$ 时，它是比 $(x-x_0)^n$ 高阶的无穷小.

即使这样，带 Peano 余项的 Taylor 公式也已呈现出重要的作用. 在这里，我们列出它的两项应用，第一是求极限，第二是彻底地讨论函数的极大、极小问题.

例 7　计算极限

$$\lim_{x\to 0}\frac{\mathrm{e}^x\sin x-x(1+x)}{\sin^3 x}.$$

解　用等价无穷小代替，得知上述极限与

$$\lim_{x\to 0}\frac{\mathrm{e}^x\sin x-x(1+x)}{x^3}$$

有相等的值. 由此可见，只需将上式中的分子展开到 x 的三次方，而高于三阶的无穷小无须具体计算. 由于

$$\begin{aligned}\mathrm{e}^x\sin x&=\left(1+x+\frac{x^2}{2}+o(x^2)\right)\left(x-\frac{x^3}{3!}+o(x^3)\right)\\&=x+x^2+\frac{x^3}{3}+o(x^3),\end{aligned}$$

所以

$$e^x\sin x - x(1+x) = \frac{x^3}{3} + o(x^3).$$

可知原极限等于 1/3. □

如果用 L'Hospital 法则来解此题,那就必须连续使用三次该法则,不如这里的方法直接.

例 8 计算极限

$$\lim_{x\to\infty}\left(x - x^2\ln\left(1+\frac{1}{x}\right)\right).$$

解 当 $x\to\infty$ 时,$1/x\to 0$,于是

$$\ln\left(1+\frac{1}{x}\right) = \frac{1}{x} - \frac{1}{2x^2} + o\left(\frac{1}{x^2}\right).$$

因此

$$x - x^2\ln\left(1+\frac{1}{x}\right) = \frac{1}{2} + o(1) \quad (x\to\infty),$$

从而所求的极限为 1/2. □

例 9 求极限

$$\lim_{x\to 0}\frac{\sin x - \arctan x}{\tan x - \sin x}.$$

解 先分解分母:

$$\tan x - \sin x = \sin x\left(\frac{1}{\cos x} - 1\right) = \sin x(1-\cos x)\frac{1}{\cos x}.$$

当 $x\to 0$ 时,$\sin x$ 与 x 为等价无穷小,$1-\cos x$ 与 $x^2/2$ 为等价无穷小,而 $\cos x\to 1$,因此原极限等于

$$2\lim_{x\to 0}\frac{\sin x - \arctan x}{x^3}.$$

又因为

$$\begin{aligned}\sin x - \arctan x &= x - \frac{1}{6}x^3 + o(x^3) - \left(x - \frac{x^3}{3} + o(x^3)\right)\\ &= \frac{1}{6}x^3 + o(x^3),\end{aligned}$$

所以原极限等于 $2/6 = 1/3$. □

例 10 求极限

$$\lim_{n\to\infty}\cos\frac{a}{n\sqrt{n}}\cos\frac{2a}{n\sqrt{n}}\cdots\cos\frac{na}{n\sqrt{n}}.$$

解　记

$$P_n = \cos\frac{a}{n^{3/2}}\cos\frac{2a}{n^{3/2}}\cdots\cos\frac{na}{n^{3/2}}.$$

对上式取对数，得

$$\ln P_n = \sum_{k=1}^{n}\ln\cos\frac{ka}{n^{3/2}}.$$

利用等式 $\cos x = 1-\frac{x^2}{2}+o(x^3)$，得

$$\begin{aligned}\cos\frac{ka}{n^{3/2}} &= 1-\frac{1}{2}\frac{k^2a^2}{n^3}+o\left(\frac{k^3}{n^{9/2}}\right)\\ &= 1-\frac{1}{2}\frac{k^2a^2}{n^3}+o\left(\frac{1}{n}\right).\end{aligned}$$

根据 $\ln(1+x)=x+o(x)$，可得

$$\begin{aligned}\ln\cos\frac{ka}{n^{3/2}} &= \ln\left(1-\frac{1}{2}\frac{k^2a^2}{n^3}+o\left(\frac{1}{n}\right)\right)\\ &= -\frac{1}{2}\frac{k^2a^2}{n^3}+o\left(\frac{1}{n}\right)+o\left(\frac{1}{n}+o\left(\frac{1}{n}\right)\right)\\ &= -\frac{1}{2}\frac{k^2a^2}{n^3}+o\left(\frac{1}{n}\right).\end{aligned}$$

于是

$$\begin{aligned}\sum_{k=1}^{n}\ln\cos\frac{ka}{n^{3/2}} &= -\frac{a^2}{2n^3}\sum_{k=1}^{n}k^2+o(1)\\ &= -\frac{a^2}{2n^3}\frac{1}{6}n(n+1)(2n+1)+o(1).\end{aligned}$$

由此即得

$$\lim_{n\to\infty}\ln P_n = -\frac{a^2}{6},$$

因而

$$\lim_{n\to\infty}P_n = \mathrm{e}^{-a^2/6}.$$

□

带 Peano 余项的 Taylor 定理还是解决极值问题的有力工具.

定理 4.2.2　设函数 f 在 x_0 处有直到 k 阶的导数，并且

$$f'(x_0)=f''(x_0)=\cdots=f^{(k-1)}(x_0)=0,\quad f^{(k)}(x_0)\neq 0,$$

那么：

(1) 当 k 为奇数时，x_0 不是 f 的极值点.

(2) 当 k 为偶数时,若 $f^{(k)}(x_0)>0$,则 x_0 是 f 的严格极小值点;若 $f^{(k)}(x_0)<0$,则 x_0 是 f 的严格极大值点.

证明 由于 $f'(x_0)=\cdots=f^{(k-1)}(x_0)=0$,由带 Peano 余项的 Taylor 定理,得

$$f(x)=f(x_0)+\frac{f^{(k)}(x_0)}{k!}(x-x_0)^k+o((x-x_0)^k)\quad(x\to x_0).$$

将上式变形为

$$\frac{f(x)-f(x_0)}{(x-x_0)^k}=\frac{f^{(k)}(x_0)}{k!}+o(1).\tag{8}$$

式(8)右边的第一项是一个非零的实数,第二项是一个无穷小量,因此当 $x\to x_0$ 时,式(8)的右边保持着确定的符号.

(1) 当 k 是奇数时,如果 $f^{(k)}(x_0)>0$,那么式(8)的右边取正值.当 $x<x_0$ 时,式(8)左边的分母 $(x-x_0)^k<0$,因而 $f(x)-f(x_0)<0$,即 $f(x)<f(x_0)$;当 $x>x_0$ 时,$(x-x_0)^k>0$,因而 $f(x)-f(x_0)>0$,即 $f(x)>f(x_0)$.这说明 x_0 不是 f 的极值点.当 $f^{(k)}(x_0)<0$ 时,讨论是一样的.

(2) 当 k 是偶数时,式(8)左边的分母当 $x\neq x_0$ 时恒取正值.如果 $f^{(k)}(x_0)>0$,那么当 x 充分靠近 x_0 且不等于 x_0 时,必有 $f(x)>f(x_0)$,因此 x_0 是 f 的严格极小值点.如果 $f^{(k)}(x_0)<0$,同理,可知 x_0 是 f 的严格极大值点. □

练习题 4.2

1. 计算下列极限:

(1) $\lim\limits_{x\to 0}\dfrac{\cos x-\mathrm{e}^{-x^2/2}}{x^4}$;

(2) $\lim\limits_{x\to 0}\dfrac{\mathrm{e}^{\alpha x}-\mathrm{e}^{\beta x}}{\sin\alpha x-\sin\beta x}$ $(\alpha\neq\beta)$;

(3) $\lim\limits_{x\to\infty}\left(\left(x^3-x^2+\dfrac{x}{2}\right)\mathrm{e}^{1/x}-\sqrt{x^6+1}\right)$;

(4) $\lim\limits_{x\to 0}\dfrac{a^x+a^{-x}-2}{x^2}$ $(a>0)$.

2. 设函数 f 在点 x_0 附近可以表示为

$$f(x)=\sum_{k=0}^{n}a_k(x-x_0)^k+o((x-x_0)^n),$$

问是否必定有

$$a_k=\frac{f^{(k)}(x_0)}{k!}\quad(k=0,1,\cdots,n)?$$

3. 设 $\alpha > -1$. 试计算极限

$$\lim_{n\to\infty}\left[\left(1+\frac{1}{n^{\alpha+2}}\right)\left(1+\frac{2}{n^{\alpha+2}}\right)\cdots\left(1+\frac{n}{n^{\alpha+2}}\right)\right]^{n^{\alpha}}.$$

问 题 4.2

1. 设

$$f(x)=\lim_{n\to\infty} n^{x}\left(\left(1+\frac{1}{n+1}\right)^{n+1}-\left(1+\frac{1}{n}\right)^{n}\right).$$

求 f 的定义域和值域.

2. 求证:

$$\lim_{n\to\infty}\left(\frac{n^4}{\mathrm{e}}\left(1+\frac{1}{n}\right)^{n}-n^4+\frac{n^3}{2}-\frac{11}{24}n^2+\frac{7}{16}n\right)=\frac{2\,447}{5\,760}.$$

3. 试证:多项式

$$\sum_{k=1}^{n}\frac{(2x-x^2)^k-2x^k}{k}$$

能被 x^{n+1} 整除.

4. 设 $x_1=\sin x_0>0, x_{n+1}=\sin x_n (n>1)$. 证明: $\lim\limits_{n\to\infty}\sqrt{n/3}\,x_n=1$.

5. 设 $y_1=c>0, \dfrac{y_{n+1}}{n+1}=\ln\left(1+\dfrac{y_n}{n}\right) (n\geqslant 1)$. 证明: $\lim\limits_{n\to\infty} y_n=2$.

4.3　带 Lagrange 余项和 Cauchy 余项的 Taylor 定理

带 Peano 余项的 Taylor 定理,正如我们已经看到的那样,只适合于研究函数在一个给定的点的近旁的近似行为,而不便于讨论函数在大范围内的性质. 为了克服这一缺点,需要将余项"量化". 我们有:

定理 4.3.1(Taylor)　设 f 在开区间 (a,b) 上有 $n+1$ 阶导数, x_0, x 是 (a,b) 中的任意两点,那么

$$f(x)=T_n(f,x_0;x)+R_n(x), \tag{1}$$

其中

$$R_n(x) = \frac{f^{(n+1)}(\xi)}{(n+1)!}(x-x_0)^{n+1}, \tag{2}$$

或者

$$R_n(x) = \frac{f^{(n+1)}(\xi)}{n!}(x-\xi)^n(x-x_0), \tag{3}$$

这里 ξ 是位于 x_0 与 x 之间的一个数.一般来说,式(2)和(3)中的 ξ 是不相等的.式(2)和(3)分别称为 Lagrange 余项和 Cauchy 余项.

证明 记

$$F(t) = T_n(f,t;x) = f(t) + \sum_{k=1}^{n} \frac{f^{(k)}(t)}{k!}(x-t)^k,$$

那么

$$\begin{aligned} F'(t) &= f'(t) + \sum_{k=1}^{n}\left(\frac{f^{(k+1)}(t)}{k!}(x-t)^k - \frac{f^{(k)}(t)}{(k-1)!}(x-t)^{k-1}\right) \\ &= f'(t) + \sum_{k=1}^{n}\frac{f^{(k+1)}(t)}{k!}(x-t)^k - \sum_{k=0}^{n-1}\frac{f^{(k+1)}(t)}{k!}(x-t)^k \\ &= f'(t) + \frac{f^{(n+1)}(t)}{n!}(x-t)^n - f'(t) \\ &= \frac{f^{(n+1)}(t)}{n!}(x-t)^n. \end{aligned} \tag{4}$$

回顾引理 3.4.1,现在对函数 $g(t)=F(t)$,$\lambda(t)=\left(\frac{x-t}{x-x_0}\right)^{n+1}$ 在区间$[x_0,x]$(先设 $x_0<x$)上用引理 3.4.1,则必存在 $\xi\in(x_0,x)$,使得

$$F'(\xi) = \lambda'(\xi)(F(x_0)-F(x)). \tag{5}$$

容易算出

$$\lambda'(t) = -(n+1)\frac{(x-t)^n}{(x-x_0)^{n+1}}. \tag{6}$$

把式(4)和(6)代入式(5),得

$$\frac{f^{(n+1)}(\xi)}{n!}(x-\xi)^n = -(n+1)\frac{(x-\xi)^n}{(x-x_0)^{n+1}}(T_n(f,x_0;x)-f(x)).$$

由此即得

$$f(x) = T_n(f,x_0;x) + \frac{f^{(n+1)}(\xi)}{(n+1)!}(x-x_0)^{n+1}.$$

这就是要证的式(2).为了得到式(3),在引理 3.4.1 中取 $\lambda(t)=\frac{x-t}{x-x_0}$,则 $\lambda'(t)=$

$-\dfrac{1}{x-x_0}$，代入式(5)，得

$$\frac{f^{(n+1)}(\xi)}{n!}(x-\xi)^n=-\frac{1}{x-x_0}(T_n(f,x_0;x)-f(x)),$$

所以

$$f(x)=T_n(f,x_0;x)+\frac{f^{(n+1)}(\xi)}{n!}(x-\xi)^n(x-x_0).$$

这就是要证的式(3).

如果 $x<x_0$，分别取

$$\lambda(t)=1-\left(\frac{x-t}{x-x_0}\right)^{n+1},\quad \lambda(t)=1-\frac{x-t}{x-x_0},$$

即能得到式(2)和(3). □

注意，在式(2)中，若取 $n=0$，便得出

$$f(x)=f(x_0)+f'(\xi)(x-x_0).$$

这正是 Lagrange 中值定理. 因此，Taylor 定理是 Lagrange 中值定理的推广.

有了这种带有定量性质的余项之后，我们就可以在大范围内(而不只是在一个给定点的近旁)来研究用多项式逼近函数 f 的误差. 特别是，当我们知道 $f^{(n+1)}$ 在这个范围内有界并且能找到 $|f^{(n+1)}|$ 的一个尽可能小的界时，好处就显现出来了.

作为 Taylor 公式的一个应用，我们来导出线性插值的误差公式.

设函数 $f:[a,b]\to\mathbf{R}$. 由两点 $(a,f(a))$ 和 $(b,f(b))$ 所决定的线性函数记为 l，即

$$l(x)=\frac{b-x}{b-a}f(a)+\frac{x-a}{b-a}f(b).\tag{7}$$

l 叫作 f 在区间 $[a,b]$ 上的**线性插值**. 函数 f 与 l 的几何关系如图 4.3 所示. 如果 f 在 (a,b) 上有二阶导数，那么我们可以对这种插值带来的误差作出估计.

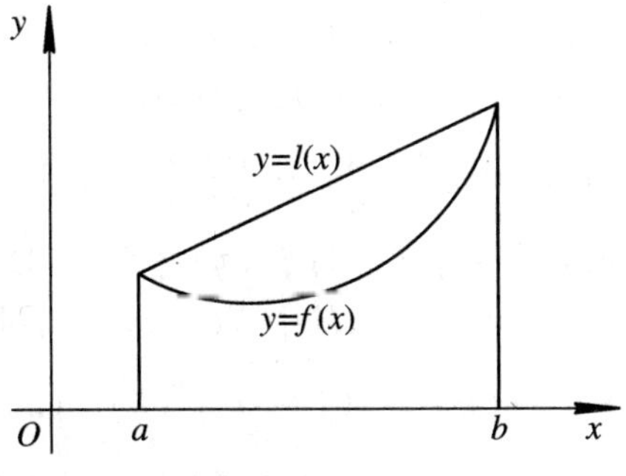

图 4.3

定理 4.3.2 设 f 是 $[a,b]$ 上的连续函数，在 (a,b) 上有二阶导数，l 是由 $(a,f(a))$ 和 $(b,f(b))$ 确定的线性函数. 如果 $|f''|$ 在 (a,b) 上的上界为 M，那么对任意的 $x\in[a,b]$，有

$$|f(x)-l(x)|\leqslant\frac{M}{8}(b-a)^2.$$

证明 把 $f(x)$ 写成

$$f(x)=\frac{b-x}{b-a}f(x)+\frac{x-a}{b-a}f(x). \tag{8}$$

由式(7)和(8)，便得

$$l(x)-f(x)=\frac{b-x}{b-a}(f(a)-f(x))+\frac{x-a}{b-a}(f(b)-f(x)). \tag{9}$$

利用带 Lagrange 余项的 Taylor 定理，有

$$f(a)-f(x)=(a-x)f'(x)+\frac{1}{2}(a-x)^2f''(\xi)\quad(a<\xi<x),$$

$$f(b)-f(x)=(b-x)f'(x)+\frac{1}{2}(b-x)^2f''(\eta)\quad(x<\eta<b).$$

把以上两式代入式(9)的右边，我们发现 $f'(x)$ 将会抵消. 精确地说，

$$l(x)-f(x)=\frac{(b-x)(x-a)}{2}\left(\frac{x-a}{b-a}f''(\xi)+\frac{b-x}{b-a}f''(\eta)\right). \tag{10}$$

由于 $\frac{x-a}{b-a}>0,\frac{b-x}{b-a}>0$，并且它们的和等于 1，所以

$$\begin{aligned}|l(x)-f(x)|&\leqslant\frac{(b-x)(x-a)}{2}\left(\frac{x-a}{b-a}|f''(\xi)|+\frac{b-x}{b-a}|f''(\eta)|\right)\\&\leqslant\frac{M}{2}(b-x)(x-a)\leqslant\frac{M}{2}\left(\frac{b-x+x-a}{2}\right)^2\\&=\frac{M}{8}(b-a)^2.\end{aligned}$$

□

上面这个估计说明，M 愈小，线性插值的逼近效果就会愈好. 当 M 很小时，曲线 $y=f(x)$ 的切线改变得不剧烈. 这也是符合几何直观的.

仔细观察式(10)的右边，由于 $\frac{x-a}{b-a}>0,\frac{b-x}{b-a}>0$，且二者之和等于 1，因此式(10)右边括号中和项的值必介于 $f''(\xi)$ 与 $f''(\eta)$ 之间. 由 Darboux 定理，知 f'' 具有介值性，因此这个量可以表示为 $f''(\zeta)$，其中 $\zeta\in(a,b)$. 这样就得到

$$l(x)-f(x)=\frac{1}{2}(b-x)(x-a)f''(\zeta)\quad(a<\zeta<b). \tag{11}$$

由式(11)，我们再一次得到“如果 $f''\geqslant0$，那么 f 是 $[a,b]$ 上的凸函数”这一结论.

现在我们来看看上一节的例子中那些初等函数的 Maclaurin 展开式的 Lagrange 余项.

例 1　对 e^x,其 Lagrange 余项为

$$R_n(x) = \frac{e^\xi}{(n+1)!}x^{n+1}.$$

由于 ξ 在 0 与 x 之间,令 $\theta = \xi/x$,于是

$$e^x = 1 + \frac{x}{1!} + \frac{x^2}{2!} + \cdots + \frac{x^n}{n!} + \frac{e^{\theta x}}{(n+1)!}x^{n+1} \quad (0 < \theta < 1).$$ □

有了这个公式,再回头去看 3.5 节中的例 2 就变得十分显然了.

例 2　对

$$\sin x = x - \frac{x^3}{3!} + \frac{x^5}{5!} - \cdots + (-1)^{n-1}\frac{x^{2n-1}}{(2n-1)!} + R_{2n}(x),$$

其 Lagrange 余项是

$$\begin{aligned} R_{2n}(x) &= \frac{x^{2n+1}}{(2n+1)!}\sin\left(\xi + \frac{2n+1}{2}\pi\right) \\ &= (-1)^n\frac{\cos\xi}{(2n+1)!}x^{2n+1}, \end{aligned}$$

其中 ξ 仍在 0 与 x 之间,因此可以写作 $\xi = \theta x$.这样一来,有

$$R_{2n}(x) = (-1)^n\frac{\cos\theta x}{(2n+1)!}x^{2n+1} \quad (0 < \theta < 1).$$

在这个问题中,我们认为正弦已经展开到了 x^{2n} 这一项,不过系数是 0 而已,所以余项写作 R_{2n} 而不是 R_{2n-1}. □

例 3　对

$$\cos x = 1 - \frac{x^2}{2!} + \frac{x^4}{4!} - \cdots + (-1)^n\frac{x^{2n}}{(2n)!} + R_{2n+1}(x),$$

与例 2 类似,可得

$$R_{2n+1}(x) = (-1)^{n+1}\frac{\cos\theta x}{(2n+2)!}x^{2n+2} \quad (0 < \theta < 1).$$ □

例 4　考虑函数 $\ln(1+x)$.我们有

$$\ln(1+x) = x - \frac{x^2}{2} + \frac{x^3}{3} - \cdots + (-1)^{n-1}\frac{x^n}{n} + R_n(x),$$

其 Lagrange 余项为

$$R_n(x) = \frac{(-1)^n}{n+1}\frac{x^{n+1}}{(1+\theta x)^{n+1}} \quad (0 < \theta < 1).$$ □

例 5　对 $x > -1$,有

$$(1+x)^{\lambda}=\sum_{k=0}^{n}\binom{\lambda}{k}x^{k}+R_{n}(x),$$

其 Lagrange 余项是

$$R_{n}(x)=\frac{\lambda(\lambda-1)\cdots(\lambda-n)}{(n+1)!}(1+\theta x)^{\lambda-n-1}x^{n+1}\quad(0<\theta<1);$$

其 Cauchy 余项是

$$R_{n}(x)=\frac{\lambda(\lambda-1)\cdots(\lambda-n)}{n!}\left(\frac{1-\theta}{1+\theta x}\right)^{n}(1+\theta x)^{\lambda-1}x^{n+1}\quad(0<\theta<1).\quad\square$$

在例 5 中,我们同时列举了两种形式的余项,这是因为在将$(1+x)^{\lambda}$(这里 λ 不是正整数)作 Maclaurin 展开时,在$(-1,0)$这一范围,Lagrange 余项不便于用来作估计,利用 Cauchy 余项反而较方便.当$|x|<1$ 时,因为 $x>-1$,所以 $1+\theta x>1-\theta>0$,从而有

$$\left(\frac{1-\theta}{1+\theta x}\right)^{n}<1.$$

现在再来估计含有未知的 θ 的另一项,即$(1+\theta x)^{\lambda-1}$.由于$|x|<1$,我们有

$$1-|x|\leqslant 1+\theta x\leqslant 1+|x|.$$

因此

$$|R_{n}(x)|\leqslant\begin{cases}\dfrac{|\lambda(\lambda-1)\cdots(\lambda-n)|}{n!}(1+|x|)^{\lambda-1}|x|^{n+1}, & \lambda>1,\\[2ex] \dfrac{|\lambda(\lambda-1)\cdots(\lambda-n)|}{n!}(1-|x|)^{\lambda-1}|x|^{n+1}, & \lambda<1.\end{cases}\tag{12}$$

写到这里,想起了一个有趣的,也是发人深省的故事.在 20 世纪 50 年代,对所有从大学数学系毕业而被分配到中国科学院数学研究所工作的青年人,当时任数学所所长的著名数学家华罗庚先生(1910～1985)照例要出一份试卷考一考他们,检查他们的基础知识掌握得如何.那些珍贵的试题现在已不易查阅,但是其中 1956 年的一个题目竟不胫而走,长久地留在了人们的脑海里.这个题目是:近似计算 $2^{1/5}$.当时的有些青年人很可能对这个初等问题感到意外,它怎么会同高等数学联系在一起呢?也许有人感到束手无策,一筹莫展.实际上,这就是 Taylor 定理数值应用的一个例子,只不过为学生所忽视罢了.数学界一代宗师华罗庚教授可谓用心良苦.他就是想用这一道题目来告诫青年数学工作者要用活高等数学的方法,并且不要轻视数值计算.下面我们来解这道题目.

例 6 求 $2^{1/5}$的近似值.

解 先找一个数,要求是:它的 5 次方与 2 比较接近.例如,取 $1.2=6/5$,它的 5 次方是 2.488 32,比 2 多了一点.于是

$$2=\left(\frac{6}{5}\right)^5-\left(\left(\frac{6}{5}\right)^5-2\right)=\left(\frac{6}{5}\right)^5\left(1-\frac{1\,526}{6^5}\right).$$

令 $\delta=1\,526/6^5=0.196\,244\,9\cdots$. 于是，利用 Taylor 展开式，得

$$2^{1/5}=\frac{6}{5}(1-\delta)^{1/5}=\frac{6}{5}\left(1-\frac{1}{5}\delta-\frac{8}{100}\delta^2-\frac{6}{125}\delta^3-\cdots\right).$$

如果我们就取这四项作为近似值，得出的结果是 1.148 768 6…. 现在问：这个数值的近似程度如何？这就要通过余项来估计. 这时，$\lambda=1/5<1$，$n=3$. 因此，根据式(12)中 $\lambda<1$ 时的公式，应有

$$\begin{aligned}|R_3(-\delta)|&\leqslant\frac{1}{6}\cdot\frac{1}{5}\cdot\frac{4}{5}\cdot\frac{9}{5}\cdot\frac{14}{5}(1-\delta)^{-4/5}\delta^4\\&=\frac{84}{625}\left(\frac{1}{1-\delta}\right)^{4/5}\delta^4.\end{aligned}$$

由于 $\delta<0.2=1/5$，故

$$\left(\frac{1}{1-\delta}\right)^{4/5}<\left(\frac{5}{4}\right)^{4/5}<\frac{5}{4},$$

因此

$$|R_3(-\delta)|<\frac{21}{125}\delta^4=0.000\,249\,2\cdots.$$

这说明误差不超过 3/10 000. 直接用计算器算出 $2^{1/5}=1.148\,698\,4\cdots$，符合我们的预计. □

下面是一个估计整体逼近的误差的例子.

例 7　在$[0,\pi]$上，用九次多项式

$$x-\frac{x^3}{3!}+\frac{x^5}{5!}-\frac{x^7}{7!}+\frac{x^9}{9!}$$

来逼近函数 $\sin x$，试求出一个误差界.

解　由于 $x\in[0,\pi]$，故有

$$|R_{10}(x)|\leqslant\frac{x^{11}}{11!}\leqslant\frac{\pi^{11}}{11!}=0.007\,370\,4\cdots.$$

这是非常好的近似. 在图 4.4 中，画出了一次、三次、五次、七次和九次的 $\sin x$ 的 Maclaurin 多项式的图像. 在区间$[0,\pi]$上，九次多项式的图像与 $y=\sin x$ 的图像几乎合为一体，肉眼已不能辨别它们之间的差别，这与上面算出来的数值结果是吻合的. □

必须指出：切勿以为只要提高 Taylor 多项式的次数，就能不断地改进对函数的逼近程度. 一个著名的例子是函数

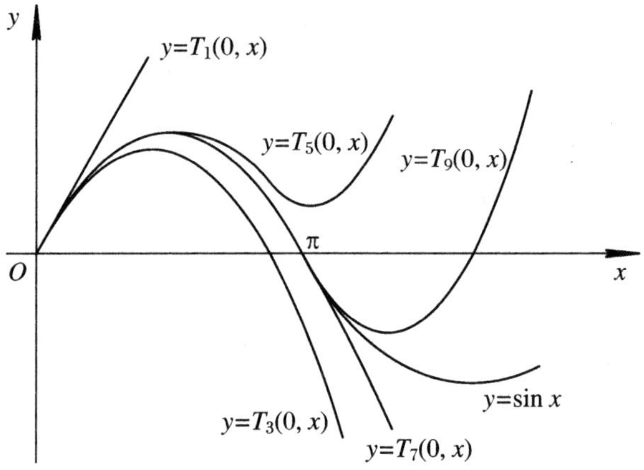

图 4.4

$$f(x)=\begin{cases}e^{-1/x^2}, & x\neq 0,\\ 0, & x=0.\end{cases}$$

这个函数当 $x\neq 0$ 时显然是无限次可导的.我们要证明它在 $x=0$ 处也无限次可导.先来求 $f'(0)$.作变换 $u=1/t$ 之后,可见

$$f'(0)=\lim_{t\to 0}\frac{f(t)-f(0)}{t}=\lim_{t\to 0}\frac{e^{-1/t^2}}{t}=\lim_{u\to\infty}\frac{u}{e^{u^2}}=0.$$

由此得出

$$f'(x)=\begin{cases}\dfrac{2}{x^3}e^{-1/x^2}, & x\neq 0,\\ 0, & x=0.\end{cases}$$

我们用归纳法来证明:当 $x\neq 0$ 且 $n\in\mathbf{N}^*$ 时,有

$$f^{(n)}(x)=P_n\left(\frac{1}{x}\right)e^{-1/x^2},$$

这里 $P_n(t)$是 t 的 $3n$ 次多项式.当 $n=1$ 时,上面的计算表明这是对的.设 $P_k(t)$ 是 t 的 $3k$ 次多项式,那么当 $x\neq 0$ 时,

$$f^{(k+1)}(x)=\left(P_k\left(\frac{1}{x}\right)e^{-1/x^2}\right)'=\left(P_k\left(\frac{1}{x}\right)\frac{2}{x^3}-P'_k\left(\frac{1}{x}\right)\frac{1}{x^2}\right)e^{-1/x^2}.$$

因此

$$P_{k+1}(t)=2t^3P_k(t)-t^2P'_k(t).$$

由归纳假设,$P_k(t)$是 t 的 $3k$ 次多项式.上式表明 $P_{k+1}(t)$是 t 的 $3(k+1)$次多项式.现在来证明 $f^{(n)}(0)=0$ 对一切 $n\in\mathbf{N}^*$ 成立.仍用归纳法.当 $n=1$ 时结论已被

证明. 设 $f^{(k)}(0)=0$，于是

$$f^{(k+1)}(0)=\lim_{t\to 0}\frac{f^{(k)}(t)-f^{(k)}(0)}{t}=\lim_{t\to 0}\frac{f^{(k)}(t)}{t}$$
$$=\lim_{t\to 0}P_k\left(\frac{1}{t}\right)\frac{e^{-1/t^2}}{t}=\lim_{u\to\infty}\frac{uP_k(u)}{e^{u^2}}=0.$$

这是由于当 $u\to\infty$ 时，指数函数 e^{u^2} 是任何 u 的多项式的高阶无穷大.

这就是说，f 是 **R** 上一个无限次可导的偶函数，且 $f^{(n)}(0)=0\ (n=1,2,3,\cdots)$. 函数 f 的 Maclaurin 多项式恒等于 0. 因此，无论怎样提高它的次数，也不能改进它对 $f(x)\ (x\neq 0)$ 的逼近于万一！实际上，此时，$f(x)=R_n(x)\ (n=1,2,3,\cdots)$，即余项永远是函数 f 自身！

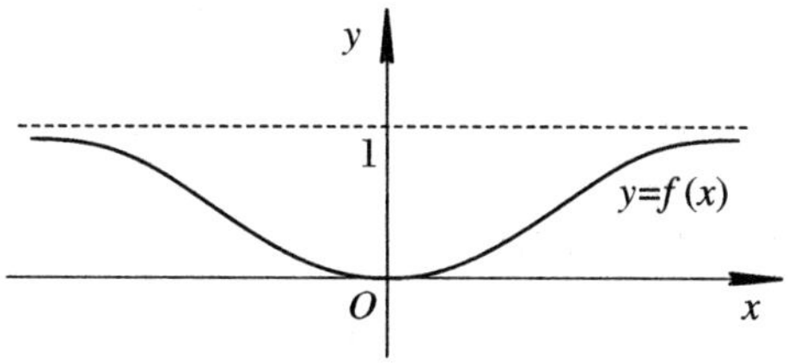

图 4.5

这个函数是一个很奇特的函数，它的图像如图 4.5 所示. 显然，当 $x=0$ 时函数取到它的最小值 0，但这一事实不可以用定理 4.2.2 来证实.

最后再来看两个 Taylor 定理应用的例子.

例 8　设 f 在[0,1]上有二阶导数. 如果

$$|f(0)|\leqslant 1,\quad |f(1)|\leqslant 1,\quad |f''(x)|\leqslant 2\ (0\leqslant x\leqslant 1),$$

证明：对每个 $x\in[0,1]$，有 $|f'(x)|\leqslant 3$.

证明　由 Taylor 定理，得

$$f(1)=f(x)+f'(x)(1-x)+\frac{1}{2}f''(\xi)(1-x)^2\quad (x<\xi<1),$$

$$f(0)=f(x)+f'(x)(0-x)+\frac{1}{2}f''(\eta)(0-x)^2\quad (0<\eta<x).$$

把以上两式相减，得

$$f(1)-f(0)=f'(x)+\frac{1}{2}f''(\xi)(1-x)^2-\frac{1}{2}f''(\eta)x^2.$$

于是，对任意的 $x\in[0,1]$，有

$$|f'(x)|=\left|f(1)-f(0)-\frac{1}{2}f''(\xi)(1-x)^2+\frac{1}{2}f''(\eta)x^2\right|$$
$$\leqslant|f(1)|+|f(0)|+\frac{1}{2}|f''(\xi)|(1-x)^2+\frac{1}{2}|f''(\eta)|x^2$$
$$\leqslant 2+(1-x)^2+x^2\leqslant 3.$$ □

例 9 设 f 在 $[a,+\infty)$ 上有三阶导数. 如果

$$\lim_{x\to+\infty} f(x) \quad 和 \quad \lim_{x\to+\infty} f'''(x)$$

都存在且有限,证明:

$$\lim_{x\to+\infty} f'(x) = \lim_{x\to+\infty} f''(x) = \lim_{x\to+\infty} f'''(x) = 0.$$

证明 设 $\lim\limits_{x\to+\infty} f(x)=\alpha$, $\lim\limits_{x\to+\infty} f'''(x)=\beta$. 由 Taylor 定理,得

$$f(x+1) = f(x) + f'(x) + \frac{f''(x)}{2} + \frac{f'''(\xi)}{6} \quad (x<\xi<x+1), \tag{13}$$

$$f(x-1) = f(x) - f'(x) + \frac{f''(x)}{2} - \frac{f'''(\eta)}{6} \quad (x-1<\eta<x).$$

把以上两式相加,得

$$f(x+1) + f(x-1) = 2f(x) + f''(x) + \frac{1}{6}(f'''(\xi) - f'''(\eta)).$$

在上式中令 $x\to+\infty$,即得

$$2\alpha = 2\alpha + \lim_{x\to+\infty} f''(x).$$

从而得 $\lim\limits_{x\to+\infty} f''(x)=0$. 再由 Taylor 定理,得

$$f(x+1) = f(x) + f'(x) + \frac{f''(\zeta)}{2} \quad (x<\zeta<x+1).$$

在上式中令 $x\to+\infty$,即得 $\lim\limits_{x\to+\infty} f'(x)=0$;再在式(13)中令 $x\to+\infty$,即得

$$\alpha = \alpha + \frac{\beta}{6}.$$

由此解得 $\beta=0$,即 $\lim\limits_{x\to+\infty} f'''(x)=0$. □

在本章即将结束的时候,回顾一下 Taylor 定理所起的作用是很有帮助的. Taylor 定理最重要的作用是,在一个给定点的近旁,将函数近似地用多项式来代替,因此它成为研究函数在一点近旁行为的有力工具. 利用带 Peano 余项的Taylor 定理,可以很方便地计算许多“不定型”的极限,可以比较彻底地研究函数的极值. 带 Lagrange 余项和 Cauchy 余项的 Taylor 定理,可以从理论上讨论函数的单调性、凸性,由此可以证明一些不等式. 我们既可以利用 Taylor 定理来计算函数在一点上的近似值,也可以在整体上(即在一个区间上)用多项式来逼近一个比较复杂的函数. 当然,我们必须为这一切便利付出“代价”,必须要求函数在一定的范围内有适当高阶的导函数.

当我们认识到上面所提到的 Taylor 定理所带来的好处之后,就会感到,把它说成是一元微分学的顶峰,并未言过其实.

练习题 4.3

1. 将多项式 $1+2x+3x^2+4x^3+5x^4$ 按 $x+1$ 的幂展开.
2. 按指定的次数写出函数 f 在 $x=0$ 处的 Taylor 多项式:

   (1) $f(x)=\dfrac{1+x+x^2}{1-x+x^2}$,写到 x 的四次;

   (2) $f(x)=e^{2x-x^2}$,写到 x 的五次;

   (3) $f(x)=\ln\cos x$,写到 x 的六次;

   (4) $f(x)=\tan x$,写到 x 的五次;

   (5) $f(x)=\dfrac{1}{\sqrt{1-x^2}}$,写到 x 的六次.
3. 按指定的次数写出函数 f 在指定点 x_0 处的 Taylor 多项式:

   (1) $f(x)=\sin x,x_0=\pi/2$,写到 $2n$ 次;

   (2) $f(x)=\cos x,x_0=\pi$,写到 $2n$ 次;

   (3) $f(x)=e^x,x_0=1$,写到 n 次;

   (4) $f(x)=\ln x,x_0=2$,写到 n 次;

   (5) $f(x)=\dfrac{x}{1+x^2},x_0=0$,写到 $2n+1$ 次.
4. 设函数 f 和 g 在 $(-1,1)$ 上无限次可导,且

   $$|f^{(n)}(x)-g^{(n)}(x)|\leqslant n!\,|x|\quad(|x|<1,n=0,1,2,\cdots).$$

   求证:$f=g$.
5. 当 $x>0$ 时,求证:对任何 $n\in\mathbf{N}^*$,有

   $$x-\frac{x^2}{2}+\frac{x^3}{3}-\cdots-\frac{x^{2n}}{2n}<\ln(1+x)<x-\frac{x^2}{2}+\frac{x^3}{3}-\cdots+\frac{x^{2n-1}}{2n-1}.$$

问题 4.3

1. 设函数 f 在点 x_0 处有 $n+1$ 阶导数,且 $f^{(n+1)}(x_0)\neq 0$.将 f 在 x_0 处按 Taylor 公式展开:

   $$f(x_0+h)=f(x_0)+f'(x_0)h+\cdots+\frac{h^n}{n!}f^{(n)}(x_0+\theta_n h),$$

   其中 $\theta_n\in(0,1)$.求证:

   $$\lim_{h\to 0}\theta_n=\frac{1}{n+1}.$$
2. 设 f 在区间 $[a,b]$ 上有二阶导数,且 $f'(a)=f'(b)=0$.求证:存在 $c\in(a,b)$,使得

   $$|f''(c)|\geqslant\frac{4}{(b-a)^2}|f(b)-f(a)|.$$

3. 设函数 f 在$[0,1]$上有二阶导函数，$f(0)=f(1)=0$，并且在$[0,1]$上函数 f 的最小值为 -1. 求证：存在一点 $\xi\in(0,1)$，使得 $f''(\xi)\geqslant 8$.

4. 设 f 在$(x_0-\delta,x_0+\delta)$上有 n 阶导数，且

$$f''(x_0)=f'''(x_0)=\cdots=f^{(n-1)}(x_0)=0,$$

但 $f^{(n)}(x_0)\neq 0$，$f^{(n)}$ 在 x_0 处连续，且当 $0<|h|<\delta$ 时，

$$f(x_0+h)-f(x_0)=hf'(x_0+\theta h)\quad(0<\theta<1).$$

证明：

$$\lim_{h\to 0}\theta=\frac{1}{n^{1/(n-1)}}.$$

5. 设 $P_n(x)=1+\dfrac{x}{1!}+\dfrac{x^2}{2!}+\cdots+\dfrac{x^n}{n!}\,(n\in\mathbf{N}^*)$.

(1) 证明：当 n 为偶数时，$P_n>0$；

(2) 证明：当 n 为奇数时，P_n 有唯一的实零点；

(3) 记 P_{2n+1}的实零点为 $x_n(n=0,1,2,\cdots)$，求证：数列$\{x_n\}$严格递减地趋于 $-\infty$.

6. 设函数 f 在$[0,2]$上满足$|f(0)|\leqslant 1$，$|f(2)|\leqslant 1$ 及$|f''|\leqslant 1$. 证明：在这个区间上，$|f'|\leqslant 2$，而且 2 是最小的常数.

7. 设函数 f 在 $\mathbf{R}$ 上二次可导. 令 $M_k=\sup\limits_{x\in\mathbf{R}}|f^{(k)}(x)|<+\infty\,(k=0,1,2)$. 求证：

$$M_1^2\leqslant 2M_0M_2.$$

第 5 章　求导的逆运算

5.1　原函数的概念

在第 3 章，我们已经学会了求导运算．对所有的初等函数，大家都能熟练地、正确地计算它们的导数．现在，我们要介绍的是求导的逆运算，即求原函数．具体来说，如果两个函数 F 与 f 满足关系

$$F'(x) = f(x), \tag{1}$$

这里 x 在某一个区间上变化，那么 F 称为 f 在该区间上的一个**原函数**．从逆运算的角度来看，可以把求原函数也看成是微分学的一个内容．但是，为什么要求原函数？原函数起着怎样重要的作用？这要等到第 6 章我们开始介绍积分学的时候，才能透彻地了解．

如果 F 是 f 的一个原函数，那么对任何常数 c，由 $(F(x)+c)' = F'(x)+c' = f(x)$，可知 $F+c$ 也是 f 的原函数．又，如果 F 与 G 都是 f 在某个区间上的原函数，那么由

$$(F(x) - G(x))' = F'(x) - G'(x) = f(x) - f(x) = 0,$$

得到 $F-G$ 必是一个常数．这说明，如果用某种手段找到了 f 的一个原函数 F，那么函数族 $\{F+c : c\in\mathbf{R}\}$ 是由 f 的全体原函数组成的．这个集合常记为

$$\int f(x)\mathrm{d}x. \tag{2}$$

其中 $\int$ 称为**积分号**，f 称为**被积函数**，$f(x)\mathrm{d}x$ 称为**被积表达式**．而式(2)又称为**不定积分**——为什么有这个名称？这要到第 6 章才能明白，暂时权当一个术语来记忆．当我们求得 f 的任何一个原函数 F 之后，就可以这样书写：

$$\int f(x)\mathrm{d}x = F(x) + c.$$

这个公式与公式

$$F'(x) = f(x)$$

完全是一回事.明白了这一点之后,前面那一个我们尚不熟悉的公式的正确性,就可以用第二个公式来检验.对求导数大家是很有办法的.

现在我们可以罗列一大批公式(其中 c 表示常数):

$$\int 0\mathrm{d}x = c, \qquad \int x^{\lambda}\mathrm{d}x = \frac{1}{1+\lambda}x^{\lambda+1} + c\ (\lambda \neq -1),$$

$$\int \frac{1}{x}\mathrm{d}x = \ln|x| + c, \qquad \int \mathrm{e}^{x}\mathrm{d}x = \mathrm{e}^{x} + c,$$

$$\int a^{x}\mathrm{d}x = \frac{1}{\ln a}a^{x} + c, \qquad \int \sin x\mathrm{d}x = -\cos x + c,$$

$$\int \frac{1}{\sin^2 x}\mathrm{d}x = -\cot x + c, \qquad \int \cos x\mathrm{d}x = \sin x + c,$$

$$\int \frac{1}{\cos^2 x}\mathrm{d}x = \tan x + c, \qquad \int \frac{1}{1+x^2}\mathrm{d}x = \arctan x + c,$$

$$\int \frac{1}{\sqrt{1-x^2}}\mathrm{d}x = \arcsin x + c.$$

它们的正确性可以用求导运算来检验.我们在这里只证明 $\int \frac{1}{x}\mathrm{d}x = \ln|x| + c$.

当 $x>0$ 时,$|x| = x$,

$$(\ln|x|)' = (\ln x)' = \frac{1}{x};$$

当 $x<0$ 时,$|x| = -x$,

$$(\ln|x|)' = (\ln(-x))' = \frac{(-x)'}{-x} = \frac{1}{x}.$$

因此,这个公式是正确的.

从原函数和不定积分的定义,立刻可以得到以下各种性质:

(1) $\left(\int f(x)\mathrm{d}x\right)' = f(x)$;

(2) $\int F'(x)\mathrm{d}x = F(x) + c$,若用微分的记号表示,这也就是

$$\int \mathrm{d}F(x) = F(x) + c;$$

(3) $\int (f(x) + g(x))\mathrm{d}x = \int f(x)\mathrm{d}x + \int g(x)\mathrm{d}x$;

(4) 如果 c 是不等于 0 的常数,则有

$$\int cf(x)\mathrm{d}x = c\int f(x)\mathrm{d}x,$$

这就是说,常数可以提到积分号外面来.我们假设 $c\neq 0$,是因为若 $c=0$,则上式的右边等于 0,而左边是全体实数的集合,这就造成了定义上的混乱.

有了这些性质,我们就可以算出更多的不定积分.例如

$$\int\left(3x^2+\frac{4}{x}\right)\mathrm{d}x = \int 3x^2\mathrm{d}x + \int\frac{4}{x}\mathrm{d}x = \int\mathrm{d}x^3 + 4\int\frac{1}{x}\mathrm{d}x$$
$$= x^3 + 4\ln|x| + c,$$

$$\int\frac{x^2}{1+x^2}\mathrm{d}x = \int\left(1-\frac{1}{1+x^2}\right)\mathrm{d}x = \int\mathrm{d}x - \int\frac{1}{1+x^2}\mathrm{d}x$$
$$= x - \arctan x + c,$$

$$\int\tan^2 x\mathrm{d}x = \int\left(\frac{1}{\cos^2 x}-1\right)\mathrm{d}x = \int\frac{\mathrm{d}x}{\cos^2 x} - \int\mathrm{d}x = \tan x - x + c,$$

$$\int\frac{\cos 2x}{\cos x+\sin x}\mathrm{d}x = \int\frac{\cos^2 x-\sin^2 x}{\cos x+\sin x}\mathrm{d}x = \int(\cos x-\sin x)\mathrm{d}x$$
$$= \int\cos x\mathrm{d}x + \int(-\sin x)\mathrm{d}x = \sin x + \cos x + c.$$

利用这些简单的性质,我们还可以求出许多简单函数的原函数.但是,这样一点知识是很不够用的,还必须学会更多的计算原函数的方法和技巧.我们这里所指的“方法”,主要有两种,第一种叫作**分部积分法**,第二种叫作**换元法**.

练习题 5.1

求下列不定积分:

(1) $\int(2+x^5)^2\mathrm{d}x$;

(2) $\int\left(\frac{1-x}{x}\right)^2\mathrm{d}x$;

(3) $\int\left(1-\frac{1}{x^2}\right)\sqrt{x}\mathrm{d}x$;

(4) $\int\cosh x\mathrm{d}x$;

(5) $\int\sinh x\mathrm{d}x$;

(6) $\int\frac{2^{x+1}-5^{x-1}}{10^x}\mathrm{d}x$;

(7) $\int\frac{\mathrm{e}^{3x}+1}{\mathrm{e}^x+1}\mathrm{d}x$;

(8) $\int\sqrt{1-\sin 2x}\mathrm{d}x$;

(9) $\int\frac{\mathrm{d}x}{(x+a)(x+b)}$;

(10) $\int\cos^2 x\mathrm{d}x$;

(11) $\int\sin^2 x\mathrm{d}x$;

(12) $\int\frac{x^5}{1+x}\mathrm{d}x$;

(13) $\int\frac{\mathrm{d}x}{\cos^2 x\sin^2 x}$;

(14) $\int\frac{x^4}{1+x^2}\mathrm{d}x$.

5.2 分部积分法和换元法

5.2.1 分部积分法

设 u 与 v 是两个可导的函数.由求导法则,知

$$(uv)' = u'v + uv'.$$

对上式的两边求不定积分,得到

$$uv = \int u'(x)v(x)\mathrm{d}x + \int u(x)v'(x)\mathrm{d}x.$$

上式的左边没有加上任意常数 c,是因为右边的不定积分中仍包含着任意常数.事实上,只要有一个不定积分出现,其他地方就没有必要写上任意常数.

前式的右边有两个不定积分,只要其中的一个能求出来,那么另外一个自然就得出了,我们的选择原则是:哪个好算就先算哪个.例如,其中的第一个便于算出,我们有

$$\int u(x)v'(x)\mathrm{d}x = uv - \int u'(x)v(x)\mathrm{d}x. \tag{1}$$

这也可以写成

$$\int u\mathrm{d}v = uv - \int v\mathrm{d}u. \tag{2}$$

这两个公式都叫作**分部积分公式**.

例 1 计算$\int x\mathrm{e}^x\mathrm{d}x$.

解 这里,被积函数是 $x\mathrm{e}^x$,正好是两个函数的乘积.但是,究竟把其中的哪一个函数看成是式(1)中的 u,而另一个看成 v',是有一番讲究的.粗略地说,就是要使 u' 和 v 都比较简单,而使 $u'v$ 的不定积分易于求出.什么叫作"简单"? 什么叫作"复杂"? 很难下精确的定义,这只能从大量的练习中细心体会.

在当前这个例子中,上述"原则"执行起来并不困难.只需令 $u=x$, $v'=\mathrm{e}^x$ 就行了.这时 $u'=1$,它的确比 x"简单",而 $v=\mathrm{e}^x$ 也没有比 v' 更"复杂".因此,根据公式(1),有

$$\int x\mathrm{e}^x\mathrm{d}x = \int x(\mathrm{e}^x)'\mathrm{d}x = x\mathrm{e}^x - \int (x)'\mathrm{e}^x\mathrm{d}x$$

$$= xe^x - \int e^x dx = xe^x - e^x + c.$$ □

在同一个问题中，分部积分法很可能要反复使用多次.

例2　计算$\int x^2 e^x dx$.

解　按照例1的方法，有

$$\begin{aligned}\int x^2 e^x dx &= \int x^2 (e^x)' dx = x^2 e^x - \int (x^2)' e^x dx \\ &= x^2 e^x - 2\int xe^x dx = x^2 e^x - 2\left(xe^x - \int e^x dx\right) \\ &= x^2 e^x - 2(xe^x - e^x) + c = (x^2 - 2x + 2)e^x + c.\end{aligned}$$ □

例3　计算$\int \ln x dx$.

解　利用公式(2)，有

$$\begin{aligned}\int \ln x dx &= x\ln x - \int x d\ln x = x\ln x - \int x \cdot \frac{1}{x} dx \\ &= x\ln x - \int dx = x\ln x - x + c.\end{aligned}$$ □

在这种处理中，指导思想是：将 $\ln x$ 求导之后变成最简单的有理函数 $1/x$，而 1 的原函数仍是简单的多项式，并没有增加本质上的复杂性.

例4　计算$\int e^x \cos x dx$，$\int e^x \sin x dx$.

解　利用分部积分法，得

$$\begin{cases}\int e^x \cos x dx = e^x \sin x - \int e^x \sin x dx, \\ \int e^x \sin x dx = -e^x \cos x + \int e^x \cos x dx.\end{cases}$$

这是一个关于两个原函数的方程组.由此解出

$$\int e^x \cos x dx = \frac{1}{2}(\cos x + \sin x)e^x + c,$$

$$\int e^x \sin x dx = \frac{1}{2}(-\cos x + \sin x)e^x + c.$$ □

在许多情况下，被积函数不只是自变量的函数，而且还依赖于一个正整数指标(指标也称为参数)，这时经过分部积分，我们得到的往往不是最后的原函数，而是另一个类似的表达式，其中指标具有较小的数值.这样，经过几步反复之后，就能得到所需的结果.这就是所谓的递推法.让我们看两个例子.

例 5 计算

$$\int \cos^n x\mathrm{d}x, \quad \int \sin^n x\mathrm{d}x \quad (n \in \mathbf{N}^*).$$

解 对第一个不定积分,把被积函数 $\cos^n x$ 分解为

$$\cos x\cos^{n-1}x = (\sin x)'\cos^{n-1}x,$$

经过分部积分之后,得

$$\begin{aligned}\int \cos^n x\mathrm{d}x &= \sin x\cos^{n-1}x + (n-1)\int \cos^{n-2}x\sin^2 x\mathrm{d}x \\ &= \sin x\cos^{n-1}x + (n-1)\int \cos^{n-2}x(1-\cos^2 x)\mathrm{d}x \\ &= \sin x\cos^{n-1}x + (n-1)\int \cos^{n-2}x\mathrm{d}x - (n-1)\int \cos^n x\mathrm{d}x.\end{aligned}$$

由此解出

$$\int \cos^n x\mathrm{d}x = \frac{1}{n}\sin x\cos^{n-1}x + \frac{n-1}{n}\int \cos^{n-2}x\mathrm{d}x.$$

请注意,上式右边的不定积分中所包含的参数减少了 2 个. 现在反复使用这个公式,最后化为计算

$$\int \cos x\mathrm{d}x = \sin x + c \quad 或 \quad \int \mathrm{d}x = x + c.$$

究竟变成前一个还是后一个,得依据 n 的奇偶性来定.

类似地,可以得到

$$\int \sin^n x\mathrm{d}x = -\frac{1}{n}\cos x\sin^{n-1}x + \frac{n-1}{n}\int \sin^{n-2}x\mathrm{d}x.$$

特别地,当 $n=2$ 时,有

$$\int \cos^2 x\mathrm{d}x = \frac{1}{2}(\cos x\sin x + x) + c.$$

由此得到

$$\int \sin^2 x\mathrm{d}x = \int (1-\cos^2 x)\mathrm{d}x = x - \int \cos^2 x\mathrm{d}x.$$

所以

$$\int \sin^2 x\mathrm{d}x = \frac{1}{2}(x - \cos x\sin x) + c.$$

当 $n=3$ 时,有

$$\int \cos^3 x\mathrm{d}x = \frac{1}{3}\sin x(\cos^2 x + 2) + c,$$

$$\int \sin^3 x\mathrm{d}x = -\frac{1}{3}\cos x(\sin^2 x + 2) + c.$$

□

5.2.2 换元法

在计算原函数时，与“换元法”相关的是求导中的“复合函数的求导法则”.

我们先看两个例子.

例 6 求$\int \sin^3 x\cos x\mathrm{d}x$.

解 观察被积函数 $\sin^3 x\cos x$. 它的第一个因式是 $\sin x$ 的函数，第二个因式是 $\sin x$ 的导数. 回忆复合函数的求导公式，不难看出

$$\int \sin^3 x\cos x\mathrm{d}x = \frac{1}{4}\sin^4 x + c.$$

通过微分运算，可以验证上述公式是正确的. □

例 7 求$\int x\mathrm{e}^{x^2}\mathrm{d}x$.

解 把被积函数作变形：

$$x\mathrm{e}^{x^2} = \frac{1}{2}(2x)\mathrm{e}^{x^2} = \frac{1}{2}(x^2)'\mathrm{e}^{x^2}.$$

不计常数因子，其中一部分 e^{x^2} 是 x^2 的函数，而另一部分 $2x$ 正好是 x^2 的导数.

由复合函数的求导公式，有

$$(\mathrm{e}^{x^2})' = (x^2)'\mathrm{e}^{x^2}.$$

由此得到

$$\int x\mathrm{e}^{x^2}\mathrm{d}x = \frac{1}{2}\int(\mathrm{e}^{x^2})'\mathrm{d}x = \frac{1}{2}\mathrm{e}^{x^2} + c.$$ □

现在，我们可以来总结一般的规律. 设被积函数可以分解成两个因式的乘积，第一个因式是某一个可导函数 $\varphi(x)$ 的函数 $f(\varphi(x))$，而第二部分正是 $\varphi(x)$ 的导函数 $\varphi'(x)$，那么便有

$$\int f(\varphi(x))\varphi'(x)\mathrm{d}x = \int f(u)\mathrm{d}u. \tag{3}$$

一旦求出式(3)右边的一个原函数，就应当利用 $u = \varphi(x)$ 换回成 x 的函数. 式(3)的正确性可通过在式(3)的两边分别对 x 求导数来证实. 这时，从左边得出 $f(\varphi(x))\varphi'(x)$；而从右边(利用复合函数的求导公式)得出 $f(u)\frac{\mathrm{d}u}{\mathrm{d}x}$，并且

$$f(u)\frac{\mathrm{d}u}{\mathrm{d}x} = f(\varphi(x))\varphi'(x).$$

这就确定了式(3)的正确性.

例 8 求$\int \frac{\mathrm{d}x}{ax + b}$，这里常数 $a\neq 0$.

解 由于

$$\frac{1}{ax+b}=\frac{1}{a}\cdot\frac{(ax+b)'}{ax+b},$$

可令 $u=ax+b$,从而

$$\int\frac{\mathrm{d}x}{ax+b}=\frac{1}{a}\int\frac{\mathrm{d}u}{u}=\frac{1}{a}\ln|u|+c=\frac{1}{a}\ln|ax+b|+c.$$ □

例 9 求 $\int\frac{\ln x}{x}\mathrm{d}x$.

解 注意到 $(\ln x)'=1/x$,便得

$$\int\frac{\ln x}{x}\mathrm{d}x=\int\ln x\,\mathrm{d}\ln x=\frac{1}{2}\ln^2 x+c.$$ □

正如所有用等式表达的公式一样,式(3)可以从其中的任一边用到另一边.为了说清楚这个意思,举一个最简单的例子.当我们写出 $x^2-y^2=(x+y)(x-y)$ 的时候,是在作因式分解;如果写成 $(x+y)(x-y)=x^2-y^2$,这是把两项的乘积展开.在这里,从例 6 到例 9,我们是在按照式(3)所写的顺序在使用它,即设法把被积函数分解成两项的乘积,其中一项是某一个函数的导数,而另一项则是这个函数的函数.这种技巧叫作"凑微分",靠的是眼光的敏锐,"运用之妙,存乎一心",没有一定之规.要很好地掌握这种技巧,只有多做题目.我们也可以把式(3)的两边对换一下位置,即

$$\int f(u)\mathrm{d}u=\int f(\varphi(x))\varphi'(x)\mathrm{d}x, \tag{4}$$

其中 u 经过了换元 $u=\varphi(x)$ 成了 x 的函数.换元的目的是要让新的被积函数在某种意义之下得到简化,在许多场合,这还是有章可循的.请看一些例子.

例 10 求 $\int\frac{\mathrm{d}x}{a^2+x^2}$,其中常数 $a\neq0$.

解 我们知道,如果 $a=1$,那么 $\arctan x$ 就是一个原函数,从而可作如下的换元:$x=at$,则 $\mathrm{d}x=a\mathrm{d}t$,因此

$$\int\frac{\mathrm{d}x}{a^2+x^2}=\frac{1}{a}\int\frac{\mathrm{d}t}{1+t^2}=\frac{1}{a}\arctan t+c=\frac{1}{a}\arctan\frac{x}{a}+c.$$ □

例 11 计算 $\int\frac{\mathrm{d}x}{a^2\sin^2 x+b^2\cos^2 x}$,其中 $ab\neq0$.

解 由于

$$\frac{\mathrm{d}x}{a^2\sin^2 x+b^2\cos^2 x}=\frac{\mathrm{d}\left(\frac{a}{b}\tan x\right)}{ab\left(1+\left(\frac{a}{b}\right)^2\tan^2 x\right)},$$

所以

$$\int \frac{\mathrm{d}x}{a^2\sin^2 x + b^2\cos^2 x} = \frac{1}{ab}\arctan\left(\frac{a}{b}\tan x\right) + c. \qquad \square$$

例 12　求 $\int \sqrt{a^2 - x^2}\,\mathrm{d}x$，其中 $|x| \leqslant a$.

解　为了把被积函数中的根号去掉，作换元 $x = a\sin t\,(|t| \leqslant \pi/2)$，于是，$\sqrt{a^2 - x^2} = a\cos t$. 这样便得出

$$\int \sqrt{a^2 - x^2}\,\mathrm{d}x = a^2\int \cos^2 t\,\mathrm{d}t = \frac{a^2}{2}(t + \cos t\sin t) + c$$

$$= \frac{a^2}{2}\arcsin\frac{x}{a} + \frac{x}{2}\sqrt{a^2 - x^2} + c,$$

这里我们利用了例 5 的结果. $\square$

例 13　求 $\int \frac{\mathrm{d}x}{\sqrt{a^2 + x^2}}$，其中 $a > 0$.

解　为了计算这个不定积分，让我们回忆一下在练习题 2.3 的第 10 题中曾经提到过的双曲函数：

$$\cosh t = \frac{1}{2}(\mathrm{e}^t + \mathrm{e}^{-t}), \quad \sinh t = \frac{1}{2}(\mathrm{e}^t - \mathrm{e}^{-t}).$$

它们有以下三条简单的性质：

(1) $(\cosh t)' = \sinh t$，$(\sinh t)' = \cosh t$；

(2) $\cosh^2 t - \sinh^2 t = 1$，$\cosh 2t = \cosh^2 t + \sinh^2 t$，$\sinh 2t = 2\sinh t\cosh t$；

(3) $x = \sinh t$ 的反函数为 $t = \ln(x + \sqrt{1 + x^2})$，$x = \cosh t$ 的反函数为 $t = \ln(x + \sqrt{x^2 - 1})$.

利用这三条性质，容易算出题中的不定积分. 作变量代换：$x = a\sinh t$，则 $\mathrm{d}x = a\cosh t\,\mathrm{d}t$，$\sqrt{a^2 + x^2} = a\sqrt{1 + \sinh^2 t} = a\cosh t$，于是

$$\int \frac{\mathrm{d}x}{\sqrt{a^2 + x^2}} = \int \frac{a\cosh t\,\mathrm{d}t}{a\cosh t} = \int \mathrm{d}t = t + c$$

$$= \ln\left(\frac{x + \sqrt{a^2 + x^2}}{a}\right) + c$$

$$= \ln(x + \sqrt{a^2 + x^2}) - \ln a + c.$$

由于 $\ln a$ 是一个常数，所以 $c - \ln a$ 仍是任意的常数，因而上式可写成

$$\int \frac{\mathrm{d}x}{\sqrt{a^2 + x^2}} = \ln(x + \sqrt{a^2 + x^2}) + c. \qquad \square$$

例 14 求$\int\sqrt{a^2+x^2}\mathrm{d}x$.

解 仍作变量代换 $x=a\sinh t$，则原积分变为

$$\begin{aligned}\int\sqrt{a^2+x^2}\mathrm{d}x&=a^2\int\cosh^2 t\mathrm{d}t=\frac{a^2}{2}\int(1+\cosh 2t)\mathrm{d}t\\&=\frac{a^2}{2}\left(t+\frac{1}{2}\sinh 2t\right)+c\\&=\frac{a^2}{2}\left(\ln\frac{x+\sqrt{a^2+x^2}}{a}+\frac{1}{2}\frac{2x\sqrt{a^2+x^2}}{a^2}\right)+c\\&=\frac{a^2}{2}\ln(x+\sqrt{a^2+x^2})+\frac{1}{2}x\sqrt{a^2+x^2}+c.\end{aligned}$$

另一种做法是先对积分作一次分部积分，就把所求的不定积分化成例 13 中的不定积分：

$$\begin{aligned}\int\sqrt{a^2+x^2}\mathrm{d}x&=x\sqrt{a^2+x^2}-\int x\mathrm{d}\sqrt{a^2+x^2}\\&=x\sqrt{a^2+x^2}-\int\frac{x^2}{\sqrt{a^2+x^2}}\mathrm{d}x\\&=x\sqrt{a^2+x^2}-\int\frac{a^2+x^2-a^2}{\sqrt{a^2+x^2}}\mathrm{d}x\\&=x\sqrt{a^2+x^2}+a^2\int\frac{\mathrm{d}x}{\sqrt{a^2+x^2}}-\int\sqrt{a^2+x^2}\mathrm{d}x.\end{aligned}$$

移项整理之后，得

$$\int\sqrt{a^2+x^2}\mathrm{d}x=\frac{x}{2}\sqrt{a^2+x^2}+\frac{a^2}{2}\int\frac{\mathrm{d}x}{\sqrt{a^2+x^2}}.$$

再用例 13 的结果，即得

$$\int\sqrt{a^2+x^2}\mathrm{d}x=\frac{x}{2}\sqrt{a^2+x^2}+\frac{a^2}{2}\ln(x+\sqrt{a^2+x^2})+c.$$ □

例 15 求$\int\frac{\mathrm{d}x}{1+\sqrt{1+x}}$.

解 令 $u=1+\sqrt{1+x}$，则

$$1+x=(u-1)^2,\quad \mathrm{d}x=2(u-1)\mathrm{d}u.$$

因此

$$\begin{aligned}\int\frac{\mathrm{d}x}{1+\sqrt{1+x}}&=2\int\frac{u-1}{u}\mathrm{d}u=2\int\left(1-\frac{1}{u}\right)\mathrm{d}u\\&=2(u-\ln u)+c'\end{aligned}$$

$$= 2(\sqrt{1+x} - \ln(1+\sqrt{1+x})) + c.$$ □

在前面，我们把公式(3)的用法说成是“凑微分”和“作代换”两种，只是为了便于理解.实际上，这两者并没有严格的差别，本质上都是“换元”.请看下面的例子.

例 16　求 $\int \frac{\sin\sqrt{x}}{\sqrt{x}}dx$.

解　如果能立即看出

$$\frac{1}{\sqrt{x}} = 2(\sqrt{x})',$$

那么就用“凑微分”：

$$\int \frac{\sin\sqrt{x}}{\sqrt{x}}dx = 2\int \sin\sqrt{x}\,d\sqrt{x} = -2\cos\sqrt{x} + c;$$

如果想到要去掉根号，那么就作换元 $x = t^2$，则 $dx = 2t\,dt$，于是得到

$$\int \frac{\sin\sqrt{x}}{\sqrt{x}}dx = 2\int \frac{\sin t}{t}t\,dt = 2\int \sin t\,dt$$

$$= -2\cos t + c = -2\cos\sqrt{x} + c.$$

得到的是同样的结果. □

练 习 题 5.2

1. 求下列不定积分：

(1) $\int \arctan x\,dx$；　(2) $\int \arcsin x\,dx$；

(3) $\int x\,\mathrm{arccot}\,x\,dx$；　(4) $\int x^2\arccos x\,dx$；

(5) $\int \ln(x+\sqrt{1+x^2})dx$；　(6) $\int \sqrt{x}\ln^2 x\,dx$；

(7) $\int x^2\cos x\,dx$；　(8) $\int \frac{x}{\cos^2 x}dx$；

(9) $\int \frac{\arctan x}{x^2}dx$；　(10) $\int x^2\cosh x\,dx$；

(11) $\int \cos\ln x\,dx$；　(12) $\int \sin\ln x\,dx$.

2. 设 p 是一个 n 次多项式.试通过 p 的各阶导数来表示原函数 $\int p(x)e^{ax}dx$.

3. 计算 $\int x f''(x)dx$.

4. 求下列不定积分：

(1) $\int x\mathrm{e}^{-x^2}\mathrm{d}x$；

(2) $\int \frac{x}{\sqrt{1-x^2}}\mathrm{d}x$；

(3) $\int \frac{\ln^2 x}{x}\mathrm{d}x$；

(4) $\int \frac{x}{x^2+4}\mathrm{d}x$；

(5) $\int \frac{\mathrm{d}x}{\cosh x}$；

(6) $\int \frac{\mathrm{d}x}{\sqrt{x}(1+x)}$；

(7) $\int \frac{\mathrm{d}x}{\sin x}$；

(8) $\int \frac{\mathrm{d}x}{x\ln x(\ln\ln x)}$；

(9) $\int \frac{1}{x^2}\sin\frac{1}{x}\mathrm{d}x$；

(10) $\int \frac{\arctan^2 x}{1+x^2}\mathrm{d}x$；

(11) $\int \frac{\mathrm{d}x}{(a+bx)^2}\ (ab\neq 0)$；

(12) $\int \cos ax\sin bx\mathrm{d}x$；

(13) $\int \cos ax\cos bx\mathrm{d}x$；

(14) $\int \sin ax\sin bx\mathrm{d}x$；

(15) $\int \sin^4 x\mathrm{d}x$；

(16) $\int \sin^5 x\mathrm{d}x$；

(17) $\int \frac{\cos x+\sin x}{\sqrt[3]{\sin x-\cos x}}\mathrm{d}x$；

(18) $\int \frac{\mathrm{d}x}{2-\sin^2 x}$；

(19) $\int \frac{\cos x\sin x}{a^2\cos^2 x+b^2\sin^2 x}\mathrm{d}x$；

(20) $\int \frac{\mathrm{d}x}{\cos x+\sin x}$；

(21) $\int \frac{\mathrm{d}x}{a\cos x+b\sin x}$；

(22) $\int \frac{\cos x}{\sqrt{2+\cos 2x}}\mathrm{d}x$；

(23) $\int \frac{\ln x}{x\sqrt{1+\ln x}}\mathrm{d}x$；

(24) $\int \frac{x^3}{\sqrt{1-x^2}}\mathrm{d}x$；

(25) $\int \frac{x\mathrm{d}x}{\sqrt{1+x^2+(1+x^2)^{3/2}}}$；

(26) $\int \frac{\mathrm{d}x}{x\sqrt{x^2+1}}$；

(27) $\int \mathrm{e}^{\sqrt{x}}\mathrm{d}x$；

(28) $\int x^3\mathrm{e}^{-x^2}\mathrm{d}x$；

(29) $\int \arctan\sqrt{x}\mathrm{d}x$；

(30) $\int x\sin\sqrt{x}\mathrm{d}x$；

(31) $\int \frac{x^{n/2}}{\sqrt{1+x^{n+2}}}\mathrm{d}x\ (n\in\mathbf{N}^*)$；

(32) $\int \frac{x^2}{\sqrt{x^2+a^2}}\mathrm{d}x$；

(33) $\int \frac{\cos x\sin x}{1+\sin^4 x}\mathrm{d}x$.

5. 推导出不定积分

$$\int \ln^n x\mathrm{d}x\quad (n\in\mathbf{N}^*)$$

的递推公式.

6. 用换元 $x = a\sinh t$ 或 $x = a\cosh t$ 解以下各题：

(1) $\int (x^2 + a^2)^{-3/2}\mathrm{d}x$；　　(2) $\int \dfrac{x^2}{\sqrt{x^2 - a^2}}\mathrm{d}x$；

(3) $\int \sqrt{x^2 - a^2}\mathrm{d}x$.

7. 求下列不定积分：

(1) $\int \left(1 - \dfrac{2}{x}\right)^2 \mathrm{e}^x \mathrm{d}x$；　　(2) $\int \dfrac{x\mathrm{e}^x}{(1 + x)^2}\mathrm{d}x$.

8. 求出函数 f，设：

(1) $f'(x^2) = \dfrac{1}{x}\,(x > 0)$；　　(2) $f'(\sin^2 x) = \cos^2 x$.

5.3　有理函数的原函数

所谓有理函数，是指两个实系数多项式的商，用式子来表示，就是形如

$$R(x) = \frac{P(x)}{Q(x)}$$

的函数，其中 P 与 Q 都是多项式，并且它们没有共同的零点. 如果 P 的次数小于 Q 的次数，称 R 为真分式；如果 P 的次数不小于 Q 的次数，称 R 为假分式. 通过作除法，我们总能将一个假分式表示成一个多项式加上一个真分式. 例如，$\dfrac{x^5}{1 - x^2}$是一个假分式，但如果我们进行下列运算：

$$\begin{aligned}\frac{x^5}{1 - x^2} &= \frac{x^5 - x^3 + x^3}{1 - x^2} = \frac{x^3(x^2 - 1) + x^3}{1 - x^2} \\ &= -x^3 + \frac{x^3 - x + x}{1 - x^2} = -x^3 - x + \frac{x}{1 - x^2},\end{aligned}$$

便将这个假分式表示成了多项式 $-(x + x^3)$ 加上真分式$\dfrac{x}{1 - x^2}$. 由于多项式的原函数是容易求得的，我们只需研究如何求真分式的不定积分.

我们需要一个代数的定理.

定理 5.3.1　设 $R(x) = P(x)/Q(x)$是一个真分式，其分母 $Q(x)$有分解式：

$$Q(x) = (x - a)^{\alpha}\cdots(x - b)^{\beta}(x^2 + px + q)^{\mu}\cdots(x^2 + rx + s)^{\nu},$$

其中 $a,\cdots,b,p,q,\cdots,r,s$ 为实数；$p^2-4q<0,\cdots,r^2-4s<0$；$\alpha,\cdots,\beta,\mu,\cdots,\nu$ 为正整数.我们有

$$\begin{aligned}R(x)=&\frac{A_\alpha}{(x-a)^\alpha}+\frac{A_{\alpha-1}}{(x-a)^{\alpha-1}}+\cdots+\frac{A_1}{x-a}+\cdots\\&+\frac{B_\beta}{(x-b)^\beta}+\frac{B_{\beta-1}}{(x-b)^{\beta-1}}+\cdots+\frac{B_1}{x-b}\\&+\frac{K_\mu x+L_\mu}{(x^2+px+q)^\mu}+\cdots+\frac{K_1x+L_1}{x^2+px+q}+\cdots\\&+\frac{M_\nu x+N_\nu}{(x^2+rx+s)^\nu}+\cdots+\frac{M_1x+N_1}{x^2+rx+s},\end{aligned}$$

其中 $A_i,\cdots,B_i,K_i,L_i,\cdots,M_i,N_i$ 都是实数，并且此分解式的所有系数都是唯一确定的.

我们在此不对这个定理给出证明，但要援引定理的结论.它的证明，大家可在复变函数课程中读到.

这个定理告诉我们，真分式总可以化成下列两类分式之和：

$$\frac{A}{(x-a)^k},\quad \frac{Ax+B}{(x^2+px+q)^k}\quad (p^2-4q<0),$$

这里 k 是正整数.因此，从原则上说，求真分式的原函数的问题，就已转化为求这两类真分式的原函数的问题.在求不定积分之前，让我们来实践一下如何把一个真分式化为"部分分式"(定理 5.3.1 称为"部分分式定理").

例 1 化$\dfrac{x+1}{x^2-4x+3}$为部分分式.

解 因为它的分母有分解式

$$x^2-4x+3=(x-1)(x-3),$$

依定理 5.3.1，有

$$\frac{x+1}{x^2-4x+3}=\frac{A}{x-1}+\frac{B}{x-3},$$

这里 A 与 B 是待定的系数.去分母之后，得到

$$x+1=A(x-3)+B(x-1).$$

为了确定 A 与 B，有两种方法.第一种方法是，分别用 $x=1$ 与 $x=3$ 代入上式，得

$$-2A=2,\quad 2B=4.$$

由此解出 $A=-1,B=2$.第二种方法是，比较上式两边一次项与常数项的系数，得出

$$A+B=1,\quad 3A+B=-1.$$

从此线性方程组中可以解出 $A=-1, B=2$. 因此

$$\frac{x+1}{x^2-4x+3}=\frac{-1}{x-1}+\frac{2}{x-3}.$$ □

例2　化$\frac{x}{x^3+x^2+3x+3}$为部分分式.

解　首先将分母作分解:

$$x^3+x^2+3x+3=(x+1)(x^2+3).$$

依定理5.3.1,有

$$\frac{x}{x^3+x^2+3x+3}=\frac{A}{x+1}+\frac{Bx+C}{x^2+3},$$

这里 A,B,C 为待定的系数. 把上式去分母,得出

$$x=A(x^2+3)+(Bx+C)(x+1).$$

令 $x=-1$,代入上式,得 $A=-1/4$. 消去 A 之后,得

$$\frac{1}{4}x^2+x+\frac{3}{4}=(Bx+C)(x+1),$$

即

$$\frac{1}{4}x^2+x+\frac{3}{4}=Bx^2+(B+C)x+C.$$

比较平方项和常数项的系数,得出 $B=1/4, C=3/4$. □

例3　化$\frac{x^3+1}{x^4-3x^3+3x^2-x}$为部分分式.

解　容易看出,分母有分解式 $x(x-1)^3$. 因此,我们有

$$\frac{x^3+1}{x^4-3x^3+3x^2-x}=\frac{A}{x}+\frac{B}{(x-1)^3}+\frac{C}{(x-1)^2}+\frac{D}{x-1}.$$

去分母之后,可得

$$x^3+1=A(x-1)^3+Bx+Cx(x-1)+Dx(x-1)^2. \tag{1}$$

如果我们乘开上式的右边,再合并同类项,比较两边的系数,便得到含有未知量 A, B, C, D 的四个线性方程,自然可以解出 A,B,C,D. 但是,下面的做法也是值得推荐的. 首先,令 $x=0$,代入上式的两边,立即得到 $A=-1$. 从式(1)中消去 A 之后,得到

$$2x^2-3x+3=B+C(x-1)+D(x-1)^2. \tag{2}$$

将 $x=1$ 代入式(2),得出 $B=2$. 这样,式(2)转化为

$$2x^2-3x+1=C(x-1)+D(x-1)^2. \tag{3}$$

在式(3)等号的两边分别对 x 求导,得

$$4x-3=C+2D(x-1). \tag{4}$$

在式(4)中令 $x=1$,得到 $C=1$.最后,在式(4)等号的两边分别对 x 再求导数,得出 $D=2$.

综上,可知 $A=-1,B=2,C=1,D=2$. □

现在回到求原函数的问题.由于

$$\int\frac{\mathrm{d}x}{x-a}=\ln|x-a|+c,$$

当 $k\geqslant 2$ 时,

$$\int\frac{\mathrm{d}x}{(x-a)^k}=\frac{(x-a)^{1-k}}{1-k}+c,$$

所以只需详细研究如何计算

$$\int\frac{Ax+B}{(x^2+px+q)^k}\mathrm{d}x\quad (k\in\mathbf{N}^*,p^2-4q<0).$$

经过配方,有

$$x^2+px+q=\left(x+\frac{p}{2}\right)^2+q-\frac{p^2}{4}.$$

令 $a^2=q-p^2/4$,再作换元

$$u=x+\frac{p}{2},$$

便得到

$$\int\frac{Ax+B}{(x^2+px+q)^k}\mathrm{d}x=A\int\frac{u}{(a^2+u^2)^k}\mathrm{d}u+\left(B-\frac{Ap}{2}\right)\int\frac{\mathrm{d}u}{(a^2+u^2)^k}.$$

上式右边的第一个不定积分十分容易求得:当 $k=1$ 时,

$$\int\frac{u}{a^2+u^2}\mathrm{d}u=\frac{1}{2}\ln(a^2+u^2)+c;$$

当 $k\geqslant 2$ 时,

$$\int\frac{u}{(a^2+u^2)^k}\mathrm{d}u=\frac{1}{2(1-k)}(a^2+u^2)^{1-k}+c.$$

所以,最后只需讨论

$$I_k=\int\frac{\mathrm{d}u}{(a^2+u^2)^k}\quad (k=1,2,3,\cdots).$$

作分部积分:

$$I_k=\frac{u}{(a^2+u^2)^k}+2k\int\frac{u^2}{(a^2+u^2)^{k+1}}\mathrm{d}u$$

$$= \frac{u}{(a^2+u^2)^k} + 2k\int \frac{a^2+u^2-a^2}{(a^2+u^2)^{k+1}}du$$

$$= \frac{u}{(a^2+u^2)^k} + 2kI_k - 2ka^2 I_{k+1},$$

由此推出

$$I_{k+1} = \frac{1}{2ka^2}\frac{u}{(a^2+u^2)^k} + \frac{2k-1}{2ka^2}I_k \quad (k \in \mathbf{N}^*).$$

这是一个递推公式.反复利用这个公式可以把指标 k 降低,最后归结为已知的不定积分.最初的几个是

$$I_1 = \int \frac{du}{a^2+u^2} = \frac{1}{a}\arctan\frac{u}{a} + c,$$

$$I_2 = \frac{1}{2a^2}\left(\frac{u}{a^2+u^2} + I_1\right),$$

$$I_3 = \frac{1}{4a^2}\left(\frac{u}{(a^2+u^2)^2} + 3I_2\right).$$

例 4 计算$\int \frac{x^3+1}{x^4-3x^3+3x^2-x}dx.$

解 由例3的结果知,所求积分可变形为

$$-\int\frac{dx}{x} + 2\int\frac{dx}{(x-1)^3} + \int\frac{dx}{(x-1)^2} + 2\int\frac{dx}{x-1}$$

$$= -\ln|x| - \frac{1}{(x-1)^2} - \frac{1}{x-1} + \ln(x-1)^2 + c$$

$$= \ln\frac{(x-1)^2}{|x|} - \frac{x}{(x-1)^2} + c.$$

□

例 5 计算$\int \frac{5x+6}{x^2+x+1}dx.$

解 按照前面所指出的刻板的程序来求积分,固然能达到目的,但稍稍采用一点技巧,便可使计算过程简化.因为

$$\frac{5x+6}{x^2+x+1} = \frac{5}{2}\cdot\frac{(x^2+x+1)'}{x^2+x+1} + \frac{7}{2}\cdot\frac{1}{x^2+x+1},$$

所以

$$\int\frac{5x+6}{x^2+x+1}dx = \frac{5}{2}\ln(x^2+x+1) + \frac{7}{2}\int\frac{dx}{\left(x+\frac{1}{2}\right)^2+\left(\frac{\sqrt{3}}{2}\right)^2}$$

$$= \frac{5}{2}\ln(x^2+x+1) + \frac{7}{\sqrt{3}}\arctan\frac{2x+1}{\sqrt{3}} + c.$$

□

例 6 计算$\int \frac{5x+3}{(x^2-2x+5)^2}\mathrm{d}x$.

解 易知 $x^2-2x+5=(x-1)^2+2^2$. 注意到

$$\frac{5x+3}{(x^2-2x+5)^2}=\frac{5}{2}\frac{(x^2-2x+5)'}{(x^2-2x+5)^2}+\frac{8}{(x^2-2x+5)^2},$$

因此,欲求的不定积分是

$$-\frac{5}{2}\frac{1}{x^2-2x+5}+8\int\frac{\mathrm{d}x}{(x^2-2x+5)^2}.$$

利用递推公式来计算,上式成为

$$\begin{aligned}&-\frac{5}{2}\frac{1}{x^2-2x+5}+\frac{x-1}{x^2-2x+5}+\frac{1}{2}\arctan\frac{x-1}{2}+c\\&=\frac{2x-7}{2(x^2-2x+5)}+\frac{1}{2}\arctan\frac{x-1}{2}+c.\end{aligned}$$

□

以上几个例子只是演示一下求有理函数的原函数的标准方法. 事实上,在实际问题中其计算是相当复杂的. 当分母的多项式的次数比较高时,且不说为了确定那些系数而解一个庞大的线性代数方程组所带来的麻烦,单单求 Q 的零点就相当麻烦.

练 习 题 5.3

求下列不定积分:

(1) $\int\frac{x}{2x^2-3x-2}\mathrm{d}x$; (2) $\int\frac{2x^2+1}{(x+3)(x-1)(x-4)}\mathrm{d}x$;

(3) $\int\frac{\mathrm{d}x}{2x^3+3x^2+x}$; (4) $\int\frac{x^2}{x^3+5x^2+8x+4}\mathrm{d}x$;

(5) $\int\frac{4x+3}{(x-2)^3}\mathrm{d}x$; (6) $\int\frac{x^2}{(x+2)^2(x+4)^2}\mathrm{d}x$;

(7) $\int\frac{8x^3+7}{(x+1)(2x+1)^3}\mathrm{d}x$; (8) $\int\frac{\mathrm{d}x}{(x+1)(x+2)^2(x+3)^3}$;

(9) $\int\frac{\mathrm{d}x}{1+x^3}$; (10) $\int\frac{\mathrm{d}x}{(x^2+9)^3}$;

(11) $\int\frac{\mathrm{d}x}{x(x^2+1)^2}$; (12) $\int\frac{\mathrm{d}x}{1+x^4}$;

(13) $\int\frac{1+x^2}{1+x^4}\mathrm{d}x$; (14) $\int\frac{\mathrm{d}x}{x^4(1+x^2)}$.

5.4　可有理化函数的原函数

有些函数本身并不是有理函数,但是经过适当的换元之后,可以化为新的变元的有理函数.我们也认为求这一类函数的原函数的问题已经获得解决.下面我们介绍三种可以作这样转化的函数类.

(1) $\int R(\cos x,\sin x)\mathrm{d}x$.

形如

$$\sum_{i=0}^{m}\sum_{j=0}^{n}a_{ij}x^iy^j$$

的表达式称为 x 与 y 的**二元多项式**,其中 $a_{ij}\in\mathbf{R}$ 叫作多项式的系数.如果$R(x,y)$是两个二元多项式的商,则称 R 为**二元有理函数**.我们说 $R(\cos x,\sin x)$经过适当的换元之后便可以化成一元有理函数.设 $t=\tan\frac{x}{2}(|x|<\pi)$,则由三角形恒等式,可得出下列简单的公式:

$$\cos x=\frac{1-t^2}{1+t^2},\quad \sin x=\frac{2t}{1+t^2}.$$

它们的证明如下:由 t 的定义,可得

$$\frac{1}{1+t^2}=\cos^2\frac{x}{2},\quad \frac{t^2}{1+t^2}=\sin^2\frac{x}{2}.$$

再由基本公式

$$\cos x=\cos^2\frac{x}{2}-\sin^2\frac{x}{2},\quad \sin x=2\cos\frac{x}{2}\sin\frac{x}{2},$$

即可得到上述公式.这两个公式说明,$\cos x$ 与 $\sin x$ 二者都能通过$t=\tan\frac{x}{2}$表示成 t 的有理函数.因为 $x=2\arctan t$,所以

$$\frac{\mathrm{d}x}{\mathrm{d}t}=\frac{2}{1+t^2}.$$

这表明导数$\frac{\mathrm{d}x}{\mathrm{d}t}$也是$t$ 的有理函数.

我们已经证明，在作换元 $t=\tan\dfrac{x}{2}(|x|<\pi)$ 之后，求原函数

$$\int R(\cos x,\sin x)\mathrm{d}x$$

便转化为求原函数

$$\int R\left(\frac{1-t^2}{1+t^2},\frac{2t}{1+t^2}\right)\frac{2}{1+t^2}\mathrm{d}t.$$

现在被积函数已变成了 t 的有理函数，而求有理函数的原函数问题，我们已有万无一失的办法．换元公式 $t=\tan\dfrac{x}{2}$ 或 $x=2\arctan t$，许多书上称为"万能变换"，就是这个缘故．

让我们看几个例子．

例 1 求 $\displaystyle\int\frac{\mathrm{d}x}{\sin x(1+\cos x)}$．

解 作万能变换 $t=\tan\dfrac{x}{2}$，则原不定积分变为

$$\begin{aligned}\frac{1}{2}\int\left(t+\frac{1}{t}\right)\mathrm{d}t&=\frac{1}{4}t^2+\frac{1}{2}\ln|t|+c\\&=\frac{1}{4}\tan^2\frac{x}{2}+\frac{1}{2}\ln\left|\tan\frac{x}{2}\right|+c.\end{aligned}$$

对当前这个问题，不用"万能变换"而用其他变换也能奏效．例如，可设 $t=\cos x$，由于

$$\begin{aligned}\frac{\mathrm{d}x}{\sin x(1+\cos x)}&=\frac{\sin x\mathrm{d}x}{\sin^2x(1+\cos x)}\\&=\frac{-\mathrm{d}t}{(1-t^2)(1+t)}\\&=\frac{-1}{2(1+t)}\left(\frac{1}{1+t}+\frac{1}{1-t}\right)\mathrm{d}t\\&=\frac{-\mathrm{d}t}{2(1+t)^2}-\frac{1}{4}\left(\frac{1}{1+t}+\frac{1}{1-t}\right)\mathrm{d}t,\end{aligned}$$

因此

$$\begin{aligned}\int\frac{\mathrm{d}x}{\sin x(1+\cos x)}&=\frac{1}{2(1+t)}+\frac{1}{4}\ln\left|\frac{1-t}{1+t}\right|+c\\&=\frac{1}{2(1+\cos x)}+\frac{1}{4}\ln\frac{1-\cos x}{1+\cos x}+c.\end{aligned}$$ □

下面的例子表明，将被积函数作适当的变形，有时甚至无须作任何换元，便可

求得原函数.

例 2　计算$\int \frac{\sin^4 x}{\cos^2 x}\mathrm{d}x$.

解　由

$$\frac{\sin^4 x}{\cos^2 x} = \frac{\sin^2 x(1-\cos^2 x)}{\cos^2 x} = \tan^2 x - \sin^2 x$$

$$= \frac{1}{\cos^2 x} - 1 - \frac{1-\cos 2x}{2} = \frac{1}{\cos^2 x} + \frac{1}{2}\cos 2x - \frac{3}{2},$$

可得

$$\int \frac{\sin^4 x}{\cos^2 x}\mathrm{d}x = \tan x + \frac{1}{4}\sin 2x - \frac{3}{2}x + c.$$ □

我们已经看到:万能变换虽然总可以将 $R(\cos x,\sin x)$有理化,但对具体问题而言,万能变换不一定总是必要的或方便的.

(2) $\int R\left(x,\sqrt[n]{\frac{ax+b}{cx+d}}\right)\mathrm{d}x$.

对形如

$$R\left(x,\sqrt[n]{\frac{ax+b}{cx+d}}\right)$$

的函数的求原函数问题也可以利用函数的有理化,这里 n 表示正整数.同前面的叙述一样,R 表示二元有理函数.不妨设 $ad\neq bc$,否则 $\frac{ax+b}{cx+d}$ 是一个常数,这时被积函数已是有理函数了.

为了去掉根号,作换元

$$t = \left(\frac{ax+b}{cx+d}\right)^{1/n},\quad 即\quad t^n = \frac{ax+b}{cx+d}.$$

由此解出

$$x = \frac{dt^n - b}{-ct^n + a}.$$

明显可见,这时 $\frac{\mathrm{d}x}{\mathrm{d}t}$ 是 t 的有理函数.因此,新的被积函数就成了有理函数.

例 3　计算$\int \sqrt{\frac{x-a}{b-x}}\mathrm{d}x\ (a<x<b)$.

解　建议读者用刚才指出的那个一般的原则来解这一道题目,体会一下个中的滋味.

下面灵巧的办法是可以被构思出来的,也是讲得出道理的.第一,希望把根号

去掉;第二,恒等式

$$\frac{x-a}{b-a}+\frac{b-x}{b-a}=1$$

启发我们作下面的换元:

$$\frac{x-a}{b-a}=\sin^2 t \quad \left(0<t<\frac{\pi}{2}\right).$$

这时,$\frac{b-x}{b-a}=\cos^2 t$.由此得出

$$\mathrm{d}x=2(b-a)\cos t\sin t\,\mathrm{d}t, \quad \sqrt{\frac{x-a}{b-x}}=\tan t,$$

从而

$$\sqrt{\frac{x-a}{b-x}}\mathrm{d}x=(b-a)(1-\cos 2t)\mathrm{d}t.$$

于是

$$\begin{aligned}\int\sqrt{\frac{x-a}{b-x}}\mathrm{d}x&=(b-a)(t-\cos t\sin t)+c\\&=(b-a)\arcsin\sqrt{\frac{x-a}{b-a}}-\sqrt{(b-x)(x-a)}+c.\end{aligned}$$ □

(3) $\int x^{\alpha}(a+bx^{\beta})^{\gamma}\mathrm{d}x$,其中 a,b 是实数,α,β,γ 是有理数.

对这类函数,Chebychëv 在 19 世纪就证明了:如果 $\gamma,\frac{\alpha+1}{\beta},\frac{\alpha+1}{\beta}+\gamma$ 三个数中有一个是整数,那么被积函数可化作有理函数来求原函数;否则,它的原函数不能用初等函数来表示.下面我们来证明前一结论,后一结论的证明超出了本书的知识范围.

(a) 如果 γ 是整数,作变量代换

$$x^{\beta}=t, \tag{1}$$

则 $x=t^{1/\beta}$,$\mathrm{d}x=\frac{1}{\beta}t^{1/\beta-1}\mathrm{d}t$,于是

$$\int x^{\alpha}(a+bx^{\beta})^{\gamma}\mathrm{d}x=\frac{1}{\beta}\int t^{(\alpha+1)/\beta-1}(a+bt)^{\gamma}\mathrm{d}t. \tag{2}$$

因为$\frac{\alpha+1}{\beta}-1$是有理数,记$\frac{\alpha+1}{\beta}-1=\frac{p}{q}$,故式(2)的右边可写为

$$\frac{1}{\beta}\int(\sqrt[q]{t})^{p}(a+bt)^{\gamma}\mathrm{d}t. \tag{3}$$

由式(2)知式(3)的被积函数可有理化.

(b) 如果$\frac{\alpha+1}{\beta}$是整数,那么$\frac{\alpha+1}{\beta}-1$也是整数,这时记 $\gamma=\frac{p}{q}$,那么式(2)的右边可写为

$$\frac{1}{\beta}\int t^{(\alpha+1)/\beta-1}(\sqrt[q]{a+bt})^{p}\mathrm{d}t.$$

由式(2)知它也可有理化.

(c) 如果$\frac{\alpha+1}{\beta}+\gamma$是整数,把式(2)的右边改写为

$$\frac{1}{\beta}\int t^{(\alpha+1)/\beta-1+\gamma}\left(\frac{a+bt}{t}\right)^{\gamma}\mathrm{d}t=\frac{1}{\beta}\int t^{(\alpha+1)/\beta-1+\gamma}\left(\sqrt[q]{\frac{a+bt}{t}}\right)^{p}\mathrm{d}t.$$

由式(2)知它也可有理化.

例 4　计算 $I=\int\frac{\mathrm{d}x}{\sqrt{x}(1+\sqrt[3]{x})}$.

解　把 I 写成

$$I=\int x^{-1/2}(1+x^{1/3})^{-1}\mathrm{d}x.$$

这时,$\alpha=-1/2,\beta=1/3,\gamma=-1$.由于 γ 是整数,故被积函数可有理化.

令 $x^{1/3}=t$,则 $x=t^3,\mathrm{d}x=3t^2\mathrm{d}t$,从而

$$I=3\int\frac{t^{1/2}}{1+t}\mathrm{d}t.$$

再令 $t^{1/2}=u$,则 $t=u^2,\mathrm{d}t=2u\mathrm{d}u$,于是

$$\begin{aligned}I&=6\int\frac{u^2}{1+u^2}\mathrm{d}u=6\int\left(1-\frac{1}{1+u^2}\right)\mathrm{d}u\\&=6(u-\arctan u)+c=6(x^{1/6}-\arctan x^{1/6})+c.\end{aligned}$$

□

例 5　计算 $I=\int\frac{\sqrt[3]{1+\sqrt[4]{x}}}{\sqrt{x}}\mathrm{d}x$.

解　把 I 写成

$$I=\int x^{-1/2}(1+x^{1/4})^{1/3}\mathrm{d}x.$$

这时,$\alpha=-1/2,\beta=1/4,\gamma=1/3$,所以$(\alpha+1)/\beta=2$是整数.令 $x^{1/4}=t$,则 $x=t^4$,$\mathrm{d}x=4t^3\mathrm{d}t$,从而

$$I=4\int t(1+t)^{1/3}\mathrm{d}t.$$

再令$(1+t)^{1/3}=u$,则 $t=u^3-1,\mathrm{d}t=3u^2\mathrm{d}u$,于是

$$I = 12\int u^3(u^3 - 1)\mathrm{d}u$$
$$= \frac{12}{7}u^7 - 3u^4 + c$$
$$= \frac{12}{7}(1 + \sqrt[4]{x})^{7/3} - 3(1 + \sqrt[4]{x})^{4/3} + c.$$ □

例 6 计算 $I = \int \frac{\mathrm{d}x}{\sqrt[4]{1 + x^4}}$.

解 把 I 写成

$$I = \int (1 + x^4)^{-1/4}\mathrm{d}x.$$

这时,$\alpha = 0, \beta = 4, \gamma = -1/4$,则$(\alpha + 1)/\beta + \gamma = 0$ 是整数.令 $x^4 = t$,则 $x = t^{1/4}$, $\mathrm{d}x = \frac{1}{4}t^{-3/4}\mathrm{d}t$,从而

$$I = \frac{1}{4}\int \left(\frac{t}{1 + t}\right)^{1/4} \frac{1}{t}\mathrm{d}t.$$

令 $\left(\frac{t}{1+t}\right)^{1/4} = u$,则 $t = \frac{u^4}{1 - u^4}$, $\mathrm{d}t = \frac{4u^3}{(1 - u^4)^2}\mathrm{d}u$,于是

$$I = \int \frac{\mathrm{d}u}{1 - u^4} = \frac{1}{4}\ln\left|\frac{x + \sqrt[4]{1 + x^4}}{x - \sqrt[4]{1 + x^4}}\right| + \frac{1}{2}\arctan\frac{x}{\sqrt[4]{1 + x^4}} + c.$$ □

我们已经发现,求原函数比求导函数要困难得多、复杂得多,这并不奇怪.就像对小学生来说:作加法容易,作减法比较困难;作乘法容易,作除法比较困难.作逆运算比较困难,这似乎是数学学习中相当普遍的现象.前面我们已经说过,要写出一个不能求出其导数的函数是非常不容易的事,但是,可以随手写出一大批求不出原函数的函数,例如

$$\int \frac{\sin x}{x}\mathrm{d}x, \quad \int \mathrm{e}^{-x^2}\mathrm{d}x, \quad \int \sin x^2\mathrm{d}x.$$

在第 6 章中将要证明,这些函数的原函数其实是存在的,不过它们不是初等函数.

在 17 世纪和 18 世纪,数学家们曾经全神贯注地寻找各种能明确地求出原函数来的初等函数,从中发明了大量的巧妙方法.后来,人们认识到以封闭形式来表达一切初等函数的原函数不但是做不到的,而且实际上也并不重要.于是,那些针对一些特殊类型的函数构想出来的冗长而烦琐的处理方法就不再受到关注.

现在已经出版了许许多多的详细的"积分表".若读者在实际问题中遇到竭尽全力还求不出的原函数,建议到"积分表"中去找答案.

练习题 5.4

1. 求下列不定积分：

(1) $\int \frac{\sin^3 x}{\cos^4 x}\mathrm{d}x$；

(2) $\int \frac{\mathrm{d}x}{\cos^4 x\sin x}$；

(3) $\int \frac{\mathrm{d}x}{2\sin x - \cos x + 5}$；

(4) $\int \frac{\cos x\sin x}{\cos x + \sin x}\mathrm{d}x$；

(5) $\int \frac{\sin x}{1 + \cos x + \sin x}\mathrm{d}x$；

(6) $\int \frac{\sin^2 x}{1 + \sin^2 x}\mathrm{d}x$；

(7) $\int \frac{\mathrm{d}x}{\cos^4 x + \sin^4 x}$；

(8) $\int \frac{\mathrm{d}x}{\cos^4 x\sin^4 x}$；

(9) $\int \frac{\sin x}{\cos^3 x + \sin^3 x}\mathrm{d}x$；

(10) $\int \sqrt{\tan x}\mathrm{d}x$；

(11) $\int \frac{\mathrm{d}x}{1 + \varepsilon\cos x}$(常数 $\varepsilon > 1$).

2. 求下列不定积分：

(1) $\int \frac{\mathrm{d}x}{1 + \sqrt[3]{1 + x}}$；

(2) $\int \frac{\sqrt[3]{x}}{x(\sqrt{x} + \sqrt[3]{x})}\mathrm{d}x$；

(3) $\int \frac{x}{\sqrt{x + 1} + \sqrt[3]{x + 1}}\mathrm{d}x$；

(4) $\int \frac{\sqrt{1 + x^2}}{2 + x^2}\mathrm{d}x$；

(5) $\int \frac{\mathrm{d}x}{x\sqrt{1 + x^2}}$；

(6) $\int \frac{x^3}{\sqrt{1 + 2x^2}}\mathrm{d}x$；

(7) $\int \sqrt{\frac{1 - \sqrt{x}}{1 + \sqrt{x}}}\mathrm{d}x$；

(8) $\int \frac{\mathrm{d}x}{x\sqrt{a^2 - x^2}}$($|x| < a, x \neq 0$)；

(9) $\int \sqrt{\frac{1 - x}{1 + x}}\frac{\mathrm{d}x}{x^2}$；

(10) $\int \frac{\mathrm{d}x}{(x + a)^2(x + b)^3}$；

(11) $\int \frac{\mathrm{d}x}{(x + a)^m(x + b)^n}$($m, n \in \mathbf{N}^*$)；

(12) $\int \frac{\mathrm{d}x}{(1 + x^n)\sqrt[n]{1 + x^n}}$($n \in \mathbf{N}^*$).

第 6 章　函数的积分

现在,我们转到微积分学的另一个主题——单变量函数的积分学.在引进导数概念之前,我们曾举出了来自三个方面的例子,说明导数概念产生的背景,以及建立这一概念的必要性.由于“积分”也是一个十分重要的概念,这里我们最好也先从几个例子看起.

6.1　积分的概念

为了引进积分的概念,先来看三个例子.第一个例子是曲边梯形的面积.

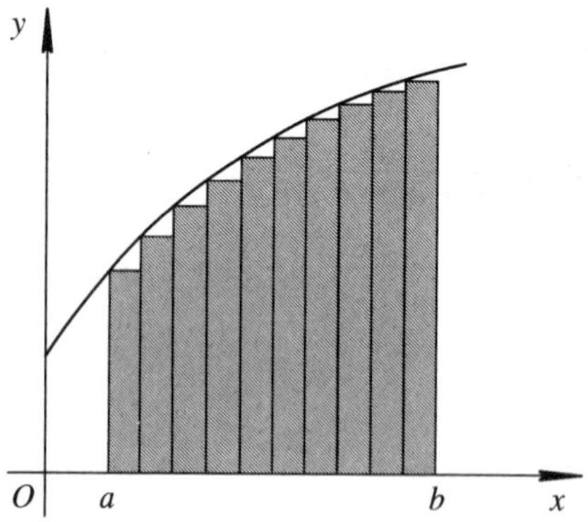

图 6.1

从计算面积来导出积分概念,是最直接、最直观的方式.设函数 f 在 $[a,b]$ 上有定义,暂时设 $f(x)>0$ 对 $x\in[a,b]$ 成立.我们把由横轴、平行直线 $x=a$ 和 $x=b$ 以及曲线 $y=f(x)$ 所围成的图形称为曲边梯形(图 6.1),原因是如果函数 f 是一次(或称线性)函数,那么围成的图形就确实是一个梯形了.“曲边梯形”只是“此时此地”所使用的一个名词,为的是行文的方便,它不是一个在数学中普遍适用的术语.

为了计算这块面积,先用分割

$$\pi: a = x_0 < x_1 < \cdots < x_n = b \quad (1)$$

把 $[a,b]$ 分成 n 个小区间 $[x_{i-1},x_i]$,其长度为 $\Delta x_i = x_i - x_{i-1}(i=1,2,\cdots,n)$.然

后用平行于纵轴的直线 $x=x_i(i=0,1,\cdots,n)$ 把这块面积分成若干小条. 再在第 i 个子区间上,任意地取定一点 ξ(而不能只是取子区间的端点、区间的中点以及任何其他特殊的点,以排除偶然性),用 $f(\xi_i)\Delta x_i$ 来近似第 i 个曲边梯形的面积,再用和式

$$\sum_{i=1}^{n} f(\xi_i)\Delta x_i \tag{2}$$

来代替曲边梯形的面积. 如果我们就停止在这一步上,式(2)只能是面积的一个近似值. 因此,必须把分割加密. 加密的过程就是一种极限过程,姑且写为

$$\lim\sum_{i=1}^{n} f(\xi_i)\Delta x_i.$$

问题是,我们对什么东西来取这个极限,是不是令 $n\to\infty$? 显然不是,因为 $n+1$ 只是分点的个数,即使把 n 取得很大,也不能说明已分得很细. 例如,固定 $x_0=a$, $x_1=(a+b)/2$,其他分点都加在$((a+b)/2,b]$中,那么无论 n 取得多么大,对我们都没有帮助. 为此,对分点序列(1)组成的分割 π,令

$$\|\pi\| = \max_{1\leqslant i\leqslant n}\{\Delta x_i\},$$

称 $\|\pi\|$ 为分割的**宽度**. 很明显,分割宽度的大小能反映分割是不是细密,所以上述极限的恰当表示是

$$\lim_{\|\pi\|\to 0}\sum_{i=1}^{n} f(\xi_i)\Delta x_i.$$

如果这个极限存在,即对 $\xi\in[x_{i-1},x_i]$的所有可能的选法得出的极限是同一个数,那么这个数自然就定义为曲边梯形的面积.

第二个例子是一个物理问题. 我们知道,一个方向不变、大小为常数的力 $\boldsymbol{F}$(大小为 F),使物体沿力的方向移动距离 d,力所做的功是 Fd. 如果力的方向不变,力的大小随点的位置而变化,这时如何来计算力所做的功呢? 更精确地说,如何来定义力所做的"功"呢? 取一数轴,使其正方向与力的方向一致. 物体在力的作用下由点 a 移动到点 b. 设力的大小是点 $x\in[a,b]$的函数 $f(x)$. 作分割

$$\pi: a = x_0 < x_1 < \cdots < x_{n-1} < x_n = b.$$

取 $f(\xi_i)\Delta x_i$ 作为在第 i 段路程$[x_{i-1},x_i]$上功的近似值,这里 ξ_i 是在$[x_{i-1},x_i]$上任取的$(i=1,2,\cdots,n)$. 这个想法是合理的,因为当 $\|\pi\|$ 很小时,每一个子区间$[x_{i-1},x_i]$都不长,我们至少可以如此来设想:函数 f 在其上的变化不大,因此很自然地将

$$\lim_{\|\pi\|\to 0}\sum_{i=1}^{n} f(\xi_i)\Delta x_i$$

作为功的定义.当然应当假设这个极限存在,以及数值不依赖于 ξ_i 在第 i 个子区间上的选取.

第三个例子是:如果我们已知一个非均匀棒的密度分布,如何去求(实际上是"定义")棒的总质量.这正是 3.1 节的例 2 中那个问题的反问题.请读者自己思考这个问题,便不难发现问题最后又归结到上述那种类型的极限.

定义 6.1.1 设函数 f 在区间 $[a,b]$ 上有定义.如果实数 I 使得对任意给定的 $\varepsilon>0$,存在 $\delta>0$,只要 $[a,b]$ 的分割 π 满足 $\|\pi\|<\delta$,而不管 $\xi_i\in[x_{i-1},x_i]$ $(1\leqslant i\leqslant n)$ 如何选择,都有

$$\left|I-\sum_{i=1}^{n}f(\xi_i)\Delta x_i\right|<\varepsilon$$

成立,则称 f 在 $[a,b]$ 上 **Riemann 可积**,称 I 是 f 在 $[a,b]$ 上的 **Riemann 积分**.

函数 f 的积分通常用符号

$$\int_a^b f(x)\mathrm{d}x \tag{3}$$

来表示.其中,b 与 a 分别称为积分的**上限**和**下限**,f 称为**被积函数**,$f(x)\mathrm{d}x$ 叫作**被积表达式**.字母 x 没有什么特殊的作用,可用其他任何字母来代替.例如,当 f 在 $[a,b]$ 上可积时,$\int_a^b f(t)\mathrm{d}t$ 与式(3) 表示的是同一个实数.

还有一些与可积和积分有关的名词需要在此加以定义.如果 π 是由式(1)所确定的分割,则称 $\{x_0,x_1,\cdots,x_n\}$ 为 π 的**分点序列**;和式

$$\sum_{i=1}^{n}f(\xi_i)(x_i-x_{i-1})$$

称为 f 的 **Riemann 和**(也叫**积分和**);$\{\xi_1,\xi_2,\cdots,\xi_n\}$ 称为此积分和的**值点序列**.

由积分的定义 6.1.1 立即看出,积分有以下简单的性质:

(1) 设 f 在 $[a,b]$ 上可积且非负,那么

$$\int_a^b f(x)\mathrm{d}x\geqslant 0;$$

(2) 设 f 与 g 在 $[a,b]$ 上可积,并且 $f\geqslant g$ 在 $[a,b]$ 上成立,那么

$$\int_a^b f(x)\mathrm{d}x\geqslant\int_a^b g(x)\mathrm{d}x;$$

(3) 如果 f 与 g 在 $[a,b]$ 上可积,那么 $f\pm g$ 在 $[a,b]$ 上也可积,并且

$$\int_a^b(f(x)\pm g(x))\mathrm{d}x=\int_a^b f(x)\mathrm{d}x\pm\int_a^b g(x)\mathrm{d}x;$$

(4) 如果 f 在 $[a,b]$ 上可积,那么对任意的常数 c,cf 在 $[a,b]$ 上也可积,且

$$\int_a^b cf(x)\mathrm{d}x = c\int_a^b f(x)\mathrm{d}x,$$

这就是说，常数可以提到积分号外.

这些性质都可以由积分的定义立刻推出来，请读者自己完成证明.

现在有两个问题需要解决：

(1) 什么样的函数是可积的？

(2) 如果 f 在 $[a,b]$ 上可积，如何计算 $\int_a^b f(x)\mathrm{d}x$？

让我们先看两个例子.

例 1　证明：$\int_a^b 1\mathrm{d}x = b-a$.

证明　此时 $f(x)=1\ (a\leqslant x\leqslant b)$. 对分割 π（见式(1)）作积分和：

$$\sum_{i=1}^{n} f(\xi_i)\Delta x_i = \sum_{i=1}^{n}(x_i - x_{i-1}) = x_n - x_0 = b-a.$$

因此，对任何分割 π 以及 $\xi_i\in[x_{i-1},x_i]$ 的任何取法，都有

$$\sum_{i=1}^{n} f(\xi_i)\Delta x_i = b-a.$$

依定义 6.1.1，得

$$\int_a^b 1\mathrm{d}x = b-a.$$ □

积分 $\int_a^b 1\mathrm{d}x$ 常直接写成 $\int_a^b \mathrm{d}x$. 由此可知，对任何常数 c，有

$$\int_a^b c\mathrm{d}x = c\int_a^b \mathrm{d}x = c(b-a).$$

例 2　计算 $\int_a^b x\mathrm{d}x$.

解　对分割 π（见式(1)）作积分和：

$$\sum_{i=1}^{n}\xi_i\Delta x_i,$$

其中 $\xi_i\in[x_{i-1},x_i]$ 是任取的. 这种任意性使得我们很难控制它，所以先用此子区间的中点 $\eta_i=(x_{i-1}+x_i)/2$ 来代替 ξ_i，然后估计这种代替所引起的误差. 下面是操作过程：

$$\sum_{i=1}^{n}\xi_i\Delta x_i = \sum_{i=1}^{n}\eta_i\Delta x_i + \sum_{i=1}^{n}(\xi_i-\eta_i)\Delta x_i. \tag{4}$$

式(4)右边的第一个和是

$$\sum_{i=1}^{n}\eta_i\Delta x_i = \frac{1}{2}\sum_{i=1}^{n}(x_{i-1}+x_i)(x_i-x_{i-1})$$
$$= \frac{1}{2}\sum_{i=1}^{n}(x_i^2-x_{i-1}^2) = \frac{1}{2}(b^2-a^2).$$

这是一个常数.由于 ξ_i,η_i 是第 i 个子区间上的两点,所以

$$|\xi_i-\eta_i| \leqslant \Delta x_i \leqslant \|\pi\| \quad (i=1,2,\cdots,n).$$

进而有

$$\left|\sum_{i=1}^{n}(\xi_i-\eta_i)\Delta x_i\right| \leqslant \sum_{i=1}^{n}|\xi_i-\eta_i|\Delta x_i$$
$$\leqslant \|\pi\|\sum_{i=1}^{n}\Delta x_i = \|\pi\|(b-a).$$

由式(4),得出

$$\left|\sum_{i=1}^{n}\xi_i\Delta x_i - \frac{b^2-a^2}{2}\right| \leqslant \|\pi\|(b-a). \tag{5}$$

由此看出,对任给的 $\varepsilon>0$,可取 $\delta=\varepsilon/(b-a)$.当分割 π 满足 $\|\pi\|<\delta$ 时,不论 ξ_i 在第 i 个子区间如何选择,从式(5)都可得出

$$\left|\sum_{i=1}^{n}\xi_i\Delta x_i - \frac{b^2-a^2}{2}\right| < \varepsilon.$$

依定义 6.1.1,这正是

$$\int_a^b x\mathrm{d}x = \frac{b^2-a^2}{2}.$$ □

从几何上看,这个结果是明显的.函数 $f(x)=x$ 与 $x=a,x=b$ 和 x 轴所围成的图形是一个梯形,而不只是曲边梯形.这个梯形的两底分别是 a,b,高是 $b-a$,所以它的面积是

$$\frac{1}{2}(a+b)(b-a) = \frac{1}{2}(b^2-a^2).$$

与积分的结果相同.(在作这种几何解释的时候,a 与 b 应是正数,而作积分的时候则无须这种约束.)

这么一个简单的结果,如果按定义 6.1.1 来计算,要经过上述不算简单的推导才可以得到.由此可见,我们应寻求简便快捷的办法来计算积分.

由于在$[a,b]$上连续的函数 f 在$[a,b]$上一致连续,从积分的定义看出,只要 $\|\pi\|$ 足够小,那么在同一子区间$[x_{i-1},x_i]$上,函数 f 在任意两个点处所取的值就会充分靠近,因此,无论在此区间上选怎样的 ξ_i,所生成的 Riemann 和的差别都无

足轻重.这使我们有一种预感:区间$[a,b]$上的连续函数一定是可积的.我们将在6.5节中给出这一事实的证明.在下面的讨论中我们先承认这一事实.

下面的定理称为 **Newton-Leibniz 公式**,是一个非常重要的定理.在这里,我们的主要目的是希望利用它来尽快地学会计算积分.到了6.3节,我们还要回到这个公式上来,用不同的方法再作证明,并讨论它的其他意义.

定理 6.1.1(Newton-Leibniz 公式) 设函数f在$[a,b]$上可积,且在(a,b)上有原函数F.如果F在$[a,b]$上连续,那么必有

$$\int_a^b f(x)\mathrm{d}x = F(b) - F(a). \tag{6}$$

证明 用分点$a = x_0 < x_1 < \cdots < x_n = b$把区间$[a,b]$ n等分,即$x_i - x_{i-1} = (b-a)/n\ (i=1,2,\cdots,n)$,于是

$$F(b) - F(a) = \sum_{i=1}^{n}(F(x_i) - F(x_{i-1})). \tag{7}$$

对F应用微分中值定理,有

$$F(b) - F(a) = \sum_{i=1}^{n} F'(\xi_i)\Delta x_i = \sum_{i=1}^{n} f(\xi_i)\Delta x_i, \tag{8}$$

这里$\xi_i \in (x_{i-1}, x_i)(i = 1,2,\cdots,n)$.因为$f$在$[a,b]$上可积,所以当$n \to \infty$时,式(8)的右边以$\int_a^b f(x)\mathrm{d}x$为极限.在式(8)的两边令$n \to \infty$,即得式(6). □

这个定理指明了计算可积函数的积分的方法,也就是说,将求可积函数f的积分的问题,转化成为求f的原函数的问题.这就是我们在第5章中用了那么多的时间来学习求原函数的种种方法的原因.我们引入记号

$$F(x)\Big|_a^b = F(b) - F(a).$$

因此,式(6)便可写成

$$\int_a^b f(x)\mathrm{d}x = F(x)\Big|_a^b, \tag{9}$$

也可以写成

$$\int_a^b f(x)\mathrm{d}x = \int f(x)\mathrm{d}x\Big|_a^b,$$

这里$\int f(x)\mathrm{d}x$表示f的不定积分中的任何一个.注意到

$$\mathrm{d}F(x) = f(x)\mathrm{d}x,$$

那么式(9)可以更进一步写为

$$\int_a^b \mathrm{d}F(x) = F(x)\Big|_a^b. \tag{10}$$

下面看一些简单的例子.

例 3 我们有

$$\int_0^1 x^2 \mathrm{d}x = \frac{1}{3}x^3\Big|_0^1 = \frac{1}{3}.$$ □

例 4 我们有

$$\int_0^\pi \sin x\mathrm{d}x = -\cos x\Big|_0^\pi = 2.$$

一般地,有

$$\int_a^b \sin x\mathrm{d}x = \cos a - \cos b,\quad \int_a^b \cos x\mathrm{d}x = \sin b - \sin a.$$ □

到此为止,我们已经学习过积分的定义和简单性质,而且学会了如何计算某些连续函数的积分,大家可以做大量的习题了.

一元函数积分的理论到此并未充分地展开,虽然如此,我们还是可以利用已经学到的知识做更多的一些事情.例如,可用来求某些数列的极限.

例 5 计算极限

$$\lim_{n\to\infty}\left(\left(1+\frac{1}{n}\right)\left(1+\frac{2}{n}\right)\cdots\left(1+\frac{n}{n}\right)\right)^{1/n}.$$

解 取对数,并令

$$a_n = \frac{1}{n}\sum_{k=1}^{n}\ln\left(1+\frac{k}{n}\right),$$

右边的表达式可以看成是 $f(x)=\ln(1+x)$ 在 $[0,1]$ 上的一个特殊的 Riemann 和,这时 $[0,1]$ 被等分成了 n 个子区间,每一个子区间的长为 $1/n$,$\xi_i = i/n$ 是第 i 个区间的右端点.由于已知函数 $\ln(1+x)$ 在 $[0,1]$ 上可积,所以取均匀的分割并且选取对我们有利的、特殊的值点 ξ_i 作 Riemann 和后再取极限,一定会收敛到积分值.因此

$$\lim_{n\to\infty} a_n = \int_0^1 \ln(1+x)\mathrm{d}x.$$

利用分部积分,可求出 $\ln(1+x)$ 的一个原函数

$$(1+x)\ln(1+x) - x.$$

因此

$$\begin{aligned}\lim_{n\to\infty} a_n &= ((1+x)\ln(1+x) - x)\Big|_0^1\\ &= 2\ln 2 - 1,\end{aligned}$$

所求的极限是 $4/\mathrm{e}$. □

练习题 6.1

1. 利用积分的几何意义，求下列定积分：

(1) $\int_a^b \sqrt{(x-a)(b-x)}\mathrm{d}x$；　　(2) $\int_a^b \left| x-\frac{a+b}{2}\right| \mathrm{d}x$.

2. 利用积分的定义，计算$\int_a^b x^2\mathrm{d}x$.

3. 利用积分的定义，计算$\int_a^b \frac{\mathrm{d}x}{x^2}\,(b>a>0)$.

4. 利用 Newton-Leibniz 公式，计算下列积分：

(1) $\int_{-1}^1 \frac{x^2}{1+x^2}\mathrm{d}x$；　　(2) $\int_0^1 \frac{x^n}{1+x}\mathrm{d}x\,(n\in\mathbf{N}^*)$；

(3) $\int_0^{\pi/2} \frac{\mathrm{d}x}{1+\varepsilon\cos x}\,(0\leqslant\varepsilon<1)$.

5. 求下列极限：

(1) $\lim\limits_{n\to\infty}\int_0^1 \frac{x^n}{1+x}\mathrm{d}x$；　　(2) $\lim\limits_{n\to\infty}\int_a^b \mathrm{e}^{-nx^2}\mathrm{d}x\,(0<a<b)$.

6. 证明下列不等式：

(1) $\int_0^{10} \frac{x\mathrm{d}x}{x^3+16}\leqslant\frac{5}{6}$；

(2) $\frac{2}{\sqrt[4]{\mathrm{e}}}\leqslant\int_0^2 \mathrm{e}^{x^2-x}\mathrm{d}x\leqslant 2\mathrm{e}^2$；

(3) $\int_0^{2\pi} |a\cos x+b\sin x|\mathrm{d}x\leqslant 2\pi\sqrt{a^2+b^2}$；

(4) $\int_0^1 x^m(1-x)^n\mathrm{d}x\leqslant\frac{m^m n^n}{(m+n)^{m+n}}\,(m,n\in\mathbf{N}^*)$.

7. 求下列极限：

(1) $\lim\limits_{n\to\infty}\frac{1}{n}\sum_{k=1}^{n}\sin\frac{k\pi}{n}$；

(2) $\lim\limits_{n\to\infty}\left(\frac{1}{n+1}+\frac{1}{n+2}+\cdots+\frac{1}{n+n}\right)$；

(3) $\lim\limits_{n\to\infty}\left(\frac{n}{n^2+1^2}+\frac{n}{n^2+2^2}+\cdots+\frac{n}{n^2+n^2}\right)$；

(4) $\lim\limits_{n\to\infty}\frac{1^p+2^p+\cdots+n^p}{n^{p+1}}\,(p>0)$.

8. 设 $a,b>0$，$f\in C[-a,b]$；又设 $f>0$ 且$\int_{-a}^b xf(x)\mathrm{d}x=0$.求证：

$$\int_{-a}^b x^2 f(x)\mathrm{d}x\leqslant ab\int_{-a}^b f(x)\mathrm{d}x.$$

9. 证明：

(1) $\int_0^1 \frac{(1+x)^4}{1+x^2}\mathrm{d}x = \frac{22}{3} - \pi$；　　(2) $\int_0^1 \frac{x^4(1-x)^4}{1+x^2}\mathrm{d}x = \frac{22}{7} - \pi$.

问 题 6.1

1. 设凸函数 f 在$[a,b]$上可积.求证：

$$(b-a)f\left(\frac{a+b}{2}\right) \leqslant \int_a^b f(x)\mathrm{d}x.$$

2. 证明：对 $n \in \mathbf{N}^*$，有不等式

$$\frac{1}{\sqrt{2+5n}} + \frac{1}{\sqrt{4+5n}} + \cdots + \frac{1}{\sqrt{2n+5n}} < \sqrt{7n} - \sqrt{5n}.$$

6.2 可积函数的性质

可积的函数不一定在其积分区间上连续，但必须在这区间上有界.

定理 6.2.1 设 f 在$[a,b]$上可积，则 f 在$[a,b]$上有界.

证明 设 f 在$[a,b]$上的积分等于 I，依定义 6.1.1，对 $\varepsilon = 1$，必存在一个分割 π，使得

$$\left|\sum_{i=1}^{n} f(\xi_i)\Delta x_i - I\right| < 1,$$

这里值点 $\xi_i \in [x_{i-1}, x_i]$($1 \leqslant i \leqslant n$)可以任取.由上式，可得

$$\left|\sum_{i=1}^{n} f(\xi_i)\Delta x_i\right| < |I| + 1.$$

进而有

$$|f(\xi_1)|\Delta x_1 < |I| + 1 + \left|\sum_{i=2}^{n} f(\xi_i)\Delta x_i\right|,$$

即

$$|f(\xi_1)| < \frac{1}{\Delta x_1}\left(|I| + 1 + \left|\sum_{i=2}^{n} f(\xi_i)\Delta x_i\right|\right).$$

此时，把在$[x_{i-1}, x_i]$中的 ξ_i 固定下来($i = 2,3,\cdots,n$)，则上式的右边是一个确定

的正数，ξ_1 可以在$[x_0,x_1]$上任意取值，这就证明了 f 在子区间$[x_0,x_1]$上是有界的. 同理，f 在子区间$[x_{i-1},x_i]$（$i=2,3,\cdots,n$）上都是有界的，所以 f 在$[a,b]$上必有界. □

由上面的定理，可知积分

$$\int_0^1 \frac{dx}{\sqrt{x}}$$

不存在，因为被积函数 $1/\sqrt{x}$在$[0,1]$上无界.

定理 6.2.2(积分的可加性) 设 $c\in(a,b)$，f 在$[a,c]$，$[c,b]$上可积，那么 f 在$[a,b]$上也可积，并且

$$\int_a^b f(x)dx = \int_a^c f(x)dx + \int_c^b f(x)dx. \tag{1}$$

证明 函数 f 在$[a,b]$上的可积性将从定理 6.6.1 得到. 等式(1)的正确性可由这三个积分的存在性，再通过对积分和取极限而得出. □

由定理 6.6.1 知，如果 f 在$[a,b]$上可积，那么 f 必在$[a,b]$的任何一个子区间上可积. 把这一结论与刚才证明的定理 6.2.1 结合起来，便得到：只要 f 在$[a,b]$上可积，对任何一点 $c\in(a,b)$，都会有式(1)成立. 等式(1)所表达的性质，称为积分的可加性.

到目前为止，我们仅对 $a<b$ 的情形定义了 $\int_a^b f(x)dx$. 当 $a=b$ 或 $a>b$ 时，定义积分的方式应使得可加性仍然成立. 因此，我们必须定义

$$\int_a^a f(x)dx = 0.$$

如果可加性成立，那么

$$\int_a^b f(x)dx + \int_b^a f(x)dx = \int_a^a f(x)dx = 0.$$

因此，当 $a>b$ 时，应规定

$$\int_a^b f(x)dx = -\int_b^a f(x)dx.$$

在这里，右边的积分具有原来规定的意义.

下面的定理揭示了一个有用的性质.

定理 6.2.3 如果 f 在$[a,b]$上连续且非负，但 f 不恒等于 0，那么

$$\int_a^b f(x)dx > 0.$$

证明 设有一点 $x_0\in[a,b]$，使得 $f(x_0)>0$. 由连续函数的性质可知，存在一个子区间$[\alpha,\beta]$，满足 $x_0\in[\alpha,\beta]\subset[a,b]$，使得对一切 $x\in[\alpha,\beta]$，有

$$f(x) \geqslant \frac{1}{2} f(x_0).$$

由积分的可加性，知

$$\int_a^b f(x)\mathrm{d}x = \int_a^\alpha f(x)\mathrm{d}x + \int_\alpha^\beta f(x)\mathrm{d}x + \int_\beta^b f(x)\mathrm{d}x$$
$$\geqslant \int_\alpha^\beta f(x)\mathrm{d}x \geqslant \int_\alpha^\beta \frac{f(x_0)}{2}\mathrm{d}x = \frac{f(x_0)}{2}(\beta - \alpha) > 0.$$ □

这一定理有一个明显的推论：对$[a,b]$上连续且非负的函数 f，如果有

$$\int_a^b f(x)\mathrm{d}x = 0,$$

那么 $f=0$.

定理 6.2.4 设 f 在$[a,b]$上可积，那么$|f|$也在$[a,b]$上可积，且

$$\left|\int_a^b f(x)\mathrm{d}x\right| \leqslant \int_a^b |f(x)| \mathrm{d}x. \tag{2}$$

证明 $|f|$的可积性将由定理 6.6.1 得到.下证式(2).由于

$$-|f(x)| \leqslant f(x) \leqslant |f(x)|,$$

所以

$$-\int_a^b |f(x)| \mathrm{d}x \leqslant \int_a^b f(x)\mathrm{d}x \leqslant \int_a^b |f(x)| \mathrm{d}x.$$

这就是不等式(2). □

定理 6.2.5(积分平均值定理) 设函数 f 与 g 在$[a,b]$上连续，g 在$[a,b]$上不改变符号，则存在 $\xi\in[a,b]$，使得

$$\int_a^b f(x)g(x)\mathrm{d}x = f(\xi)\int_a^b g(x)\mathrm{d}x.$$

证明 不妨设当 $x \in [a,b]$ 时，$g(x) \geqslant 0$ 但不恒等于 0. 由定理 6.2.3，知 $\int_a^b g(x)\mathrm{d}x > 0$.设 m 与 M 分别是 f 在$[a,b]$ 上的最小值和最大值，于是

$$m \leqslant f(x) \leqslant M \quad (a \leqslant x \leqslant b).$$

用 $g(x)$去乘上式，得到

$$mg(x) \leqslant f(x)g(x) \leqslant Mg(x).$$

求积分，得到

$$m\int_a^b g(x)\mathrm{d}x \leqslant \int_a^b f(x)g(x)\mathrm{d}x \leqslant M\int_a^b g(x)\mathrm{d}x.$$

由此推出

$$m \leqslant \int_a^b f(x)g(x)\mathrm{d}x\left(\int_a^b g(x)\mathrm{d}x\right)^{-1} \leqslant M.$$

再根据连续函数的介值定理，存在一点 $\xi\in[a,b]$，使得

$$f(\xi)=\int_a^b f(x)g(x)\mathrm{d}x\left(\int_a^b g(x)\mathrm{d}x\right)^{-1}.$$

由此推出欲证的定理. □

如果 f 在 $[a,b]$ 上可积，g 是 $[a,b]$ 上的单调函数，那么有所谓的"第二积分平均值定理"，我们将在下册的第16章中讨论它.

在定理6.2.5中令 $g=1$，便得出：

推论 6.2.1 设函数 f 在区间 $[a,b]$ 上连续，则存在一点 $\xi\in[a,b]$，使得

$$\int_a^b f(x)\mathrm{d}x=f(\xi)(b-a).$$

现在我们对这个推论作一个几何解释. 为此，不妨设 $f\geqslant 0$. 上式的左边代表一个曲边梯形的面积，而右边是一个矩形的面积. 这就是说，曲边梯形的面积可转化为一个矩形的面积，这个矩形的一边同曲线至少有一个交点，见图6.2. 这意味着在这个图中，阴影部分的两块图形的面积是相等的.

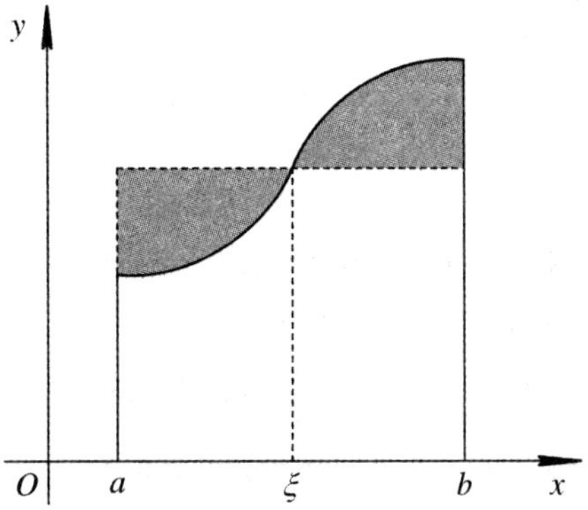

图 6.2

定理6.2.5只是证明了满足条件的点 ξ 的存在性，但也许不止一个. 与微分中值定理中的那个 ξ 一样，一般来说，它是不可以精确定位的.

练 习 题 6.2

1. 设函数 f 与 g 在 $[a,b]$ 上连续，并且 $f(x)\leqslant g(x)$ 对一切 $x\in[a,b]$ 成立，又 $\int_a^b f(x)\mathrm{d}x=\int_a^b g(x)\mathrm{d}x$. 求证：$f=g$.

2. 若函数 f 在 $[a,b]$ 上连续，且 $\int_a^b f(x)g(x)\mathrm{d}x=0$ 对一切连续函数 g 成立. 求证：$f=0$.

3. 确定下列定积分的正负号：

   (1) $\int_0^\pi \frac{\sin x}{x}\mathrm{d}x$；　　(2) $\int_{1/2}^1 \mathrm{e}^x\ln^3 x\mathrm{d}x$.

4. 比较下列定积分的大小：

   (1) $\int_0^1 \mathrm{e}^{-x}\mathrm{d}x$ 和 $\int_0^1 \mathrm{e}^{-x^2}\mathrm{d}x$；　　(2) $\int_{-1}^0 \mathrm{e}^{-x^2}\mathrm{d}x$ 和 $\int_0^1 \mathrm{e}^{-x^2}\mathrm{d}x$；

(3) $\int_0^1 \frac{\sin x}{1+x}dx$ 和 $\int_0^1 \frac{\sin x}{1+x^2}dx$；　　(4) $\int_0^{\pi/2} \frac{\sin x}{x}dx$ 和 $\int_0^{\pi/2} \frac{\sin^2 x}{x^2}dx$.

5. 证明：

$$\int_0^{\pi/2} e^{-R\sin x}dx \begin{cases} < \frac{\pi}{2R}(1-e^{-R}), & R>0, \\ > \frac{\pi}{2R}(1-e^{-R}), & R<0, \\ = \frac{\pi}{2}, & R=0. \end{cases}$$

6. 求证：

$$\int_0^{\pi} \frac{\sin\left(n+\frac{1}{2}\right)x}{\sin\frac{x}{2}}dx = \pi \quad (n=0,1,2,\cdots).$$

（提示：将被积函数表示为余弦函数之和.）

7. 利用第 6 题的结果，证明：

$$\int_0^{\pi}\left(\sin\frac{nx}{2}\Big/\sin\frac{x}{2}\right)^2 dx = n\pi \quad (n=0,1,2,\cdots).$$

8. 设 f 是 $[0,1]$ 上的连续函数，且 $f>0$. 证明不等式：

$$\int_0^1 f(x)dx\int_0^1\frac{1}{f(x)}dx \geqslant 1.$$

9. 设 $[0,\pi]$ 上的连续函数 f 满足

$$\int_0^{\pi} f(\theta)\cos\theta d\theta = \int_0^{\pi} f(\theta)\sin\theta d\theta = 0.$$

求证：f 在 $(0,\pi)$ 内至少有两个零点.

10. 设 f,g 在 $[a,b]$ 上连续. 证明 Cauchy-Schwarz 不等式：

$$\left(\int_a^b f(x)g(x)dx\right)^2 \leqslant \int_a^b f^2(x)dx\int_a^b g^2(x)dx.$$

问 题 6.2

1. 证明不等式：

$$\int_{-1}^{1}(1-x^2)^n dx \geqslant \frac{4}{3\sqrt{n}} \quad (n\in\mathbf{N}^*),$$

而且当 $n\geqslant 2$ 时成立着严格的不等号.

2. 设连续函数 f 满足 $\int_a^b x^i f(x)dx = 0\ (i=0,1,2,\cdots,n)$. 证明：$f$ 在 (a,b) 内至少有 $n+1$ 个零点.

3. 函数 f 在区间$[a,b]$上连续且非负，令 $M=\max\limits_{a\leqslant x\leqslant b}f(x)$. 证明：

$$\lim_{n\to\infty}\left(\int_a^b f^n(x)\mathrm{d}x\right)^{1/n} = M.$$

4. 函数 f 在$[a,b]$上连续、非负且严格递增. 由积分平均值定理，对每个 $p>0$，存在唯一的一点 $x_p\in[a,b]$，使得

$$f^p(x_p) = \frac{1}{b-a}\int_a^b f^p(t)\mathrm{d}t.$$

求证：

$$\lim_{p\to+\infty} x_p = b.$$

5. 设 f 是一个 n 次多项式，且满足

$$\int_0^1 f(x)x^k\mathrm{d}x = 0 \quad (k = 1,2,\cdots,n).$$

证明：

$$\int_0^1 f^2(x)\mathrm{d}x = (n+1)^2\left(\int_0^1 f(x)\mathrm{d}x\right)^2.$$

6.3　微积分基本定理

现在我们来研究“上限变动的积分”. 设 f 在$[a,b]$上可积，那么对任何 $x\in[a,b]$，f 在$[a,x]$上也可积. 我们先承认这个事实，它的证明将在6.6节中完成. 因此，可以定义函数

$$F(x) = \int_a^x f(t)\mathrm{d}t,$$

其中 x 可在$[a,b]$上变化. 例如，可以认为 $F(a)=0$，而 $F(b)$就是 f 在$[a,b]$上的积分. F 是由一个上限变动的积分所确定的函数. 从几何上看，当对一切 $x\in[a,b]$，$f(x)\geqslant 0$ 时，F 代表着一个变动的曲边梯形的面积，见图6.3. 可以很清楚地看到，当 x 获得一个很小的改变量 Δx 而变到 $x+\Delta x$ 时，函数 F 所得到的改变量就是夹在过点$(x,0)$与$(x+\Delta x,0)$并平行于纵轴的两条直线之间的那块面积，而这块面积的绝对值一定不超过一块矩形的面积 $M|\Delta x|$，这里 M 表示$|f|$在$[a,b]$上的一个上界，这就说明 F 是一个连续函数.

定理6.3.1　设 f 在$[a,b]$上可积，那么上限变动的积分 $F(x)=\int_a^x f(t)\mathrm{d}t$ 在

$[a,b]$ 上连续.

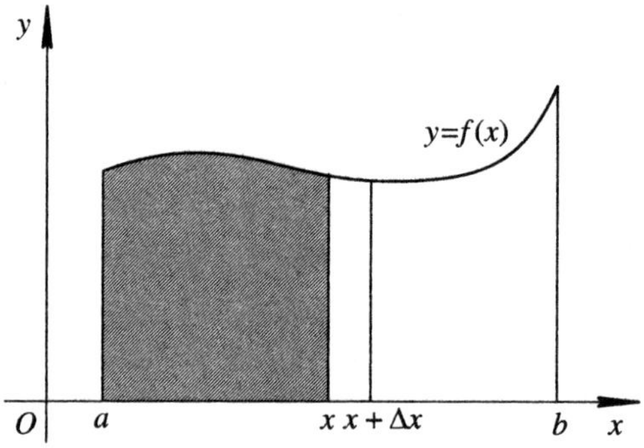

图 6.3

证明 任取一点 $x_0\in(a,b)$,则

$$\begin{aligned}F(x_0+h)-F(x_0)&=\int_a^{x_0+h}f(t)\mathrm{d}t-\int_a^{x_0}f(t)\mathrm{d}t\\&=\int_a^{x_0+h}f(t)\mathrm{d}t+\int_{x_0}^{a}f(t)\mathrm{d}t=\int_{x_0}^{x_0+h}f(t)\mathrm{d}t,\end{aligned}$$

这里 h 可正可负,但 $x_0+h\in[a,b]$.

因为 f 在 $[a,b]$ 上可积,由定理 6.2.1,它在 $[a,b]$ 上有界. 设 $|f(x)|\leqslant M$ $(a\leqslant x\leqslant b)$. 于是由定理 6.2.4 知,当 $h>0$ 时,

$$|F(x_0+h)-F(x_0)|=\left|\int_{x_0}^{x_0+h}f(t)\mathrm{d}x\right|\leqslant\int_{x_0}^{x+h}|f(t)|\mathrm{d}t\leqslant Mh;$$

当 $h<0$ 时,

$$\begin{aligned}|F(x_0+h)-F(x_0)|&=\left|\int_{x_0}^{x_0+h}f(t)\mathrm{d}t\right|=\left|\int_{x_0+h}^{x_0}f(t)\mathrm{d}t\right|\\&\leqslant\int_{x_0+h}^{x_0}|f(t)|\mathrm{d}t\\&\leqslant M(-h)=M|h|.\end{aligned}$$

总之,有

$$|F(x_0+h)-F(x_0)|=\left|\int_{x_0}^{x_0+h}f(t)\mathrm{d}t\right|\leqslant M|h|.$$

这正表明 F 在 $x_0\in(a,b)$ 处连续. 上述的证明经过很显然的修改之后,可适用于 $x_0=a$ 与 $x_0=b$ 的情形. □

如果再加上 f 连续的条件,可以证明 F 有更好的性质. 具体地说,我们有:

定理 6.3.2 设函数 f 在 $[a,b]$ 上可积,在一点 $x_0\in[a,b]$ 处连续,那么 F 在

x_0 处可导,并且

$$F'(x_0) = f(x_0).$$

证明　我们已经得到

$$F(x_0 + h) - F(x_0) = \int_{x_0}^{x_0+h} f(t)\mathrm{d}t.$$

于是

$$\begin{aligned}\frac{F(x_0 + h) - F(x_0)}{h} - f(x_0) &= \frac{1}{h}\int_{x_0}^{x_0+h} f(t)\mathrm{d}t - \frac{1}{h}\int_{x_0}^{x_0+h} f(x_0)\mathrm{d}t \\ &= \frac{1}{h}\int_{x_0}^{x_0+h} (f(t) - f(x_0))\mathrm{d}t.\end{aligned}$$

由于 f 在 x_0 处连续,对任给的 $\varepsilon>0$,存在 $\delta>0$,使得当 $|t - x_0|<\delta$ 且 $t\in(a,b)$ 时,有 $|f(t)-f(x_0)|<\varepsilon$.现取 $0<|h|<\delta$,便有

$$\begin{aligned}\left|\frac{F(x_0 + h) - F(x_0)}{h} - f(x_0)\right| &\leqslant \frac{1}{|h|}\int_{x_0}^{x_0+h} |f(t) - f(x_0)|\mathrm{d}t \\ &< \frac{1}{|h|}\varepsilon|h| = \varepsilon.\end{aligned}$$

这就是

$$F'(x_0) = \lim_{h\to 0}\frac{F(x_0 + h) - F(x_0)}{h} = f(x_0).$$ □

由此得到下面的十分重要的微积分基本定理.

定理 6.3.3(微积分基本定理)　设函数 f 在 $[a,b]$ 上连续,那么

$$\frac{\mathrm{d}}{\mathrm{d}x}\int_a^x f(t)\mathrm{d}t = f(x)\quad (a\leqslant x\leqslant b).$$

上式可以用语言解释为:上限变动的积分 $\int_a^x f(t)\mathrm{d}t$ 是 f 的一个原函数,这就是第5章中把原函数也说成是"不定积分"的道理.

由此可得下面的推论:

推论 6.3.1　$[a,b]$上的连续函数一定有原函数.

从定理6.3.3可以再次得到下面的 Newton-Leibniz 公式.

定理 6.3.4　设 f 在 $[a,b]$ 上连续,G 是 f 在 $[a,b]$ 上的任一原函数,那么

$$\int_a^b f(x)\mathrm{d}x = G(b) - G(a). \tag{1}$$

证明　由定理6.3.3,知 $F(x) = \int_a^x f(t)\mathrm{d}t$ 是 $[a,b]$ 上的一个原函数,因此

$$\int_a^x f(t)\mathrm{d}t = G(x) + c. \tag{2}$$

在上式中令 $x=a$,即得 $c=-G(a)$,把它代入式(2),即得式(1). □

与定理 6.1.2 相比,这里的条件强了些.

从上面的证明也可得到:

定理 6.3.5 如果函数 G 在$[a,b]$上有连续的导函数,那么

$$\int_a^x G'(t)\mathrm{d}t = G(x) - G(a) \quad (a \leqslant x \leqslant b).$$

定理 6.3.5 是微积分基本定理的另一种表现形式,也称为 Newton-Leibniz 公式.基本定理包含两方面的内容:一方面,它是说一个函数的原函数可以通过上限变动的积分来表示;另一方面,它是说对一个函数的导数积分便可以还原到这个函数自身.定理的重要性在于沟通了导数和积分之间的关系,以及求导与求积分之间的关系.

例 1 设

$$G(x) = \int_{x^2}^{x^3} \sqrt{1+t^2}\mathrm{d}t.$$

求 $G'(x)$.

解 记 $F(x) = \int_0^x \sqrt{1+t^2}\mathrm{d}t$,那么 $F'(x) = \sqrt{1+x^2}$.因此

$$\begin{aligned} G(x) &= \int_{x^2}^{0} \sqrt{1+t^2}\mathrm{d}t + \int_0^{x^3} \sqrt{1+t^2}\mathrm{d}t \\ &= -\int_0^{x^2} \sqrt{1+t^3}\mathrm{d}t + \int_0^{x^3} \sqrt{1+t^2}\mathrm{d}t \\ &= F(x^3) - F(x^2). \end{aligned}$$

从而有

$$\begin{aligned} G'(x) &= 3x^2F'(x^3) - 2xF'(x^2) \\ &= 3x^2\sqrt{1+x^6} - 2x\sqrt{1+x^4}. \end{aligned}$$ □

例 2 设 f 在$[a,b]$上有连续的导数,且 $f(a)=0$.证明:

$$\int_a^b f^2(x)\mathrm{d}x \leqslant \frac{1}{2}(b-a)^2\int_a^b (f'(x))^2\mathrm{d}x.$$

证明 由 Newton-Leibniz 公式,知

$$f(x) = \int_a^x f'(t)\mathrm{d}t = \int_a^x 1\cdot f'(t)\mathrm{d}t.$$

利用 Cauchy-Schwarz 不等式(练习题 6.2 中的第 10 题),得

$$f^2(x) \leqslant (x-a)\int_a^x (f'(t))^2\mathrm{d}t \leqslant (x-a)\int_a^b (f'(t))^2\mathrm{d}t.$$

由此即得

$$\int_a^b f^2(x)\mathrm{d}x \leqslant \frac{1}{2}(b-a)^2\int_a^b (f'(t))^2\mathrm{d}t.$$

例 3　设 f 在 $[0,1]$ 上有二阶连续导数，$f(0)=f(1)=0$，且当 $x\in(0,1)$ 时，$f(x)\neq 0$. 求证：

$$\int_0^1 \left|\frac{f''(x)}{f(x)}\right|\mathrm{d}x \geqslant 4.$$

证明　由于 $f(x)\neq 0$，不妨设 $f(x)>0$. 记

$$M=\max_{0\leqslant x\leqslant 1} f(x)=f(c)\quad (0<c<1).$$

因 $f(0)=f(1)=0$，由微分中值定理，得

$$f(c)-f(0)=f'(\xi)c\quad (0<\xi<c),$$
$$f(1)-f(c)=f'(\eta)(1-c)\quad (c<\eta<1).$$

由此得

$$f'(\xi)=\frac{f(c)}{c},\quad f'(\eta)=\frac{f(c)}{c-1}.$$

因此

$$\begin{aligned}\int_0^1 \left|\frac{f''(x)}{f(x)}\right|\mathrm{d}x &\geqslant \frac{1}{f(c)}\int_0^1 |f''(x)|\mathrm{d}x \geqslant \frac{1}{f(c)}\int_\xi^\eta |f''(x)|\mathrm{d}x\\ &\geqslant \frac{1}{f(c)}\left|\int_\xi^\eta f''(x)\mathrm{d}x\right| = \frac{1}{f(c)}|f'(\eta)-f'(\xi)|\\ &= \frac{1}{f(c)}\left|\frac{f(c)}{c-1}-\frac{f(c)}{c}\right| = \frac{1}{|c(c-1)|}\\ &= \frac{1}{c(1-c)} \geqslant 4.\end{aligned}$$

□

练 习 题 6.3

1. 利用 Newton-Leibniz 公式，计算下列积分：

(1) $\int_0^{\pi/2}(a\cos x+b\sin x)\mathrm{d}x$ (a,b 为常数)；

(2) $\int_0^{\pi/2}\cos mx\sin nx\mathrm{d}x$ (m,n 为整数)；

(3) $\int_1^4 \frac{x+1}{\sqrt{x}}\mathrm{d}x$；

(4) $\int_0^1 x(2-x^2)^{12}\mathrm{d}x$.

2. 设 f 在 $[0,+\infty)$ 上连续，并恒取正值. 证明：

$$\varphi(x)=\frac{\int_0^x tf(t)\mathrm{d}t}{\int_0^x f(t)\mathrm{d}t}$$

是 $(0,+\infty)$ 上的严格递增函数.

3. 设 $(0,+\infty)$ 上的连续函数 f 满足关系

$$\int_0^x f(t)\mathrm{d}t=\frac{1}{2}xf(x)\quad(x>0).$$

求证：$f(x)=cx$（c 是常数）.

4. 设 $(0,+\infty)$ 上的连续函数 f 使得积分值 $\int_a^{ab}f(x)\mathrm{d}x$ 与 a 无关，其中 $a,b>0$. 求证：$f(x)=c/x$（c 为常数）.

5. 设 f 在 $[a,b]$ 上连续可导（即 f 在 $[a,b]$ 上有连续的导函数）. 求证：

$$\max_{a\leqslant x\leqslant b}|f(x)|\leqslant\frac{1}{b-a}\left|\int_a^b f(x)\mathrm{d}x\right|+\int_a^b|f'(x)|\mathrm{d}x.$$

6. 已知 $f\in C(0,+\infty)$，且对一切 $x>0$，有

$$\int_x^{x^2}f(t)\mathrm{d}t=\int_1^x f(t)\mathrm{d}t.$$

试求出满足上述条件的一切函数 f.

7. 设函数 f 在 $[0,+\infty)$ 上连续，且 $\lim\limits_{x\to+\infty}f(x)=a$. 证明：

$$\lim_{x\to+\infty}\frac{1}{x}\int_0^x f(t)\mathrm{d}t=a.$$

问 题 6.3

1. 设 f 在 $[a,b]$ 上连续、递增. 求证：

$$\int_a^b xf(x)\mathrm{d}x\geqslant\frac{a+b}{2}\int_a^b f(x)\mathrm{d}x.$$

2. 设 $b>a>0$. 证明不等式：

$$\ln\frac{b}{a}>\frac{2(b-a)}{a+b}.$$

3. 设 f 在 $[0,1]$ 上有一阶导数，$f(0)=0$，并且 $0\leqslant f'(x)\leqslant 1$. 求证：

$$\int_0^1 f^3(x)\mathrm{d}x\leqslant\left(\int_0^1 f(x)\mathrm{d}x\right)^2.$$

4. 设函数 f 连续可导，且 $f(0)=0$，$f(1)=1$. 求证：

$$\int_0^1|f(x)-f'(x)|\mathrm{d}x\geqslant\frac{1}{\mathrm{e}}.$$

5. 设函数 f 连续可导，$f(1)=1$，且当 $x\geqslant 1$ 时，有

$$f'(x)=\frac{1}{x^2+f^2(x)}.$$

证明：$\lim_{x\to+\infty} f(x)$存在，且$\lim_{x\to\infty} f(x)\leqslant 1+\pi/4$.

6.4　分部积分与换元

有了 Newton-Leibniz 公式，计算积分的问题便化成了求原函数的问题. 求原函数时有分部积分与换元两种技巧，求积分相应地也有这样两种技巧.

首先谈分部积分. 对等式

$$u\mathrm{d}v=\mathrm{d}(uv)-v\mathrm{d}u$$

的两边作积分，得到

$$\int_a^b u(x)v'(x)\mathrm{d}x=u(x)v(x)\Big|_a^b-\int_a^b v(x)u'(x)\mathrm{d}x.$$

在这里，等式右边的第一项是由 Newton-Leibniz 公式得到的. 上式便是积分的分部积分公式.

例1　计算 $\int_0^\pi x\cos x\mathrm{d}x$.

解　既然可以利用分部积分先求出原函数 $\int x\cos x\mathrm{d}x$ ，再代入上下限的值来算出积分，似乎就没有必要再为积分作出分部积分公式. 当前的这个例子，正是希望说明对积分作分部积分还是有许多便利之处的.

$$\int_0^\pi x\cos x\mathrm{d}x=\int_0^\pi x\mathrm{d}\sin x=x\sin x\Big|_0^\pi-\int_0^\pi\sin x\mathrm{d}x$$

$$=-\int_0^\pi\sin x\mathrm{d}x=\cos x\Big|_0^\pi=-2.$$

因为 $x\sin x$ 在 0 与 π 这两点处的值的差等于 0，故可以及早地将它除去. 如果是原函数，那么在计算的全过程中，应该始终带着这一项. □

例2　计算积分

$$\int_0^{\pi/2}\cos^m x\mathrm{d}x,\quad \int_0^{\pi/2}\sin^m x\mathrm{d}x,$$

这里 m 是任意的非负整数.

解 在5.2节的例5中,我们求出了 $\cos^m x$ 与 $\sin^m x$ 的原函数.这里并不利用那里的结果,而是用积分的分部积分直接计算.

令

$$I_m = \int_0^{\pi/2} \cos^m x \mathrm{d}x \quad (m = 0,1,2,\cdots).$$

不难看出,也有

$$I_m = \int_0^{\pi/2} \sin^m x \mathrm{d}x.$$

这只需把积分解释为面积,易看出图像 $y=\cos^m x$ 与 $y=\sin^m x$ 中的任一个关于直线 $x=\pi/4$ 作反射就得到另一个.很明显,

$$I_0 = \frac{\pi}{2}, \quad I_1 = 1.$$

现设 $m\geqslant 2$,于是

$$\begin{aligned} I_m &= \int_0^{\pi/2} \cos^m x \mathrm{d}x \\ &= \int_0^{\pi/2} \cos^{m-1} x \mathrm{d}\sin x \\ &= \cos^{m-1} x \sin x \Big|_0^{\pi/2} + (m-1)\int_0^{\pi/2} \cos^{m-2} x \sin^2 x \mathrm{d}x \\ &= (m-1)\int_0^{\pi/2} \cos^{m-2} x (1-\cos^2 x) \mathrm{d}x \\ &= (m-1) I_{m-2} - (m-1) I_m. \end{aligned}$$

由此得到递推公式

$$I_m = \frac{m-1}{m} I_{m-2} \quad (m \geqslant 2).$$

分别讨论 m 为奇数与偶数的情形.当 m 为奇数时,

$$I_{2n-1} = \left(\frac{2n-2}{2n-1}\right)\left(\frac{2n-4}{2n-3}\right)\cdots\left(\frac{2}{3}\right) I_1.$$

引用如下数学记号:

$$1\cdot 3\cdot 5\cdot \cdots \cdot (2n-1) = (2n-1)!!,$$
$$2\cdot 4\cdot 6\cdot \cdots \cdot (2n) = (2n)!!,$$

便可将上式表示成

$$I_{2n-1} = \frac{(2n-2)!!}{(2n-1)!!} \quad (n = 1,2,3,\cdots).$$

类似地,当 m 为偶数时,有

$$I_{2n}=\frac{(2n-1)!!}{(2n)!!}\frac{\pi}{2}\quad(n=1,2,3,\cdots).$$

合并以上所得的结果,即得

$$I_m=\begin{cases}\dfrac{(m-1)!!}{m!!}\dfrac{\pi}{2}, & \text{当 } m \text{ 为偶数时},\\[2ex] \dfrac{(m-1)!!}{m!!}, & \text{当 } m \text{ 为奇数时}.\end{cases}$$ □

在第4章中,我们已经推得 Taylor 公式的两种余项,现在利用分部积分,可以得出:

定理 6.4.1(Taylor 公式的积分余项) 设函数 f 在 (a,b) 上有直到 $n+1$ 阶的连续导函数,那么对任意固定的 $x_0\in(a,b)$,有

$$f(x)=f(x_0)+\frac{1}{1!}f'(x_0)(x-x_0)+\cdots+\frac{1}{n!}f^{(n)}(x_0)(x-x_0)^n+R_n(x),$$

其中

$$R_n(x)=\frac{1}{n!}\int_{x_0}^{x}(x-t)^n f^{(n+1)}(t)\mathrm{d}t\quad(a<x<b).$$

证明 仍记

$$T_n(f,x_0;x)=\sum_{k=0}^{n}\frac{f^{(k)}(x_0)}{k!}(x-x_0)^k,$$

那么

$$R_n(x)=f(x)-T_n(f,x_0;x).$$

容易看出

$$R_n^{(k)}(x_0)=0\ (k=0,1,\cdots,n),\quad R_n^{(n+1)}(x)=f^{(n+1)}(x).$$

连续应用分部积分公式,即得

$$\begin{aligned}R_n(x)&=\int_{x_0}^{x}R'_n(t)\mathrm{d}t=\int_{x_0}^{x}R'_n(t)\mathrm{d}(t-x)\\&=(t-x)R'_n(t)\Big|_{x_0}^{x}-\int_{x_0}^{x}(t-x)R''_n(t)\mathrm{d}t\\&=-\frac{1}{2}\int_{x_0}^{x}R''_n(t)\mathrm{d}(t-x)^2\\&=-\frac{1}{2}(t-x)^2R''_n(t)\Big|_{x_0}^{x}+\frac{1}{2}\int_{x_0}^{x}(t-x)^2R'''_n(t)\mathrm{d}t\\&=\frac{1}{2}\int_{x_0}^{x}(t-x)^2R'''(t)\mathrm{d}t\\&=\cdots\end{aligned}$$

$$= (-1)^n \frac{1}{n!}\int_{x_0}^{x} (t-x)^n R_n^{(n+1)}(t)\mathrm{d}t$$

$$= \frac{1}{n!}\int_{x_0}^{x} (x-t)^n f^{(n+1)}(t)\mathrm{d}t. \qquad \square$$

同定理4.3.1相比较,这里所加的条件稍强,不仅要求 $f^{(n+1)}$ 存在,而且要求它连续.

从积分余项出发,能推出 Lagrange 余项和 Cauchy 余项.考虑积分

$$\int_{x_0}^{x} (x-t)^n f^{(n+1)}(t)\mathrm{d}t. \tag{1}$$

当 t 在 x_0 与 x 之间变化时,被积函数中的 $(x-t)^n$ 保持符号.利用积分中值定理,可得

$$\begin{aligned}\int_{x_0}^{x} (x-t)^n f^{(n+1)}(t)\mathrm{d}t &= f^{(n+1)}(\xi)\int_{x_0}^{x} (x-t)^n\mathrm{d}t \\ &= f^{(n+1)}(\xi)\frac{1}{n+1}(x-t)^{(n+1)}\Big|_{t=x}^{t=x_0} \\ &= \frac{f^{(n+1)}(\xi)}{n+1}(x-x_0)^{n+1},\end{aligned}$$

其中 ξ 是 x_0 与 x 中的一点,于是

$$R_n(x) = \frac{f^{(n+1)}(\xi)}{(n+1)!}(x-x_0)^{n+1}.$$

这正是 Taylor 公式的 Lagrange 余项.

把式(1)中的被积函数看成1与 $(x-t)^n f^{(n+1)}(t)$ 的乘积,再应用积分中值定理,即得

$$\begin{aligned}R_n(x) &= \frac{1}{n!}\int_{x_0}^{x} (x-t)^n f^{(n+1)}(t)\mathrm{d}t \\ &= \frac{f^{(n+1)}(\xi)}{n!}(x-\xi)^n(x-x_0).\end{aligned}$$

这正是 Cauchy 余项.

现在来陈述并证明积分的换元公式.

定理6.4.2 设函数 f 在区间 I 上连续,$a,b\in I$,函数 φ 在区间 $[\alpha,\beta]$ 上有连续的导函数,$\varphi([\alpha,\beta])\subset I$,且 $\varphi(\alpha)=a$,$\varphi(\beta)=b$,那么

$$\int_a^b f(x)\mathrm{d}x = \int_\alpha^\beta f\circ\varphi(t)\varphi'(t)\mathrm{d}t.$$

证明 设 F 是 f 在 $[a,b]$ 上的一个原函数.依微积分基本定理,得

$$\int_a^b f(x)\mathrm{d}x = F(b) - F(a).$$

由复合求导的链式法则,可知

$$(F\circ\varphi(t))' = F'\circ\varphi(t)\varphi'(t) = f\circ\varphi(t)\varphi'(t).$$

这表明 $F\circ\varphi(t)$ 是 $f\circ\varphi(t)\varphi'(t)$ 的一个原函数. 仍利用 Newton-Leibniz 公式,可知

$$\int_\alpha^\beta f\circ\varphi(t)\varphi'(t)\mathrm{d}t = F\circ\varphi(t)\Big|_\alpha^\beta = F\circ\varphi(\beta) - F\circ\varphi(\alpha)$$
$$= F(b) - F(a).$$

这就证明了

$$\int_a^b f(x)\mathrm{d}x = \int_\alpha^\beta f\circ\varphi(t)\varphi'(t)\mathrm{d}t.$$ □

例 3　证明:对 $m\in\mathbf{N}^*$,有

$$\int_0^{\pi/2}\cos^m x\mathrm{d}x = \int_0^{\pi/2}\sin^m x\mathrm{d}x.$$

证明　令 $x=\pi/2-t$,则 $\mathrm{d}x=-\mathrm{d}t$,并且 $x=0$ 时 $t=\pi/2$,$x=\pi/2$ 时 $t=0$. 因此有

$$\int_0^{\pi/2}\sin^m x\mathrm{d}x = -\int_{\pi/2}^0\sin^m\left(\frac{\pi}{2}-t\right)\mathrm{d}t = \int_0^{\pi/2}\cos^m t\mathrm{d}t.$$ □

例 4　设 f 是以 T 为周期的连续函数. 求证:

$$\int_a^{a+T} f(x)\mathrm{d}x = \int_0^T f(x)\mathrm{d}x \quad (a\in\mathbf{R}).$$

这个事实说明,周期函数在任何一个长度等于其最小周期的区间上的积分值相等.

证明　把积分作分解:

$$\int_a^{a+T} f(x)\mathrm{d}x = \int_a^0 f(x)\mathrm{d}x + \int_0^T f(x)\mathrm{d}x + \int_T^{a+T} f(x)\mathrm{d}x.$$

对右边的第三个积分作换元 $x=t+T$,则 $\mathrm{d}x=\mathrm{d}t$,并且 $x=T$ 时 $t=0$,$x=a+T$ 时 $t=a$. 从而有

$$\int_T^{a+T} f(x)\mathrm{d}x = \int_0^a f(t+T)\mathrm{d}t = \int_0^a f(t)\mathrm{d}t.$$

这表明,右边的第一个积分与第三个积分的和等于 0. 从而便得到

$$\int_a^{a+T} f(x)\mathrm{d}x = \int_0^T f(x)\mathrm{d}x.$$ □

例 5　计算 $\int_0^1\sqrt{1-x^2}\mathrm{d}x$.

解 我们知道,中心在原点、半径为 1 的圆在上半平面的方程是 $y=\sqrt{1-x^2}$. 因此,从几何上来看,这个积分是圆在第一象限那一部分的面积. 我们期望这个积分值是 $\pi/4$.

作换元 $x=\cos\theta$,则 $dx=-\sin\theta d\theta$. $x=0$ 对应着 $\theta=\pi/2$,$x=1$ 对应着 $\theta=0$. 于是

$$\begin{aligned}\int_0^1\sqrt{1-x^2}dx&=-\int_{\pi/2}^0\sin^2\theta d\theta=\int_0^{\pi/2}\sin^2\theta d\theta\\&=\frac{1}{2}\int_0^{\pi/2}(\cos^2\theta+\sin^2\theta)d\theta=\frac{1}{2}\int_0^{\pi/2}d\theta=\frac{\pi}{4}.\end{aligned}$$

这里我们用到了例 3 的结论. □

我们利用这个例子说明,换元定理中的 $\varphi(t)$ 当 t 从 α 变到 β 时,并不必须单调递增地扫过 $[a,b]$. 也就是说,$[a,b]$ 中的若干个点可以被 $\varphi(t)$ 扫过不止一次. 例如,对例 5 中的题目仍取同样的变换,即令 $x=\cos\theta$,不过让 $[\alpha,\beta]=[0,3\pi/2]$,这时换元公式仍然有效:

$$\begin{aligned}\int_0^1\sqrt{1-x^2}dx&=-\int_{3\pi/2}^0\sqrt{1-\cos^2\theta}\sin\theta d\theta\\&=\int_0^{3\pi/2}\sin\theta\mid\sin\theta\mid d\theta\\&=\int_0^{\pi}\sin^2\theta d\theta-\int_{\pi}^{3\pi/2}\sin^2\theta d\theta.\end{aligned}$$

由于 $\sin^2\theta$ 有周期 π,利用例 4,上边的最后一式等于

$$\int_{-\pi/2}^{\pi/2}\sin^2\theta d\theta-\int_0^{\pi/2}\sin^2\theta d\theta=\int_{-\pi/2}^0\sin^2\theta d\theta=\int_0^{\pi/2}\sin^2\theta d\theta=\frac{\pi}{4},$$

得到了同样的结果. 虽然如此,但在能办到的情况之下,最好让 φ 单调地扫过区间 $[a,b]$,因为当 φ 一往一复地扫过 $[a,b]$ 中的某一段时,所产生的积分值正好正负互相抵消了.

例 6 计算 $\int_0^{\pi/4}\frac{dx}{\cos x}$.

解 易知

$$\begin{aligned}\int_0^{\pi/4}\frac{dx}{\cos x}&=\int_0^{\pi/4}\frac{d\sin x}{1-\sin^2x}=\int_0^{\sqrt{2}/2}\frac{dt}{1-t^2}\\&=\frac{1}{2}\left(\int_0^{\sqrt{2}/2}\frac{dt}{1+t}+\int_0^{\sqrt{2}/2}\frac{dt}{1-t}\right)\\&=\frac{1}{2}\ln\frac{1+t}{1-t}\Big|_0^{\sqrt{2}/2}=\frac{1}{2}\ln(3+2\sqrt{2}).\end{aligned}$$

在计算过程中，我们已经作了换元 $t=\sin x$. □

从上述例子中，我们看到用换元法来计算积分时，例如，在例 6 中作变换 $x=\arcsin t$ 之后，最后不必再用变换 $t=\sin x$ 换回最初的变量 x，只是必须注意积分限的变化.这就是积分换元与不定积分换元的差别之所在.

例 7　设 I 是一个开区间，函数 f 在 I 上连续，并且 $a<b,a,b\in I$.求证：

$$\lim_{h\to 0}\frac{1}{h}\int_a^b(f(x+h)-f(x))\mathrm{d}x=f(b)-f(a).$$

曾经有一个学生给出了这样的"证明"：

$$\begin{aligned}\lim_{h\to 0}\int_a^b\frac{f(x+h)-f(x)}{h}\mathrm{d}x&=\int_a^b\lim_{h\to 0}\frac{f(x+h)-f(x)}{h}\mathrm{d}x\\&=\int_a^b f'(x)\mathrm{d}x=f(x)\Big|_a^b=f(b)-f(a).\end{aligned}$$

这是不正确的，有两处明显的漏洞：极限符号一般不可以同积分号交换；f 只是在 I 上连续，导函数 f' 可能不存在.

正确的证法如下：

证明　利用换元 $t=x+h$ 来转化积分，即有

$$\begin{aligned}\int_a^b f(x+h)\mathrm{d}x&=\int_{a+h}^{b+h}f(t)\mathrm{d}t\\&=\int_a^b f(t)\mathrm{d}t+\int_b^{b+h}f(t)\mathrm{d}t-\int_a^{a+h}f(t)\mathrm{d}t.\end{aligned}$$

由积分中值定理，得

$$\int_b^{b+h}f(t)\mathrm{d}t=f(\xi)h\quad(\xi\text{ 在 }b\text{ 与 }b+h\text{ 之间}),$$

$$\int_a^{a+h}f(t)\mathrm{d}t=f(\eta)h\quad(\eta\text{ 在 }a\text{ 与 }a+h\text{ 之间}).$$

因此

$$\frac{1}{h}\int_a^b(f(x+h)-f(x))\mathrm{d}x=f(\xi)-f(\eta).$$

从而，当 $h\to 0$ 时，由 f 的连续性，知

$$\lim_{h\to 0}f(\xi)=f(b),\quad \lim_{h\to 0}f(\eta)=f(a),$$

即得要证明的式子. □

练 习 题 6.4

1. 计算下列定积分：

(1) $\int_0^{\pi}\sin^3 x\mathrm{d}x$；　　(2) $\int_{-\pi}^{\pi}x^2\cos x\mathrm{d}x$

(3) $\int_0^3\frac{x}{1+\sqrt{1+x}}\mathrm{d}x$；　　(4) $\int_0^{\sqrt{3}}x\arctan x\mathrm{d}x$；

(5) $\int_{-1}^0(2x+1)\sqrt{1-x-x^2}\mathrm{d}x$；　　(6) $\int_{1/\mathrm{e}}^{\mathrm{e}}|\ln x|\mathrm{d}x$；

(7) $\int_0^5[x]\sin\frac{\pi x}{5}\mathrm{d}x$；　　(8) $\int_0^a x^2\sqrt{a^2-x^2}\mathrm{d}x$；

(9) $\int_0^{\ln 2}\sqrt{\mathrm{e}^x-1}\mathrm{d}x$；　　(10) $\int_0^1 x^n\ln x\mathrm{d}x\ (n\in\mathbf{N}^*)$；

(11) $\int_0^a\ln(x+\sqrt{a^2+x^2})\mathrm{d}x\ (a>0)$；

(12) $\int_0^{\pi/2}\frac{\cos x\sin x}{a^2\sin^2 x+b^2\cos^2 x}\mathrm{d}x\ (ab\neq 0)$.

2. 设 f 是 $\mathbf{R}$ 上的连续偶函数.求证：

$$\int_{-a}^a f(x)\mathrm{d}x=2\int_0^a f(x)\mathrm{d}x,$$

其中 a 为任何正数.

3. 设 f 是 $\mathbf{R}$ 上的连续奇函数.求证：

$$\int_{-a}^a f(x)\mathrm{d}x=0,$$

其中 a 为任何正数.

4. 证明：$\lim_{n\to\infty}\int_0^{\pi/2}\sin^n x\mathrm{d}x=0$.

5. 证明：

(1) $\lim_{n\to\infty}\frac{(2n)!!}{(2n+1)!!}=0$；　　(2) $\lim_{n\to\infty}\frac{(2n-1)!!}{(2n)!!}=0$.

6. 设 f 为连续函数.求证：

(1) $\int_0^{\pi/2}f(\cos x)\mathrm{d}x=\int_0^{\pi/2}f(\sin x)\mathrm{d}x$；

(2) $\int_0^{\pi}xf(\sin x)\mathrm{d}x=\frac{\pi}{2}\int_0^{\pi}f(\sin x)\mathrm{d}x$.

7. 设函数 f 在$[0,2]$上连续可导，且 $f(0)=f(2)=1$.如果 $|f'|\leqslant 1$，求证：

$$1\leqslant\int_0^2 f(x)\mathrm{d}x\leqslant 3.$$

8. 设函数 f 在$[-1,1]$上可导，$M=\sup|f'|$.若存在 $a\in(0,1)$，使得 $\int_{-a}^a f(x)\mathrm{d}x=0$，求证：

$$\left|\int_{-1}^1 f(x)\mathrm{d}x\right|\leqslant M(1-a^2).$$

9. 证明：

$$\int_0^{2\pi}\left(\int_x^{2\pi}\frac{\sin t}{t}\mathrm{d}t\right)\mathrm{d}x = 0.$$

10. 设 f 在 $[0,+\infty)$ 上连续. 对任何 $a>0$，求证：

$$\int_0^a\left(\int_0^{2x}f(t)\mathrm{d}t\right)\mathrm{d}x = \int_0^a f(x)(a-x)\mathrm{d}x.$$

11. 设 $f\in C[-1,1]$. 求证：

$$\lim_{h\to 0^+}\int_{-1}^1\frac{h}{h^2+x^2}f(x)\mathrm{d}x = \pi f(0).$$

（提示：先讨论特殊情形 $f=1$.）

12. 设 f 在 $[a,b]$ 上连续可导. 求证：

(1) $\lim\limits_{\lambda\to\infty}\int_a^b f(x)\cos\lambda x\mathrm{d}x = 0$；　　(2) $\lim\limits_{\lambda\to\infty}\int_a^b f(x)\sin\lambda x\mathrm{d}x = 0$.

注：若把 f 放宽成"在 $[a,b]$ 上可积"，结论仍然正确，这就是著名的 Riemann-Lebesgue 引理，本教材第 17 章中将讨论它.

13. 在 $[-1,+\infty]$ 上定义函数

$$f(x) = \int_{-1}^x\frac{\mathrm{e}^{1/t}}{t^2(1+\mathrm{e}^{1/t})^2}\mathrm{d}t,$$

试写出函数 f 的简单表达式.

14. 计算下列积分：

(1) $\int_0^{\pi/2}\frac{\cos^2 x}{\cos x+\sin x}\mathrm{d}x$；　　(2) $\int_0^{\pi/2}\frac{\sin^2 x}{\cos x+\sin x}\mathrm{d}x$.

问　题　6.4

1. 设 f 是周期为 T 的连续函数. 求证：

$$\lim_{x\to+\infty}\frac{1}{x}\int_0^x f(t)\mathrm{d}t = \frac{1}{T}\int_0^T f(t)\mathrm{d}t.$$

2. 设

$$I_n = \int_0^{\pi/2}\frac{\sin^2 nt}{\sin t}\mathrm{d}t\quad(n=1,2,\cdots).$$

求极限 $\lim\limits_{n\to\infty}\frac{I_n}{\ln n}$.

3. 令 $f(m,n) = \sum\limits_{k=0}^n\binom{n}{k}\frac{(-1)^k}{m+k+1}\ (m,n\in\mathbf{N}^*)$.

(1) 求证：$f(m,n)=f(n,m)$；　　(2) 试计算 $f(m,n)$.

4. 设 a,b,n 为正整数，令 $f(x)=\frac{x^n(a-bx)^n}{n!}$.

(1) 求证：$f(a/b-x)=f(x)$；

(2) 求证：当 $x=0$ 时，$x=a/b$ 时，$f^{(k)}(x)(0\leqslant k\leqslant 2n)$的取值为整数；

(3) 假设 π 是有理数，即 $\pi=a/b$（a,b 为既约正整数），试证：$\int_0^{\pi}f(x)\sin x\mathrm{d}x$ 为整数，由此证明 π 不可能是有理数.

5. 设 f 在$[0,1]$上连续，并且

$$\int_0^1 f(x)x^k\mathrm{d}x = 0\ (k = 0,1,\cdots,n-1),\quad \int_0^1 f(x)x^n\mathrm{d}x = 1.$$

求证：存在一点 $\xi\in(0,1)$，使得$|f(\xi)|\geqslant 2^n(n+1)$.

6. 设函数 f 在$[0,1]$上有二阶连续导数，且 $f(0)=f(1)=f'(0)=0$，$f'(1)=1$.求证：

$$\int_0^1(f''(x))^2\mathrm{d}x\geqslant 4,$$

并指出不等式中等号成立的条件.

6.5 可积性理论

迄今为止，我们介绍了积分的定义和基本性质、通过 Newton-Leibniz 公式把求积分转化为原函数的计算，以及计算积分的分部积分和换元两种方法.有好几个定理都是在“f 在$[a,b]$上可积”这一条件下叙述的.但是，哪些函数一定可积？这一问题还没有来得及讨论，甚至连续函数在有限闭区间上一定是可积的这一重要性质，也并没有被彻底证明.此外，还有一些问题遗留了下来，例如，若函数 f 在$[a,b]$上可积，为什么它在$[a,b]$的任何一个子区间上也可积？当 f 在$[a,b]$上可积时，函数$|f|$是否在$[a,b]$上可积？这些问题有待于在以下两节中进一步研究.

由于可积函数必须是有界的，在讨论可积性时，我们总假设函数 f 在$[a,b]$上有界.用 M 与 m 分别记 f 在$[a,b]$上的上确界与下确界.令 $\omega=M-m$，称 ω 为 f 在$[a,b]$上的**振幅**.

对$[a,b]$的任何分割

$$\pi: a = x_0 < x_1 < \cdots < x_n = b,$$

在 π 的第 i 个子区间$[x_{i-1},x_i]$上 f 的上确界与下确界分别记为 M_i 与 m_i，并令 $\omega_i=M_i-m_i$，称 ω_i 为 f 在$[x_{i-1},x_i]$上的振幅，这里 $i=1,2,\cdots,n$.

定义

$$\overline{S}(f,\pi)=\sum_{i=1}^{n}M_i\Delta x_i,\quad \underline{S}(f,\pi)=\sum_{i=1}^{n}m_i\Delta x_i,$$

并分别称它们是 f 关于分割 π 的**上和**和**下和**.容易看出,上和与下和是由被积函数 f 及分割 π 唯一确定的.在这一点上,它们同 f 关于分割 π 的积分和是不同的,这是因为积分和还与值点序列的选取有关.但是,在分割 π 取定之后,积分和就被相应的上和与下和所界定.精确地说,我们有

$$\underline{S}(f,\pi)\leqslant\sum_{i=1}^{n}f(\xi_i)\Delta x_i\leqslant\overline{S}(f,\pi),$$

这里 $\xi_i\in[x_{i-1},x_i](i=1,2,\cdots,n)$是任取的.

设 π 是$[a,b]$的任意给定的分割,在 π 的分点的基础上多加一个分点,以组成一个具有 $n+2$ 个分点的分割,记为 π'.不失一般性,可设在第 i 个区间$[x_{i-1},x_i]$内再加上一个分点 x^*.也就是说,我们有

$$\pi':a=x_0<\cdots<x_{i-1}<x^*<x_i<\cdots<x_n=b.$$

这时,下和 $\underline{S}(f,\pi)$与 $\underline{S}(f,\pi')$的不同之处在于:前者中 $m_i\Delta x_i=m_i(x_i-x_{i-1})$被以下两项之和

$$(x^*-x_{i-1})\inf f([x_{i-1},x^*])+(x_i-x^*)\inf f([x^*,x_i])$$

所代替.一方面,注意到上式不小于

$$\begin{aligned}&(x^*-x_{i-1})\inf f([x_{i-1},x_i])+(x_i-x^*)\inf f([x_{i-1},x_i])\\&=(x^*-x_{i-1})m_i+(x_i-x^*)m_i\\&=(x_i-x_{i-1})m_i=m_i\Delta x_i.\end{aligned}$$

由此可见

$$\underline{S}(f,\pi')-\underline{S}(f,\pi)\geqslant 0.$$

另一方面,显然有

$$\begin{aligned}\underline{S}(f,\pi')-\underline{S}(f,\pi)&\leqslant M_i\Delta x_i-m_i\Delta x_i=\omega_i\Delta x_i\\&\leqslant\omega\Delta x_i\leqslant\omega\|\pi\|.\end{aligned}$$

从而得到

$$\underline{S}(f,\pi)\leqslant\underline{S}(f,\pi')\leqslant\underline{S}(f,\pi)+\omega\|\pi\|.$$

类似地,我们可得

$$\overline{S}(f,\pi)-\omega\|\pi\|\leqslant\overline{S}(f,\pi')\leqslant\overline{S}(f,\pi).$$

我们直接推出:

定理6.5.1 设 π 与π'是$[a,b]$的两个分割,其中 π'是在π 的分点上多加了k个新的分点而成的,则

$$\underline{S}(f,\pi)\leqslant\underline{S}(f,\pi')\leqslant\underline{S}(f,\pi)+k\omega\|\pi\|,$$

$$\overline{S}(f,\pi)\geqslant\overline{S}(f,\pi')\geqslant\overline{S}(f,\pi)-k\omega\|\pi\|.$$

这个定理说的是,在分点加密的过程中,下和不减且上和不增.

设 π_1 与 π_2 是$[a,b]$的两个分割,如果 π_1 的所有分点都是 π_2 的分点,我们称“分割 π_2 比 π_1 细”或者“分割 π_1 比 π_2 粗”,记为 $\pi_1\leqslant\pi_2$.当然,并不是任何两个分割都可以比出粗细的.但是,如果我们把 π_1 与 π_2 的分点都利用起来,以组成一个新的分割,记为 $\pi_1+\pi_2$,这时易见 $\pi_1+\pi_2\geqslant\pi_i(i=1,2)$.由定理 6.5.1,可知

$$\underline{S}(f,\pi_1)\leqslant\underline{S}(f,\pi_1+\pi_2)\leqslant\overline{S}(f,\pi_1+\pi_2)\leqslant\overline{S}(f,\pi_2).$$

这表明,对任何两个分割来说,一个分割的下和总是不超过另一个分割的上和.

从这一事实看出,所有上和组成的集合有下界,从而有下确界.我们用 $\bar{I}$ 来记上和的下确界,并称之为 f 在$[a,b]$上的**上积分**.同样的推理表明,全体下和所成的集合是有上确界的,这个数值记为 $\underline{I}$,称为 f 在$[a,b]$上的**下积分**.任何有界函数 f 的下积分与上积分都是存在的,并且有不等式

$$\underline{S}(f,\pi_1)\leqslant\underline{I}\leqslant\bar{I}\leqslant\overline{S}(f,\pi_2),$$

这里 π_1 与 π_2 是区间$[a,b]$的任何分割.

例如,在$[0,1]$上考察 Dirichlet 函数.这时,任一下和都等于 0,任一上和都等于 1,因此,这个函数在$[0,1]$上的下积分等于 0,而上积分等于 1.

进一步,我们可以证明:

定理 6.5.2 (Darboux) 对$[a,b]$上的任意有界函数,有

$$\lim_{\|\pi\|\to0}\overline{S}(f,\pi)=\bar{I},\qquad\lim_{\|\pi\|\to0}\underline{S}(f,\pi)=\underline{I}.$$

证明 我们证明第二个等式,第一个等式的证明是一样的.按定义,有

$$\underline{I}=\sup_{\pi}\underline{S}(f,\pi).$$

对任给的 $\varepsilon>0$,存在$[a,b]$的一个分割 π_0,使得

$$\underline{S}(f,\pi_0)>\underline{I}-\frac{\varepsilon}{2}.$$

设分割 π_0 有 l 个“内分点”.我们指出,对$[a,b]$的任一分割 π,只要

$$\|\pi\|<\frac{\varepsilon}{2l\omega+1},$$

就一定有

$$\underline{S}(f,\pi)>\underline{I}-\varepsilon.$$

事实上,如果把 π_0 与 π 的分点合起来组成新的分割 π',这时 π' 是在 π 的分点的基础上至多添加了 l 个分点的分割,由定理 6.5.1,可得

$$\underline{S}(f,\pi)\geqslant \underline{S}(f,\pi')-l\omega\|\pi\|\geqslant \underline{S}(f,\pi_0)-l\omega\|\pi\|$$

$$>\underline{I}-\frac{\varepsilon}{2}-l\omega\frac{\varepsilon}{2l\omega+1}>\underline{I}-\frac{\varepsilon}{2}-\frac{\varepsilon}{2}=\underline{I}-\varepsilon.$$

这就证明了

$$\lim_{\|\pi\|\to 0}\underline{S}(f,\pi)=\underline{I}.$$ □

现在容易给出有界函数 f 在 $[a,b]$ 上可积的充分必要条件.

定理 6.5.3　设函数 $f:[a,b]\to\mathbf{R}$ 有界,则以下三个条件互相等价:

(1) f 在 $[a,b]$ 上可积;

(2) $\lim\limits_{\|\pi\|\to 0}\sum\limits_{i=1}^{n}\omega_i\Delta x_i=0$,其中 $\omega_i=M_i-m_i$ 是 f 在 $[x_{i-1},x_i](i=1,\cdots,n)$ 上的振幅;

(3) $\underline{I}=\overline{I}$.

证明　我们将按照途径"(1)⇒(2)⇒(3)⇒(1)"来证明它们的等价性.

设(1)成立,记其积分值为 I. 于是,对任给的 $\varepsilon>0$,存在 $\delta>0$,对任意满足条件 $\|\pi\|<\delta$ 的分割 π,

$$I-\frac{\varepsilon}{3}<\sum_{i=1}^{n}f(\xi_i)\Delta x_i<I+\frac{\varepsilon}{3}$$

对一切值点 $\xi_i\in[x_{i-1},x_i](i=1,\cdots,n)$ 成立. 因而有

$$I-\frac{\varepsilon}{3}\leqslant\underline{S}(f,\pi)\leqslant\overline{S}(f,\pi)\leqslant I+\frac{\varepsilon}{3}.$$

从而有

$$0\leqslant\sum_{i=1}^{n}\omega_i\Delta x_i\leqslant\frac{2}{3}\varepsilon<\varepsilon.$$

这正是(2).

再设(2)成立. 对任给的 $\varepsilon>0$,必存在 $[a,b]$ 的一个分割 π,使得 $\sum\limits_{i=1}^{n}\omega_i\Delta x_i<\varepsilon$. 于是

$$0\leqslant\overline{I}-\underline{I}\leqslant\overline{S}(f,\pi)-\underline{S}(f,\pi)=\sum_{i=1}^{n}\omega_i\Delta x_i<\varepsilon.$$

由于 ε 是任意的正数,所以必须有 $\overline{I}=\underline{I}$.

最后设(3)成立. 设 $\underline{I}=\overline{I}=I$,则对任意的分割 π,总有

$$\underline{S}(f,\pi)\leqslant\sum_{i=1}^{n}f(\xi_i)\Delta x_i\leqslant\overline{S}(f,\pi).$$

两边取极限($\|\pi\|\to 0$),再由定理6.5.2知,左右两边的极限都是I,因而

$$\lim_{\|\pi\|\to 0}\sum_{i=1}^{m} f(\xi_i)\Delta x_i = I.$$

这正说明f在$[a,b]$上可积. □

现在,我们来检查一下哪些函数类是可积的.

定理 6.5.4 设f是定义在$[a,b]$上的单调函数,则f在$[a,b]$上可积.

证明 不失一般性,可设f是递增函数.若$f(a)=f(b)$,则f在$[a,b]$上是一个常数,自然可积.下面设$f(b)>f(a)$.

对任给的$\varepsilon>0$,取$\delta=\dfrac{\varepsilon}{f(b)-f(a)}$.只要分割$\pi$满足$\|\pi\|<\delta$,便有

$$\begin{aligned}0&\leqslant \sum_{i=1}^{n}\omega_i\Delta x_i\\&=\sum_{i=1}^{n}(M_i-m_i)\Delta x_i=\sum_{i=1}^{n}(f(x_i)-f(x_{i-1}))\Delta x_i\\&\leqslant\|\pi\|\sum_{i=1}^{n}(f(x_i)-f(x_{i-1}))=\|\pi\|(f(b)-f(a))\\&<\delta(f(b)-f(a))=\varepsilon.\end{aligned}$$

依定理6.5.3,f在$[a,b]$上可积。 □

利用定理6.5.3,我们可以证明:

定理 6.5.5 设$f:[a,b]\to\mathbf{R}$是连续函数,则f在$[a,b]$上可积.

证明 由于f在$[a,b]$上一致连续,故对任给的$\varepsilon>0$,必有$\delta>0$,当$s,t\in[a,b]$且$|s-t|<\delta$时,有

$$|f(s)-f(t)|<\frac{\varepsilon}{b-a}.$$

对$[a,b]$上的分割

$$\pi: a=x_0<x_1<\cdots<x_n=b,$$

设

$$M_i=f(s_i),\quad m_i=f(t_i),$$

其中$s_i,t_i\in[x_{i-1},x_i]$($i=1,2,\cdots,n$).只要$\|\pi\|<\delta$,就有

$$|s_i-t_i|\leqslant\Delta x_i\leqslant\|\pi\|<\delta\quad(i=1,2,\cdots,n).$$

因此

$$\sum_{i=1}^{n}\omega_i\Delta x_i=\sum_{i=1}^{n}(M_i-m_i)\Delta x_i=\sum_{i=1}^{n}(f(s_i)-f(t_i))\Delta x_i$$

$$\leqslant \frac{\varepsilon}{b-a}\sum_{i=1}^{n}\Delta x_i = \varepsilon,$$

所以 f 在$[a,b]$上可积. □

在结束本节的时候,我们指出,如果 f 在$[a,b]$上有界,并且在$[a,b]$上只有有限多个间断点,那么 f 在$[a,b]$上必定可积.这一命题的证明虽然不难,但在这里不列出,因为这个结论以及其他许多关于可积性的结论,都可包含在下一节关于可积性的更彻底的讨论之中.

练 习 题 6.5

1. 设 $p:[a,b]\to\mathbf{R}$.如果有分割
$$a = x_0 < x_1 < \cdots < x_n = b,$$
使得在每一个子区间$(x_{i-1},x_i)(i=1,2,\cdots,n)$上,$p$ 为常值函数,则称 p 为$[a,b]$上的**阶梯函数**.若 f 在$[a,b]$上可积,求证:对任给的 $\varepsilon>0$,必存在$[a,b]$上的阶梯函数 p 和 q,使得在$[a,b]$上,有 $p\leqslant f\leqslant q$,并且
$$\int_a^b (q(x)-p(x))\mathrm{d}x < \varepsilon.$$
2. 设 f 在$[a,b]$上可积.求证:对任给的 $\varepsilon>0$,必存在$[a,b]$上的连续函数 p 和 q,使得在$[a,b]$上,有 $p\leqslant f\leqslant q$,并且
$$\int_a^b (q(x)-p(x))\mathrm{d}x < \varepsilon.$$
3. 设函数 f 在任一有限区间上可积,且 $\lim\limits_{x\to+\infty}f(x)=l$.求证:
$$\lim_{x\to+\infty}\frac{1}{x}\int_0^x f(t)\mathrm{d}t = l.$$
4. 设函数 f 在$[a,b]$上可积,且在$[a,b]$内的任何子区间 Δ 上,有 $\sup\limits_{\Delta} f\geqslant\sigma$,这里 σ 为一常数.求证:
$$\int_a^b f(x)\mathrm{d}x \geqslant \sigma(b-a).$$

问 题 6.5

1. 设函数 f 在$[0,1]$上可积,且有正数 m 和 M,使得 $m\leqslant f(x)\leqslant M$ 对 $x\in[0,1]$成立.求证:
$$\int_0^1 f(x)\mathrm{d}x\int_0^1\frac{\mathrm{d}x}{f(x)} \leqslant \frac{(m+M)^2}{4mM}.$$
2. 设 $f\in C[-1,1]$,并满足条件:对$[-1,1]$上的任何偶函数 g,积分

$$\int_{-1}^{1} f(x)g(x)\mathrm{d}x = 0.$$

证明：f 是$[-1,1]$上的奇函数.

3. 设 $x(t)$在$[0,a]$上连续，并且满足

$$|x(t)| \leqslant M + k\int_0^t |x(\tau)| \mathrm{d}\tau,$$

这里 M 与 k 为正常数.求证：

$$|x(t)| \leqslant M\mathrm{e}^{kt} \quad (0 \leqslant t \leqslant a).$$

6.6 Lebesgue 定理

在 6.5 节中，我们证明了有限闭区间上的连续函数是可积的(定理 6.5.5)，还指出了在有限区间上有界且只有有限多个不连续点的函数也是可积的.此外，单调函数也是可积的，虽然单调函数可能有无限个间断点，但是它的间断点的集合是至多可数的.这些事实提醒我们，可积性与函数的不连续点的“多寡”可能有着密切的关系.事实确实如此.为了精确地刻画“点的多寡”，我们必需引入下面的定义.

定义 6.6.1 设 A 为实数的集合.如果对任意给定的 $\varepsilon > 0$，存在至多可数个开区间$\{I_n : n \in \mathbf{N}^*\}$组成 A 的一个开覆盖，并且$\sum\limits_{n=1}^{\infty} |I_n| \leqslant \varepsilon$($|I_n|$表示开区间 I_n 的长度)，那么称 A 为**零测度集**，简称**零测集**.

显然空集是零测集.

例 1 证明：如果 A 是至多可数集，那么 A 一定是零测集.

证明 不妨设 A 为可数集，记为

$$A = \{a_1, a_2, \cdots, a_n, \cdots\}.$$

对任给的 $\varepsilon > 0$，作区间 $I_n = \left(a_n - \frac{\varepsilon}{2^{n+1}}, a_n + \frac{\varepsilon}{2^{n+1}}\right)(n = 1, 2, \cdots)$.显然，$A \subset \bigcup\limits_{n=1}^{\infty} I_n$.这时，有

$$\sum_{n=1}^{\infty} |I_n| = \sum_{n=1}^{\infty} 2\frac{\varepsilon}{2^{n+1}} = \varepsilon\sum_{n=1}^{\infty}\frac{1}{2^n} = \varepsilon.$$

因此 A 是零测集. □

例 2 证明：任何长度不为 0 的区间都不是零测集.

证明 不妨设所考虑的区间为开区间(a,b)，其中$a<b$.设开区间列$\{I_n:n\in\mathbf{N}^*\}$覆盖了(a,b).很明显，有

$$\sum_{n=1}^{\infty}|I_n|\geqslant b-a>0,$$

式中“$\geqslant$”的右边$b-a$是一个确定的正数. □

零测集有如下的简单性质：

(1) 至多可数个零测集的并集是零测集.

证明 设有可数个零测集

$$A_1,A_2,\cdots,A_n,\cdots.$$

对任给的$\varepsilon>0$和$n\in\mathbf{N}^*$，由于A_n是零测集，故存在开区间族$\{I_{ni}:n,i\in\mathbf{N}^*\}$，使得$A_n\subset\bigcup_{i=1}^{\infty}I_{ni}$，并且$\sum_{i=1}^{\infty}|I_{ni}|\leqslant\frac{\varepsilon}{2^n}$.这时开区间族$\{I_{ni}:n,i\in\mathbf{N}^*\}$含可数个成员，且具有性质

$$\bigcup_{n=1}^{\infty}A_n\subset\bigcup_{n=1}^{\infty}\left(\bigcup_{i=1}^{\infty}I_{ni}\right).$$

此外，有

$$\sum_{n=1}^{\infty}\sum_{i=1}^{\infty}|I_{ni}|\leqslant\sum_{n=1}^{\infty}\frac{\varepsilon}{2^n}=\varepsilon.$$

这就证明了$\bigcup_{n=1}^{\infty}A_n$为零测集. □

(2) 设A为零测集.若$B\subset A$，那么B也是零测集.

有了零测集的概念，就可以叙述本节的主要结果.用$D(f)$记f在$[a,b]$上不连续点的全体，即

$$D(f)=\{x\in[a,b]:f\text{ 在 }x\text{ 处不连续}\}.$$

我们有：

定理6.6.1(Lebesgue) 设函数f在有限区间$[a,b]$上有界，那么f在$[a,b]$上Riemann可积的充分必要条件是，$D(f)$是一个零测集.

为了证明这个定理，我们要引进函数在一点处振幅的概念.大家知道，$[a,b]$上的有界函数f在区间$[a,b]$上振幅的定义为

$$\omega=M-m,$$

其中M和m分别是f在$[a,b]$上的上、下确界.下面的引理给出了ω的另一种表示.

引理6.6.1 设ω是有界函数f在$[a,b]$上的振幅，那么

$$\omega=\sup\{|f(y_1)-f(y_2)|:y_1,y_2\in[a,b]\}.\tag{1}$$

证明 用 M 和 m 分别记 f 在 $[a,b]$ 上的上、下确界，那么按定义，$\omega=M-m$. 由于对任意的 $y_1,y_2\in[a,b]$，有

$$m\leqslant f(y_1)\leqslant M,\quad m\leqslant f(y_2)\leqslant M,$$

所以

$$|f(y_1)-f(y_2)|\leqslant M-m=\omega. \tag{2}$$

由于 $M=\sup\{f(y):y\in[a,b]\}$，$m=\inf\{f(y):y\in[a,b]\}$，所以，对任意的 $\varepsilon>0$，存在 $y_1,y_2\in[a,b]$，使得

$$f(y_1)>M-\frac{\varepsilon}{2},\quad f(y_2)<m+\frac{\varepsilon}{2}.$$

由此可得

$$|f(y_1)-f(y_2)|\geqslant f(y_1)-f(y_2)>M-m-\varepsilon. \tag{3}$$

综合式(2)和(3)即得式(1). □

用 $B_r(x)$ 记开区间 $(x-r,x+r)$，用 $\omega_f(x,r)$ 记 f 在 $B_r(x)$ 上的振幅. 显然 $\omega_f(x,r)$ 非负，且当 r 减小时递减，因此 $\lim\limits_{r\to0^+}\omega_f(x,r)$ 存在，记

$$\omega_f(x)=\lim_{r\to0^+}\omega_f(x,r),$$

称 $\omega_f(x)$ 为 f 在 x 处的振幅.

我们有：

引理 6.6.2 函数 f 在点 $x\in I$ 处连续的充分必要条件是 $\omega_f(x)=0$.

证明 必要性. 设 f 在点 x 处连续. 对任给的 $\varepsilon>0$，当 $r>0$ 充分小时，可使得当 $y\in B_r(x)$ 时，有

$$|f(y)-f(x)|<\frac{\varepsilon}{2}.$$

因此，当 $y_1,y_2\in B_r(x)$ 时，

$$\begin{aligned}|f(y_1)-f(y_2)|&\leqslant|f(y_1)-f(x)|+|f(x)-f(y_2)|\\&<\frac{\varepsilon}{2}+\frac{\varepsilon}{2}=\varepsilon.\end{aligned}$$

由此可得 $\omega_f(x,r)\leqslant\varepsilon$. 令 $r\to0^+$，得出 $0\leqslant\omega_f(x)\leqslant\varepsilon$. 由于 ε 是任意的正数，可见 $\omega_f(x)=0$.

充分性. 设 $\omega_f(x)=0$. 由定义知，对任给的 $\varepsilon>0$，存在 $r>0$，使得 $\omega_f(x,r)<\varepsilon$. 因此，对任何 $y\in B_r(x)$，必有

$$|f(x)-f(y)|\leqslant\omega_f(x,r)<\varepsilon.$$

这表明函数 f 在点 x 处连续. □

对 $\delta>0$，记

$$D_\delta = \{x \in [a,b]: \omega_f(x) \geqslant \delta\}.$$

我们有：

引理 6.6.3 $D(f) = \bigcup_{n=1}^{\infty} D_{1/n}$.

证明 由引理 6.6.2，知 $D_{1/n}$ 中的点都是 f 的不连续点，因而

$$\bigcup_{n=1}^{\infty} D_{1/n} \subset D(f). \tag{4}$$

反之，任取 $x \in D(f)$. 因 f 在 x 处不连续，仍由引理 6.6.2，知 $\omega_f(x) > 0$. 现取 m 充分大，使得 $\omega_f(x) \geqslant 1/m$，即 $x \in D_{1/m}$，因而

$$D(f) \subset \bigcup_{n=1}^{\infty} D_{1/n}. \tag{5}$$

由式(4)和(5)即得本引理. □

引理 6.6.4 设 $f:[a,b] \to \mathbf{R}$. 如果存在一列区间 $(\alpha_j, \beta_j)(j=1,2,\cdots)$，使得 $D(f) \subset \bigcup_{j=1}^{\infty}(\alpha_j, \beta_j)$，记 $K = [a,b] \setminus \bigcup_{j=1}^{\infty}(\alpha_j, \beta_j)$，那么对任意的 $\varepsilon > 0$，一定存在 $\delta > 0$，当 $x \in K, y \in [a,b]$ 且 $|x-y| < \delta$ 时，有 $|f(x) - f(y)| < \varepsilon$.

证明 用反证法. 如果结论不成立，则必存在 $\varepsilon_0 > 0$ 以及 $s_n \in K, t_n \in [a,b]$，使得当 $|s_n - t_n| < 1/n$ 时，有

$$|f(s_n) - f(t_n)| \geqslant \varepsilon_0. \tag{6}$$

因为 $\{s_n\} \subset K \subset [a,b]$，故必有 $\{s_n\}$ 的子列 $\{s_{k_n}\}$，使得

$$\lim_{n\to\infty} s_{k_n} = s^*.$$

显然，$s^* \in K$. 易知

$$\begin{aligned} |t_{k_n} - s^*| &\leqslant |t_{k_n} - s_{k_n}| + |s_{k_n} - s^*| \\ &< \frac{1}{k_n} + |s_{k_n} - s^*| < \frac{1}{n} + |s_{k_n} - s^*|, \end{aligned}$$

由此即知 $t_{k_n} \to s^* (n \to \infty)$. 由式(6)，得

$$|f(s_{k_n}) - f(t_{k_n})| \geqslant \varepsilon_0. \tag{7}$$

由于 $s^* \in K$，故 f 在 s^* 处连续. 在式(7)的左边令 $n \to \infty$，即得

$$\varepsilon_0 \leqslant |f(s^*) - f(s^*)| = 0.$$

这与 $\varepsilon_0 > 0$ 矛盾. □

有了这些准备知识，现在可以给出：

定理 6.6.1 的证明 必要性. 只要证明对任意的 $\delta > 0$，D_δ 是零测集，从而 $D_1, D_{1/2}, \cdots$ 都是零测集. 由引理 6.6.3 即知 $D(f)$ 是零测集. 因为 f 可积，由定理 6.5.3，对任给的 $\varepsilon > 0$，存在 $[a,b]$ 的一个分割

$$\pi: a = x_0 < x_1 < \cdots < x_m = b,$$

使得

$$\sum_{i=1}^{m} \omega_i \Delta x_i < \frac{\delta\varepsilon}{2}. \tag{8}$$

设 $x \in D_\delta$. 如果 x 不是 $x_0, x_1, \cdots, x_m$ 中的任一个，则存在 $i \in \{1,2,\cdots,m\}$，使得 $x \in (x_{i-1}, x_i)$. 因而存在充分小的 $r>0$，使得 $(x-r, x+r) \subset (x_{i-1}, x_i)$. 于是 f 在 (x_{i-1}, x_i) 上的振幅

$$\omega_i \geqslant \omega_f(x,r) \geqslant \omega_f(x) \geqslant \delta. \tag{9}$$

如果用 $\sum'$ 和 $\bigcup'$ 分别表示对满足 $D_\delta \cap (x_{i-1}, x_i) \neq \varnothing$ 的 i 的求和与求并，那么从式(8) 和(9)，可得

$$\frac{\delta\varepsilon}{2} > \sum_{i=1}^{m} \omega_i \Delta x_i \geqslant \sum{}' \omega_i \Delta x_i \geqslant \delta \sum{}' \Delta x_i.$$

由此得

$$\sum{}' \Delta x_i < \frac{\varepsilon}{2}. \tag{10}$$

于是

$$D_\delta \subset \left(\bigcup{}'(x_{i-1}, x_i)\right) \cup \{x_0, x_1, \cdots, x_m\}.$$

自然更有

$$D_\delta \subset \left(\bigcup{}'(x_{i-1}, x_i)\right) \cup \left(\bigcup_{j=0}^{m} \left(x_j - \frac{\varepsilon}{4(m+1)}, x_j + \frac{\varepsilon}{4(m+1)}\right)\right).$$

而且由式(10)，得

$$\sum{}' \Delta x_i + (m+1)\frac{2\varepsilon}{4(m+1)} < \frac{\varepsilon}{2} + \frac{\varepsilon}{2} = \varepsilon.$$

这就证明了 D_δ 是零测集.

充分性. 设 $D(f)$ 是一个零测集，并且对任意给定的 $\varepsilon>0$，存在一列开区间 $(\alpha_i, \beta_i)(i=1,2,\cdots)$，使得

$$D(f) \subset \bigcup_{i=1}^{\infty} (\alpha_i, \beta_i), \quad 且 \quad \sum_{i=1}^{\infty} (\beta_i - \alpha_i) < \frac{\varepsilon}{2\omega},$$

这里 ω 是 f 在 $[a,b]$ 上的振幅. 令

$$K = [a,b] \setminus \bigcup_{i=1}^{\infty} (\alpha_i, \beta_i).$$

根据引理 6.6.4，对上述的 $\varepsilon>0$，存在 $\delta>0$，使得当 $x \in K$，$y \in [a,b]$ 且 $|x-y|<\delta$ 时，有 $|f(x)-f(y)|<\frac{\varepsilon}{4(b-a)}$. 现取分割 $\pi: a = x_0 < x_1 < \cdots < x_n = b$，使得

$\|\pi\|<\delta$.记

$$\sum_{i=1}^{\infty}\omega_i\Delta x_i = \sum\nolimits_1\omega_i\Delta x_i + \sum\nolimits_2\omega_i\Delta x_i, \tag{11}$$

这里 $\sum_1$ 表示对满足 $K\cap(x_{i-1},x_i)\neq\varnothing$ 的 i 的求和，$\sum_2$ 表示对满足 $K\cap(x_{i-1},x_i)=\varnothing$ 的 i 的求和.对 $\sum_1$ 中的项,因为 $K\cap(x_{i-1},x_i)\neq\varnothing$,任取 $y_i\in K\cap(x_{i-1},x_i)$,由引理6.6.4,得

$$\begin{aligned}\omega_i &= \sup\{|f(z_1)-f(z_2)|: z_1,z_2\in[x_{i-1},x_i]\}\\ &\leqslant \sup\{|f(z_1)-f(y_i)|+|f(z_2)-f(y_i)|:\\ &\qquad z_1,z_2\in[x_{i-1},x_i], y_i\in K\cap(x_{i-1},x_i)\}\\ &\leqslant\frac{\varepsilon}{2(b-a)}.\end{aligned}$$

因此

$$\sum\nolimits_1\omega_i\Delta x_i<\frac{\varepsilon}{2(b-a)}(b-a)=\frac{\varepsilon}{2}. \tag{12}$$

再看 $\sum_2$.这时 $\omega_i\leqslant\omega$,所以

$$\sum\nolimits_2\omega_i\Delta x_i\leqslant\omega\sum\nolimits_2\Delta x_i. \tag{13}$$

对 $\sum_2$ 中的项,$K\cap(x_{i-1},x_i)=\varnothing$，故当 $x\in(x_{i-1},x_i)$ 时,$x\notin K$，因而 $x\in\bigcup\limits_{i=1}^{\infty}(\alpha_i,\beta_i)$,即$(x_{i-1},x_i)\subset\bigcup\limits_{i=1}^{\infty}(\alpha_i,\beta_i)$.因而

$$\sum\nolimits_2\Delta x_i\leqslant\sum_{i=1}^{\infty}(\beta_i-\alpha_i)<\frac{\varepsilon}{2\omega},$$

代入式(9),即得

$$\sum\nolimits_2\omega_i\Delta x_i<\frac{\varepsilon}{2}. \tag{14}$$

把式(12)和(14)代入式(11),即得 $\sum\limits_{i=1}^{\infty}\omega_i\Delta x_i<\varepsilon$.由定理6.5.3知 f 在$[a,b]$上可积. □

推论6.6.1 若 f 在$[a,b]$上有界,且在$[a,b]$上只有至多可数个间断点,那么 f 在$[a,b]$上 Riemann 可积.

这是因为此时 $D(f)$是零测集.

推论6.6.2 如果 f 在$[a,b]$上可积,那么$|f|$也在$[a,b]$上可积.

由于 $D(|f|)\subset D(f)$,可知$|f|$在$[a,b]$上 Riemann 可积.

注意,由$|f|$的可积性一般不能导出 f 的可积性.例如,设

$$f(x)=\begin{cases}1, & \text{当 } x \text{ 为有理数时},\\ -1, & \text{当 } x \text{ 为无理数时},\end{cases}$$

则 f 在$[0,1]$上不可积,但$|f|=1$是可积的.

推论 6.6.3 设 f 与 g 在$[a,b]$上可积,那么 fg 在$[a,b]$上也可积.

这是因为 $D(fg)\subset D(f)\cup D(g)$.

推论 6.6.4 如果 f 在$[a,b]$上可积,$1/f$ 在$[a,b]$上有定义且有界,那么 $1/f$ 在$[a,b]$上可积.

这是因为 $D(f)=D(1/f)$.

推论 6.6.5 如果 f 在$[a,b]$上可积,那么对任何$[c,d]\subset[a,b]$,f 在$[c,d]$上也可积.

这是因为 $D(f;[c,d])\subset D(f;[a,b])$.

推论 6.6.6 如果 $c\in(a,b)$,那么当 f 在$[a,c]$与$[c,b]$上都可积时,f 在$[a,b]$上也可积.

这是因为 $D(f;[a,c])\cup D(f;[c,b])=D(f;[a,b])$.

推论 6.6.7 设 f 在$[a,b]$上可积.如果 g 在$[a,b]$上除去有限个点 $x_1,x_2,\cdots,x_n$ 外和 f 相等,那么 g 也在$[a,b]$上可积,而且

$$\int_a^b f(x)\mathrm{d}x=\int_a^b g(x)\mathrm{d}x. \tag{15}$$

证明 记 $h(x)=f(x)-g(x)$,那么 h 除去有限个点$x_1,x_2,\cdots,x_n$ 外都等于 0,因而 h 在$[a,b]$上除去 $x_1,x_2,\cdots,x_n$ 外都连续,从而可积,所以 g 可积.易知 $\int_a^b h(x)\mathrm{d}x=0$,所以式(15)成立. □

例 3 证明:Riemann 函数 $R(x)$(见 2.4 节中的例 8)是任意有限区间$[a,b]$上的可积函数.

证明 这是因为 Riemann 函数 $R(x)$在$[a,b]$中的无理点上都连续,在有理点不连续,其不连续点的全体是一零测集,因而 $R(x)$可积. □

如何计算$\int_a^b R(x)\mathrm{d}x$?首先想到的是它的原函数是什么.设 F 是R 的一个原函数,即

$$F'(x)=R(x)\quad(a\leqslant x\leqslant b).$$

根据 Darboux 定理,$R(x)$在$[a,b]$上应具有介值性,但从 $R(x)$的定义容易看出,它不具有介值性,因而 $R(x)$没有原函数.但它的积分值可以从积分的定义直接算出:

$$\int_a^b R(x)\mathrm{d}x = \lim_{\|\pi\|\to 0}\sum_{i=1}^{n} R(\xi_i)\Delta x_i = 0,$$

这里 ξ_i 是 (x_{i-1},x_i) 中的任一个无理数.

上面的例子说明,可积函数未必具有原函数.那么具有原函数的函数是否一定可积呢?答案是不一定.例如

$$F(x) = \begin{cases} x^2\sin\dfrac{1}{x^2}, & x\neq 0,\\ 0, & x = 0,\end{cases}$$

那么

$$F'(x) = \begin{cases} 2x\sin\dfrac{1}{x^2} - \dfrac{2}{x}\cos\dfrac{1}{x^2}, & x\neq 0,\\ 0 & x = 0.\end{cases}$$

如果记 $f(x)=F'(x)$,那么 f 在 $(-\infty,+\infty)$ 上具有原函数 F,但 f 在 $(0,1)$ 上不可积,因为它在 $[0,1]$ 上无界.

从积分的定义来看,Riemann 积分主要是为连续函数而设计的.积分和的极限的存在性和数值不应受值点在分割的同一子区间变化的影响,这实际上是对被积函数的连续性提出了很高的要求.本节的理论更是把这种说法精确化了.Lebesgue 定理把 Riemann 可积的充分必要条件用连续点的“多寡”来刻画,得出了完满的结论.若定义在 $[a,b]$ 上的函数 f 至多在一个零测集上不连续,则称 f 在 $[a,b]$ 上**几乎处处连续**.因此,Lebesgue 定理也可以说成:区间 $[a,b]$ 上的有界函数 f 为 Riemann可积的充分必要条件是,f 在 $[a,b]$ 上几乎处处连续.

Lebesgue 放松了对函数连续性的要求,从而推广了 Riemann 积分,他所定义的积分被后人称为 Lebesgue 积分.要详细地讨论 Lebesgue 积分,光有零测集是不够的,还需要把“测度”推广到相当广泛的集合(称为可测集合)上去.深入地讨论这些问题,已超出了“数学分析”的范围,它们是“实变函数论”中的经典内容.

练 习 题 6.6

1. 设 f 和 g 在 $[a,b]$ 上可积.求证:

$$\max(f(x),g(x)),\quad \min(f(x),g(x))$$

在 $[a,b]$ 上可积.

2. 设 f 在 $[a,b]$ 上连续,φ 在 $[c,d]$ 上可积,且 $\varphi([c,d])\subset[a,b]$.证明:$f\circ\varphi$ 在 $[c,d]$ 上可积.

3. 举例说明:若把第 2 题中“f 在 $[a,b]$ 上连续”的条件减弱为“f 在 $[a,b]$ 上可积”,结论不

再成立.

4. 设 f 在$[a,b]$上可积. 如果对每个区间$(\alpha,\beta)\subset[a,b]$,必存在 $x_1,x_2\in(\alpha,\beta)$,使得 $f(x_1)f(x_2)\leqslant 0$,问$\int_a^b f(x)\mathrm{d}x$ 应取何值?

问 题 6.6

1. 对 $\alpha\in(0,1]$,定义

$$f_\alpha(x)=\left[\frac{\alpha}{x}\right]-\alpha\left[\frac{1}{x}\right].$$

证明:

$$\int_0^1 f_\alpha(x)\mathrm{d}x=\alpha\ln\alpha.$$

2. 设f在$[a,b]$上非负且可积. 求证:$\int_a^b f(x)\mathrm{d}x=0$成立的充分必要条件是,$f$在连续点处必取零值.

6.7 反 常 积 分

在以上定义的积分中,积分区间是一个有限的闭区间,而且可积函数必定是有界的. 但是,对许多来自数学本身以及其他学科的问题,这两条限制显得过于苛刻. 因此,有必要推广已有的积分的概念. 如果说把我们已经详细讨论过的Riemann积分称作"通常意义下的积分",那么推广了的积分就统称为"反常积分"或"广义积分".

反常积分可以分为两大类,第一类是指积分区间无界,简称为"无穷积分",我们首先讨论这一类积分.

设函数 f 在$[a,+\infty)$上有定义,对任何 $b>a$,f 在$[a,b]$上可积. 这时带变动上限 b 的积分

$$\int_a^b f(x)\mathrm{d}x$$

就定义了$[a,+\infty)$上的一个函数. 如果极限

$$\lim_{b\to+\infty}\int_a^b f(x)\mathrm{d}x$$

存在且有限，那么就把这个极限记作

$$\int_a^{+\infty} f(x)\mathrm{d}x, \tag{1}$$

并称上述积分**收敛**.如果上面的极限不存在，同样也使用符号(1)，不过这时它不代表任何数值，我们称无穷积分(1)是**发散**的.

在积分(1)收敛的场合，我们称函数 f 在$[a,+\infty)$上**可积**.

类似地，可以定义无穷积分

$$\int_{-\infty}^a f(x)\mathrm{d}x$$

的收敛和发散.

例 1 设 $a>0$.求证：无穷积分

$$\int_a^{+\infty} \frac{\mathrm{d}x}{x^p}$$

当 $p>1$ 时收敛，当 $p\leqslant 1$ 时发散.

证明 当 $p\neq 1$ 时，对任何 $b>a>0$，有

$$\int_a^b \frac{\mathrm{d}x}{x^p} = \frac{1}{1-p}x^{1-p}\Big|_a^b = \frac{1}{1-p}(b^{1-p}-a^{1-p}).$$

由于

$$\lim_{b\to+\infty} b^{1-p} = \begin{cases} 0, & p>1, \\ +\infty, & p<1, \end{cases}$$

可见当 $p>1$ 时，

$$\int_a^{+\infty} \frac{\mathrm{d}x}{x^p} = \frac{a^{1-p}}{p-1};$$

当 $p<1$ 时，这个无穷积分发散.当 $p=1$ 时，因为

$$\int_a^b \frac{\mathrm{d}x}{x} = \ln b - \ln a \to +\infty \quad (b\to+\infty),$$

所以此时无穷积分也发散. □

设函数 f 在全数轴上有定义，并且在任何有界区间上都是可积的，任取 $a\in\mathbf{R}$，如果无穷积分

$$\int_{-\infty}^a f(x)\mathrm{d}x,\quad \int_a^{+\infty} f(x)\mathrm{d}x \tag{2}$$

都收敛，那么称无穷积分

$$\int_{-\infty}^{+\infty} f(x)\mathrm{d}x \tag{3}$$

收敛，并且规定

$$\int_{-\infty}^{+\infty} f(x)\mathrm{d}x = \int_{-\infty}^{a} f(x)\mathrm{d}x + \int_{a}^{+\infty} f(x)\mathrm{d}x.$$

我们也说 f 在 $(-\infty,+\infty)$ 上可积.

容易证明,上述定义实际上与 a 的选择毫无关系.

如果式(2)中至少有一个积分发散,那么称无穷积分(3)发散.

关于无穷积分,也有 Newton-Leibniz 公式.

定理 6.7.1 设函数 f 在 $[a,+\infty)$ 上可积,且有原函数 F,那么

$$\int_{a}^{+\infty} f(x)\mathrm{d}x = F(+\infty) - F(a);$$

若 f 在 $(-\infty,a]$ 上可积,且有原函数 F,那么

$$\int_{-\infty}^{a} f(x)\mathrm{d}x = F(a) - F(-\infty);$$

若 f 在 $(-\infty,+\infty)$ 上可积,且有原函数 F,那么

$$\int_{-\infty}^{+\infty} f(x)\mathrm{d}x = F(+\infty) - F(-\infty).$$

这里

$$F(-\infty) = \lim_{x\to-\infty} F(x), \quad F(+\infty) = \lim_{x\to+\infty} F(x).$$

证明 由定义,有

$$\begin{aligned}\int_{a}^{+\infty} f(x)\mathrm{d}x &= \lim_{b\to+\infty}\int_{a}^{b} f(x)\mathrm{d}x = \lim_{b\to+\infty}(F(b) - F(a)) \\ &= \lim_{b\to+\infty} F(b) - F(a) = F(+\infty) - F(a).\end{aligned}$$

同理可以证明其他两个公式. □

很明显,Riemann 积分的运算性质和计算技巧都可以应用于无穷积分,其中的证明细节就不一一详述了.

例 2 设 $a>0$. 计算无穷积分

$$\int_{0}^{+\infty} \mathrm{e}^{-ax}\cos bx\mathrm{d}x, \quad \int_{0}^{+\infty} \mathrm{e}^{-ax}\sin bx\mathrm{d}x.$$

解 用分部积分法,得

$$\begin{aligned}\int_{0}^{+\infty} \mathrm{e}^{-ax}\cos bx\mathrm{d}x &= \frac{1}{b}\int_{0}^{+\infty} \mathrm{e}^{-ax}\mathrm{d}\sin bx \\ &= \frac{1}{b}\left(\mathrm{e}^{-ax}\sin bx\Big|_{0}^{+\infty} + a\int_{0}^{+\infty} \mathrm{e}^{-ax}\sin bx\mathrm{d}x\right).\end{aligned}$$

因为 $\lim\limits_{x\to+\infty} \mathrm{e}^{-ax}\sin bx = 0$,所以

$$\int_{0}^{+\infty} \mathrm{e}^{-ax}\cos bx\mathrm{d}x = \frac{a}{b}\int_{0}^{+\infty} \mathrm{e}^{-ax}\sin bx\mathrm{d}x \tag{4}$$

$$= -\frac{a}{b^2}\int_0^{+\infty} e^{-ax} d\cos bx$$

$$= -\frac{a}{b^2}\left(e^{-ax}\cos bx\Big|_0^{+\infty} + a\int_0^{+\infty} e^{-ax}\cos bx dx\right)$$

$$= -\frac{a}{b^2}\left(-1 + a\int_0^{+\infty} e^{-ax}\cos bx dx\right)$$

$$= \frac{a}{b^2} - \frac{a^2}{b^2}\int_0^{+\infty} e^{-ax}\cos bx dx.$$

由此得

$$\left(1 + \frac{a^2}{b^2}\right)\int_0^{+\infty} e^{-ax}\cos bx dx = \frac{a}{b^2},$$

所以

$$\int_0^{+\infty} e^{-ax}\cos bx dx = \frac{a}{a^2 + b^2}.$$

把此结果代入式(4),即得

$$\int_0^{+\infty} e^{-ax}\sin bx dx = \frac{b}{a^2 + b^2}.$$ □

例3　计算$\int_0^{+\infty} \frac{dx}{(a^2 + x^2)^{3/2}}$.

解　不妨设 $a>0$. 作换元 $x = a\tan t$. 当 t 从 0 变到 $\pi/2$ 时,x 递增地从 0 变到 $+\infty$. 此外,

$$dx = \frac{a}{\cos^2 t}dt.$$

因此

$$\int_0^{+\infty} \frac{dx}{(a^2 + x^2)^{3/2}} = \frac{1}{a^2}\int_0^{\pi/2} \cos t dt = \frac{1}{a^2}.$$ □

我们看到,一个无穷积分经过换元之后变成了常义下的积分. 反过来,一个常义下的积分经过换元之后也可变为无穷积分. 这种现象是可能经常发生的,不足为怪.

第二类反常积分,乃是无界函数的"积分",称为**瑕积分**. 先看一个具体的例子. 表达式

$$\int_0^1 \frac{dx}{\sqrt{x}}$$

在 Riemann 积分的意义下,它是无意义的,因为被积函数无界:

$$\lim_{x\to 0^+} \frac{1}{\sqrt{x}} = +\infty.$$

$x=0$ 称为积分的瑕点.但是,对一切 $\varepsilon\in(0,1)$,积分

$$\int_{\varepsilon}^{1}\frac{\mathrm{d}x}{\sqrt{x}}$$

是有意义的,它是一个带有变动下限 ε 的积分.由于极限

$$\lim_{\varepsilon\to0^+}\int_{\varepsilon}^{1}\frac{\mathrm{d}x}{\sqrt{x}}=\lim_{\varepsilon\to0^+}2\sqrt{x}\Big|_{\varepsilon}^{1}=2\lim_{\varepsilon\to0^+}(1-\sqrt{\varepsilon})=2$$

存在且有限,我们就定义

$$\int_{0}^{1}\frac{\mathrm{d}x}{\sqrt{x}}=2.$$

一般地,设 f 在$(a,b]$上有定义,且

$$\lim_{\varepsilon\to a^+}f(x)=\infty,$$

但对任何 $\varepsilon\in(0,b-a)$,函数 f 在$[a+\varepsilon,b]$上可积.如果极限

$$\lim_{\varepsilon\to0^+}\int_{a+\varepsilon}^{b}f(x)\mathrm{d}x$$

存在且有限,则称瑕积分

$$\int_{a}^{b}f(x)\mathrm{d}x \tag{5}$$

收敛,并把上述极限定义为瑕积分的值:

$$\int_{a}^{b}f(x)\mathrm{d}x=\lim_{\varepsilon\to0^+}\int_{a+\varepsilon}^{b}f(x)\mathrm{d}x;$$

否则,称瑕积分(5)**发散**.其中的点 a 称为**瑕点**.

当 b 是瑕点时,也可以类似地定义瑕积分(7).如果 a 与 b 都是瑕点,那么任取一点 $c\in(a,b)$,我们定义

$$\int_{a}^{b}f(x)\mathrm{d}x=\int_{a}^{c}f(x)\mathrm{d}x+\int_{c}^{b}f(x)\mathrm{d}x.$$

这时假定右边的两个瑕积分同时收敛.

同无穷积分一样,Newton-Leibniz 公式以及 Riemann 积分的运算法则和计算技巧也都适用于瑕积分.例如,若 F 是 f 在$(a,b]$上的一个原函数,a 是瑕点,那么

$$\int_{a}^{b}f(x)\mathrm{d}x=F(b)-F(a+0).$$

例 4 设 $a>0$.证明:瑕积分

$$\int_{0}^{a}\frac{\mathrm{d}x}{x^p}$$

当 $p<1$ 时收敛,当 $p\geqslant1$ 时发散.

证明 当 $p\neq 1$ 时，

$$\int_{\varepsilon}^{a}\frac{\mathrm{d}x}{x^{p}}=\frac{1}{1-p}(a^{1-p}-\varepsilon^{1-p}).$$

由于

$$\lim_{\varepsilon\to 0^{+}}\varepsilon^{1-p}=\begin{cases}0, & p<1,\\ +\infty, & p>1,\end{cases}$$

可见，当 $p<1$ 时，

$$\int_{0}^{a}\frac{\mathrm{d}x}{x^{p}}=\frac{a^{1-p}}{1-p};$$

当 $p>1$ 时，原瑕积分发散. 当 $p=1$ 时，因为

$$\int_{0}^{a}\frac{\mathrm{d}x}{x}=\ln a-\ln\varepsilon\to+\infty\quad(\varepsilon\to 0^{+}),$$

所以原瑕积分发散. □

例 5 计算 $\int_{0}^{1}\ln x\mathrm{d}x$.

解 因为 $\ln x\to-\infty\,(x\to 0^{+})$，故 $x=0$ 是一个瑕点. 用分部积分法，得

$$\int_{0}^{1}\ln x\mathrm{d}x=x\ln x\Big|_{0^{+}}^{1}-\int_{0}^{1}\mathrm{d}x=-1,$$

这里用到了

$$\lim_{x\to 0^{+}}x\ln x=0.$$ □

例 6 计算 $\int_{a}^{b}\frac{\mathrm{d}x}{\sqrt{(x-a)(b-x)}}$.

解 这里 a 与 b 都是瑕点. 容易看出，这个瑕积分是收敛的. 我们用换元法来计算它的值. 当 $x\in(a,b)$ 时，

$$\frac{x-a}{b-a},\quad\frac{b-x}{b-a}$$

是正数，并且其和等于 1，因此可设

$$\frac{x-a}{b-a}=\sin^{2}\theta\quad\left(0<\theta<\frac{\pi}{2}\right).$$

此时，

$$x=a+(b-a)\sin^{2}\theta=a\cos^{2}\theta+b\sin^{2}\theta,$$

$$\mathrm{d}x=2(b-a)\cos\theta\sin\theta\mathrm{d}\theta.$$

于是，瑕积分可化为常义下的积分：

$$2\int_{0}^{\pi/2}\mathrm{d}\theta=\pi.$$ □

例 7 计算 $I=\int_0^{\pi/2}\ln\sin x\mathrm{d}x$.

解 易知,$x=0$ 是瑕点.作变量代换 $x=\pi/2-t$,那么

$$I=-\int_{\pi/2}^{0}\ln\sin\left(\frac{\pi}{2}-t\right)\mathrm{d}t=\int_0^{\pi/2}\ln\cos t\mathrm{d}t.$$

由此得

$$\begin{aligned}2I&=\int_0^{\pi/2}(\ln\sin x+\ln\cos x)\mathrm{d}x=\int_0^{\pi/2}\ln(\sin x\cos x)\mathrm{d}x\\&=\int_0^{\pi}\ln\left(\frac{1}{2}\sin 2x\right)\mathrm{d}x=-\frac{\pi}{2}\ln 2+\int_0^{\pi/2}\ln\sin 2x\mathrm{d}x.\end{aligned}\tag{6}$$

对式(6)右边的积分作变量代换 $2x=t$,那么

$$\begin{aligned}\int_0^{\pi/2}\ln\sin 2x\mathrm{d}x&=\frac{1}{2}\int_0^{\pi}\ln\sin t\mathrm{d}t=\frac{1}{2}I+\frac{1}{2}\int_{\pi/2}^{\pi}\ln\sin t\mathrm{d}t\\&=\frac{I}{2}+\frac{1}{2}\int_0^{\pi/2}\ln\cos u\mathrm{d}u=\frac{I}{2}+\frac{I}{2}=I,\end{aligned}\tag{7}$$

这里我们已经作了变量代换 $t=\pi/2+u$.把式(7)代入式(6),即得 $I=-\frac{\pi}{2}\ln 2$. □

本节只是为了满足物理课程中可能发生的需要,对反常积分作了一些初步介绍.在本教材的第 16 章中,将有非常详细的研究.

练 习 题 6.7

1. 计算下列反常积分:

(1) $\int_2^{+\infty}\frac{\mathrm{d}x}{x\ln^p x}\ (p>1)$;

(2) $\int_0^{+\infty}\mathrm{e}^{-\sqrt{x}}\mathrm{d}x$;

(3) $\int_{-\infty}^{0}x\mathrm{e}^{x}\mathrm{d}x$;

(4) $\int_0^{+\infty}x^5\mathrm{e}^{-x^2}\mathrm{d}x$;

(5) $\int_1^{+\infty}\frac{\mathrm{d}x}{x(1+x)}$;

(6) $\int_0^{+\infty}\frac{\mathrm{d}x}{1+x^3}$;

(7) $\int_{-\infty}^{+\infty}\frac{\mathrm{d}x}{x^2+2x+2}$;

(8) $\int_{-\infty}^{+\infty}\frac{\mathrm{d}x}{(x^2+x+1)^2}$;

(9) $\int_0^{+\infty}x^{n-1}\mathrm{e}^{-x}\mathrm{d}x\ (n\in\mathbf{N}^*)$;

(10) $\int_0^{+\infty}\frac{\mathrm{d}x}{(a^2+x^2)^n}\ (n\in\mathbf{N}^*)$;

(11) $\int_0^{+\infty}x^{2n+1}\mathrm{e}^{-x^2}\mathrm{d}x\ (n\in\mathbf{N}^*)$;

(12) $\int_0^{+\infty}\frac{1+x^2}{1+x^4}\mathrm{d}x\ \left(\text{提示:令 } t=x-\frac{1}{x}\right)$.

2. 设函数 f 在$[0,+\infty)$上连续且 $f\geqslant 0$.如果$\int_0^{+\infty}f(x)\mathrm{d}x=0$,求证:$f=0$.

3. 计算下列瑕积分：

(1) $\int_{-1}^{1} \frac{\mathrm{d}x}{\sqrt{1-x^2}}$；　　(2) $\int_{-1}^{1} \frac{\arcsin x}{\sqrt{1-x^2}}\mathrm{d}x$；

(3) $\int_{0}^{1} \frac{\mathrm{d}x}{(2-x)\sqrt{1-x}}$；　　(4) $\int_{-1}^{1} \frac{\mathrm{d}x}{(2-x^2)\sqrt{1-x^2}}$；

(5) $\int_{0}^{1} \frac{\arcsin\sqrt{x}}{\sqrt{x(1-x)}}\mathrm{d}x$；　　(6) $\int_{0}^{1} \ln^n x\mathrm{d}x\ (n \in \mathbf{N}^*)$；

(7) $\int_{0}^{1} \frac{(1-x)^n}{\sqrt{x}}\mathrm{d}x\ (n \in \mathbf{N}^*)$.

4. 计算下面两个积分的比值：

$$\int_{0}^{1} \frac{\mathrm{d}t}{\sqrt{1-t^4}},\quad \int_{0}^{1} \frac{\mathrm{d}t}{\sqrt{1+t^4}}.$$

5. 求证：

$$\int_{0}^{x} \mathrm{e}^{xt-t^2}\mathrm{d}t = \mathrm{e}^{x^2/4}\int_{0}^{x} \mathrm{e}^{-t^2/4}\mathrm{d}t.$$

6. 利用积分 $\int_{0}^{\pi/2} \ln\sin x\mathrm{d}x = -\frac{\pi}{2}\ln 2$，计算下列积分：

(1) $\int_{0}^{\pi/2} x\cot x\mathrm{d}x$；　　(2) $\int_{0}^{1} \frac{\ln x}{\sqrt{1-x^2}}\mathrm{d}x$.

6.8　数值积分

设 f 在 $[a,b]$ 上可积，我们想算出 f 在 $[a,b]$ 上的积分. 如果 f 有一个比较简单的原函数，那么可以通过 Newton-Leibniz 公式来算出这个积分. 但是，如果 f 的原函数不是初等函数，或者即使是初等函数但表示形式非常复杂，则都不能利用 Newton-Leibniz 公式. 何况，在许多实际的场合，函数 f 只是用它在有限个点上的值来表达的，这时当然无原函数可言. 在所有这些情况下，我们只能用数值计算的办法求出积分的近似值，这就是"数值积分"问题.

在这里，我们只打算介绍数值积分中的梯形法，用以说明数值积分的基本思想.

设在一序列点 $a = x_0 < x_1 < \cdots < x_n = b$ 上给定了对应的函数值 $y_i = f(x_i)$ $(i = 0,1,2,\cdots,n)$. 这里的函数 f 应是一个可积函数. 不仅如此，在以下的讨论中，

要用到多少阶导数,就设 f 有多少阶的连续导数.

设$[x_{i-1},x_i](i=1,2,\cdots,n)$是一个典型区间.这个区间与点$(x_{i-1},y_{i-1})$和$(x_i,y_i)$连成的直线段,以及平行直线 $x=x_{i-1}$,$x=x_i$ 围成了一个梯形.我们就以它的面积

$$\frac{y_{i-1}+y_i}{2}(x_i-x_{i-1})\quad(i=1,2,\cdots,n)$$

作为积分$\int_{x_{i-1}}^{x_i}f(x)\mathrm{d}x$ 的一个近似值.当 $h_i=x_i-x_{i-1}(i=1,2,\cdots,n)$都很小时,这个近似值可能是相当好的.把这 n 个小梯形的面积之和

$$\frac{1}{2}\sum_{i=1}^{n}(y_{i-1}+y_i)(x_i-x_{i-1}) \tag{1}$$

就当成积分 $\int_a^b f(x)\mathrm{d}x$ 的一个近似值.如果点 x_i 是均匀分布的,那么 $h_i=(b-a)/n\ (i=1,2,\cdots,n)$,这时式(1)便简化成

$$\frac{b-a}{n}\left(\frac{y_0+y_n}{2}+\sum_{i=1}^{n-1}y_i\right). \tag{2}$$

梯形公式带来的误差如何估计?这就归结到“线性插值”带来的误差是如何估计的.在定理 4.3.2 中,我们已经做过这件事.

用 l_i 来记由点(x_{i-1},y_{i-1})与(x_i,y_i)所决定的线性函数.由定理 4.3.2 证明过程中的等式(11),可得

$$l_i(x)-f(x)=\frac{(x_i-x)(x-x_{i-1})}{2}f''(\xi_i), \tag{3}$$

其中 $\xi_i\in[x_{i-1},x_i](i=1,2,\cdots,n)$.如果 M 是$|f''|$在$[a,b]$上的一个上界,那么在式(3)的两边作积分之后,将得出

$$\begin{aligned}\left|\int_{x_{i-1}}^{x_i}l_i(x)\mathrm{d}x-\int_{x_{i-1}}^{x_i}f(x)\mathrm{d}x\right|&\leqslant\int_{x_{i-1}}^{x_i}\frac{M}{2}(x_i-x)(x-x_{i-1})\mathrm{d}x\\&=\frac{M}{2}(x_I-x_{i-1})^3\int_0^1 t(1-t)\mathrm{d}t\\&=\frac{M}{12}(x_i-x_{i-1})^3.\end{aligned}$$

在上述推导过程中,我们已作过换元

$$x=x_{i-1}+(x_i-x_{i-1})t\quad(0\leqslant t\leqslant 1).$$

如果分点是等距分布的,那么

$$\left|\int_{x_{i-1}}^{x_i}l_i(x)\mathrm{d}x-\int_{x_{i-1}}^{x_i}f(x)\mathrm{d}x\right|\leqslant\frac{M}{12}\frac{(b-a)^3}{n^3}.$$

因此，梯形公式所产生的误差将不超过

$$\sum_{i=1}^{n}\frac{M}{12}\frac{(b-a)^3}{n^3}=\frac{M}{12}\frac{(b-a)^3}{n^2}.$$

将以上的结果写成一个定理，即：

定理 6.8.1　设 f 在 $[a,b]$ 上有二阶连续导数，令

$$M=\max_{a\leqslant x\leqslant b}|f''(x)|,$$

以及

$$x_i=a+\frac{i}{n}(b-a)\quad(i=0,1,2,\cdots,n),$$

那么

$$\left|\int_a^b f(x)\mathrm{d}x-\left(\frac{y_0+y_n}{2}+\sum_{i=1}^{n-1}y_i\right)\frac{b-a}{n}\right|\leqslant\frac{(b-a)^3}{12n^2}M.$$

练 习 题 6.8

1. 利用梯形法，计算下面两个积分的近似值：

(1) $\int_0^{\pi}\frac{\sin x}{x}\mathrm{d}x$；　　(2) $\int_0^{100}\frac{\mathrm{e}^{-x}}{x+100}\mathrm{d}x$.

2. 用梯形法计算积分 $\int_0^1\frac{\mathrm{d}x}{1+x^2}$（取 $n=10$），并估计误差. 再由公式 $\pi=4\int_0^1\frac{\mathrm{d}x}{1+x^2}$，计算 π 的近似值.

第 7 章　积分学的应用

本章将利用积分学的知识来解决几何学、物理学以及数学分析中的一些问题.

7.1　积分学在几何学中的应用

7.1.1　平面图形的面积

在引进积分概念时,我们已经知道,介于直线 $x=a$,$x=b$,$y=0$ 和曲线 $y=f(x)\geqslant 0$ 之间的曲边梯形的面积可以表示为

$$S=\int_a^b f(x)\mathrm{d}x.$$

如果函数 f 和 g 在 $[a,b]$ 上连续,且满足条件

$$f(x)\geqslant g(x)\quad (a\leqslant x\leqslant b),$$

那么介于直线 $x=a$,$x=b$ 和曲线 $y=f(x)$,$y=g(x)$ 之间的图形的面积可以表示为

$$S=\int_a^b (f(x)-g(x))\mathrm{d}x.$$

类似地,如果函数 $\varphi(y)$ 和 $\psi(y)$ 在 $[c,d]$ 上连续,并且

$$\varphi(y)\geqslant \psi(y)\quad (c\leqslant y\leqslant d),$$

那么介于直线 $y=c$,$y=d$ 和曲线 $x=\varphi(y)$ 和 $\psi(y)$ 之间图形的面积可表示为

$$S=\int_c^d (\varphi(y)-\psi(y))\mathrm{d}y.$$

对一般的情形,总可以把图形划分成几部分,使每一部分都属于上述两种情形

之一，求出各部分面积后相加即得所求的面积.

例 1　求抛物线 $y^2=2x$ 与直线 $x-y=4$ 所围成的区域的面积(图 7.1).

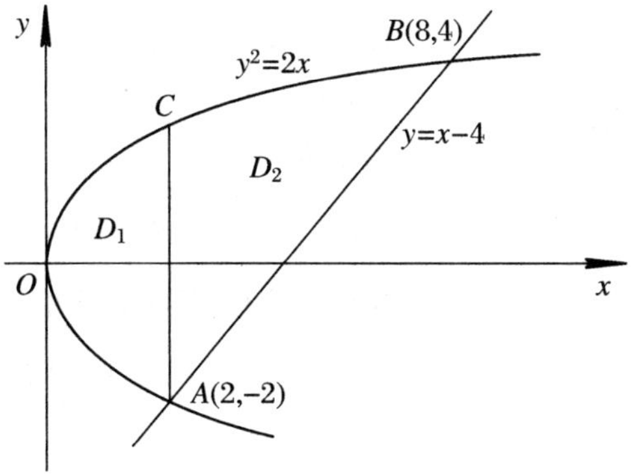

图 7.1

解　先求出抛物线和直线的交点，即为 $A(2,-2)$，$B(8,4)$. 因而由直线 $y=x-4$ 和抛物线 $y^2=2x$ 所围成的区域 D 的面积

$$S(D)=\int_{-2}^{4}\left(y+4-\frac{1}{2}y^2\right)\mathrm{d}y=18.$$

另一种算法是作垂直于 x 轴的直线 AC，把区域 D 分成 D_1 和 D_2 两块，于是

$$S(D_1)=2\int_0^2\sqrt{2x}\,\mathrm{d}x=2\sqrt{2}\int_0^2\sqrt{x}\,\mathrm{d}x=\frac{16}{3},$$

$$S(D_2)=\int_2^8(\sqrt{2x}-(x-4))\mathrm{d}x=\frac{38}{3}.$$

所以有

$$S(D)=S(D_1)+S(D_2)=18.$$

当然第一种算法比第二种算法简单.　□

如果曲线的方程是由极坐标表示的，如何计算由它围成的图形的面积？设曲线 Γ 由极坐标方程

$$\Gamma: r=r(\theta)\quad(\alpha\leqslant\theta\leqslant\beta)$$

表示，我们要计算由此曲线和射线

$$\theta=\alpha,\quad\theta=\beta$$

所围成的区域的面积. 先看最简单的情形 $r=a$（a 是一常数），即这段曲线是一个圆弧. 这时，显然有

$$S=\frac{1}{2}a^2(\beta-\alpha).$$

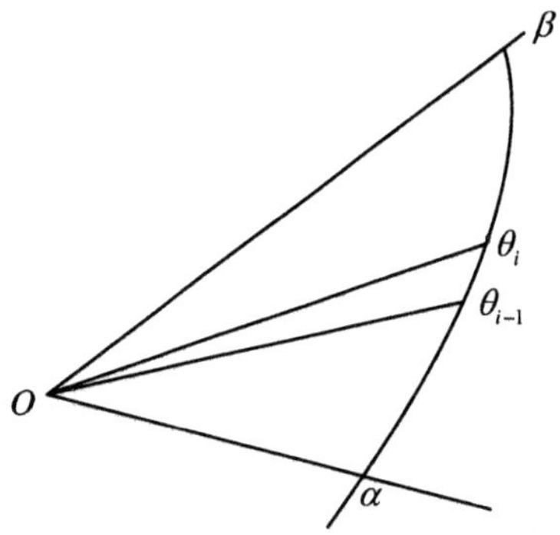

图 7.2

现在来看一般的情形. 对 θ 变化的范围 $[\alpha,\beta]$ 作一分割(图 7.2):

$$\alpha = \theta_0 < \theta_1 < \cdots < \theta_n = \beta.$$

任取 $\xi_i \in [\theta_{i-1},\theta_i]$ $(i=1,2,\cdots,n)$,于是夹在 $\theta=\theta_{i-1}$, $\theta=\theta_i$ 和 $r=r(\theta)$ 之间区域的面积可表示为

$$\Delta S_i \approx \frac{1}{2} r^2(\xi_i)\Delta\theta_i \quad (\Delta\theta_i = \theta_i - \theta_{i-1}).$$

从而整个区域的面积可表示为

$$\Delta S \approx \frac{1}{2}\sum_{i=1}^{n} r^2(\xi_i)\Delta\theta_i.$$

令 $\max\limits_{1\leqslant i\leqslant n} \Delta\theta_i \to 0$,即得

$$S = \frac{1}{2}\int_\alpha^\beta r^2(\theta)\mathrm{d}\theta.$$

这就是计算由极坐标方程表示的曲线 $r=r(\theta)$ 和射线 $\theta=\alpha$, $\theta=\beta$ 所围成的区域的面积公式.

例 2 求心脏线

$$r = a(1+\cos\theta)(a>0)$$

所围成的区域的面积.

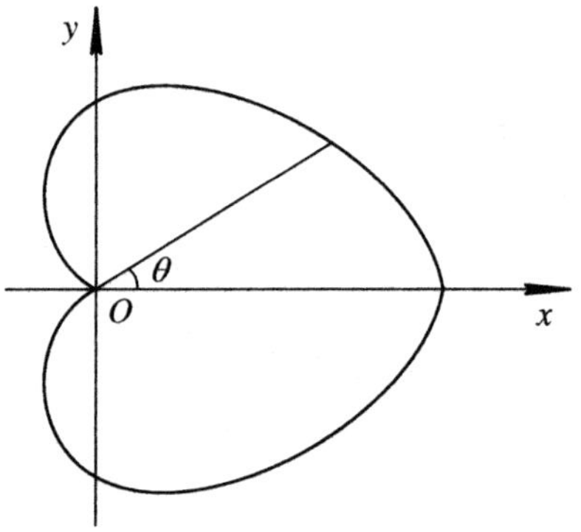

图 7.3

解 由图 7.3,容易看出该曲线围成的区域颇似人的心脏,故称之为心脏线. 它关于极轴是对称的,因而它围成的区域的面积是

$$\begin{aligned} S &= 2\cdot\frac{1}{2}\int_0^\pi a^2(1+\cos\theta)^2\mathrm{d}\theta \\ &= a^2\int_0^\pi (1+2\cos\theta+\cos^2\theta)\mathrm{d}\theta \\ &= \frac{3}{2}\pi a^2. \end{aligned}$$

□

7.1.2 空间曲线的弧长

设空间曲线 Γ 的参数方程为

$$\begin{cases} x = x(t), \\ y = y(t), \quad (\alpha \leqslant t \leqslant \beta), \\ z = z(t) \end{cases}$$

或用向量形式表示为

$$\boldsymbol{r} = \boldsymbol{r}(t) \quad (\alpha \leqslant t \leqslant \beta),$$

其中 $x(t),y(t),z(t)$在$[\alpha,\beta]$上都有连续的导数.点 $A=\boldsymbol{r}(\alpha)$与 $B=\boldsymbol{r}(\beta)$分别是 Γ 的起点和终点.我们按照 Γ 的定向,在 Γ 上取$n+1$个点:

$$A = A_0, A_1, A_2, \cdots, A_n = B, \tag{1}$$

并把 n 条线段的长度之和$\sum\limits_{i=1}^{n} |A_{i-1}A_i|$作为$\Gamma$的“弧长”的一个近似值.如果设点 A_i 对应着参数值$t_i(i = 0,1,2,\cdots,n)$,那么

$$\alpha = t_0 < t_1 < t_2 < \cdots < t_n = \beta. \tag{2}$$

这说明曲线 Γ 上的一个分割(1),导致了参数区间$[\alpha,\beta]$上的分割(2);反之亦然.这时,

$$\begin{aligned} & |A_{i-1}A_i| \\ &= \|\boldsymbol{r}(t_i) - \boldsymbol{r}(t_{i-1})\| \\ &= ((x(t_i) - x(t_{i-1}))^2 + (y(t_i) - y(t_{i-1}))^2 + (z(t_i) - z(t_{i-1}))^2)^{1/2}. \end{aligned}$$

利用微分中值定理,有

$$\begin{aligned} x(t_i) - x(t_{i-1}) &= x'(\xi_i)\Delta t_i, \\ y(t_i) - y(t_{i-1}) &= y'(\eta_i)\Delta t_i, \\ z(t_i) - z(t_{i-1}) &= z'(\zeta_i)\Delta t_i, \end{aligned}$$

其中 $\xi_i,\eta_i,\zeta_i\in(t_{i-1},t)$,$\Delta t_i=t_i-t_{i-1}$.由此可知

$$|A_{i-1}A_i| = \sqrt{(x'(\xi_i))^2 + (y'(\eta_i))^2 + (z'(\zeta_i))^2}\Delta t_i,$$

这里 $i=1,2,\cdots,n$.若把分割(2)记为 π,则由于 x',y'与z'都是连续函数,所以存在一个常数 K,使得

$$|A_{i-1}A_i| \leqslant K\Delta t_i \leqslant K\|\pi\|.$$

由此可得

$$\max_{1\leqslant i\leqslant n} |A_{i-1}A_i| \leqslant K\|\pi\|.$$

这表明,将参数区间$[\alpha,\beta]$无限加细,将导致分割(1)把曲线 Γ 无限加细.

我们有

$$\sum_{i=1}^{n} |A_{i-1}A_i| = \sum_{i=1}^{n} \sqrt{(x'(\xi_i))^2 + (y'(\eta_i))^2 + (z'(\xi_i))^2}\Delta t_i. \tag{3}$$

当把区间$[\alpha,\beta]$上的分割(2)无限加细时，如果式(3)的极限存在，那么取这个极限作为Γ的弧长的定义是十分合理的.

我们来看看当$\|\pi\|\to 0$时，式(3)的右边是否有极限.式(3)的右边很像是函数

$$\sqrt{(x'(t))^2+(y'(t))^2+(z'(t))^2}$$

的积分和，但事实上它并不真正是一个 Riemann 和，这是因为ξ_i,η_i与ζ_i虽然同在区间(t_{i-1},t_i)内，但未必彼此相等.

但是，我们有：

定理 7.1.1 设$x(t),y(t),z(t)$在$[\alpha,\beta]$上有连续的导函数，那么有

$$\begin{aligned}&\lim_{\|\pi\|\to 0}\sum_{i=1}^{n}\sqrt{(x'(\xi_i))^2+(y'(\eta_i))^2+(z'(\zeta_i))^2}\Delta t_i\\&=\int_\alpha^\beta\sqrt{(x'(t))^2+(y'(t))^2+(z'(t))^2}\mathrm{d}t.\end{aligned}\tag{4}$$

证明 对任何两个三维向量$\boldsymbol{a}$和$\boldsymbol{b}$，有三角形不等式

$$\big|\,\|\boldsymbol{a}\|-\|\boldsymbol{b}\|\,\big|\leqslant\|\boldsymbol{a}-\boldsymbol{b}\|$$

(这个不等式说的是：三角形任意一边的长绝不小于其他两边长之差).由此得到

$$\begin{aligned}&\left|\sqrt{(x'(\xi_i))^2+(y'(\xi_i))^2+(z'(\xi_i))^2}-\sqrt{(x'(\xi_i))^2+(y'(\eta_i))^2+(z'(\zeta_i))^2}\right|\\&\leqslant\sqrt{(y'(\xi_i)-y'(\eta_i))^2+(z'(\xi_i)-z'(\zeta_i))^2}\\&\leqslant|y'(\xi_i)-y'(\eta_i)|+|z'(\xi_i)-z'(\zeta_i)|,\end{aligned}$$

其中第二个不等式利用了显然的不等式

$$\sqrt{p^2+q^2}\leqslant|p|+|q|,$$

这里p,q是两个任意的实数.

由于$y'(t)$与$z'(t)$在$[\alpha,\beta]$上连续，从而一致连续，因此对任意给定的$\varepsilon>0$，存在$\delta_1>0$，当$\|\pi\|<\delta_1$时，

$$\begin{cases}|y'(\xi_i)-y'(\eta_i)|<\dfrac{\varepsilon}{4(\beta-\alpha)},\\[2ex]|z'(\xi_i)-z'(\zeta_i)|<\dfrac{\varepsilon}{4(\beta-\alpha)}\end{cases}\tag{5}$$

对$i=1,2,\cdots,n$都成立.用I来记式(4)等号右边的积分值.因此，对上述的$\varepsilon>0$，存在$\delta_2>0$，当$\|\pi\|<\delta_2$时，有

$$\left|\sum_{i=1}^{n}\sqrt{(x'(\xi_i))^2+(y'(\xi_i))^2+(z'(\xi_i))^2}\Delta t_i-I\right|<\frac{\varepsilon}{2},\tag{6}$$

而不论点 $\xi_i\in[t_{i-1},t_i]$ $(i=1,2,\cdots,n)$如何选取.故当 $\|\pi\|<\min(\delta_1,\delta_2)$时,有

$$\begin{aligned}
&\left|\sum_{i=1}^{n}\sqrt{(x'(\xi_i))^2+(y'(\eta_i))^2+(z'(\zeta_i))^2}\Delta t_i-I\right|\\
&\leqslant\left|I-\sum_{i=1}^{n}\sqrt{(x'(\xi_i))^2+(y'(\xi_i))^2+(z'(\xi_i))^2}\Delta t_i\right|\\
&\quad+\sum_{i=1}^{n}\left|\sqrt{x'(\xi_i)^2+(y'(\xi_i))^2+(z'(\xi_i))^2}\right.\\
&\quad\left.-\sqrt{(x'(\xi_i))^2+(y'(\eta_i))^2+(z'(\zeta_i))^2}\right|\Delta t_i\\
&<\frac{\varepsilon}{2}+\sum_{i=1}^{n}|y'(\xi_i)-y'(\eta_i)|\Delta t_i+\sum_{i=1}^{n}|z'(\xi_i)-z'(\zeta_i)|\Delta t_i\\
&<\frac{\varepsilon}{2}+\left(\frac{\varepsilon}{4(\beta-\alpha)}+\frac{\varepsilon}{4(\beta-\alpha)}\right)\sum_{i=1}^{n}\Delta t_i\\
&=\varepsilon,
\end{aligned}$$

而不管 $\xi_i,\eta_i,\zeta_i\in[t_{i-1},t_i]$如何选取,这里 $i=1,2,\cdots,n$.在以上的推导中,我们先后利用了式(6)与(5). □

这样我们就得到了计算 C^1 类曲线 Γ:

$$\boldsymbol{r}=\boldsymbol{r}(t)=(x(t),y(t),z(t))\quad(\alpha\leqslant t\leqslant\beta)$$

的弧长公式:

$$s(\Gamma)=\int_{\alpha}^{\beta}\sqrt{(x'(t))^2+(y'(t))^2+(z'(t))^2}\mathrm{d}t.\tag{7}$$

如果平面曲线 Γ 的参数方程为

$$x=x(t),\quad y=y(t)\quad(\alpha\leqslant t\leqslant\beta),$$

那么它的弧长公式为

$$S(\Gamma)=\int_{\alpha}^{\beta}\sqrt{(x'(t))^2+(y'(t))^2}\mathrm{d}t.\tag{8}$$

如果平面曲线是由显式方程

$$y=f(x)\quad(a\leqslant x\leqslant b)$$

给出的,那么可把它写成参数方程的形式:

$$x=t,\quad y=f(t)\quad(a\leqslant t\leqslant b).$$

于是由公式(8),即可得其弧长公式为

$$S(\Gamma)=\int_{a}^{b}\sqrt{1+(f'(x))^2}\mathrm{d}x,$$

这里假设 f 在$[a,b]$上连续可导.

如果平面曲线是由极坐标方程

$$r = r(\theta) \quad (\alpha \leqslant \theta \leqslant \beta)$$

给出的,那么因为

$$x = r(\theta)\cos\theta, \quad y = r(\theta)\sin\theta \quad (\alpha \leqslant \theta \leqslant \beta),$$

由公式(8),可得其弧长公式为

$$S(\Gamma) = \int_\alpha^\beta \sqrt{(r(\theta))^2 + (r'(\theta))^2}\,\mathrm{d}\theta. \tag{9}$$

例 3 求星形线(图 7.4)

$$x = a\cos^3 t, \quad y = a\sin^3 t \quad (0 \leqslant t \leqslant 2\pi, a > 0)$$

的弧长.

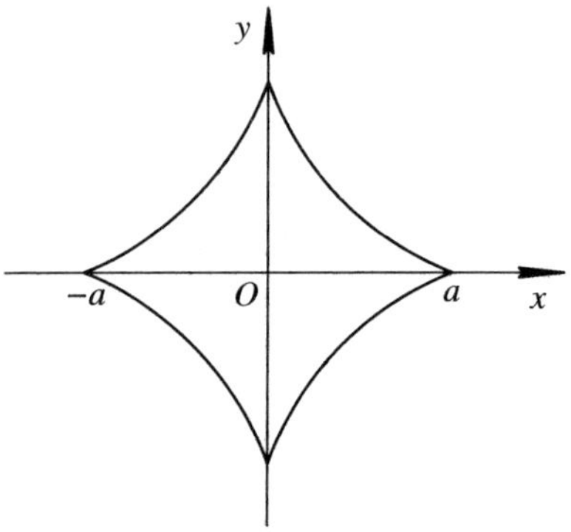

图 7.4

解 因为

$$x'(t) = -3a\cos^2 t\sin t,$$
$$y'(t) = 3a\sin^2 t\cos t,$$

再由公式(8),得

$$S(\Gamma) = 4\int_0^{\pi/2} \sqrt{(x'(t))^2 + (y'(t))^2}\,\mathrm{d}t$$
$$= 12a\int_0^{\pi/2} \cos t\sin t\,\mathrm{d}t = 6a. \qquad \square$$

例 4 求椭圆

$$\frac{x^2}{a^2} + \frac{y^2}{b^2} = 1 \quad (a > b > 0)$$

的周长.

解 椭圆的参数方程为

$$x = a\cos t, \quad y = b\sin t \quad (0 \leqslant t \leqslant 2\pi).$$

由式(8),得

$$S = 4\int_0^{\pi/2} \sqrt{a^2\sin^2 t + b^2\cos^2 t}\,\mathrm{d}t = 4\int_0^{\pi/2} \sqrt{a^2 - (a^2 - b^2)\cos^2 t}\,\mathrm{d}t$$
$$= 4a\int_0^{\pi/2} \sqrt{1 - \varepsilon^2\cos^2 t}\,\mathrm{d}t = 4a\int_0^{\pi/2} \sqrt{1 - \varepsilon^2\sin^2 t}\,\mathrm{d}t, \tag{10}$$

这里 $\varepsilon = \sqrt{a^2 - b^2}/a$.式(10)右边的积分称为椭圆积分,它的原函数不能用初等函数的有限形式来表示,因此没有与圆的周长相应的椭圆周长的公式.椭圆积分这个名称也是因为求椭圆周长时遇到这类积分而得名. $\square$

例 5 求心脏线 $r = a(1 + \cos\theta)(a>0)$的弧长.

解 由公式(9),得

$$S = \int_0^{2\pi} \sqrt{a^2(1+\cos\theta)^2 + a^2\sin^2\theta}\,\mathrm{d}\theta$$

$$= 2a\int_0^{2\pi}\left|\cos\frac{\theta}{2}\right|\mathrm{d}\theta = 4a\int_0^{\pi}\cos\frac{\theta}{2}\mathrm{d}\theta = 8a.$$ □

7.1.3 空间区域的体积

设 Ω 是介于平面 $x=a$ 和 $x=b$ 之间的一个空间区域. 如果用坐标为 $x\ (a<x<b)$ 的平面去截 Ω,得截面的面积为 $g(x)$,问如何计算 Ω 的体积 V?

作区间 $[a,b]$ 的一个分割

$$\pi: a = x_0 < x_1 < \cdots < x_n = b.$$

将 Ω 介于平面 $x=x_{k-1}$ 和 $x=x_k$ 之间部分的体积记为 V_k,任取 $\xi_k \in [x_{k-1}, x_k]$,那么

$$V_k \approx g(\xi_k)\Delta x_k.$$

假定 g 是 $[a,b]$ 上的可积函数,那么

$$V = \lim_{\|\pi\|\to 0}\sum_{k=1}^{n} g(\xi_k)\Delta x_k = \int_a^b g(x)\mathrm{d}x. \tag{11}$$

这就是求 Ω 体积的公式.

例 6　求圆柱面 $x^2+y^2=a^2$ 和 $x^2+z^2=a^2$ 相交部分的体积(图 7.5).

解　记两个柱面所交的部分为 Ω. 由对称性知,Ω 的体积是它在第一卦限中那部分体积的 8 倍. 因此我们只需计算它在第一卦限部分的体积. 容易知道,当 $0\leqslant x\leqslant a$ 时,以横坐标为 x 的平面截第一卦限中那部分所得的截面是以 $\sqrt{a^2-x^2}$ 为边的正方形(图 7.5),其面积为

$$g(x) = a^2 - x^2.$$

按公式(11),Ω 的体积

$$V(\Omega) = 8\int_0^a (a^2 - x^2)\mathrm{d}x = \frac{16}{3}a^3.$$ □

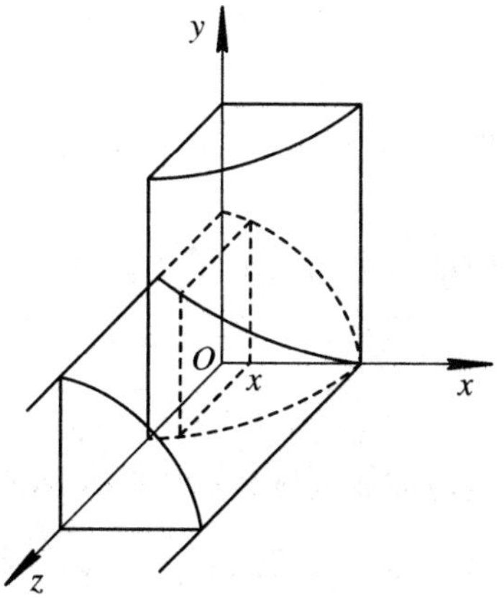

图 7.5

现在设 $y=f(x)\geqslant 0$ 是区间 $[a,b]$ 上一条连续曲线,让这条曲线绕 x 轴旋转一周,得一旋转体,如何计算这个旋转体的体积?

容易知道,横坐标为 $x\ (a\leqslant x\leqslant b)$ 的平面截此旋转体的截面面积

$$g(x) = \pi f^2(x).$$

因而由公式(11),立刻得到此旋转体的体积为

$$V = \pi\int_a^b f^2(x)\mathrm{d}x. \tag{12}$$

例 7 求半径为 a 的球体的体积.

解 我们可以把这个球体看成由圆周

$$y = \sqrt{a^2 - x^2} \quad (-a \leqslant x \leqslant a)$$

绕 x 轴旋转所得的旋转体,那么按公式(12),它的体积

$$V = \pi\int_{-a}^{a}(a^2 - x^2)\mathrm{d}x = 2\pi\int_0^a(a^2 - x^2)\mathrm{d}x = \frac{4}{3}\pi a^3.$$

这当然是我们早已知道的公式. □

7.1.4 旋转曲面的面积

现在提一个新问题,如何计算刚才那个旋转体的表面积?这个问题要比计算体积困难得多.

我们就曲线 Γ 的参数方程

$$x = x(t), \quad y = y(t) \quad (\alpha \leqslant t \leqslant \beta)$$

来进行讨论.设 Γ 是一条在上半平面不自交的 C^1 类曲线,让这条曲线绕 Ox 轴旋转一周,生成一张旋转曲面,我们来计算这张旋转曲面的面积.

与计算曲线弧长时的做法一样,在 Γ 上取 $n+1$ 个点:

$$A_0, A_1, \cdots, A_n,$$

从而对应的参数区间$[\alpha,\beta]$也有分点:

$$\alpha = t_0 < t_1 < \cdots < t_n = \beta.$$

这时曲线上的第 i 段 $A_{i-1}A_i$ 的弧长可近似地表示为

$$\begin{aligned}&\sqrt{(x(t_i) - x(t_{i-1}))^2 + (y(t_i) - y(t_{i-1}))^2}\\&\quad = \sqrt{(x'(\xi_i))^2 + (y'(\eta_i))^2}\Delta t_i \quad (t_{i-1} \leqslant \xi_i \leqslant t_i, t_{i-1} \leqslant \eta_i \leqslant t_i).\end{aligned}$$

由这段曲线弧旋转而成的曲面面积可表示为

$$\Delta S_i \approx 2\pi y(\zeta_i)\sqrt{(x'(\xi_i))^2 + (y'(\eta_i))^2}\Delta t_i \quad (t_{i-1} \leqslant \zeta_i \leqslant t_i).$$

于是旋转曲面的总面积可表示为

$$S \approx \sum_{i=1}^{n} 2\pi y(\zeta_i)\sqrt{(x'(\xi_i))^2 + (y'(\eta_i))^2}\Delta t_i. \tag{13}$$

当$[\alpha,\beta]$的分割 π 的宽度 $\|\pi\| \to 0$ 时,上述的近似等式就变为等式.利用证明定理 7.1.1 相同的方法,可得 $\|\pi\| \to 0$ 时,式(13)右边的极限为

$$2\pi\int_{\alpha}^{\beta} y(t)\sqrt{(x'(t))^2+(y'(t))^2}\mathrm{d}t.$$

这样就得到计算旋转曲面的面积公式

$$S = 2\pi\int_{\alpha}^{\beta} y(t)\sqrt{(x'(t))^2+(y'(t))^2}\mathrm{d}t. \tag{14}$$

如果曲线的方程为 $y=f(x)(a\leqslant x\leqslant b)$,那么旋转曲面的面积为

$$S = 2\pi\int_{a}^{b} f(x)\sqrt{1+(f'(x))^2}\mathrm{d}x. \tag{15}$$

例 8　计算半径为 a 的球面的面积.

解　半径为 a 的球面可以看成是由曲线

$$y = \sqrt{a^2-x^2} \quad (-a\leqslant x\leqslant a)$$

绕 x 轴旋转生成的曲面.于是由公式(15),得

$$S = 2\pi\int_{-a}^{a}\sqrt{a^2-x^2}\sqrt{1+\frac{x^2}{a^2-x^2}}\mathrm{d}x = 2\pi a\int_{-a}^{a}\mathrm{d}x = 4\pi a^2.$$ □

例 9　求将椭圆 $\frac{x^2}{a^2}+\frac{y^2}{b^2}=1\,(a>b)$绕 x 轴旋转所得的椭球面的面积.

解　椭圆的参数方程为

$$x = a\cos t,\quad y = b\sin t \quad (0\leqslant t\leqslant \pi).$$

由公式(14),得

$$\begin{aligned} S &= 2\pi b\int_0^{\pi}\sin t\sqrt{a^2\sin^2 t+b\cos^2 t}\mathrm{d}t \\ &= 4\pi b\int_0^{\pi/2}\sin t\sqrt{a^2-(a^2-b^2)\cos^2 t}\mathrm{d}t \\ &= 4\pi ab\int_0^{\pi/2}\sin t\sqrt{1-\varepsilon^2\cos^2 t}\mathrm{d}t, \end{aligned}$$

这里 $\varepsilon=\sqrt{a^2-b^2}/a$.作变量代换 $u=\cos t$,得

$$S = 4\pi ab\int_0^1\sqrt{1-\varepsilon^2 u^2}\mathrm{d}u.$$

利用 5.2 节中例 12 的结果,得

$$S = 2\pi b\left(b+\frac{a^2}{\sqrt{a^2-b^2}}\arcsin\frac{\sqrt{a^2-b^2}}{a}\right).$$ □

如果在上式中令 $a\to b^+$,那么由

$$\lim_{a\to b^+}\frac{a^2}{\sqrt{a^2-b^2}}\arcsin\frac{\sqrt{a^2-b^2}}{a} = b,$$

即可得到例 8 的结果.

练习题 7.1

1. 求由下列方程所表示的曲线围成的区域的面积：

(1) $ax=y^2, ay=x^2 (a>0)$；

(2) $y=2x-x^2, x+y=2$；

(3) $y=x, y=x+\sin^2 x\ (0\leqslant x\leqslant \pi)$；

(4) $ax^2+2bxy+cy^2=1\ (ac-b^2>0, c>0)$；

(5) 三叶线：$r=a\sin 3\theta\ (a>0)$；

(6) 双纽线：$r^2=a^2\cos 2\theta$.

2. (1) 求椭圆$\dfrac{x^2}{a^2}+\dfrac{y^2}{b^2}\leqslant 1$ 的面积；

(2) 求椭球$\dfrac{x^2}{a^2}+\dfrac{y^2}{b^2}+\dfrac{z^2}{c^2}\leqslant 1$ 的体积.

3. 计算下列曲线的弧长：

(1) $x=e^t\cos t, y=e^t\sin t\ (0\leqslant t\leqslant 2\pi)$；

(2) $\begin{cases} x=a(\cos t+t\sin t), \\ y=a(\sin t-t\cos t) \end{cases}$ $(0\leqslant t\leqslant 2\pi, a>0)$；

(3) $\begin{cases} x=\dfrac{c^2}{a}\cos^3 t, \\ y=\dfrac{c^2}{b}\sin^3 t \end{cases}$ $(a>b>0$，且 $c^2=a^2-b^2, 0\leqslant t\leqslant 2\pi)$；

(4) $x=\sin t, y=t, z=1-\cos t\ (0\leqslant t\leqslant 2\pi)$；

(5) $x=t, y=3t^2, z=6t^3 (0\leqslant t\leqslant 2)$；

(6) $y^2=2px\ (p>0, 0\leqslant x\leqslant a)$；

(7) $y=\ln\cos x\ (0\leqslant x\leqslant \pi/3)$；

(8) $y=\sqrt{25-x^2}\ (0\leqslant x\leqslant 5\sqrt{2}/2)$.

4. 设心脏线的极坐标方程为 $r=a(1+\cos\theta)(a>0)$. 试计算：

(1) 它的长度；

(2) 它绕极轴旋转一周所产生的立体的体积；

(3) 它绕极轴旋转一周所产生的立体的侧面积.

5. 求曲线 $y=\sin x\ (0\leqslant x\leqslant \pi)$ 绕 x 轴旋转一周所产生的旋转面的面积.

6. 设曲线 $y=\sin x$ 与直线 $x=0, x=\pi/2$ 和 $y=t\ (0\leqslant t\leqslant 1)$ 所围部分的面积为 $s(t)$. 求 $s(t)$ 的最大值和最小值.

7. 已知 $f(x)$ 在 $[0,1]$ 上可导，且满足方程

$$xf'(x) = f(x) + 3x^2.$$

若已知由曲线 $y = f(x)$与直线 $x = 0, x = 1, y = 0$ 所围平面图形绕 x 轴旋转一周所得旋转体的体积达到最小值,试求此时该平面图形的面积.

7.2　物理应用举例

本节介绍定积分在物理中的几个应用,在 15.9 节中我们还将介绍重积分在物理中应用的例子.

例 1　在长为 l、质量为 M 的均匀细棒 AB 的延长线上有一质点 C,其质量为 m,已知 $|CA| = a$.求棒和质点之间的引力.

解　我们把坐标原点取在 C 点(图 7.6),于是点 A 的坐标为 a,点 B 的坐标为 $a + l$.在棒上取一小段$[x, x + \mathrm{d}x]$,则这一小段的质量便是$(M/l)\mathrm{d}x$.如果把它看作一个质点,坐标为 x,则这一小段与 C 点之间的引力为

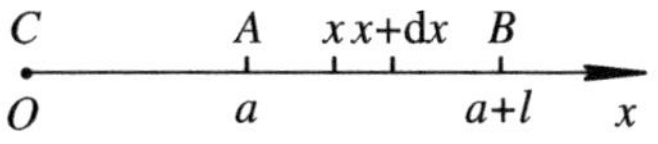

图 7.6

$$G\frac{m\frac{M}{l}\mathrm{d}x}{x^2} = \frac{GmM}{l}\frac{\mathrm{d}x}{x^2},$$

其中 G 为引力常数.在 AB 上把每段的引力"相加",便得棒和质点之间的引力

$$F = \frac{GmM}{l}\int_a^{a+l}\frac{\mathrm{d}x}{x^2} = \frac{GmM}{a(a+l)}.$$ □

例 2　计算将质量为 m 的物体由距离地心为 h 的地方移至无穷远处所做的功.

解　距离地心为 x 处、质量为 m 的物体受地球的引力是

$$F(x) = G\frac{mM}{x^2},$$

其中 G 为引力常数,M 为地球质量.所求的功等于

$$W_h = \int_h^{+\infty}F(x)\mathrm{d}x = GmM\int_h^{+\infty}\frac{\mathrm{d}x}{x^2}$$

$$= -GmM\frac{1}{x}\Big|_h^{+\infty} = \frac{GmM}{h}.$$ □

例 3 将一质量为 m 的物体由地面垂直地向空中发射，问应提供多大的初始速度 v_0 才能使物体脱离地球的引力？

解 将质量为 m 的物体由地面发射到无穷远处的能量来自 v_0 提供的动能. 由例 2 的结果，即得等式

$$\frac{1}{2}mv_0^2 = \frac{GmM}{R}, \tag{1}$$

这里 R 为地球的半径，M 为地球的质量，G 为引力常数. 由 Newton 第二定律，得

$$mg = G\frac{mM}{R^2}, \tag{2}$$

这里 g 是重力加速度. 由式(1)和(2)，即得

$$v_0 = \sqrt{2gR} = \sqrt{2\times 980\times 6\,371\times 10^{-5}} \approx 11.17.$$

这就是说，11.17 km/s 的初始速度，可以刚好使物体脱离地球走上一条“不归之路”. 这个速度叫作“第二宇宙速度”. □

练 习 题 7.2

1. 有一底半径为 5 m、高为 10 m 的圆柱形水桶，其中盛满了水. 试计算排完桶中的水所需做的功.
2. 有一无限长的均匀细棒，密度为 ρ，在距棒 a 处放置一单位质量的质点，计算棒对质点的引力.
3. 有一直径为 1 m、高为 2 m 的直立圆柱桶盛满了水. 桶底有一个直径为 1 cm 的小孔. 水从小孔流出的速度为 $v=0.6\sqrt{2gh}$，其中 h 是瞬时水深，g 为重力加速度. 问水全部流完需多长时间？

7.3 面 积 原 理

在定义积分的时候，我们就把积分解释为曲边梯形的面积，这样就把“数”与“形”结合了起来. 数与形的恰当、巧妙的结合，往往给我们带来新的思想和新的发现. 在这一节中，我们通过几个例子来说明这一问题.

现在所说的"面积原理",就是用积分来估计和式.

定理 7.3.1　若 $x \geqslant m \in \mathbf{N}^*$ 时,f 是一个非负的递增函数,则当 $\xi \geqslant m$ 时,有

$$\left|\sum_{k=m}^{[\xi]} f(k) - \int_m^{\xi} f(x)\mathrm{d}x\right| \leqslant f(\xi). \tag{1}$$

证明　令 $n=[\xi]$,则

$$\int_m^n f(x)\mathrm{d}x = \sum_{k=m+1}^{n}\int_{k-1}^{k} f(x)\mathrm{d}x.$$

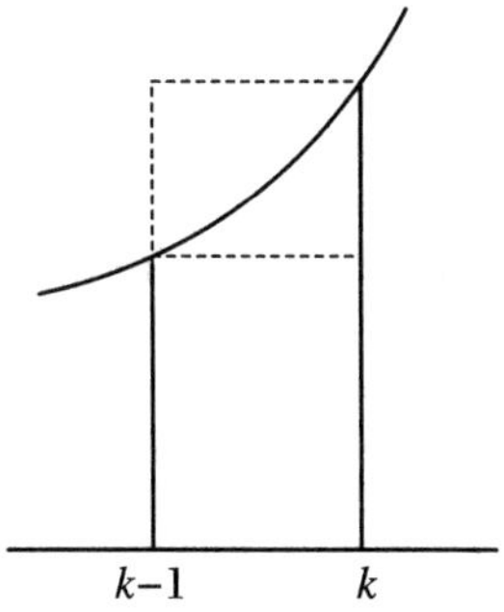

图 7.7

由图 7.7 中的面积关系,可见

$$f(k-1) \leqslant \int_{k-1}^{k} f(x)\mathrm{d}x \leqslant f(k).$$

一方面,对 k 从 $m+1$ 到 n 求和,得到

$$\begin{aligned} f(m)+f(m+1)+\cdots+f(n-1) &\leqslant \int_m^n f(x)\mathrm{d}x \\ &\leqslant f(m+1)+\cdots+f(n-1)+f(n). \end{aligned} \tag{2}$$

另一方面,我们有

$$0 \leqslant \int_n^{\xi} f(x)\mathrm{d}x \leqslant f(\xi)(\xi-n) \leqslant f(\xi). \tag{3}$$

从式(2)和(3),可得

$$\begin{aligned} f(m)+f(m+1)+\cdots+f(n-1) &\leqslant \int_m^{\xi} f(x)\mathrm{d}x \\ &\leqslant f(m+1)+\cdots+f(n)+f(\xi). \end{aligned}$$

于是

$$\begin{aligned} -f(\xi) \leqslant -f(n) &\leqslant \int_m^{\xi} f(x)\mathrm{d}x - (f(m)+f(m+1)+\cdots+f(n)) \\ &\leqslant f(\xi)-f(m) \leqslant f(\xi). \end{aligned}$$

这表明

$$\left|\sum_{k=m}^{[\xi]} f(k) - \int_m^{\xi} f(x)\mathrm{d}x\right| \leqslant f(\xi).$$ □

例 1　令 $\lambda>0, f(x)=x^{\lambda}$,则

$$\left|\sum_{n=m}^{[\xi]} n^{\lambda} - \frac{\xi^{\lambda+1}-m^{\lambda+1}}{\lambda+1}\right| \leqslant \xi^{\lambda}.$$

由此推出

$$\sum_{n=m}^{[\xi]} n^{\lambda} = \frac{\xi^{\lambda+1} - m^{\lambda+1}}{\lambda+1} + O(\xi^{\lambda}).$$ □

例 2 令 $f(x)=\ln x$，$\xi \geqslant 1$，以及

$$T(\xi) = \sum_{n \leqslant \xi} \ln n.$$

利用定理 7.3.1，得到

$$\left| T(\xi) - \int_1^{\xi} \ln x \mathrm{d}x \right| \leqslant \ln \xi.$$

这正是

$$| T(\xi) - \xi \ln \xi + \xi - 1 | \leqslant \ln \xi.$$

特别地，当 ξ 是正整数 n 时，有

$$n \ln n - n + 1 - \ln n \leqslant \ln n! \leqslant n \ln n - n + 1 + \ln n.$$

取指数后，得到

$$n^{n-1} \mathrm{e}^{-n+1} \leqslant n! \leqslant n^{n+1} \mathrm{e}^{-n+1}.$$

这是关于无穷大量 $n!$ 的一个粗略的估计. 更精确的估计见 7.4 节. □

当函数 $f \geqslant 0$ 且递减时，利用类似的方法，可得出更精密的结果.

定理 7.3.2 设 $x \geqslant m \in \mathbf{N}^*$ 时，f 是一个非负的递减函数，则极限

$$\lim_{n \to \infty} \left(\sum_{k=m}^{n} f(k) - \int_m^n f(x) \mathrm{d}x \right) = \alpha \tag{4}$$

存在，且 $0 \leqslant \alpha \leqslant f(m)$. 更进一步，如果 $\lim\limits_{x \to +\infty} f(x) = 0$，那么

$$\left| \sum_{k=m}^{[\xi]} f(k) - \int_m^{\xi} f(x) \mathrm{d}x - \alpha \right| \leqslant f(\xi - 1), \tag{5}$$

这里 $\xi \geqslant m+1$.

证明 令

$$g(\xi) = \sum_{k=m}^{[\xi]} f(k) - \int_m^{\xi} f(x) \mathrm{d}x.$$

一方面，有

$$\begin{aligned} g(n) - g(n+1) &= -f(n+1) + \int_n^{n+1} f(x) \mathrm{d}x \\ &\geqslant -f(n+1) + f(n+1) = 0. \end{aligned}$$

另一方面，有

$$\begin{aligned} g(n) &= \sum_{k=m}^{n-1} \left(f(k) - \int_k^{k+1} f(x) \mathrm{d}x \right) + f(n) \\ &\geqslant \sum_{k=m}^{n-1} (f(k) - f(k)) + f(n) = f(n) \geqslant 0. \end{aligned}$$

这说明$\{g(n)\}$是一个非负的递减数列. 因此 $\alpha=\lim\limits_{n\to\infty} g(n)$存在. 由 $0\leqslant g(n)\leqslant g(m)=f(m)$,可知 $0\leqslant\alpha\leqslant f(m)$.

如果进一步假定 $f(x)\to 0(x\to+\infty)$,则

$$\begin{aligned}g(\xi)-\alpha &= \sum_{k=m}^{[\xi]} f(k)-\int_m^{\xi} f(x)\mathrm{d}x-\lim_{n\to\infty}\left(\sum_{k=m}^{n} f(k)-\int_m^{n} f(x)\mathrm{d}x\right)\\ &= \sum_{k=m}^{[\xi]} f(k)-\int_m^{[\xi]} f(x)\mathrm{d}x-\int_{[\xi]}^{\xi} f(x)\mathrm{d}x\\ &\quad -\lim_{n\to\infty}\left(\sum_{k=m}^{n} f(k)-\int_m^{n} f(x)\mathrm{d}x\right)\\ &= -\int_{[\xi]}^{\xi} f(x)\mathrm{d}x-\lim_{n\to\infty}\left(\sum_{k=[\xi]+1}^{n} f(k)-\int_{[\xi]}^{n} f(x)\mathrm{d}x\right)\\ &= -\int_{[\xi]}^{\xi} f(x)\mathrm{d}x+\lim_{n\to\infty}\sum_{k=[\xi]+1}^{n}\int_{k-1}^{k}(f(x)-f(k))\mathrm{d}x.\end{aligned}$$

现在,我们分别来求最后这个表达式的一个上界和一个下界. 首先,

$$\begin{aligned}\text{上式} &\leqslant \lim_{n\to\infty}\sum_{k=[\xi]+1}^{n}\int_{k-1}^{k}(f(k-1)-f(k))\mathrm{d}x\\ &= \lim_{n\to\infty}\sum_{k=[\xi]+1}^{n}(f(k-1)-f(k)) = f([\xi])\leqslant f(\xi-1);\end{aligned}\tag{6}$$

其次,

$$\begin{aligned}\text{该表达式} &\geqslant -\int_{[\xi]}^{\xi} f(x)\mathrm{d}x\geqslant -(\xi-[\xi])f([\xi])\\ &\geqslant -f([\xi])\geqslant -f(\xi-1).\end{aligned}\tag{7}$$

综合式(6)和(7),即得式(5). □

这个定理有许多应用.

例 3　取 $f(x)=1/x, m=1$. 由定理 7.3.2 中的式(4),得

$$\lim_{n\to\infty}\left(\sum_{k=1}^{n}\frac{1}{k}-\ln n\right)=\gamma,$$

这里的常数 γ 为 Euler 常数. 进一步,由式(5),可以得到

$$\sum_{k=1}^{n}\frac{1}{k}=\ln n+\gamma+O\left(\frac{1}{n}\right).\tag{8}$$

式(8)是一个很有用的公式,在练习题 1.6 中已经提到过它. □

下面是一个用公式(8)解题的例子.

例 4 求级数 $\sum\limits_{k=1}^{\infty}(-1)^{k-1}\dfrac{1}{k}$ 的和.

解 记它的部分和 $S_n=\sum\limits_{k=1}^{n}(-1)^{k-1}\dfrac{1}{k}$. 如果能算出 $\lim\limits_{n\to\infty}S_{2n}=S$，那么，由于 $S_{2n+1}=S_{2n}+\dfrac{1}{2n+1}$，所以 $\lim\limits_{n\to\infty}S_{2n+1}=\lim\limits_{n\to\infty}S_{2n}=S$，因而级数的和就是 S. 现在

$$\begin{aligned}S_{2n}&=1-\frac{1}{2}+\frac{1}{3}-\frac{1}{4}+\cdots-\frac{1}{2n}\\&=\left(1+\frac{1}{3}+\cdots+\frac{1}{2n-1}\right)-\left(\frac{1}{2}+\frac{1}{4}+\cdots+\frac{1}{2n}\right).\end{aligned}$$

由于

$$1+\frac{1}{3}+\cdots+\frac{1}{2n-1}=\left(1+\frac{1}{2}+\frac{1}{3}+\cdots+\frac{1}{2n}\right)-\left(\frac{1}{2}+\frac{1}{4}+\cdots+\frac{1}{2n}\right),$$

代入上式并用公式(8)，得

$$\begin{aligned}S_{2n}&=\left(1+\frac{1}{2}+\frac{1}{3}+\cdots+\frac{1}{2n}\right)-2\left(\frac{1}{2}+\frac{1}{4}+\cdots+\frac{1}{2n}\right)\\&=\left(1+\frac{1}{2}+\frac{1}{3}+\cdots+\frac{1}{2n}\right)-\left(1+\frac{1}{2}+\cdots+\frac{1}{n}\right)\\&=\ln 2n+\gamma+O\left(\frac{1}{n}\right)-\left(\ln n+\gamma+O\left(\frac{1}{n}\right)\right)\\&=\ln 2+O\left(\frac{1}{n}\right).\end{aligned}$$

由此即得 $\lim\limits_{n\to\infty}S_{2n}=\ln 2$，故所求级数的和为 $\ln 2$. □

例 5 设当 $x\geqslant 1$ 时，$f\geqslant 0$ 且递减，那么无穷级数 $\sum\limits_{n=1}^{\infty}f(n)$ 与无穷积分 $\int_1^{+\infty}f(x)\mathrm{d}x$ 同时收敛，同时发散.

证明 这是公式(4)的直接推论. □

利用面积原理，还可以证明一些不等式.

例 6 设 $0<a<b$. 求证：

$$\frac{2}{a+b}<\frac{\ln b-\ln a}{b-a}<\frac{1}{2}\left(\frac{1}{a}+\frac{1}{b}\right).\tag{9}$$

证明 考察函数 $1/x$. 当 $x>0$ 时，它是凸函数. 连接两点 $(a,1/a)$ 与 $(b,1/b)$ 的弦必在相应的曲线段 $y=1/x\ (a\leqslant x\leqslant b)$ 的上方. 因此，图 7.8 中梯形的面积必大于曲边梯形的面积. 故有

$$\int_a^b \frac{dx}{x} < \frac{1}{2}\left(\frac{1}{a}+\frac{1}{b}\right)(b-a),$$

$$\frac{\ln b-\ln a}{b-a} < \frac{1}{2}\left(\frac{1}{a}+\frac{1}{b}\right).$$

这正是式(9)中右边的不等式.

其次,过曲线上的点$\left(\frac{a+b}{2},\frac{2}{a+b}\right)$作曲线的切线(图7.9),它与横轴以及两平行直线 $x=a$,$x=b$ 所围成的梯形的面积正好等于长为$b-a$、宽为$\frac{2}{a+b}$的矩形的面积:$2\frac{b-a}{a+b}$.注意到图7.9中图形面积的大小,可得

$$\int_a^b \frac{dx}{x} > 2\frac{b-a}{b+a}.$$

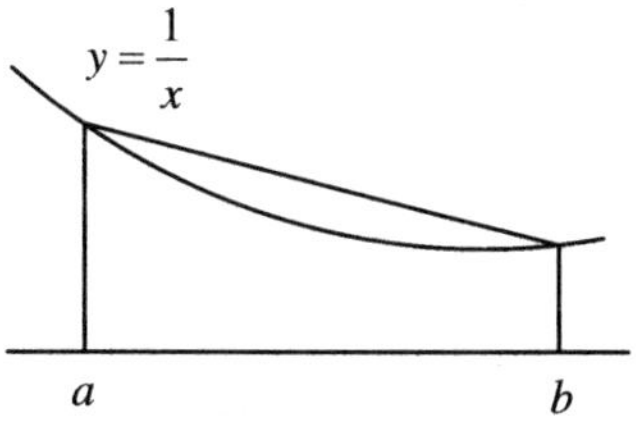

图 7.8

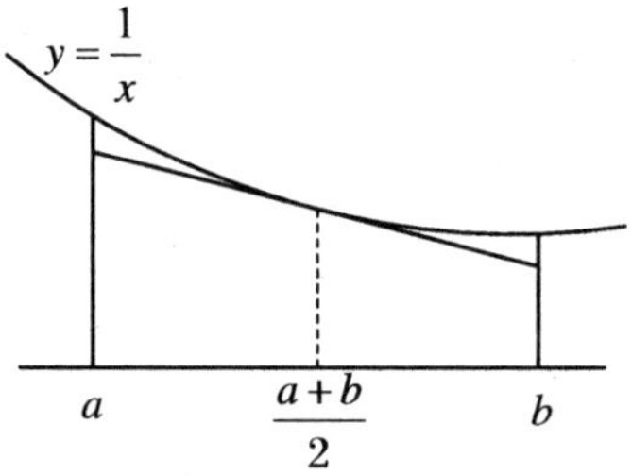

图 7.9

这正是式(9)中左边的那个不等式:

$$\frac{\ln b-\ln a}{b-a} > \frac{2}{a+b}.$$

特别地,当 $a=n\in\mathbf{N}^*$,$b=n+1$ 时,式(9)成为

$$\frac{1}{n+1/2} < \ln\left(1+\frac{1}{n}\right) < \frac{1}{2}\left(\frac{1}{n}+\frac{1}{n+1}\right). \tag{10}$$

下一节中将用到这个不等式. □

例7 设连续函数 φ 在$[0,+\infty)$上严格递增,并且 $\varphi(0)=0$,那么必存在连续的反函数 φ^{-1},它在$[0,\varphi(+\infty))$上严格递增,并且 $\varphi^{-1}(0)=0$.对任何 $a>0$,$0<b<\varphi(+\infty)$,求证不等式:

$$ab \leqslant \int_0^a \varphi(x)dx + \int_0^b \varphi^{-1}(y)dy, \tag{11}$$

式中等号当且仅当 $b=\varphi(a)$(即 $a=\varphi^{-1}(b)$)时成立.

证明 无须任何文字说明,只需观察图7.10中图形的面积关系就可以明白式

(11)的正确性.式(11)左边的 ab 应理解为一块矩形的面积. □

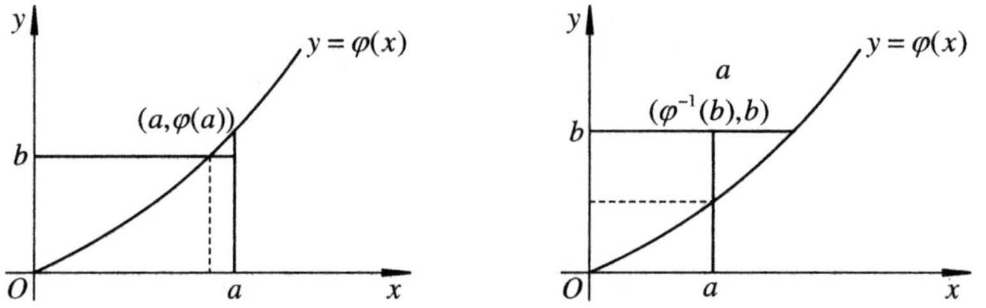

图 7.10

不等式(11)称为 **Young**(杨,1863～1942)**不等式**,它有许许多多的用处.例如,讨论函数 $\varphi(x)=x^{p-1}(p>1)$,它有反函数 $\varphi^{-1}(y)=y^{q-1}$,其中 $q=p/(p-1)>1$.对函数 φ 与 φ^{-1} 用 Young 不等式,可得

$$ab\leqslant\frac{1}{p}a^p+\frac{1}{q}b^q\quad\left(\frac{1}{p}+\frac{1}{q}=1\right),$$

式中等号当且仅当 $a^p=b^q$ 时成立.

设 $a=A^{1/p},b=B^{1/q}$,我们得到

$$A^{1/p}B^{1/q}\leqslant\frac{1}{p}A+\frac{1}{q}B,\tag{12}$$

其中正数 p 与 q 满足 $1/p+1/q=1$.式(12)中的等号当且仅当 $A=B$ 成立.

例 8 设 $a_1,a_2,\cdots,a_n$ 和 $b_1,b_2,\cdots,b_n$ 是两组不全为零的非负实数,则有不等式:

$$\sum_{i=1}^n a_ib_i\leqslant\left(\sum_{i=1}^n a_i^p\right)^{1/p}\left(\sum_{i=1}^n b_i^q\right)^{1/q},\tag{13}$$

其中 $p,q>1$,且 $1/p+1/q=1$.式(13)中等号成立的充分必要条件是,存在常数 λ,使得

$$a_i^p=\lambda b_i^q\quad(i=1,2,\cdots,n).$$

证明 令

$$A_i=\frac{a_i^p}{\sum\limits_{i=1}^n a_i^p},\quad B_i=\frac{b_i^q}{\sum\limits_{i=1}^n b_i^q}\quad(i=1,2,\cdots,n).$$

用不等式(12),得到

$$\frac{a_ib_i}{\left(\sum\limits_{i=1}^n a_i^p\right)^{1/p}\left(\sum\limits_{i=1}^n b_i^q\right)^{1/q}}\leqslant\frac{1}{p}\frac{a_i^p}{\sum\limits_{i=1}^n a_i^p}+\frac{1}{q}\frac{b_i^q}{\sum\limits_{i=1}^n b_i^q}\quad(i=1,2,\cdots,n).\tag{14}$$

两边对 i 从 1 到 n 求和,移项后得到

$$\sum_{i=1}^{n} a_i b_i \leqslant \left(\sum_{i=1}^{n} a_i^p\right)^{1/p}\left(\sum_{i=1}^{n} b_i^q\right)^{1/q},$$

式(13)得证.

式(13)中等号成立的充分必要条件是,式(14)中每一个不等式的等号成立,即

$$\frac{a_i^p}{\sum_{i=1}^{n} a_i^p} = \frac{b_i^q}{\sum_{i=1}^{n} b_i^q} \quad (i = 1,2,\cdots,n),$$

或者

$$\frac{a_i^p}{b_i^q} = \frac{\sum_{i=1}^{n} a_i^p}{\sum_{i=1}^{n} b_i^q} \quad (i = 1,2,\cdots,n).$$

上式的右边是一个与 i 无关的常数,记为 λ,从而得

$$a_i^p = \lambda b_i^q \quad (i = 1,2,\cdots,n).$$ □

不等式(13)称为 Hölder(赫尔德,1859～1937)不等式,它是一个类似于"几何平均不超过算术平均"那样常用的不等式.当 $p=q=2$ 时,Hölder 不等式变为

$$\left(\sum_{i=1}^{n} a_i b_i\right)^2 \leqslant \sum_{i=1}^{n} a_i^2 \sum_{i=1}^{n} b_i^2,$$

这叫作 Cauchy-Schwarz 不等式,这时等号成立的充分必要条件为 $a_i=\lambda b_i(i=1,2,\cdots,n)$.

练 习 题 7.3

1. 设 $a,b\geqslant 1$.试证:

$$ab \leqslant \mathrm{e}^{a-1} + b\ln b,$$

并讨论不等式中等号成立的条件.

2. 对任意的 $a>0$,证明:

$$\sum_{k=1}^{\infty} \frac{1}{k+a}\sqrt{\frac{a}{k}} < \pi.$$

(提示:证明不等式

$$\sum_{k=1}^{\infty} \frac{1}{(k+a)\sqrt{k}} < \int_0^{+\infty} \frac{\mathrm{d}x}{(x+a)\sqrt{x}}.)$$

3. 设 f,g 在$[a,b]$上连续,$p>1,1/p+1/q=1$.证明 Hölder 不等式:

$$\int_a^b |fg|\,\mathrm{d}x \leqslant \left(\int_a^b |f|^p \mathrm{d}x\right)^{1/p}\left(\int_a^b |g|^q \mathrm{d}x\right)^{1/q},$$

式中等号当且仅当$|f|^p = B|g|^q$(B为常数)时成立.

(提示:将

$$\frac{|f|}{\left(\int_a^b |f|^p \mathrm{d}x\right)^{1/p}},\quad \frac{|g|}{\left(\int_a^b |g|^q \mathrm{d}x\right)^{1/q}}$$

分别当作 Young 不等式推论中的 a 和 b.)

4. 设 f,g 在$[a,b]$上连续,$p\geqslant 1$.证明 Minkowski(闵可夫斯基,1864～1909)不等式:

$$\left(\int_a^b |f+g|^p \mathrm{d}x\right)^{1/p} \leqslant \left(\int_a^b |f|^p \mathrm{d}x\right)^{1/p} + \left(\int_a^b |g|^p \mathrm{d}x\right)^{1/p}.$$

(提示:先证

$$\int_a^b |f+q|^p \mathrm{d}x \leqslant \int_a^b |f+g|^{p-1}|f|\,\mathrm{d}x + \int_a^b |f+g|^{p-1}|g|\,\mathrm{d}x,$$

再利用 Hölder 不等式.)

5. 设 $0<p<1$.证明:

$$\sum_{k=1}^n \frac{1}{k^p} = \frac{n^{1-p}}{1-p} + \beta + O\left(\frac{1}{n^p}\right),$$

这里 β 是一个常数.

6. 设 n 为正整数,利用面积原理,研究和式 $\sum\limits_{k=3}^n \ln\ln k$.

7. 证明:

$$\sum_{k=1}^n \frac{\ln k}{k} = \frac{1}{2}\ln^2 n + \alpha + O\left(\frac{\ln n}{n}\right),$$

这是 α 是某个常数.

8. 利用第 7 题的结果,证明:

$$\sum_{k=1}^\infty (-1)^k \frac{\ln k}{k} = \left(\gamma - \frac{1}{2}\ln 2\right)\ln 2,$$

这里 γ 是 Euler 常数.

9. 不用图 7.10,请给出不等式(11)的分析证明.

问 题 7.3

1. (1) 设 $a_1\geqslant a_2\geqslant\cdots\geqslant a_n\geqslant 0$,$f(0)=0$,$f'(0)\geqslant 0$,又设 f'为递增的连续函数,则

$$f\left(\sum_{k=1}^n (-1)^{k+1} a_k\right) \leqslant \sum_{k=1}^n (-1)^{k+1} f(a_k).$$

(2) 求证:当 $r>1$ 时,成立不等式

$$\left(\sum_{k=1}^{n}(-1)^{k+1}a_k\right)^r \leqslant \sum_{k=1}^{n}(-1)^{k+1}a_k^r.$$

2. 计算

$$\lim_{n\to\infty}\frac{1}{n}\sum_{k=1}^{n}\left(\left[\frac{2n}{k}\right]-2\left[\frac{n}{k}\right]\right).$$

3. 设 $-f$ 是$[a,b]$上的凸函数,$f(a)=f(b)=0$,且 $f'(a)=\alpha>0$,$f'(b)=\beta<0$.求证:

$$0\leqslant\int_a^b f(x)\mathrm{d}x\leqslant\frac{1}{2}\alpha\beta\frac{(b-a)^2}{\beta-\alpha}.$$

7.4 Wallis 公式和 Stirling 公式

当 $x\in(0,\pi/2)$时,$0<\sin x<1$,因此,对 $n\in\mathbf{N}^*$,有

$$\sin^{2n+1}x<\sin^{2n}x<\sin^{2n-1}x\quad\left(0<x<\frac{\pi}{2}\right).$$

从 0 到 $\pi/2$ 作积分,得到

$$\int_0^{\pi/2}\sin^{2n+1}x\mathrm{d}x<\int_0^{\pi/2}\sin^{2n}x\mathrm{d}x<\int_0^{\pi/2}\sin^{2n-1}x\mathrm{d}x.$$

利用 6.4 节中的公式,得

$$\frac{(2n)!!}{(2n+1)!!}<\frac{(2n-1)!!}{(2n)!!}\cdot\frac{\pi}{2}<\frac{(2n-2)!!}{(2n-1)!!}.$$

由此变形后得到

$$\frac{2n}{2n+1}\frac{\pi}{2}<\frac{((2n)!!)^2}{(2n+1)((2n-1)!!)^2}<\frac{\pi}{2}.$$

由夹逼原理,可知

$$\lim_{n\to\infty}\frac{1}{2n+1}\left(\frac{2\cdot4\cdots(2n)}{1\cdot3\cdots(2n-1)}\right)^2=\frac{\pi}{2}.$$

这就是 Wallis(沃利斯,1616～1703)公式.经过开平方运算之后,Wallis 公式也可以写为

$$\sqrt{\pi}=\lim_{n\to\infty}\frac{(n!)^2 2^{2n}}{(2n)!\sqrt{n}}.\tag{1}$$

作为 Wallis 公式的一个应用,我们来证明下面的 Stirling(斯特林,1692～1770)公式:

$$n! \sim \sqrt{2n\pi}\left(\frac{n}{\mathrm{e}}\right)^n \quad (n \to \infty).$$

在推导 Stirling 公式之前，先说说为什么需要这样一个公式.大家知道，$n! = 1 \cdot 2 \cdot 3 \cdots n$，它的定义是很明确的.当 $n \to \infty$ 时，这是一个无穷大量，而且我们能感觉到它趋向于无穷大的速度非常快.很大的数的阶乘，按照它的定义，是一个很复杂的不便于估计数值的量，不要说计算它的精确数值，就连它的无穷大的量级我们也不容易直接得到.所以，无论对理论或实际应用来说，当 n 很大时，求出 $n!$ 的一个既简单又便于估计的近似表达式，是一件很重要的事情.

讨论数列

$$a_n = \frac{n!\mathrm{e}^n}{n^{n+1/2}} \quad (n = 1,2,\cdots).$$

由此算出

$$\frac{a_n}{a_{n+1}} = \frac{1}{\mathrm{e}}\left(1 + \frac{1}{n}\right)^{n+1/2}.$$

取对数，得

$$\ln\frac{a_n}{a_{n+1}} = \left(n + \frac{1}{2}\right)\ln\left(1 + \frac{1}{n}\right) - 1.$$

用 $n + 1/2$ 去乘 7.3 节中的不等式(10)，得到

$$1 < \left(n + \frac{1}{2}\right)\ln\left(1 + \frac{1}{n}\right) < \frac{1}{2}\left(n + \frac{1}{2}\right)\left(\frac{1}{n} + \frac{1}{n+1}\right),$$

进而得到

$$0 < \left(n + \frac{1}{2}\right)\ln\left(1 + \frac{1}{n}\right) - 1 < \frac{1}{4}\left(\frac{1}{n} - \frac{1}{n+1}\right).$$

所以

$$1 < \frac{a_n}{a_{n+1}} < \mathrm{e}^{\frac{1}{4}\left(\frac{1}{n} - \frac{1}{n+1}\right)} = \frac{\mathrm{e}^{\frac{1}{4n}}}{\mathrm{e}^{\frac{1}{4(n+1)}}}. \tag{2}$$

从式(2)左边的不等式得知$\{a_n\}$是递减的正数列，因而收敛.设 $\lim\limits_{n\to\infty} a_n = \alpha$，则 $\alpha \geqslant 0$.记 $b_n = a_n \mathrm{e}^{-1/(4n)}$，则 $\lim\limits_{n\to\infty} b_n = \lim\limits_{n\to\infty} a_n = \alpha$.由式(2)右边的不等式，得 $b_n < b_{n+1}$，即$\{b_n\}$递增趋于 α，于是有 $\alpha > 0$，从而得

$$\alpha = \lim_{n\to\infty}\frac{a_n^2}{a_{2n}} = \lim_{n\to\infty}\frac{(n!)^2 2^{2n}\sqrt{2}}{(2n)!\sqrt{n}} = \sqrt{2\pi}.$$

这里已经用了 Wallis 公式.这样就证明了：

定理 7.4.1(Stirling 公式)

$$n! \sim \sqrt{2n\pi}\left(\frac{n}{\mathrm{e}}\right)^n \quad (n \to \infty).$$

上述公式还可以写成一个更精确的形式. 由于$\{a_n\}$递减并趋于 α,$\{b_n\}$递增并趋于 α,所以有

$$a_n \mathrm{e}^{-1/(4n)} = b_n < \alpha < a_n.$$

由此得 $1 < a_n/\alpha < \mathrm{e}^{1/(4n)}$,即

$$1 < \frac{n!}{(n/\mathrm{e})^n \sqrt{2\pi n}} < \mathrm{e}^{1/(4n)}.$$

两边取对数,得

$$0 < 4n\ln\frac{n!}{(n/\mathrm{e})^n \sqrt{2\pi n}} < 1.$$

记 $\theta_n = 4n\ln\dfrac{n!}{(n/\mathrm{e})\sqrt{2\pi n}}$,即得 Stirling 公式的另一形式:

$$n! = \left(\frac{n}{\mathrm{e}}\right)^n \sqrt{2\pi n}\,\mathrm{e}^{\theta_n/(4n)} \quad (0 < \theta_n < 1).$$

我们来看一个例子,它说明了 Stirling 公式的用处.

例 1　求极限

$$\lim_{n\to\infty}\left(1+\frac{1}{n}\right)^{n^2}\frac{n!}{n^n\sqrt{n}}.$$

解　由 Stirling 公式,只需计算

$$\sqrt{2\pi}\lim_{n\to\infty}\left(\left(1+\frac{1}{n}\right)^n \mathrm{e}^{-1}\right)^n.$$

取对数后,得

$$n\left(n\ln\left(1+\frac{1}{n}\right)-1\right) = n\left(n\left(\frac{1}{n}-\frac{1}{2n^2}+o\left(\frac{1}{n^2}\right)\right)-1\right) = -\frac{1}{2}+o(1).$$

因此,所求的极限为 $\sqrt{2\pi/\mathrm{e}}$. □

练 习 题 7.4

1. 当 $n\to\infty$ 时,估计 $\dbinom{2n}{n}$ 的无穷大的阶.

2. 求证:

$$\lim_{n\to\infty}\sqrt{n}\int_{-1}^{1}(1-x^2)^n\mathrm{d}x = \sqrt{\pi}.$$

3. 求证：

$$\lim_{n\to\infty}(-1)^n\binom{-1/2}{n}\sqrt{n}=\frac{1}{\sqrt{\pi}}.$$

4. 设 γ 为 Euler 常数.求证：

$$\lim_{n\to\infty}\sqrt{n}\prod_{k=1}^{n}\frac{e^{1-1/k}}{(1+1/k)^k}=\frac{\sqrt{2\pi}}{e^{1+\gamma}}.$$

5. 设数列$\{x_n\}$满足 $x_nx_{n+1}=n\ (n\geqslant 1)$，且 $\lim\limits_{n\to\infty}\frac{x_n}{x_{n+1}}=1$. 证明：

$$\pi x_1^2=2.$$

（提示：利用 Wallis 公式.）

问 题 7.4

1. 利用不等式

$$1-x^2\leqslant e^{-x^2}\ (0\leqslant x\leqslant 1),\quad e^{-x^2}\leqslant\frac{1}{1+x^2}\ (x\geqslant 0),$$

证明：

$$\int_0^{+\infty}e^{-x^2}dx=\frac{\sqrt{\pi}}{2}.$$

2. 对 $n\in\mathbf{N}^*$，令

$$S_n=1+\frac{n-1}{n+2}+\frac{n-1}{n+2}\cdot\frac{n-2}{n+3}+\cdots+\frac{n-1}{n+2}\cdot\frac{n-2}{n+3}\cdots\frac{1}{2n}.$$

求证：

$$\lim_{n\to\infty}\frac{S_n}{\sqrt{n}}=\frac{\sqrt{\pi}}{2}.$$

第 8 章　多变量函数的连续性

前面主要讨论了单变量函数的微分学和积分学.单变量函数是数量之间的最简单的关系.一个事物的变化和发展通常不只依赖于一种因素,而是多种因素,要从数量上来反映这种关系,单变量函数就不够用了,我们必须考虑一个量同时依赖于许多其他量的情形,这就需要多变量函数.从本章起我们将主要讨论多变量函数的微分学和积分学.下面我们也从多变量函数的极限和连续性谈起.为此,需要了解任意有限维的 Euclid(欧几里得,约前 330～前 275)空间的基本知识,因为多变量函数正是在 n 维 Euclid 空间的子集上定义的.

为了今后的方便,我们在这里定义两个集合的"积集".设 A,B 是两个集合,我们定义

$$A \times B = \{(a,b): a \in A, b \in B\},$$

并称之为 A 与 B 的**积集**.一般来说,$A\times B$ 与 $B\times A$ 是不相等的.我们将 $A\times A$ 简记为 A^2.例如

$$\mathbf{R}^2 = \mathbf{R}\times\mathbf{R} = \{(x,y): x,y \in \mathbf{R}\}$$

就是平面上点的全体;$\mathbf{R}^2$ 中的子集$[0,1]^2$,就是平面坐标中以

$$(0,0),\quad (1,0),\quad (1,1)\quad 和\quad (0,1)$$

四点为顶点的正方形的四边上和内部的点的全体.

集合的积集的概念,可以用很显然的方式推广到有限个集合组成的积集上去.设 $A_1,A_2,\cdots,A_k$ 为 k 个集合,那么

$$A_1\times A_2\times\cdots\times A_k = \{(a_1,a_2,\cdots,a_k): a_i \in A_i (i = 1,2,\cdots,k)\}.$$

我们有简写的记号

$$A^k = \underbrace{A\times A\times\cdots\times A}_{k个}.$$

8.1 n 维 Euclid 空间

我们定义集合

$$\mathbf{R}^n = \{(x_1, x_2, \cdots, x_n): x_i \in \mathbf{R}, i = 1, 2, \cdots, n\}.$$

为简单起见,n 数组$(x_1, x_2, \cdots, x_n)$用一个黑体小写字母 $\boldsymbol{x}$ 来表示,即

$$\boldsymbol{x} = (x_1, x_2, \cdots, x_n),$$

称 $\boldsymbol{x}$ 为 $\mathbf{R}^n$ 中的一个**点**,也称它是一个**向量**.在什么时候用哪个术语得由行文的内容决定.实数 x_i 称为 $\boldsymbol{x}$ 的第 i 个**分量**,每一个分量都是零的向量记为 $\mathbf{0}$,即

$$\mathbf{0} = (0, 0, \cdots, 0),$$

称为 $\mathbf{R}^n$ 的**零向量**.

我们可以在 $\mathbf{R}^n$ 中定义向量的加法运算.设

$$\boldsymbol{x} = (x_1, x_2, \cdots, x_n), \quad \boldsymbol{y} = (y_1, y_2, \cdots, y_n),$$

定义

$$\boldsymbol{x} + \boldsymbol{y} = (x_1 + y_1, x_2 + y_2, \cdots, x_n + y_n),$$

称向量 $\boldsymbol{x}+\boldsymbol{y}$ 为向量 $\boldsymbol{x}$ 和 $\boldsymbol{y}$ 的和.

再定义数与向量的倍运算.设 $\lambda \in \mathbf{R}, \boldsymbol{x} \in \mathbf{R}^n$,定义

$$\lambda\boldsymbol{x} = (\lambda x_1, \lambda x_2, \cdots, \lambda x_n),$$

称向量 $\lambda\boldsymbol{x}$ 是向量 $\boldsymbol{x}$ 的 λ **倍**.

刚刚定义的这两种运算,称为 $\mathbf{R}^n$ 中的**线性运算**.容易证明,向量的加法运算满足交换律和结合律,也就是说,对任何 $\boldsymbol{x}, \boldsymbol{y}, \boldsymbol{z} \in \mathbf{R}^n$,有

$$\boldsymbol{x} + \boldsymbol{y} = \boldsymbol{y} + \boldsymbol{x},$$

$$\boldsymbol{x} + (\boldsymbol{y} + \boldsymbol{z}) = (\boldsymbol{x} + \boldsymbol{y}) + \boldsymbol{z}.$$

不难看出 $\mathbf{0} + \boldsymbol{x} = \boldsymbol{x}$.

我们规定

$$-\boldsymbol{x} = (-x_1, -x_2, \cdots, -x_n),$$

称它为向量 $\boldsymbol{x} = (x_1, x_2, \cdots, x_n)$的**负向量**.由此可知

$$\boldsymbol{x} + (-\boldsymbol{x}) = \mathbf{0}.$$

倍运算对向量的加法运算满足分配律,也就是说,对任何 $\lambda \in \mathbf{R}$ 与任何 $\boldsymbol{x}, \boldsymbol{y} \in \mathbf{R}^n$,有

$$\lambda(\boldsymbol{x}+\boldsymbol{y})=\lambda\boldsymbol{x}+\lambda\boldsymbol{y}.$$

此外,对任何 $\lambda,\mu\in\mathbf{R}$,还有

$$(\lambda+\mu)\boldsymbol{x}=\lambda\boldsymbol{x}+\mu\boldsymbol{x},$$
$$\lambda(\mu\boldsymbol{x})=(\lambda\mu)\boldsymbol{x},$$
$$1\cdot\boldsymbol{x}=\boldsymbol{x}.$$

带有以上定义的线性运算的集合 $\mathbf{R}^n$,称为 n **维向量空间**.

现在,再在 n 维向量空间 $\mathbf{R}^n$ 中引进"内积".对任何 $\boldsymbol{x}=(x_1,x_2,\cdots,x_n)$, $\boldsymbol{y}=(y_1,y_2,\cdots,y_n)$,定义

$$\langle\boldsymbol{x},\boldsymbol{y}\rangle=\sum_{i=1}^{n}x_iy_i.$$

这是一个实数,叫作向量 $\boldsymbol{x}$ 与 $\boldsymbol{y}$ 的**内积**.

内积具有以下明显的性质:

(1) $\langle\boldsymbol{x},\boldsymbol{x}\rangle\geqslant0$,其中等号成立当且仅当 $\boldsymbol{x}=\mathbf{0}$;

(2) $\langle\boldsymbol{x},\boldsymbol{y}\rangle=\langle\boldsymbol{y},\boldsymbol{x}\rangle$;

(3) $\langle\boldsymbol{x},\boldsymbol{y}+\boldsymbol{z}\rangle=\langle\boldsymbol{x},\boldsymbol{y}\rangle+\langle\boldsymbol{x},\boldsymbol{z}\rangle$;

(4) 对任何实数 λ,有 $\langle\lambda\boldsymbol{x},\boldsymbol{y}\rangle=\lambda\langle\boldsymbol{x},\boldsymbol{y}\rangle$.

性质(1)与(2)分别称为内积的**正定性**和**对称性**,它们的证明是十分明显的.如果设 $\boldsymbol{x}=(x_1,x_2,\cdots,x_n)$, $\boldsymbol{y}=(y_1,y_2,\cdots,y_n)$, $\boldsymbol{z}=(z_1,z_2,\cdots,z_n)$,那么

$$\begin{aligned}\langle\boldsymbol{x},\boldsymbol{y}+\boldsymbol{z}\rangle&=\sum_{i=1}^{n}x_i(y_i+z_i)=\sum_{i=1}^{n}(x_iy_i+x_iz_i)\\&=\sum_{i=1}^{n}x_iy_i+\sum_{i=1}^{n}x_iz_i=\langle\boldsymbol{x},\boldsymbol{y}\rangle+\langle\boldsymbol{x},\boldsymbol{z}\rangle.\end{aligned}$$

由此证得了性质(3).性质(4)的证明更为简单,不再赘述.

由以上性质可以推知,对任何 $\lambda,\mu\in\mathbf{R}$ 及任何 $\boldsymbol{x},\boldsymbol{y},\boldsymbol{z}\in\mathbf{R}^n$,有

$$\langle\lambda\boldsymbol{x}+\mu\boldsymbol{y},\boldsymbol{z}\rangle=\lambda\langle\boldsymbol{x},\boldsymbol{z}\rangle+\mu\langle\boldsymbol{y},\boldsymbol{z}\rangle.$$

这条性质以及性质(3)与(4)都称为内积的线性性质.

定义有内积的向量空间 $\mathbf{R}^n$,称为 n **维 Euclid 空间**,简称欧氏空间.采用这个名称是有充分的理由的.大家知道,在 Euclid 几何中,可以计算点与点之间的距离、线段的长度、向量之间的夹角等等.我们即将看到,在欧氏空间 $\mathbf{R}^n$ 中同样可以定义这些几何量.

对任何向量 $\boldsymbol{x}\in\mathbf{R}^n$,定义

$$\|\boldsymbol{x}\|=\sqrt{\langle\boldsymbol{x},\boldsymbol{x}\rangle},$$

称 $\|\boldsymbol{x}\|$ 为 $\boldsymbol{x}$ 的长度未尝不可,但数学上常常用一个更雅的名词,叫作向量 $\boldsymbol{x}$ 的范

数.可以证明,向量的范数具有以下三条性质:

(1) $\|\boldsymbol{x}\| \geqslant 0$,其中等号当且仅当 $\boldsymbol{x}=\mathbf{0}$ 成立;

(2) 对任何 $\lambda \in \mathbf{R}$, $\|\lambda \boldsymbol{x}\| = |\lambda| \|\boldsymbol{x}\|$;

(3) $\|\boldsymbol{x}+\boldsymbol{y}\| \leqslant \|\boldsymbol{x}\| + \|\boldsymbol{y}\|$(三角形不等式).等式成立的充分必要条件是存在 $\lambda>0$,使得 $\boldsymbol{x}=\lambda\boldsymbol{y}$.

性质(1)和(2)甚为明显,我们只证明性质(3).在 n 维空间中,Cauchy-Schwarz 不等式(见 7.3 节)可以通过内积表示为

$$\langle \boldsymbol{x}, \boldsymbol{y}\rangle^2 \leqslant \langle \boldsymbol{x}, \boldsymbol{x}\rangle \langle \boldsymbol{y}, \boldsymbol{y}\rangle, \tag{1}$$

它等价于

$$|\langle \boldsymbol{x}, \boldsymbol{y}\rangle| \leqslant \|\boldsymbol{x}\| \|\boldsymbol{y}\|. \tag{2}$$

利用式(2),便可得出

$$\begin{aligned} \|\boldsymbol{x}+\boldsymbol{y}\|^2 &= \langle \boldsymbol{x}+\boldsymbol{y}, \boldsymbol{x}+\boldsymbol{y}\rangle \\ &= \langle \boldsymbol{x}, \boldsymbol{x}\rangle + 2\langle \boldsymbol{x}, \boldsymbol{y}\rangle + \langle \boldsymbol{y}, \boldsymbol{y}\rangle \\ &= \|\boldsymbol{x}\|^2 + 2\langle \boldsymbol{x}, \boldsymbol{y}\rangle + \|\boldsymbol{y}\|^2 \\ &\leqslant \|\boldsymbol{x}\|^2 + 2\|\boldsymbol{x}\| \|\boldsymbol{y}\| + \|\boldsymbol{y}\|^2 \\ &= (\|\boldsymbol{x}\| + \|\boldsymbol{y}\|)^2. \end{aligned}$$

因此(3)中等号成立的条件等价于不等式(2)中等号成立的条件.由 7.3 节知,存在 $\lambda>0$,使得 $\boldsymbol{x}=\lambda\boldsymbol{y}$.

如果 $\boldsymbol{x}$ 与 $\boldsymbol{y}$ 都不是零向量,那么由式(2),可得

$$\frac{|\langle \boldsymbol{x}, \boldsymbol{y}\rangle|}{\|\boldsymbol{x}\| \|\boldsymbol{y}\|} \leqslant 1.$$

这表明,可以找出唯一的 $\theta \in [0, \pi]$,使得

$$\cos\theta = \frac{\langle \boldsymbol{x}, \boldsymbol{y}\rangle}{\|\boldsymbol{x}\| \|\boldsymbol{y}\|}. \tag{3}$$

这个 θ 就可以定义为两个非零向量 $\boldsymbol{x}$ 和 $\boldsymbol{y}$ 间的**夹角**.显然,$\langle \boldsymbol{x}, \boldsymbol{y}\rangle=0$ 当且仅当 $\theta=\pi/2$,这时我们称向量 $\boldsymbol{x}$ 与 $\boldsymbol{y}$ **正交**.零向量 $\mathbf{0}$ 可被认为同任何向量都正交.

范数等于 1 的向量称为**单位向量**.下列 n 个 n 维向量

$$\begin{aligned} \boldsymbol{e}_1 &= (1,0,0,\cdots,0), \\ \boldsymbol{e}_2 &= (0,1,0,\cdots,0), \\ &\cdots, \\ \boldsymbol{e}_n &= (0,0,\cdots,0,1) \end{aligned}$$

都是单位向量,并且任何两个都是正交的.这可以表示为

$$\langle \boldsymbol{e}_i, \boldsymbol{e}_j \rangle = \delta_{ij} = \begin{cases} 0, & i \neq j, \\ 1, & i = j, \end{cases}$$

这里 $i,j=1,2,\cdots,n$. 这 n 个向量叫作**单位坐标向量**. 每一个向量

$$\boldsymbol{x} = (x_1, x_2, \cdots, x_n)$$

都可以表示为

$$\boldsymbol{x} = \sum_{i=1}^{n} x_i \boldsymbol{e}_i .$$

最后,我们定义两点 $\boldsymbol{x}$ 与 $\boldsymbol{y}$ 间的距离为 $\|\boldsymbol{x}-\boldsymbol{y}\|$. 很明显,两点间的距离是一个非负数,只有当这两点重合的时候距离才等于零. 距离有对称性: $\boldsymbol{x}$ 与 $\boldsymbol{y}$ 间的距离等于 $\boldsymbol{y}$ 与 $\boldsymbol{x}$ 间的距离. 由于

$$\boldsymbol{x}-\boldsymbol{y} = (\boldsymbol{x}-\boldsymbol{z}) + (\boldsymbol{z}-\boldsymbol{y}),$$

所以

$$\|\boldsymbol{x}-\boldsymbol{y}\| \leqslant \|\boldsymbol{x}-\boldsymbol{z}\| + \|\boldsymbol{z}-\boldsymbol{y}\| .$$

这就是**距离的三角形不等式**.

从以上的讨论可见,称带有内积的向量空间 $\mathbf{R}^n$(即**内积空间** $\mathbf{R}^n$)为欧氏空间是有根据的. 此后,在 $\mathbf{R}^n$ 中用几何来思考就如同在平面上和通常的三维空间中用几何来思考,这将为我们带来方便.

例如,如果 $\boldsymbol{a}\in\mathbf{R}^n$, $r>0$,我们把集合

$$\{\boldsymbol{x}\in\mathbf{R}^n : \|\boldsymbol{x}-\boldsymbol{a}\| < r\}$$

称为 $\mathbf{R}^n$ 中以 $\boldsymbol{a}$ 为球心、以 r 为半径的**球**,记为 $B_r(\boldsymbol{a})$;而令

$$\overline{B}_r(\boldsymbol{a}) = \{\boldsymbol{x}\in\mathbf{R}^n : \|\boldsymbol{x}-\boldsymbol{a}\| \leqslant r\},$$

它表示 $B_r(\boldsymbol{a})$ 再加上球面上的所有点,称为**闭球**.

设 $E\subset\mathbf{R}^n$. 如果存在 $r>0$,使得

$$E \subset B_r(\mathbf{0}),$$

那么称 E 是一个**有界集**. 点集 F 是无界集的意思是,对任何 $m\in\mathbf{N}^*$,存在 $\boldsymbol{x}_m\in F$,使得 $\|\boldsymbol{x}_m\|>m$.

为了今后的需要,除了向量的范数之外,还需要定义**矩阵的范数**. 设 $m\times n$ 矩阵

$$\boldsymbol{A} = \begin{pmatrix} a_{11} & \cdots & a_{1n} \\ \vdots & & \vdots \\ a_{m1} & \cdots & a_{mn} \end{pmatrix},$$

定义 $\boldsymbol{A}$ 的范数为

$$\|\boldsymbol{A}\| = \left(\sum_{i=1}^{m}\sum_{j=1}^{n}a_{ij}^2\right)^{1/2}.$$

这种定义 $\boldsymbol{A}$ 的范数的方法,实际上就是把矩阵 $\boldsymbol{A}$ 看成 mn 维向量,用这个向量的范数作为矩阵 $\boldsymbol{A}$ 的范数.因此,向量范数的那些基本性质,对矩阵范数都能成立.例如,$\|\boldsymbol{A}\|\geqslant 0$,等号当且仅当 $\boldsymbol{A}=\boldsymbol{0}$ 时成立;对任何实数 λ,有

$$\|\lambda\boldsymbol{A}\| = |\lambda|\ \|\boldsymbol{A}\|;$$

如果 $\boldsymbol{A}$ 与 $\boldsymbol{B}$ 是同型的矩阵,那么 $\boldsymbol{A}+\boldsymbol{B}$ 有意义,并且

$$\|\boldsymbol{A}+\boldsymbol{B}\| \leqslant \|\boldsymbol{A}\| + \|\boldsymbol{B}\|;$$

最后,若 $\boldsymbol{A}$ 是 $m\times n$ 矩阵,$\boldsymbol{B}$ 是 $n\times l$ 矩阵,那么乘积 $\boldsymbol{AB}$ 有意义,并且可以证明:

$$\|\boldsymbol{AB}\| \leqslant \|\boldsymbol{A}\|\ \|\boldsymbol{B}\|. \tag{4}$$

事实上,设 $\boldsymbol{A}=(a_{ik})$,$\boldsymbol{B}=(b_{kj})$,那么 $\boldsymbol{AB}$ 的第 i 行、第 j 列上的数是

$$\sum_{k=1}^{n}a_{ik}b_{kj}.$$

由 Cauchy-Schwarz 不等式,可知

$$\left(\sum_{k=1}^{n}a_{ik}b_{kj}\right)^2 \leqslant \sum_{k=1}^{n}a_{ik}^2\sum_{k=1}^{n}b_{kj}^2.$$

求和之后,得到

$$\begin{aligned}\|\boldsymbol{AB}\|^2 &= \sum_{i=1}^{m}\sum_{j=1}^{l}\left(\sum_{k=1}^{n}a_{ik}b_{kj}\right)^2\\ &\leqslant \left(\sum_{i=1}^{m}\sum_{k=1}^{n}a_{ik}^2\right)\left(\sum_{j=1}^{l}\sum_{k=1}^{n}b_{kj}^2\right)\\ &= \|\boldsymbol{A}\|^2\|\boldsymbol{B}\|^2,\end{aligned}$$

开平方之后,得出 $\|\boldsymbol{AB}\|\leqslant\|\boldsymbol{A}\|\ \|\boldsymbol{B}\|$.

练 习 题 8.1

1. 设 $\boldsymbol{x}=(1,1,\cdots,1)\in\mathbf{R}^n$.求证:$\boldsymbol{x}$ 与各单位坐标向量 $\boldsymbol{e}_1,\boldsymbol{e}_2,\cdots,\boldsymbol{e}_n$ 的夹角相等.
2. 设 $\boldsymbol{x},\boldsymbol{y}$ 是欧氏空间中的向量,θ 是这两个向量间的夹角.试证明余弦定理成立:
$$\|\boldsymbol{x}-\boldsymbol{y}\|^2 = \|\boldsymbol{x}\|^2+\|\boldsymbol{y}\|^2-2\|\boldsymbol{x}\|\ \|\boldsymbol{y}\|\cos\theta.$$
3. 设 $\boldsymbol{x},\boldsymbol{y}$ 是欧氏空间中两个相互正交的向量.试证明勾股定理成立:
$$\|\boldsymbol{x}+\boldsymbol{y}\|^2 = \|\boldsymbol{x}\|^2+\|\boldsymbol{y}\|^2.$$
4. 设 $\boldsymbol{x},\boldsymbol{y}$ 为欧氏空间中的任意两个向量.证明平行四边形定理:
$$\|\boldsymbol{x}+\boldsymbol{y}\|^2+\|\boldsymbol{x}-\boldsymbol{y}\|^2 = 2(\|\boldsymbol{x}\|^2+\|\boldsymbol{y}\|^2).$$

5. 设 $\boldsymbol{a},\boldsymbol{b}$ 是欧氏空间中两个不同的点，记 $2r=\|\boldsymbol{a}-\boldsymbol{b}\|>0$. 求证：

$$B_r(\boldsymbol{a})\cap B_r(\boldsymbol{b})=\varnothing.$$

6. 设 $\boldsymbol{x}=(x_1,x_2,\cdots,x_n)$. 证明：对任意的 $\boldsymbol{x}\in\mathbf{R}^n$，有

$$\frac{1}{\sqrt{n}}\sum_{i=1}^{n}|x_i|\leqslant\|\boldsymbol{x}\|\leqslant\sum_{i=1}^{n}|x_i|.$$

7. 证明：对任意的 $\boldsymbol{x}=(x_1,x_2,\cdots,x_n)\in\mathbf{R}^n$，有

$$\max|x_i|\leqslant\|\boldsymbol{x}\|\leqslant n\max|x_i|.$$

8.2　$\mathbf{R}^n$ 中点列的极限

设 $\boldsymbol{x}_i\in\mathbf{R}^n(i=1,2,\cdots)$，称 $\{\boldsymbol{x}_i\}$ 是 $\mathbf{R}^n$ 中的一个**点列**.

定义 8.2.1　设 $\{\boldsymbol{x}_i\}$ 是 $\mathbf{R}^n$ 中的一个点列，$\boldsymbol{a}\in\mathbf{R}^n$. 如果对任意给定的 $\varepsilon>0$，存在 $N\in\mathbf{N}^*$，当 $i>N$ 时，有

$$\|\boldsymbol{x}_i-\boldsymbol{a}\|<\varepsilon,$$

我们就称点 $\boldsymbol{a}$ 是点列 $\{\boldsymbol{x}_i\}$ 的**极限**，记作

$$\lim_{i\to\infty}\boldsymbol{x}_i=\boldsymbol{a}\quad\text{或}\quad\boldsymbol{x}_i\to\boldsymbol{a}\ (i\to\infty).$$

这时也称点列 $\{\boldsymbol{x}_i\}$ **收敛**于点 $\boldsymbol{a}$.

点列 $\{\boldsymbol{x}_i\}$ 收敛于 $\boldsymbol{a}$，也可以等价地表述为：对任意给定的 $\varepsilon>0$，存在正整数 N，当 $i>N$ 时，有 $\boldsymbol{x}_i\in B_\varepsilon(\boldsymbol{a})$. 更加通俗的几何说法是：不管以点 $\boldsymbol{a}$ 为中心的球多么小，一定能找到点列的一项，使得在这一项以后的各项都落在这个球内.

与收敛数列一样，容易证明下列两条性质：

(1) 如果点列 $\{\boldsymbol{x}_i\}$ 收敛，那么它的极限必是唯一的；

(2) 收敛点列必定是有界的.

定理 8.2.1　设 $\lim\limits_{i\to\infty}\boldsymbol{x}_i=\boldsymbol{a}$，$\lim\limits_{i\to\infty}\boldsymbol{y}_i=\boldsymbol{b}$，那么：

(1) $\lim\limits_{i\to\infty}(\boldsymbol{x}_i\pm\boldsymbol{y}_i)=\boldsymbol{a}\pm\boldsymbol{b}$；

(2) 对任何 $\lambda\in\mathbf{R}$，有

$$\lim_{i\to\infty}(\lambda\boldsymbol{x}_i)=\lambda\boldsymbol{a}.$$

证明是显然的，请读者自行完成.

定义 8.2.2　设 $\{\boldsymbol{x}_i\}$ 是 $\mathbf{R}^n$ 中的一个点列. 如果对任意给定的 $\varepsilon>0$，存在 $N\in$

$\mathbf{N}^*$，当 $k,l>N$ 时，有 $\|\boldsymbol{x}_k-\boldsymbol{x}_l\|<\varepsilon$，我们就称 $\{\boldsymbol{x}_i\}$ 是一个**基本(点)列**.

对实数的情形，基本列与收敛数列是同一回事，我们自然要问：在 $\mathbf{R}^n$ 中是否成立着同样的命题呢？答案是肯定的，在做过一些准备工作之后，我们来证明这一论断.

设 $\{\boldsymbol{x}_i\}$ 是 $\mathbf{R}^n$ 中的一个点列，并设

$$\boldsymbol{x}_i=(x_1^{(i)},x_2^{(i)},\cdots,x_n^{(i)})\quad(i=1,2,\cdots).$$

如果对 $k=1,2,\cdots,n$，有

$$\lim_{i\to\infty}x_k^{(i)}=a_k,$$

那么称点列 $\{\boldsymbol{x}_i\}$ **按分量收敛于** $\boldsymbol{a}=(a_1,a_2,\cdots,a_n)$.

点列收敛与按分量收敛有什么关系呢？这可从下面的定理中找出答案.

定理 8.2.2 $\lim\limits_{i\to\infty}\boldsymbol{x}_i=\boldsymbol{a}$ 等价于点列 $\{\boldsymbol{x}_i\}$ 按分量收敛于 $\boldsymbol{a}$.

证明 我们有显然的不等式

$$|x_k^{(i)}|\leqslant\|\boldsymbol{x}_i\|\leqslant|x_1^{(i)}|+|x_2^{(i)}|+\cdots+|x_n^{(i)}|$$

$(k=1,2,\cdots,n)$，而 $i\in\mathbf{N}^*$，由此可知，当 $\lim\limits_{i\to\infty}\boldsymbol{x}_i=\mathbf{0}$ 时，$\lim\limits_{i\to\infty}x_k^{(i)}=0(k=1,2,\cdots,n)$，即 $\{\boldsymbol{x}_i\}$ 按分量收敛于 $\mathbf{0}$. 反之，若 $\boldsymbol{x}_i$ 按分量收敛于 $\mathbf{0}$，则得

$$\lim_{i\to\infty}(|x_1^{(i)}|+|x_2^{(i)}|+\cdots+|x_n^{(i)}|)=0.$$

由此立即得出 $\lim\limits_{i\to\infty}\|\boldsymbol{x}_i\|=0$，即 $\lim\limits_{i\to\infty}\boldsymbol{x}_i=\mathbf{0}$.

对一般的情形(即 $\boldsymbol{a}$ 不是 $\mathbf{0}$ 的情形)，考虑点列 $\{\boldsymbol{x}_i-\boldsymbol{a}\}$，将上述特殊情形所证得的结果用到这个点列上，便得出点列 $\{\boldsymbol{x}_i\}$ 收敛于 $\boldsymbol{a}$ 等价于 $\{\boldsymbol{x}_i\}$ 按分量收敛于 $\boldsymbol{a}$ 的论断. □

例 1 在 $\mathbf{R}^3$ 中，考察点列

$$\boldsymbol{x}_i=\left(\left(1+\frac{1}{i}\right)^i,\frac{i}{i+1},\left(1-\frac{1}{i}\right)^i\right).$$

由于

$$\lim_{i\to\infty}\left(1+\frac{1}{i}\right)^i=\mathrm{e},\quad\lim_{i\to\infty}\frac{i}{i+1}=1,\quad\lim_{i\to\infty}\left(1-\frac{1}{i}\right)^i=\mathrm{e}^{-1},$$

所以 $\lim\limits_{i\to\infty}\boldsymbol{x}_i=(\mathrm{e},1,\mathrm{e}^{-1})$. □

定理 8.2.3 $\{\boldsymbol{x}_i\}$ 为收敛点列的充分必要条件是 $\{\boldsymbol{x}_i\}$ 是基本点列.

证明 必要性. 设点列 $\{\boldsymbol{x}_i\}$ 收敛于 $\boldsymbol{a}$，则对任意给定的 $\varepsilon>0$，存在 $N\in\mathbf{N}^*$，使得当 $i>N$ 时，有 $\|\boldsymbol{x}_i-\boldsymbol{a}\|<\varepsilon/2$. 因此当 $k,l>N$ 时，有

$$\|\boldsymbol{x}_k-\boldsymbol{a}\|<\frac{\varepsilon}{2},\quad\|\boldsymbol{a}-\boldsymbol{x}_l\|<\frac{\varepsilon}{2}.$$

于是,由距离的三角形不等式,有

$$\| \boldsymbol{x}_k - \boldsymbol{x}_l \| \leqslant \| \boldsymbol{x}_k - \boldsymbol{a} \| + \| \boldsymbol{a} - \boldsymbol{x}_l \| < \frac{\varepsilon}{2} + \frac{\varepsilon}{2} = \varepsilon.$$

这说明$\{\boldsymbol{x}_i\}$是基本点列.

充分性.现在设$\{\boldsymbol{x}_i\}$是基本点列.由不等式

$$| x_j^{(k)} - x_j^{(l)} | \leqslant \| \boldsymbol{x}_k - \boldsymbol{x}_l \| \quad (j = 1,2,\cdots,n),$$

可知数列$\{x_j^{(k)}\}(j=1,2,\cdots,n)$是基本列,所以它们是收敛数列.令

$$\lim_{i\to\infty} x_j^{(i)} = a_j \quad (j = 1,2,\cdots,n),$$

可见点列$\{\boldsymbol{x}_i\}$按分量收敛于$\boldsymbol{a}=(a_1,a_2,\cdots,a_n)$.由定理8.2.2知,$\{\boldsymbol{x}_i\}$当$i\to\infty$时收敛于$\boldsymbol{a}$. □

由这个定理的证明看出,根据定理8.2.2,一些有关点列的收敛问题可以转化成数列的相应问题来解决.下面是另一个例子.

定理8.2.4(Bolzano-Weierstrass)　从任一有界的点列中可以选出收敛的子点列.

证明　我们就$\mathbf{R}^3$中的有界点列来证明,$\mathbf{R}^n$中的情形是一样的.设$\{\boldsymbol{x}_i\}$是$\mathbf{R}^3$中的一个有界点列,记$\boldsymbol{x}_i=(x_1^{(i)},x_2^{(i)},x_3^{(i)})(i=1,2,\cdots)$.由于

$$| x_1^{(i)} | \leqslant \| \boldsymbol{x}_i \| \leqslant M \quad (i = 1,2,\cdots),$$

故$\{x_1^{(i)}\}$是一个有界数列.根据数列中的Bolzano-Weierstrass定理,存在$\{i\}$的子列$\{i_l\}\subset\{i\}$,使得$\lim\limits_{l\to\infty} x_1^{(i_l)}=a_1$.因为$\{x_2^{(i_l)}\}$也是一个有界数列,所以存在$\{j_l\}\subset\{i_l\}$,使得$\lim\limits_{l\to\infty} x_2^{(j_l)}=a_2$.因为$\{x_3^{(j_l)}\}$也是有界数列,故存在$\{k_l\}\subset\{j_l\}$,使得$\lim\limits_{l\to\infty} x_3^{(k_l)}=a_3$.现在$\{k_l\}\subset\{j_l\}\subset\{i_l\}\subset\{i\}$,记

$$\boldsymbol{x}_{k_l} = (x_1^{(k_l)}, x_2^{(k_l)}, x_3^{(k_l)}), \quad \boldsymbol{a} = (a_1, a_2, a_3).$$

由于$\lim\limits_{l\to\infty} x_i^{(k_l)}=a_i(i=1,2,3)$,所以

$$\lim_{l\to\infty} \boldsymbol{x}_{k_l} = \boldsymbol{a}.$$ □

并不是所有有关数列收敛的定理都可以推广到点列上.例如,我们有这样的定理:"有界的单调数列必有极限",在点列的情形下就无法作出与之相应的定理.这是因为在点列的情形下,无法定义一种有用的"序",从而也就不便用来定义点列的单调性.

练习题8.2

1. 在$\mathbf{R}^2$中,定义点列

$$x_n = \left(\frac{1}{n}, \sqrt[n]{n}\right) \quad (n = 1, 2, \cdots).$$

求证：$\lim\limits_{n\to\infty} x_n = (0,1)$.

2. 证明定理 8.2.1.
3. 证明：欧氏空间中的收敛点列必是有界的.
4. 证明：欧氏空间中的基本列必是有界的.
5. 设 $\{x_k\}$ 是 n 维欧氏空间中的点列，并且级数 $\sum\limits_{k=1}^{\infty} \| x_{k+1} - x_k \|$ 收敛. 求证：$\{x_k\}$ 收敛.

8.3 $\mathbf{R}^n$ 中的开集和闭集

在讨论连续函数的时候，我们已经知道，任何在有界闭区间上的连续函数，在这个区间上必有最小值和最大值，并且在这区间上是一致连续的. 但是，在开区间上，连续函数就不一定具备这些性质. 这就表明，有界的开区间和有界的闭区间，虽然只有"两点之差"，但对连续函数产生的后果却大不一样.

我们即将看到，对多变量的连续函数来说，在所谓的"有界闭集"上也有这些性质. 为了定义 $\mathbf{R}^n$ 中的闭集，我们从 $\mathbf{R}^n$ 中的开集谈起.

定义 8.3.1 设 $E \subset \mathbf{R}^n$. 如果点 $\boldsymbol{a} \in E$，并且存在 $r > 0$，使得 $B_r(\boldsymbol{a}) \subset E$，那么称 $\boldsymbol{a}$ 为 E 的一个**内点**. 点集 E 的全体内点所构成的集合记作 E°，称之为 E 的**内部**. 如果 $E^\circ = E$，那么称 E 为 $\mathbf{R}^n$ 中的**开集**.

当 E 为空集时，E° 也是空集，满足 $E^\circ = E$，所以空集是开集. 当然，$\mathbf{R}^n$ 本身也是开集.

由定义可知 $E^\circ \subset E$.

让我们看几个例子.

例 1 $\mathbf{R}^2$ 中的上半平面 $\{(x, y): y > 0\}$ 是 $\mathbf{R}^2$ 中的开集.

证明 从上半平面中任取一点 $\boldsymbol{a} = (x, y)$，其中 $y > 0$，作"球"（这时实际上是一个圆）$B_y(\boldsymbol{a})$，任取一点 $(x', y') \in B_y(\boldsymbol{a})$，有

$$(x' - x)^2 + (y' - y)^2 < y^2,$$

化简后得出

$$2yy' > (x' - x)^2 + (y')^2 \geqslant 0.$$

由 $y > 0$，导出 $y' > 0$，这表明 (x', y') 仍是上半平面中的点，从而 $\boldsymbol{a}$ 是上半平面的一

个内点,所以上半平面是一个开集. □

例 2　将 $\mathbf{R}^n$ 挖去任一个点之后所成的集是 $\mathbf{R}^n$ 中的开集.

证明　设 $\boldsymbol{a}\in\mathbf{R}^n$,考察集合 $E=\mathbf{R}^n\setminus\{\boldsymbol{a}\}$.任取一点 $\boldsymbol{x}\in E$,令 $r=\|\boldsymbol{a}-\boldsymbol{x}\|>0$,作球 $B_r(\boldsymbol{x})$.任取一点 $\boldsymbol{y}\in B_r(\boldsymbol{x})$,由

$$\|\boldsymbol{x}-\boldsymbol{y}\|<r=\|\boldsymbol{x}-\boldsymbol{a}\|,$$

可见 $\boldsymbol{y}\neq\boldsymbol{a}$,这表明 $\boldsymbol{y}\in E$,从而得出 $B_r(\boldsymbol{x})\subset E$,所以 E 是开集. □

例 3　设 $r>0$,球 $B_r(\boldsymbol{a})$是开集.

证明　任取 $\boldsymbol{c}\in B_r(\boldsymbol{a})$.令 $d=r-\|\boldsymbol{a}-\boldsymbol{c}\|>0$,作球 $B_d(\boldsymbol{c})$,我们来证 $B_d(\boldsymbol{c})\subset B_r(\boldsymbol{a})$.事实上,任取 $\boldsymbol{x}\in B_d(\boldsymbol{c})$,则 $\|\boldsymbol{x}-\boldsymbol{c}\|<d$.由三角形不等式,知

$$\|\boldsymbol{x}-\boldsymbol{a}\|\leqslant\|\boldsymbol{x}-\boldsymbol{c}\|+\|\boldsymbol{c}-\boldsymbol{a}\|<d+\|\boldsymbol{c}-\boldsymbol{a}\|=r,$$

因而 $\boldsymbol{x}\in B_r(\boldsymbol{a})$.这就证明了 $B_d(\boldsymbol{c})\subset B_r(\boldsymbol{a})$,所以 $\boldsymbol{c}$ 是$B_r(\boldsymbol{a})$的内点.由于 $\boldsymbol{c}$ 是任取的,$B_r(\boldsymbol{a})$全由内点组成,因此球 $B_r(\boldsymbol{a})$是开集. □

特别地,数轴上任何开区间都是 $\mathbf{R}$ 中的开集.

定理 8.3.1　对任何集 E,E 的内部E°是开集.

证明　如果 $E^\circ=\varnothing$,那么命题成立.

设 $E^\circ\neq\varnothing$.任取 $\boldsymbol{c}\in E^\circ$,即 $\boldsymbol{c}$ 是E 的一个内点,故存在 $r>0$,使得 $B_r(\boldsymbol{c})\subset E$.由例 3 可知,球 $B_r(\boldsymbol{c})$中的每一点都是 $B_r(\boldsymbol{c})$的内点,因此也是 E 的内点,这就是说 $B_r(\boldsymbol{c})\subset E^\circ$,所以 $\boldsymbol{c}$ 是E°的内点.由于 $\boldsymbol{c}$ 是E°中的任一点,所以 E°全由内点组成,即 E°是开集. □

定理 8.3.1 的结果可以写成$(E^\circ)^\circ=E^\circ$.

关于开集,我们有如下的重要定理:

定理 8.3.2　在空间 $\mathbf{R}^n$ 中:

(1) $\mathbf{R}^n$,$\varnothing$是开集;

(2) 设$\{E_\alpha\}$是 $\mathbf{R}^n$ 的一个开子集族,其中指标 α 来自一个指标集 I,那么并集 $\bigcup\limits_{\alpha\in I}E_\alpha$ 也是开集(任意多个开集的并是开集);

(3) 设 $E_1,E_2,\cdots,E_m$ 是有限个开集,那么交集$\bigcap\limits_{i=1}^{m}E_i$ 也是开集(有限个开集之交是开集).

证明　(1)是明显的,只证(2)与(3).

任取 $\boldsymbol{a}\in\bigcup\limits_{\alpha\in I}E_\alpha$,则存在 $\beta\in I$,使得 $\alpha\in E_\beta$.由于 E_β 是开集,所以 $\boldsymbol{a}$ 是E_β 的一个内点,因此存在一个球 $B_r(\boldsymbol{a})\subset E_\beta$,自然有

$$B_r(\boldsymbol{a})\subset\bigcup_{\alpha\in I}E_\alpha.$$

这表明 $\boldsymbol{a}$ 是 $\bigcup\limits_{\alpha\in I}E_\alpha$ 的内点，所以 $\bigcup\limits_{\alpha\in I}E_\alpha$ 是开集.

又任取 $\boldsymbol{a}\in\bigcap\limits_{i=1}^{m}E_i$，即 $\boldsymbol{a}\in E_i(i=1,2,\cdots,m)$，则存在 $r_i>0$，使得

$$B_{r_i}(\boldsymbol{a})\subset E_i\quad(i=1,2,\cdots,m).$$

令 $r=\min(r_1,r_2,\cdots,r_m)$，易见

$$B_r(\boldsymbol{a})\subset E_i\quad(i=1,2,\cdots,m),$$

即

$$B_r(\boldsymbol{a})\subset\bigcap_{i=1}^{m}E_i.$$

这表明 α 是 $\bigcap\limits_{i=1}^{m}E_i$ 的内点，从而 $\bigcap\limits_{i=1}^{m}E_i$ 是开集. □

值得指出的是，定理 8.3.2(3) 中，开集的个数必须是有限的，这个条件十分重要. 考察球 $B_{1/i}(\boldsymbol{a})(i=1,2,\cdots)$，这里 $\boldsymbol{a}\in\mathbf{R}^n$，它们都是开集，但是

$$\bigcap_{i=1}^{\infty}B_{1/i}(\boldsymbol{a})=\{\boldsymbol{a}\}.$$

这不是开集.

设 $E\subset\mathbf{R}^n$，记 $E^c=\mathbf{R}^n\setminus E$，称 E^c 为点集 E 的**补集**或**余集**.

定义 8.3.2 设 $F\subset\mathbf{R}^n$. 如果 F^c 是开集，则称 F 是**闭集**.

为了建立一个关于闭集的、与定理 8.3.2 对偶的命题，我们指出关于集合的两个等式：设 $E_\alpha\subset\mathbf{R}^n$，其中 α 来自一个指标集，则有

$$\left(\bigcap_\alpha E_\alpha\right)^c=\bigcup_\alpha E_\alpha^c,\quad\left(\bigcup_\alpha E_\alpha\right)^c=\bigcap_\alpha E_\alpha^c.$$

这称为 De Morgan（德摩根，1806～1871）**对偶原理**，其证明是直截了当的，建议读者自己完成.

定理 8.3.3 在空间 $\mathbf{R}^n$ 中：

(1) $\varnothing,\mathbf{R}^n$ 是闭集；

(2) 设$\{F_\alpha\}$是 $\mathbf{R}^n$ 中的一个闭子集族，其中指标 α 来自一个指标集 I，那么交集 $\bigcap\limits_{\alpha\in I}F_\alpha$ 是闭集（任意多个闭集的交是闭集）；

(3) 设 $F_1,F_2,\cdots,F_m$ 是有限个闭集，那么并集 $\bigcup\limits_{i=1}^{m}F_i$ 也是闭集（有限个闭集的并是闭集）.

证明 我们只证明(2)，其他由读者自己完成.

由于 F_α 是闭集，故 F_α^c 是开集. 由 De Morgan 对偶原理，有

$$\left(\bigcap_\alpha F_\alpha\right)^c=\bigcup_\alpha F_\alpha^c.$$

上式的右边是若干个开集之并. 根据定理 8.3.2(2)，可知它是开集，因此 $\bigcup\limits_\alpha F_\alpha$ 是

闭集. □

让我们看看闭集的例子.

例 4　由例 1 可知,在 $\mathbf{R}^2$ 中由横轴上的点和下半平面中的点所组成的集合是闭集.

例 5　由例 2 及定理 8.3.2(3)可知,除去 $\mathbf{R}^n$ 中的有限多个点所成的集是开集,因此 $\mathbf{R}^n$ 中有限个点所成的集是闭集.

例 6　在 $\mathbf{R}^n$ 中,开球的补集是闭集.

为了得到一个不依赖开集而直接判别一个集是不是闭集的方法,我们需要引入**凝聚点**这一概念.把 $B_r(\boldsymbol{a})\setminus\{\boldsymbol{a}\}$叫作以 $\boldsymbol{a}$ 为球心、以 $r>0$ 为半径的**空心球**,记为 $B_r(\check{\boldsymbol{a}})$,即

$$B_r(\check{\boldsymbol{a}}) = \{\boldsymbol{x} \in \mathbf{R}^n : 0 < \|\boldsymbol{x} - \boldsymbol{a}\| < r\}.$$

定义 8.3.3　设 $E\subset\mathbf{R}^n$.若 $a\in\mathbf{R}^n$ 有这样的性质:对任何 $r>0$,在空心球 $B_r(\check{\boldsymbol{a}})$中总有 E 中的点,那么称点 $\boldsymbol{a}$ 为 E 的**凝聚点**或**极限点**.

请注意,E 的凝聚点可以属于 E,也可以不属于 E.例如,在数轴上考虑开区间 $(0,1)$,这时 $[0,1]$ 中的点都是它的凝聚点,但 0 与 1 不在 $(0,1)$ 中.若 E 中的点不是 E 的凝聚点,则称它为 E 的**孤立点**.

定义 8.3.4　点集 $E\subset\mathbf{R}^n$ 的凝聚点的全体称为 E 的**导集**,记作 E'.记 $\bar{E}=E\cup E'$,称 $\bar{E}$ 为 E 的**闭包**.

定理 8.3.4　E 是闭集的充分必要条件是 $E'\subset E$,即 $\bar{E}=E$.

证明　必要性.任取 $\boldsymbol{a}\in E'$,去证 $\boldsymbol{a}\in E$,用反证法.如果 $\boldsymbol{a}\notin E$,那么 $\boldsymbol{a}\in E^c$.因为 E 是闭集,所以 E^c 是开集.于是存在球 $B_r(\boldsymbol{a})$,使得 $B_r(\boldsymbol{a})\subset E^c$,所以 $B_r(\boldsymbol{a})$ 中没有 E 中的点,因此 $\boldsymbol{a}$ 不是 E 的凝聚点.这与 $\boldsymbol{a}\in E'$ 矛盾.

充分性.设 $E'\subset E$.任取 $\boldsymbol{a}\in E^c$,这时 $\boldsymbol{a}$ 必不是 E 的凝聚点,因此必有 $r>0$,使得 $B_r(\boldsymbol{a})$ 中不含 E 中的点,所以 $B_r(\boldsymbol{a})\subset E^c$.这表明 E^c 是一个开集,从而 E 是闭集. □

推论 8.3.1　E 是闭集的充分必要条件是,E 中的任何收敛点列的极限必在 E 中.

证明　必要性.设 E 中的收敛点列 $\{\boldsymbol{x}_i\}$ 有极限 $\boldsymbol{a}$.如果点列中只有有限多个点,显然当 i 充分大时,有 $\boldsymbol{a}=\boldsymbol{x}_i\in E$;如果 $\{\boldsymbol{x}_i\}$ 中有无限多个点,那么 $\boldsymbol{a}\in E'\subset E$(定理 8.3.4).

充分性.任取 $\boldsymbol{a}\in E'$,从 E 中可以选出点列 $\{\boldsymbol{x}_i\}$,使得 $\boldsymbol{x}_i\to\boldsymbol{a}\in E$,所以 $E'\subset E$.依定理 8.3.4,E 是闭集. □

必须注意,这里开和闭不是对立的概念.事实上,存在着既不是开集又不是闭集的集合.例如,空心的闭圆盘$\{(x,y):0<x^2+y^2\leqslant 1\}$就是这样的集合.也存在着既是开集又是闭集的集合.例如,$\mathbf{R}^n$ 和空集就是这样的集合.不过可以证明,$\mathbf{R}^n$ 中除去这两个集外就不再有既开又闭的集合了(见练习题 8.5).

定理 8.3.5 E 的导集E'与闭包$\bar{E}$ 都是闭集.

证明 任取 $\boldsymbol{a}\in(E')^c$,也就是说 $\boldsymbol{a}$ 不是E 的凝聚点,则存在一个球 $B_r(\boldsymbol{a})$,其中至多只有 E 中的一个点,因此 $B_r(\boldsymbol{a})$中的任一点都不是 E 的凝聚点,即 $B_r(\boldsymbol{a})\subset(E')^c$.这说明$(E')^c$是一个开集,从而 E'是闭集.

再证 $\bar{E}$ 是闭集.先设 $E'=\varnothing$,这时 $\bar{E}=E$,我们证明 E 是闭集.为此,任取 $\boldsymbol{a}\in E^c$,则 $\boldsymbol{a}\notin E$.因 $\boldsymbol{a}\notin E'$,故存在 $r>0$,使得 $B_r(\boldsymbol{a})$中没有 E 中的点,即 $B_r(\boldsymbol{a})\subset E^c$,因而 E^c是开集,即 E 是闭集.现设 $E'\neq\varnothing$,这时设 $\bar{E}$ 中的收敛点列$\{\boldsymbol{x}_i\}$有极限 $\boldsymbol{a}$,不妨设$\{\boldsymbol{x}_i\}$中有无穷多个不同的点.如果其中有一子列中的点全属于 E,那么 $\boldsymbol{a}\in E'\subset\bar{E}$;如果其中有一子列中的点全属于 E',由于已证得 E'是闭集,所以 $\boldsymbol{a}\in E'\subset\bar{E}$.根据推论 8.3.1,知 $\bar{E}$ 是闭集. □

定理 8.3.6 E°是含于 E 内的最大开集,$\bar{E}$ 是包含E 的最小闭集.

证明 设开集 $B\subset E$.任取 $\boldsymbol{b}\in B$,则有一个球 $B_r(\boldsymbol{b})\subset B\subset E$,这表明 $\boldsymbol{b}$ 是E 的一个内点,因此 $\boldsymbol{b}\in E^\circ$,所以 $B\subset E^\circ$.

再设闭集 $F\supset E$.任取 $\boldsymbol{a}\in E'$,因此从 E 中可以找出点列$\{\boldsymbol{x}_i\}$收敛于 $\boldsymbol{a}$,点列$\{\boldsymbol{x}_i\}$也可以看成是 F 中的点列.由于 F 是闭集,根据推论 8.3.1,可知 $\boldsymbol{a}\in F$,故 $F\supset E'$.又 $F\supset E$,可见 $F\supset E'\cup E=\bar{E}$. □

定义 8.3.5 设点集 $E\subset\mathbf{R}^n$,$(E^c)^\circ$中的点称为 E 的**外点**,E 的外点的全体称为E 的**外部**;既不是 E 的内点也不是E 的外点的点称为E 的**边界点**,E 的边界点的全体称为E 的**边界**,记为∂E.

很明显,若 $\boldsymbol{a}$ 是E 的外点,则必存在一个球 $B_r(\boldsymbol{a})$,使得其中完全不含 E 中的点;点 $\boldsymbol{b}$ 是E 的边界点,当且仅当在任何球 $B_r(\boldsymbol{b})$中既有 E 中的点,也有 E^c中的点.

例 7 如果 $E=\mathbf{R}^n$,那么 $E^\circ=E$,$(E^c)^\circ=\partial E=\varnothing$.

例 8 设 $E=\{\boldsymbol{a}\}$是独点集.这时,$E^\circ=\varnothing$,$(E^c)^\circ=E^c$,$\partial E=E$.

例 9 设 E 是 $\mathbf{R}^2$ 中一条直线上的点的全体,则 $E^\circ=\varnothing$,$(E^c)^\circ=E^c$,$\partial E=E$.

例 10 令 $E=B_r(\boldsymbol{a})(r>0)$是 $\mathbf{R}^n$ 中的球.这时,$E^\circ=E$,

$$(E^c)^\circ=\{\boldsymbol{x}\in\mathbf{R}^n:\|\boldsymbol{x}-\boldsymbol{a}\|>r\},$$

$$\partial E = \{ \boldsymbol{x} \in \mathbf{R}^n : \| \boldsymbol{x} - \boldsymbol{a} \| = r \}.$$

总之,对一切集 $E \subset \mathbf{R}^n$, E°, $(E^c)^\circ$与∂E 互不相交,并且

$$E^\circ \cup (E^c)^\circ \cup \partial E = \mathbf{R}^n.$$

对实数集的情形,我们有“闭区间套定理”(定理 1.5.2),在 $\mathbf{R}^n$ 中,与之相应的是闭集套定理.为了叙述这一定理,还需要引进点集 E 的直径的概念.设非空的 $E \subset \mathbf{R}^n$,记

$$\operatorname{diam}(E) = \sup\{ \| \boldsymbol{x} - \boldsymbol{y} \| : \boldsymbol{x}, \boldsymbol{y} \in E \},$$

称这个数为集合 E 的**直径**.显然,$\operatorname{diam}(E)$为有限数,当且仅当 E 是有界的.

定理 8.3.7(闭集套定理)　设$\{F_i\}$($F_i \neq \varnothing$, $i = 1,2,3,\cdots$)是一闭集列,并且 $F_1 \supset F_2 \supset F_3 \supset \cdots$.若

$$\lim_{i \to \infty} \operatorname{diam}(F_i) = 0,$$

那么$\bigcap_{i=1}^{\infty} F_i$ 只含唯一的一个点.

证明　因为 F_i 不是空集,所以对每一个 $i \in \mathbf{N}^*$,可取出一点 $\boldsymbol{x}_i \in F_i$.由于$\{F_i\}$形成一个“套”,所以

$$\{ \boldsymbol{x}_i, \boldsymbol{x}_{i+1}, \boldsymbol{x}_{i+2}, \cdots \} \subset F_i \quad (i \in \mathbf{N}^*).$$

由此可知,当 $k, l > i$ 时,

$$\| \boldsymbol{x}_k - \boldsymbol{x}_l \| \leqslant \operatorname{diam}(F_i) \to 0 \quad (i \to \infty).$$

这表明$\{x_i\}$是一个基本点列,故它必收敛于一点 $\boldsymbol{a}$.但$\{F_i\}$($i \in \mathbf{N}^*$)都是闭集,且当 $k \geqslant i$ 时,$\boldsymbol{x}_k \in F_i$,所以 $\boldsymbol{a} \in F_i$ 对一切$i \in \mathbf{N}^*$ 成立,因此 $\boldsymbol{a} \in \bigcap_{i=1}^{\infty} F_i$.

如果又有 $\boldsymbol{b} \in \bigcap_{i=1}^{\infty} F_i$,则 $\boldsymbol{a}, \boldsymbol{b} \in F_i$($i = 1,2,\cdots$),从而$\| \boldsymbol{a} - \boldsymbol{b} \| \leqslant \operatorname{diam}(F_i)$.令 $i \to \infty$,得到$\| \boldsymbol{a} - \boldsymbol{b} \| = 0$,即 $\boldsymbol{a} = \boldsymbol{b}$,所以$\bigcap_{i=1}^{\infty} F_i$ 是独点集. □

练习题 8.3

1. 对下列各题中指定的集合 A,求出 A°, $\bar{A}$ 和∂A:

   (1) 在 $\mathbf{R}$ 中,$A = \left\{ 1, \frac{1}{2}, \frac{1}{3}, \cdots \right\}$;

   (2) 在 $\mathbf{R}^2$ 中,$A = \{(x, y): 0 < y < x + 1\}$;

   (3) A 是 $\mathbf{R}^n$ 中的有限点集.

2. 设 $A = \{(x, y): x, y$ 均为有理数$\}$.求 A°, $(A^c)^\circ$和∂A.

3. 证明:$\boldsymbol{p} \in \bar{A}$ 的一个充分必要条件是,对一切 $r > 0$,有 $B_r(\boldsymbol{p}) \cap A \neq \varnothing$.

4. 证明 De Morgan 对偶原理.

5. 证明：$\partial A = \bar{A} \cap (A^\circ)^c$.

6. 证明：$A^\circ = (\overline{A^c})^c$.

7. 证明：(1) $(A \cap B)^\circ = A^\circ \cap B^\circ$；(2) $\overline{A \cup B} = \bar{A} \cup \bar{B}$.

8. (1) 作出闭集列$\{F_i\}$，使得$\bigcup_{i=1}^{\infty} F_i = B_1(\mathbf{0})$；

   (2) 作出开集列$\{G_i\}$，使得$\bigcap_{i=1}^{\infty} G_i = \overline{B_1(\mathbf{0})}$.

9. 设 I 为一指标集．证明：

   (1) $\overline{\bigcap_{\alpha \in I} A_\alpha} \subset \bigcap_{\alpha \in I} \overline{A_\alpha}$；　　(2) $(\bigcup_{\alpha \in I} A_\alpha)^\circ \supset \bigcup_{\alpha \in I} A_\alpha^\circ$.

   举例说明：真包含关系是可以出现的.

10. 设 $E \subset \mathbf{R}^n$．求证：∂E 是闭集.

11. 设 $G_1, G_2 \subset \mathbf{R}^n$ 是两个不相交的开集．证明：$G_1 \cap \overline{G_2} = \overline{G_1} \cap G_2 = \varnothing$.

12. 设 $P: \mathbf{R}^2 \to \mathbf{R}$，具体地说，对$(x, y) \in \mathbf{R}^2$，$P(x, y) = x$，$P$ 叫作**投影算子**．设 E 为 $\mathbf{R}^2$ 中的开集，求证：$P(E)$是 $\mathbf{R}$ 中的开集．举出例子：A 是 $\mathbf{R}^2$ 中的闭集，但 $P(A)$不是 $\mathbf{R}$ 中的闭集.

13. E 为闭集的充分必要条件是$E \supset \partial E$.

问 题 8.3

1. 对任意的 $E \subset \mathbf{R}^n$，证明：$\partial \bar{E} \subset \partial E$.
2. 设 G 为 $\mathbf{R}$ 中非空的有界开集．求证：G 必可表示为至多可数个互不相交的开区间的并集.
3. 设 F 是R 中非空的有界闭集．证明：如果它不是一个闭区间，那么它一定是由一个闭区间除去至多可数个互不相交的开区间构成的.

8.4　列紧集和紧致集

在实数轴上，我们还有所谓“有限覆盖定理”(定理 1.9.1)，这个定理在 $\mathbf{R}^n$ 中也有相应的推广.

定义 8.4.1　设 $E \subset \mathbf{R}^n$．如果 E 中的任一点列都有一子列收敛于E 中的一

点,则称 E 是 $\mathbf{R}^n$ 中的一个**列紧集**.

下面的定理道出了 $\mathbf{R}^n$ 中的列紧集实际上是有界闭集.

定理 8.4.1　$\mathbf{R}^n$ 中的集合 E 为列紧集的充分必要条件是 E 为有界闭集.

证明　必要性.如果 E 无界,那么必可以找出一个点列 $\{\boldsymbol{x}_i\}\subset E$,满足 $\|\boldsymbol{x}_i\|>i\ (i=1,2,3,\cdots)$.显然点列 $\{\boldsymbol{x}_i\}$ 没有收敛的子列,因此 E 不可能是列紧集.若 E 不是闭集,由推论 8.3.1,必有收敛点列 $\{\boldsymbol{x}_i\}\subset E$,使得 $\boldsymbol{x}_i\to\boldsymbol{a}\ (i\to\infty)$,但 $\boldsymbol{a}\overline{\in}E$,因此 $\{\boldsymbol{x}_i\}$ 的一切子列都收敛于 $\boldsymbol{a}\overline{\in}E$,从而 E 不是列紧集.矛盾.

充分性.设 E 是有界闭集.任取一点列 $\{\boldsymbol{x}_i\}\subset E$,则它是有界的.依 Bolzano-Weierstrass 定理(定理 8.2.4),从 $\{\boldsymbol{x}_i\}$ 中可选出收敛子列 $\{\boldsymbol{x}_{k_i}\}$,使得 $\boldsymbol{x}_{k_i}\to\boldsymbol{a}\ (i\to\infty)$.因为 E 是闭集且 $\{\boldsymbol{x}_{k_i}\}\subset E$,故 $\boldsymbol{a}\in E$,这表明 E 是一个列紧集.　□

定义 8.4.2　设 $E\subset\mathbf{R}^n$,$\mathscr{I}=\{G_\alpha\}$ 是 $\mathbf{R}^n$ 中的一个开集族.如果

$$E\subset\bigcup_\alpha G_\alpha,$$

则称开集族 $\mathscr{I}$ 覆盖了 E,或者称 $\mathscr{I}$ 是 E 的一个**开覆盖**.

显然,$\mathscr{I}=\{G_\alpha\}$ 覆盖了 E 的意思是,对任何 $\boldsymbol{a}\in E$,一定有一个开集 $G_\alpha\in\mathscr{I}$,使得 $\boldsymbol{a}\in G_\alpha$.

定理 1.9.1 告诉我们,在 $\mathbf{R}$ 中,对有限闭区间成立着有限覆盖定理,那么对 $\mathbf{R}^n$ 中怎样的集合才成立有限覆盖定理呢?为此先引入:

定义 8.4.3　设 $E\subset\mathbf{R}^n$.若能从 E 的任一个开覆盖中选出有限个开集,它们仍能组成 E 的开覆盖,那么称 E 为一个**紧致集**.

下面的定理刻画出了 $\mathbf{R}^n$ 中紧致集的特征.

定理 8.4.2　$E\subset\mathbf{R}^n$ 为紧致集的一个充分必要条件是 E 为有界闭集.

证明　必要性.设 E 为紧致集.考虑以原点 $\mathbf{0}=(0,0,\cdots,0)$ 为球心、以 $m\in\mathbf{N}^*$ 为半径的球 $B_m(\mathbf{0})$.因为

$$E\subset\mathbf{R}^n=\bigcup_{m=1}^{\infty}B_m(\mathbf{0}),$$

所以 $\mathscr{I}=\{B_m(\mathbf{0}):m\in\mathbf{N}^*\}$ 是 E 的一个开覆盖.从 $\mathscr{I}$ 中可以选出有限个元素,记为

$$B_{k_1}(\mathbf{0}),B_{k_2}(\mathbf{0}),\cdots,B_{k_t}(\mathbf{0}),$$

它们仍组成 E 的一个开覆盖.令

$$s=\max(k_1,k_2,\cdots,k_t),$$

显然 $E\subset B_s(\mathbf{0})$,因此 E 是有界的.

再证 E 是闭集.这只需证明 E^c 是开集.设 $\boldsymbol{p}\in E^c$.对每一个点 $\boldsymbol{q}\in E$,必定存在充分小的球 $B_r(\boldsymbol{q})$,使得 $B_r(\boldsymbol{p})\cap B_r(\boldsymbol{q})=\varnothing$,这里半径 $r>0$ 与点 $\boldsymbol{q}$ 有关.所有

这种球 $B_r(\boldsymbol{q})$的全体显然是 E 的一个开覆盖. 由于 E 是紧致集,故存在有限个球

$$B_{r_1}(\boldsymbol{q}_1),B_{r_2}(\boldsymbol{q}_2),\cdots,B_{r_m}(\boldsymbol{q}_m),$$

它们组成 E 的一个开覆盖. 易知

$$B_{r_i}(\boldsymbol{q}_i)\cap B_{r_i}(\boldsymbol{p})=\varnothing\quad(i=1,2,\cdots,m).$$

令

$$U=\bigcap_{i=1}^{m}B_{r_i}(\boldsymbol{p}).$$

事实上,U 是以点 $\boldsymbol{p}$ 为球心的同心球中半径最小的那一个. 由此可见 U 与

$$\bigcup_{i=1}^{m}B_{r_i}(\boldsymbol{q}_i)$$

不相交,所以 $E\cap U=\varnothing$. 由此得 $\boldsymbol{p}\in U\subset E^c$. 这说明 $\boldsymbol{p}$ 是E^c的内点. 由于 $\boldsymbol{p}$ 是E^c中任意的点,所以 E^c是一开集,从而 E 是闭集.

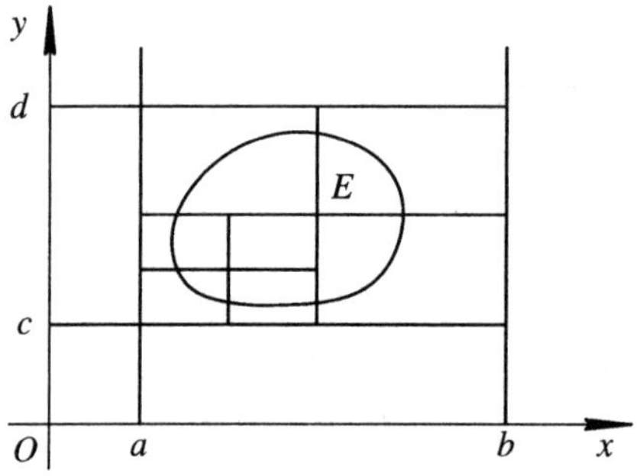

图 8.1

充分性. 为便于读者了解,我们就 $n=2$ 的情形来证明充分性. 设 E 是 $\mathbf{R}^2$ 中的有界闭集,我们证明 E 必是 $\mathbf{R}^2$ 中的紧致集. 用反证法. 如果 E 不是紧致集,则必存在 $\mathbf{R}^2$ 中的开集族$\{G_\alpha\}$,它是 E 的一个开覆盖,但$\{G_\alpha\}$的任意有限子族不能覆盖 E,由此可导出矛盾. 因为 E 是有界集,故存在 $\mathbf{R}^2$ 中的闭矩形 $I=[a,b]\times[c,d]$,使得 $E\subset I$. 把 I 分成相等的四个小闭矩形 K_1,K_2,K_3,K_4(图 8.1),那么

$$I=K_1\cup K_2\cup K_3\cup K_4,\tag{1}$$

且

$$\operatorname{diam}(K_i)=\frac{1}{2}\operatorname{diam}(I)\quad(i=1,2,3,4).\tag{2}$$

由于 E 不能被$\{G_\alpha\}$的任意有限子族覆盖,所以在式(1)中存在某个 K_i,不妨记其为 F_1,使得

$$H_1=F_1\cap E$$

不能被$\{G_\alpha\}$的任意有限子族覆盖,并且由式(2),知

$$\operatorname{diam}(H_1)=\operatorname{diam}(F_1\cap E)\leqslant\operatorname{diam}(F_1)=\frac{1}{2}\operatorname{diam}(I).$$

再把 F_1 按式(1)分解成四个闭矩形的并,其中至少有某个闭矩形 F_2,使得

$$H_2=F_2\cap E$$

不能被$\{G_\alpha\}$的任意有限子族所覆盖，而且

$$\operatorname{diam}(H_2)=\operatorname{diam}(F_2\cap E)\leqslant\operatorname{diam}(F_2)=\frac{1}{2}\operatorname{diam}(F_1)=\frac{1}{2^2}\operatorname{diam}(I).$$

这个过程一直可以无限地进行下去，从而得到一列闭集 $H_k=F_k\cap E\ (k=1,2,\cdots)$，它们满足下列条件：

(a) $H_1\supset H_2\supset\cdots$；

(b) $\operatorname{diam}(H_k)\leqslant\frac{1}{2^k}\operatorname{diam}(I)\to 0\ (k\to\infty)$；

(c) 每个 H_k 都不能被$\{G_\alpha\}$的任意有限子族覆盖.

从(a)和(b)知道，$\{H_k\}$满足闭集套定理(定理8.3.7)的条件，因而存在唯一的 $\boldsymbol{\xi}\in\bigcap_{k=1}^{\infty}H_k$. 因为 $\boldsymbol{\xi}\in E$，而$\{G_\alpha\}$是 E 的一个开覆盖，故必在某个开集 $G_\beta\in\{G_\alpha\}$，使得 $\boldsymbol{\xi}\in G_\beta$. 从而存在 $r>0$，使得

$$B_r(\boldsymbol{\xi})\subset G_\beta.$$

从(b)知道，可取充分大的 k，使得

$$\operatorname{diam}(H_k)<r.$$

于是对任意的 $\boldsymbol{x}\in H_k$，因 $\boldsymbol{\xi}\in H_k$，所以

$$\|\boldsymbol{x}-\boldsymbol{\xi}\|\leqslant\operatorname{diam}(H_k)<r.$$

这说明 $\boldsymbol{x}\in B_r(\boldsymbol{\xi})\subset G_\beta$，即 $H_k\subset G_\beta$，这和(c)矛盾. □

从定理8.4.1和定理8.4.2知道，在 $\mathbf{R}^n$ 中，有界闭、列紧和紧致是三个等价的概念. 有界闭集的列紧性和紧致性在下面的讨论中将起到非常关键的作用.

练 习 题 8.4

1. 设 P 是投影算子，$A\subset\mathbf{R}^2$ 是紧致集. 证明：$P(A)$也是紧致集.
2. 设 $A,B\subset\mathbf{R}$. 证明：$A\times B$ 为紧致集的充分必要条件是 A 和 B 都是紧致集.
3. 证明：$A\subset\mathbf{R}^n$ 为紧致集的充分必要条件是，若 $\mathscr{F}=\{A_\alpha\}$是 $\mathbf{R}^n$ 中的一个闭集族，并且 $A\cap(\bigcap_\alpha A_\alpha)=\varnothing$，则有 $A_1,A_2,\cdots,A_k\in\mathscr{F}$，使得 $A\cap(\bigcap_{i=1}^{k}A_i)=\varnothing$.
4. 如果 $A\subset\mathbf{R}^n$ 的每一个无穷子集在 A 中都有一个凝聚点，那么称 A 是 **Fréchet**(弗雷歇，1878～1973)**紧**的. 证明：在 $\mathbf{R}^n$ 中，Fréchet 紧与列紧是等价的.
5. 设 $F_1,F_2,\cdots,F_k,\cdots$是 $\mathbf{R}^n$ 中的非空闭集，满足 $F_k\supset F_{k+1}(k\geqslant 1)$. 问是否一定有 $\bigcap_{k=1}^{\infty}F_k\neq\varnothing$？若改为非空紧致集又如何？

问 题 8.4

1. 设 $E\subset\mathbf{R}^n$ 是一有界闭集，$\{G_\alpha\}$是 E 的一个开覆盖．证明：必定存在 $\sigma>0$（通常称这个数为开覆盖$\{G_\alpha\}$的 Lebesgue 数），使得只要集合 $F\subset\mathbf{R}^n$ 满足条件
$$F\cap E\neq\varnothing,\quad \mathrm{diam}(F)<\sigma,$$
就能断言 F 能被$\{G_\alpha\}$中某一个开集所覆盖．
2. 试用第 1 题的结论证明：设$\{G_\alpha\}$是 $\mathbf{R}^n$ 中有界闭集 E 的一个开覆盖，那么必能从$\{G_\alpha\}$中选出有限个开集，它们仍能组成 E 的开覆盖．

8.5 集合的连通性

在前面讨论一元函数的微分和积分的时候，都是针对定义在一个区间上的函数进行的．区间的一个特点是它具有连通性，粗略地说，它是“连成一片”的．

许多定理和命题只有在具备连通性的点集上才能成立．对 $\mathbf{R}^n$ 的情形，我们也要研究“连成一片”的点集，因为多元函数的某些定理和命题，只是建立在连通的点集上的．

首先，我们给出：

定义 8.5.1 设 $E\subset\mathbf{R}^n$．如果 E 的任一分解式 $E=A\cup B$ 满足条件 $A\neq\varnothing$，$B\neq\varnothing$，并且 $A\cap B=\varnothing$，便可使得以下两式：
$$A\cap B'\neq\varnothing\quad 和\quad A'\cap B\neq\varnothing$$
中将至少有一个成立，那么称 E 是 $\mathbf{R}^n$ 中的一个**连通集**，或者说 E 是**连通的**．

这就是说，当我们将 E 分解为两个非空的、不相交的集合之并时，其中至少有一个含着另一个的凝聚点，在这种情况下，E 才是连通的．

定义 8.5.2 在 $\mathbf{R}^n$ 中，连通的开集称为**区域**；区域的闭包称为**闭区域**．

在 $E\subset\mathbf{R}^n$ 是开集的情况下，连通性的定义可以有比较简单的等价形式．

定理 8.5.1 开集 $E\subset\mathbf{R}^n$ 为连通集的充分必要条件是，E 不能分解成为两个不相交的非空开集之并．

证明 *必要性*．设有分解式 $E=A\cup B$，其中 A 与 B 是非空开集，并且 $A\cap B\neq\varnothing$．由于 A 是开集，A 的每一点都不是 B 的凝聚点；对称地，由于 B 是开集，B

的每一点也不是A的凝聚点.这个事实可以写成

$$A \cap B' = A' \cap B = \varnothing,$$

因此E不是连通的.

充分性.如果E不连通,那么存在不相交的非空集A和B,使得$E=A\cup B$,并且A不含B的凝聚点,B也不含A的凝聚点.任取$\boldsymbol{a}\in A$,自然有$\boldsymbol{a}\in E$.由于E是开集,存在$r>0$,使球$B_r(\boldsymbol{a})\subset E$;又因$\boldsymbol{a}$不是$B$的凝聚点,存在$s>0$,使球$B_s(\boldsymbol{a})$中无$B$中的点.由于两个球中较小的那一个必全在$A$中,所以$A$是开集.对称地,$B$也为开集. □

在数直线上只有区间才是连通集.我们有:

定理 8.5.2　在$\mathbf{R}$上,集合E连通的充分必要条件是E为区间.

证明　必要性.设E是$\mathbf{R}$上的连通集.任取不同的两点$a,b\in E$,不妨设$a<b$.如果能证明$[a,b]\subset E$,那么E必是区间.假如有一点$c\in(a,b)$,但$c\bar{\in}E$.作集合

$$A=\{x\in E: x<c\},\quad B=\{x\in E: x>c\},$$

这时A,B是非空的,并且$E=A\cup B$.显然此时A中的凝聚点(如果存在的话)$\leqslant c$,所以B中没有A的凝聚点,同样A中也没有B的凝聚点.这说明E不是连通集,产生矛盾.

充分性.设E是数轴上的任一区间.作分解$E=A\cup B$,其中A,B是两个不相交的非空集.由于A,B是非空的,可设存在$a\in A,b\in B$.不妨设$a<b$,于是$[a,b]\subset E$.用区间的中点$(a+b)/2$将此区间平分.如果此中点属于A,那么取$a_1=(a+b)/2,b_1=b$;否则,令$a_1=a,b_1=(a+b)/2$.按照作对分区间套的办法,可作出闭区间套$[a_k,b_k]$,其中$a_k\in A,b_k\in B\,(k\in\mathbf{N}^*)$.设这些区间的公共点为$c$,则有$a_k\to c,b_k\to c\,(k\to\infty)$.很明显,如果$c\in A$,那么$c\bar{\in}B$,从而$c\in B'$,这表明$A\cap B'\neq\varnothing$.类似地,当$c\in B$时,$A'\cap B\neq\varnothing$,所以$E$是连通的. □

为了方便地判别一个点集是否连通,这里引入一个比较直观的连通性概念.

定义 8.5.3　设$E\subset\mathbf{R}^n$.如果对任意的两点$\boldsymbol{p},\boldsymbol{q}\in E$,都有一条"连续曲线"$l\subset E$将$\boldsymbol{p}$与$\boldsymbol{q}$连接起来,则称点集$E$是**道路连通**的.所谓$\mathbf{R}^n$中的**连续曲线**$l$,是指可以表示为参数方程:

$$x_i=\varphi_i(t)\quad(i=1,2,\cdots,n),$$

其中$\varphi_i(i=1,2,\cdots,n)$是区间$[a,b]$上的连续函数,并且

$$\boldsymbol{p}=(\varphi_1(a),\varphi_2(a),\cdots,\varphi_n(a)),$$
$$\boldsymbol{q}=(\varphi_1(b),\varphi_2(b),\cdots,\varphi_n(b)),$$

利用区间的连通性，可以证得：

定理 8.5.3 道路连通集一定是连通集.

证明 设 $E\subset\mathbf{R}^n$ 是一个道路连通集，且 $E=A\cup B$，其中 A 和 B 是互不相交的非空集. 在 A 中任取一点 $\boldsymbol{p}$，在 B 中任取一点 $\boldsymbol{q}$，则有一条连续曲线 $\Gamma\subset E$ 把 $\boldsymbol{p}$，$\boldsymbol{q}$ 两点连接起来. 令

$$\boldsymbol{\Phi}(t)=(\varphi_1(t),\varphi_2(t),\cdots,\varphi_n(t))\quad(a\leqslant t\leqslant b)$$

是 Γ 的参数方程，并令

$$F=\{t\in[a,b]:\boldsymbol{\Phi}(t)\in A\},\quad G=\{t\in[a,b]:\boldsymbol{\Phi}(t)\in B\}.$$

易知，F 和 G 是互不相交的非空集合，且 $F\cup G=[a,b]$. 由于区间 $[a,b]$ 是连通集，$F'\cap G$ 和 $F\cap G'$ 这两个集中至少有一个不空. 不妨设 $c\in F\cap G'$，从 $c\in G'$ 可知，有数列 $\{t_i\}\subset G$，使得 $\lim\limits_{i\to\infty}t_i=c$. 由于 $\varphi_1,\varphi_2,\cdots,\varphi_n$ 连续，所以

$$\lim_{i\to\infty}\boldsymbol{\Phi}(t_i)=\boldsymbol{\Phi}(c).$$

一方面，由 $\boldsymbol{\Phi}(t_i)\in B\ (i=1,2,3,\cdots)$，可知 $\boldsymbol{\Phi}(c)\in B'$；另一方面，利用 $c\in F$，又知 $\boldsymbol{\Phi}(c)\in A$. 由此得出 $\boldsymbol{\Phi}(c)\in A\cap B'$，它不是空集. 所以集合 E 是连通的. □

但是反过来，连通集却不一定是道路连通的. 这样的例子可见问题 8.5. 作为这一定理的直接推论是，道路连通的开集是区域.

例 1 在 $\mathbf{R}^n$ 中，开球是区域.

证明 我们已知球 $B_r(\boldsymbol{a})$ 是开集，因此只需证明它是连通的. 任取 $\boldsymbol{p},\boldsymbol{q}\in B_r(\boldsymbol{a})$，连接这两点的直线 Γ 的方程是

$$\boldsymbol{\Phi}(t)=(1-t)\boldsymbol{p}+t\boldsymbol{q}\quad(0\leqslant t\leqslant 1).$$

因为 $\|\boldsymbol{p}-\boldsymbol{a}\|<r$，$\|\boldsymbol{q}-\boldsymbol{a}\|<r$，所以

$$\begin{aligned}\|\boldsymbol{\Phi}(t)-\boldsymbol{a}\|&=\|(1-t)\boldsymbol{p}+t\boldsymbol{q}-(1-t)\boldsymbol{a}-t\boldsymbol{a}\|\\&\leqslant\|(1-t)(\boldsymbol{p}-\boldsymbol{a})\|+\|t(\boldsymbol{q}-\boldsymbol{a})\|\\&=(1-t)\|\boldsymbol{p}-\boldsymbol{a}\|+t\|\boldsymbol{q}-\boldsymbol{a}\|\\&<(1-t)r+tr=r,\end{aligned}$$

因而 Γ 上的点都在球 $B_r(\boldsymbol{a})$ 内，即 $B_r(\boldsymbol{a})$ 是道路连通的，从而也是连通的. 因此开球是区域. □

练 习 题 8.5

1. 证明：区域必是道路连通的. 这就是说，对开集而言连通与道路连通是等价的.
2. 设 $A\subset\mathbf{R}^n$. 如果 A 既是开集又是闭集，求证：$A=\varnothing$，或者 $A=\mathbf{R}^n$.

问 题 8.5

1. 设 $E\subset\mathbf{R}^n$ 为连通集. 求证:$\bar{E}$ 也是连通集.

2. 设 $E=\left\{(x,y)\in\mathbf{R}^2: y=\sin\frac{1}{x}, 0<x\leqslant\frac{2}{\pi}\right\}$. 证明:$\bar{E}$ 是连通集,但不是道路连通的.

8.6　多变量函数的极限

在 2.1 节中,我们详细地介绍过最一般的集合之间的映射,有了这个概念,理解多变量函数的概念就不会有任何困难.

定义 8.6.1　设 $D\subset\mathbf{R}^n$,那么映射 $f: D\to\mathbf{R}$ 称为一个 n **元函数**,其中 D 称为函数 f 的**定义域**,而 $f(D)\subset\boldsymbol{R}$ 称为 f 的**值域**.

设点 $\boldsymbol{x}\in D$,我们把它记成 $\boldsymbol{x}=(x_1,x_2,\cdots,x_n)$. 这样,$f$ 在点 $\boldsymbol{x}\in D$ 处所取的值可以写成 $f(\boldsymbol{x})$,也可以写成 $f(x_1,x_2,\cdots,x_n)$. 写成哪一种形式,取决于具体的情况. 变数 $x_i(i=1,2,\cdots,n)$ 称为 f 的**自变量**.

有了多元函数的定义之后,接着就是要定义多元函数的极限.

定义 8.6.2　设 $D\subset\mathbf{R}^n$, $f: D\to\mathbf{R}$,点 $\boldsymbol{a}\in\mathbf{R}^n$ 是 D 的一个凝聚点(即 $\boldsymbol{a}\in D'$),又设 l 是一个实数. 如果对任意给定的 $\varepsilon>0$,存在 $\delta>0$,当 $\boldsymbol{x}\in D$ 且 $0<\|\boldsymbol{x}-\boldsymbol{a}\|<\delta$ 时,有

$$|f(\boldsymbol{x})-l|<\varepsilon,$$

我们就称函数 f 在点 $\boldsymbol{a}$ 处有**极限** l,也可以说当 $\boldsymbol{x}$ 趋向于 $\boldsymbol{a}$ 时,$f(\boldsymbol{x})$ 趋向于 l,记作

$$\lim_{\boldsymbol{x}\to\boldsymbol{a}} f(\boldsymbol{x})=l,$$

或者更简单些,写作

$$f(\boldsymbol{x})\to l\quad(\boldsymbol{x}\to\boldsymbol{a}).$$

应当提醒读者:f 可以在点 $\boldsymbol{a}$ 处没有定义,并且即使 f 在点 $\boldsymbol{a}$ 处有定义,在考虑 $\boldsymbol{x}\to\boldsymbol{a}$ 的过程中 f 的极限时,数值 $f(\boldsymbol{a})$ 也不会被考虑.

例 1　定义二元函数

$$f(\boldsymbol{p})=f(x,y)=\frac{x^2y^2}{x^2+y^2},\quad \boldsymbol{p}=(x,y)\neq(0,0).$$

易见 f 在 $\mathbf{R}^2\setminus\{\mathbf{0}\}$ 上有定义，但这无碍于我们来考虑极限 $\lim\limits_{\boldsymbol{p}\to\mathbf{0}} f(\boldsymbol{p})$.

由于

$$0\leqslant f(\boldsymbol{p})=\frac{x^2y^2}{x^2+y^2}\leqslant x^2+y^2=\|\boldsymbol{p}\|^2,$$

所以对任意给定的 $\varepsilon>0$，取 $\delta=\sqrt{\varepsilon}$，当 $0<\|\boldsymbol{p}-\mathbf{0}\|=\|\boldsymbol{p}\|<\delta$ 时，有

$$0\leqslant f(\boldsymbol{p})\leqslant\|\boldsymbol{p}\|^2<\delta^2=\varepsilon.$$

这就证明了

$$\lim_{\boldsymbol{p}\to\mathbf{0}} f(\boldsymbol{p})=0.$$ □

在讨论单变量函数的极限时，变动的自变量总是在过一个点的线段的左右两侧变化，因此两个单侧极限存在且相等就足以保证极限的存在. 但对多变量极限的情形，函数定义域 D 中的点向它的一个凝聚点趋近可以有各种不同的途径，例如，可以是沿着种种不同的直线方向的，也可以是通过曲线路径去趋近的，因此，情况变得异常复杂. 所幸的是，函数极限可以转化为数列极限来研究，因为我们有：

定理 8.6.1 设 $D\subset\mathbf{R}^n$，$f:D\to\mathbf{R}$，点 $\boldsymbol{a}\in D'$. 函数极限

$$\lim_{\boldsymbol{x}\to\boldsymbol{a}} f(\boldsymbol{x})=l$$

的充分必要条件是，对任何点列 $\{\boldsymbol{x}_i\}\subset D$，$\boldsymbol{x}_i\neq\boldsymbol{a}\ (i=1,2,3,\cdots)$ 且 $\boldsymbol{x}_i\to\boldsymbol{a}\ (i\to\infty)$，数列极限

$$\lim_{i\to\infty} f(\boldsymbol{x}_i)=l.$$

证明 必要性比较显然，请读者自行证之.

现在来证明充分性. 如果 f 在点 $\boldsymbol{a}$ 处不以 l 为极限，则对某一个 $\varepsilon_0>0$ 及一切 $i\in\mathbf{N}^*$，可以取出一个点 $\boldsymbol{x}_i\in D$，满足 $0<\|\boldsymbol{x}_i-\boldsymbol{a}\|<1/i$，并使得 $|f(\boldsymbol{x}_i)-l|\geqslant\varepsilon_0$. 这时点列 $\{\boldsymbol{x}_i\}\subset D$ 且 $\boldsymbol{x}_i\to\boldsymbol{a}\ (i\to\infty)$，但是数列 $\{f(\boldsymbol{x}_i)\}$ 不以 l 为极限，与假设矛盾. □

例 2 讨论函数

$$f(\boldsymbol{p})=\frac{xy}{x^2+y^2}\quad(\boldsymbol{p}=(x,y)\neq(0,0))$$

在原点 $(0,0)$ 处极限的存在性.

解 很明显

$$|f(\boldsymbol{p})|=\frac{1}{2}\frac{2|xy|}{x^2+y^2}\leqslant\frac{1}{2}.$$

这说明函数 f 在其定义域上是有界的，但在原点处极限不存在.

取点列 $\boldsymbol{s}_i=(1/i,0)$ 与 $\boldsymbol{t}_i=(1/i,1/i)\ (i=1,2,\cdots)$，易见 $f(\boldsymbol{s}_i)=0$，$f(\boldsymbol{t}_i)=$

$1/2(i=1,2,\cdots)$，而 $\lim_{i\to\infty} s_i=\lim_{i\to\infty} t_i=\mathbf{0}$，因此 f 在点 $\mathbf{0}$ 处极限不存在. □

例3 讨论函数

$$f(\boldsymbol{p}) = \frac{x^2 y}{x^4 + y^2}$$

在(0,0)处的极限.

解 如果点 $\boldsymbol{p}$ 在坐标轴 $x=0$ 上(原点除外)，显然有 $f(\boldsymbol{p})=0$. 当点沿着直线 $y=kx$ 趋向于原点时，有

$$\lim_{x\to 0}\frac{kx^3}{x^4 + k^2x^2} = \lim_{x\to 0}\frac{kx}{x^2 + k^2} = 0,$$

这里 k 为任意固定的实数. 这表明，当点沿着指向原点的任意直线而趋向于原点时，函数 f 趋向于零. 但即使如此，并不足以保证 f 在原点处极限的存在性. 事实上，当点沿着抛物线 $y=x^2$ 趋向于原点时，f 保持常数 1/2. 因此，f 在(0,0)处没有极限. □

我们知道，对一元函数的极限可以进行四则运算. 事实上，对多元函数的极限而言，也存在着相应的运算法则. 具体地说，我们有：

定理 8.6.2 设 $D\subset\mathbf{R}^n$，$f,g:D\to\mathbf{R}$，$\boldsymbol{a}\in D'$. 如果 f,g 存在着有限的极限：

$$\lim_{\boldsymbol{x}\to\boldsymbol{a}}f(\boldsymbol{x}) = l,\quad \lim_{\boldsymbol{x}\to\boldsymbol{a}}g(\boldsymbol{x}) = m,$$

那么有：

(1) $\lim_{\boldsymbol{x}\to\boldsymbol{a}}(f\pm g)(\boldsymbol{x})=l\pm m$；

(2) $\lim_{\boldsymbol{x}\to\boldsymbol{a}}fg(\boldsymbol{x})=lm$；

(3) $\lim_{\boldsymbol{x}\to\boldsymbol{a}}\left(\dfrac{f}{g}\right)(\boldsymbol{x})=\dfrac{l}{m}$，其中 $m\neq 0$.

证明留给读者.

定理 8.6.3 设函数 f 在以 $\boldsymbol{a}\in\mathbf{R}^n$ 为球心、r 为半径的某个空心球 $B_r(\check{\boldsymbol{a}})$ 上有定义，且 $\lim_{\boldsymbol{x}\to\boldsymbol{a}}f(\boldsymbol{x})=l$；一元函数 φ 在以 l 为球心的空心球 $U=\{t:0<|t-l|<\delta\}$ 上有定义，且 $\lim_{t\to l}\varphi(t)=m$. 再设

$$f(B_r(\check{\boldsymbol{a}}))\subset U,$$

那么就有

$$\lim_{\boldsymbol{x}\to\boldsymbol{a}}\varphi(f(\boldsymbol{x})) = m.$$

证明 在 $B_r(\check{\boldsymbol{a}})$ 中任取一个收敛于 $\boldsymbol{a}$ 的点列 $\{\boldsymbol{x}_i\}$，其相应的函数值序列 $\{f(\boldsymbol{x}_i)\}\subset U$，并且 $\lim_{i\to\infty}f(\boldsymbol{x}_i)=l$. 根据单变量函数极限的复合法则，有

$$\lim_{i\to\infty}\varphi(f(\boldsymbol{x}_i)) = m.$$

由定理 8.6.1,得

$$\lim_{\boldsymbol{x}\to\boldsymbol{a}}\varphi(f(\boldsymbol{x})) = m. \qquad \square$$

定理 8.6.4(Cauchy 收敛原理) 设 $D\subset\mathbf{R}^n$, $\boldsymbol{a}\in D'$, $f: D\to\mathbf{R}$. 那么极限 $\lim\limits_{\boldsymbol{x}\to\boldsymbol{a}}f(\boldsymbol{x})$存在的充分必要条件是,对任意给定的 $\varepsilon>0$,存在 $\delta>0$,使得当 $\boldsymbol{x}', \boldsymbol{x}''\in D$ 且

$$0<\|\boldsymbol{x}'-\boldsymbol{a}\|<\delta \quad 和 \quad 0<\|\boldsymbol{x}''-\boldsymbol{a}\|<\delta$$

同时成立时,一定有$|f(\boldsymbol{x}')-f(\boldsymbol{x}'')|<\varepsilon$.

证明可以仿照定理 2.4.7 来进行. $\square$

多变量函数的极限还有其他各种过程. 例如,设函数 f 在闭球 $\overline{B}_r(\mathbf{0})$的外面有定义, $l\in\mathbf{R}$,如果对任何给定的 $\varepsilon>0$,可以找到 $K>r>0$,只要 $\|\boldsymbol{x}\|>K$,便有

$$|f(\boldsymbol{x})-l|<\varepsilon$$

成立,这时记为

$$\lim_{\boldsymbol{x}\to\infty}f(\boldsymbol{x}) = l \quad 或 \quad f(\boldsymbol{x})\to l\ (\boldsymbol{x}\to\infty).$$

请注意:在这里"∞"的前面不能带上正负号. 前面的所有定理,只需作出明显的修改之后,对这种极限过程仍然适用,恕不赘述.

练习题 8.6

1. 确定并画出下列二元函数的定义域:

(1) $u=x+\sqrt{y}$; (2) $u=\sqrt{1-x^2}+\sqrt{y^2-1}$;

(3) $u=\sqrt{x^2+y^2-1}$; (4) $u=\sqrt{1-(x^2+y^2)}$;

(5) $u=\arcsin\dfrac{y}{x}$; (6) $u=\ln(x+y)$;

(7) $u=f(x,y)=\sqrt{x}$; (8) $u=\arccos\dfrac{x}{x+y}$.

2. 确定下列三元函数的定义域,并几何地描述它们:

(1) $u=\ln xyz$; (2) $u=\ln\sqrt{2-(x^2+y^2+z^2)}$;

(3) $u=f(x,y,z)=\dfrac{1}{x^2+y^2}$; (4) $u=\arccos\dfrac{z}{\sqrt{x^2+y^2}}$.

3. 计算下列极限:

(1) $\lim\limits_{(x,y)\to(0,0)}\dfrac{\sin xy}{x}$; (2) $\lim\limits_{(x,y)\to(0,0)}(x^2+y^2)^{x^2y^2}$;

(3) $\lim\limits_{(x,y)\to(1,0)}\dfrac{\ln(x+e^{y})}{\sqrt{x^2+y^2}}$；　　(4) $\lim\limits_{\substack{x\to+\infty\\y\to+\infty}}\left(\dfrac{xy}{x^2+y^2}\right)^{x^2}$；

(5) $\lim\limits_{\substack{x\to+\infty\\y\to+\infty}}\dfrac{x+y}{x^2-xy+y^2}$；　　(6) $\lim\limits_{\substack{x\to+\infty\\y\to+\infty}}(x^2+y^2)e^{-(x+y)}$.

4. 证明定理8.6.2.

5. 设二元函数 f 在 (x_0,y_0) 处的某一空心邻域上有定义.对任意固定的 y，如果极限 $\lim\limits_{x\to x_0}f(x,y)$ 存在，就令

$$\varphi(y)=\lim_{x\to x_0}f(x,y),$$

它是一个定义在 y_0 近旁的函数；如果 $\lim\limits_{y\to y_0}\varphi(y)$ 存在，就令

$$\lim_{y\to y_0}\lim_{x\to x_0}f(x,y)=\lim_{y\to y_0}\varphi(y),$$

称之为函数 f 在点 (x_0,y_0) 处的一个**累次极限**.类似地，可以定义另一个累次极限

$$\lim_{x\to x_0}\lim_{y\to y_0}f(x,y).$$

(1) 计算函数

$$f(x,y)=\frac{x^2y}{x^4+y^2}$$

在原点处的两个累次极限；

(2) 计算

$$\lim_{x\to\infty}\lim_{y\to\infty}\sin\frac{\pi x}{2x+y},\quad \lim_{y\to\infty}\lim_{x\to\infty}\sin\frac{\pi x}{2x+y};$$

(3) 计算

$$\lim_{x\to+\infty}\lim_{y\to0^+}\frac{x^y}{1+x^y},\quad \lim_{y\to0^+}\lim_{x\to+\infty}\frac{x^y}{1+x^y}.$$

6. 设

$$f(x,y)=(x+y)\sin\frac{1}{x}\sin\frac{1}{y}.$$

证明：f 在原点处两个累次极限均不存在，但是极限

$$\lim_{(x,y)\to(0,0)}f(x,y)=0.$$

7. 设 $\lim\limits_{\substack{x\to x_0\\y\to y_0}}f(x,y)=a$ 存在，又对 y_0 近旁的每一个 y，极限 $\lim\limits_{x\to x_0}f(x,y)=h(y)$ 存在.证明：

$$\lim_{y\to y_0}h(y)=a.$$

8. 证明：若二元函数 f 在某一点处的两个累次极限和极限都存在，则这三个值必相等.

8.7 多变量连续函数

现在,我们来讨论连续函数.首先给出:

定义 8.7.1 设 $D\subset\mathbf{R}^n$,$f:D\to\mathbf{R}$,$\boldsymbol{a}\in D$.如果对任意给定的 $\varepsilon>0$,存在 $\delta>0$,使得当 $\boldsymbol{x}\in D\cap B_\delta(\boldsymbol{a})$时,有

$$|f(\boldsymbol{x})-f(\boldsymbol{a})|<\varepsilon,$$

则称函数 f 在点 $\boldsymbol{a}$ **处连续**. $\boldsymbol{a}$ 称为 f 的一个**连续点**,D 中 f 的非连续点称为 f 的**间断点**.

如果 f 在 D 中的每个点上都连续,则称 **f 在 D 上连续**.

注意:f 在 $\boldsymbol{a}$ 处连续,首先必须在点 $\boldsymbol{a}$ 处有定义.定义 8.7.1 中的 δ 通常是依赖于给定的 ε 的.

例 1 设 D 是 $\mathbf{R}^n$ 的一个有限子集,例如,设 $D=\{\boldsymbol{p}_1,\boldsymbol{p}_2,\cdots,\boldsymbol{p}_m\}$,定义函数 $f:D\to\mathbf{R}$ 为 $f(\boldsymbol{p}_i)=\lambda_i(i=1,2,\cdots,m)$,这里 $\lambda_1,\lambda_2,\cdots,\lambda_m$ 是任意给定的数,那么依照定义 8.7.1,f 在 D 上连续. □

$\boldsymbol{a}$ 是E 的孤立点,也就是说,对 $\boldsymbol{a}\in E$,存在一个球 $B_r(\boldsymbol{a})$,使其中除 $\boldsymbol{a}$ 之外再也没有E 的点时.显然,如果 E 为由有限个点所构成的集,那么 E 中的点都是孤立点.函数 $f:D\to\mathbf{R}$ 在 D 中的孤立点处总是连续的.

当 $\boldsymbol{a}\in D\cap D'$时,$f$ 在点 $\boldsymbol{a}$ 处连续的充分必要条件是

$$\lim_{\boldsymbol{x}\to\boldsymbol{a}}f(\boldsymbol{x})=f(\boldsymbol{a}).$$

例 2 设 f 为一常值函数.显然它在任意集合上都是连续的.

例 3 设 $\boldsymbol{x}=(x_1,x_2,\cdots,x_n)$.定义函数

$$f(\boldsymbol{x})=x_i\quad(i=1,2,\cdots,n),$$

称之为 **$\boldsymbol{x}$ 在第 i 个坐标轴上的投影**,则 f 在 $\mathbf{R}^n$ 上是连续函数.

证明 任取 $\boldsymbol{a}=(a_1,a_2,\cdots,a_n)\in\mathbf{R}^n$,那么 $f(\boldsymbol{a})=a_i$,于是

$$|f(\boldsymbol{x})-f(\boldsymbol{a})|=|x_i-a_i|\leqslant\|\boldsymbol{x}-\boldsymbol{a}\|.$$

由此可见函数 f 在 $\mathbf{R}^n$ 上是连续的. □

由于多变量函数连续的定义与单变量函数连续的定义相同,因此在前面已经对连续函数证明过的那些性质,例如连续函数的四则运算性质、连续函数经过复合

仍是连续函数的性质等等,经过明显的修改之后便可推广到多变量函数的情形,毋庸赘述.

例 4　由变量 $x_1,x_2,\cdots,x_n$ 与数通过有限次的加、乘运算而得到的代数式称为 n **元多项式**.设 $P(x)=P(x_1,x_2,\cdots,x_n)$ 和 $Q(x)=Q(x_1,x_2,\cdots,x_n)$ 都是 n 元多项式.由例 2 和例 3 的结论,便可推知

$$\lim_{x\to a}P(\boldsymbol{x})Q(\boldsymbol{x}) = P(\boldsymbol{a})Q(\boldsymbol{a}),$$

以及

$$\lim_{x\to a}\frac{P(\boldsymbol{x})}{Q(\boldsymbol{x})} = \frac{P(\boldsymbol{a})}{Q(\boldsymbol{a})}\quad(\text{设 } Q(\boldsymbol{a})\neq 0).$$

例 5　讨论二元函数

$$f(\boldsymbol{p}) = \frac{x^2y^2}{x^2+y^2}$$

的连续性.

解　f 作为两个二元多项式的商,它在$(x,y)\neq(0,0)$时是连续的.在前一节的例 1 中已证明 $\lim\limits_{p\to 0}f(\boldsymbol{p})=0$,所以,若补充定义 $f(\boldsymbol{0})=0$,则 f 在 $\mathbf{R}^2$ 上处处连续. □

例 6　设 $f(x,y,z)=\sin(xy+z)$,则 f 在 $\mathbf{R}^3$ 上连续.

证明　易知 $xy+z$ 是一个三元多项式,且在 $\mathbf{R}^3$ 上处处连续.令 $\varphi(t)=\sin t$,则 φ 是 $\mathbf{R}$ 上的连续函数.因此通过复合之后,$f(x,y,z)=\sin(xy+z)$在 $\mathbf{R}^3$ 上连续. □

例 7　设

$$f(x,y) = \begin{cases}\dfrac{xy}{x^2+y^2}, & (x,y)\neq(0,0),\\ 0, & (x,y)=(0,0).\end{cases}$$

讨论 f 的连续性.

解　当$(x,y)\neq(0,0)$时,f 是连续的.在前一节的例 2 中已经指明 $\lim\limits_{p\to 0}f(\boldsymbol{p})$不存在,所以 f 在点 $\boldsymbol{0}$ 处不连续.总之,f 在 $\mathbf{R}^2\setminus\{\boldsymbol{0}\}$上连续. □

定义 8.7.2　设 $D\subset\mathbf{R}^n$,$f:D\to\mathbf{R}$.如果任意给定的 $\varepsilon>0$,总存在 $\delta>0$,使得当 $\boldsymbol{x},\boldsymbol{y}\in D$ 且 $\|\boldsymbol{x}-\boldsymbol{y}\|<\delta$ 时,有$|f(\boldsymbol{x})-f(\boldsymbol{y})|<\varepsilon$,则称 f 在D 上**一致连续**.

由定义显然可知,对有限点集 $D\subset\mathbf{R}^n$,任何函数 $f:D\to\mathbf{R}$ 在 D 上都是一致连续的.特别地,常值函数在任何点集 D 上是一致连续的.

例 8　函数

$$f(x,y) = \frac{xy}{x^2+y^2}\quad(x^2+y^2>0)$$

在其定义域$\{\mathbf{0}\}^c$上不一致连续.

证明 当$x\neq 0$时,$\|(x,x)-(x,0)\|=|x|$可以任意地小,但是

$$|f(x,x)-f(x,0)|=\frac{1}{2}.$$

由此可见f在其定义域上不一致连续. □

但是,我们有:

定理 8.7.1 设$D\subset\mathbf{R}^n$,$f:D\to\mathbf{R}$,且f在D上连续.如果D是紧致集,那么f在D上一致连续.

证明 用反证法.如果f在D上不一致连续,则存在一个$\varepsilon_0>0$,使得对任何$i\in\mathbf{N}^*$,在D中可以找出两个点列$\{\boldsymbol{x}_i\}$,$\{\boldsymbol{y}_i\}$,使得

$$\|\boldsymbol{x}_i-\boldsymbol{y}_i\|<\frac{1}{i},$$

但

$$|f(\boldsymbol{x}_i)-f(\boldsymbol{y}_i)|\geqslant\varepsilon_0.$$

由于D是紧致的,也是列紧的,所以从点列$\{\boldsymbol{x}_i\}$中可以找出子列$\{\boldsymbol{x}_{k_i}\}$收敛于点$\boldsymbol{x}\in D$,这时有不等式

$$\begin{aligned}\|\boldsymbol{y}_{k_i}-\boldsymbol{x}\|&\leqslant\|\boldsymbol{y}_{k_i}-\boldsymbol{x}_{k_i}\|+\|\boldsymbol{x}_{k_i}-\boldsymbol{x}\|\\&<\frac{1}{k_i}+\|\boldsymbol{x}_{k_i}-\boldsymbol{x}\|\leqslant\frac{1}{i}+\|\boldsymbol{x}_{k_i}-\boldsymbol{x}\|.\end{aligned}$$

由此可知,当$i\to\infty$时,$\boldsymbol{y}_{k_i}\to\boldsymbol{x}$.在

$$|f(\boldsymbol{x}_{k_i})-f(\boldsymbol{y}_{k_i})|\geqslant\varepsilon_0$$

中,令$i\to\infty$,由f的连续性,得

$$0=|f(\boldsymbol{x})-f(\boldsymbol{x})|\geqslant\varepsilon_0>0.$$

这产生矛盾,从而证明了f在D上是一致连续的. □

例 9 设函数f在$\mathbf{R}^n$上连续,并且极限$\lim\limits_{\boldsymbol{x}\to\infty}f(\boldsymbol{x})$存在且有限,那么$f$在$\mathbf{R}^n$上一致连续.

证明 由于所说的极限存在,对任意给定的$\varepsilon>0$,必存在$r>0$,使得当$\|\boldsymbol{x}_1\|>r$,$\|\boldsymbol{x}_2\|>r$时,有

$$|f(\boldsymbol{x}_1)-f(\boldsymbol{x}_2)|<\varepsilon. \tag{1}$$

考察闭球$\bar{B}_{r+1}(\mathbf{0})$,它是一个有界闭集,也是列紧集,由此可知$f$在$\bar{B}_{r+1}(\mathbf{0})$上是一致连续的.从而对$\varepsilon>0$,存在正数$\delta<1$,使得当$\boldsymbol{x}_1,\boldsymbol{x}_2\in\bar{B}_{r+1}(\mathbf{0})$且$\|\boldsymbol{x}_1-\boldsymbol{x}_2\|<\delta$时,可以使得不等式(1)成立.现在设$\boldsymbol{x}_1,\boldsymbol{x}_2\in\mathbf{R}^n$且$\|\boldsymbol{x}_1-\boldsymbol{x}_2\|<\delta$,我们指出

$\boldsymbol{x}_1,\boldsymbol{x}_2$ 中若有一点(不妨设是 $\boldsymbol{x}_1$)在球 $\bar{B}_r(\boldsymbol{0})$ 中,另一点(即 $\boldsymbol{x}_2$)必满足 $\|\boldsymbol{x}_2\|\leqslant r+1$.这是因为

$$\|\boldsymbol{x}_2\|\leqslant\|\boldsymbol{x}_2-\boldsymbol{x}_1\|+\|\boldsymbol{x}_1\|<\delta+r<1+r.$$

这说明满足 $\|\boldsymbol{x}_1-\boldsymbol{x}_2\|<\delta$ 的两点 $\boldsymbol{x}_1,\boldsymbol{x}_2$,或者同时满足 $\|\boldsymbol{x}_1\|>r$, $\|\boldsymbol{x}_2\|>r$,或者同时在闭球 $\bar{B}_{r+1}(\boldsymbol{0})$之内.无论哪一种情形,均能使式(1)成立. □

定理 8.7.2　设 $D\subset\mathbf{R}^n$, $f:D\to\mathbf{R}$,且 f 在 D 上连续.如果 D 是紧致集,那么 f 的值域 $f(D)$ 也是紧致集.

证明　D 是紧致的,从而也是列紧的.在 $f(D)$ 中任取一点列 $\{y_i\}$,则在 D 中有一点列 $\{\boldsymbol{x}_i\}$,使得 $f(\boldsymbol{x}_i)=y_i(i=1,2,\cdots)$.由于 D 是列紧的,点列 $\{\boldsymbol{x}_i\}$ 有收敛的子列 $\{\boldsymbol{x}_{k_i}\}$ 收敛于 D 中的一点 $\boldsymbol{x}$.但 f 是 D 上的连续函数,所以

$$\lim_{i\to\infty}f(\boldsymbol{x}_{k_i})=f(\boldsymbol{x})\in f(D).$$

这就是说,从点列 $\{y_i\}$ 中可以挑出收敛的子列 $\{y_{k_i}\}$,使得

$$\lim_{i\to\infty}y_{k_i}=\lim_{i\to\infty}f(\boldsymbol{x}_{k_i})=f(\boldsymbol{x})\in f(D).$$

由此可知 $f(D)$ 是列紧的,因而也是紧致的. □

因为紧致集就是有界闭集,定理 8.7.2 断言连续函数一定把有界闭集映成有界闭集.我们自然会问,连续函数是否一定把有界集映成有界集?把闭集映成闭集?答案是否定的.例如,$f(x)=1/x$ 在有界集 $(0,1)$ 上连续,但是 $f((0,1))=(1,+\infty)$,而 $(1,+\infty)$ 是一无界集.函数 $f(x)=1/x$ 在闭集 $[1,+\infty)$ 上连续,但是 $f([1,+\infty))=(0,1]$,而 $(0,1]$ 不是闭集.同样,连续函数也未必把开集映成开集.例如,$f(x)=x^2$ 是开集 $(-1,1)$ 上的连续函数,但是 $f((-1,1))=[0,1)$,而 $[0,1)$ 不是开集.

作为定理 8.7.2 的推论,我们有:

定理 8.7.3　设 $D\subset\mathbf{R}^n$, $f:D\to\mathbf{R}$ 连续.如果 D 是一个紧致集,那么 f 在 D 上能取到它的最小值和最大值.

证明　定理 8.7.2 告诉我们,$f(D)$ 是 $\mathbf{R}$ 上的紧致集,即有界闭集,因而 $f(D)$ 有上确界和下确界.设

$$M=\sup f(D),\quad m=\inf f(D).$$

根据上确界的定义,对任意正整数 i,存在 $\boldsymbol{x}_i\in D$,使得

$$M\geqslant f(\boldsymbol{x}_i)>M-\frac{1}{i}.$$

令 $i\to\infty$,即得 $\lim\limits_{i\to\infty}f(\boldsymbol{x}_i)=M$.因为 $f(\boldsymbol{x}_i)\in f(D)$,而 $f(D)$ 是闭集,所以 $M\in f(D)$,因而存在 $\boldsymbol{a}\in D$,使得 $f(\boldsymbol{a})=M$.同理可证,存在 $\boldsymbol{b}\in D$,使得 $f(\boldsymbol{b})=m$.这

表明连续函数 f 在 D 中的两点 $\boldsymbol{a}$ 和 $\boldsymbol{b}$ 处分别取到它的最大值和最小值. □

对单变量函数的情形,如果连续函数 f 在某区间的两点上取符号不同的数值,那么在这个区间上一定有一点使 f 取零值.一般地,还有所谓的"介值定理".这个定理主要建立在区间的连通性上,而不是在它的紧致性上.例如,设 $D=\{\boldsymbol{a},\boldsymbol{b}\}\subset\mathbf{R}^n$,定义 $f(\boldsymbol{a})=1$,$f(\boldsymbol{b})=-1$,显然 f 是连续函数,D 为紧致集,但 D 中没有点使 f 取零值.对多变量函数的情形,也是定义域的连通性保证了介值定理的正确性.

首先,我们需要下列定理.

定理 8.7.4 设 $D\subset\mathbf{R}^n$ 是一连通集,函数 $f:D\to\mathbf{R}$ 是连续的,那么 $f(D)$ 是 $\mathbf{R}$ 中的连通集.

证明 设有分解式 $f(D)=A\cup B$,其中 A,B 是不相交的非空集.于是

$$D=f^{-1}(A)\cup f^{-1}(B),$$

其中 $f^{-1}(A)$ 和 $f^{-1}(B)$ 是非空集且不相交.由 D 的连通性知,可设 $f^{-1}(A)$ 含有 $f^{-1}(B)$ 的凝聚点,即 $f^{-1}(B)$ 中有点列 $\{\boldsymbol{x}_i\}$ 收敛于 $f^{-1}(A)$ 中的点 $\boldsymbol{x}$.函数 f 是连续函数,所以 $f(\boldsymbol{x}_i)\to f(\boldsymbol{x})(i\to\infty)$.由于 $\{f(\boldsymbol{x}_i)\}\subset B$,$f(\boldsymbol{x})\in A$,这表明 A 中有 B 的凝聚点.这样就证明了 $f(D)$ 是 $\mathbf{R}$ 中的连通集. □

定理 8.7.5(介值定理) 设 $D\subset\mathbf{R}^n$ 是一个连通集,函数 $f:D\to\mathbf{R}$ 连续.如果 $\boldsymbol{a},\boldsymbol{b}\in D$ 和 $r\in\mathbf{R}$ 使得

$$f(\boldsymbol{a})<r<f(\boldsymbol{b}),$$

那么存在 $\boldsymbol{c}\in D$,使得 $f(\boldsymbol{c})=r$.

证明 由定理 8.7.4,可知 $f(D)$ 是 $\mathbf{R}$ 中的连通集.依据定理 8.5.2,$f(D)$ 是区间.由于 $f(\boldsymbol{a}),f(\boldsymbol{b})\in f(D)$,所以 $(f(\boldsymbol{a}),f(\boldsymbol{b}))\subset f(D)$.再由 $r\in(f(\boldsymbol{a}),f(\boldsymbol{b}))$,得到 $r\in f(D)$,即存在一点 $\boldsymbol{c}\in D$,使得 $f(\boldsymbol{c})=r$. □

这样我们就把单变量连续函数的许多重要性质推广到了多变量的情形,这些性质的正确性大多来自于函数定义域的紧致性.只有连续函数的介值定理依赖于函数定义域的连通性.

作为本节的结尾,我们举一个稍难的例子.

设 D 是 $\mathbf{R}^n$ 中的凸区域.如果对任意的 $\boldsymbol{x},\boldsymbol{y}\in D$ 及任意的 $\lambda\in[0,1]$,有

$$f(\lambda\boldsymbol{x}+(1-\lambda)\boldsymbol{y})\leqslant\lambda f(\boldsymbol{x})+(1-\lambda)f(\boldsymbol{y}),\tag{2}$$

则称 f 为 D 上的**凸函数**.显然,它是单变量凸函数概念的推广.

例 10 证明:凸区域 D 上的凸函数必是 D 上的连续函数.

证明 设 f 是凸区域 D 上的凸函数,我们先证明它在 D 的任何紧致子集上有界.在 D 中任取一个 n 维的闭长方体 H,先证 f 在 H 上有上界.从不等式(2),容易看出

$$f(\lambda \boldsymbol{x}+(1-\lambda)\boldsymbol{y}) \leqslant \max(f(\boldsymbol{x}),f(\boldsymbol{y})).$$

这说明 f 在线段$\{\lambda \boldsymbol{x}+(1-\lambda)\boldsymbol{y}:0\leqslant\lambda\leqslant1\}$上的值不超过 f 在线段两端点值中的大者.由此便可断言,f 在H 上的值不超过 f 在 H 的 2^n 个顶点上的值的最大者.因此,f 在H 上有上界.再由有限覆盖定理,便知 f 在D 的任何紧致子集上有上界.再证 f 在H 上也有下界.不然的话,必存在点列$\{\boldsymbol{x}_i\}\subset H$,使得 $\lim\limits_{i\to\infty} f(\boldsymbol{x}_i)=-\infty$.由于 H 是紧致集,$\{\boldsymbol{x}_i\}$中有收敛子列$\{\boldsymbol{x}_{k_i}\}$,使得 $\lim\limits_{i\to\infty}\boldsymbol{x}_{k_i}=\boldsymbol{x}_0\in H\subset D$.由于 D 是开集,故存在 $r>0$,使得 $B_r(\boldsymbol{x}_0)\subset D$.现取 i 充分大,使得 $\|\boldsymbol{x}_{k_i}-\boldsymbol{x}_0\|<r$,于是

$$\|(2\boldsymbol{x}_0-\boldsymbol{x}_{k_i})-\boldsymbol{x}_0\| = \|\boldsymbol{x}_0-\boldsymbol{x}_{k_i}\| < r,$$

即 $2\boldsymbol{x}_0-\boldsymbol{x}_{k_i}\in B_r(\boldsymbol{x}_0)\subset D$.由 f 的凸性,可得

$$\begin{aligned} f(\boldsymbol{x}_0) &= f\left(\frac{1}{2}\boldsymbol{x}_{k_i}+\frac{1}{2}(2\boldsymbol{x}_0-\boldsymbol{x}_{k_i})\right) \\ &\leqslant \frac{1}{2}f(\boldsymbol{x}_{k_i})+\frac{1}{2}f(2\boldsymbol{x}_0-\boldsymbol{x}_{k_i}). \end{aligned}$$

由于$\{2\boldsymbol{x}_0-\boldsymbol{x}_{k_i}\}$是一个有界点列,$f$ 在其上有上界.在上式中令 $i\to\infty$,即得 $f(\boldsymbol{x}_0)=-\infty$,这是不可能的,因而 f 在H 上有下界.再由有限覆盖定理,f 在D 的任意紧致子集上有下界.

现在证明 f 在D 上连续.任取 $\boldsymbol{a}\in D$,我们证明 f 在$\boldsymbol{a}$ 处连续.选取 $r>0$,使得 $\bar{B}_{2r}(\boldsymbol{a})\subset D$.任取 $\boldsymbol{x},\boldsymbol{y}\in B_r(\boldsymbol{a})$,连接 $\boldsymbol{x},\boldsymbol{y}$,设其与 $B_{2r}(\boldsymbol{a})$的边界交于 $\boldsymbol{z}$(图 8.2),可写为

$$\boldsymbol{z} = \boldsymbol{y}+\lambda(\boldsymbol{x}-\boldsymbol{y}).$$

显然$\|\boldsymbol{z}-\boldsymbol{y}\|\geqslant\|\boldsymbol{x}-\boldsymbol{y}\|$,所以 $\lambda>1$.由于

$$\boldsymbol{x} = \frac{1}{\lambda}\boldsymbol{z}+\left(1-\frac{1}{\lambda}\right)\boldsymbol{y},$$

所以

$$f(\boldsymbol{x})\leqslant\frac{1}{\lambda}f(\boldsymbol{z})+\left(1-\frac{1}{\lambda}\right)f(\boldsymbol{y}),$$

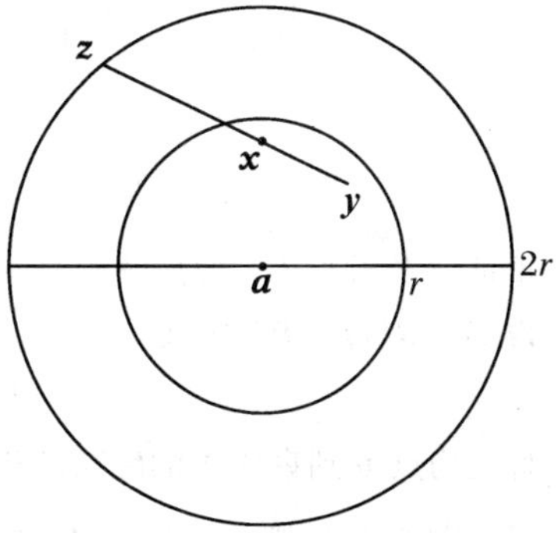

图 8.2

即

$$f(\boldsymbol{x})-f(\boldsymbol{y})\leqslant\frac{1}{\lambda}(f(\boldsymbol{z})-f(\boldsymbol{y}))\leqslant\frac{2M}{\lambda}, \tag{3}$$

这里 $M=\max\{|f(\boldsymbol{x})|:\boldsymbol{x}\in\bar{B}_{2r}(\boldsymbol{a})\}$.又由于 $\lambda\|\boldsymbol{x}-\boldsymbol{y}\|=\|\boldsymbol{z}-\boldsymbol{y}\|\geqslant r$,所以 $\frac{1}{\lambda}\leqslant\frac{1}{r}\|\boldsymbol{x}-\boldsymbol{y}\|$.由式(3),即得

$$f(\boldsymbol{x})-f(\boldsymbol{y})\leqslant\frac{2M}{r}\|\boldsymbol{x}-\boldsymbol{y}\|.$$

由于 $\boldsymbol{x},\boldsymbol{y}$ 在 $B_r(\boldsymbol{a})$ 中是任意选取的，所以

$$|f(\boldsymbol{x})-f(\boldsymbol{y})|\leqslant\frac{2M}{r}\|\boldsymbol{x}-\boldsymbol{y}\|\quad(\boldsymbol{x},\boldsymbol{y}\in B_r(\boldsymbol{a})).$$

由此便知 f 在 $B_r(\boldsymbol{a})$ 上一致连续，当然在 $\boldsymbol{a}$ 处连续. □

练 习 题 8.7

1. 求出下列函数 f 的间断点集：

(1) $f(x,y)=\begin{cases}\dfrac{1}{\sqrt{x^2+y^2}}, & x^2+y^2>0,\\ 0, & x=y=0;\end{cases}$

(2) $f(x,y)=\begin{cases}\dfrac{x+y}{x^2+y^2}, & x^2+y^2>0,\\ 0, & x=y=0;\end{cases}$

(3) $f(x,y)=\begin{cases}x\sin\dfrac{1}{y}, & y\neq0,\\ 0, & y=0.\end{cases}$

2. 设

$$f(x,y)=\frac{1}{1-xy}\quad((x,y)\in[0,1]^2\setminus\{(1,1)\}).$$

求证：f 连续但不一致连续.

3. 设 $A\subset\mathbf{R}^n$，$\boldsymbol{p}\in\mathbf{R}^n$. 定义

$$\rho(\boldsymbol{p},A)=\inf_{\boldsymbol{a}\in A}\|\boldsymbol{p}-\boldsymbol{a}\|,$$

称之为点 $\boldsymbol{p}$ 到集合 A 的**距离**. 证明：

(1) 若 $A\neq\varnothing$，则 $\bar{A}=\{\boldsymbol{p}\in\mathbf{R}^n:\rho(\boldsymbol{p},A)=0\}$；

(2) 对任何 $\boldsymbol{p},\boldsymbol{q}\in\mathbf{R}^n$，有

$$|\rho(\boldsymbol{p},A)-\rho(\boldsymbol{q},A)|\leqslant\|\boldsymbol{p}-\boldsymbol{q}\|.$$

这说明 $\rho(\boldsymbol{p},A)$ 是 $\mathbf{R}^n$ 上的连续函数.

4. 设 $A,B\subset\mathbf{R}^n$. 定义

$$\rho(A,B)=\inf\{\|\boldsymbol{p}-\boldsymbol{q}\|:\boldsymbol{p}\in A,\boldsymbol{q}\in B\},$$

称之为**集合 A 和 B 之间的距离**. 证明：

(1) 若 A 为紧致集，则存在一点 $\boldsymbol{a}\in A$，使得 $\rho(\boldsymbol{a},B)=\rho(A,B)$；

(2) 若 A,B 为紧致集，则存在点 $\boldsymbol{a}\in A$，$\boldsymbol{b}\in B$，使得 $\|\boldsymbol{a}-\boldsymbol{b}\|=\rho(A,B)$；

(3) 设 A 为紧致集，B 为闭集，则 $\rho(A,B)=0$ 当且仅当 $A\cap B\neq\varnothing$.

5. 作出两个不相交的闭集 A,B，使得 $\rho(A,B)=0$.

6. 设 $A\subset\mathbf{R}^n$ 有界. 证明：对任何常数 $c>0$，$\{\boldsymbol{p}\in\mathbf{R}^n:\rho(\boldsymbol{p},A)\leqslant c\}$ 是紧致集.

7. 设连续函数 $f:\mathbf{R}^n\to\mathbf{R}$ 既取正值，也取负值. 求证：集合 $E=\{\boldsymbol{p}\in\mathbf{R}^n:f(\boldsymbol{p})\neq 0\}$ 是非连通集.

问题 8.7

1. 设 A,B 是 $\mathbf{R}^n$ 中不相交的闭集，证明：存在 $\mathbf{R}^n$ 上的连续函数 h，使得

$$h(A)=\{1\},\quad h(B)=\{0\},\quad h(\mathbf{R}^n)=[0,1].$$

2. 设 A,B 是 $\mathbf{R}^n$ 中不相交的闭集. 证明：存在不相交的开集 G 和 H，使得 $A\subset G$，$B\subset H$.

8.8 连续映射

现在，我们把多变量函数的概念进一步推广，即考虑从 $D\subset\mathbf{R}^n$ 到 $\mathbf{R}^m$ 的映射. 当 $m=1$ 时，我们回到了 n 元函数. 我们用 $\boldsymbol{f}$ 来表示这种映射 $\boldsymbol{f}:D\to\mathbf{R}^m$，其中 $D\subset\mathbf{R}^n$. 与函数的情形不同，这里用了黑体 $\boldsymbol{f}$，以着重强调它的“值”是 m 维欧氏空间的点，也就是一个 m 维向量. 当我们用 $\boldsymbol{y}=\boldsymbol{f}(\boldsymbol{x})(\boldsymbol{x}\in D)$ 来表示这种映射时，这种记法的外形（除了黑体之外）与单变量函数的记法没有差别，但是应当注意，这里 $\boldsymbol{x}\in\mathbf{R}^n$，而 $\boldsymbol{y}\in\mathbf{R}^m$. 设 $\boldsymbol{y}$ 按分量写出来是 $\boldsymbol{y}=(y_1,y_2,\cdots,y_m)$，而 $\boldsymbol{x}=(x_1,x_2,\cdots,x_n)$，那么给定一个映射相当于给定了 m 个 n 元函数：

$$\begin{cases} y_1 = f_1(x_1,x_2,\cdots,x_n), \\ y_2 = f_2(x_1,x_2,\cdots,x_n), \quad (x_1,x_2,\cdots,x_n)\in D\subset\mathbf{R}^n. \\ \cdots, \\ y_m = f_m(x_1,x_2,\cdots,x_n) \end{cases}$$

反过来也是这样的. 也就是说，如果给定了 m 个定义在 $D\subset\mathbf{R}^n$ 上的函数，就相当于给出了定义在 D 上、映射到 $\mathbf{R}^m$ 中的一个映射，或者说在 D 上定义了一个在 $\mathbf{R}^m$ 中取值的**向量值函数**. 我们把这一事实表示为

$$\boldsymbol{f}=(f_1,f_2,\cdots,f_m),$$

其中 $f_i:D\to\mathbf{R}$ 称为 $\boldsymbol{f}$ 的第 i 个分量函数 $(i=1,2,\cdots,m)$.

例 1 给定 $m\times n$ 矩阵

$$\boldsymbol{A}=\begin{pmatrix} a_{11} & \cdots & a_{1n}\\ \vdots & & \vdots\\ a_{m1} & \cdots & a_{mn}\end{pmatrix},$$

其中 $a_{ij}\in\mathbf{R}(i=1,2,\cdots,m;j=1,2,\cdots,n)$，那么通过矩阵等式

$$\begin{pmatrix} y_1\\ y_2\\ \vdots\\ y_m\end{pmatrix}=\boldsymbol{A}\begin{pmatrix} x_1\\ x_2\\ \vdots\\ x_n\end{pmatrix}$$

便确定了一个从 $\mathbf{R}^n$ 到 $\mathbf{R}^m$ 的映射.这种映射称作**线性映射**.这是一种从 $\mathbf{R}^n$ 到 $\mathbf{R}^m$ 的最简单的映射. □

在这里，映射的定义域和值域分别是 $\mathbf{R}^n$ 和 $\mathbf{R}^m$ 的子集，而 $\mathbf{R}^n$ 和 $\mathbf{R}^m$ 都是 Euclid 空间，都是定义有距离的.有“距离”，就可以衡量点的“远近”，由此自然就可以定义映射的极限.

定义 8.8.1 设 $D\subset\mathbf{R}^n$，$\boldsymbol{f}:D\to\mathbf{R}^m$，又设 $\boldsymbol{a}\in D'$，$\boldsymbol{p}\in\mathbf{R}^m$.如果对任意给定的 $\varepsilon>0$，存在一个 $\delta>0$，使得当 $\boldsymbol{x}\in D$ 且 $0<\|\boldsymbol{x}-\boldsymbol{a}\|<\delta$ 时，有

$$\|\boldsymbol{f}(\boldsymbol{x})-\boldsymbol{p}\|<\varepsilon,$$

那么称映射 $\boldsymbol{f}$ 在点 $\boldsymbol{a}$ 处有极限 $\boldsymbol{p}$，记为

$$\lim_{\boldsymbol{x}\to\boldsymbol{a}}\boldsymbol{f}(\boldsymbol{x})=\boldsymbol{p},$$

也可以简记为

$$\boldsymbol{f}(\boldsymbol{x})\to\boldsymbol{p}\quad(\boldsymbol{x}\to\boldsymbol{a}).$$

利用几何的语言，上述极限的定义也可以表述为：对任意给定的球 $B_\varepsilon(\boldsymbol{p})\subset\mathbf{R}^m$，必存在一个球 $B_\delta(\boldsymbol{a})\subset\mathbf{R}^n$，当 D 中的点 $\boldsymbol{x}$ 在空心球 $B_\delta(\check{\boldsymbol{a}})$ 中时，它的像必在球 $B_\varepsilon(\boldsymbol{p})$ 中.

注意：一般来说，上述两种球的维数不同，自然最好是再添上字母 m,n 以示区别.但是如果在行文之中不致产生误解，我们就图个省事算了.

与 n 维空间的点列收敛等价于它们的每一个分量组成的数列收敛一样，映射的极限也可以转化为由它的每一个分量所组成的函数极限来研究.具体地说，我们有：

定理 8.8.1 设 $D\subset\mathbf{R}^n$，$\boldsymbol{f}:D\to\mathbf{R}^m$，$\boldsymbol{a}\in D'$，$\boldsymbol{p}=(p_1,p_2,\cdots,p_m)\in\mathbf{R}^m$，$\boldsymbol{f}=(f_1,f_2,\cdots,f_m)$.那么

$$\lim_{\boldsymbol{x}\to\boldsymbol{a}}\boldsymbol{f}(\boldsymbol{x})=\boldsymbol{p}$$

当且仅当

$$\lim_{x\to a} f_i(\boldsymbol{x}) = p_i \quad (i = 1,2,\cdots,m).$$

如果读者复习一下定理8.2.2的证明,一定会认为上述结论是显然成立的.

下面的定理中的结论同样明显成立.

定理8.8.2　设 $D\subset\mathbf{R}^n$,$\boldsymbol{a}\in D'$,又设 $\boldsymbol{f},\boldsymbol{g}:D\to\mathbf{R}^m$,并且

$$\lim_{x\to a}\boldsymbol{f}(\boldsymbol{x}) = \boldsymbol{p},\quad \lim_{x\to a}\boldsymbol{g}(\boldsymbol{x}) = \boldsymbol{q},$$

于是我们有:

(1) 对任何 $\lambda\in\mathbf{R}$,可以得出 $\lim\limits_{x\to a}(\lambda\boldsymbol{f}(\boldsymbol{x})) = \lambda\boldsymbol{p}$;

(2) $\lim\limits_{x\to a}(\boldsymbol{f}(\boldsymbol{x})+\boldsymbol{g}(\boldsymbol{x})) = \boldsymbol{p}+\boldsymbol{q}$.

定义8.8.2　设点集 $D\subset\mathbf{R}^n$,$\boldsymbol{f}:D\to\mathbf{R}^m$,$\boldsymbol{a}\in D$.如果对任意给定的 $\varepsilon>0$,存在 $\delta>0$,使得当 $\boldsymbol{x}\in D\cap B_\delta(\boldsymbol{a})$ 时,有 $\boldsymbol{f}(\boldsymbol{x})\in B_\varepsilon(\boldsymbol{f}(\boldsymbol{a}))$,则称映射 $\boldsymbol{f}$ 在点 $\boldsymbol{a}$ 处连续.

当 $\boldsymbol{f}$ 在 D 中的每一点处都连续时,称映射 $\boldsymbol{f}$ 在 D 上连续.

很明显,映射 $\boldsymbol{f}$ 在 D 中的一点 $\boldsymbol{a}$ 处连续,必须且只需 $\boldsymbol{f}$ 的每一个分量函数在点 $\boldsymbol{a}$ 处连续.由此可知,例1中的线性映射在 $\mathbf{R}^n$ 上是连续的.

关于连续映射有下面的刻画:

定理8.8.3　设 D 是 $\mathbf{R}^n$ 中的开集,$\boldsymbol{f}:D\to\mathbf{R}^m$,$\boldsymbol{f}$ 在 D 上连续的充分必要条件是,对任意的 $\mathbf{R}^m$ 中的开集 G,$\boldsymbol{f}^{-1}(G)$ 是 $\mathbf{R}^n$ 中的开集.这里

$$\boldsymbol{f}^{-1}(G) = \{\boldsymbol{x}\in D:\boldsymbol{f}(\boldsymbol{x})\in G\}.$$

证明　必要性.设 $\boldsymbol{f}$ 在 D 上连续,G 是 $\mathbf{R}^m$ 中的开集,要证 $\boldsymbol{f}^{-1}(G)$ 是 $\mathbf{R}^n$ 中的开集.如果 $\boldsymbol{f}^{-1}(G)$ 是空集,它当然是开集.不然取 $\boldsymbol{x}_0\in\boldsymbol{f}^{-1}(G)$,则 $\boldsymbol{f}(x_0)\in G$.因为 G 是 $\mathbf{R}^m$ 中的开集,故存在 $\varepsilon>0$,使得 $B_\varepsilon(\boldsymbol{f}(\boldsymbol{x}_0))\subset G$.又因 $\boldsymbol{f}$ 在 $\boldsymbol{x}_0$ 处连续,对刚才的 $\varepsilon>0$,存在 $\delta>0$,只要 $\boldsymbol{x}\in B_\delta(\boldsymbol{x}_0)$,便有 $\boldsymbol{f}(\boldsymbol{x})\in B_\varepsilon(\boldsymbol{f}(\boldsymbol{x}_0))$,即 $\boldsymbol{f}(B_\delta(\boldsymbol{x}_0))\subset G$,因而 $B_\delta(\boldsymbol{x}_0)\subset\boldsymbol{f}^{-1}(G)$.这正好说明 $\boldsymbol{f}^{-1}(G)$ 是 $\mathbf{R}^n$ 中的开集.

充分性.任取 $\boldsymbol{x}_0\in D$,对充分小的 $\varepsilon>0$,记 $G=B_\varepsilon(\boldsymbol{f}(\boldsymbol{x}_0))$,则 G 是 $\mathbf{R}^m$ 中的开集.按假定,$\boldsymbol{f}^{-1}(G)$ 是 $\mathbf{R}^n$ 中的开集.因为 $\boldsymbol{x}_0\in\boldsymbol{f}^{-1}(G)$,故有 $\delta>0$,使得 $B_\delta(\boldsymbol{x}_0)\subset\boldsymbol{f}^{-1}(G)$,即 $\boldsymbol{f}(B_\delta(\boldsymbol{x}_0))\subset G$.这就是说,对任意的 $\boldsymbol{x}\in B_\delta(\boldsymbol{x}_0)$,有 $\boldsymbol{f}(\boldsymbol{x})\in B_\varepsilon(\boldsymbol{f}(\boldsymbol{x}_0))$.因此 $\boldsymbol{f}$ 在 $\boldsymbol{x}_0$ 处连续.由于 $\boldsymbol{x}_0$ 是 D 中任意的点,故 $\boldsymbol{f}$ 在 D 中连续.　□

如果对任意给定的 $\varepsilon>0$,存在 $\delta>0$ 当 $\boldsymbol{x},\boldsymbol{y}\in D$ 且 $\|\boldsymbol{x}-\boldsymbol{y}\|<\delta$ 时,均可使得 $\|\boldsymbol{f}(\boldsymbol{x})-\boldsymbol{f}(\boldsymbol{y})\|<\varepsilon$ 成立,那么称映射 $\boldsymbol{f}$ 在 D 上**一致连续**.

显然,常值函数在其定义域上是一致连续的.如果 $D\subset\mathbf{R}^n$ 是一个有限点集,那么任何映射 $\boldsymbol{f}:D\to\mathbf{R}^m$ 在 D 上一致连续.

映射 $\boldsymbol{f}$ 在 D 上一致连续当且仅当 $\boldsymbol{f}$ 的每一个分量函数在 D 上一致连续.

与定理 8.7.1 相当，我们有：

定理 8.8.4 设 $D\subset\mathbf{R}^n$，$f:D\to\mathbf{R}^m$ 是 D 上的连续映射．如果 D 是紧致集，那么 f 在 D 上是一致连续的．

为证明这一定理，可以逐字逐句地照抄定理 8.7.1 的证明，只需将那里的所有数的绝对值改成向量的范数．

对映射而言，相当于介值定理的是下面的定理：

定理 8.8.5 设 $D\subset\mathbf{R}^n$，$f:D\to\mathbf{R}^m$ 在 D 上连续．如果 D 是 $\mathbf{R}^n$ 中的连通集，那么 $f(D)$ 是 $\mathbf{R}^m$ 中的连通集．

这一定理的证明与定理 8.7.4 的证明完全类似．

与定理 8.7.2 平行，这里我们有：

定理 8.8.6 设 $D\subset\mathbf{R}^n$，$f:D\to\mathbf{R}^m$ 在 D 上连续．如果 D 是 $\mathbf{R}^n$ 中的紧致集，那么 $f(D)$ 是 $\mathbf{R}^m$ 中的紧致集．

练 习 题 8.8

1. 设 $f:\mathbf{R}^n\to\mathbf{R}^m$ 连续，$E\subset\mathbf{R}^n$．求证：$f(\bar{E})\subset\overline{f(E)}$．在什么条件下有 $f(\bar{E})=\overline{f(E)}$？
2. 设 $E\subset\mathbf{R}$，$f:E\to\mathbf{R}^m$．证明：

   (1) 若 E 是闭集，f 连续，则 f 的图像
   $$G(f)=\{(x,f(x)):x\in E\}$$
   是 $\mathbf{R}^{m+1}$ 中的闭集；

   (2) 若 E 是紧致集，f 连续，则 $G(f)$ 也是紧致集；

   (3) 若 $G(f)$ 是紧致集，则 f 连续．

问 题 8.8

1. 设 $E\subset\mathbf{R}^n$ 是紧致集，f 是 E 上的连续单射，记 $f(E)=D$．证明：映射 f^{-1} 在 D 上连续．
2. 证明：不存在从 $[0,1]$ 到单位圆周上的一对一的连续映射．
3. 证明：不存在从 $[0,1]$ 到 $[0,1]\times[0,1]$ 上的一对一的连续映射．

第 9 章　多变量函数的微分学

在第 8 章中，我们已经讨论过多变量函数及其连续性. 对单变量函数的情形，所谓研究函数就是研究函数的变化率，对多变量函数也是同样的情况. 可是，由于在高维欧氏空间中，变点向一个固定点趋近的方式异常复杂，我们只能讨论变点沿着一条射线的方向趋向于定点时函数的变化率，这就是所谓的“方向导数”.

9.1　方向导数和偏导数

若 f 是一个单变量函数，x_0 是 f 的定义域的一个内点，那么 f 在 x_0 处的导数定义为

$$f'(x_0) = \lim_{h\to 0}\frac{f(x_0+h)-f(x_0)}{h}.$$

当然，这时应假定上式右边的极限存在且有限.

对多变量函数的情形，即使把 x_0 与 h 改为向量，对应的表达式也没有任何意义，这是因为这时 $\boldsymbol{h}$ 是一个向量，而我们没有定义过“被向量 $\boldsymbol{h}$ 相除”的运算.

设开集 $D\subset\mathbf{R}^n$，$f:D\to\mathbf{R}$. 空间 $\mathbf{R}^n$ 中的任何单位向量 $\boldsymbol{u}$（即 $\boldsymbol{u}$ 满足 $\|\boldsymbol{u}\|=1$）叫作一个**方向**，这就是说，$\mathbf{R}^n$ 中单位球上的任何一个点都代表一个方向. 给定一个点 $\boldsymbol{x}_0\in D$ 和一个方向 $\boldsymbol{u}$，通过点 $\boldsymbol{x}_0$ 与 $\boldsymbol{x}_0+\boldsymbol{u}$ 的直线称为**过点 $\boldsymbol{x}_0$、具有方向 $\boldsymbol{u}$ 的直线**，即点集

$$\{\boldsymbol{x}:\boldsymbol{x}=\boldsymbol{x}_0+t\boldsymbol{u},t\in\mathbf{R}\}$$

组成这条直线.

定义 9.1.1　设开集 $D\subset\mathbf{R}^n$，$f:D\to\mathbf{R}$，$\boldsymbol{u}$ 是一个方向，$\boldsymbol{x}_0\in D$. 如果极限

$$\lim_{t\to 0}\frac{f(\boldsymbol{x}_0+t\boldsymbol{u})-f(\boldsymbol{x}_0)}{t} \tag{1}$$

存在且有限，那么称这个极限是函数 f 在点 $\boldsymbol{x}_0$ 处**沿方向 $\boldsymbol{u}$ 的方向导数**，记为 $\dfrac{\partial f}{\partial \boldsymbol{u}}(\boldsymbol{x}_0)$.

很明显，若令 $\varphi(t)=f(\boldsymbol{x}_0+t\boldsymbol{u})$，那么单变量函数 φ 当 $|t|$ 充分小时有定义，而极限(1)正是函数 φ 在 $t=0$ 处的导数 $\varphi'(0)$.

如果 $\boldsymbol{u}$ 是一个方向，即 $\|\boldsymbol{u}\|=1$，那么由于 $\|-\boldsymbol{u}\|=\|\boldsymbol{u}\|=1$，可见 $-\boldsymbol{u}$ 也是一个方向，这时有

$$\frac{f(\boldsymbol{x}_0+t(-\boldsymbol{u}))-f(\boldsymbol{x}_0)}{t}=-\frac{f(\boldsymbol{x}_0+(-t)\boldsymbol{u})-f(\boldsymbol{x}_0)}{-t}.$$

在上式的两边令 $t\to 0$，便可看出在同一点 $\boldsymbol{x}_0$ 处函数 f 沿方向 $\boldsymbol{u}$ 与沿方向 $-\boldsymbol{u}$ 的方向导数有相等的绝对值但有相反的符号.

例 1 考察二元函数

$$f(x,y)=\begin{cases}\dfrac{2xy}{x^2+y^2}, & (x,y)\neq(0,0),\\ 1, & (x,y)=(0,0).\end{cases}$$

这时任何方向 $\boldsymbol{u}$ 都可以表示为 $\boldsymbol{u}=(\cos\theta,\sin\theta)$ 的形式，这里 $0\leqslant\theta<2\pi$. 取 $\boldsymbol{x}_0=(0,0)$，当 $t\neq 0$ 时，有

$$\varphi(t)=f(\boldsymbol{x}_0+t\boldsymbol{u})=f(t\cos\theta,t\sin\theta)=2\cos\theta\sin\theta=\sin 2\theta,$$

而 $\varphi(0)=1$. 由此可见，当 $\theta=\pi/4$ 与 $\theta=5\pi/4$ 时，方向导数存在且等于零；而对其他的 θ 的值，函数 φ 在 $t=0$ 处不连续，因此 $\varphi'(0)$ 不存在. 这表明，所论函数 f 在 $(0,0)$ 处只在两个方向

$$\left(\frac{\sqrt{2}}{2},\frac{\sqrt{2}}{2}\right),\quad\left(-\frac{\sqrt{2}}{2},-\frac{\sqrt{2}}{2}\right)$$

上存在方向导数. □

讨论下列单位坐标向量

$$\begin{aligned}\boldsymbol{e}_1&=(1,0,0,\cdots,0),\\ \boldsymbol{e}_2&=(0,1,0,\cdots,0),\\ &\cdots,\\ \boldsymbol{e}_n&=(0,0,\cdots,0,1).\end{aligned}$$

称函数 f 在点 $\boldsymbol{x}_0$ 处沿方向 $\boldsymbol{e}_i$ 的方向导数为 f 在 $\boldsymbol{x}_0$ 处的第 i 个**一阶偏导数**，记作

$$\frac{\partial f}{\partial x_i}(\boldsymbol{x}_0)\quad 或\quad \mathrm{D}_i f(\boldsymbol{x}_0),$$

并称 $\mathrm{D}_i=\dfrac{\partial}{\partial x_i}$ 为**第 i 个偏微分算子**($i=1,2,\cdots,n$).

我们指出,掌握了单变量函数的求导运算,那么求偏导数的运算就无须"另起炉灶".令 $\boldsymbol{x}_0=(x_1,x_2,\cdots,x_n)$,我们来计算 $\mathrm{D}_1 f(\boldsymbol{x}_0)$.依定义式(1),有

$$\frac{\partial f}{\partial x_1}(\boldsymbol{x}_0)=\mathrm{D}_1 f(\boldsymbol{x}_0)=\lim_{t\to 0}\frac{f(\boldsymbol{x}_0+t\boldsymbol{e}_1)-f(\boldsymbol{x}_0)}{t}$$

$$=\lim_{t\to 0}\frac{f(x_1+t,x_2,\cdots,x_n)-f(x_1,x_2,\cdots,x_n)}{t}.$$

如果最后一个极限存在,它表示的正是只对第一个变数求导而视其余的变数为常数的情况.一般地,计算 $\mathrm{D}_i f(\boldsymbol{x}_0)$ 的时候,只需对第 i 个变数求导,同时视其余变数为常数($i=1,2,\cdots,n$).

例 2 考察三元函数 $f(x,y,z)=x^2+y+\cos y^2 z$.

我们有

$$\frac{\partial f}{\partial x}(x,y,z)=2x,$$

$$\frac{\partial f}{\partial y}(x,y,z)=1-2yz\sin y^2 z,$$

$$\frac{\partial f}{\partial z}(x,y,z)=-y^2\sin y^2 z.$$ □

例 3 在 $\mathbf{R}^n$ 中,计算函数 $f(\boldsymbol{x})=\|\boldsymbol{x}\|$ 的偏导数.

解 设 $\boldsymbol{x}=(x_1,x_2,\cdots,x_n)$,那么

$$f(\boldsymbol{x})=(x_1^2+x_2^2+\cdots+x_n^2)^{1/2}.$$

因此,当 $\boldsymbol{x}\neq\boldsymbol{0}$ 时,

$$\mathrm{D}_i f(\boldsymbol{x})=\frac{1}{2}(x_1^2+x_2^2+\cdots+x_n^2)^{-1/2}\cdot 2x_i=\frac{x_i}{\|\boldsymbol{x}\|}\quad(i=1,2,\cdots,n);$$

当 $\boldsymbol{x}=\boldsymbol{0}$ 时,设 $\boldsymbol{u}$ 为任一给定的方向,这时有

$$\frac{f(t\boldsymbol{u})-f(\boldsymbol{0})}{t}=\frac{\|t\boldsymbol{u}\|}{t}=\frac{|t|\,\|\boldsymbol{u}\|}{t}=\frac{|t|}{t},$$

上式当 $t\to 0$ 时极限不存在.特别地,f 在原点处的任何偏导数也不存在. □

对二元函数的情形,让我们来看看偏导数的几何意义.设区域 $D\subset\mathbf{R}^2$,$f:D\to\mathbf{R}$.我们把这个二元函数写为 $z=f(x,y)$,其中 $(x,y)\in D$.三维欧氏空间 $\mathbf{R}^3$ 中的点集

$$G(f)=\{(x,y,f(x,y)):(x,y)\in D\}$$

称为**函数 f 的图像**,它是一张展布在 D 上的曲面,平行于 z 轴的直线与它至多只

有一个交点.

任取一点$(x_0,y_0)\in D$,平面$y=y_0$与曲面$z=f(x,y)$交成一条平面曲线,它的方程是

$$\begin{cases} z = f(x,y), \\ y = y_0, \end{cases}$$

也可以写成

$$\begin{cases} z = f(x,y_0), \\ y = y_0. \end{cases}$$

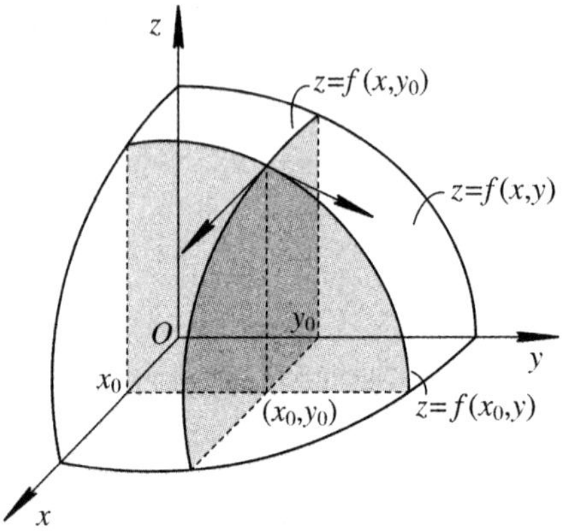

图 9.1

按定义,偏导数$\frac{\partial}{\partial x}f(x_0,y_0)$是一元函数$f(x,y_0)$在点$x_0$处对$x$的导数,于是按一元函数导数的几何意义得知,$\frac{\partial}{\partial x}f(x_0,y_0)$正是上述曲线在点$(x_0,y_0,f(x_0,y_0))$处切线的斜率.同理,偏导数$\frac{\partial}{\partial y}f(x_0,y_0)$是平面曲线

$$\begin{cases} z = f(x_0,y), \\ x = x_0 \end{cases}$$

在点$(x_0,y_0,f(x_0,y_0))$处切线的斜率.

综上,计算函数$f(x_1,x_2,\cdots,x_n)$的n个偏导数不需要新的技术,但按式(1)计算某一方向的方向导数却不是一件易事,我们将在9.2节中给出用n个偏导数来计算方向导数的公式.

练 习 题 9.1

1. (1) 设函数$f(x,y)=xy$.计算函数f在点(1,1)处沿方向$\boldsymbol{u}=(1/\sqrt{2},1/\sqrt{2})$的方向导数.

   (2) 设$f(x,y)=(x-1)^2-y^2$.求f在点(0,1)处沿方向$\boldsymbol{u}=(3/5,-4/5)$的方向导数.

2. 设函数$f(x,y)=\sqrt{|x^2-y^2|}$.在坐标原点处沿哪些方向f的方向导数存在?

3. 设

$$f(x,y)=\begin{cases} \dfrac{xy}{\sqrt{x^2+y^2}}, & x^2+y^2>0, \\ 0, & x^2+y^2=0. \end{cases}$$

在坐标原点处沿哪些方向 f 的方向导数存在?

4. 设函数 $f(x,y,z)=|x+y+z|$. 在平面 $x+y+z=0$ 上的每一点处,沿怎么样的方向 f 存在方向导数?

5. (1) 设 $f(x,y)=x+y+\sqrt{x^2+y^2}$. 求 $\frac{\partial f}{\partial x}(0,1)$, $\frac{\partial f}{\partial y}(0,1)$, $\frac{\partial f}{\partial x}(1,2)$, $\frac{\partial f}{\partial y}(1,2)$.

(2) 设 $f(x,y)=\ln(1+xy)+3$. 求 $\frac{\partial f}{\partial x}(1,2)$, $\frac{\partial f}{\partial y}(1,2)$.

(3) 设 $f(x,y)=e^{x+y^2}+\sin x^2y$. 求 $\frac{\partial f}{\partial x}(1,1)$ 和 $\frac{\partial f}{\partial y}(1,1)$.

6. 计算偏导数:

(1) $z=xy+\frac{x}{y}$;　(2) $z=\tan\frac{x^2}{y}$;

(3) $z=x^y$;　(4) $z=\ln(x+y^2)$;

(5) $z=\arctan\frac{y}{x}$;　(6) $z=\sin xy$;

(7) $u=e^{x(x^2+y^2+z^2)}$;　(8) $u=e^{xyz}$;

(9) $u=x^{yz}$;　(10) $u=\ln(x+y^2+z^3)$;

(11) $z=\ln(x_1+x_2+\cdots+x_n)$;　(12) $z=\arcsin(x_1^2+x_2^2+\cdots+x_n^2)$.

问 题 9.1

1. 设 $a>b>1$. 证明: $a^{b^a}>b^{a^b}$.

2. 设 D 是 $\mathbf{R}^2$ 中的凸区域, $f:D\to\mathbf{R}$. 如果 $\frac{\partial f}{\partial x}$, $\frac{\partial f}{\partial y}$ 在 D 上有界,证明: f 在 D 上一致连续.

9.2　多变量函数的微分

设开集 $D\subset\mathbf{R}^n$, $f:D\to\mathbf{R}$. 取定一点 $\boldsymbol{x}_0\in D$, $\boldsymbol{h}\in\mathbf{R}^n$. 由于 $\boldsymbol{x}_0$ 是 D 的一个内点,故当 $\|\boldsymbol{h}\|$ 充分小时,可以使 $\boldsymbol{x}_0+\boldsymbol{h}$ 完全在 D 之内.

类比 4.1 节中关于单变量函数微分的定义,我们给出:

定义 9.2.1　设 $\boldsymbol{h}=(h_1,h_2,\cdots,h_n)$. 如果成立着

$$f(\boldsymbol{x}_0+\boldsymbol{h})-f(\boldsymbol{x}_0)=\sum_{i=1}^{n}\lambda_i h_i+o(\|\boldsymbol{h}\|)\quad(\|\boldsymbol{h}\|\to 0),\tag{1}$$

式中$\lambda_1,\lambda_2,\cdots,\lambda_n$是不依赖于$\boldsymbol{h}$的常数，那么称函数$f$在点$\boldsymbol{x}_0$处**可微**，并称$\sum\limits_{i=1}^{n}\lambda_i h_i$为$f$在$\boldsymbol{x}_0$处的**微分**，记作

$$\mathrm{d}f(\boldsymbol{x}_0)(\boldsymbol{h})=\sum_{i=1}^{n}\lambda_i h_i.\tag{2}$$

如果f在开集D上的每一点处都可微，则称f是D上的**可微函数**.

从公式(1)可见，微分$\mathrm{d}f(\boldsymbol{x}_0)(\boldsymbol{h})$是函数改变量的主要部分，它是自变量改变量$\boldsymbol{h}$的分量的齐次线性函数. 从这个意义上来说，多变量函数的微分与单变量函数的微分的定义是一致的. 利用式(2)中的记号，可将式(1)改写为

$$f(\boldsymbol{x}_0+\boldsymbol{h})-f(\boldsymbol{x}_0)=\mathrm{d}f(\boldsymbol{x}_0)(\boldsymbol{h})+o(\|\boldsymbol{h}\|)\quad(\|\boldsymbol{h}\|\to 0).$$

设f在点$\boldsymbol{x}_0=(x_1,x_2,\cdots,x_n)$处可微，让我们来看看式(2)右边的系数$\lambda_1,\lambda_2,\cdots,\lambda_n$究竟是什么. 为此，令$\boldsymbol{h}=(h_1,0,\cdots,0)$，这时式(1)变为

$$f(x_1+h_1,x_2,\cdots,x_n)-f(x_1,x_2,\cdots,x_n)=\lambda_1 h_1+o(|h_1|).$$

由此可得

$$\frac{f(x_1+h_1,x_2,\cdots,x_n)-f(x_1,x_2,\cdots,x_n)}{h_1}=\lambda_1+o(1).$$

令$h_1\to 0$，得

$$\lambda_1=\mathrm{D}_1 f(\boldsymbol{x}_0).$$

一般地，有

$$\lambda_i=\mathrm{D}_i f(\boldsymbol{x}_0)\quad(i=1,2,\cdots,n).$$

这表明，当函数f在点$\boldsymbol{x}_0$处可微时，f必有一切一阶偏导数，并且

$$\mathrm{d}f(\boldsymbol{x}_0)(\boldsymbol{h})=\sum_{i=1}^{n}\frac{\partial f(\boldsymbol{x}_0)}{\partial x_i}h_i.$$

定理 9.2.1 设f在$\boldsymbol{x}_0$处可微，则f必在$\boldsymbol{x}_0$处连续.

证明 如果f在$\boldsymbol{x}_0$处可微，那么式(1)成立. 当$\boldsymbol{h}\to\boldsymbol{0}$时，有$h_i\to 0(i=1,2,\cdots,n)$，这时$|\mathrm{d}f(\boldsymbol{x}_0)(\boldsymbol{h})|=\left|\sum\limits_{i=1}^{n}\lambda_i h_i\right|\to 0$. 由式(1)可知，只要$\|\boldsymbol{h}\|$取充分小就可使得$|f(\boldsymbol{x}_0+\boldsymbol{h})-f(\boldsymbol{x}_0)|$任意小，所以$f$在$\boldsymbol{x}_0$处连续. □

对单变量函数的情形，函数在一点处有导数，那么在此点处必可微分，而且其微分的系数正好是它在这一点的一阶导数值. 但是，在多元函数的场合，情形大不相同，具体地说，诸偏导数的存在不能保证函数在一点处的可微性. 请看下面的

例子.

例 1　研究二元函数

$$f(\boldsymbol{p}) = \begin{cases} \dfrac{xy}{x^2 + y^2}, & \boldsymbol{p} = (x, y) \neq (0,0), \\ 0, & \boldsymbol{p} = (0,0). \end{cases}$$

由 f 的定义,可得

$$\frac{\partial f(0,0)}{\partial x} = \frac{\partial f(0,0)}{\partial y} = 0.$$

但在 8.7 节的例 7 中,已经指明 f 在(0,0)处不连续,因此 f 在点(0,0)处不可微. □

令

$$Jf(\boldsymbol{x}) = (\mathrm{D}_1 f(\boldsymbol{x}), \mathrm{D}_2 f(\boldsymbol{x}), \cdots, \mathrm{D}_n f(\boldsymbol{x})),$$

并称它为**函数 f 在点 $\boldsymbol{x}$ 处的 Jacobi**(雅可比,1804～1851)**矩阵**($1 \times n$ 矩阵),它的地位和作用相当于单变量函数的一阶导数.

此后,我们把 $\mathbf{R}^n$ 中的点 $\boldsymbol{x}$ 的分量写成列向量,即

$$\boldsymbol{x} = \begin{pmatrix} x_1 \\ x_2 \\ \vdots \\ x_n \end{pmatrix},$$

以利于今后的矩阵表示. $\boldsymbol{x}$ 的改变量 $\boldsymbol{h}$ 同样也写成 $n \times 1$ 矩阵

$$\boldsymbol{h} = \begin{pmatrix} h_1 \\ h_2 \\ \vdots \\ h_n \end{pmatrix}.$$

这种写法的唯一缺点是多占一点篇幅. 这样,函数的微分可以利用矩阵的乘法表示为

$$\mathrm{d}f(\boldsymbol{x}_0)(\boldsymbol{h}) = Jf(\boldsymbol{x}_0)\boldsymbol{h}. \tag{3}$$

函数 f 的 Jacobi 矩阵也常记为 grad f(或∇f),即

$$\operatorname{grad} f(\boldsymbol{x}) = Jf(\boldsymbol{x}),$$

称为数量函数 f 的**梯度**.

可微的定义可以改成下列等价的形式,这种形式在使用的时候比较方便.

定理 9.2.2　函数 f 在 $\boldsymbol{x}_0$ 处可微当且仅当下面的等式成立:

$$f(\boldsymbol{x}_0 + \boldsymbol{h}) - f(\boldsymbol{x}_0) = Jf(\boldsymbol{x}_0)\boldsymbol{h} + \sum_{i=1}^{n} \beta_i(\boldsymbol{h}) h_i.$$

当 $\|\boldsymbol{h}\| \to 0$ 时，

$$\beta_i(\boldsymbol{h}) \to 0 \quad (i = 1,2,\cdots,n).$$

证明 充分性.当 $\boldsymbol{h}\to\mathbf{0}$ 时,显然有

$$\frac{1}{\|\boldsymbol{h}\|}\left|\sum_{i=1}^{n}\beta_i(\boldsymbol{h})h_i\right| = \left|\sum_{i=1}^{n}\beta_i(\boldsymbol{h})\frac{h_i}{\|\boldsymbol{h}\|}\right| \leqslant \sum_{i=1}^{n}|\beta_i(\boldsymbol{h})| \to 0.$$

因此

$$\sum_{i=1}^{n}\beta_i(\boldsymbol{h})h_i = o(\|\boldsymbol{h}\|).$$

按照定义 9.2.1,函数 f 在点 $\boldsymbol{x}_0$ 处可微.

必要性.设 f 在定义 9.2.1 意义之下可微.记

$$r(\boldsymbol{h}) = f(\boldsymbol{x}_0 + \boldsymbol{h}) - f(\boldsymbol{x}_0) - Jf(\boldsymbol{x}_0)\boldsymbol{h},$$

当 $\|\boldsymbol{h}\|\to 0$ 时,$r(\boldsymbol{h}) = o(\|\boldsymbol{h}\|)$.因为

$$r(\boldsymbol{h}) = \left(\sum_{i=1}^{n}\frac{h_i}{\|\boldsymbol{h}\|}h_i\right)\frac{r(\boldsymbol{h})}{\|\boldsymbol{h}\|},$$

故令

$$\beta_i(\boldsymbol{h}) = \frac{r(\boldsymbol{h})}{\|\boldsymbol{h}\|}\frac{h_i}{\|\boldsymbol{h}\|} \quad (i = 1,2,\cdots,n),$$

由于

$$\left|\frac{h_i}{\|\boldsymbol{h}\|}\right| \leqslant 1 \quad (i = 1,2,\cdots,n),$$

显然可见 $\beta_i(\boldsymbol{h})\to 0(i=1,2,\cdots,n)$,并且

$$f(\boldsymbol{x}_0 + \boldsymbol{h}) - f(\boldsymbol{x}) = Jf(\boldsymbol{x}_0)\boldsymbol{h} + \sum_{i=1}^{n}\beta_i(\boldsymbol{h})h_i. \qquad \square$$

下面的定理给出了函数 f 在一点可微的一个充分条件.我们首先给出:

定义 9.2.2 设开集 $D\subset\mathbf{R}^n$,$\boldsymbol{x}_0\in D$,包含着点 $\boldsymbol{x}_0$ 的任一开集称为 $\boldsymbol{x}_0$ 的一个**邻域**.

定理 9.2.3 设开集 $D\subset\mathbf{R}^n$,$f:D\to\mathbf{R}$,$\boldsymbol{x}_0\in D$.如果 $\mathrm{D}_i f(\boldsymbol{x})(i=1,2,\cdots,n)$ 在 $\boldsymbol{x}_0$ 的一个邻域中存在且在点 $\boldsymbol{x}_0$ 处连续,则 f 在点 $\boldsymbol{x}_0$ 处可微.

证明 对维数 n 用归纳法.当 $n=1$ 时,结论显然成立,因为单变量函数的导数存在就意味着可微.设定理对 $n-1$ 维是正确的.

我们把差 $f(\boldsymbol{x}_0+\boldsymbol{h})-f(\boldsymbol{x}_0)$ 分成两部分:

$$f(\boldsymbol{x}_0 + \boldsymbol{h}) - f(\boldsymbol{x}_0) = K_1 + K_2, \tag{4}$$

式中

$$K_1 = f(x_1 + h_1,\cdots,x_n + h_n) - f(x_1 + h_1,\cdots,x_{n-1} + h_{n-1},x_n),$$

$$K_2 = f(x_1 + h_1, \cdots, x_{n-1} + h_{n-1}, x_n) - f(x_1, \cdots, x_n).$$

对 K_1 运用一元微分中值定理,得到

$$K_1 = \frac{\partial f}{\partial x_n}(x_1 + h_1, \cdots, x_{n-1} + h_{n-1}, x_n + \theta h_n) h_n,$$

其中 $\theta \in (0,1)$. 再把 K_1 改写成

$$K_1 = \frac{\partial f}{\partial x_n}(\boldsymbol{x}_0) h_n + r_1,$$

式中

$$\begin{aligned} r_1 &= \left(\frac{\partial f}{\partial x_n}(x_1 + h_1, \cdots, x_{n-1} + h_{n-1}, x_n + \theta h_n) - \frac{\partial f}{\partial x_n}(\boldsymbol{x}_0)\right) h_n \\ &= \beta_n(\boldsymbol{h}) h_n. \end{aligned}$$

由偏导数 $\dfrac{\partial f}{\partial x_n}$ 在 $\boldsymbol{x}_0$ 处的连续性可知,当 $\|\boldsymbol{h}\| \to 0$ 时,

$$\beta_n(\boldsymbol{h}) \to 0.$$

于是

$$K_1 = \frac{\partial f}{\partial x_n}(\boldsymbol{x}_0) h_n + \beta_n(\boldsymbol{h}) h_n. \tag{5}$$

把归纳假设用到 K_2 上,根据定理 9.2.2,可得

$$K_2 = \sum_{i=1}^{n-1} \frac{\partial f}{\partial x_i}(\boldsymbol{x}_0) h_i + \sum_{i=1}^{n-1} \beta_i(\boldsymbol{h}) h_i. \tag{6}$$

当 $\|\boldsymbol{h}\| \to 0$ 时,

$$\beta_i(\boldsymbol{h}) \to 0 \quad (i = 1, 2, \cdots, n-1).$$

由式(4)~(6),即得

$$f(\boldsymbol{x}_0 + \boldsymbol{h}) - f(\boldsymbol{x}_0) = \sum_{i=1}^{n} \frac{\partial f}{\partial x_i}(\boldsymbol{x}_0) h_i + \sum_{i=1}^{n} \beta_i(\boldsymbol{h}) h_i,$$

其中 $\beta_i(\boldsymbol{h}) \to 0\ (\|\boldsymbol{h}\| \to 0)(i = 1, 2, \cdots, n)$. 再用一次定理 9.2.2,即知 f 在 $\boldsymbol{x}_0$ 处可微. □

必须注意,偏导数连续仅仅是函数可微的一个充分条件,并不是必要条件. 例如,二元函数

$$f(x,y) = \begin{cases} (x^2 + y^2)\sin\dfrac{1}{x^2 + y^2}, & (x,y) \neq (0,0), \\ 0, & (x,y) = (0,0) \end{cases}$$

在点(0,0)处可微,但它的两个偏导数 $\dfrac{\partial f}{\partial x}, \dfrac{\partial f}{\partial y}$ 在(0,0)处并不连续. 请读者作为练习

来证明这一结论.

如果令 $f(x_1,x_2,\cdots,x_n)=x_1$,那么

$$\frac{\partial f}{\partial x_1}=1,\quad \frac{\partial f}{\partial x_2}=\cdots=\frac{\partial f}{\partial x_n}=0,$$

f 在 $\mathbf{R}^n$ 中的每一点处都可微,而且

$$df=dx_1=h_1.$$

同理,可得 $dx_2=h_2,\cdots,dx_n=h_n$,因而可微函数 f 的微分一般也可写为

$$df(\boldsymbol{x}_0)=\sum_{i=1}^{n}\frac{\partial f}{\partial x_i}(\boldsymbol{x}_0)dx_i.$$

定理 9.2.4 若 f 在 $\boldsymbol{x}_0$ 处可微,则 f 在 $\boldsymbol{x}_0$ 处的任意方向 $\boldsymbol{u}=(u_1,u_2,\cdots,u_m)$ 的方向导数都存在,而且

$$\frac{\partial f}{\partial \boldsymbol{u}}(\boldsymbol{x}_0)=\frac{\partial f}{\partial x_1}(\boldsymbol{x}_0)u_1+\cdots+\frac{\partial f}{\partial x_n}(\boldsymbol{x}_0)u_n. \tag{7}$$

证明 按定义,f 在 $\boldsymbol{x}_0$ 处可微,则有

$$f(\boldsymbol{x}_0+t\boldsymbol{u})-f(\boldsymbol{x}_0)=\sum_{i=1}^{n}\frac{\partial f}{\partial x_i}(\boldsymbol{x}_0)tu_i+o(t).$$

由此即得

$$\frac{\partial f}{\partial \boldsymbol{u}}(\boldsymbol{x}_0)=\lim_{t\to 0}\frac{f(\boldsymbol{x}_0+t\boldsymbol{u})-f(\boldsymbol{x}_0)}{t}=\sum_{i=1}^{n}\frac{\partial f}{\partial x_i}(\boldsymbol{x}_0)u_i.$$ □

特别地,对二元函数 $f(x,y)$,在点 (x_0,y_0) 处沿方向 $(\cos\theta,\sin\theta)$ 的方向导数是

$$\frac{\partial f}{\partial x}(x_0,y_0)\cos\theta+\frac{\partial f}{\partial y}(x_0,y_0)\sin\theta.$$

对三元函数 $f(x,y,z)$,一个方向可以用方向余弦 $(\cos\alpha,\cos\beta,\cos\gamma)$ 来表示,其中 α,β,γ 是这一方向分别与 x,y,z 轴的夹角,这时沿这个方向的方向导数是

$$\frac{\partial f}{\partial x}\cos\alpha+\frac{\partial f}{\partial y}\cos\beta+\frac{\partial f}{\partial z}\cos\gamma.$$

注意,若 f 在 $\boldsymbol{x}_0$ 处不可微,则式(7)不成立.练习题 9.2 中的第 1 题就是这样的例子.

综上所述,函数的偏导数、函数的连续性和可微性之间有如图 9.2 所示的关系.

为了叙述方便,我们以后采用下列术语:

设 D 是 $\mathbf{R}^n$ 中的一个区域,$f:D\to\mathbf{R}$.如果 f 的各个偏导数都在 D 上连续,我

们就说 f 在区域 D 上连续可微. 由 D 上全体连续可微的函数组成的集合记成 $C^1(D)$，由 D 上全体连续函数组成的集合记成 $C(D)$.

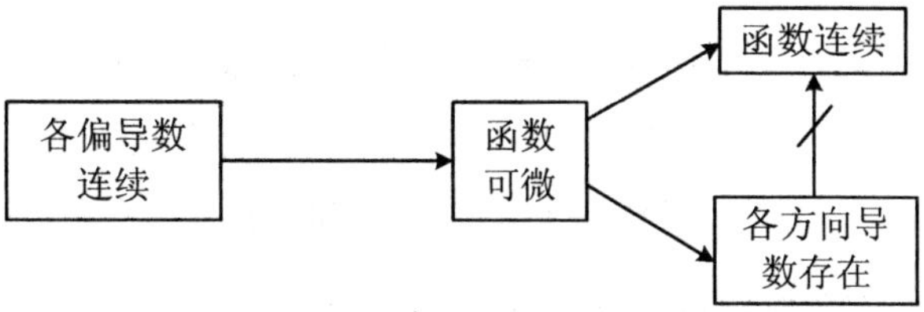

图 9.2

练 习 题 9.2

1. 设

$$f(x,y)=\begin{cases}\dfrac{x^2y}{x^4+y^2}, & x^2+y^2>0,\\ 0, & x=y=0.\end{cases}$$

求证：函数 f 在原点处各个方向导数存在，但在原点处 f 不可微.

2. 求证：函数 $f(x,y)=\sqrt{|xy|}$ 在原点处不可微.

3. 利用可微的定义，证明：函数 $f(x,y)=xy$ 在 $\mathbf{R}^2$ 中的每一点处可微.

4. 求下列函数在指定点处的微分：

(1) $f(x,y)=x^2+2xy-y^2$，在点 $(1,2)$ 处；

(2) $f(x,y,z)=\ln(x+y-z)+\mathrm{e}^{x+y}\sin z$，在点 $(1,2,1)$ 处；

(3) $u=\sqrt{x_1^2+x_2^2+\cdots+x_n^2}$，在点 $(t_1,t_2,\cdots,t_n)$ 处，其中 $t_1^2+t_2^2+\cdots+t_n^2>0$；

(4) $u=\sin(x_1+x_2^2+\cdots+x_n^n)$，在点 $(x_1,x_2,\cdots,x_n)$ 处.

5. 计算下列函数 f 的 Jacobi 矩阵 Jf：

(1) $f(x,y)=x^2y^3$；

(2) $f(x,y,z)=x^2y\sin yz$；

(3) $f(x,y,z)=x\cos(y-3z)+\arcsin xy$；

(4) $f(x_1,x_2,\cdots,x_n)=(x_1^2+x_2^2+\cdots+x_n^2)^{1/2}$.

6. 证明：二元函数

$$f(x,y)=\begin{cases}(x^2+y^2)\sin\dfrac{1}{x^2+y^2}, & (x,y)\neq(0,0),\\ 0, & (x,y)=(0,0)\end{cases}$$

在 $(0,0)$ 处可微，但它的两个偏导数 $\dfrac{\partial f}{\partial x}$，$\dfrac{\partial f}{\partial y}$ 在 $(0,0)$ 处不连续.

问 题 9.2

1. 设 $f\in C^1(\mathbf{R}^2)$，$f(0,0)=0$. 证明：存在 $\mathbf{R}^2$ 上的连续函数 g_1,g_2，使得

$$f(x,y)=xg_1(x,y)+yg_2(x,y).$$

2. 设 $f(x,y)$ 在 (x_0,y_0) 的某个邻域 U 上有定义，$\frac{\partial f}{\partial x}$ 和 $\frac{\partial f}{\partial y}$ 在 U 上存在. 证明：如果 $\frac{\partial f}{\partial x}$ 和 $\frac{\partial f}{\partial y}$ 中有一个在 (x_0,y_0) 处连续，那么 $f(x,y)$ 在 (x_0,y_0) 可微.

9.3 映射的微分

设开集 $D\subset\mathbf{R}^n$，$\boldsymbol{f}:D\to\mathbf{R}^m$. 记 $\boldsymbol{f}$ 的分量依次是 $f_1,f_2,\cdots,f_m$，可把 $\boldsymbol{f}(\boldsymbol{x})$ 写作

$$\boldsymbol{f}(\boldsymbol{x})=\begin{pmatrix}f_1(\boldsymbol{x})\\ f_2(\boldsymbol{x})\\ \vdots\\ f_m(\boldsymbol{x})\end{pmatrix}\quad(\boldsymbol{x}\in D).$$

设点 $\boldsymbol{x}_0\in D$，$\boldsymbol{h}\in\mathbf{R}^n$. 由于 $\boldsymbol{x}_0$ 是 D 的内点，因此总可以取充分小的 $\|\boldsymbol{h}\|$，使得 $\boldsymbol{x}_0+\boldsymbol{h}\in D$.

定义 9.3.1 如果映射 $\boldsymbol{f}$ 满足

$$\boldsymbol{f}(\boldsymbol{x}_0+\boldsymbol{h})-\boldsymbol{f}(\boldsymbol{x}_0)=\boldsymbol{A}\boldsymbol{h}+\boldsymbol{r}(\boldsymbol{h}),\tag{1}$$

式中 $\boldsymbol{A}$ 是一个 $m\times n$ 矩阵，它的元素不依赖于 $\boldsymbol{h}$，并且

$$\lim_{\boldsymbol{h}\to\boldsymbol{0}}\frac{\|\boldsymbol{r}(\boldsymbol{h})\|}{\|\boldsymbol{h}\|}=0,\tag{2}$$

则称映射 $\boldsymbol{f}$ 在点 $\boldsymbol{x}_0$ 处**可微**，并称 $\boldsymbol{A}\boldsymbol{h}$ 是 $\boldsymbol{f}$ 在点 $\boldsymbol{x}_0$ 处的**微分**，记作

$$\mathrm{d}\boldsymbol{f}(\boldsymbol{x}_0)=\boldsymbol{A}\boldsymbol{h}.\tag{3}$$

请注意，在式(2)中，左边分子的范数是 m 维欧氏空间中的范数，而分母的范数是 n 维欧氏空间中的范数.

由定义 9.3.1 看出，在一个可微的点上，映射的增量的主要部分是一个线性映射 $\boldsymbol{A}$ 作用于向量 $\boldsymbol{h}$ 的结果.

我们来看看在可微的情形下，矩阵 $\boldsymbol{A}$ 中的元素究竟是些什么. 为此，设

$$\boldsymbol{A}=\begin{pmatrix}a_{11}&\cdots&a_{1n}\\\vdots&&\vdots\\a_{m1}&\cdots&a_{mn}\end{pmatrix}.$$

比较式(1)两边的第 i 个分量,得到

$$f_i(\boldsymbol{x}_0+\boldsymbol{h})-f_i(\boldsymbol{x}_0)=\sum_{j=1}^{n}a_{ij}h_j+r_i(\boldsymbol{h}),\tag{4}$$

式中最后一项表示 $\boldsymbol{r}(\boldsymbol{h})$ 的第 i 个分量.由于式(2)成立当且仅当

$$r_i(\boldsymbol{h})=o(\|\boldsymbol{h}\|)\quad(\boldsymbol{h}\to\boldsymbol{0},\ i=1,2,\cdots,m),$$

可见映射 $\boldsymbol{f}$ 在点 $\boldsymbol{x}_0$ 处可微,当且仅当它的所有分量函数在 $\boldsymbol{x}_0$ 处可微.因此由式(4),立即得到

$$a_{ij}=\frac{\partial f_i(\boldsymbol{x}_0)}{\partial x_j}\quad(i=1,2,\cdots,m;j=1,2,\cdots,n).$$

记

$$\boldsymbol{Jf}(\boldsymbol{x}_0)=\begin{pmatrix}\dfrac{\partial f_1(\boldsymbol{x}_0)}{\partial x_1}&\cdots&\dfrac{\partial f_1(\boldsymbol{x}_0)}{\partial x_n}\\\vdots&&\vdots\\\dfrac{\partial f_m(\boldsymbol{x}_0)}{\partial x_1}&\cdots&\dfrac{\partial f_m(\boldsymbol{x}_0)}{\partial x_n}\end{pmatrix},$$

称之为映射 $\boldsymbol{f}$ 在点 $\boldsymbol{x}_0$ 处的 **Jacobi 矩阵**,它是一个 $m\times n$ 矩阵.于是

$$\mathrm{d}\boldsymbol{f}(\boldsymbol{x}_0)=\boldsymbol{Jf}(\boldsymbol{x}_0)\boldsymbol{h}.\tag{5}$$

总而言之,映射的微分就是自变量改变量 $\boldsymbol{h}$ 的一个线性映射,无论是对单变量函数,还是对多变量函数,这一观点都是适用的.映射的 Jacobi 矩阵就是它的“导数”.

前面已经说过,映射 $\boldsymbol{f}$ 在点 $\boldsymbol{x}_0$ 处的可微性等价于它的所有分量函数在点 $\boldsymbol{x}_0$ 处的可微性,因此由定理 9.2.2,可以立即推出:

定理 9.3.1　若映射 $\boldsymbol{f}$ 在 $\boldsymbol{x}_0$ 的某一邻域内存在 Jacobi 矩阵 $\boldsymbol{Jf}$,且 $\boldsymbol{Jf}$ 的各元素在点 $\boldsymbol{x}_0$ 处连续,则映射 $\boldsymbol{f}$ 在点 $\boldsymbol{x}_0$ 处可微.

由上述定理可见,偏导数的连续性对映射有着重要的影响.

和 9.2 节末尾提到的一样,我们有下面的定义:

定义 9.3.2　设开集 $D\subset\mathbf{R}^n$,$\boldsymbol{f}:D\to\mathbf{R}^m$.如果 $\boldsymbol{f}$ 在 D 上的每一点处都连续,则记 $\boldsymbol{f}\in C(D)$;如果 $\boldsymbol{Jf}$ 在 D 上的每一点处都连续,则记 $\boldsymbol{f}\in C^1(D)$.

设 $\boldsymbol{f}\in C^1(D)$.由定理 9.3.1 可知,$\boldsymbol{f}$ 在 D 上的每一点处都可微,因此 $\boldsymbol{f}$ 在 D 上的每一点处都连续,这说明 $\boldsymbol{f}\in C(D)$.也就是说,若 $\boldsymbol{f}\in C^1(D)$,则 $\boldsymbol{f}\in C(D)$.

练 习 题 9.3

1. 在指定点处计算下列映射的 Jacobi 矩阵和微分：

   (1) $\boldsymbol{f}(x,y)=(xy^2-3x^2,3x-5y^2)$，在点$(1,-1)$处；

   (2) $\boldsymbol{f}(x,y,z)=(xyz^2-4y^2,3xy^2-y^2z)$，在点$(1,-2,3)$处；

   (3) $\boldsymbol{f}(x,y)=(\mathrm{e}^x\cos xy,\mathrm{e}^x\sin xy)$，在点$(1,\pi/2)$处.

2. 计算下列映射的 Jacobi 矩阵：

   (1) $\boldsymbol{f}(r,\theta)=(r\cos\theta,r\sin\theta)$；

   (2) $\boldsymbol{f}(r,\theta,z)=(r\cos\theta,r\sin\theta,z)$；

   (3) $\boldsymbol{f}(r,\theta,\varphi)=(r\sin\theta\cos\varphi,r\sin\theta\sin\varphi,r\cos\theta)$.

3. 设区域 $D\subset\mathbf{R}^n$，映射 $\boldsymbol{f},\boldsymbol{g}:D\to\mathbf{R}^m$. 求证：

   (1) $J(c\boldsymbol{f})=cJ\boldsymbol{f}$，其中 c 为常数；

   (2) $J(\boldsymbol{f}+\boldsymbol{g})=J\boldsymbol{f}+J\boldsymbol{g}$；

   (3) 当 $m=1$ 时，有 $J(\boldsymbol{f}\boldsymbol{g})=\boldsymbol{g}J\boldsymbol{f}+\boldsymbol{f}J\boldsymbol{g}$；

   (4) 当 $m>1$ 时，有

   $$J\langle\boldsymbol{f},\boldsymbol{g}\rangle=\boldsymbol{g}(J\boldsymbol{f})+\boldsymbol{f}(J\boldsymbol{g}),$$

   这里$\langle\boldsymbol{f},\boldsymbol{g}\rangle$表示欧氏空间 $\mathbf{R}^m$ 中的内积，而右边涉及 $1\times m$ 矩阵与 $m\times n$ 矩阵相乘.

4. 设 $\boldsymbol{f}:[a,b]\to\mathbf{R}^n$，并且对一切 $t\in[a,b]$，有 $\|\boldsymbol{f}(t)\|=$常数. 求证：$\langle J\boldsymbol{f},\boldsymbol{f}\rangle=0$，并对此式作出几何解释.

5. 设 α,β,γ 为 $\mathbf{R}$ 上的连续函数. 求出一个从 $\mathbf{R}^3$ 到 $\mathbf{R}^3$ 的可微映射 $\boldsymbol{f}$，使得

   $$J\boldsymbol{f}(x,y,z)=\begin{pmatrix}\alpha(x)&0&0\\0&\beta(y)&0\\0&0&\gamma(z)\end{pmatrix}.$$

6. 设映射 $\boldsymbol{f}:\mathbf{R}^n\to\mathbf{R}^m$. 如果

   $$\boldsymbol{f}(\lambda\boldsymbol{x}+\mu\boldsymbol{y})=\lambda\boldsymbol{f}(\boldsymbol{x})+\mu\boldsymbol{f}(\boldsymbol{y})$$

   对一切 $\boldsymbol{x},\boldsymbol{y}\in\mathbf{R}^n$ 和一切$\lambda,\mu\in\mathbf{R}$ 成立，则称 $\boldsymbol{f}$ 是**线性映射**. 证明：

   (1) $\boldsymbol{f}(\boldsymbol{0})=\boldsymbol{0}$；

   (2) $\boldsymbol{f}(-\boldsymbol{x})=-\boldsymbol{f}(\boldsymbol{x})(\boldsymbol{x}\in\mathbf{R}^n)$；

   (3) 映射 $\boldsymbol{f}$ 由$\boldsymbol{f}(\boldsymbol{e}_1),\boldsymbol{f}(\boldsymbol{e}_2),\cdots,\boldsymbol{f}(\boldsymbol{e}_n)$完全确定，其中 $\boldsymbol{e}_1,\boldsymbol{e}_2,\cdots,\boldsymbol{e}_n$ 是 $\mathbf{R}^n$ 中的单位坐标向量.

7. 设 $\boldsymbol{f}:\mathbf{R}^n\to\mathbf{R}^m$ 为线性映射. 试求 $J\boldsymbol{f}$.

8. 设 $\boldsymbol{E}:\mathbf{R}^n\to\mathbf{R}^n$，满足对一切 $\boldsymbol{x}\in\mathbf{R}^n$，有 $\boldsymbol{E}(\boldsymbol{x})=\boldsymbol{x}$，称 $\boldsymbol{E}$ 为 $\mathbf{R}^n$ 上的**恒等映射**. 求证：$\boldsymbol{E}$ 是一个线性映射，并且 $J\boldsymbol{E}=\boldsymbol{I}_n$，这里 $\boldsymbol{I}_n$ 表示 n 阶单位方阵.

9.4 复合求导

在单变量函数的微分学中，有"复合函数的求导公式"，即所谓的"链式法则"．当前讨论的映射的"导数"，也有完全相似的链式法则．

我们有：

定理 9.4.1 设开集 $D \subset \mathbf{R}^n$，$\boldsymbol{g}: D \to \mathbf{R}^m$，$\boldsymbol{g}$ 在点 $\boldsymbol{x}_0 \in D$ 处可微．又设 $\boldsymbol{f}$ 把包含 $\boldsymbol{g}(D)$ 的一个开集映射至 $\mathbf{R}^l$，并且 $\boldsymbol{f}$ 在点 $\boldsymbol{g}(\boldsymbol{x}_0)$ 处可微，那么复合映射 $f \circ g$ 在点 $\boldsymbol{x}_0$ 处可微，并且

$$J(\boldsymbol{f} \circ \boldsymbol{g})(\boldsymbol{x}_0) = J\boldsymbol{f}(\boldsymbol{g}(\boldsymbol{x}_0))J\boldsymbol{g}(\boldsymbol{x}_0). \tag{1}$$

证明 令 $\boldsymbol{y}_0 = \boldsymbol{g}(\boldsymbol{x}_0)$，$\boldsymbol{A} = J\boldsymbol{f}(\boldsymbol{y}_0)$，$\boldsymbol{B} = J\boldsymbol{g}(\boldsymbol{x}_0)$．易见 $\boldsymbol{B}$ 是 $m \times n$ 矩阵，而 $\boldsymbol{A}$ 是 $l \times m$ 矩阵．

如果能证明

$$\lim_{\|\boldsymbol{h}\| \to 0} \frac{\|(\boldsymbol{f} \circ \boldsymbol{g})(\boldsymbol{x}_0 + \boldsymbol{h}) - (f \circ g)(\boldsymbol{x}_0) - \boldsymbol{ABh}\|}{\|\boldsymbol{h}\|} = 0, \tag{2}$$

那么按照定义 9.3.1，便知 $J(\boldsymbol{f} \circ \boldsymbol{g})(\boldsymbol{x}_0) = \boldsymbol{AB}$，此即式(1)．因 $\boldsymbol{g}, \boldsymbol{f}$ 分别在 $\boldsymbol{x}_0, \boldsymbol{y}_0$ 处可微，故有

$$\boldsymbol{g}(\boldsymbol{x}_0 + \boldsymbol{h}) - \boldsymbol{g}(\boldsymbol{x}_0) = \boldsymbol{Bh} + \boldsymbol{u}(\boldsymbol{h}), \tag{3}$$

其中 $\|\boldsymbol{u}(\boldsymbol{h})\| / \|\boldsymbol{h}\| \to 0(\|\boldsymbol{h}\| \to 0)$，

$$\boldsymbol{f}(\boldsymbol{y}_0 + \boldsymbol{k}) - \boldsymbol{f}(\boldsymbol{y}_0) = \boldsymbol{Ak} + \boldsymbol{v}(\boldsymbol{k}), \tag{4}$$

其中 $\|\boldsymbol{v}(\boldsymbol{k})\| / \|\boldsymbol{k}\| \to 0(\|\boldsymbol{k}\| \to 0)$．

记

$$\frac{\|\boldsymbol{u}(\boldsymbol{h})\|}{\|\boldsymbol{h}\|} = \varepsilon(\boldsymbol{h}), \quad \frac{\|\boldsymbol{v}(\boldsymbol{k})\|}{\|\boldsymbol{k}\|} = \eta(\boldsymbol{k}),$$

则

$$\|\boldsymbol{u}(\boldsymbol{h})\| = \varepsilon(\boldsymbol{h})\|\boldsymbol{h}\|, \quad \|\boldsymbol{v}(\boldsymbol{k})\| = \eta(\boldsymbol{k})\|\boldsymbol{k}\|, \tag{5}$$

且

$$\lim_{\|\boldsymbol{h}\| \to 0} \varepsilon(\boldsymbol{h}) = 0, \quad \lim_{\|\boldsymbol{k}\| \to 0} \eta(\boldsymbol{k}) = 0. \tag{6}$$

对给定的 $\boldsymbol{h}$，令 $\boldsymbol{k} = \boldsymbol{g}(\boldsymbol{x}_0 + \boldsymbol{h}) - \boldsymbol{g}(\boldsymbol{x}_0)$，那么由式(3)和(5)，得

$$\|\boldsymbol{k}\| \leqslant \|\boldsymbol{Bh}\| + \|\boldsymbol{u}(\boldsymbol{h})\| \leqslant (\|\boldsymbol{B}\| + \varepsilon(\boldsymbol{h}))\|\boldsymbol{h}\|. \tag{7}$$

这里我们已经利用了 8.1 节的不等式(4).现在由式(3)～(5),(7),得

$$\begin{aligned}&\|\boldsymbol{f}\circ\boldsymbol{g}(\boldsymbol{x}_0+\boldsymbol{h})-\boldsymbol{f}\circ\boldsymbol{g}(\boldsymbol{x}_0)-\boldsymbol{ABh}\|\\&=\|\boldsymbol{f}(\boldsymbol{g}(\boldsymbol{x}_0+\boldsymbol{h}))-\boldsymbol{f}(\boldsymbol{g}(\boldsymbol{x}_0))-\boldsymbol{ABh}\|\\&=\|\boldsymbol{f}(\boldsymbol{y}_0+\boldsymbol{k})-\boldsymbol{f}(\boldsymbol{y}_0)-\boldsymbol{ABh}\|\\&=\|\boldsymbol{Ak}+\boldsymbol{v}(\boldsymbol{k})-\boldsymbol{ABh}\|\\&=\|\boldsymbol{A}(\boldsymbol{k}-\boldsymbol{Bh})+\boldsymbol{v}(\boldsymbol{k})\|\\&\leqslant\|\boldsymbol{A}\|u(\boldsymbol{h})+\eta(\boldsymbol{k})\|\boldsymbol{k}\|\\&\leqslant\|\boldsymbol{A}\|\varepsilon(\boldsymbol{h})\|\boldsymbol{h}\|+\eta(\boldsymbol{k})(\|\boldsymbol{B}\|+\varepsilon(\boldsymbol{h}))\|\boldsymbol{h}\|.\end{aligned}$$

因此

$$\frac{\|(\boldsymbol{f}\circ\boldsymbol{g})(\boldsymbol{x}_0+\boldsymbol{h})-\boldsymbol{f}\circ\boldsymbol{g}(\boldsymbol{x}_0)-\boldsymbol{ABh}\|}{\|\boldsymbol{h}\|}\leqslant\|\boldsymbol{A}\|\varepsilon(\boldsymbol{h})+(\|\boldsymbol{B}\|+\varepsilon(\boldsymbol{h}))\eta(\boldsymbol{k}).$$

再由式(6)即得式(2).这就是我们要证明的. □

在上面的定理中,设 $\boldsymbol{g}=(g_1,g_2,\cdots,g_m)$ 在 D 上可微,$\boldsymbol{f}=(f_1,f_2,\cdots,f_l)$ 在 $\boldsymbol{g}(D)$ 上可微.令

$$y_i=g_i(x_1,x_2,\cdots,x_n)\quad(i=1,2,\cdots,m),$$

$$z_j=f_j(y_1,y_2,\cdots,y_m)\quad(j=1,2,\cdots,l),$$

那么复合映射 $\boldsymbol{z}=\boldsymbol{f}\circ\boldsymbol{g}(\boldsymbol{x})$ 可用坐标表示为

$$z_j=f_j(g_1(x_1,\cdots,x_m),\cdots,g_m(x_1,\cdots,x_m))\quad(j=1,2,\cdots,l).$$

这时 z_j 对 x_i 的偏导数可用矩阵表示为

$$\begin{pmatrix}\dfrac{\partial z_1}{\partial x_1}&\cdots&\dfrac{\partial z_1}{\partial x_n}\\\vdots&&\vdots\\\dfrac{\partial z_l}{\partial x_1}&\cdots&\dfrac{\partial z_l}{\partial x_n}\end{pmatrix}=\begin{pmatrix}\dfrac{\partial z_1}{\partial y_1}&\cdots&\dfrac{\partial z_1}{\partial y_m}\\\vdots&&\vdots\\\dfrac{\partial z_l}{\partial y_1}&\cdots&\dfrac{\partial z_l}{\partial y_m}\end{pmatrix}\begin{pmatrix}\dfrac{\partial y_1}{\partial x_1}&\cdots&\dfrac{\partial y_1}{\partial x_n}\\\vdots&&\vdots\\\dfrac{\partial y_m}{\partial x_1}&\cdots&\dfrac{\partial y_m}{\partial x_n}\end{pmatrix}.\tag{8}$$

特别地,当 $l=1$ 时,有:

推论 9.4.1 设 $z=f(y_1,y_2,\cdots,y_m)$ 是一个 m 元可微函数,其中每个变量 y_i $(i=1,2,\cdots,m)$ 又是 n 个变量 $(x_1,x_2,\cdots,x_n)$ 的可微函数:

$$y_i=g_i(x_1,x_2,\cdots,x_n)\quad(i=1,2,\cdots,m),$$

那么复合函数

$$z=f(g_1(x_1,x_2,\cdots,x_n),\cdots,g_m(x_1,x_2,\cdots,x_n))$$

是 n 个变量 $(x_1,x_2,\cdots,x_n)$ 的可微函数,而且

$$\frac{\partial z}{\partial x_j}=\frac{\partial f}{\partial y_1}\frac{\partial g_1}{\partial x_j}+\cdots+\frac{\partial f}{\partial y_m}\frac{\partial g_m}{\partial x_j}\quad(j=1,2,\cdots,n).\tag{9}$$

证明　在式(8)中,令 $l=1$,即得

$$\left(\frac{\partial z}{\partial x_1},\cdots,\frac{\partial z}{\partial x_n}\right)=\left(\frac{\partial z}{\partial y_1},\cdots,\frac{\partial z}{\partial y_m}\right)\begin{pmatrix}\dfrac{\partial y_1}{\partial x_1} & \cdots & \dfrac{\partial y_1}{\partial y_n}\\ \vdots & & \vdots\\ \dfrac{\partial y_m}{\partial x_1} & \cdots & \dfrac{\partial y_m}{\partial x_n}\end{pmatrix}.$$

由此即得式(9).　□

例1　设 $f(x_1,x_2,\cdots,x_n)$ 是一个 n 元连续可微函数,其中每一个变元 x_i 又是单变量 t 的可微函数,$x_i(t)(i=1,2,\cdots,n)$.令 $\varphi(t)=f(x_1(t),x_2(t),\cdots,x_n(t))$,于是根据公式(9),可得

$$\begin{aligned}\varphi'(t)=\frac{\mathrm{d}\varphi(t)}{\mathrm{d}t}&=Jf(x_1(t),x_2(t),\cdots,x_n(t))\begin{pmatrix}x'_1(t)\\ x'_2(t)\\ \vdots\\ x'_n(t)\end{pmatrix}\\ &=\sum_{i=1}^{n}\frac{\partial f}{\partial x_i}(x_1(t),x_2(t),\cdots,x_n(t))x'_i(t).\end{aligned}$$ □

例2　设二元函数 f 有连续的一阶偏导数.求

$$u=f(x+y+z,x^2+y^2+z^2)$$

的所有一阶偏导数.

解　讨论函数和映射的复合:

$$u=f(\xi,\eta),\quad\begin{cases}\xi=x+y+z,\\ \eta=x^2+y^2+z^2.\end{cases}$$

于是

$$\begin{aligned}\frac{\partial u}{\partial x}&=\frac{\partial f}{\partial \xi}\frac{\partial \xi}{\partial x}+\frac{\partial f}{\partial \eta}\frac{\partial \eta}{\partial x}\\ &=\frac{\partial f}{\partial \xi}(x+y+z,x^2+y^2+z^2)+2x\frac{\partial f}{\partial \eta}(x+y+z,x^2+y^2+z^2).\end{aligned}$$

对称地,可以得出$\dfrac{\partial u}{\partial y}$与$\dfrac{\partial u}{\partial z}$的表达式.　□

例3　设两个二元函数

$$x=\varphi(s,t),\quad y=\psi(s,t)$$

在(s_0,t_0)处可微,且 $x_0=\varphi(s_0,t_0)$,$y_0=\psi(s_0,t_0)$.再设二元函数 $u=f(x,y)$在(x_0,y_0)处可微,试求复合函数

$$u = f(\varphi(s,t),\psi(s,t))$$

在(s_0,t_0)处的两个偏导数.

解 根据公式(9),可得

$$\frac{\partial u}{\partial s} = \frac{\partial f}{\partial x}\frac{\partial \varphi}{\partial s} + \frac{\partial f}{\partial y}\frac{\partial \psi}{\partial s}, \quad \frac{\partial u}{\partial t} = \frac{\partial f}{\partial x}\frac{\partial \varphi}{\partial t} + \frac{\partial f}{\partial y}\frac{\partial \psi}{\partial t}.$$

把(s_0,t_0)代入以上两式,就得

$$\frac{\partial u}{\partial s}(s_0,t_0) = \frac{\partial f}{\partial x}(x_0,y_0)\frac{\partial \varphi}{\partial s}(s_0,t_0) + \frac{\partial f}{\partial y}(x_0,y_0)\frac{\partial \psi}{\partial s}(s_0,t_0),$$

$$\frac{\partial u}{\partial t}(s_0,t_0) = \frac{\partial f}{\partial x}(x_0,y_0)\frac{\partial \varphi}{\partial t}(s_0,t_0) + \frac{\partial f}{\partial y}(x_0,y_0)\frac{\partial \psi}{\partial t}(s_0,t_0).$$

□

例 4 设 $u(x,y)$有连续的一阶偏导数,又设

$$x = r\cos\theta, \quad y = r\sin\theta.$$

求证:

$$\left(\frac{\partial u}{\partial x}\right)^2 + \left(\frac{\partial u}{\partial y}\right)^2 = \left(\frac{\partial u}{\partial r}\right)^2 + \frac{1}{r^2}\left(\frac{\partial u}{\partial \theta}\right)^2. \tag{10}$$

证明 根据公式(9),可得

$$\frac{\partial u}{\partial r} = \frac{\partial u}{\partial x}\cos\theta + \frac{\partial u}{\partial y}\sin\theta,$$

$$\frac{1}{r}\frac{\partial u}{\partial \theta} = -\frac{\partial u}{\partial x}\sin\theta + \frac{\partial u}{\partial y}\cos\theta.$$

再求以上两式的平方和即得式(10). □

设 $f(x_1,x_2,\cdots,x_n)$是可微函数,那么

$$\mathrm{d}f = \sum_{i=1}^{n}\frac{\partial f}{\partial x_i}\mathrm{d}x_i. \tag{11}$$

如果$(x_1,x_2,\cdots,x_n)$不是自变量,而是另外 m 个变量 $t_1,t_2,\cdots,t_m$ 的函数:

$$x_1 = x_1(t_1,t_2,\cdots,t_m), x_2 = x_2(t_1,t_2,\cdots,t_m),\cdots, x_n = x_n(t_1,t_2,\cdots,t_m).$$

记

$$g(t_1,t_2,\cdots,t_m) = f(x_1(t_1,t_2,\cdots,t_m),\cdots,x_n(t_1,t_2,\cdots,t_m)),$$

那么

$$\mathrm{d}g = \sum_{i=1}^{m}\frac{\partial g}{\partial t_i}\mathrm{d}t_i.$$

由于

$$\frac{\partial g}{\partial t_i} = \sum_{j=1}^{n}\frac{\partial f}{\partial x_j}\frac{\partial x_j}{\partial t_i} \quad (i = 1,2,\cdots,m),$$

所以

$$\begin{aligned}\mathrm{d}g &= \sum_{i=1}^{m}\Big(\sum_{j=1}^{n}\frac{\partial f}{\partial x_j}\frac{\partial x_j}{\partial t_i}\Big)\mathrm{d}t_i \\ &= \sum_{j=1}^{n}\frac{\partial f}{\partial x_j}\sum_{i=1}^{m}\frac{\partial x_j}{\partial t_i}\mathrm{d}t_i = \sum_{j=1}^{n}\frac{\partial f}{\partial x_j}\mathrm{d}x_j.\end{aligned}$$

即复合函数 f 的微分

$$\mathrm{d}f = \sum_{j=1}^{m}\frac{\partial f}{\partial x_j}\mathrm{d}x_j. \tag{12}$$

比较式(11)和(12)可以看出,不论$(x_1,x_2,\cdots,x_n)$是自变量,或是另外变量的可微函数,作为$(x_1,x_2,\cdots,x_n)$的可微函数 f 的一阶微分形式是不变的.微分的这个重要性质称为一阶微分形式的不变性.

练 习 题 9.4

1. 设 $u=f(x^2+y^2)$.证明:$y\dfrac{\partial u}{\partial x}-x\dfrac{\partial u}{\partial y}=0$.

2. 设 $u=f(xy)$.证明:$x\dfrac{\partial u}{\partial x}-y\dfrac{\partial u}{\partial y}=0$.

3. 设 $u=f\left(\ln x+\dfrac{1}{y}\right)$.证明:$x\dfrac{\partial u}{\partial x}+y^2\dfrac{\partial u}{\partial y}=0$.

4. 设 $u=f(\varphi(x)+\psi(y))$.证明:$\psi'(y)\dfrac{\partial u}{\partial x}=\varphi'(x)\dfrac{\partial u}{\partial y}$.

5. 求以下 u 的一切偏导数:

   (1) $u=f(x+y,xy)$;

   (2) $u=f(x,xy,xyz)$;

   (3) $u=f(x/y,y/z)$.

6. 设 $u=f(x,y)$.当 $y=x^2$ 时,有 $u=1$,并且$\dfrac{\partial u}{\partial x}=x$.求$\left.\dfrac{\partial u}{\partial y}\right|_{y=x^2}$.

7. 设 $u=x^2y-xy^2$,且 $x=r\cos\theta,y=r\sin\theta$.求$\dfrac{\partial u}{\partial r},\dfrac{\partial u}{\partial \theta}$.

8. 设 $f(x,y,z)=F(u,v,w)$,其中 $x^2=vw,y^2=wu,z^2=uv$.求证:

$$x\frac{\partial f}{\partial x}+y\frac{\partial f}{\partial y}+z\frac{\partial f}{\partial z}=u\frac{\partial F}{\partial u}+v\frac{\partial F}{\partial v}+w\frac{\partial F}{\partial w}.$$

9. 求以下的 $J(\boldsymbol{f}\circ\boldsymbol{g})$:

   (1) $\boldsymbol{f}(x,y)=(x,y,x^2y)$,$\boldsymbol{g}(s,t)=(s+t,s^2-t^2)$,在点(2,1)处;

   (2) $\boldsymbol{f}(x,y)=(\varphi(x+y),\varphi(x-y))$,$\boldsymbol{g}(s,t)=(\mathrm{e}^t,\mathrm{c}^{-t})$;

(3) $\boldsymbol{f}(x,y,z)=(x^2+y+z,2x+y+z^2,0)$，$\boldsymbol{g}(u,v,w)=(uv^2w^2,w^2\sin v,u^2\mathrm{e}^v)$.

10. 设有函数 $f(x,y,z)$在 $\mathbf{R}^3$ 中可微，$\boldsymbol{u}$ 是一个方向，函数 f 沿方向 $\boldsymbol{u}$ 的方向导数记作$\dfrac{\partial f}{\partial \boldsymbol{u}}$；

又设 $\boldsymbol{e}_1,\boldsymbol{e}_2,\boldsymbol{e}_3$ 是 $\mathbf{R}^3$ 中的三个互相垂直的方向.求证：

$$\left(\frac{\partial f}{\partial \boldsymbol{e}_1}\right)^2+\left(\frac{\partial f}{\partial \boldsymbol{e}_2}\right)^2+\left(\frac{\partial f}{\partial \boldsymbol{e}_3}\right)^2=\left(\frac{\partial f}{\partial x}\right)^2+\left(\frac{\partial f}{\partial y}\right)^2+\left(\frac{\partial f}{\partial z}\right)^2.$$

问 题 9.4

1. 设 $f\in C^1(\mathbf{R}^3)$.证明：对非零的实数 a,b,c，

$$\frac{1}{a}\frac{\partial f}{\partial x}=\frac{1}{b}\frac{\partial f}{\partial y}=\frac{1}{c}\frac{\partial f}{\partial z}$$

在 $\mathbf{R}^3$ 上成立的充分必要条件是，存在 $g\in C^1(\mathbf{R})$，使得

$$f(x,y,z)=g(ax+by+cz).$$

2. 设 $f:\mathbf{R}^n\to\mathbf{R}$.如果对 $t>0$，$q\in\mathbf{R}$，有

$$f(tx_1,\cdots,tx_n)=t^q f(x_1,\cdots,x_n),$$

则称 f 是 q 次齐次函数.证明：f 是 q 次齐次函数的充分必要条件是，对 $\boldsymbol{x}\in\mathbf{R}^n$，有

$$x_1\frac{\partial f}{\partial x_1}(\boldsymbol{x})+\cdots+x_n\frac{\partial f}{\partial x_n}(\boldsymbol{x})=qf(\boldsymbol{x}).$$

9.5 曲线的切线和曲面的切平面

设空间曲线段 Γ 有参数方程

$$\begin{cases}x=x(t),\\ y=y(t),\quad(\alpha\leqslant t\leqslant\beta),\\ z=z(t)\end{cases}$$

或用向量形式表示为

$$\boldsymbol{r}=\boldsymbol{r}(t)\quad(\alpha\leqslant t\leqslant\beta),$$

其中 $x(t),y(t),z(t)$都在区间 $I=[\alpha,\beta]$上连续可导，且满足条件

$$(x'(t))^2+(y'(t))^2+(z'(t))^2\neq0\quad(\alpha\leqslant t\leqslant\beta).$$

我们把满足这些条件的曲线称为**光滑曲线**.

现在 Γ 上任取一点 P_0，其向径为 $\boldsymbol{r}(t_0)=(x(t_0),y(t_0),z(t_0))$，设 P 是 Γ 上的一个动点，其向径为 $\boldsymbol{r}(t)=(x(t),y(t),z(t))$. 考察沿割线 P_0P 方向的向量

$$\frac{\boldsymbol{r}(t)-\boldsymbol{r}(t_0)}{t-t_0}.$$

当 $t\to t_0$ 时，割线 P_0P 的极限位置应是曲线 Γ 在点 P_0 的切线. 这样，我们得到了曲线 Γ 在点 P_0 处沿切线方向的一个向量

$$\boldsymbol{r}'(t_0)=\lim_{t\to t_0}\frac{\boldsymbol{r}(t)-\boldsymbol{r}(t_0)}{t-t_0}=(x'(t_0),y'(t_0),z'(t_0)).$$

称它为曲线 Γ 在点 P_0 处的切向量. 由此即得曲线 Γ 在点 P_0 处的切线方程为

$$\frac{x-x(t_0)}{x'(t_0)}=\frac{y-y(t_0)}{y'(t_0)}=\frac{z-z(t_0)}{z'(t_0)}.$$

由于曲线段 Γ 的切向量

$$\boldsymbol{r}'(t)=(x'(t),y'(t),z'(t))\quad(\alpha\leqslant t\leqslant\beta),$$

根据7.1节中的公式(7)，曲线段 Γ 的弧长可表示为

$$S(\Gamma)=\int_\alpha^\beta\|\boldsymbol{r}'(t)\|\,\mathrm{d}t.$$

考察参数为 t 的函数

$$s(t)=\int_\alpha^t\|\boldsymbol{r}'(\tau)\|\,\mathrm{d}\tau\quad(\alpha\leqslant t\leqslant\beta).$$

它表示的是从曲线的起点 $\boldsymbol{r}(\alpha)$ 沿着该曲线到曲线上任一点 $\boldsymbol{r}(t)$ 这一段弧长，是一个带变动上限的积分. 将它对 t 求导，得到

$$\frac{\mathrm{d}s(t)}{\mathrm{d}t}=s'(t)=\|\boldsymbol{r}'(t)\|>0\quad(\alpha\leqslant t\leqslant\beta).\tag{1}$$

这表明函数 $s(t)$ 是 t 的严格递增函数，因此可以将 t 作为 s 的函数反解出来，得到 $t=t(s)$，这也是一个严格递增函数. 这就是说，对一段光滑曲线，总可以将它自身的弧长作为向量方程的参数. 以弧长作为参数有很多的便利，例如，许多公式都将大大地简化，并且比较容易地导出曲线的其他几何不变量.

现在，我们把向量参数方程直接写为 $\boldsymbol{r}=\boldsymbol{r}(s)$，这里的参数 s 是从某一点算起的弧长. 这时，由式(1)，我们得到

$$\|\boldsymbol{r}'(s)\|=\frac{\mathrm{d}s}{\mathrm{d}s}=1.\tag{2}$$

这表明，径向量对弧长参数求取的导向量，是模长为1的向量. 也就是说，$\boldsymbol{r}'(s)$ 是曲线 Γ 上各点处的单位切向量. 反之，当切向量为单位向量，即 $\|\boldsymbol{r}'(t)\|=1$ 时，由弧长公式，可得

$$s=\int_\alpha^t \| \boldsymbol{r}'(\tau)\| \mathrm{d}\tau=\int_\alpha^t \mathrm{d}\tau = t-\alpha,$$

即 $t=s+\alpha$. 由此看出,t 就是从 $t=\alpha$ 处算起的弧长.

例 1 考虑参数方程

$$x=a\cos\frac{t}{a},\quad y=a\sin\frac{t}{a}.$$

此方程代表的仍是中心在原点、半径为 a 的圆. 由于此时

$$\boldsymbol{r}'(t)=\left(-\sin\frac{t}{a},\cos\frac{t}{a}\right),$$

从而 $\| r'(t)\| =1$,所以 t 是该圆周的弧长. 事实上,如果用 θ 表示径向量从横轴的正向开始、朝逆时针方向转动时扫过的角度,那么 $a\theta$ 就是弧长.

有了曲线的切向量和弧长的概念,就可以引进刻画曲线弯曲程度的量——曲率.

定义 9.5.1 设 $\Gamma:\boldsymbol{r}=\boldsymbol{r}(t)(\alpha\leqslant t\leqslant\beta)$ 是一段光滑曲线,$\boldsymbol{r}'(t_0)$ 与 $\boldsymbol{r}'(t_0+\Delta t)$ 之间的夹角记为 $\Delta\theta$,$\boldsymbol{r}(t_0)$ 与 $\boldsymbol{r}(t_0+\Delta t)$ 之间的弧长记为 Δs. 如果 $\lim\limits_{\Delta s\to 0}|\Delta\theta/\Delta s|$ 存在,就称此极限为 Γ 在 $\boldsymbol{r}(t_0)$ 处的**曲率**,记为

$$k(t_0)=\lim_{\Delta s\to 0}\left|\frac{\Delta\theta}{\Delta s}\right|.$$

我们先来计算以弧长为参数的曲线的曲率. 为此,先证明下面的定理.

定理 9.5.1 设曲线 $\Gamma:\boldsymbol{r}=\boldsymbol{r}(s)$($s$ 是弧长参数)的每一点处有一个单位向量 $\boldsymbol{a}(s)$,$\boldsymbol{a}(s+\Delta s)$ 和 $\boldsymbol{a}(s)$ 之间的夹角记为 $\Delta\theta$. 如果 $\boldsymbol{a}(s)$ 可导,那么

$$\| \boldsymbol{a}'(s)\| =\lim_{\Delta s\to 0}\left|\frac{\Delta\theta}{\Delta s}\right|. \tag{3}$$

证明 直接计算,可得

$$\begin{aligned}\| \boldsymbol{a}'(s)\| &= \left\| \lim_{\Delta s\to 0}\frac{\boldsymbol{a}(s+\Delta s)-\boldsymbol{a}(s)}{\Delta s}\right\| =\lim_{\Delta s\to 0}\frac{\| \boldsymbol{a}(s+\Delta s)-\boldsymbol{a}(s)\|}{|\Delta s|}\\ &=\lim_{\Delta s\to 0}\left|\frac{2\sin(\Delta\theta/2)}{\Delta s}\right| =\lim_{\Delta s\to 0}\left(\left|\frac{\sin(\Delta\theta/2)}{\Delta\theta/2}\right|\left|\frac{\Delta\theta}{\Delta s}\right|\right)\\ &=\lim_{\Delta s\to 0}\left|\frac{\Delta\theta}{\Delta s}\right|,\end{aligned}$$

定理证毕(图 9.3). □

在这个定理中,与曲线上的点相联系的向量 $\boldsymbol{a}(s)$ 必须是单位向量,但不必是在该点处的切向量. 当 $\boldsymbol{a}(s)$ 是各点处的单位切向量 $\boldsymbol{r}'(s)$ 时,式(3)右边的极限就是该曲线在 s 处的曲率 $k(s)$,因而从定理 9.5.1,可得:

定理 9.5.2 设 $\Gamma:\boldsymbol{r}=\boldsymbol{r}(s)$ 是一条以弧长为参数的光滑曲线,且 $r''(s)$ 存在,那么它的曲率

$$k(s)=\|\boldsymbol{r}''(s)\|.$$

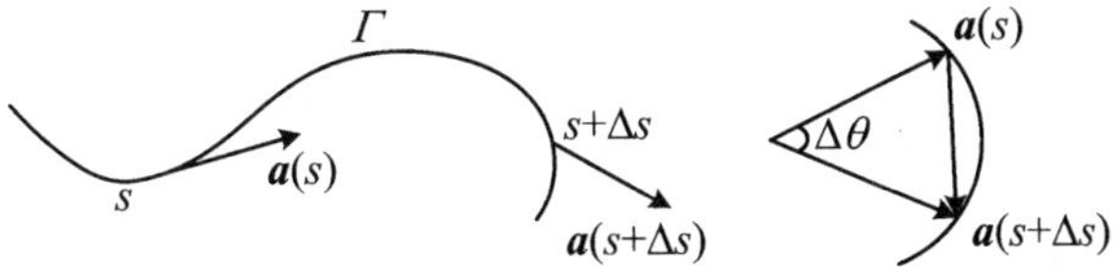

图 9.3

例 2　直线可以用向量方程表示为

$$\boldsymbol{r}(s)=\boldsymbol{u}s+\boldsymbol{v},$$

其中 $\boldsymbol{u}$ 与 $\boldsymbol{v}$ 为常向量,并且 $\|\boldsymbol{u}\|=1$. 这时,切向量 $\boldsymbol{T}(s)=\boldsymbol{r}'(s)=\boldsymbol{u}$ 是常向量,从而 $\boldsymbol{r}''(s)=0$,曲率 $k(s)=0$. 反之,如果 $k=0$,即 $\boldsymbol{r}''(s)=\boldsymbol{0}$,由此可知 $\boldsymbol{r}'(s)$是常向量,进而解得 $\boldsymbol{r}(s)=\boldsymbol{u}s+\boldsymbol{v}$,其中 $\boldsymbol{u}$ 与 $\boldsymbol{v}$ 为常向量.

由此可知,直线的特征是 $k=0$. □

例 3　讨论圆 $r(s)=\left(a\cos\dfrac{s}{a},a\sin\dfrac{s}{a}\right)$.

这时,

$$\boldsymbol{r}'(s)=\left(-\sin\frac{s}{a},\cos\frac{s}{a}\right),$$

$$\boldsymbol{r}''(s)=\left(-\frac{1}{a}\cos\frac{s}{a},-\frac{1}{a}\sin\frac{s}{a}\right).$$

于是,$k(s)=\|\boldsymbol{r}''(s)\|=1/a$,即圆的曲率等于其半径的倒数. □

现在设曲线由参数方程 $\boldsymbol{r}=\boldsymbol{r}(t)$给出,这里参数 t 不必是弧长. 在这种情况下,曲率如何计算? 由于

$$\frac{\mathrm{d}\boldsymbol{r}}{\mathrm{d}s}=\boldsymbol{r}'(t)\frac{\mathrm{d}t}{\mathrm{d}s},$$

$$\frac{\mathrm{d}^2\boldsymbol{r}}{\mathrm{d}s^2}=\boldsymbol{r}''(t)\left(\frac{\mathrm{d}t}{\mathrm{d}s}\right)^2+\boldsymbol{r}'(t)\frac{\mathrm{d}^2t}{\mathrm{d}s^2},$$

将以上两式对应的两边分别作向量积,得

$$\frac{\mathrm{d}\boldsymbol{r}}{\mathrm{d}s}\times\frac{\mathrm{d}^2\boldsymbol{r}}{\mathrm{d}s^2}=\boldsymbol{r}'\times\boldsymbol{r}''(t)\left(\frac{\mathrm{d}t}{\mathrm{d}s}\right)^3.$$

由于$\dfrac{\mathrm{d}\boldsymbol{r}}{\mathrm{d}s}$是单位向量,因此$\dfrac{\mathrm{d}\boldsymbol{r}}{\mathrm{d}s}$与$\dfrac{\mathrm{d}^2\boldsymbol{r}}{\mathrm{d}s^2}$互相正交,所以有

$$k(t)=\left\|\frac{\mathrm{d}^2\boldsymbol{r}}{\mathrm{d}s^2}\right\|=\left\|\frac{\mathrm{d}\boldsymbol{r}}{\mathrm{d}s}\times\frac{\mathrm{d}^2\boldsymbol{r}}{\mathrm{d}s^2}\right\|=\|\boldsymbol{r}'\times\boldsymbol{r}''(t)\|\left|\frac{\mathrm{d}t}{\mathrm{d}s}\right|^3.$$

但因 $\|\mathrm{d}\boldsymbol{r}\|=|\mathrm{d}s|$,所以

$$\left|\frac{\mathrm{d}t}{\mathrm{d}s}\right|^3 = \left\|\frac{\mathrm{d}\boldsymbol{r}}{\mathrm{d}t}\right\|^{-3} = \|\boldsymbol{r}'(t)\|^{-3}.$$

由此得出曲率公式

$$k(t) = \frac{\|\boldsymbol{r}'(t)\times\boldsymbol{r}''(t)\|}{\|\boldsymbol{r}'(t)\|^3}. \tag{4}$$

例 4 求圆柱螺线

$$\boldsymbol{r}(t) = (a\cos t, a\sin t, bt) \quad (a > 0)$$

的曲率.

解 直接计算,得

$$\boldsymbol{r}'(t) = (-a\sin t, a\cos t, b),$$
$$\boldsymbol{r}''(t) = (-a\cos t, -a\sin t, 0),$$
$$\boldsymbol{r}'\times\boldsymbol{r}'' = (ab\sin t, -ab\cos t, a^2).$$

因此

$$\|\boldsymbol{r}'\| = \sqrt{a^2+b^2}, \quad \|\boldsymbol{r}'\times\boldsymbol{r}''\| = a\sqrt{a^2+b^2}.$$

代入公式(4),得出曲率

$$k = \frac{a}{a^2+b^2}.$$

它是一个常数,这与几何直觉是相符合的. □

现在来讨论曲面的切平面. $\mathbf{R}^3$ 中的曲面通常有三种表示方式.

$$z = f(x,y) \quad ((x,y)\in D\subset\mathbf{R}^2) \tag{5}$$

称为曲面的显式表示.例如

$$z = \sqrt{a^2-x^2-y^2} \quad (x^2+y^2\leqslant a^2) \tag{6}$$

表示以原点为中心、a 为半径的上半球面.这种表示方式的缺点是,任何平行于 z 轴的直线和曲面最多只能相交于一点,因此它不能表示封闭曲面.例如,以原点为中心、半径为 a 的球面必须用方程(6)和

$$z = -\sqrt{a^2-x^2-y^2} \quad (x^2+y^2\leqslant a^2)$$

两个方程来表示,前者表示上半球面,后者表示下半球面.

设三元函数 F 定义在区域 $\Omega\subset\mathbf{R}^3$ 上.区域 Ω 中所有满足方程

$$F(x,y,z) = 0 \tag{7}$$

的点集组成一张曲面,称为由方程(7)所确定的隐式曲面.为了使式(7)能确定一张真正有“意义”的曲面,不得不对 F 加一些限制,例如,设 F 在 Ω 上是连续的,甚至还要加上三个偏导数$\dfrac{\partial F}{\partial x}$,$\dfrac{\partial F}{\partial y}$,$\dfrac{\partial F}{\partial z}$也在 Ω 上连续的条件.

与显式曲面相比，要确定隐式曲面上的点，通常要来解方程(7). 当函数 F 比较复杂时，解方程的工作就不是那么的轻松.

我们指出隐式曲面的一个优点. 设 $F\in C(\Omega)$，方程(7)表示一张封闭曲面. 这时曲面就把全空间 $\mathbf{R}^3$ 分成三个部分，一个是曲面本身，另外两个是曲面的外部和内部. 把这两部分的点代入 F 将不等于零，而且所有内部的点代入 F，其值必取同样的符号(不妨说是正号)，那么将曲面外部的点代入 F，必取负值. 这个事实使得我们很容易来区分曲面的内外，在**计算机图形学**中，这是很有意义的事. 例如

$$x^2+y^2+z^2-a^2=0$$

表示 $\mathbf{R}^3$ 中以原点为中心、a 为半径的球面，

$$x^2+y^2+z^2-a^2<0 \quad \text{和} \quad x^2+y^2+z^2-a^2>0$$

分别表示球内和球外的点.

下面讨论曲面的切平面.

设 $\boldsymbol{p}_0=(x_0,y_0,z_0)\in D$ 是隐式曲面(7)上的一个点. 任意作一条过点 $\boldsymbol{p}_0$ 的曲面上的曲线 Γ，设 Γ 的参数方程为

$$x=x(t),\quad y=y(t),\quad z=z(t),$$

并且参数 t_0 对应着点 $\boldsymbol{p}_0$. 将参数方程的三个分量代入式(7)，得到一个关于 t 的恒等式

$$F(x(t),y(t),z(t))\equiv 0.$$

对上式的两边在 t_0 处求导，得到

$$\frac{\partial F}{\partial x}(\boldsymbol{p}_0)x'(t_0)+\frac{\partial F}{\partial y}(\boldsymbol{p}_0)y'(t_0)+\frac{\partial F}{\partial z}(\boldsymbol{p}_0)z'(t_0)=0.$$

用向量的内积来表示，上式为

$$\left(\frac{\partial F}{\partial x}(\boldsymbol{p}_0),\frac{\partial F}{\partial y}(\boldsymbol{p}_0),\frac{\partial F}{\partial z}(\boldsymbol{p}_0)\right)\cdot(x'(t_0),y'(t_0),z'(t_0))=0.$$

这表明，曲线 Γ 在点 $\boldsymbol{p}_0$ 处的切向量与向量

$$\boldsymbol{J}F(\boldsymbol{p}_0)=\left(\frac{\partial F}{\partial x}(\boldsymbol{p}_0),\frac{\partial F}{\partial y}(\boldsymbol{p}_0),\frac{\partial F}{\partial z}(\boldsymbol{p}_0)\right) \tag{8}$$

垂直. 由于 Γ 是曲面上过点 $\boldsymbol{p}_0$ 的任一条曲线，而式(8)是一个固定的向量，这就表明，曲面上过点 $\boldsymbol{p}_0$ 的任何曲线在点 $\boldsymbol{p}_0$ 处的切线是共面的，这个平面称为曲面(7)在点 $\boldsymbol{p}_0$ 处的**切平面**，而向量(8)称为曲面(7)在 $\boldsymbol{p}_0$ 点处的一个**法向量**.

因此，曲面(7)在 $\boldsymbol{p}_0=(x_0,y_0,z_0)$处的切平面的方程是

$$(x-x_0)\frac{\partial F}{\partial x}(\boldsymbol{p}_0)+(y-y_0)\frac{\partial F}{\partial y}(\boldsymbol{p}_0)+(z-z_0)\frac{\partial F}{\partial z}(\boldsymbol{p}_0)=0, \tag{9}$$

这里(x,y,z)是切平面上的流动坐标.

例如,考察球面

$$F(x,y,z)=x^2+y^2+z^2-a^2=0,$$

在点(x_0,y_0,z_0)处,由式(8)可得法向量(x_0,y_0,z_0).这是一个指向球外的法向量,可以叫作**外法向量**.为了求球的切平面方程,由式(9),可得

$$(x-x_0)x_0+(y-y_0)y_0+(z-z_0)z_0=0.$$

注意到(x_0,y_0,z_0)是球面上的点,上式又可写作

$$x_0x+y_0y+z_0z=a^2.$$

这就是球面过点(x_0,y_0,z_0)的切平面方程.

由于显式曲面的方程(5)总可以转化为隐式方程

$$F(x,y,z)=z-f(x,y)=0\quad((x,y)\in D),$$

任取$(x_0,y_0)\in D$,再令$z_0=f(x_0,y_0)$,依式(8)可得曲面的一个法向量

$$\left(-\frac{\partial f}{\partial x}(x_0,y_0),-\frac{\partial f}{\partial y}(x_0,y_0),1\right).\tag{10}$$

由式(10)看出:此法向量的第三个分量为1,所以它同z轴的正向的夹角不超过$\pi/2$,可以称向量(10)为**上法向量**.相应地

$$\left(\frac{\partial f}{\partial x}(x_0,y_0),\frac{\partial f}{\partial y}(x_0,y_0),-1\right)$$

可称为曲面(5)的**下法向量**.这两个法向量只是有相反的方向,所以它们都垂直于过$\boldsymbol{p}_0=(x_0,y_0,z_0)$的切平面.这时,切平面的方程为

$$z-f(x_0,y_0)=(x-x_0)\frac{\partial f}{\partial x}(x_0,y_0)+(y-y_0)\frac{\partial f}{\partial y}(x_0,y_0).\tag{11}$$

曲面的第三种表示方式是所谓的参数表示.设$\boldsymbol{r}=\boldsymbol{r}(u,v)\in\mathbf{R}^3$,其中参数$(u,v)\in\Delta$,这里$\Delta$是参数平面$Ouv$上的一个区域.记$\boldsymbol{r}=(x,y,z)$,我们称

$$\Sigma:\boldsymbol{r}=\boldsymbol{r}(u,v)\quad((u,v)\in\Delta)\tag{12}$$

是一张参数曲面.把式(12)用分量表示出来,就是

$$\begin{cases}x=x(u,v),\\y=y(u,v),\\z=z(u,v)\end{cases}\quad((u,v)\in\Delta).\tag{13}$$

通常,我们称式(12)是曲面Σ的向量方程,而式(13)是曲面Σ的参数方程.显然,方程(12)和(13)之间的转换是直截了当的,所以我们可以认为方程(12)与(13)是一回事.

例5 设$\boldsymbol{p}_0\in\mathbf{R}^3$是一个固定的点,$\boldsymbol{a}$与$\boldsymbol{b}$是自$\boldsymbol{p}_0$出发的两个相交的向量.这时,由$\boldsymbol{a}$与$\boldsymbol{b}$张成的平面可以有向量方程

$$\boldsymbol{r} = \boldsymbol{p}_0 + u\boldsymbol{a} + v\boldsymbol{b},$$

这时,参数(u,v)在全参数平面上变化. □

例6　球心在坐标原点、半径为 a 的球面有参数方程

$$\begin{cases} x = a\sin\theta\cos\varphi, \\ y = a\sin\theta\sin\varphi, \\ z = a\cos\theta, \end{cases} \tag{14}$$

其中参数(θ,φ)的变化范围是 $\Delta=[0,\pi]\times[0,2\pi]$,见图 9.4. □

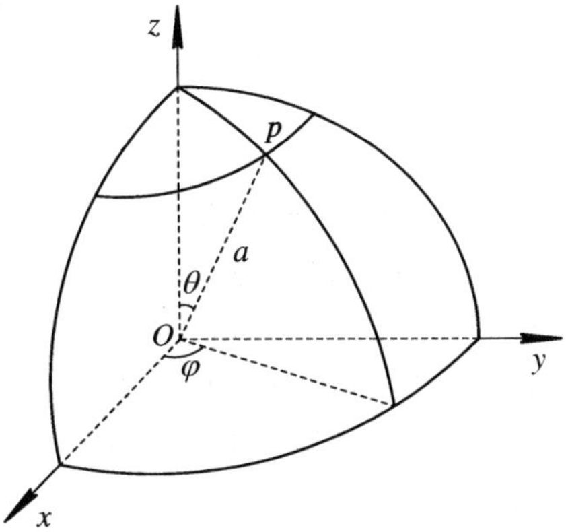

图 9.4

可以把曲面 Σ 的参数方程(13)看成是从参数变化区域 Δ 到 Σ 上的映射

$$\boldsymbol{r}:\Delta \to \boldsymbol{r}(\Delta) = \Sigma,$$

见图 9.5 和图 9.6. 也就是说,任意地给定一点$(u_0,v_0)\in\Delta$,代入方程(13),可算得 Σ 上的一点 $\boldsymbol{p}_0=(x_0,y_0,z_0)$,其中

$$x_0 = x(u_0,v_0),\quad y_0 = y(u_0,v_0),\quad z_0 = z(u_0,v_0).$$

当然,不同的参数对可能对应着 Σ 上的同一个点,这时曲面 Σ 出现自交的现象.

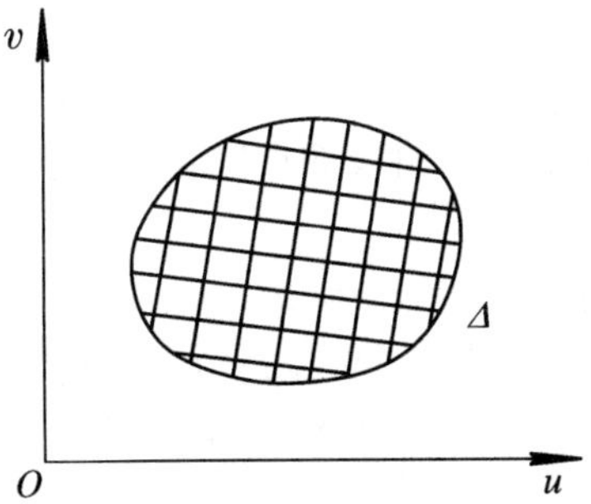

图 9.5

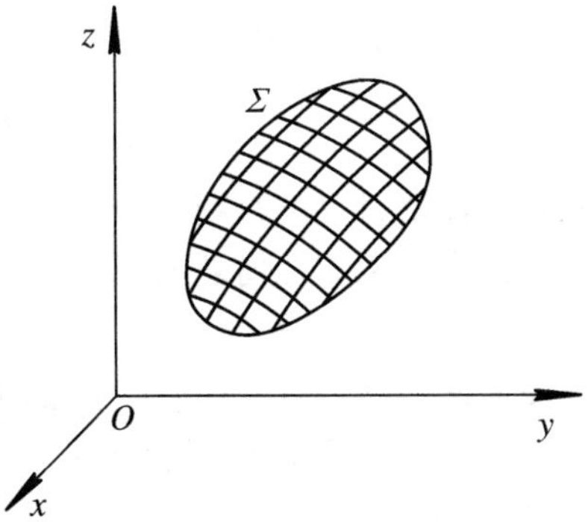

图 9.6

现在,令 $v=v_0$,在参数区域上,这是一段平行于 u 轴的直线. 这时,将 $v=v_0$ 代入参数方程,得出

$$x = x(u,v_0),\quad y = y(u,v_0),\quad z = z(u,v_0),$$

这是单参数 u 的方程,对应着 Σ 上的一段曲线,这类曲线称为曲面 Σ 上的 u 曲线(因为只有参数 u 在变化);不同的 v_0 就对应着不同的 u 曲线,所有的 u 曲线族就覆盖住了曲面 Σ. 类似地,若令 $u=u_0$,那么曲面 Σ 上的曲线

$$x = x(u_0, v), \quad y = y(u_0, v), \quad z = z(u_0, v)$$

称为 Σ 上的 v 曲线(因为只有参数 v 在变化);不同的 u_0 对应着不同的 v 曲线,v 曲线也覆盖住了整个曲面 Σ. 一般地,只有一条 u 曲线和一条 v 曲线通过曲面 Σ 上的一点. 例如,过曲面 Σ 上的点 $\boldsymbol{r}(u_0, v_0)$ 只有 u 曲线 $v = v_0$ 和 v 曲线 $u = u_0$ 通过. 我们说,(u_0, v_0) 是曲面 Σ 上的点 $\boldsymbol{r}(u_0, v_0)$ 的**曲线坐标**,以后,我们干脆称 $(u_0, v_0) \in \Delta$ 是曲面上的点.

让我们来看例 6,这时球面上的 θ 曲线的方程是 $\varphi =$ 常数,它们是球面上的**经线**;而球面上的 φ 曲线的方程是 $\theta =$ 常数,它们是球面上的**纬线**,当常数属于 $(0, \pi/2)$ 时,是北纬线,当常数属于 $(\pi/2, \pi)$ 时,是南纬线. 很明显,除了南极点和北极点之处,球面上的其他点只有唯一的一条经线和唯一的一条纬线通过.

偏导向量

$$\frac{\partial \boldsymbol{r}}{\partial u}(u, v_0) = \left(\frac{\partial x}{\partial u}(u, v_0), \frac{\partial y}{\partial u}(u, v_0), \frac{\partial z}{\partial u}(u, v_0)\right) \tag{15}$$

是曲面 Σ 的 u 曲线 $v = v_0$ 的切向量. 类似地,

$$\frac{\partial \boldsymbol{r}}{\partial v}(u_0, v) = \left(\frac{\partial x}{\partial v}(u_0, v), \frac{\partial y}{\partial v}(u_0, v), \frac{\partial z}{\partial v}(u_0, v)\right) \tag{16}$$

是曲面 Σ 的 v 曲线 $u = u_0$ 的切向量.

特别地,偏导向量

$$\frac{\partial \boldsymbol{r}}{\partial u}(u_0, v_0), \quad \frac{\partial \boldsymbol{r}}{\partial v}(u_0, v_0) \tag{17}$$

分别是曲面 Σ 上点 (u_0, v_0) 处的 u 曲线的切向量和 v 曲线的切向量. 为了进一步认识这两个向量的几何意义,我们继续开展下面的讨论.

设 $u = u(t), v = v(t)$ 是 Δ 中的一段曲线,并设 $u_0 = u(t_0), v_0 = v(t_0)$. 这一段曲线在映射 $\boldsymbol{r}$ 之下,变成曲面 Σ 上的一条曲线,它经过 Σ 上的点 $\boldsymbol{p}_0 = \boldsymbol{r}(u_0, v_0)$. 所以,我们可以直接称 $u = u(t), v = v(t)$ 是 Σ 上过 $\boldsymbol{p}_0$ 这一点的曲线,它的向量方程是

$$\boldsymbol{r} = \boldsymbol{r}(u(t), v(t)).$$

对 t 求导,由链式法则,可得

$$\frac{\mathrm{d}\boldsymbol{r}}{\mathrm{d}t} = \frac{\partial \boldsymbol{r}}{\partial u} u'(t) + \frac{\partial \boldsymbol{r}}{\partial v} v'(t).$$

将 $t = t_0$ 代入上式,有

$$\left.\frac{\mathrm{d}\boldsymbol{r}}{\mathrm{d}t}\right|_{t=t_0} = \frac{\partial \boldsymbol{r}}{\partial u}(u_0, v_0) u'(t_0) + \frac{\partial \boldsymbol{r}}{\partial v}(u_0, v_0) v'(t_0).$$

此式表明:曲面 Σ 上过点 $\boldsymbol{p}_0$ 的任何一条曲线,在 $\boldsymbol{p}_0$ 处的切向量都是式(17)中的两

个向量的线性组合. 也就是说,曲面 Σ 上过点 $\boldsymbol{p}_0$ 的任何一条曲线在点 $\boldsymbol{p}_0$ 处的切线在同一平面上,这就是式(17)中那两个向量张成的平面,当然要设这两个向量不共线. 我们把这个平面定义为 Σ 在 $\boldsymbol{p}_0$ 处的**切平面**,而把向量

$$\frac{\partial \boldsymbol{r}}{\partial u}(u_0, v_0) \times \frac{\partial \boldsymbol{r}}{\partial v}(u_0, v_0) \tag{18}$$

当成 Σ 在点 $\boldsymbol{p}_0$ 处的一个**法向量**.

因此,由式(18),(15),(16)可知,曲面 Σ 在点 (u, v) 处有法向量

$$\left(\frac{\partial(y,z)}{\partial(u,v)}, \frac{\partial(z,x)}{\partial(u,v)}, \frac{\partial(x,y)}{\partial(u,v)}\right). \tag{19}$$

由式(19)表述的法向量,通常不是单位向量. 现在,我们来计算它的模. 由于

$$\|\boldsymbol{r}_u \times \boldsymbol{r}_v\|^2 = \|\boldsymbol{r}_u\|^2 \|\boldsymbol{r}_v\|^2 - (\boldsymbol{r}_u \cdot \boldsymbol{r}_v)^2,$$

若令

$$\begin{cases} E = \|\boldsymbol{r}_u\|^2 = \left(\dfrac{\partial x}{\partial u}\right)^2 + \left(\dfrac{\partial y}{\partial u}\right)^2 + \left(\dfrac{\partial z}{\partial u}\right)^2, \\ F = \boldsymbol{r}_u \cdot \boldsymbol{r}_v = \dfrac{\partial x \partial x}{\partial u \partial v} + \dfrac{\partial y \partial y}{\partial u \partial v} + \dfrac{\partial z \partial z}{\partial u \partial v}, \\ G = \|\boldsymbol{r}_v\|^2 = \left(\dfrac{\partial x}{\partial v}\right)^2 + \left(\dfrac{\partial y}{\partial v}\right)^2 + \left(\dfrac{\partial z}{\partial v}\right)^2, \end{cases} \tag{20}$$

E, F, G 称为曲面 Σ 的**第一基本量**,则

$$\|\boldsymbol{r}_u \times \boldsymbol{r}_v\| = \sqrt{EG - F^2}, \tag{21}$$

从而

$$\frac{1}{\sqrt{EG - F^2}}\left(\frac{\partial(y,z)}{\partial(u,v)}, \frac{\partial(z,x)}{\partial(u,v)}, \frac{\partial(x,y)}{\partial(u,v)}\right) \tag{22}$$

是曲面 Σ 的单位法向量,以 $\boldsymbol{n}$ 来记. 很自然,若在式(22)的前面乘以 -1,得到的也是一个单位法向量,只是其指向与式(22)相反. 令

$$\boldsymbol{n} = \pm \frac{\boldsymbol{r}_u \times \boldsymbol{r}_v}{\|\boldsymbol{r}_u \times \boldsymbol{r}_v\|}. \tag{23}$$

对本章的讨论来说,在式(23)的右边取 + 还是取 −,结果不会有两样. 但是在本教材的第 12 章,当我们要对曲面 Σ"定向"时,如何选择(23)右边的符号,就有讲究了,到时候再作详细的叙述.

要想利用微分和积分作为工具来研究曲面,那就应当要求曲面的方程 $\boldsymbol{r} = \boldsymbol{r}(u, v)$ 中的向量值函数 $\boldsymbol{r}(u, v)$ 有所需要的高阶的连续偏导函数. 设 $(u_0, v_0) \in \Delta$. 若

$$\boldsymbol{r}_u\times\boldsymbol{r}_v\big|_{(u_0,v_0)}\neq\boldsymbol{0},$$

则称 $\boldsymbol{r}(u_0,v_0)$ 为曲面 Σ 上的**正则点**；否则，称为**奇点**. 当 Σ 上的所有点都是正则点时，称 Σ 为**正则曲面**. 今后，凡是讲到曲面，都是指正则曲面. 我们附加“正则”这一条件的原因，在于保证曲面处处存在着切平面和法向量.

很明显，曲面 Σ 在一点处的切平面和法向量，照理说应当是由曲面的内蕴几何所确定的，不应当依赖于参数方程的选择，但是，法向量的方向 $\boldsymbol{r}_u\times\boldsymbol{r}_v$ 又是由曲面的参数方程计算出来的，怎么来说明它实际上与参数的选择无关呢？

设从参数 (u,v) 到新的参数 (s,t) 存在着双方单值的、一阶连续可导的对应关系

$$\begin{cases}u=u(s,t),\\ v=v(s,t)\end{cases}\quad((s,t)\in\widetilde{\Delta}).\tag{24}$$

这时，曲面 Σ 有了新的参数方程

$$\boldsymbol{r}=\boldsymbol{r}(u(s,t),v(s,t)).$$

经直接的计算，可知

$$\begin{aligned}\frac{\partial\boldsymbol{r}}{\partial s}\times\frac{\partial\boldsymbol{r}}{\partial t}&=\left(\frac{\partial\boldsymbol{r}}{\partial u}\frac{\partial u}{\partial s}+\frac{\partial\boldsymbol{r}}{\partial v}\frac{\partial v}{\partial s}\right)\times\left(\frac{\partial\boldsymbol{r}}{\partial u}\frac{\partial u}{\partial t}+\frac{\partial\boldsymbol{r}}{\partial v}\frac{\partial v}{\partial t}\right)\\&=\left(\frac{\partial u}{\partial s}\frac{\partial v}{\partial t}-\frac{\partial u}{\partial t}\frac{\partial v}{\partial s}\right)\frac{\partial\boldsymbol{r}}{\partial u}\times\frac{\partial\boldsymbol{r}}{\partial v},\end{aligned}$$

即

$$\boldsymbol{r}_s\times\boldsymbol{r}_t=\frac{\partial(u,v)}{\partial(s,t)}\boldsymbol{r}_u\times\boldsymbol{r}_v.\tag{25}$$

由式(25)可见，只要映射(24)的 Jacobi 行列式

$$\frac{\partial(u,v)}{\partial(s,t)}\neq0$$

在 Δ 上处处成立，那么曲面 Σ 的法向量的方向是不会改变的，至于其指向是否改变，全由

$$\frac{\partial(u,v)}{\partial(s,t)}>0\quad\text{或}\quad\frac{\partial(u,v)}{\partial(s,t)}<0$$

来决定.

例 7 求例 6 中的球面的法向量.

解 我们有

$$\begin{aligned}\boldsymbol{r}_\theta&=a(\cos\theta\cos\varphi,\cos\theta\sin\varphi,-\sin\theta),\\ \boldsymbol{r}_\varphi&=a(-\sin\theta\sin\varphi,\sin\theta\cos\varphi,0),\end{aligned}$$

所以

$$E = a^2, \quad F = 0, \quad G = a^2\sin^2\theta,$$

从而得出 $\sqrt{EG - F^2} = a^2\sin\theta$，并且

$$\boldsymbol{r}_\theta \times \boldsymbol{r}_\varphi = a^2\sin\theta(\sin\theta\cos\varphi, \sin\theta\sin\varphi, \cos\theta).$$

因此，球面的单位法向量是

$$(\sin\theta\cos\varphi, \sin\theta\sin\varphi, \cos\theta).$$

对照球面的参数方程(14)，前一表达式正是

$$\left(\frac{x}{a}, \frac{y}{a}, \frac{z}{a}\right) = \frac{1}{a}(x, y, z).$$

这表示球面上点的径向量除以球的半径，正好是球的单位外法向量. □

有了曲面 Σ 的第一基本量 E, F, G，就可以计算曲面上的曲线的弧长. 设 $u = u(t), v = v(t)$ 是 Σ 上的一条曲线，这条曲线有向量方程

$$\boldsymbol{r} = \boldsymbol{r}(u(t), v(t)).$$

因此

$$\mathrm{d}\boldsymbol{r} = (\boldsymbol{r}_u u'(t) + \boldsymbol{r}_v v'(t))\mathrm{d}t,$$

弧元的平方是

$$\mathrm{d}s^2 = \mathrm{d}\boldsymbol{r}^2 = (E(u'(t))^2 + 2Fu'(t)v'(t) + G(v'(t))^2)\mathrm{d}t^2.$$

由此得到弧长公式

$$s = \int \sqrt{E(u')^2 + 2Fu'v' + G(v')^2}\,\mathrm{d}t. \tag{26}$$

这是一个定积分，它的下限和上限应由曲线的起点和终点决定.

下面看一个例子.

例 8 求证：在一切由球面上的两点所决定的球面曲线中，只有这两点所定的较短的大圆弧才有最小的弧长.

证明 设在例6中的球面 Σ 上，$\boldsymbol{p}$ 和 $\boldsymbol{q}$ 是其上的两点. 不失一般性，可设 $\boldsymbol{p}$ 与 $\boldsymbol{q}$ 在 Σ 的同一条经线上. 设这两点的参数分别是 (θ_0, φ_0) 和 (θ_1, φ_0)，其中 $\theta_1 > \theta_0$. 这两点所决定的球面曲线记为 Γ，又设 Γ 的方程是

$$\theta = \theta(t), \quad \varphi = \varphi(t) \quad (t_0 \leqslant t \leqslant t_1).$$

由公式(26)，Γ 的弧长是

$$s(\Gamma) = \int_{t_0}^{t_1} \sqrt{a^2(\theta')^2 + a^2\sin^2\theta \cdot (\varphi')^2}\,\mathrm{d}t$$

$$\geqslant a\int_{t_0}^{t_1} \theta'(t)\mathrm{d}t = a(\theta(t_1) - \theta(t_0)),$$

式中等号当且仅当 $\varphi' = 0$，即 φ 为常数 φ_0 时成立. 这时的曲线 Γ 正是由 $\boldsymbol{p}$ 与 $\boldsymbol{q}$ 两

点所决定的大圆弧,而

$$a(\theta(t_1)-\theta(t_0))=a(\theta_1-\theta_0)$$

正好是这一段大圆弧的弧长. □

练 习 题 9.5

1. 求参数曲线 $\boldsymbol{r}(t)=(\mathrm{e}^t,t,t^2)$在 $t=0$ 与 $t=1$ 这两点处的切线方程.
2. 设参数曲线

$$\boldsymbol{r}(t)=\left(\frac{2t}{1+t^2},\frac{1-t^2}{1+t^2},1\right).$$

求证:对任何 $t\in\mathbf{R}$,径向量 $\boldsymbol{r}(t)$与切向量 $\boldsymbol{r}'(t)$互相正交.问这是一条什么曲线?
3. 讨论平面曲线

$$\boldsymbol{r}(t)=(\mathrm{e}^t\cos t,\mathrm{e}^t\sin t)\quad(t\in\mathbf{R}).$$

求证:在曲线上的每一点处,切向量与径向量交成定角 $\pi/4$.
4. 设参数曲线段

$$\boldsymbol{r}(t)=(x(t),y(t))\quad(a\leqslant t\leqslant b),$$

它的分量 x,y 在$[a,b]$上连续,在(a,b)上可导,并且对 $t\in(a,b)$,有 $x'(t)\neq0$.我们称由$(x(a),y(a))$与$(x(b),y(b))$两点决定的直线段为这条参数曲线段的弦.求证:曲线上至少有一点使得曲线在这点上的切线与弦平行.
5. 设 $\boldsymbol{a}(t),\boldsymbol{b}(t)$是两个可导的向量函数,$\lambda(t)$是可导的数量函数.证明:
(1) $(\lambda(t)\boldsymbol{a}(t))'=\lambda'(t)\boldsymbol{a}(t)+\lambda(t)\boldsymbol{a}'(t)$;
(2) $(\boldsymbol{a}(t)\cdot\boldsymbol{b}(t))'=\boldsymbol{a}'(t)\cdot\boldsymbol{b}(t)+\boldsymbol{a}(t)\cdot\boldsymbol{b}'(t)$;
(3) $(\boldsymbol{a}(t)\times\boldsymbol{b}(t))'=\boldsymbol{a}'(t)\times\boldsymbol{b}(t)+\boldsymbol{a}(t)\times\boldsymbol{b}'(t)$.
6. 设可导的向量函数 $\boldsymbol{a}(t)$有不变的长度.求证:$\boldsymbol{a}(t)$与 $\boldsymbol{a}'(t)$总是正交的.
7. 讨论椭圆

$$\begin{cases}x=a\cos t,\\ y=b\sin t\end{cases}\quad(0\leqslant t\leqslant 2\pi).$$

(1) 求椭圆在每一点处的切向量;
(2) 证明椭圆的光学性质:从一焦点发出的光线,在经过椭圆镜面反射之后必经过另一焦点.
8. 求下列曲线的曲率:
(1) $\boldsymbol{r}(t)=(a\cosh t,a\sinh t,at)$,其中常数 $a>0$;
(2) $\boldsymbol{r}(t)=(a(3t-t^3),3at^2,a(3t+t^3))$,其中常数 $a>0$.
9. 由下述方程确定一条球面曲线:

$$\begin{cases} x^2 + y^2 + z^2 = 9, \\ x^2 - y^2 = 3. \end{cases}$$

给定曲线上的一点 $\boldsymbol{p}_0 = (2,1,2)$，求曲线在 $\boldsymbol{p}_0$ 处的曲率.

10. 求出下列曲面在指定点处的法向量和切平面方程：

(1) $x^2 + y^2 + z^2 = 4, \boldsymbol{p}_0 = (1,1,\sqrt{2})$；

(2) $z = \arctan \dfrac{y}{x}, \boldsymbol{p}_0 = \left(1,1,\dfrac{\pi}{4}\right)$；

(3) $3x^2 + 2y^2 - 2z - 1 = 0, \boldsymbol{p}_0 = (1,1,2)$；

(4) $z = y + \ln \dfrac{x}{z}, \boldsymbol{p}_0 = (1,1,1)$.

11. 求出椭球面 $x^2 + 2y^2 + 3z^2 = 21$ 上所有平行于平面 $x + 4y + 6z = 0$ 的切平面.

12. 证明：曲面 $z = xe^{x/y}$ 上所有切平面都通过原点.

13. 试定出正数 λ，使曲面 $xyz = \lambda$ 与椭球面

$$\frac{x^2}{a^2} + \frac{y^2}{b^2} + \frac{z^2}{c^2} = 1$$

在某一点相切，即有共同的切平面.

14. 两相交曲面在交点处的法向量所夹的角称为这两个曲面在这一点的**夹角**. 求圆柱面 $x^2 + y^2 = a^2$ 与曲面 $bz = xy$ 的夹角.

15. 求椭球面

$$\frac{x^2}{a^2} + \frac{y^2}{b^2} + \frac{z^2}{c^2} = 1$$

上点的法向量与 x 轴和 z 轴夹成等角的点的全体.

16. 求曲面 $x^2 + y^2 + z^2 = x$ 的切平面，使其垂直于平面 $x - y - z = 2$ 和 $x - y - z/2 = 2$.

17. 证明：曲面 $\sqrt{x} + \sqrt{y} + \sqrt{z} = \sqrt{a}$ $(a > 0)$ 的切平面在各坐标轴上截下的诸线段之和为常数.

18. 证明：曲面 $\boldsymbol{F}(x - az, y - bz) = 0$ 的所有切平面与某一直线平行，其中 a, b 为常数.

19. 证明：曲面 $F\left(\dfrac{x-a}{z-c}, \dfrac{y-b}{z-c}\right) = 0$ 的切平面通过一个固定点，其中 a, b, c 为常数.

20. 证明：曲面 $ax + by + cz = \Phi(x^2 + y^2 + z^2)$ 在点 $\boldsymbol{p}_0 = (x_0, y_0, z_0)$ 处的法向量与向量 (x_0, y_0, z_0) 和 (a, b, c) 共面.

21. 求曲面

$$\boldsymbol{F}(x,y,z) = 0, \quad G(x,y,z) = 0$$

的交线在 Oxy 平面上的投影曲线的切线方程.

22. 求出以下曲面的 E, F, G：

(1) 椭球面

$$\boldsymbol{r}(u,v)=(a\sin u\cos v,b\sin u\sin v,c\cos u);$$

(2) 单叶双曲面

$$\boldsymbol{r}(u,v)=(a\cosh u\cos v,b\cosh u\sin v,c\sinh u);$$

(3) 椭圆抛物面

$$\boldsymbol{r}(u,v)=\left(u,v,\frac{1}{2}\left(\frac{u^2}{a^2}+\frac{v^2}{b^2}\right)\right).$$

23. 设 E,F,G 为曲面 $\boldsymbol{r}=\boldsymbol{r}(u,v)$ 的第一基本量，称

$$I=E\mathrm{d}u^2+2F\mathrm{d}u\mathrm{d}v+G\mathrm{d}v^2$$

为该曲面的**第一基本齐式**. 求证：$I=\mathrm{d}\boldsymbol{r}^2$.

24. 已知曲面的第一基本齐式为

$$I=\mathrm{d}u^2+(u^2+a^2)\mathrm{d}v^2.$$

求曲面上的曲线 $u=v$ 从 v_1 到 $v_2(>v_1)$ 这一段的弧长.

9.6 隐函数定理

本节所讨论的问题，即隐函数存在的问题，不仅在数学分析这门课程中有重要的意义，同时也在数学的其他分支，例如方程式论、微分方程论等数学分支中，有十分重要的应用.

实际上，9.6～9.8 节是紧密相关的. 要想充分地掌握这三节的内容，最重要的是要很好地掌握定理 9.6.1 的结论的意义和证明的方法. 做到了这两点，就为学好这三节的具体内容奠定了牢固的基础.

在正式提出定理 9.6.1 之前，我们粗略地说说这个定理的基本意思. 设 $D\subset\mathbf{R}^2$ 是一开集，$F:D\to\mathbf{R}$ 是一个含两个自变量 x 与 y 的函数. 因此方程

$$F(x,y)=0 \tag{1}$$

就是对 D 中的点 (x,y) 施加了某一种限制. D 中适合这一限制的点的全体组成 D 内的一条曲线，方程(1)称为该曲线的**隐式方程**.

必须注意两种极端的情况：第一是，这种限制过于苛刻，以致 D 中没有点能适合这一限制，这时式(1)所定义的“曲线”实际上是空集；第二是，式(1)是一个恒等式，即式(1)实际上并不是一种限制，这时“曲线”由 D 中所有的点组成. 我们自然应当排除这两种极端的情况.

设 $(x_0,y_0)\in D$，并且 $F(x_0,y_0)=0$. 我们的问题是，应当对二元函数 F 加上什

么条件，以及在点(x_0,y_0)的邻近的怎样一个范围之内，方程(1)能确定可微的解 $y=f(x)$或 $x=g(y)$. 通常，我们把上面的最后一句话通俗地表述为"从方程(1)中**解出** $y=f(x)$或 $x=g(y)$".

我们应当着重指出，标明了黑体的"**解出**"二字，应理解为"**存在性**"，即存在着这样的可微函数，而不意味着**解出**的可操作性.

先看一个简单的例子. 设 $F(x,y)=x^2+y^2-1$，函数 F 在 $\mathbf{R}^2$ 上有定义. 满足 $F(x,y)=0$ 的点的全体是单位圆周 $x^2+y^2=1$. 在单位圆周上，除点$(-1,0)$和$(1,0)$处，在其他的每一点处，都可解出 $y=f(x)$，这两点之所以例外，与$\dfrac{\partial F}{\partial y}(\pm 1,0)=0$是有关联的. 对称地，在单位圆上除点$(0,-1)$和$(0,1)$之外，在其他的每一点处，都可以解出 $x=g(y)$，这两点之所以例外，与$\dfrac{\partial F}{\partial x}(0,\pm 1)=0$是有关联的.

在陈述定理 9.6.1 之前，我们注意：如果 I,J 是 $\mathbf{R}$ 中的两个区间，则称 $I\times J$ 为 $\mathbf{R}^2$ 中的一个矩形，它的边分别平行于两坐标轴. 同样，若 $I_i(i=1,2,\cdots,n)$是 $\mathbf{R}$ 中的区间，那么 $I_1\times I_2\times\cdots\times I_n$ 是 $\mathbf{R}^n$ 中的一个 n 维长方体.

定理 9.6.1(隐函数定理)　设开集 $D\subset\mathbf{R}^2$，函数 $F:D\to\mathbf{R}$ 满足条件：

(a) $F\in C^1(D)$；

(b) 点$(x_0,y_0)\in D$ 使得$F(x_0,y_0)=0$；

(c) $\dfrac{\partial F(x_0,y_0)}{\partial y}\neq 0$.

那么存在一个包含(x_0,y_0)的开矩形 $I\times J\subset D$，使得：

(1) 对每一个 $x\in I$，方程 $F(x,y)=0$ 在 J 中有唯一的解$f(x)$；

(2) $y_0=f(x_0)$；

(3) $f\in C^1(I)$；

(4) 当 $x\in I$ 时，有

$$f'(x)=-\frac{\dfrac{\partial F}{\partial x}(x,y)}{\dfrac{\partial F}{\partial y}(x,y)},\tag{2}$$

其中 $y=f(x)$.

证明　不妨设$\dfrac{\partial F(x_0,y_0)}{\partial y}>0$. 由条件(a)，存在一个包含$(x_0,y_0)$的开矩形 $I'\times J$，满足 $I'\times\bar{J}\subset D$，且在 $I'\times J$ 上$\dfrac{\partial F}{\partial y}>0$，于是对任意给定的 $x\in I'$，$F(x,y)$

在闭区间 $\bar{J}$ 上是严格递增的连续函数.设 $J=(c,d)$,由条件(b),可知必有

$$F(x_0,c)<0,\quad F(x_0,d)>0.$$

由条件(a)能推出 $F\in C(D)$,因此存在含 x_0 的开区间 $I\subset I'$,使得当 $x\in I$ 时,

$$F(x,c)<0,\quad F(x,d)>0.$$

由连续函数的零值定理和严格单调性知,对每一个 $x\in I$,存在唯一的一个数,记作 $f(x)\in(c,d)=J$,使得 $F(x,f(x))=0$.这就证明了(1),显然 f 满足(2).

为了证明(3)和(4),我们先来证明 f 在开区间 I 上连续.特别地,要证明 f 在 x_0 处连续.这是十分明显的.因为从上述做法中可以看出,不管包含 y_0 的区间 J 取得多么小,区间 I 一定可以取得适当小,使得当 $x\in I$ 时对应的 $f(x)\in J$,由此可得 $|f(x)-f(x_0)|<|J|$,其中 $|J|$ 表示区间 J 的长度.

现在任取 $x_1\in I$,设 $y_1=f(x_1)$,则 $(x_1,y_1)\in I\times J$.因为 $F(x_1,y_1)=0$, $\dfrac{\partial F(x_1,y_1)}{\partial y}>0$,所以 F 在点 (x_1,y_1) 处满足它在 (x_0,y_0) 处的同样条件.因此,由前述证明可知,存在着包含 (x_1,y_1) 的开矩形 $I_1\times J_1\subset I\times J$,当 $x\in I_1$ 时方程 $F(x,y)=0$ 在 J_1 上有唯一解 $g(x)$,g 在 x_1 处是连续的.然而由唯一性可知,当 $x\in I_1$ 时 $f(x)=g(x)$,这说明 f 在点 x_1 处是连续的.由 $x_1\in I$ 的任意性,可知 f 在 I 上是连续的.

再证 f 满足(3)和(4).设 $x\in I$,取 h 很小,使得 $x+h\in I$.令 $y=f(x)$,$k=f(x+h)-f(x)$.由 F 的可微性,并利用定理 9.2.2,可得

$$\begin{aligned}0&=F(x+h,y+k)-F(x,y)\\&=\frac{\partial F}{\partial x}(x,y)h+\frac{\partial F}{\partial y}(x,y)k+\alpha h+\beta k,\end{aligned}$$

其中 α 与 β 满足:当 $h\to0$,$k\to0$ 时,$\alpha\to0$,$\beta\to0$.

但是,当 $h\to0$ 时,由已证明过的 $f\in C(I)$,知 $k\to0$,从而当 $h\to0$ 时直接推出 $\alpha\to0$ 与 $\beta\to0$,所以

$$\lim_{h\to0}\frac{f(x+h)-f(x)}{h}=\lim_{h\to0}\frac{k}{h}=\lim_{h\to0}\frac{-\left(\dfrac{\partial F}{\partial x}+\alpha\right)}{\dfrac{\partial F}{\partial y}+\beta},$$

即

$$f'(x)=-\frac{\dfrac{\partial F}{\partial x}(x,y)}{\dfrac{\partial F}{\partial y}(x,y)},$$

其中 $x\in I$ 且 $y=f(x)$. 由式(2)可知，f' 在 I 上连续. □

例1　方程

$$x^2y^2-3y+2x^3=0$$

在点(1,1)与(1,2)两点的近旁确定了函数 $y=f(x)$. 试求 $f'(1)$.

解　令 $F(x,y)=x^2y^2-3y+2x^3$，我们有 $F(1,1)=0$ 及 $F(1,2)=0$，此外

$$\frac{\partial F}{\partial y}(x,y)=2x^2y-3,$$

$$\frac{\partial F}{\partial y}(1,1)=-1,\quad \frac{\partial F}{\partial y}(1,2)=1.$$

因此，在(1,1)的近旁有

$$f'(1)=-\frac{\frac{\partial F}{\partial x}(1,1)}{\frac{\partial F}{\partial y}(1,1)}=\frac{-8}{-1}=8;$$

在(1,2)的近旁有

$$f'(1)=\frac{-\frac{\partial F}{\partial x}(1,2)}{\frac{\partial F}{\partial y}(1,2)}=\frac{-14}{1}=-14.$$ □

这个例子不通过隐函数定理也能算出需要的答案，因为方程 $x^2y^2-3y+2x^3=0$ 可以看成是 y 的二次方程，从中容易解出 y 对 x 的依赖关系. 在点(1,1)的近旁，可以解得

$$y=\frac{3-\sqrt{9-8x^5}}{2x^2};$$

在点(1,2)的近旁，可以解得

$$y=\frac{3+\sqrt{9-8x^5}}{2x^2}.$$

直接对以上两个函数求导，可以分别算出在 $x=1$ 处的导数. 建议读者计算一下，以同前面的数值结果作比较.

例2　方程

$$\sin x+\ln y-xy^3=0$$

在点(0,1)的近旁确定了函数 $y=f(x)$，求 $f'(0)$.

解　令 $F(x,y)=\sin x+\ln y-xy^3$，那么 $F(0,1)=0$，而且

$$\frac{\partial F(0,1)}{\partial x}=0,\quad \frac{\partial F(0,1)}{\partial y}=1,$$

因此

$$f'(0)=-\frac{\dfrac{\partial F}{\partial x}(0,1)}{\dfrac{\partial F}{\partial y}(0,1)}=0.\qquad\square$$

这个例子非用隐函数定理不可，这是因为我们无法从方程 $F(x,y)=0$ 中直接解出 y 对 x 的显式关系或 x 对 y 的显式关系.

作过这两个例子之后，我们再对定理 9.6.1 作一番解说，以加深读者的理解.

由方程(1)在某一点的范围内确定的函数 f，称为由这个方程所确定的**隐函数**，我们姑且这样来理解：在一般情形之下，只知道函数 f 存在，不见得能得出 f 的解析表达式. 这就是"隐"字的意义，是相对有"明显的"表达式而言的. 但是，f 确实是一个函数，因为它符合函数的定义.

虽说 f 一般不具有明显的解析表达式，但是，要在 f 有定义的范围之内作函数值的近似计算，则是完全可能的. 回顾定理 9.6.1 的证明，当 $x\in I$ 时，一方面，$F(x,c)<0$ 与 $F(x,d)>0$ 成立；另一方面，当 y 在$[c,d]$上由小变大时，$F(x,y)$ 是 y 的严格增函数. 那个唯一的零点就是 $f(x)$，利用对分区间套的方法，就可以把 $f(x)$ 计算到我们所希望的精确程度.

最后我们指出：公式(2)不必强记，因为只要学会了使用复合求导的方法，这个公式是可以随时推导出来的. 记住当 $x\in I$ 时，我们有恒等式

$$F(x,f(x))\equiv 0,$$

对两边求导之后，便可得出

$$\frac{\partial F}{\partial x}(x,f(x))+\frac{\partial F}{\partial y}(x,f(x))f'(x)\equiv 0\quad(x\in I).$$

由此立得公式(2). 这种处理方法甚至可以直接应用到解题上.

定理 9.6.1 是隐函数存在定理的最简单的情形，从这个定理的证明中可以看出，证明对更多的变元也是适用的，无须重做一次.

定理 9.6.2 设开集 $D\subset\mathbf{R}^{n+1}$，$F:D\to\mathbf{R}$，满足条件：

(a) $F\in C^1(D)$；

(b) $F(\boldsymbol{x}_0,y_0)=0$，这里 $\boldsymbol{x}_0\in\mathbf{R}^n$，$y_0\in\mathbf{R}$ 且$(\boldsymbol{x}_0,y_0)\in D$；

(c) $\dfrac{\partial F(\boldsymbol{x}_0,y_0)}{\partial y}\neq 0$.

那么存在$(\boldsymbol{x}_0,y_0)$的一个邻域 $G\times J$，其中 G 是 $\boldsymbol{x}_0$ 在 $\mathbf{R}^n$ 的一个邻域，J 是 $\mathbf{R}$ 中含 y_0 的一个开区间，使得：

(1) 对每一个 $\boldsymbol{x}\in G$，方程

$$F(\boldsymbol{x},y)=0$$

在 J 中有唯一解，记为 $f(\boldsymbol{x})$；

(2) $y_0=f(\boldsymbol{x}_0)$；

(3) $f\in C^1(G)$；

(4) 当 $\boldsymbol{x}\in G$ 时，

$$\frac{\partial f(\boldsymbol{x})}{\partial x_i}=-\frac{\dfrac{\partial F}{\partial x_i}(\boldsymbol{x},y)}{\dfrac{\partial F}{\partial y}(\boldsymbol{x},y)}\quad(i=1,2,\cdots,n),\tag{3}$$

其中 $y=f(\boldsymbol{x})$.

例 3　设方程

$$\sin u-xyu=0$$

确定隐函数 $u=f(x,y)$，求$\dfrac{\partial f}{\partial x},\dfrac{\partial f}{\partial y}$.

解　把上式中的 u 看成是 x 与 y 的函数，使得上式成为关于 x,y 的恒等式. 先对 x 求偏导数，得

$$\frac{\partial f}{\partial x}\cos f-yf-xy\frac{\partial f}{\partial x}=0,$$

解出

$$\frac{\partial f}{\partial x}=\frac{yf}{\cos f-xy}.$$

将 x 与 y 的位置对换，又得

$$\frac{\partial f}{\partial y}=\frac{xf}{\cos f-xy},$$

其中 f 表示 $f(x,y)$. □

例 4　设 $z=z(x,y)$ 是由方程

$$f(x+zy^{-1},y+zx^{-1})=0\tag{4}$$

所确定的隐函数. 计算$\dfrac{\partial z}{\partial x},\dfrac{\partial z}{\partial y}$.

解　令 $\xi=x+zy^{-1},\eta=y+zx^{-1}$. 对式(4)的两边关于 x 求偏导数，得

$$\frac{\partial f}{\partial \xi}\left(1+\frac{\partial z}{\partial x}y^{-1}\right)+\frac{\partial f}{\partial \eta}\left(\frac{\partial z}{\partial x}x^{-1}-\frac{z}{x^2}\right)=0.$$

从上式解出$\dfrac{\partial z}{\partial x}$，得

$$\frac{\partial z}{\partial x}=-\frac{\dfrac{\partial f}{\partial \xi}-\dfrac{\partial f}{\partial \eta}\dfrac{z}{x^2}}{\dfrac{\partial f}{\partial \xi}\dfrac{1}{y}+\dfrac{\partial f}{\partial \eta}\dfrac{1}{x}}.$$

用同样的方法,可以算得

$$\frac{\partial z}{\partial y}=-\frac{\dfrac{\partial f}{\partial \eta}-\dfrac{\partial f}{\partial \xi}\dfrac{z}{y^2}}{\dfrac{\partial f}{\partial \xi}\dfrac{1}{y}+\dfrac{\partial f}{\partial \eta}\dfrac{1}{x}}.$$

也可用公式(3)来计算:这时把式(4)的左边记为

$$F(x,y,z)=f(x+zy^{-1},y+zx^{-1}),$$

并把 x,y,z 看成独立变量,于是

$$\frac{\partial F}{\partial x}=\frac{\partial f}{\partial \xi}-\frac{\partial f}{\partial \eta}\frac{z}{x^2},\quad \frac{\partial F}{\partial y}=-\frac{\partial f}{\partial \xi}\frac{z}{y^2}+\frac{\partial f}{\partial \eta},$$

$$\frac{\partial F}{\partial z}=\frac{\partial f}{\partial \xi}\frac{1}{y}+\frac{\partial f}{\partial \eta}\frac{1}{x}.$$

代入公式(3),即得

$$\frac{\partial z}{\partial x}=-\frac{\dfrac{\partial F}{\partial x}}{\dfrac{\partial F}{\partial z}}=-\frac{\dfrac{\partial f}{\partial \xi}-\dfrac{\partial f}{\partial \eta}\dfrac{z}{x^2}}{\dfrac{\partial f}{\partial \xi}\dfrac{1}{y}+\dfrac{\partial f}{\partial \eta}\dfrac{1}{x}},$$

$$\frac{\partial z}{\partial y}=-\frac{\dfrac{\partial F}{\partial y}}{\dfrac{\partial F}{\partial z}}=-\frac{\dfrac{\partial f}{\partial \eta}-\dfrac{\partial f}{\partial \xi}\dfrac{z}{y^2}}{\dfrac{\partial f}{\partial \xi}\dfrac{1}{y}+\dfrac{\partial f}{\partial \eta}\dfrac{1}{x}}.$$

可见两种算法的结果是一样的. □

练 习 题 9.6

1. 对由下列方程确定的隐函数 $y(x)$,计算 $\dfrac{\mathrm{d}y}{\mathrm{d}x}$:

(1) $x^2+2xy-y^2=a^2$;

(2) $xy-\ln y=0$,在点 $(0,1)$ 处;

(3) $y-\varepsilon\sin y=x$,其中常数 $\varepsilon\in(0,1)$;

(4) $x^y=y^x$.

2. 对下列方程，计算$\frac{\partial z}{\partial x}$和$\frac{\partial z}{\partial y}$：

(1) $e^z - xyz = 0$；

(2) $\frac{x}{z} = \ln\frac{z}{y}$；

(3) $x + y + z = e^{-(x+y+z)}$（试对计算的结果作出解释）；

(4) $z^2 y - xz^3 - 1 = 0$，在点(1,2,1)处.

3. 设 $F(x,y,z) = 0$. 求证：$\frac{\partial x}{\partial y}\frac{\partial y}{\partial z}\frac{\partial z}{\partial x} = -1$.

4. 设 $F(x-y, y-z, z-x) = 0$. 计算$\frac{\partial z}{\partial x}$和$\frac{\partial z}{\partial y}$.

5. 设 $F(x+y+z, x^2+y^2+z^2) = 0$. 计算$\frac{\partial z}{\partial x}$和$\frac{\partial z}{\partial y}$.

问 题 9.6

1. 设 $f(x,y,z)$是可微的 q 次齐次函数，$z = \varphi(x,y)$是由方程 $f(x,y,z) = 0$ 确定的隐函数. 证明：$\varphi(x,y)$是一次齐次函数.

2. 设 $D = \{(x,y): a < x < b, -\infty < y < +\infty\}$，$F(x,y)$在 D 上连续，且$\frac{\partial F}{\partial y} \geqslant m > 0$. 证明：$F(x,y) = 0$ 在(a,b)上存在唯一的连续解 $y = f(x)$.

9.7 隐映射定理

本节的内容是定理 9.6.2 的直接推广.

设有由 m 个方程组成的方程组

$$\begin{cases} F_1(x_1, \cdots, x_n, y_1, \cdots, y_m) = 0, \\ \cdots, \\ F_m(x_1, \cdots, x_n, y_1, \cdots, y_m) = 0, \end{cases} \tag{1}$$

其中涉及的变元的个数 $m + n$ 多于方程的个数. 如果方程组(1)是一个合适的约束，可望从方程组(1)中“解出”$y_1, \cdots, y_m$，使得其中的每一个都是 $x_1, \cdots, x_n$ 的函数，即

$$\begin{cases} y_1 = f_1(x_1, \cdots, x_n), \\ \cdots, \\ y_m = f_m(x_1, \cdots, x_n), \end{cases} \tag{2}$$

这里 $x_1, \cdots, x_n$ 是 n 个独立的变元. 为了缩短记号,可令

$$\boldsymbol{F} = \begin{pmatrix} F_1 \\ \vdots \\ F_m \end{pmatrix}, \quad \boldsymbol{f} = \begin{pmatrix} f_1 \\ \vdots \\ f_m \end{pmatrix},$$

从而把方程组(1)写为

$$\boldsymbol{F}(\boldsymbol{x}, \boldsymbol{y}) = \boldsymbol{0}, \tag{3}$$

其中 $\boldsymbol{0}$ 是 $m \times 1$ 的零矩阵;而把式(2)写为

$$\boldsymbol{y} = \boldsymbol{f}(\boldsymbol{x}). \tag{4}$$

设 $\boldsymbol{F}$ 定义在开集 $D \subset \mathbf{R}^{m+n}$ 上,在 $m \times (n+m)$ 矩阵

$$\boldsymbol{JF} = \begin{pmatrix} \dfrac{\partial F_1}{\partial x_1} & \cdots & \dfrac{\partial F_1}{\partial x_n} & \dfrac{\partial F_1}{\partial y_1} & \cdots & \dfrac{\partial F_1}{\partial y_m} \\ \vdots & & \vdots & \vdots & & \vdots \\ \dfrac{\partial F_m}{\partial x_1} & \cdots & \dfrac{\partial F_m}{\partial x_n} & \dfrac{\partial F_m}{\partial y_1} & \cdots & \dfrac{\partial F_m}{\partial y_m} \end{pmatrix}$$

中作分块:$\boldsymbol{JF} = (\boldsymbol{J_x F}, \boldsymbol{J_y F})$,其中

$$\boldsymbol{J_x F} = \begin{pmatrix} \dfrac{\partial F_1}{\partial x_1} & \cdots & \dfrac{\partial F_1}{\partial x_n} \\ \vdots & & \vdots \\ \dfrac{\partial F_m}{\partial x_1} & \cdots & \dfrac{\partial F_m}{\partial x_n} \end{pmatrix}, \quad \boldsymbol{J_y F} = \begin{pmatrix} \dfrac{\partial F_1}{\partial y_1} & \cdots & \dfrac{\partial F_1}{\partial y_m} \\ \vdots & & \vdots \\ \dfrac{\partial F_m}{\partial y_1} & \cdots & \dfrac{\partial F_m}{\partial y_m} \end{pmatrix},$$

$\boldsymbol{J_x F}$ 是一个 $m \times n$ 矩阵,而 $\boldsymbol{J_y F}$ 是一个 m 阶方阵.

有了这些准备之后,我们可以来精确地表述**隐映射定理**.

定理 9.7.1 设开集 $D \subset \mathbf{R}^{n+m}$,$\boldsymbol{F}: D \to \mathbf{R}^m$,满足下列条件:

(a) $\boldsymbol{F} \in C^1(D)$;

(b) 有一点$(\boldsymbol{x}_0, \boldsymbol{y}_0) \in D$,使得 $\boldsymbol{F}(\boldsymbol{x}_0, \boldsymbol{y}_0) = \boldsymbol{0}$;

(c) 行列式 $\det \boldsymbol{J_y F}(\boldsymbol{x}_0, \boldsymbol{y}_0) \neq 0$.

那么存在$(\boldsymbol{x}_0, \boldsymbol{y}_0)$的一个邻域 $G \times H$,使得:

(1) 对每一个 $\boldsymbol{x} \in G$,方程(3)在 H 中有唯一的解,记为 $\boldsymbol{f}(\boldsymbol{x})$;

(2) $\boldsymbol{y}_0 = \boldsymbol{f}(\boldsymbol{x}_0)$;

(3) $\boldsymbol{f} \in C^1(G)$;

(4) 当 $\boldsymbol{x}\in G$ 时,

$$Jf(\boldsymbol{x}) = -(J_y\boldsymbol{F}(\boldsymbol{x},\boldsymbol{y}))^{-1}J_x\boldsymbol{F}(\boldsymbol{x},\boldsymbol{y}),$$

其中 $\boldsymbol{y}=f(\boldsymbol{x})$.

证明　我们对方程组(1)中方程的个数进行归纳.

当 $m=1$ 时,式(1)中只有一个方程,本定理就是定理 9.6.2.设当方程的个数为 $m-1$ 时,结论是正确的,我们来考察 m 个方程的情况,即式(1)成立的情况.

由于 $\det J_y\boldsymbol{F}(\boldsymbol{x}_0,\boldsymbol{y}_0)\neq 0$ 以及 $\boldsymbol{F}\in C^1(D)$,不妨设在 D 上的每一点都有 $\det J_y\boldsymbol{F}\neq 0$,否则可以找出开集 D_1,使$(\boldsymbol{x}_0,\boldsymbol{y}_0)\in D_1\subset D$,并且在 D_1 上的每一点处都有 $\det J_y\boldsymbol{F}\neq 0$,这时就把 D_1 干脆当成 D 好了.

由条件(c),可知 m 阶方阵

$$\left(\frac{\partial F_i}{\partial y_j}(\boldsymbol{x}_0,\boldsymbol{y}_0)\right)$$

中的每一个元素不都等于零.为方便起见,设

$$\frac{\partial F_m}{\partial y_m}(\boldsymbol{x}_0,\boldsymbol{y}_0)\neq 0. \tag{5}$$

改变一些记号,例如,令

$$\boldsymbol{u}=(y_1,\cdots,y_{m-1}),\quad t=y_m,\quad \boldsymbol{y}=(\boldsymbol{u},t).$$

同理,再用矩阵等式 $\boldsymbol{y}_0=(\boldsymbol{u}_0,t_0)$来规定记号 $\boldsymbol{u}_0$ 与 t_0 的意义.这样一来,式(5)可以写成

$$\frac{\partial F_m}{\partial t}(\boldsymbol{x}_0,\boldsymbol{u}_0,t_0)\neq 0,$$

又有

$$F_m(\boldsymbol{x}_0,\boldsymbol{u}_0,t_0)=F_m(\boldsymbol{x}_0,\boldsymbol{y}_0)=0,$$

由定理 9.6.2 可知,存在$(\boldsymbol{x}_0,\boldsymbol{u}_0,t_0)$的一个邻域$(G_n\times G_{m-1})\times J\subset D$,使得:

(ⅰ) 对每一点$(\boldsymbol{x},\boldsymbol{u})\in G_n\times G_{m-1}$,方程

$$F_m(\boldsymbol{x},\boldsymbol{u},t)=0$$

在 J 中有唯一的解 $t=\varphi(\boldsymbol{x},\boldsymbol{u})$,这里函数 $\varphi: G_n\times G_{m-1}\to J$;

(ⅱ) $\varphi(\boldsymbol{x}_0,\boldsymbol{u}_0)=t_0$;

(ⅲ) $\varphi\in C^1(G_n\times G_{m-1})$.

到此为止,我们所做过的事只是:从方程组(1)的最后一个方程将 y_m 解出,使之成为其他变元 $x_1,\cdots,x_n,y_1,\cdots,y_{m-1}$的函数.下面将要做的是:将这个函数代入式(1)中其他最初的 $m-1$ 个方程,以消去变量 y_m.

以上的两点不过是解方程组时常用的“消元”技巧.

方程组(1)中前面那 $m-1$ 个方程的左边遂变为

$$\Phi_i(\boldsymbol{x},\boldsymbol{u}) = \boldsymbol{F}_i(\boldsymbol{x},\boldsymbol{u},\varphi(\boldsymbol{x},\boldsymbol{u})) \quad (i=1,2,\cdots,m-1). \tag{6}$$

考虑映射

$$\boldsymbol{\Phi} = \begin{pmatrix} \Phi_1 \\ \vdots \\ \Phi_{m-1} \end{pmatrix} : G_n \times G_{m-1} \to \mathbf{R}^{m-1}.$$

若能证明 $\boldsymbol{\Phi}$ 满足本定理的三个条件,便可利用归纳假定了.

显然 $\boldsymbol{\Phi}\in C^1$,并且由于

$$\begin{aligned}\Phi_i(\boldsymbol{x}_0,\boldsymbol{u}_0) &= \boldsymbol{F}_i(\boldsymbol{x}_0,\boldsymbol{u}_0,\varphi(\boldsymbol{x}_0,\boldsymbol{u}_0)) \\ &= \boldsymbol{F}_i(\boldsymbol{x}_0,\boldsymbol{u}_0,t_0) = \boldsymbol{F}_i(\boldsymbol{x}_0,\boldsymbol{y}_0) = 0\end{aligned}$$

$(i=1,2,\cdots,m-1)$,所以 $\boldsymbol{\Phi}(\boldsymbol{x}_0,\boldsymbol{u}_0)=0$.

现在证明 $\det J_u\boldsymbol{\Phi}(\boldsymbol{x}_0,\boldsymbol{u}_0)\neq 0$.

对式(6)的两边关于 u_j(即 y_j)$(j=1,2,\cdots,m-1)$求导数,得

$$\frac{\partial \Phi_i}{\partial u_j} = \frac{\partial F_i}{\partial y_j} + \frac{\partial F_i \partial \varphi}{\partial y_m \partial u_j} \quad (i,j=1,2,\cdots,m-1). \tag{7}$$

由于(ⅰ)就是

$$F_m(\boldsymbol{x},\boldsymbol{u},\varphi(\boldsymbol{x},\boldsymbol{u})) = 0,$$

让上式也对 u_j(即 y_j)$(j=1,2,\cdots,m-1)$求导数,得

$$\frac{\partial F_m}{\partial y_j} + \frac{\partial F_m}{\partial y_m}\frac{\partial \varphi}{\partial u_j} = 0 \quad (j=1,2,\cdots,m-1). \tag{8}$$

利用行列式的性质以及等式(7)和(8),即得

$$\begin{aligned}
\begin{vmatrix} \dfrac{\partial F_1}{\partial y_1} & \cdots & \dfrac{\partial F_1}{\partial y_m} \\ \vdots & & \vdots \\ \dfrac{\partial F_m}{\partial y_1} & \cdots & \dfrac{\partial F_m}{\partial y_m} \end{vmatrix}
&= \begin{vmatrix} \dfrac{\partial F_1}{\partial y_1} + \dfrac{\partial F_1}{\partial y_m}\dfrac{\partial \varphi}{\partial u_1} & \dfrac{\partial F_1}{\partial y_2} + \dfrac{\partial F_1}{\partial y_m}\dfrac{\partial \varphi}{\partial u_2} & \cdots & \dfrac{\partial F_1}{\partial y_m} \\ \vdots & \vdots & & \vdots \\ \dfrac{\partial F_m}{\partial y_1} + \dfrac{\partial F_m}{\partial y_m}\dfrac{\partial \varphi}{\partial u_1} & \dfrac{\partial F_m}{\partial y_2} + \dfrac{\partial F_m}{\partial y_m}\dfrac{\partial \varphi}{\partial u_2} & \cdots & \dfrac{\partial F_m}{\partial y_m} \end{vmatrix} \\
&= \begin{vmatrix} \dfrac{\partial \Phi_1}{\partial u_1} & \cdots & \dfrac{\partial \Phi_1}{\partial u_{m-1}} & \dfrac{\partial F_1}{\partial y_m} \\ \vdots & & \vdots & \vdots \\ \dfrac{\partial \Phi_{m-1}}{\partial u_1} & \cdots & \dfrac{\partial \Phi_{m-1}}{\partial u_{m-1}} & \dfrac{\partial F_{m-1}}{\partial y_m} \\ 0 & \cdots & 0 & \dfrac{\partial F_m}{\partial y_m} \end{vmatrix} \\
&= \frac{\partial F_m}{\partial y_m}(\boldsymbol{x}_0,\boldsymbol{u}_0,t_0)\det(J_u\boldsymbol{\Phi}(\boldsymbol{x}_0,\boldsymbol{u}_0)).
\end{aligned} \tag{9}$$

根据条件(c),式(9)的左边不等于 0,因而

$$\det(J_u\boldsymbol{\Phi}(\boldsymbol{x}_0,\boldsymbol{u}_0))\neq 0.$$

所有这些表明,映射 $\boldsymbol{\Phi}$ 满足本定理中的三个条件. 可对 $\boldsymbol{\Phi}$ 用归纳假设,从而知定理的结论(1),(2)和(3)对映射 $\boldsymbol{\Phi}$ 成立. 这就是说,存在点$(\boldsymbol{x}_0,\boldsymbol{u}_0)$的邻域 $G\times H_{m-1}\subset G_n\times G_{m-1}$,使得:

① 当 $\boldsymbol{x}\in G$ 时,方程 $\Phi(\boldsymbol{x},\boldsymbol{u})=0$ 在 H_{m-1} 中有唯一解 $\boldsymbol{u}=\boldsymbol{g}(\boldsymbol{x})$,其中映射 $\boldsymbol{g}$: $G\to H_{m-1}$;

② $\boldsymbol{g}(\boldsymbol{x}_0)=\boldsymbol{u}_0$;

③ $\boldsymbol{g}\in C^1(G)$.

令

$$\boldsymbol{f}(\boldsymbol{x}) = (\boldsymbol{g}(\boldsymbol{x}),\varphi(\boldsymbol{x},\boldsymbol{g}(\boldsymbol{x})))\quad(x\in G),$$
$$\boldsymbol{H} = \boldsymbol{H}_{m-1}\times \boldsymbol{J},$$

于是 $\boldsymbol{f}: G\to H$. 我们要证明 $\boldsymbol{f}$ 满足条件(1),(2)和(3).

当 $\boldsymbol{x}\in G$ 时,$(\boldsymbol{x},\boldsymbol{g}(\boldsymbol{x}))\in G\times H_{m-1}\subset G_n\times G_{m-1}$,于是由①,可得

$$\begin{aligned}F_i(\boldsymbol{x},\boldsymbol{f}(\boldsymbol{x})) &= F_i(\boldsymbol{x},\boldsymbol{g}(\boldsymbol{x}),\varphi(\boldsymbol{x},\boldsymbol{g}(\boldsymbol{x})))\\ &= \Phi_i(\boldsymbol{x},\boldsymbol{g}(\boldsymbol{x})) = 0\quad(i=1,2,\cdots,m-1);\end{aligned}$$

另外由(ⅰ),又有

$$F_m(\boldsymbol{x},\boldsymbol{f}(\boldsymbol{x})) = F_m(\boldsymbol{x},\boldsymbol{g}(\boldsymbol{x}),\varphi(\boldsymbol{x},\boldsymbol{g}(\boldsymbol{x}))) = 0.$$

结合以上诸式,得出当 $\boldsymbol{x}\in G$ 时,有 $\boldsymbol{F}(\boldsymbol{x},\boldsymbol{f}(\boldsymbol{x}))=0$. 这就证明了 $\boldsymbol{f}$ 满足(1).

由②和(ⅱ),可见

$$\boldsymbol{f}(\boldsymbol{x}_0) = (\boldsymbol{g}(\boldsymbol{x}_0),\varphi(\boldsymbol{x}_0,\boldsymbol{g}(\boldsymbol{x}_0))) = (\boldsymbol{u}_0,\varphi(\boldsymbol{x}_0,\boldsymbol{u}_0)) = (\boldsymbol{u}_0,t_0) = \boldsymbol{y}_0,$$

所以 $\boldsymbol{f}$ 满足(2).

再由③和(ⅲ),即知 $\boldsymbol{f}$ 满足(3).

到此为止,我们已经证明了在定理的条件下,存在隐映射 $\boldsymbol{f}$ 满足定理中的(1),(2)和(3). 余下的是要证明 f 也满足(4). 事实上,当 $\boldsymbol{x}\in G$ 时,有恒等式

$$\boldsymbol{F}(\boldsymbol{x},\boldsymbol{f}(\boldsymbol{x})) = \boldsymbol{0},$$

对上式复合求导,得到

$$J_x\boldsymbol{F}(\boldsymbol{x},\boldsymbol{f}(\boldsymbol{x})) + J_y\boldsymbol{F}(\boldsymbol{x},\boldsymbol{f}(\boldsymbol{x}))J\boldsymbol{f}(\boldsymbol{x}) = \boldsymbol{0}.$$

由于在 D 上 $\det J_y\boldsymbol{F}$ 处处不为零,所以 $J_y\boldsymbol{F}$ 是可逆方阵. 在上式中取逆方阵,得出

$$J\boldsymbol{f}(\boldsymbol{x}) = -(J_y\boldsymbol{F}(\boldsymbol{x},\boldsymbol{f}(\boldsymbol{x})))^{-1}J_x\boldsymbol{F}(\boldsymbol{x},\boldsymbol{f}(\boldsymbol{x})),$$

这正是(4). 定理 9.7.1 证毕.

定理 9.7.1 不仅具有重要的理论意义,而且上述证明过程提供了一种可操作的求非线性方程组的近似解的方法.

例 1 设

$$x_1 y_2 - 4x_2 + 2e^{y_1} + 3 = 0,$$
$$2x_1 - x_3 - 6y_1 + y_2 \cos y_1 = 0.$$

计算当 $x_1 = -1, x_2 = 1, x_3 = -1, y_1 = 0, y_2 = 1$ 时的 Jacobi 矩阵 $\left(\dfrac{\partial y_i}{\partial x_j}\right)$.

解 这里共有五个变元,被两个方程所限制,因此其中有三个变元可视为独立的,其余两个变元是另外三个变元的函数.题目要求把 x_1, x_2, x_3 当成独立变量,y_1 与 y_2 当成 x_1, x_2, x_3 的函数.

令题目中那两个方程的左边分别为 F_1 与 F_2,并设 $\boldsymbol{x} = (x_1, x_2, x_3)$, $\boldsymbol{y} = (y_1, y_2)$,

$$\boldsymbol{F}(\boldsymbol{x}, \boldsymbol{y}) = \begin{pmatrix} F_1(\boldsymbol{x}, \boldsymbol{y}) \\ F_2(\boldsymbol{x}, \boldsymbol{y}) \end{pmatrix}.$$

于是

$$\boldsymbol{J}_x \boldsymbol{F} = \begin{pmatrix} y_2 & -4 & 0 \\ 2 & 0 & -1 \end{pmatrix},$$

$$\boldsymbol{J}_y \boldsymbol{F} = \begin{pmatrix} 2e^{y_1} & x_1 \\ -6 - y_2 \sin y_1 & \cos y_1 \end{pmatrix}.$$

令 $\boldsymbol{x}_0 = (-1, 1, -1)$, $\boldsymbol{y}_0 = (0, 1)$,由此算出

$$\boldsymbol{J}_x \boldsymbol{F}(\boldsymbol{x}_0, \boldsymbol{y}_0) = \begin{pmatrix} 1 & -4 & 0 \\ 2 & 0 & -1 \end{pmatrix},$$

$$\boldsymbol{J}_y \boldsymbol{F}(\boldsymbol{x}_0, \boldsymbol{y}_0) = \begin{pmatrix} 2 & -1 \\ -6 & 1 \end{pmatrix}.$$

因此

$$\begin{pmatrix} \dfrac{\partial y_1}{\partial x_1} & \dfrac{\partial y_1}{\partial x_2} & \dfrac{\partial y_1}{\partial x_3} \\ \dfrac{\partial y_2}{\partial x_1} & \dfrac{\partial y_2}{\partial x_2} & \dfrac{\partial y_2}{\partial x_3} \end{pmatrix} = -\begin{pmatrix} 2 & -1 \\ -6 & 1 \end{pmatrix}^{-1} \begin{pmatrix} 1 & -4 & 0 \\ 2 & 0 & -1 \end{pmatrix}$$

$$= \frac{1}{4}\begin{pmatrix} 1 & 1 \\ 6 & 2 \end{pmatrix}\begin{pmatrix} 1 & -4 & 0 \\ 2 & 0 & -1 \end{pmatrix}$$

$$= \frac{1}{4}\begin{pmatrix} 3 & -4 & -1 \\ 10 & -24 & -2 \end{pmatrix}.$$

□

例 2 设

$$z = f(x, y), \quad g(x, y) = 0,$$

其中 f 和 g 都是二元可微函数.求 $\dfrac{\mathrm{d}z}{\mathrm{d}x}$.

解法1 一方面,可认为 $g(x,y)=0$ 确定隐函数 $y=\varphi(x)$,然后代入第一个等式,使 z 成为 x 的函数

$$z = f(x,\varphi(x)),$$

再将 z 关于 x 求导:

$$\frac{\mathrm{d}z}{\mathrm{d}x} = \frac{\partial f}{\partial x}(x,y) + \frac{\partial f}{\partial y}(x,y)\varphi'(x),$$

其中 $y=\varphi(x)$.另一方面

$$\varphi'(x) = -\frac{\dfrac{\partial g}{\partial x}}{\dfrac{\partial g}{\partial y}},$$

所以

$$\frac{\mathrm{d}z}{\mathrm{d}x} = \left(\frac{\partial f}{\partial x}\frac{\partial g}{\partial y} - \frac{\partial f}{\partial y}\frac{\partial g}{\partial x}\right)\left(\frac{\partial g}{\partial y}\right)^{-1} = \left(\frac{\partial g}{\partial y}\right)^{-1}\begin{vmatrix} \dfrac{\partial f}{\partial x} & \dfrac{\partial f}{\partial y} \\ \dfrac{\partial g}{\partial x} & \dfrac{\partial g}{\partial y} \end{vmatrix},$$

其中所有的偏导数在 $(x,\varphi(x))$ 处取值.

在这种解法中,只用到定理9.6.1,并不涉及隐映射定理.

解法2 令

$$\boldsymbol{F}_1 = f(x,y) - z,\quad \boldsymbol{F}_2 = g(x,y),\quad \boldsymbol{F} = \begin{pmatrix} \boldsymbol{F}_1 \\ \boldsymbol{F}_2 \end{pmatrix},$$

则有

$$\boldsymbol{JF} = \begin{pmatrix} \dfrac{\partial f}{\partial x} & \dfrac{\partial f}{\partial y} & -1 \\ \dfrac{\partial g}{\partial x} & \dfrac{\partial g}{\partial y} & 0 \end{pmatrix}.$$

当行列式

$$\begin{vmatrix} \dfrac{\partial f}{\partial y} & -1 \\ \dfrac{\partial g}{\partial y} & 0 \end{vmatrix} = \frac{\partial g}{\partial y} \neq 0$$

时,由定理9.7.1可知,方程 $\boldsymbol{F}=\boldsymbol{0}$ 确定 y 与 z 是 x 的函数,并且

$$\begin{pmatrix} \frac{\mathrm{d}y}{\mathrm{d}x} \\ \frac{\mathrm{d}z}{\mathrm{d}x} \end{pmatrix} = -\begin{pmatrix} \frac{\partial f}{\partial y} & -1 \\ \frac{\partial g}{\partial y} & 0 \end{pmatrix}^{-1} \begin{pmatrix} \frac{\partial f}{\partial x} \\ \frac{\partial g}{\partial x} \end{pmatrix}$$

$$= \left(\frac{\partial g}{\partial y}\right)^{-1} \begin{pmatrix} 0 & -1 \\ \frac{\partial g}{\partial y} & -\frac{\partial f}{\partial y} \end{pmatrix} \begin{pmatrix} \frac{\partial f}{\partial x} \\ \frac{\partial g}{\partial x} \end{pmatrix}.$$

比较上式两边第二行的元素，得到

$$\frac{\mathrm{d}z}{\mathrm{d}x} = \left(\frac{\partial g}{\partial y}\right)^{-1} \left(\frac{\partial f}{\partial x}\frac{\partial g}{\partial y} - \frac{\partial f}{\partial y}\frac{\partial g}{\partial x}\right) = \left(\frac{\partial g}{\partial y}\right)^{-1} \begin{vmatrix} \frac{\partial f}{\partial x} & \frac{\partial f}{\partial y} \\ \frac{\partial g}{\partial x} & \frac{\partial g}{\partial y} \end{vmatrix}.$$

比较下来，第一种解法更直接、更简单一些. □

练 习 题 9.7

1. 对方程组

$$\begin{cases} x^2 + y^2 + z^2 = 1, \\ x + y + z = 0, \end{cases}$$

计算 $\frac{\mathrm{d}y}{\mathrm{d}x}$ 和 $\frac{\mathrm{d}z}{\mathrm{d}x}$，并作出几何解释.

2. 对方程组

$$\begin{cases} x^2 + y^2 - z = 0, \\ x^2 + 2y^2 + 3z^2 = 20, \end{cases}$$

计算 $\frac{\mathrm{d}y}{\mathrm{d}x}$ 和 $\frac{\mathrm{d}z}{\mathrm{d}x}$.

3. 对方程组

$$\begin{cases} x = t + \frac{1}{t}, \\ y = t^2 + \frac{1}{t^2}, \\ z = t^3 + \frac{1}{t^3}, \end{cases}$$

计算 $\frac{\mathrm{d}y}{\mathrm{d}x}$ 和 $\frac{\mathrm{d}z}{\mathrm{d}x}$.

4. 对下列方程,计算 Jacobi 矩阵

$$\begin{pmatrix} \dfrac{\partial x}{\partial u} & \dfrac{\partial x}{\partial v} \\ \dfrac{\partial y}{\partial u} & \dfrac{\partial y}{\partial v} \end{pmatrix}:$$

(1) $xu - yv = 0, yu + xv = 1$;

(2) $x + y = u + v, \dfrac{x}{y} = \dfrac{\sin u}{\sin v}$.

5. 设

$$\begin{cases} u^2 - v\cos xy + w^2 = 0, \\ u^2 + v^2 - \sin xy + 2w^2 = 2, \\ uv - \sin x\cos y + w = 0. \end{cases}$$

在$(x,y) = (\pi/2, 0)$,$(u,v,w) = (1,1,0)$处计算 Jacobi 矩阵

$$\begin{pmatrix} \dfrac{\partial u}{\partial x} & \dfrac{\partial u}{\partial y} \\ \dfrac{\partial v}{\partial x} & \dfrac{\partial v}{\partial y} \\ \dfrac{\partial w}{\partial x} & \dfrac{\partial w}{\partial y} \end{pmatrix}.$$

6. 设 $u = f(x,y,z,t), g(y,z,t) = 0, h(z,t) = 0$. 计算$\dfrac{\partial u}{\partial x}$和$\dfrac{\partial u}{\partial y}$.

9.8　逆映射定理

为了让读者更好地理解“逆映射定理”,回忆一下单变量函数中的反函数存在问题将是有帮助的. 设(a,b)是一个开区间,一元函数 $f:(a,b)\to \mathbf{R}$,并且 $f\in C^1(a,b)$,又设 $x_0\in(a,b)$且 $f'(x_0)\neq 0$,为确定起见,不妨设 $f'(x_0)>0$. 由 f' 的连续性,一定存在$(\alpha,\beta)\subset(a,b)$,使得 $x_0\in(\alpha,\beta)$,$[\alpha,\beta]\subset(a,b)$,且当 $x\in(\alpha,\beta)$时,有 $f'(x)>0$,这表明在(α,β)上函数 f 是严格递增的. 记 $y_0 = f(x_0)$,$A = f(\alpha)$,$B = f(\beta)$,那么在(A,B)上存在反函数 f^{-1},它满足 $f^{-1}(y_0) = x_0$,$f\circ f^{-1}(y) = y$ 对 $y\in(A,B)$成立,f^{-1}在(A,B)上连续可微,并且

$$(f^{-1})'(y) = (f'(x))^{-1},$$

其中 $y = f(x)$,或等价地 $x = f^{-1}(y)$.

以上的推理也可以放在隐函数存在定理的范围内进行.考察二元函数

$$F(x,y)=f(x)-y.$$

它的定义域是 $\mathbf{R}^2$ 中的开集 $D=(a,b)\times\mathbf{R}$.点 $(x_0,y_0)\in D$ 满足

$$F(x_0,y_0)=f(x_0)-y_0=y_0-y_0=0,$$

并且

$$\frac{\partial F}{\partial x}(x_0,y_0)=f'(x_0)\neq 0.$$

显然 $F\in C^1(D)$,依定理 9.6.1 便可以作出结论:存在开区间 $(\alpha,\beta)\subset(a,b)$ 和 (A,B),使得对每一个 $y\in(A,B)$,方程 $F(x,y)=0$,即方程 $f(x)=y$ 在 (α,β) 内有唯一的解 $f^{-1}(y)\in C^1(A,B)$,并且

$$(f^{-1})'(y)=-\frac{\dfrac{\partial F(x,y)}{\partial y}}{\dfrac{\partial F(x,y)}{\partial x}}=\frac{1}{f'(x)},$$

其中 $y=f(x)$.

所谓逆映射定理同隐映射存在定理的关系正如上述反函数定理同隐函数存在定理的关系.

定理 9.8.1(局部逆映射定理) 设开集 $D\subset\mathbf{R}^n$,$\boldsymbol{f}:D\to\mathbf{R}^n$,满足:

(a) $\boldsymbol{f}\in C^1(D)$;

(b) 有 $\boldsymbol{x}_0\in D$,使得

$$\det J\boldsymbol{f}(\boldsymbol{x}_0)\neq 0.$$

□

记 $\boldsymbol{y}_0=\boldsymbol{f}(\boldsymbol{x}_0)$,那么存在 $\boldsymbol{x}_0$ 的一个邻域 U 和 $\boldsymbol{y}_0$ 的一个邻域 V,使得:

(1) $\boldsymbol{f}(U)=V$,且 $\boldsymbol{f}$ 在 U 上是单射;

(2) 记 $\boldsymbol{g}$ 是 $\boldsymbol{f}$ 在 U 上的逆映射,$\boldsymbol{g}\in C^1(V)$;

(3) 当 $\boldsymbol{y}\in V$ 时,

$$J\boldsymbol{g}(\boldsymbol{y})=(J\boldsymbol{f}(\boldsymbol{x}))^{-1},$$

其中 $\boldsymbol{x}=\boldsymbol{g}(\boldsymbol{y})$.

证明 令

$$\boldsymbol{F}(\boldsymbol{x},\boldsymbol{y})=\boldsymbol{f}(\boldsymbol{x})-\boldsymbol{y},$$

这个映射定义在 $D\times\mathbf{R}^n$ 上.显然 $\boldsymbol{F}\in C^1(D\times\mathbf{R}^n)$,并且

$$\boldsymbol{F}(\boldsymbol{x}_0,\boldsymbol{y}_0)=\boldsymbol{f}(\boldsymbol{x}_0)-\boldsymbol{y}_0=\boldsymbol{y}_0-\boldsymbol{y}_0=\boldsymbol{0}.$$

此外,由条件(b),知

$$\det J_x\boldsymbol{F}(\boldsymbol{x}_0,\boldsymbol{y}_0)=\det J\boldsymbol{f}(\boldsymbol{x}_0)\neq 0.$$

依定理 9.7.1(隐映射定理),存在 $\boldsymbol{x}_0$ 的邻域 H 和 $\boldsymbol{y}_0$ 的邻域 V,其中 $H\subset D$,使得对每一点 $\boldsymbol{y}\in V$,方程 $\boldsymbol{F}(\boldsymbol{x},\boldsymbol{y})=\boldsymbol{0}$ 即 $\boldsymbol{f}(\boldsymbol{x})=\boldsymbol{y}$ 在H 中有唯一解,记作$\boldsymbol{g}(\boldsymbol{y})$,其中 $\boldsymbol{g}\in C^1(V)$,并且当 $\boldsymbol{y}\in V$ 时,

$$\begin{aligned} J\boldsymbol{g}(\boldsymbol{y}) &= -(J_x\boldsymbol{F}(\boldsymbol{x},\boldsymbol{y}))^{-1}J_y\boldsymbol{F}(\boldsymbol{x},\boldsymbol{y}) \\ &= -(J\boldsymbol{f}(\boldsymbol{x}))^{-1}(-\boldsymbol{I}_n) = (J\boldsymbol{f}(\boldsymbol{x}))^{-1}, \end{aligned}$$

这里 $\boldsymbol{x}=\boldsymbol{g}(\boldsymbol{y})$.

令 $U=\boldsymbol{g}(V)$,可见 $V=\boldsymbol{f}(U)$,$\boldsymbol{f}$ 与$\boldsymbol{g}$ 互为逆映射,余下的只需证明 U 是开集.

事实上,

$$U = H\cap \boldsymbol{f}^{-1}(V),$$

这里 $\boldsymbol{f}^{-1}(V)$是 V 在$\boldsymbol{f}$ 之下的逆像.由于 V 是开集而$\boldsymbol{f}$ 是连续映射,故由定理 8.8.3 知 $\boldsymbol{f}^{-1}(V)$是开集.又因 H 是开集,所以 U 也是开集. □

需要特别指出的是,这个定理只具有局部的性质,就是说,只是在点 $\boldsymbol{f}(\boldsymbol{x}_0)$的近旁才存在着逆映射.即使当 $\det J\boldsymbol{f}$ 在D 上处处不等于零,我们也只能断言在$\boldsymbol{f}(D)$中的每一个点的一个局部范围内存在着逆映射,它们一般不可能在大范围内成为 $\boldsymbol{f}$ 在$\boldsymbol{f}(D)$上的逆映射.

但是,有如下的定理:

定理 9.8.2(逆映射定理)　设开集 $D\subset\mathbf{R}^n$,$\boldsymbol{f}:D\to\mathbf{R}^n$,满足:

(a) $\boldsymbol{f}\in C^1(D)$;

(b) 对每一 $\boldsymbol{x}\in D$,$\det J\boldsymbol{f}(\boldsymbol{x})\neq 0$.

那么 $G=\boldsymbol{f}(D)$为一开集.又如果:

(c) $\boldsymbol{f}$ 是D 上的单射,

那么:

(1) 存在从 G 到D 上的映射$\boldsymbol{f}^{-1}$,满足:对一切 $\boldsymbol{y}\in G$,有

$$\boldsymbol{f}\circ\boldsymbol{f}^{-1}(\boldsymbol{y}) = \boldsymbol{y};\tag{1}$$

(2) $\boldsymbol{f}^{-1}\in C^1(G)$;

(3)

$$J\boldsymbol{f}^{-1}(\boldsymbol{y}) = (J\boldsymbol{f}(\boldsymbol{x}))^{-1}\quad (\boldsymbol{x} = \boldsymbol{f}^{-1}(\boldsymbol{y})).\tag{2}$$

证明　由于 $\boldsymbol{f}$ 是一个单射,故逆映射 $\boldsymbol{f}^{-1}$的存在是显然的,因此式(1)必然成立.定理 9.8.1(局部逆映射定理)保证了局部逆映射的存在唯一性.由于整体的逆映射必然是局部的逆映射,所以式(2)也是成立的.余下来只需证明 $\boldsymbol{f}(D)$是一个开集.任取一点 $\boldsymbol{y}\in G$,存在一点 $\boldsymbol{x}\in D$ 使$\boldsymbol{y}=\boldsymbol{f}(\boldsymbol{x})$.由定理 9.8.1,存在 $\boldsymbol{x}$ 的一个邻域U 和$\boldsymbol{y}$ 的一个邻域V,满足 $V=\boldsymbol{f}(U)$,因此 $V=\boldsymbol{f}(U)\subset\boldsymbol{f}(D)=G$,这表明 $\boldsymbol{y}$ 是 G 的一个内点.由于 $\boldsymbol{y}\in G$ 是任取的,这表明 G 全由内点组成,所以 G 是开集. □

为了使今后的叙述简练,我们给出以下定义:

定义 9.8.1 设开集 $D\subset\mathbf{R}^n$. 映射 $f:D\to\mathbf{R}^n$ 满足以下三个条件:

(1) $f\in C^1(D)$;

(2) f 是 D 上的单射;

(3) $\det Jf(\boldsymbol{x})\neq 0$ 对一切 $\boldsymbol{x}\in D$ 成立.

我们称 f 是 D 上的一个**正则映射**.

很明显,正则映射 f 的逆映射 $f^{-1}:f(D)\to D$ 也是一个正则映射.

用通俗的话来说,前两个定理是关于方程组

$$\begin{cases} f_1(x_1,\cdots,x_n)=y_1,\\ f_2(x_1,\cdots,x_n)=y_2,\\ \cdots,\\ f_n(x_1,\cdots,x_n)=y_n \end{cases}\tag{3}$$

在怎样的点上,在多大的范围内,存在着唯一解,并建议了如何求数值解. 不仅如此,定理还断言了**解对初始数据的连续依赖性**. 这就是说,如果 $\boldsymbol{x}_0$ 是方程组 $\boldsymbol{f}(\boldsymbol{x})=\boldsymbol{y}_0$ 的一个解,给 $\boldsymbol{y}_0$ 的一个充分小的扰动 $\boldsymbol{\eta}$,那么方程组 $\boldsymbol{f}(\boldsymbol{x})=\boldsymbol{y}_0+\boldsymbol{\eta}$ 的解 $\boldsymbol{x}_0+\boldsymbol{\varepsilon}$ 同 $\boldsymbol{x}_0$ 的偏差 $\|\boldsymbol{\varepsilon}\|$ 就不会很大.

公式(2)可以写成矩阵的形式:

$$\begin{pmatrix} \dfrac{\partial x_1}{\partial y_1} & \cdots & \dfrac{\partial x_1}{\partial y_n}\\ \vdots & & \vdots\\ \dfrac{\partial x_n}{\partial y_1} & \cdots & \dfrac{\partial x_n}{\partial y_n} \end{pmatrix}=\begin{pmatrix} \dfrac{\partial y_1}{\partial x_1} & \cdots & \dfrac{\partial y_1}{\partial x_n}\\ \vdots & & \vdots\\ \dfrac{\partial y_n}{\partial x_1} & \cdots & \dfrac{\partial y_n}{\partial x_n} \end{pmatrix}^{-1}\tag{4}$$

人们习惯上把 Jacobi 行列式记为

$$\frac{\partial(y_1,\cdots,y_n)}{\partial(x_1,\cdots,x_n)}=\det\begin{pmatrix} \dfrac{\partial y_1}{\partial x_1} & \cdots & \dfrac{\partial y_1}{\partial x_n}\\ \vdots & & \vdots\\ \dfrac{\partial y_n}{\partial x_1} & \cdots & \dfrac{\partial y_n}{\partial x_n} \end{pmatrix},$$

那么在式(4)的两边取行列式,可得

$$\frac{\partial(x_1,\cdots,x_n)}{\partial(y_1,\cdots,y_n)}=\frac{1}{\dfrac{\partial(y_1,\cdots,y_n)}{\partial(x_1,\cdots,x_n)}}.\tag{5}$$

例 1 极坐标变换是

$$\begin{cases} x = r\cos\theta, \\ y = r\sin\theta. \end{cases}$$

求 r 和 θ 关于 x, y 的偏导数.

解　由公式(4),得

$$\begin{pmatrix} \dfrac{\partial r}{\partial x} & \dfrac{\partial r}{\partial y} \\ \dfrac{\partial \theta}{\partial x} & \dfrac{\partial \theta}{\partial y} \end{pmatrix} = \begin{pmatrix} \dfrac{\partial x}{\partial r} & \dfrac{\partial x}{\partial \theta} \\ \dfrac{\partial y}{\partial r} & \dfrac{\partial y}{\partial \theta} \end{pmatrix}^{-1} = \frac{1}{r}\begin{pmatrix} r\cos\theta & r\sin\theta \\ -\sin\theta & \cos\theta \end{pmatrix}.$$ □

例2　设

$$\begin{cases} x^2 = vy, \\ y^2 = ux. \end{cases}$$

求 $\dfrac{\partial(x, y)}{\partial(u, v)}$.

解　从方程组中可以直接解出

$$u = \frac{y^2}{x}, \quad v = \frac{x^2}{y},$$

因此

$$\frac{\partial(u, v)}{\partial(x, y)} = \begin{vmatrix} \dfrac{\partial u}{\partial x} & \dfrac{\partial u}{\partial y} \\ \dfrac{\partial v}{\partial x} & \dfrac{\partial v}{\partial y} \end{vmatrix} = \begin{vmatrix} -\dfrac{y^2}{x^2} & \dfrac{2y}{x} \\ \dfrac{2x}{y} & -\dfrac{x^2}{y^2} \end{vmatrix} = -3.$$

按公式(5),可得

$$\frac{\partial(x, y)}{\partial(u, v)} = -\frac{1}{3}.$$ □

练 习 题 9.8

1. 设 $D \subset \mathbf{R}^n$,映射 $f: D \to \mathbf{R}^n$. 如果 f 把开集映为开集,则称 f 为一个**开映射**. 问下列映射是不是开映射:

　(1) $f(x, y) = \left(x^2, \dfrac{y}{x}\right)$;

　(2) $f(x, y) = (e^x\cos y, e^x\sin y)$;

　(3) $f(x, y) = (x + y, 2xy^2)$.

2. 对第1题中的三个映射 f,计算 Jf^{-1}.

9.9 高阶偏导数

设函数 f 在开集 D 上的每一点处存在偏导数:

$$\mathrm{D}_i f(\boldsymbol{x}) = \frac{\partial f}{\partial x_i}(\boldsymbol{x}) \quad (i = 1,2,\cdots,n),$$

称它们为 f 的**一阶偏导函数**,如果对这些偏导函数又可求取偏导数,得出的就是 f 的**二阶偏导函数**.以此可以定义三阶偏导数乃至更高阶的偏导数.

一个含 n 个变量的函数的二阶偏导数可以有 n^2 种形式.当我们将一阶偏导函数$\frac{\partial f}{\partial x_j}$再对 x_i 求偏导数时,把$\frac{\partial}{\partial x_i}\left(\frac{\partial f}{\partial x_j}\right)$直接记为$\frac{\partial^2 f}{\partial x_i \partial x_j}$,这里 i,j 独立地从 1 变到 n;如果 $i=j$,那么把$\frac{\partial^2 f}{\partial x_i \partial x_i}$记作$\frac{\partial^2 f}{\partial x_i^2}$($i=1,2,\cdots,n$).

例 1 求 $z=xy^3$ 的全部二阶偏导数.

解 先求一阶偏导数:

$$\frac{\partial z}{\partial x} = y^3, \quad \frac{\partial z}{\partial y} = 3xy^2.$$

由此可以算出四个二阶偏导数:

$$\frac{\partial^2 x}{\partial x^2} = 0, \quad \frac{\partial^2 z}{\partial y \partial x} = 3y^2,$$

$$\frac{\partial^2 z}{\partial x \partial y} = 3y^2, \quad \frac{\partial^2 z}{\partial y^2} = 6xy.$$

□

在例 1 中,我们发现

$$\frac{\partial^2 z}{\partial x \partial y} = \frac{\partial^2 z}{\partial y \partial x}.$$

这给人们一种印象:似乎求偏导数时次序的先后无关紧要.但是,这不永远是正确的.

例 2 定义函数

$$f(x,y) = \begin{cases} xy\dfrac{x^2-y^2}{x^2+y^2}, & x^2+y^2>0, \\ 0, & x=y=0. \end{cases}$$

证明：

$$\frac{\partial^2 f(0,0)}{\partial x\partial y} \neq \frac{\partial^2 f(0,0)}{\partial y\partial x}.$$

证明　若 $x^2+y^2>0$，则

$$\frac{\partial f(x,y)}{\partial x} = \frac{y(x^4+4x^2y^2-y^4)}{(x^2+y^2)^2},$$

$$\frac{\partial f(x,y)}{\partial y} = \frac{x(x^4-4x^2y^2-y^4)}{(x^2+y^2)^2};$$

若 $x=y=0$，则

$$\frac{\partial f(0,0)}{\partial x} = \lim_{x\to 0}\frac{f(x,0)-f(0,0)}{x} = 0,$$

$$\frac{\partial f(0,0)}{\partial y} = \lim_{y\to 0}\frac{f(0,y)-f(0,0)}{y} = 0.$$

于是

$$\frac{\partial^2 f(0,0)}{\partial y\partial x} = \lim_{y\to 0}\frac{1}{y}\left(\frac{\partial f(0,y)}{\partial x} - \frac{\partial f(0,0)}{\partial x}\right) = \lim_{y\to 0}\left(-\frac{y}{y}\right) = -1,$$

$$\frac{\partial^2 f(0,0)}{\partial x\partial y} = \lim_{x\to 0}\frac{1}{x}\left(\frac{\partial f(x,0)}{\partial y} - \frac{\partial f(0,0)}{\partial y}\right) = \lim_{x\to 0}\frac{x}{x} = 1.$$

可见

$$\frac{\partial^2 f(0,0)}{\partial x\partial y} \neq \frac{\partial^2 f(0,0)}{\partial y\partial x}.$$ □

两个偏导数

$$\frac{\partial^2 f}{\partial x\partial y},\quad \frac{\partial^2 f}{\partial y\partial x}$$

称为**混合偏导数**.我们已经从例 2 看到：一般来说，混合偏导数是与求导的次序有关的.下面的定理指出了混合偏导数与求导的次序无关的一个充分条件.

定理 9.9.1　设开集 $D\subset \mathbf{R}^2$，$f:D\to\mathbf{R}$.如果$\dfrac{\partial f}{\partial x}$，$\dfrac{\partial f}{\partial y}$，$\dfrac{\partial^2 f}{\partial y\partial x}$在$(x_0,y_0)$的某个邻域上存在，且$\dfrac{\partial^2 f}{\partial y\partial x}$在$(x_0,y_0)$处连续，那么$\dfrac{\partial^2 f}{\partial x\partial y}$在$(x_0,y_0)$处存在，而且

$$\frac{\partial^2 f}{\partial x\partial y}(x_0,y_0) = \frac{\partial^2 f}{\partial y\partial x}(x_0,y_0).$$

证明　记

$$\varphi(h,k) = f(x_0+h,y_0+k) - f(x_0+h,y_0) - f(x_0,y_0+k) + f(x_0,y_0),$$

$$g(x)=f(x,y_0+k)-f(x,y_0),$$

那么由微分中值定理,得

$$\begin{aligned}\varphi(h,k)&=g(x_0+h)-g(x_0)\\&=g'(x_0+\theta_1 h)h\\&=\left(\frac{\partial f}{\partial x}(x_0+\theta_1 h,y_0+k)-\frac{\partial f}{\partial x}(x_0+\theta_1 h,y_0)\right)h\\&=\frac{\partial^2 f}{\partial y\partial x}(x_0+\theta_1 h,y_0+\theta_2 k)hk.\end{aligned}$$

由于$\frac{\partial^2 f}{\partial y\partial x}$在$(x_0,y_0)$处连续,所以

$$\lim_{\substack{h\to 0\\k\to 0}}\frac{\varphi(h,k)}{hk}=\frac{\partial^2 f}{\partial y\partial x}(x_0,y_0).\tag{1}$$

注意到

$$\begin{aligned}&\lim_{k\to 0}\frac{\varphi(h,k)}{hk}\\&=\lim_{k\to 0}\frac{1}{h}\left(\frac{f(x_0+h,y_0+k)-f(x_0+h,y_0)}{k}-\frac{f(x_0,y_0+k)-f(x_0,y_0)}{k}\right)\\&=\frac{1}{h}\left(\frac{\partial f}{\partial y}(x_0+h,y_0)-\frac{\partial f}{\partial y}(x_0,y_0)\right).\end{aligned}$$

由练习题 8.6 中的第 7 题的结果和等式(1),知

$$\lim_{h\to 0}\frac{1}{h}\left(\frac{\partial f}{\partial y}(x_0+h,y_0)-\frac{\partial f}{\partial y}(x_0,y_0)\right)=\frac{\partial^2 f}{\partial y\partial x}(x_0,y_0).$$

这说明$\frac{\partial^2 f}{\partial x\partial y}(x_0,y_0)$存在,而且

$$\frac{\partial^2 f}{\partial x\partial y}(x_0,y_0)=\frac{\partial^2 f}{\partial y\partial x}(x_0,y_0).$$ □

由以上证明可见,对 n 元函数 f 的情形,这一结论仍然正确.此时,任何

$$\frac{\partial^2 f(x)}{\partial x_i\partial x_j}\quad(i\neq j)$$

都称为二阶**混合偏导数**,只要$\frac{\partial f}{\partial x_i}$,$\frac{\partial f}{\partial x_j}$,$\frac{\partial^2 f}{\partial x_i\partial x_j}$在$(x_0,y_0)$的某个邻域内存在,且$\frac{\partial^2 f}{\partial x_i\partial x_j}$在$(x_0,y_0)$处连续,那么$\frac{\partial^2 f}{\partial x_j\partial x_i}$也存在,而且二者相等.在这种情况下,求偏导数的先后次序就完全不必计较.其实,这一结论并不只限于二阶混合偏导数的

情形.

在最一般的情形下,设我们有两个 k 阶偏导数,如果它们只在求偏导数的顺序上的不同,那么这些偏导数若在所讨论的点上连续,则它们一定是相等的.

求高阶偏导数不需要新的技巧,但在求一些复合函数的高阶偏导数时,若不注意就很容易漏掉某些项.请看下面的例子.

例 3 设 f,x,y 都是具有二阶连续偏导数的二元函数,记

$$u = f(x(s,t),y(s,t)).$$

求 $\frac{\partial^2 u}{\partial s^2}$,$\frac{\partial^2 u}{\partial t^2}$ 和 $\frac{\partial^2 u}{\partial s\partial t}$.

解 由链式法则,可得

$$\frac{\partial u}{\partial s} = \frac{\partial f}{\partial x}\frac{\partial x}{\partial s} + \frac{\partial f}{\partial y}\frac{\partial y}{\partial s}, \quad \frac{\partial u}{\partial t} = \frac{\partial f}{\partial x}\frac{\partial x}{\partial t} + \frac{\partial f}{\partial y}\frac{\partial y}{\partial t}.$$

在求二阶导数时,必须要注意$\frac{\partial f}{\partial x}$,$\frac{\partial f}{\partial y}$仍然是 x,y 和 s,t 的复合函数,因而有

$$\begin{aligned}
\frac{\partial^2 u}{\partial s^2} &= \frac{\partial}{\partial s}\left(\frac{\partial f}{\partial x}\frac{\partial x}{\partial s}\right) + \frac{\partial}{\partial s}\left(\frac{\partial f}{\partial y}\frac{\partial y}{\partial s}\right) \\
&= \frac{\partial}{\partial s}\left(\frac{\partial f}{\partial x}\right)\frac{\partial x}{\partial s} + \frac{\partial f}{\partial x}\frac{\partial^2 x}{\partial s^2} + \frac{\partial}{\partial s}\left(\frac{\partial f}{\partial y}\right)\frac{\partial y}{\partial s} + \frac{\partial f}{\partial y}\frac{\partial^2 y}{\partial s^2} \\
&= \left(\frac{\partial^2 f}{\partial x^2}\frac{\partial x}{\partial s} + \frac{\partial^2 f}{\partial y\partial x}\frac{\partial y}{\partial s}\right)\frac{\partial x}{\partial s} + \frac{\partial f}{\partial x}\frac{\partial^2 x}{\partial s^2} \\
&\quad + \left(\frac{\partial^2 f}{\partial x\partial y}\frac{\partial x}{\partial s} + \frac{\partial^2 f}{\partial y^2}\frac{\partial y}{\partial s}\right)\frac{\partial y}{\partial s} + \frac{\partial f\partial^2 y}{\partial y\partial s^2} \\
&= \frac{\partial^2 f}{\partial x^2}\left(\frac{\partial x}{\partial s}\right)^2 + 2\frac{\partial^2 f}{\partial x\partial y}\frac{\partial x}{\partial s}\frac{\partial y}{\partial s} + \frac{\partial^2 f}{\partial y^2}\left(\frac{\partial y}{\partial s}\right)^2 \\
&\quad + \frac{\partial f}{\partial x}\frac{\partial^2 x}{\partial s^2} + \frac{\partial f}{\partial y}\frac{\partial^2 y}{\partial s^2}.
\end{aligned}$$

利用同样的方法,可以求得

$$\begin{aligned}
\frac{\partial^2 u}{\partial t^2} &= \frac{\partial^2 f}{\partial x^2}\left(\frac{\partial x}{\partial t}\right)^2 + 2\frac{\partial^2 f}{\partial x\partial y}\frac{\partial x}{\partial t}\frac{\partial y}{\partial t} + \frac{\partial^2 f}{\partial y^2}\left(\frac{\partial y}{\partial t}\right)^2 \\
&\quad + \frac{\partial f}{\partial x}\frac{\partial^2 x}{\partial t^2} + \frac{\partial f}{\partial y}\frac{\partial^2 y}{\partial t^2},
\end{aligned}$$

$$\frac{\partial^2 u}{\partial s\partial t} = \frac{\partial}{\partial t}\left(\frac{\partial f}{\partial x}\frac{\partial x}{\partial s}\right) + \frac{\partial}{\partial t}\left(\frac{\partial f}{\partial y}\frac{\partial y}{\partial s}\right)$$

$$= \left(\frac{\partial^2 f}{\partial x^2}\frac{\partial x}{\partial t} + \frac{\partial^2 f}{\partial x \partial y}\frac{\partial y}{\partial t}\right)\frac{\partial x}{\partial s} + \frac{\partial f}{\partial x}\frac{\partial^2 x}{\partial t \partial s}$$

$$+ \left(\frac{\partial^2 f}{\partial y \partial x}\frac{\partial x}{\partial t} + \frac{\partial^2 f}{\partial y^2}\frac{\partial y}{\partial t}\right)\frac{\partial y}{\partial s} + \frac{\partial f}{\partial y}\frac{\partial^2 y}{\partial t \partial s}$$

$$= \frac{\partial^2 f}{\partial x^2}\frac{\partial x}{\partial s}\frac{\partial x}{\partial t} + \frac{\partial^2 f}{\partial x \partial y}\left(\frac{\partial x}{\partial s}\frac{\partial y}{\partial t} + \frac{\partial x}{\partial t}\frac{\partial y}{\partial s}\right)$$

$$+ \frac{\partial^2 f}{\partial y^2}\frac{\partial y}{\partial s}\frac{\partial y}{\partial t} + \frac{\partial f}{\partial x}\frac{\partial^2 x}{\partial s \partial t} + \frac{\partial f}{\partial y}\frac{\partial^2 y}{\partial s \partial t}.$$ □

通过一些变量代换,有时候可以把一些含有偏导数的表达式化简,从而求得某些偏微分方程的解.

例 4 解偏微分方程

$$\frac{\partial^2 z}{\partial x^2} - y\frac{\partial^2 z}{\partial y^2} = \frac{1}{2}\frac{\partial z}{\partial y} \quad (y > 0). \tag{2}$$

解 所谓解偏微分方程(2),就是要求函数 $z = z(x, y)$,使之满足方程(2).作变量代换

$$\xi = x - 2\sqrt{y}, \quad \eta = x + 2\sqrt{y}. \tag{3}$$

在这个代换之下,x, y 的函数变成新变量 ξ, η 的函数,记为

$$z = z(x, y) = f(\xi, \eta).$$

现在来计算,在变量代换(3)之下式(2)变成什么形式.

$$\frac{\partial z}{\partial x} = \frac{\partial f}{\partial \xi}\frac{\partial \xi}{\partial x} + \frac{\partial f}{\partial \eta}\frac{\partial \eta}{\partial x} = \frac{\partial f}{\partial \xi} + \frac{\partial f}{\partial \eta},$$

$$\frac{\partial z}{\partial y} = \frac{\partial f}{\partial \xi}\frac{\partial \xi}{\partial y} + \frac{\partial f}{\partial \eta}\frac{\partial \eta}{\partial y} = -\frac{\partial f}{\partial \xi}y^{-1/2} + \frac{\partial f}{\partial \eta}y^{-1/2},$$

$$\frac{\partial^2 z}{\partial x^2} = \frac{\partial^2 f}{\partial \xi^2} + 2\frac{\partial^2 f}{\partial \xi \partial \eta} + \frac{\partial^2 f}{\partial \eta^2},$$

$$\frac{\partial^2 z}{\partial y^2} = -\left[\left(\frac{\partial^2 f}{\partial \xi^2}(-y^{-1/2}) + \frac{\partial^2 f}{\partial \xi \partial \eta}y^{-1/2}\right)y^{-1/2} - \frac{1}{2}y^{-3/2}\frac{\partial f}{\partial \xi}\right]$$

$$+ \left(-\frac{\partial^2 f}{\partial \xi \partial \eta}y^{-1/2} + \frac{\partial^2 f}{\partial \eta^2}y^{-1/2}\right)y^{-1/2} - \frac{1}{2}y^{-3/2}\frac{\partial f}{\partial \eta}$$

$$= \left(\frac{\partial^2 f}{\partial \xi^2} - 2\frac{\partial^2 f}{\partial \xi \partial \eta} + \frac{\partial^2 f}{\partial \eta^2}\right)y^{-1} + \frac{1}{2}y^{-3/2}\left(\frac{\partial f}{\partial \xi} - \frac{\partial f}{\partial \eta}\right).$$

把这些表达式代入式(2),即得

$$4\frac{\partial^2 f}{\partial \xi \partial \eta} = 0. \tag{4}$$

这就是说，引入新变量 ξ,η 后，式(2)变成了式(4)，而式(4)是很容易求解的. 把式(4)写成

$$\frac{\partial}{\partial\eta}\left(\frac{\partial f}{\partial\xi}\right)=0,$$

即$\frac{\partial f}{\partial\xi}$中不含 η，从而有$\frac{\partial f}{\partial\xi}=g(\xi)$，其中 g 是任一可微分的函数. 由此得

$$f(\xi,\eta)=\int g(\xi)\mathrm{d}\xi+\psi(\eta)=\varphi(\xi)+\psi(\eta).$$

返回到原来的变量，即得方程(2)的解为

$$z=\varphi(x-2\sqrt{y})+\psi(x+2\sqrt{y}),$$

这里 φ,ψ 是任意两个具有二阶连续导数的单变量函数. □

例 5　设 $f(x,y)$是具有 n 阶连续偏导数的函数，记

$$\varphi(t)=f(x+th,y+tk).$$

计算 φ 的n 阶导数.

解　按复合函数求导数的公式，可得

$$\begin{aligned}\frac{\mathrm{d}}{\mathrm{d}t}\varphi(t)&=\frac{\partial f}{\partial x}(x+th,y+tk)h+\frac{\partial f}{\partial y}(x+th,y+tk)k\\&=\left(h\frac{\partial}{\partial x}+k\frac{\partial}{\partial y}\right)f(x+th,y+tk).\end{aligned}$$

这说明用$\frac{\mathrm{d}}{\mathrm{d}t}$作用于$\varphi(t)$，相当于用偏微分算子

$$h\frac{\partial}{\partial x}+k\frac{\partial}{\partial y}$$

作用于 $f(x+th,y+tk)$，所以

$$\varphi''(t)=\left(h\frac{\partial}{\partial x}+k\frac{\partial}{\partial y}\right)^2f(x+th,y+th),$$

$$\cdots,$$

$$\varphi^{(n)}(t)=\left(h\frac{\partial}{\partial x}+k\frac{\partial}{\partial y}\right)^nf(x+th,y+tk).$$

对连续可微次数足够大的函数，$\frac{\partial}{\partial x}$和$\frac{\partial}{\partial y}$可以交换次序，涉及$\frac{\partial}{\partial x}$与$\frac{\partial}{\partial y}$这些算子的加、乘以及数乘的运算，遵循多项式代数中关于文字符号的运算法则，因而

$$\left(h\frac{\partial}{\partial x}+k\frac{\partial}{\partial y}\right)^n$$

可以按代数中的二项式定理展开：

$$\left(h\frac{\partial}{\partial x}+k\frac{\partial}{\partial y}\right)^n=\sum_{j=0}^{n}\binom{n}{j}\left(h\frac{\partial}{\partial x}\right)^j\left(k\frac{\partial}{\partial y}\right)^{n-j}$$
$$=\sum_{j=0}^{n}\binom{n}{j}h^jk^{n-j}\frac{\partial^j}{\partial x^j}\frac{\partial^{n-j}}{\partial y^{n-j}}$$
$$=\sum_{j=0}^{n}\binom{n}{j}h^jk^{n-j}\frac{\partial^n}{\partial x^j\partial y^{n-j}}.$$

于是有

$$\varphi^{(n)}(t)=\sum_{j=0}^{n}\binom{n}{j}h^jk^{n-j}\frac{\partial^n f(x+th,y+tk)}{\partial x^j\partial y^{n-j}}.$$ □

练 习 题 9.9

1. 求下列函数的二阶偏导数：

(1) $z=xy+\dfrac{x}{y}$；　　(2) $z=\tan\dfrac{x^2}{y}$；

(3) $z=\ln(x^2+y^2)$；　　(4) $z=\arctan\dfrac{y}{x}$；

(5) $u=\sin xyz$；　　(6) $u=xy+yz+zx$；

(7) $u=e^{xyz}$；　　(8) $u=x^{yz}$；

(9) $u=\ln(x_1+x_2+\cdots+x_n)$；　　(10) $u=\arcsin(x_1^2+x_2^2+\cdots+x_n^2)$.

2. 设 $u=\arctan\dfrac{y}{x}$. 求证：

$$\frac{\partial^2 u}{\partial x^2}+\frac{\partial^2 u}{\partial y^2}=0.$$

3. 设 $u=e^{a\theta}\cos(a\ln r)$($a$ 为常数). 求证：

$$\frac{\partial^2 u}{\partial r^2}+\frac{1}{r^2}\frac{\partial^2 u}{\partial \theta^2}+\frac{1}{r}\frac{\partial u}{\partial r}=0.$$

4. 设 u 是 x,y,z 的函数，令

$$\Delta u=\frac{\partial^2 u}{\partial x^2}+\frac{\partial^2 u}{\partial y^2}+\frac{\partial^2 u}{\partial z^2},$$

我们称

$$\Delta=\frac{\partial^2}{\partial x^2}+\frac{\partial^2}{\partial y^2}+\frac{\partial^2}{\partial z^2}$$

为 **Laplace**(拉普拉斯,1749～1827)**算子**.

(1) 设 $p=\sqrt{x^2+y^2+z^2}$. 证明：

$$\Delta p = \frac{2}{p}, \quad \Delta \ln p = \frac{1}{p^2}, \quad \Delta\left(\frac{1}{p}\right) = 0,$$

其中 $p>0$.

(2) 设 $u=f(p)$.求 Δu.

5. 设

$$p = \sqrt{x^2+y^2+z^2}, \quad u = \frac{1}{p}(\varphi(p-at)+\psi(p+at)).$$

证明：

$$\frac{\partial^2 u}{\partial t^2} = a^2 \Delta u.$$

6. 解下列方程,其中 u 是 x,y,z 的函数：

(1) $\frac{\partial^2 u}{\partial x^2}=0$;

(2) $\frac{\partial^2 u}{\partial x \partial y}=0$;

(3) $\frac{\partial^3 u}{\partial x \partial y \partial z}=0$.

7. 求解偏微分方程

$$x\frac{\partial z}{\partial x} + y\frac{\partial z}{\partial y} = z.$$

8. 设 a,b,c 满足 $b^2-ac>0$,λ_1,λ_2 是二次方程 $cx^2+2bx+a=0$ 的两个根.试通过引进新变量

$$\xi = x+\lambda_1 y, \quad \eta = x+\lambda_2 y,$$

解二阶偏微分方程

$$a\frac{\partial^2 u}{\partial x^2} + 2b\frac{\partial^2 u}{\partial x \partial y} + c\frac{\partial^2 u}{\partial y^2} = 0.$$

问 题 9.9

1. 设 $f(x,y)$在(x_0,y_0)的一个邻域 U 内有定义,$\frac{\partial f}{\partial x}$,$\frac{\partial f}{\partial y}$在$U$ 中存在且都在(x_0,y_0)处可微.

证明：

$$\frac{\partial^2 f}{\partial x \partial y}(x_0,y_0) = \frac{\partial^2 f}{\partial y \partial x}(x_0,y_0).$$

2. 设 $u(x,y)$在 $\mathbf{R}^2$ 上取正值且有二阶连续偏导数.证明:u 满足方程

$$u\frac{\partial^2 u}{\partial x \partial y} = \frac{\partial u}{\partial x}\frac{\partial u}{\partial y}$$

的充分必要条件是 $u(x,y)=f(x)g(y)$.

9.10 中值定理和 Taylor 公式

大家一定记得，在单变量函数微分学中，Lagrange 中值定理起着重要的作用. 利用这个定理，我们曾经证明：如果一个开区间上的函数 f 的导数等于零，那么 f 在此区间内必为常数. 利用这个定理，可以通过函数的导数的正负来判断这个函数是递增的或是递减的. 那么对多元函数，有没有类似于 Lagrange 中值定理的定理成立？对定义在凸区域上的可微函数，中值定理的确是正确的. 我们有：

定理 9.10.1 设定义在凸区域 $D\subset\mathbf{R}^n$ 上的函数 f 可微，则对任何两点 $\boldsymbol{a},\boldsymbol{b}\in D$，在由 $\boldsymbol{a}$ 与 $\boldsymbol{b}$ 确定的线段上存在一点 $\boldsymbol{\xi}$，使得

$$f(\boldsymbol{b})-f(\boldsymbol{a})=Jf(\boldsymbol{\xi})(\boldsymbol{b}-\boldsymbol{a}). \tag{1}$$

证明 由 $\boldsymbol{a}$ 与 $\boldsymbol{b}$ 确定的线段上的点可表示为 $\boldsymbol{a}+t(\boldsymbol{b}-\boldsymbol{a})$，这里 $t\in[0,1]$. 令

$$\varphi(t)=f(\boldsymbol{a}+t(\boldsymbol{b}-\boldsymbol{a})),$$

那么 φ 是 $[0,1]$ 上的可微函数. 由单变量函数的微分中值定理知，存在 $\theta\in(0,1)$，使得

$$\varphi(1)-\varphi(0)=\varphi'(\theta).$$

若记 $\boldsymbol{\xi}=\boldsymbol{a}+\theta(\boldsymbol{b}-\boldsymbol{a})$，那么

$$\varphi'(\theta)=Jf(\boldsymbol{\xi})\cdot(\boldsymbol{b}-\boldsymbol{a}).$$

由此可得所需的结论. □

若记 $\boldsymbol{a}=(a_1,\cdots,a_n)$，$\boldsymbol{b}=(b_1,\cdots,b_n)$，那么式(1)也可写成

$$f(b_1,\cdots,b_n)-f(a_1,\cdots,a_n)=\frac{\partial f}{\partial x_1}(\boldsymbol{\xi})(b_1-a_1)+\cdots+\frac{\partial f}{\partial x_n}(\boldsymbol{\xi})(b_n-a_n).$$

由定理 9.10.1，可得下面的定理：

定理 9.10.2 设 D 是 $\mathbf{R}^n$ 中的区域. 如果对任意的 $\boldsymbol{x}\in D$，有

$$\frac{\partial f}{\partial x_1}(\boldsymbol{x})=\cdots=\frac{\partial f}{\partial x_n}(\boldsymbol{x})=0,$$

那么 f 在 D 上为一个常数.

证明 如果 D 是 $\mathbf{R}^n$ 中的凸区域，那么由定理 9.10.1 立刻知道，f 在 D 上是一个常数.

如果 D 不是凸区域，任取 $\boldsymbol{x}_0\in D$. 令

$$A = \{\boldsymbol{x} \in D : f(\boldsymbol{x}) = f(\boldsymbol{x}_0)\},$$
$$B = \{\boldsymbol{x} \in D : f(\boldsymbol{x}) \neq f(\boldsymbol{x}_0)\},$$

那么 A 显然是不空的.我们来证明 A 是一个开集.任取 $\boldsymbol{a} \in A \subset D$.由于 D 是开集,因此存在 $r>0$,使得 $B_r(\boldsymbol{a}) \subset D$.由于 $B_r(\boldsymbol{a})$是凸区域,所以 f 在$B_r(\boldsymbol{a})$上是常数,因而对任意的 $\boldsymbol{x} \in B_r(\boldsymbol{a})$,有

$$f(\boldsymbol{x}) = f(\boldsymbol{a}) = f(\boldsymbol{x}_0),$$

这说明 $B_r(\boldsymbol{a}) \subset A$.同样可证明 B 也是一个开集.于是有

$$D = A \cup B.$$

由于 D 是连通的开集,且 A,B 都是开集,$A \cap B = \varnothing$,$A \neq \varnothing$,所以只能有 $B = \varnothing$.这就证明了 f 在D 上是一个常数. □

定理 9.10.2 的证明,是利用连通性来作证明的一个很好的示范.

和单变量的情形一样,如果 f 在凸区域上有高阶的连续偏导数,那么还可把中值定理推广为 Taylor 定理,也称 Taylor 公式.为做到这一点需要作些准备.我们先证明下面的多项式定理,它是二项式定理的推广.

引理 9.10.1　设 k,n 是两个正整数,那么

$$(x_1 + \cdots + x_n)^k = \sum_{\alpha_1 + \cdots + \alpha_n = k} \frac{k!}{\alpha_1! \cdots \alpha_n!} x_1^{\alpha_1} \cdots x_n^{\alpha_n}, \tag{2}$$

这里 $\alpha_1,\cdots,\alpha_n$ 是非负整数.

证明　对加项的个数 n 作归纳.$n=2$ 时,它就是二项式定理,式(2)当然成立.现设关于 $n-1$ 个加项的多项式定理成立,那么由二项式定理以及归纳假设,即得

$$\begin{aligned}
&(x_1 + \cdots + x_n)^k \\
&= ((x_1 + \cdots + x_{n-1}) + x_n)^k \\
&= \sum_{\alpha_n = 0}^{k} \frac{k!}{\alpha_n!(k-\alpha_n)!}(x_1 + \cdots + x_{n-1})^{k-\alpha_n} x_n^{\alpha_n} \\
&= \sum_{\alpha_n = 0}^{k} \frac{k!}{\alpha_n!(k-\alpha_n)!} \sum_{\alpha_1 + \cdots + \alpha_{n-1} = k-\alpha_n} \frac{(k-\alpha_n)!}{\alpha_1! \cdots \alpha_{n-1}!} x_1^{\alpha_1} \cdots x_{n-1}^{\alpha_{n-1}} x_n^{\alpha_n} \\
&= \sum_{\alpha_1 + \cdots + \alpha_n = k} \frac{k!}{\alpha_1! \cdots \alpha_n!} x_1^{\alpha_1} \cdots x_n^{\alpha_n}.
\end{aligned}$$

这说明有 n 个加项时式(2)也成立.引理证毕. □

为了使式(2)写得更简单明了,引进下面的记号.称 $\boldsymbol{\alpha} = (\alpha_1,\cdots,\alpha_n)$(其中每个 α_i 都是非负整数)为一个多重指标,记

$$|\boldsymbol{\alpha}| = \alpha_1 + \cdots + \alpha_n, \quad \boldsymbol{\alpha}! = \alpha_1! \cdots \alpha_n!.$$

如果 $\boldsymbol{x} = (x_1,\cdots,x_n)$,那么记 $\boldsymbol{x}^{\alpha} = x_1^{\alpha_1} \cdots x_n^{\alpha_n}$.这样式(2)可以简明地写成

$$(x_1 + \cdots + x_n)^k = \sum_{|\boldsymbol{\alpha}|=k} \frac{k!}{\boldsymbol{\alpha}!} \boldsymbol{x}^{\alpha}.$$

对多重指标 $\boldsymbol{\alpha}=(\alpha_1,\cdots,\alpha_n)$，我们还引进记号

$$\mathrm{D}^{\boldsymbol{\alpha}} f(\boldsymbol{a}) = \frac{\partial^{\alpha_1+\cdots+\alpha_n} f}{\partial x_1^{\alpha_1} \cdots \partial x_n^{\alpha_n}}(\boldsymbol{a}).$$

现在可以叙述并证明多元函数的 Taylor 公式了.

定理 9.10.3 设 $D \subset \mathbf{R}^n$ 是一个凸区域，$f \in C^{m+1}(D)$，$\boldsymbol{a}=(a_1,\cdots,a_n)$，$\boldsymbol{a}+\boldsymbol{h}=(a_1+h_1,\cdots,a_n+h_n)$是 D 中的两个点，则必存在 $\theta \in (0,1)$，使得

$$f(\boldsymbol{a}+\boldsymbol{h}) = \sum_{k=0}^{m} \sum_{|\boldsymbol{\alpha}|=k} \frac{\mathrm{D}^{\boldsymbol{\alpha}} f(\boldsymbol{a})}{\boldsymbol{\alpha}!} \boldsymbol{h}^{\boldsymbol{\alpha}} + \boldsymbol{R}_m, \tag{3}$$

其中

$$\boldsymbol{R}_m = \sum_{|\boldsymbol{\alpha}|=m+1} \frac{\mathrm{D}^{\boldsymbol{\alpha}} f(\boldsymbol{a}+\theta \boldsymbol{h})}{\boldsymbol{\alpha}!} \boldsymbol{h}^{\boldsymbol{\alpha}},$$

称为 **Lagrange 余项**.

证明 固定 $\boldsymbol{a}$ 和 $\boldsymbol{h}$，设 $t \in [0,1]$，考虑$[0,1]$上的函数 $\varphi(t)=f(\boldsymbol{a}+t\boldsymbol{h})$. 显然 φ 在$[0,1]$上有 $m+1$ 阶的连续导数. 对 φ 用单变量函数的 Taylor 公式，得

$$\varphi(1) = \varphi(0) + \varphi'(0) + \frac{1}{2!}\varphi''(0) + \cdots + \frac{1}{m!}\varphi^{(m)}(0) + \frac{1}{(m+1)!}\varphi^{(m+1)}(\theta), \tag{4}$$

其中 $\theta \in (0,1)$.

显然 $\varphi(1)=f(\boldsymbol{a}+\boldsymbol{h})$，$\varphi(0)=f(\boldsymbol{a})$. 根据复合函数的求导公式，得

$$\begin{aligned}\varphi'(t) &= \frac{\partial f}{\partial x_1}(\boldsymbol{a}+t\boldsymbol{h})h_1 + \cdots + \frac{\partial f}{\partial x_n}(\boldsymbol{a}+t\boldsymbol{h})h_n \\ &= \left(h_1 \frac{\partial}{\partial x_1} + \cdots + h_n \frac{\partial}{\partial x_n}\right) f(\boldsymbol{a}+t\boldsymbol{h}).\end{aligned}$$

这就是说，对 φ 求一次导数，相当于把算子

$$h_1 \frac{\partial}{\partial x_1} + \cdots + h_n \frac{\partial}{\partial x_n}$$

作用于函数 $f(\boldsymbol{a}+t\boldsymbol{h})$. 因而如 9.9 节中的例 5 所说的那样，有

$$\varphi''(t) = \left(h_1 \frac{\partial}{\partial x_1} + \cdots + h_n \frac{\partial}{\partial x_n}\right)^2 f(\boldsymbol{a}+t\boldsymbol{h}),$$

$$\cdots,$$

$$\varphi^{(m)}(t) = \left(h_1 \frac{\partial}{\partial x_1} + \cdots + h_n \frac{\partial}{\partial x_n}\right)^m f(\boldsymbol{a}+t\boldsymbol{h}).$$

根据引理 9.10.1，得

$$\varphi^{(k)}(t)=\left(h_1\frac{\partial}{\partial x_1}+\cdots+h_n\frac{\partial}{\partial x_n}\right)^k f(\boldsymbol{a}+t\boldsymbol{h})$$
$$=\sum_{|\boldsymbol{\alpha}|=k}\frac{k!}{\boldsymbol{\alpha}!}\frac{\partial^{\alpha_1}}{\partial x_1^{\alpha_1}}\cdots\frac{\partial^{\alpha_n}}{\partial x_n^{\alpha_n}}f(\boldsymbol{a}+t\boldsymbol{h})\boldsymbol{h}^{\boldsymbol{\alpha}}$$
$$=\sum_{|\boldsymbol{\alpha}|=k}\frac{k!}{\boldsymbol{\alpha}!}\mathrm{D}^{\boldsymbol{\alpha}}f(\boldsymbol{a}+t\boldsymbol{h})\boldsymbol{h}^{\boldsymbol{\alpha}}.$$

所以

$$\varphi^{(k)}(0)=\sum_{|\boldsymbol{\alpha}|=k}\frac{k!}{\boldsymbol{\alpha}!}\mathrm{D}^{\boldsymbol{\alpha}}f(\boldsymbol{a})\boldsymbol{h}^{\boldsymbol{\alpha}}. \tag{5}$$

把式(5)代入式(4),即得要证明的式(3). □

在应用的时候,特别重要的是 Taylor 公式的前三项.现在把它们具体写出来:

$$f(\boldsymbol{a}+\boldsymbol{h})=f(\boldsymbol{a})+\frac{\partial f}{\partial x_1}(\boldsymbol{a})h_1+\cdots+\frac{\partial f}{\partial x_n}(\boldsymbol{a})h_n$$
$$+\frac{1}{2}\sum_{i,j=1}^{n}\frac{\partial^2 f}{\partial x_i\partial x_j}(\boldsymbol{a})h_ih_j+\cdots. \tag{6}$$

如果记

$$Hf(\boldsymbol{a})=\begin{pmatrix}\dfrac{\partial^2 f}{\partial x_1^2}(\boldsymbol{a}) & \cdots & \dfrac{\partial^2 f}{\partial x_1\partial x_n}(\boldsymbol{a})\\ \vdots & & \vdots\\ \dfrac{\partial^2 f}{\partial x_n\partial x_1}(\boldsymbol{a}) & \cdots & \dfrac{\partial^2 f}{\partial x_n^2}(\boldsymbol{a})\end{pmatrix},$$

那么式(6)可以写成

$$f(\boldsymbol{a}+\boldsymbol{h})=f(\boldsymbol{a})+Jf(\boldsymbol{a})\boldsymbol{h}+\frac{1}{2}(h_1,\cdots,h_n)Hf(\boldsymbol{a})\begin{pmatrix}h_1\\ \vdots\\ h_n\end{pmatrix}+\cdots.$$

这里 Hf 称为 f 的 Hesse 方阵,它是一个 n 阶对称方阵.

从定理 9.10.3,还可得到带 Peano 余项的 Taylor 公式.

定理 9.10.4　设 $D\subset\mathbf{R}^n$ 是一个凸区域,$f\in C^m(D)$,$\boldsymbol{a}$ 和 $\boldsymbol{a}+\boldsymbol{h}$ 是 D 中的两个点,那么

$$f(\boldsymbol{a}+\boldsymbol{h})=\sum_{k=0}^{m}\sum_{|\boldsymbol{\alpha}|=k}\frac{\mathrm{D}^{\boldsymbol{\alpha}}f(\boldsymbol{a})}{\boldsymbol{\alpha}!}\boldsymbol{h}^{\boldsymbol{\alpha}}+o(\|\boldsymbol{h}\|^m)\quad(\boldsymbol{h}\to\boldsymbol{0}). \tag{7}$$

证明　由定理 9.10.3,得

$$f(\boldsymbol{a}+\boldsymbol{h})=\sum_{k=0}^{m-1}\sum_{|\boldsymbol{\alpha}|=k}\frac{\mathrm{D}^{\boldsymbol{\alpha}}f(\boldsymbol{a})}{\boldsymbol{\alpha}!}\boldsymbol{h}^{\boldsymbol{\alpha}}+\sum_{|\boldsymbol{\alpha}|=m}\frac{\mathrm{D}^{\boldsymbol{\alpha}}f(\boldsymbol{a}+\theta\boldsymbol{h})}{\boldsymbol{\alpha}!}\boldsymbol{h}^{\boldsymbol{\alpha}}, \tag{8}$$

其中 $\theta\in(0,1)$. 因为 f 的 m 阶偏导数连续,所以

$$\lim_{h\to 0}\mathrm{D}^{\boldsymbol{\alpha}}f(\boldsymbol{a}+\theta\boldsymbol{h})=\mathrm{D}^{\boldsymbol{\alpha}}f(\boldsymbol{a})\quad(|\boldsymbol{\alpha}|=m).$$

从而有

$$\mathrm{D}^{\boldsymbol{\alpha}}f(\boldsymbol{a}+\theta\boldsymbol{h})=\mathrm{D}^{\boldsymbol{\alpha}}f(\boldsymbol{a})+o(1)\quad(\boldsymbol{h}\to\boldsymbol{0}).$$

于是得

$$\frac{\mathrm{D}^{\boldsymbol{\alpha}}f(\boldsymbol{a}+\theta\boldsymbol{h})}{\boldsymbol{\alpha}!}\boldsymbol{h}^{\boldsymbol{\alpha}}=\frac{\mathrm{D}^{\boldsymbol{\alpha}}f(\boldsymbol{a})}{\boldsymbol{\alpha}!}\boldsymbol{h}^{\boldsymbol{\alpha}}+o(\boldsymbol{h}^{\boldsymbol{\alpha}})\quad(\boldsymbol{h}\to\boldsymbol{0}).$$

而当 $|\boldsymbol{\alpha}|=m$ 时,有

$$|\boldsymbol{h}^{\boldsymbol{\alpha}}|=|h_1^{\alpha_1}\cdots h_n^{\alpha_n}|=|h_1|^{\alpha_1}\cdots|h_n|^{\alpha_n}\leqslant\|\boldsymbol{h}\|^{\alpha_1+\cdots+\alpha_n}=\|\boldsymbol{h}\|^m.$$

这样式(8)右边的第二项便可写成

$$\sum_{|\boldsymbol{\alpha}|=m}\frac{\mathrm{D}^{\boldsymbol{\alpha}}f(\boldsymbol{\alpha}+\theta\boldsymbol{h})}{\boldsymbol{\alpha}!}\boldsymbol{h}^{\boldsymbol{\alpha}}=\sum_{|\boldsymbol{\alpha}|=m}\frac{\mathrm{D}^{\boldsymbol{\alpha}}f(\boldsymbol{a})}{\boldsymbol{\alpha}!}\boldsymbol{h}^{\boldsymbol{\alpha}}+o(\|\boldsymbol{h}\|^m).\tag{9}$$

把式(9)代入式(8),即得式(7). □

上面我们证明了,对 $\mathbf{R}^n$ 中的凸区域 D 上的可微函数,有相应的微分中值定理,现在进一步提出问题:如果映射 $\boldsymbol{f}$ 定义在凸区域 $D\subset\mathbf{R}^n$ 上,并且 $\boldsymbol{f}:D\to\mathbf{R}^m$ 可微,是不是存在相应的微分中值定理? 我们用下面的例子指出,即使对 $n=1$ 和 $m=2$,这样的定理也不成立.

考察映射 $\boldsymbol{f}:[0,1]\to\mathbf{R}^2$,具体地说,

$$\boldsymbol{f}(t)=\begin{pmatrix}t^2\\t^3\end{pmatrix}\quad(0\leqslant t\leqslant 1),$$

这时,

$$J\boldsymbol{f}(t)=\begin{pmatrix}2t\\3t^2\end{pmatrix}.$$

如果这时"中值定理"成立,应有 $\theta\in(0,1)$,使得

$$\boldsymbol{f}(1)-\boldsymbol{f}(0)=J\boldsymbol{f}(\theta)(1-0)=J\boldsymbol{f}(\theta).$$

也就是说,必须有

$$\begin{pmatrix}2\theta\\3\theta^2\end{pmatrix}=\begin{pmatrix}1\\1\end{pmatrix},$$

这种 θ 显然是不存在的,从而得出矛盾.

但是,我们有:

定理 9.10.5 设 $\boldsymbol{f}:[a,b]\to\mathbf{R}^m$ 是$[a,b]$上的连续映射,在开区间(a,b)上可微,那么存在一点 $\xi\in(a,b)$,使得

$$\|\boldsymbol{f}(b)-\boldsymbol{f}(a)\|\leqslant\|J\boldsymbol{f}(\xi)\|(b-a).$$

证明 设 $\boldsymbol{u}=\boldsymbol{f}(b)-\boldsymbol{f}(a)$，利用 $\mathbf{R}^m$ 中的内积来定义函数

$$\varphi(t)=\langle \boldsymbol{u},\boldsymbol{f}(t)\rangle \quad (a\leqslant t\leqslant b).$$

易见 φ 是$[a,b]$上的连续函数，并在开区间(a,b)上可微.一方面，对 φ 使用微分中值定理，可知存在一点 $\xi\in(a,b)$，使得

$$\varphi(b)-\varphi(a)=(b-a)\varphi'(\xi)=(b-a)\langle \boldsymbol{u},\boldsymbol{J}\boldsymbol{f}(\xi)\rangle,$$

另一方面，

$$\begin{aligned}\varphi(b)-\varphi(a)&=\langle \boldsymbol{u},\boldsymbol{f}(b)\rangle-\langle \boldsymbol{u},\boldsymbol{f}(a)\rangle\\&=\langle \boldsymbol{u},\boldsymbol{f}(b)-\boldsymbol{f}(a)\rangle=\langle \boldsymbol{u},\boldsymbol{u}\rangle=\|\boldsymbol{u}\|^2,\end{aligned}$$

由 Cauchy-Schwarz 不等式，可得

$$\|\boldsymbol{u}\|^2=(b-a)\langle \boldsymbol{u},\boldsymbol{J}\boldsymbol{f}(\xi)\rangle\leqslant(b-a)\|\boldsymbol{u}\|\,\|\boldsymbol{J}\boldsymbol{f}(\xi)\|.$$

当 $\boldsymbol{u}\neq\mathbf{0}$ 时，从上式的两边消去 $\|\boldsymbol{u}\|$，便可得到

$$\|\boldsymbol{f}(b)-\boldsymbol{f}(a)\|\leqslant(b-a)\|\boldsymbol{J}\boldsymbol{f}(\xi)\|.$$

注意，当 $\boldsymbol{u}=\mathbf{0}$ 时，上式自然也成立.这就是所需的结论. □

应用定理9.10.5，我们就可以证明下面的所谓**拟微分平均值定理**.

定理9.10.6 设凸区域 $D\subset\mathbf{R}^n$，且映射 $\boldsymbol{f}:D\to\mathbf{R}^m$ 在D 上可微，则对任何 $\boldsymbol{a}$，$\boldsymbol{b}\in D$，在由 $\boldsymbol{a}$ 与 $\boldsymbol{b}$ 所决定的线段上必有一点$\boldsymbol{\xi}$，使得

$$\|\boldsymbol{f}(\boldsymbol{b})-\boldsymbol{f}(\boldsymbol{a})\|\leqslant\|\boldsymbol{J}\boldsymbol{f}(\boldsymbol{\xi})\|\,\|\boldsymbol{b}-\boldsymbol{a}\|.$$

证明 由 $\boldsymbol{a}$ 与 $\boldsymbol{b}$ 所决定的线段可以表示成

$$\boldsymbol{r}(t)=\boldsymbol{a}+t(\boldsymbol{b}-\boldsymbol{a}) \quad (0\leqslant t\leqslant 1).$$

令

$$\boldsymbol{g}(t)=\boldsymbol{f}\circ\boldsymbol{r}(t) \quad (0\leqslant t\leqslant 1).$$

映射 $\boldsymbol{g}$ 在$[0,1]$上连续，在$(0,1)$内可微.由复合函数的求导法则，可得

$$\boldsymbol{J}\boldsymbol{g}(t)=\boldsymbol{J}\boldsymbol{f}(\boldsymbol{r}(t))\boldsymbol{J}\boldsymbol{r}(t)=\boldsymbol{J}\boldsymbol{f}(\boldsymbol{r}(t))(\boldsymbol{b}-\boldsymbol{a}).$$

利用定理9.10.5，可知有 $\tau\in(0,1)$，使得

$$\|\boldsymbol{g}(1)-\boldsymbol{g}(0)\|\leqslant\|\boldsymbol{J}\boldsymbol{g}(\tau)\|.$$

由于

$$\begin{aligned}\boldsymbol{g}(1)&=\boldsymbol{f}\circ\boldsymbol{r}(1)=\boldsymbol{f}(\boldsymbol{b}),\\\boldsymbol{g}(0)&=\boldsymbol{f}\circ\boldsymbol{r}(0)=\boldsymbol{f}(\boldsymbol{a}),\\\boldsymbol{J}\boldsymbol{g}(\tau)&=\boldsymbol{J}\boldsymbol{f}(\boldsymbol{r}(\tau))(\boldsymbol{b}-\boldsymbol{a}),\end{aligned}$$

若令 $\boldsymbol{\xi}=\boldsymbol{r}(\tau)$（这是由 $\boldsymbol{a}$ 与 $\boldsymbol{b}$ 所决定的线段内的一点），则有

$$\|\boldsymbol{f}(\boldsymbol{b})-\boldsymbol{f}(\boldsymbol{a})\|\leqslant\|\boldsymbol{J}\boldsymbol{f}(\boldsymbol{\xi})(\boldsymbol{b}-\boldsymbol{a})\|\leqslant\|\boldsymbol{J}\boldsymbol{f}(\boldsymbol{\xi})\|\,\|\boldsymbol{b}-\boldsymbol{a}\|,$$

这样就得到了欲证的结果. □

微分中值定理是通过等式表达的，而上述的拟微分平均值定理则是通过不等式表达的.

练 习 题 9.10

1. 将下列多项式在指定点处展开成 Taylor 多项式(写出前三项):

   (1) $2x^2-xy-y^2-6x-3y+5$,在点$(1,-2)$处;

   (2) $x^3+y^3+z^3-3xyz$,在点$(1,1,1)$处.

2. 考察二次多项式

$$f(x,y,z)=(x,y,z)\begin{pmatrix}A & D & F\\ D & B & E\\ F & E & C\end{pmatrix}\begin{pmatrix}x\\ y\\ z\end{pmatrix}.$$

   试将 $f(x+\Delta x,y+\Delta y,z+\Delta z)$按 $\Delta x,\Delta y,\Delta z$ 的正整数幂展开.

3. 将 x^y 在点$(1,1)$处作 Taylor 展开,写到二次项.

4. 证明:当$|x|$和$|y|$充分小时,有近似式

$$\frac{\cos x}{\cos y}\approx 1-\frac{1}{2}(x^2-y^2).$$

问 题 9.10

1. 设 $f(x,y,z)$在 $\mathbf{R}^3$ 上有一阶连续偏导数,且满足$\frac{\partial f}{\partial x}=\frac{\partial f}{\partial y}=\frac{\partial f}{\partial z}$.如果 $f(x,0,0)>0$ 对任意的 $x\in\mathbf{R}$ 成立,证明:对任意的$(x,y,z)\in\mathbf{R}^3$,也有 $f(x,y,z)>0$.

2. 设 D 是 $\mathbf{R}^n$ 中的凸区域,$f\in C^1(D)$,那么 f 在 D 上为凸函数的充分必要条件是,对任意的 $\boldsymbol{x},\boldsymbol{y}\in D$,有

$$f(\boldsymbol{y})\geqslant f(\boldsymbol{x})+(\boldsymbol{y}-\boldsymbol{x})Jf(\boldsymbol{x}),$$

   这里

$$Jf(\boldsymbol{x})=\left(\frac{\partial f}{\partial x_1}(\boldsymbol{x}),\frac{\partial f}{\partial x_2}(\boldsymbol{x}),\cdots,\frac{\partial f}{\partial x_n}(\boldsymbol{x})\right).$$

3. 设 D 是 $\mathbf{R}^n$ 中的凸区域,$f\in C^2(D)$,那么 f 在 D 上为凸函数的充分必要条件为,f 的 Hesse 矩阵

$$Hf(\boldsymbol{x})=\left(\frac{\partial^2 f}{\partial x_i\partial x_j}(\boldsymbol{x})\right)_{1\leqslant i,j\leqslant n}$$

   是正定的.

9.11 极　　值

现在,我们应用 Taylor 公式来研究多元函数的极值. 正如单变量函数的极值一样,这里的极值也是一个相对的或者说是局部的概念.

定义 9.11.1　设开集 $D\subset\mathbf{R}^n$,函数 $f:D\to\mathbf{R}$,点 $\boldsymbol{x}_0\in D$. 如果存在一个球 $B_r(\boldsymbol{x}_0)\subset D$,使得对任意的 $\boldsymbol{x}\in B_r(\boldsymbol{x}_0)$,都有 $f(\boldsymbol{x})\geqslant f(\boldsymbol{x}_0)$($f(\boldsymbol{x})>f(\boldsymbol{x}_0)$),那么 $\boldsymbol{x}_0$ 称为 f 的一个(严格)极小值点,$f(\boldsymbol{x}_0)$称为函数 f 的一个(严格)极小值.

同样定义(严格)极大值点和(严格)极大值. 极小值和极大值统称为极值.

下面的定理给出了极值点的必要条件.

定理 9.11.1　设 n 元函数 f 在 $\boldsymbol{a}=(a_1,\cdots,a_n)$处取得极值,且 $\dfrac{\partial f}{\partial x_i}(\boldsymbol{a})$($i=1,2,\cdots,n$)都存在,那么必有

$$\frac{\partial f}{\partial x_i}(\boldsymbol{a})=0\quad(i=1,2,\cdots,n).$$

证明　不妨设 f 在 $\boldsymbol{a}$ 处取得极小值,那么按定义,存在球 $B_r(\boldsymbol{a})$,使得对任意的 $\boldsymbol{x}\in B_r(\boldsymbol{a})$,有

$$f(\boldsymbol{x})\geqslant f(\boldsymbol{a}).$$

考虑单变量 t 的函数

$$\varphi(t)=f(a_1,\cdots,a_{i-1},t,a_{i+1},\cdots,a_n).$$

让 t 满足 $|t-a_i|<r$,取 $\boldsymbol{x}=(a_1,\cdots,a_{i-1},t,a_{i+1},\cdots,a_n)$,那么 $\|\boldsymbol{x}-\boldsymbol{a}\|=|t-a_i|<r$,即 $\boldsymbol{x}\in B_r(\boldsymbol{a})$,因而有 $f(\boldsymbol{x})\geqslant f(\boldsymbol{a})$,即 $\varphi(t)\geqslant\varphi(a_i)$,这说明 φ 在 a_i 处取到极小值,因而有 $\varphi'(a_i)=0$,即 $\dfrac{\partial f}{\partial x_i}(\boldsymbol{a})=0$. □

D 中使得 $\dfrac{\partial f}{\partial x_i}(\boldsymbol{x})=0$($i=1,2,\cdots,n$)成立的点称为 f 的驻点. 上面的定理说明,极值点一定是驻点,但一般来说,驻点未必是极值点. 例如,在 $\mathbf{R}^2$ 上考察函数 $f(x,y)=xy$,这时,

$$\frac{\partial f}{\partial x}=y,\quad \frac{\partial f}{\partial y}=x,$$

所以(0,0)是 f 的唯一驻点.由于 $f(0,0)=0$,而在原点的任何一个邻域内,既有使 f 取正值的点(第一、第三象限内的点),也有使 f 取负值的点(第二、第四象限内的点),可见原点不是极值点.这说明函数 xy 没有极值点.

例 1 在闭的三角形 $D=\{(x,y):0\leqslant x,y,x+y\leqslant\pi\}$ 上,求函数

$$f(x,y)=\sin x\sin y\sin(x+y)$$

的最大值和最小值.

解 显然,在 D 上 $f\geqslant 0$,并且当 $\boldsymbol{p}\in\partial D$ 时,$f(\boldsymbol{p})=0$;当 $\boldsymbol{p}\in D^{\circ}$ 时,$f(\boldsymbol{p})>0$.所以最小值等于 0,在边界上达到.

连续函数 f 在有界闭集 D 上一定存在使 f 取正值的最大值点,这种点一定在 D° 中.

先求驻点:

$$\frac{\partial f}{\partial x}(x,y)=\sin y\sin(2x+y)=0,$$

$$\frac{\partial f}{\partial y}(x,y)=\sin x\sin(x+2y)=0.$$

由于 $0<x<\pi,0<y<\pi$,所以以上两个方程分别等价于

$$\sin(2x+y)=0,\quad \sin(x+2y)=0.$$

因为 $0<2x+y<2\pi,0<x+2y<2\pi$,所以

$$2x+y=\pi,\quad x+2y=\pi.$$

由此解出唯一的驻点$(\pi/3,\pi/3)$,它必定是最大值点,因此所求的最大值为

$$f(\pi/3,\pi/3)=\frac{3}{8}\sqrt{3}.$$ □

为了得到极值点的充分条件,就需要利用 Taylor 公式以及矩阵理论中的一些知识.

定义 9.11.2 设 $\boldsymbol{A}=(a_{ij})$是一个 n 阶对称方阵,即 $a_{ij}=a_{ji}(i,j=1,2,\cdots,n)$.设

$$\boldsymbol{x}=\begin{pmatrix}x_1\\x_2\\\vdots\\x_n\end{pmatrix},$$

其转置记为 $\boldsymbol{x}^{\mathrm{T}}=(x_1,x_2,\cdots,x_n)$.称

$$Q(\boldsymbol{x})=\boldsymbol{x}^{\mathrm{T}}\boldsymbol{A}\boldsymbol{x}=\sum_{i,j=1}^{n}a_{ij}x_ix_j$$

为 $x_1,x_2,\cdots,x_n$ 的一个**二次型**，方阵 $\boldsymbol{A}$ 称为二次型 Q 的**系数方阵**.

如果对任何 $\boldsymbol{x}$，恒有 $Q(\boldsymbol{x})\geqslant 0(\leqslant 0)$，则称二次型 Q 是**正(负)定**的，其系数方阵 $\boldsymbol{A}$ 相应地称为**正(负)定方阵**.

如果对任何 $\boldsymbol{x}\neq\boldsymbol{0}$，恒有 $Q(\boldsymbol{x})>0(<0)$，则称二次型 Q 是**严格正(负)定**的，其系数方阵 $\boldsymbol{A}$ 相应地称为**严格正(负)定方阵**.

如果总存在 $\boldsymbol{p},\boldsymbol{q}\in\mathbf{R}^n$，使得 $Q(\boldsymbol{p})<0<Q(\boldsymbol{q})$，就称二次型 Q 是**不定**的，其系数方阵 $\boldsymbol{A}$ 相应地称为**不定方阵**.

矩阵理论中有下列判断严格正定方阵的定理.

定理 9.11.2　设 $\boldsymbol{A}=(a_{ij})$ 为 n 阶对称方阵. 方阵 $\boldsymbol{A}$ 为严格正定的一个充分必要条件是，它的各阶**顺序主子式**均大于零，也就是说，

$$a_{11}>0,$$

$$\begin{vmatrix} a_{11} & a_{12} \\ a_{21} & a_{22} \end{vmatrix}>0,$$

$$\begin{vmatrix} a_{11} & a_{12} & a_{13} \\ a_{21} & a_{22} & a_{23} \\ a_{31} & a_{32} & a_{33} \end{vmatrix}>0,$$

$$\cdots,$$

$$\det\boldsymbol{A}>0.$$

由于做习题的时候常用到 $n=2$ 时的结果，我们把这个特殊结果单独列成下列定理并加以证明.

定理 9.11.3　设二阶对称方阵

$$\boldsymbol{A}=\begin{pmatrix} a_{11} & a_{12} \\ a_{21} & a_{22} \end{pmatrix},$$

则 $\boldsymbol{A}$ 为严格正(负)定的一个充分必要条件是

$$a_{11}>0\quad(a_{11}<0),\quad \begin{vmatrix} a_{11} & a_{12} \\ a_{21} & a_{22} \end{vmatrix}>0.$$

证明　只需讨论严格正定的情况. 对称方阵 $\boldsymbol{A}$ 所对应的二次型为

$$Q(\xi,\eta)=a_{11}\xi^2+2a_{12}\xi\eta+a_{22}\eta^2.$$

必要性. 取 $(\xi,\eta)=(1,0)$，那么 $Q(1,0)=a_{11}>0$，我们有

$$Q(\xi,\eta)=a_{11}\left(\xi+\frac{a_{12}}{a_{11}}\eta\right)^2+\left(\frac{a_{11}a_{22}-a_{12}^2}{a_{11}}\right)\eta^2>0. \tag{1}$$

上式对一切不同时为 0 的 ξ,η 成立. 特别地，应有

$$Q\left(-\frac{a_{12}}{a_{11}},1\right)>0,$$

由此可得 $\det \boldsymbol{A}=a_{11}a_{22}-a_{12}^2>0$.

充分性. 由式(1)可见, $Q(\xi,\eta)\geqslant 0$ 对一切 ξ,η 成立. 如果 $Q(\xi,\eta)=0$, 则

$$\xi+\frac{a_{12}}{a_{11}}\eta=0,\quad \eta=0$$

必须同时成立, 即 $\xi=\eta=0$. 由此可知 Q 是严格正定的. □

定理 9.11.4 设二阶对称方阵

$$\boldsymbol{A}=\begin{pmatrix}a_{11} & a_{12}\\ a_{21} & a_{22}\end{pmatrix},$$

那么 $\boldsymbol{A}$ 是不定方阵的充分必要条件是

$$a_{11}a_{22}-a_{12}^2<0.$$

证明 必要性. 如果 $\boldsymbol{A}$ 所对应的二次型

$$Q(\xi,\eta)=a_{11}\xi^2+2a_{12}\xi\eta+a_{22}\eta^2$$

是不定的, 那么由定理 9.11.3, 必然有

$$a_{11}a_{22}-a_{12}^2\leqslant 0.$$

如果 $a_{11}a_{22}-a_{12}^2=0$, 那么必然有 $a_{11}\neq 0$; 否则 $a_{12}=0$. 于是

$$Q(\xi,\eta)=a_{22}\eta^2,$$

它不是不定的. 当 $a_{11}\neq 0$ 时, 由式(1), 得

$$Q(\xi,\eta)=a_{11}\left(\xi+\frac{a_{12}}{a_{11}}\eta\right)^2,$$

它也不是不定的. 因而必有 $a_{11}a_{22}-a_{12}^2<0$.

充分性. 设 $a_{11}a_{22}-a_{12}^2<0$, 我们要证明 $\boldsymbol{A}$ 所对应的二次型是不定的.

先设 $a_{11}=0$, 这时必有 $a_{12}\neq 0$. 于是

$$Q(\xi,\eta)=(2a_{12}\xi+a_{22}\eta)\eta.$$

取 $\xi_1<\dfrac{-a_{22}}{2a_{12}}, \xi_2>\dfrac{-a_{22}}{2a_{12}}$, 则

$$Q(\xi_1,1)=2a_{12}\xi_1+a_{22}<0,$$
$$Q(\xi_2,1)=2a_{12}\xi_2+a_{22}>0.$$

这说明 $Q(\xi,\eta)$ 是不定的.

再设 $a_{11}\neq 0$, 这时,

$$Q(\xi,\eta)=a_{11}\left[\left(\xi+\frac{a_{12}}{a_{11}}\eta\right)^2+\frac{a_{11}a_{22}-a_{12}^2}{a_{11}^2}\eta^2\right].$$

如果 $a_{11}>0$, 那么

$$Q\left(-\frac{a_{12}}{a_{11}},1\right)=\frac{a_{11}a_{22}-a_{12}^2}{a_{11}}<0,$$

$$Q(1,0)=a_{11}>0;$$

如果 $a_{11}<0$,那么

$$Q\left(-\frac{a_{12}}{a_{11}},1\right)=\frac{a_{11}a_{22}-a_{12}^2}{a_{11}}>0,$$

$$Q(1,0)=a_{11}<0.$$

因而 $Q(\xi,\eta)$是不定的. □

定理 9.11.5 设 $\boldsymbol{x}_0$ 是 n 元函数 f 的一个驻点,函数 f 在 $\boldsymbol{x}_0$ 的某一邻域内有连续的二阶偏导数.

(1) 如果 Hesse 方阵 $Hf(\boldsymbol{x}_0)$是严格正(负)定方阵,那么 $\boldsymbol{x}_0$ 是 f 的一个严格极小(大)值点.

(2) 如果 Hesse 方阵 $Hf(\boldsymbol{x}_0)$是不定方阵,那么 $\boldsymbol{x}_0$ 不是 f 的极值点.

证明 (1) 设 $Hf(\boldsymbol{x}_0)$是严格正定方阵.由于 f 在 $\boldsymbol{x}_0$ 的某一邻域上有连续的二阶偏导数,由定理 9.10.4,得

$$f(\boldsymbol{x}_0+\boldsymbol{h})=f(\boldsymbol{x}_0)+Jf(\boldsymbol{x}_0)\boldsymbol{h}+\frac{1}{2}\boldsymbol{h}^{\mathrm{T}}Hf(\boldsymbol{x}_0)\boldsymbol{h}+o(\|\boldsymbol{h}\|^2)\quad(\boldsymbol{h}\to\boldsymbol{0}).$$

又因 $\boldsymbol{x}_0$ 是 f 的驻点,故上式可写为

$$f(\boldsymbol{x}_0+\boldsymbol{h})-f(\boldsymbol{x}_0)=\frac{1}{2}\boldsymbol{h}^{\mathrm{T}}Hf(\boldsymbol{x}_0)\boldsymbol{h}+o(\|\boldsymbol{h}\|^2).\tag{2}$$

设 $\|\boldsymbol{y}\|=1$,它的全体就是单位球的球面$\partial B_1(\boldsymbol{0})$.因为 $Hf(\boldsymbol{x}_0)$严格正定,所以

$$(y_1,\cdots,y_n)Hf(\boldsymbol{x}_0)\begin{pmatrix}y_1\\ \vdots\\ y_m\end{pmatrix}=\sum_{i,j=1}^{n}\frac{\partial^2 f}{\partial x_i\partial x_j}(\boldsymbol{x}_0)y_iy_j>0.$$

这是单位球面上的连续函数,而单位球面是一个有界闭集,因而它在单位球面上的某点取得最小值,设此最小值为 $m>0$,从而有

$$\boldsymbol{y}^{\mathrm{T}}Hf(\boldsymbol{x}_0)\boldsymbol{y}\geqslant m>0.$$

现在

$$\frac{1}{2}\boldsymbol{h}^{\mathrm{T}}Hf(\boldsymbol{x}_0)\boldsymbol{h}=\frac{1}{2}\|\boldsymbol{h}\|^2\left(\frac{\boldsymbol{h}^{\mathrm{T}}}{\|\boldsymbol{h}\|}Hf(\boldsymbol{x}_0)\frac{\boldsymbol{h}}{\|\boldsymbol{h}\|}\right)\geqslant\frac{m}{2}\|\boldsymbol{h}\|^2,$$

把它代入式(2),得

$$f(\boldsymbol{x}_0+\boldsymbol{h})-f(\boldsymbol{x}_0)\geqslant\|\boldsymbol{h}\|^2\left(\frac{m}{2}+o(1)\right)>0,$$

即当 $\|\boldsymbol{h}\|$ 充分小时,有 $f(\boldsymbol{x}_0+\boldsymbol{h})>f(\boldsymbol{x}_0)$.这就证明了 f 在 $\boldsymbol{x}_0$ 处取得严格的极

小值.

(2) 因为 $Hf(\boldsymbol{x}_0)$是不定方阵,故存在 $\boldsymbol{p},\boldsymbol{q}\in\mathbf{R}^n$,使得

$$\boldsymbol{p}^{\mathrm{T}}Hf(\boldsymbol{x}_0)\boldsymbol{p}<0<\boldsymbol{q}^{\mathrm{T}}Hf(\boldsymbol{x}_0)\boldsymbol{q}.$$

在式(2)中分别取 $\boldsymbol{h}$ 为 $\varepsilon\boldsymbol{p}$ 和 $\varepsilon\boldsymbol{q}$,得

$$\begin{aligned} f(\boldsymbol{x}_0+\varepsilon\boldsymbol{p})-f(\boldsymbol{x}_0) &= \frac{1}{2}(\boldsymbol{p}^{\mathrm{T}}Hf(\boldsymbol{x}_0)\boldsymbol{p})\varepsilon^2+o(\varepsilon^2) \\ &= \left(\frac{1}{2}\boldsymbol{p}^{\mathrm{T}}Hf(\boldsymbol{x}_0)\boldsymbol{p}+o(1)\right)\varepsilon^2, \end{aligned} \tag{3}$$

$$f(\boldsymbol{x}_0+\varepsilon\boldsymbol{q})-f(\boldsymbol{x}_0) = \left(\frac{1}{2}\boldsymbol{q}^{\mathrm{T}}Hf(\boldsymbol{x}_0)\boldsymbol{q}+o(1)\right)\varepsilon^2. \tag{4}$$

由式(3)和(4)可知,只要取 ε 充分小,就有

$$f(\boldsymbol{x}_0+\varepsilon\boldsymbol{p})<f(\boldsymbol{x}_0)<f(\boldsymbol{x}_0+\varepsilon\boldsymbol{q}).$$

这正好说明 $\boldsymbol{x}_0$ 不是 f 的极值点. □

特别地,对 $n=2$ 的情形,从定理 9.11.3~9.11.5 可得:

定理 9.11.6 设(x_0,y_0)是二元函数 f 的一个驻点,f 在(x_0,y_0)的某个邻域内有连续的二阶偏导数.记

$$a=\frac{\partial^2 f}{\partial x^2}(x_0,y_0),\quad b=\frac{\partial^2 f}{\partial x\partial y}(x_0,y_0),\quad c=\frac{\partial^2 f}{\partial y^2}(x_0,y_0),$$

那么:

(1) 当 $ac-b^2>0$,且 $a>0$ 时,f 在(x_0,y_0)处有严格极小值;

(2) 当 $ac-b^2>0$,且 $a<0$ 时,f 在(x_0,y_0)处有严格极大值;

(3) 当 $ac-b^2<0$ 时,f 在(x_0,y_0)处没有极值.

证明是显然的.

当 $ac-b^2=0$ 时,不能作出判断.例如,二元函数 $x^2y^2,-x^2y^2,x^2y^3$ 在$(0,0)$处都满足 $ac-b^2=0$,其中 x^2y^2 在$(0,0)$处取极小值,$-x^2y^2$ 在$(0,0)$处取极大值,而 x^2y^3 在$(0,0)$处则没有极值.

例 2 设

$$f(x,y)=2x^4+y^4-2x^2-2y^2.$$

求 f 的所有极值点.

解 建立驻点方程:

$$\frac{\partial f}{\partial x}(x,y)=8x^3-4x=0,\quad \frac{\partial f}{\partial y}=4y^3-4y=0,$$

由此可得到九个驻点.作如下编号并把它们分成四组:

$$A(0,0);$$

$B(0,1)$， $C(0,-1)$；

$D\left(\frac{\sqrt{2}}{2},0\right)$， $E\left(-\frac{\sqrt{2}}{2},0\right)$；

$F\left(\frac{\sqrt{2}}{2},1\right)$， $G\left(\frac{\sqrt{2}}{2},-1\right)$， $H\left(-\frac{\sqrt{2}}{2},1\right)$， $I\left(-\frac{\sqrt{2}}{2},-1\right)$.

求二阶偏导数，得

$$a=\frac{\partial^2 f}{\partial x^2}(x,y)=24x^2-4,$$

$$b=\frac{\partial^2 f}{\partial x\partial y}(x,y)=0,$$

$$c=\frac{\partial^2 f}{\partial y^2}(x,y)=12y^2-4.$$

注意到 a,b,c 中只含 x 和 y 的偶次幂，因此只需来检查 A,B,D,F 这四个点就已足够. 根据以上数据，作表 9.1.

表 9.1

点	A	B	D	F
a	-4	-4	8	8
c	-4	8	-4	8
$ac-b^2$	16	-32	-32	64

根据定理 9.11.6，立刻知道(0,0)是严格极大值点，F,G,H,I 这四个点是严格极小值点，而点 B,C,D,E 都不是极值点. □

例 3　给定平面上 n 个数据点

$$(x_i,y_i)\quad(i=1,2,\cdots,n).$$

求一条直线 $y=ax+b$，使得偏差

$$\sum_{i=1}^{n}(ax_i+b-y_i)^2$$

最小.

解　应当认为 $x_1,x_2,\cdots,x_n$ 互不相等. 当我们把这 n 个数据点画在坐标系中，如果发现它们近似地分布在一条直线上，就可以提出这样的要求：求出一条逼近这些数据的一次函数. 这种方法称为“**最小二乘法**”，也可以叫作“**经验配线**”. 把未知的系数 a,b 看成独立变量，作函数

$$\varphi(a,b) = \sum_{i=1}^{n}(ax_i + b - y_i)^2,$$

它的定义域是 $\mathbf{R}^2$. 对 φ 关于 a,b 求偏导数,得到

$$\frac{\partial \varphi}{\partial a}(a,b) = 2\sum_{i=1}^{n}(ax_i + b - y_i)x_i = 0, \tag{5}$$

$$\frac{\partial \varphi}{\partial b}(a,b) = 2\sum_{i=1}^{n}(ax_i + b - y_i) = 0. \tag{6}$$

由此得出关于 a,b 的线性代数方程组

$$\begin{cases} (\sum_{i=1}^{n} x_i^2)a + (\sum_{i=1}^{n} x_i)b = \sum_{i=1}^{n} x_i y_i, \\ (\sum_{i=1}^{n} x_i)a + nb = \sum_{i=1}^{n} y_i. \end{cases}$$

由 Cauchy-Schwarz 不等式,得

$$(\sum_{i=1}^{n} x_i)^2 = (\sum_{i=1}^{n} 1 \cdot x_i)^2 < \sum_{i=1}^{n} 1^2 \sum_{i=1}^{n} x_i^2 = n\sum_{i=1}^{n} x_i^2, \tag{7}$$

其中严格的不等号成立是因为 $x_1, x_2, \cdots, x_n$ 互不相等. 由此可知,线性方程组的系数行列式不等于零,所以方程组有唯一的解,即有唯一的驻点. 但是,这个驻点是不是极值点,是极大值点还是极小值点,还有待进一步研究. 计算二阶导数:

$$\frac{\partial^2 \varphi}{\partial a^2}(a,b) = 2\sum_{i=1}^{n} x_i^2,$$

$$\frac{\partial^2 \varphi}{\partial a \partial b}(a,b) = 2\sum_{i=1}^{n} x_i,$$

$$\frac{\partial^2 \varphi}{\partial b^2}(a,b) = 2n,$$

故 Hesse 矩阵是

$$2\begin{pmatrix} \sum_{i=1}^{n} x_i^2 & \sum_{i=1}^{n} x_i \\ \sum_{i=1}^{n} x_i & n \end{pmatrix}.$$

由 $\sum_{i=1}^{n} x_i^2 > 0$ 以及不等式(7) 得知,这是一个严格正定方阵,所以此唯一的驻点就是最小值点.

由式(5)与(6)可知,所求直线的方程是

$$\begin{vmatrix} x & y & 1 \\ \sum_{i=1}^{n} x_i & \sum_{i=1}^{n} y_i & n \\ \sum_{i=1}^{n} x_i^2 & \sum_{i=1}^{n} x_i y_i & \sum_{i=1}^{n} x_i \end{vmatrix} = 0,$$

它是由数据点$(x_i, y_i)$$(i=1,2,\cdots,n)$完全确定的.

例如,我们有三个数据点:(0,0),(1,2),(2,2),那么经验配线就是

$$\begin{vmatrix} x & y & 1 \\ 3 & 4 & 3 \\ 5 & 6 & 3 \end{vmatrix} = 0,$$

即 $3x-3y+1=0$.

练 习 题 9.11

1. 求下列函数的极值:

(1) $f(x,y)=4(x-y)-x^2-y^2$;

(2) $f(x,y)=x^2-3x^2y+y^3$;

(3) $f(x,y)=x^2+(y-1)^2$;

(4) $f(x,y)=x^3+y^3-3xy$.

2. 求函数 $f(x,y)=xy\sqrt{1-\dfrac{x^2}{a^2}-\dfrac{y^2}{b^2}}$ $(a>0,b>0)$的极值.

3. 求函数

$$f(x,y)=\sin x+\cos y+\cos(x-y)$$

在正方形$[0,\pi/2]^2$ 上的极值.

4. 设 $f(x,y)=3x^4-4x^2y+y^2$. 证明:限制在每一条过原点的直线上,原点是 f 的极小值点,但是函数 f 在原点处不取极小值.

(提示:在 Oxy 平面上,画出点集

$$P=\{(x,y):f(x,y)>0\},\quad Q=\{(x,y):f(x,y)<0\}.)$$

5. 设二元函数 F 在 $\mathbf{R}^2$ 上连续可微.已知曲线 $F(x,y)=0$ 呈"8"字形.问方程组

$$\begin{cases} \dfrac{\partial F}{\partial x}(x,y)=0, \\ \dfrac{\partial F}{\partial y}(x,y)=0 \end{cases}$$

在 $\mathbf{R}^2$ 中至少有几组解?

问题 9.11

1. 设 $D=\{(x,y)\in\mathbf{R}^2: x^2+y^2<1\}$，二元函数 f 在 $\bar{D}$ 上连续，在 D 上满足
$$\frac{\partial^2 f}{\partial x^2}+\frac{\partial^2 f}{\partial y^2}=f.$$
证明：

(1) 如果在 ∂D 上，$f(x,y)\geqslant 0$，那么当 $(x,y)\in D$ 时，也有 $f(x,y)\geqslant 0$；

(2) 如果在 ∂D 上，$f(x,y)>0$，那么当 $(x,y)\in D$ 时，也有 $f(x,y)>0$.

2. 设 $D=\{(x,y)\in\mathbf{R}^2: 0<x<1, 0<y<1\}$，
$$f(x,y)=ax^2+2bxy+cy^2+dx+ey.$$
证明：如果 $(x,y)\in\partial D$ 时，$f(x,y)\leqslant 0$，那么 $(x,y)\in D$ 时，也有 $f(x,y)\leqslant 0$.

9.12 条件极值

从一个最简单的例子说起.

要做一个体积为 2 的长方体盒子，问做成怎样的尺寸才能使其表面积最小？

设这个长方体的长、宽、高分别为 $x,y,z>0$，它们满足条件 $xyz=2$. 用 S 表示这个长方体的表面积，易见
$$S=2(xy+yz+zx).$$
现在的问题是：在条件 $xyz=2$ 之下，如何求 S 的最小值？很自然的想法是从条件中解出
$$z=\frac{2}{xy},$$
代入 S 的右边，消去变量 z，得到
$$S=2\left(xy+\frac{2}{x}+\frac{2}{y}\right),$$
然后在 Oxy 坐标系的第一象限内求 S 的最小值点. 现在，已经没有任何条件限制，只需把 S 当成二元函数，按照前一节求普通极值点的方法来处理.

这个例子虽然十分简单，但其中所采取的方案对处理所谓的"条件极值"有着普遍的指导意义. 也就是说，从"限制条件"中解出一批变量，然后代入"目标函数"

中去，转化成为普通极值的问题．当然，当条件比较复杂时，真正地"解出"往往是做不到的，这时实际上是要利用隐映射定理．下列求解条件极值的方法，是隐映射定理的一个很好的应用．

一般来说，设 D 是 $\mathbf{R}^{m+n}$ 中的开集，

$$f(x_1,\cdots,x_n,y_1,\cdots,y_m) \tag{1}$$

是定义在 D 上的一个函数．现在设变量 $x_1,\cdots,x_n,y_1,\cdots,y_m$ 受到下列 m 个条件的约束：

$$\begin{cases}\Phi_1(x_1,\cdots,x_n,y_1,\cdots,y_m)=0,\\ \cdots,\\ \Phi_m(x_1,\cdots,x_n,y_1,\cdots,y_m)=0.\end{cases} \tag{2}$$

我们去求函数(1)在约束条件式(2)之下的极值．这就是条件极值问题．

刚才已经提到，从原则上来说，我们可以从方程组(2)中把变量 $y_1,\cdots,y_m$ 都解成 $x_1,\cdots,x_n$ 的函数，然后代入到式(1)，把它变成变量 $x_1,\cdots,x_n$ 的无条件极值问题．但在实际操作中，这往往是行不通的，原因是要从式(2)把 $y_1,\cdots,y_m$ 解成 $x_1,\cdots,x_n$ 的函数往往是十分困难的．

下面的 Lagrange 乘数法是解决条件极值问题的一个有效方法．其基本思想是这样的：作一个辅助函数

$$F(x_1,\cdots,x_n,y_1,\cdots,y_m)=f(x_1,\cdots,x_n,y_1,\cdots,y_m)+\sum_{i=1}^{m}\lambda_i\Phi_i(x_1,\cdots,x_n,y_1,\cdots,y_m), \tag{3}$$

其中 $\lambda_1,\cdots,\lambda_m$ 是 m 个待定的常数．可以证明：如果 $(a_1,\cdots,a_n,b_1,\cdots,b_m)$ 是函数(1)的满足条件式(2)的一个极值点，那么一定存在 $(\lambda_1,\cdots,\lambda_m)\in\mathbf{R}^m$，使得 $(a_1,\cdots,a_n,b_1,\cdots,b_m)$ 是函数(3)的一个驻点．这就是下面的定理．

定理 9.12.1　如果目标函数(1)在条件式(2)的约束下，在点 $z_0=(x_0,y_0)=(a_1,\cdots,a_n,b_1,\cdots,b_m)$ 处取到极值，那么存在 $\boldsymbol{\lambda}=(\lambda_1,\cdots,\lambda_m)\in\mathbf{R}^m$，使得 (x_0,y_0) 是函数

$$\boldsymbol{F}(\boldsymbol{x},\boldsymbol{y})=f(\boldsymbol{x},\boldsymbol{y})+\sum_{i=1}^{m}\lambda_i\Phi_i(\boldsymbol{x},\boldsymbol{y})$$

的驻点．也就是说，(x_0,y_0) 满足方程组

$$\begin{cases}\dfrac{\partial f}{\partial x_k}(\boldsymbol{x}_0,\boldsymbol{y}_0)+\displaystyle\sum_{i=1}^{m}\lambda_i\dfrac{\partial\Phi_i}{\partial x_k}(\boldsymbol{x}_0,\boldsymbol{y}_0)=0\quad(k=1,\cdots,n),\\[2ex] \dfrac{\partial f}{\partial y_j}(\boldsymbol{x}_0,\boldsymbol{y}_0)+\displaystyle\sum_{i=1}^{m}\lambda_i\dfrac{\partial\Phi_i}{\partial y_j}(\boldsymbol{x}_0,\boldsymbol{y}_0)=0\quad(j=1,\cdots,m).\end{cases}$$

在给出这一定理的证明之前,我们先来看几个例子.

例 1 在 $x,y,z>0$ 以及条件 $xyz=2$ 下,求函数

$$S(x,y,z)=2(xy+yz+zx)$$

的极值点.

解 这时,$D=\{(x,y,z):x>0,y>0,z>0\}$,限制条件是一个方程

$$\varphi(x,y,z)=xyz-2=0.$$

作函数

$$F(x,y,z)=S(x,y,z)+\lambda\varphi(x,y,z),$$

把 λ 看成常数,令

$$\frac{\partial F}{\partial x}=\frac{\partial S}{\partial x}+\lambda\frac{\partial\varphi}{\partial x}=2(y+z)+\lambda yz=0,$$

$$\frac{\partial F}{\partial y}=\frac{\partial S}{\partial y}+\lambda\frac{\partial\varphi}{\partial y}=2(z+x)+\lambda zx=0,$$

$$\frac{\partial F}{\partial z}=\frac{\partial S}{\partial z}+\lambda\frac{\partial\varphi}{\partial z}=2(x+y)+\lambda xy=0.$$

用 x,y,z 分别乘以上三式,得出

$$x(y+z)=y(z+x)=z(x+y),$$

即 $xz=yz=xy$. 由于 x,y,z 都是正数,所以 $x=y=z=\sqrt[3]{2}$. 这就是说,在本节开头中提到的那个盒子,必须做成立方体才能使它的表面积最小. □

必须指出,上述解法只是演示如何用 Lagrange 乘数法来解条件极值问题,不意味着这是一种方便的、简单的方法. 事实上,如果利用几何平均-算术平均不等式,将有十分初等的解法. 易知

$$\frac{S}{2}=xy+yx+zx\geqslant 3\sqrt[3]{(xy)(yz)(zx)}=3\sqrt[3]{(xyz)^2}=3\sqrt[3]{4},$$

即 $S\geqslant 6\sqrt[3]{4}$. 这说明,不论盒子的尺寸如何,其表面积不会小于 $6\sqrt[3]{4}$,取得这个最小值是可能的,只需 $xy=yz=zx$,即 $x=y=z=\sqrt[3]{2}$.

例 2 限制点在圆周

$$(x-1)^2+y^2=1$$

上变化时,求函数 $f(x,y)=xy$ 的最小值和最大值.

解 这时 $D=\mathbf{R}^2$. 令

$$\varphi(x,y)=(x-1)^2+y^2-1.$$

作函数

$$F(x,y)=f(x,y)+\lambda\varphi(x,y),$$

视 λ 与 x,y 无关.令

$$\frac{\partial F}{\partial x}=\frac{\partial f}{\partial x}+\lambda\frac{\partial\varphi}{\partial x}=y+2\lambda(x-1)=0,$$

$$\frac{\partial F}{\partial y}=\frac{\partial f}{\partial y}+\lambda\frac{\partial\varphi}{\partial y}=x+2\lambda y=0.$$

由此得出

$$x^2+y^2=4\lambda^2((x-1)^2+y^2)=4\lambda^2,$$

而 $\varphi=0$ 相当于 $x^2+y^2=2x$,所以 $x=2\lambda^2,\lambda y=-\lambda^2$.如果 $\lambda=0$,则得出 $(x,y)=(0,0)$,这显然不是一个极值点,因为 $f(0,0)=0$,而在第一象限 $f>0$,在第四象限 $f<0$.因此应设 $\lambda\neq0$,由此得出 $y=-\lambda$,从而 $x=2y^2$.我们有 $x^2=3x/2$,从而 $x=3/2$.考虑以下两点:

$$\left(\frac{3}{2},\frac{\sqrt{3}}{2}\right),\quad\left(\frac{3}{2},-\frac{\sqrt{3}}{2}\right).$$

由于连续函数 f 在圆周(有界闭集)上必取到最小值和最大值,所以

$$f\left(\frac{3}{2},\frac{\sqrt{3}}{2}\right)=\frac{3}{4}\sqrt{3}$$

是最大值,而

$$f\left(\frac{3}{2},-\frac{\sqrt{3}}{2}\right)=-\frac{3}{4}\sqrt{3}$$

是最小值. □

同例1一样,本题也有初等的解法.考察

$$f^2(x,y)=x^2y^2=x^2(2x-x^2)=x^3(2-x)=\frac{1}{3}x^3(6-3x).$$

显然 $0\leqslant x\leqslant2$,利用几何平均-算术平均不等式,得

$$x^3(6-3x)=x\cdot x\cdot x(6-3x)\leqslant\left(\frac{x+x+x+(6-3x)}{4}\right)^4=\left(\frac{3}{2}\right)^4,$$

所以

$$f^2\leqslant\frac{3^3}{4^2},\quad|f|\leqslant\frac{3\sqrt{3}}{4},$$

式中等号当且仅当 $x=6-3x$,即 $x=3/2$ 时成立.

例3　求椭圆

$$\begin{cases}\dfrac{x^2}{a^2}+\dfrac{y^2}{b^2}+\dfrac{z^2}{c^2}=1,\\ Ax+By+Cz=0\end{cases}\tag{4}$$

的半轴的长.

解 第一个方程表示中心在原点的一张椭球面,第二个方程表示一张过原点的平面,它们交成一个椭圆.令

$$r^2 = f(x,y,z) = x^2 + y^2 + z^2,$$

它代表空间中点(x,y,z)到原点的距离的平方.在条件式(4)中的两个方程的限制之下,应求函数 r 的最小值和最大值.令

$$\varphi_1(x,y,z) = \frac{x^2}{a^2} + \frac{y^2}{b^2} + \frac{z^2}{c^2} - 1,$$

$$\varphi_2(x,y,z) = Ax + By + Cz,$$

再令

$$F = f + \lambda_1\varphi_1 + \lambda_2\varphi_2,$$

建立方程

$$\frac{\partial F}{\partial x} = 0, \quad \frac{\partial F}{\partial y} = 0, \quad \frac{\partial F}{\partial z} = 0,$$

即

$$\begin{cases} 2x + 2\lambda_1 \dfrac{x}{a^2} + \lambda_2 A = 0, \\ 2y + 2\lambda_1 \dfrac{y}{b^2} + \lambda_2 B = 0, \\ 2z + 2\lambda_1 \dfrac{z}{c^2} + \lambda_2 C = 0. \end{cases} \tag{5}$$

用 x,y,z 依次乘以方程组(5)中的三式并相加,得到

$$r^2 + \lambda_1 = 0. \tag{6}$$

把方程组(5)中的三个方程式和方程组(4)的第二个方程式联立,并把 x,y,z,λ_2 看成四个未知量,得到下面的一个联立方程组:

$$\begin{cases} Ax + By + Cz + 0\cdot\lambda_2 = 0, \\ 2\left(1 + \dfrac{\lambda_1}{a^2}\right)x + 0\cdot y + 0\cdot z + A\lambda_2 = 0, \\ 0\cdot x + 2\left(1 + \dfrac{\lambda_1}{b^2}\right)y + 0\cdot z + B\lambda_2 = 0, \\ 0\cdot x + 0\cdot y + 2\left(1 + \dfrac{\lambda_1}{c^2}\right)z + C\lambda_2 = 0. \end{cases}$$

因为 $x = y = z = 0$ 不满足方程组(4)中的第一个方程式,所以这个方程组一定有非零解,因而有

$$\begin{vmatrix} A & B & C & 0 \\ 2\left(1+\dfrac{\lambda_1}{a^2}\right) & 0 & 0 & A \\ 0 & 2\left(1+\dfrac{\lambda_1}{b^2}\right) & 0 & B \\ 0 & 0 & 2\left(1+\dfrac{\lambda_1}{c^2}\right) & C \end{vmatrix} = 0. \tag{7}$$

这是一个关于 λ_1 的方程式，由此解出 λ_1，再由方程(6)即可得到所要的解.

例如，$A=B=0$，$C=1$，从式(7)，得

$$4\left(1+\frac{\lambda_1}{a^2}\right)\left(1+\frac{\lambda_1}{b^2}\right)=0.$$

由此得 $\lambda_1=-a^2$ 或 $\lambda_1=-b^2$，再由式(6)即得 $r=a$ 或 $r=b$. 这和直观是一致的.

再看一个例子：$a=b=1$，$c=2$，$A=1$，$B=2$，$C=1$，这时从式(7)，可得

$$3\lambda_1^2+11\lambda_1+8=0.$$

由此得 $\lambda_1=-1$ 或 $\lambda_1=-8/3$，因而得 $r=1$ 或 $r=2\sqrt{6}/3$. □

例 4　求 $f(x,y)=2x^2+12xy+y^2$ 在

$$D=\{(x,y):(x,y)\in\mathbf{R}^2,x^2+4y^2\leqslant 25\}$$

上的最大值和最小值.

解　D 是分别以 5 和 5/2 为长、短半轴的闭椭圆. 先看 f 在椭圆内部有没有极值点. 方程组

$$\begin{cases} \dfrac{\partial f}{\partial x}=4x+12y=0, \\ \dfrac{\partial f}{\partial y}=12x+2y=0 \end{cases}$$

只有 $(x,y)=(0,0)$ 一个解，而这时

$$a=\frac{\partial^2 f}{\partial x^2}=4,\quad b=\frac{\partial^2 f}{\partial x\partial y}=12,\quad c=\frac{\partial^2 f}{\partial y^2}=2,$$

$$ac-b^2=-136<0.$$

这说明 f 在椭圆内部没有极值点，因此 f 的最大值和最小值必在椭圆周上取到. 这样问题就变成点 (x,y) 满足条件 $x^2+4y^2=25$ 时求 f 的最大值和最小值，这是一个条件极值问题. 令

$$F(x,y)=2x^2+12xy+y^2+\lambda(x^2+4y^2-25),$$

则有

$$\begin{cases}\dfrac{\partial F}{\partial x}=(4+2\lambda)x+12y=0,\\ \dfrac{\partial F}{\partial y}=12x+(2+8\lambda)y=0.\end{cases}\tag{8}$$

这个方程组必有非零解,因而

$$\begin{vmatrix}4+2\lambda & 12\\ 12 & 2+8\lambda\end{vmatrix}=0.$$

得 λ 满足的二次方程

$$4\lambda^2+9\lambda-34=0,$$

解得

$$\lambda_1=2,\quad \lambda_2=-\frac{17}{4}.$$

把 $\lambda_1=2$ 代入式(8),得 $x=-3y/2$.再代入 $x^2+4y^2=25$,得 $y=\pm 2$.因此 $x=\mp 3$,从而得可能取得条件极值的两点$(-3,2)$和$(3,-2)$.对应于 $\lambda_2=-17/4$,可解得$(4,3/2)$和$(-4,-3/2)$,取得条件极值的点必在这四点中.通过比较:

$$f\left(4,\frac{3}{2}\right)=f\left(-4,-\frac{3}{2}\right)=\frac{425}{4},$$

$$f(-3,2)=f(3,-2)=-50.$$

即知 f 在 D 中的最大值为 $425/4$,最小值为 -50. □

现在给出定理 9.12.1 的证明.证明这一定理的主要工具是隐映射定理(定理 9.7.1).为此,我们把定理 9.12.1 用向量的形式严格地重新叙述如下:

定理 9.12.1′ 设开集 $D\subset\mathbf{R}^{n+m}$,函数 $f:D\to\mathbf{R}$,映射 $\boldsymbol{\Phi}:D\to\mathbf{R}^m$.函数 f 与映射 $\boldsymbol{\Phi}$ 满足以下条件:

(a) $f,\boldsymbol{\Phi}\in C^1(D)$;

(b) 存在 $\boldsymbol{z}_0=(\boldsymbol{x}_0,\boldsymbol{y}_0)\in D$,满足 $\boldsymbol{\Phi}(\boldsymbol{z}_0)=\mathbf{0}$,其中 $\boldsymbol{x}_0=(a_1,\cdots,a_n)$,$\boldsymbol{y}_0=(b_1,\cdots,b_m)$;

(c) $\det J_{\boldsymbol{y}}\boldsymbol{\Phi}(\boldsymbol{z}_0)\neq 0$.

如果 f 在条件式(2)的约束下,在 $\boldsymbol{z}_0=(\boldsymbol{x}_0,\boldsymbol{y}_0)$处取到极值,那么存在 $\boldsymbol{\lambda}\in\mathbf{R}^m$,使得

$$Jf(\boldsymbol{z}_0)+\boldsymbol{\lambda}J\boldsymbol{\Phi}(\boldsymbol{z}_0)=\mathbf{0}.\tag{9}$$

证明 由于 $\boldsymbol{\Phi}$ 满足(a),(b),(c)三个条件,根据隐映射定理,存在 $\boldsymbol{z}_0=(\boldsymbol{x}_0,\boldsymbol{y}_0)$的邻域 $U=G\times H$,其中 G 和 H 分别是 $\boldsymbol{x}_0$ 和 $\boldsymbol{y}_0$ 的邻域,使得方程

$$\boldsymbol{\Phi}(\boldsymbol{x},\boldsymbol{y})=\mathbf{0}$$

对任意的 $\boldsymbol{x}\in G$,在 H 中有唯一解 $\boldsymbol{\varphi}(\boldsymbol{x})$,并且满足 $\boldsymbol{y}_0=\boldsymbol{\varphi}(\boldsymbol{x}_0)$ 且 $J\boldsymbol{\varphi}(\boldsymbol{x}_0)=$

$-(J_y\boldsymbol{\Phi}(z_0))^{-1}J_x\Phi(z_0)$. 因为 $\boldsymbol{z}_0=(\boldsymbol{x}_0,\boldsymbol{y}_0)$ 是 f 在条件式(2)的约束下的极值点，因此 $\boldsymbol{x}_0$ 便是函数 $f(\boldsymbol{x},\boldsymbol{\varphi}(\boldsymbol{x}))$ 在 G 中的一个极值点，所以 $\boldsymbol{x}_0$ 必是 $f(\boldsymbol{x},\boldsymbol{\varphi}(\boldsymbol{x}))$ 的一个驻点. 由复合求导公式，得知

$$J_xf(z_0)+J_yf(z_0)J\boldsymbol{\varphi}(\boldsymbol{x}_0)=\mathbf{0}.$$

把 $J\boldsymbol{\varphi}(\boldsymbol{x}_0)=-(J_y\boldsymbol{\Phi}(z_0))^{-1}J_z\boldsymbol{\Phi}(z_0)$ 代入上式，即得

$$J_xf(z_0)-J_yf(z_0)(J_y\boldsymbol{\Phi}(z_0))^{-1}J_x\boldsymbol{\Phi}(z_0)=\mathbf{0}. \tag{10}$$

记

$$\boldsymbol{\lambda}=-J_yf(z_0)(J_y\boldsymbol{\Phi}(z_0))^{-1}, \tag{11}$$

它是一个 m 维向量，式(9)就变成

$$J_xf(z_0)+\boldsymbol{\lambda}J_x\boldsymbol{\Phi}(z_0)=\mathbf{0}. \tag{12}$$

再把式(11)改写为

$$J_yf(z_0)+\boldsymbol{\lambda}J_y\boldsymbol{\Phi}(z_0)=\mathbf{0}. \tag{13}$$

式(12)与(13)可以合并为

$$Jf(z_0)+\boldsymbol{\lambda}J\boldsymbol{\Phi}(z_0)=\mathbf{0}.$$

这就是我们要证明的式(9). □

下面是判断条件极值的充分条件.

定理 9.12.2　设 z_0 是辅助函数

$$F(z)=f(z)+\sum_{i=1}^{m}\lambda_i\Phi_i(z)$$

的一个驻点，其中 $z=(z_1,\cdots,z_{n+m})=(x_1,\cdots,x_n,y_1,\cdots,y_m)$. 记

$$HF(z_0)=\left(\frac{\partial^2 F}{\partial z_j\partial z_k}(z_0)\right)_{1\leqslant j,k\leqslant m+n}.$$

(1) 如果 $HF(z_0)$ 严格正定，那么 f 在 z_0 处取严格的条件极小值；

(2) 如果 $HF(z_0)$ 严格负定，那么 f 在 z_0 处取严格的条件极大值.

证明　记 E 是 $\mathbf{R}^{m+n}$ 中满足条件式(2)的点的全体，即

$$E=\{z\in\mathbf{R}^{m+n}:\Phi_i(z)=0,i=1,\cdots,m\}.$$

已知 $z_0\in E$，再在 z_0 的附近取点 $z_0+\boldsymbol{h}\in E$. 由于

$$\Phi_i(z_0)=0,\quad \Phi_i(z_0+\boldsymbol{h})=0\quad(i=1,\cdots,m),$$

所以

$$F(z_0)=f(z_0),\quad F(z_0+\boldsymbol{h})=f(z_0+\boldsymbol{h}).$$

于是对 F 用 Taylor 公式，得

$$f(z_0+\boldsymbol{h})-f(z_0)=F(z_0+\boldsymbol{h})-F(z_0)$$

$$= \sum_{j=1}^{m+n} \frac{\partial F}{\partial z_j}(z_0) h_i + \frac{1}{2}\sum_{j,k=1}^{m+n} \frac{\partial^2 F}{\partial z_j \partial z_k}(z_0) h_j h_k + o(\|\boldsymbol{h}\|^2)$$

$$= \frac{1}{2}\sum_{j,k=1}^{m+n} \frac{\partial^2 F}{\partial z_j \partial z_k}(z_0) h_j h_k + o(\|\boldsymbol{h}\|^2),$$

这里已经利用了 $\boldsymbol{z}_0$ 是 F 的驻点的条件.剩下的证明与定理 9.11.5 完全一样,不再细述. □

与定理 9.11.5 不同的是,当 $Hf(z_0)$不定时,f 仍有可能取得条件极值.例如

$$f(x,y,z) = x^2 + y^2 - z^2, \quad \Phi(x,y,z) = z = 0.$$

这时,

$$F(x,y,z) = x^2 + y^2 - z^2 + \lambda z.$$

易知

$$\frac{\partial F}{\partial x} = 2x, \quad \frac{\partial F}{\partial y} = 2y, \quad \frac{\partial F}{\partial z} = -2z + \lambda.$$

令

$$\frac{\partial F}{\partial x} = \frac{\partial F}{\partial y} = \frac{\partial F}{\partial z} = 0,$$

以及约束条件 $z=0$,即得 $x=y=z=0,\lambda=0$.因而$(x,y,z)=(0,0,0)$是 F 的一个驻点.这时,

$$\frac{\partial F}{\partial x} = 2x, \quad \frac{\partial F}{\partial y} = 2y, \quad \frac{\partial F}{\partial z} = -2xz.$$

从而有

$$\frac{\partial^2 F}{\partial x^2} = 2, \quad \frac{\partial^2 F}{\partial y^2} = 2, \quad \frac{\partial^2 F}{\partial z^2} = -2,$$

$$\frac{\partial^2 F}{\partial x \partial y} = \frac{\partial^2 F}{\partial x \partial z} = \frac{\partial^2 F}{\partial y \partial z} = 0.$$

F 的 Hesse 矩阵为

$$HF = \begin{pmatrix} 2 & 0 & 0 \\ 0 & 2 & 0 \\ 0 & 0 & -2 \end{pmatrix}.$$

这是一个不定的对称方阵,但 f 在$(x,y,z)=(0,0,0)$处确实取到了条件极小值.

例 4 设 $\alpha_i>0,x_i>0(i=1,\cdots,n)$.证明:

$$x_1^{\alpha_1}\cdots x_n^{\alpha_n} \leqslant \left(\frac{\alpha_1 x_1 + \cdots + \alpha_n x_n}{\alpha_1 + \cdots + \alpha_n}\right)^{\alpha_1+\cdots+\alpha_n}, \tag{14}$$

其中等号成立当且仅当 $x_1=\cdots=x_n$.

证明 考虑

$$f(x_1,\cdots,x_n)=\ln(x_1^{\alpha_1}\cdots x_n^{\alpha_n})=\sum_{i=1}^{n}\alpha_i\ln x_i$$

在条件

$$\sum_{i=1}^{n}\alpha_i x_i=c \tag{15}$$

下的条件极值,其中 c 是任意一个正的常数.用 Lagrange 乘数法,作辅助函数

$$F(x_1,\cdots,x_n)=\sum_{i=1}^{n}\alpha_i\ln x_i+\lambda\Big(\sum_{i=1}^{n}\alpha_i x_i-c\Big),$$

那么

$$\frac{\partial F}{\partial x_i}=\frac{\alpha_i}{x_i}+\lambda\alpha_i=0\quad(i=1,\cdots,n).$$

为了确定 λ 的值,在等式

$$\frac{\alpha_i}{x_i}=-\lambda\alpha_i\quad(i=1,\cdots,n)$$

的两边乘以 x_i 再相加,得

$$\sum_{i=1}^{n}\alpha_i=-\lambda\sum_{i=1}^{n}\alpha_i x_i=-\lambda c,$$

所以 $-1/\lambda=c\Big/\sum\limits_{i=1}^{n}\alpha_i$,于是

$$x_i=c\Big/\sum_{i=1}^{n}\alpha_i\quad(i=1,\cdots,n). \tag{16}$$

这就是驻点 z_0 的坐标.为了验证函数 f 是否取得了条件极值,由 $\dfrac{\partial F}{\partial x_i}=\dfrac{\alpha_i}{x_i}+\lambda\alpha_i$,可得

$$\frac{\partial^2 F}{\partial x_i\partial x_j}=-\frac{\alpha_i}{x_i^2}\delta_{ij},$$

因而

$$HF(z_0)=-\frac{\Big(\sum\limits_{i=1}^{n}\alpha_i\Big)^2}{c^2}\begin{pmatrix}\alpha_1 & & \\ & \ddots & \\ & & \alpha_n\end{pmatrix}.$$

由于 $\alpha_i>0(i=1,\cdots,n)$,所以 $HF(z_0)$ 严格负定.由定理 9.12.2 知,f 在 z_0 处取严格的条件极大值,再由 z_0 的唯一性知它为严格的最大值.于是得

$$\sum_{i=1}^{n}\alpha_i\ln x_i<\sum_{i=1}^{n}\alpha_i\ln\frac{c}{\sum_{i=1}^{n}\alpha_i},\tag{17}$$

不等式左边的 $x_1,\cdots,x_n$ 满足条件式(15)且不全相等,因为满足条件式(15)且都相等的 $x_1,\cdots,x_n$ 就是式(16),它就是驻点 z_0 的坐标.从式(17),即得

$$x_1^{\alpha_1}\cdots x_n^{\alpha_1}<\left(\frac{\alpha_1x_1+\cdots+\alpha_nx_n}{\alpha_1+\cdots+\alpha_n}\right)^{\alpha_1+\cdots+\alpha_n}.$$

要上面的不等式变成等式只有 $x_1=\cdots=x_n$,因此式(14)中的等号当且仅当 $x_1=\cdots=x_n$ 时才成立,而当 $x_1=\cdots=x_n$ 时,式(14)中的等号成立则是显然的. □

练 习 题 9.12

1. 求在指定条件下 u 的极值:

(1) $u=xy,x+y=1$;

(2) $u=\cos^2x+\cos^2y,x-y=\pi/4$;

(3) $u=x-2y+2z,x^2+y^2+z^2=1$;

(4) $u=3x^2+3y^2+z^2,x+y+z=1$.

2. 用求条件极值的方法,计算:

(1) 原点到直线

$$2x+2y+z+9=0,\quad 2x-y-2z-18=0$$

的距离;

(2) 原点到平面

$$x+2y+3z+4=0$$

的距离.

3. 求椭圆

$$\begin{cases}x^2+y^2+\dfrac{z^2}{4}=1,\\ x+2y+z=0\end{cases}$$

的长、短半轴.

4. 设 $a>0$.求曲线

$$\begin{cases}x^2+y^2=2az,\\ x^2+y^2+xy=a^2\end{cases}$$

上的点到 Oxy 平面的最小距离和最大距离.

5. 在椭球

$$\frac{x^2}{a^2}+\frac{y^2}{b^2}+\frac{z^2}{c^2}=1$$

内嵌入有最大体积的长方体，问这长方体的尺寸如何？

6. 设 $a_i \geqslant 0\ (i=1,\cdots,n)$，$p>1$. 证明：

$$\frac{a_1+\cdots+a_n}{n}\leqslant\left(\frac{a_1^p+\cdots+a_n^p}{n}\right)^{1/p},$$

并讨论等号成立的条件.

7. 试利用求条件极值的方法，证明 Hölder 不等式：设 $a_i \geqslant 0$，$x_i \geqslant 0\ (i=1,\cdots,n)$，$p>1$，$1/p+1/q=1$，那么

$$\sum_{i=1}^{n} a_i x_i \leqslant \left(\sum_{i=1}^{n} a_i^p\right)^{1/p}\left(\sum_{i=1}^{n} x_i^q\right)^{1/q},$$

并讨论等号成立的条件.

部分练习题参考答案

练习题 1.3

3. (1) $\frac{1}{3}$;　(2) $-\frac{1}{2}$;　(3) $\frac{1}{2}$;　(4) 1;　(5) 1;　(6) 1;
(7) 1;　(8) 1.

4. (1) $\frac{1-b}{1-a}$;　(2) 1;　(3) $\frac{1}{2}$;　(4) $\frac{1}{3}$;　(5) $\frac{1}{2}$;　(6) $\frac{1}{1-x}$.

5. (1) b;　(2) $\max(a_1,a_2,\cdots,a_n)$.

11. 提示:记 $S_n=\frac{1}{n}(a_1+a_2+\cdots+a_n)$,证明

$$\lim_{n\to\infty}S_{2n}=\lim_{n\to\infty}S_{2n-1}=\frac{1}{2}(a+b).$$

练习题 1.6

1. (1) e;　(2) e^{-1};　(3) e^{-1};　(4) e^3;　(5) e^2.

14. 0.

15. $\ln 2$.

练习题 1.7

1. 是

2. (1) 不一定;　(2) 是.

4. 提示:记 $S_n=|a_2-a_1|+|a_3-a_2|+\cdots+|a_n-a_{n-1}|$,先证$\{S_n\}$收敛,再用 Cauchy 收敛原理,证明$\{a_n\}$收敛.

练习题 1.8

1. (1) $-1,12$;　(2) $0,1$;　(3) $1,+\infty$;　(4) $0,1$;　(5) $-1,3$;
(6) e^{-1},e.

2. $2,e;e,4$.

3. $1,\sqrt[3]{3}$.

4. 用反证法.

练习题 1.10

1. (1) $0,1$; (2) $0,+\infty$; (3) $0,\frac{\pi}{2}$; (4) $1,2$; (5) $-\infty,+\infty$;

(6) $-\frac{1}{2},1$; (7) $0,0$.

练习题 1.11

1. (1) 1; (2) 1; (3) 2; (4) $\frac{2}{3}$.

2. 1.

3. $\frac{4}{3}$.

练习题 2.1

2. 若记 $f(a)=b$,则 $f^{2n-1}(a)=b,f^{2n}(a)=a$.

3. (1) $D(D(x))=1$.

(2) $D^{-1}(\{0\})=\mathbf{Q}^c,D^{-1}(\{1\})=\mathbf{Q},D^{-1}(\{0,1\})=\mathbf{R}$.

4. (3) $n!$ 个排列.

练习题 2.3

1. (1) $-1\leqslant x\leqslant 1$; (2) $x\neq 1$; (3) $x\neq -2,x\neq 1$;

(4) $x\neq 2n\pi+\frac{3}{2}\pi,x\neq 2n\pi$.

5. (1) $f^n(x)=\dfrac{x}{\sqrt{1+nx^2}}$; (2) $f^n(x)=\dfrac{x}{1+nbx}$.

练习题 2.4

5. (1) $f(2+)=4,f(2-)=-2a$; (2) $a=-2$.

10. 0.

11. (1) -1; (2) 0; (3) m; (4) $\frac{m}{n}$; (5) $\frac{1}{2}$;

(6) 1; (7) $\frac{1}{m}$; (8) $\frac{1}{2}m(m+1)$.

12. (1) $\frac{a}{b}$; (2) 2; (3) 1; (4) 1; (5) $\sin x$;

(6) $\cos x$; (7) $\frac{1}{12}n(n+1)(2n+1)$; (8) $\frac{\sin x}{x}$.

13. (1) 1; (2) 0; (3) $\frac{5}{8}$; (4) $\frac{3}{2}$.

14. 2π.

练习题 2.5

2. (1) $a=1,b=-1$; (2) $a=1,b=-\frac{1}{2}$; (3) $a=-1,b=-\frac{1}{2}$.

5. 0.

练习题 2.6

1. (1) 1 阶无穷小; (2) 10 阶无穷大;
(3) 3 阶无穷小; (4) 1 阶无穷小;
(5) 2 阶无穷大; (6) 1 阶无穷大;
(7) 1 阶无穷小; (8) $\frac{1}{6}$阶无穷小;
(9) 1 阶无穷大; (10) 1 阶无穷小;
(11) $\frac{1}{2}$阶无穷小; (12) 1 阶无穷小;
(13) $\frac{1}{2}$阶无穷大; (14) $\frac{1}{2}n(n+1)$阶无穷大.

3. (1) 2; (2) 1; (3) 0; (4) 1; (5) $\frac{1}{2n}$.

练习题 2.7

2. (1) 连续; (2) 不连续; (3) 连续; (4) 不连续; (5) 不连续.

3. $a=0,b=1,c=0$.

4. (1) $f+g$ 一定不连续.若 $f(x_0)\neq 0$,则 fg 在 x_0 处不连续;若 $f(x_0)=0$,则 fg 在 x_0 处有可能连续.

(2) 没有肯定的结论.

练习题 2.8

1. (1) $\frac{1}{3}$; (2) 10; (3) 6; (4) $\frac{1}{2}(n-1)na^{n-2}$;

(5) $\frac{1}{2}n(n+1)$.

2. (1) $\frac{n}{m}$;　(2) $\frac{\alpha}{m}$;　(3) $\frac{\alpha}{m}-\frac{\beta}{n}$;　(4) $\frac{1}{n!}$.

3. (1) 1;　(2) $e^{3/2}$;　(3) e^{-1};　(4) 1;　(5) e;

(6) $\sqrt{e}$;　(7) $e^{-x^2/2}$;　(8) e^2;　(9) $e^{\cot a}$.

4. $e^{\frac{x}{1-x}}$.

练习题 2.9

1. (1) 不一致连续;　(2) 一致连续;　(3) 一致连续;

(4) 不一致连续;　(5) 不一致连续.

练习题 2.10

2. 若 $I=(a,b)$为有限区间,从 f 和 g 在 I 上的一致连续性,可得 fg 在 I 上的一致连续.当 I 是无穷区间时,fg 不一定一致连续.

练习题 2.11

1. (1) $1,-1$;　(2) $+\infty,-\infty$;　(3) $+\infty,-\infty$.

练习题 3.1

1. $f'(0)$.

5. (1) $(2,4)$;　(2) $\left(-\frac{3}{2},\frac{9}{4}\right)$;　(3) $\left(\frac{1}{4},\frac{1}{16}\right),(-1,1)$.

7. $e^{f'(a)/f(a)}$.

9. $f'(0)=-8, f'(1)=0, f'(2)=0$.

练习题 3.2

2. (1) $1+2x+3x^2+\cdots+nx^{n-1}=\frac{nx^{n+1}-(n+1)x^n+1}{(1-x)^2}$;

(2) $\sum_{k=1}^{n}\frac{k}{2^{k-1}}=4\left(1-\frac{1}{2^n}-\frac{n}{2^{n+1}}\right)$;

(3) $\sum_{k=1}^{n}k^2x^{k-1}=\frac{1}{(1-x)^3}(-n^2x^{n+2}+(2n^2+2n-1)x^{n+1}-(n+1)^2x^n+x+1)$.

10. 0.64 cm/s.

练习题 3.3

2. (1) $4e^{-1}$； (2) $-\dfrac{1}{2}$； (3) -2.

3. (1) $\dfrac{19!!}{2^{10}}(1-x)^{-21/2}(1+x)+\dfrac{10(17)!!}{2^9}(1-x)^{-19/2}$；

(2) $8!\,(1-x)^{-9}x^2+8!\,(1-x)^{-8}2x+28\cdot 6!\,(1-x)^{-7}2$.

4. $(e^x\cos x)^{(n)}=2^{n/2}e^x\cos\left(x+\dfrac{n\pi}{4}\right)$；$(e^x\sin x)^{(n)}=2^{n/2}e^x\sin\left(x+\dfrac{n\pi}{4}\right)$.

5. $a=\dfrac{1}{2}f''_-(x_0)$，$b=f'_-(x_0)$，$c=f(x_0)$.

练习题 3.4

7. $f(2)=2$.

练习题 3.5

1. (1) 严格递增； (2) 严格递减.

9. (1) 最大值 13，最小值 4；

(2) 最大值$\dfrac{\pi}{2}$，最小值$-\dfrac{\pi}{2}$；

(3) 没有最大值，有最小值$-e^{-1}$；

(4) 没有最大值，有最小值$-\dfrac{1}{4}$；

(5) 最大值 132，最小值 0；

(6) 最大值$\dfrac{\pi}{4}$，最小值 0.

10. $\theta=\arctan\mu$.

11. 四顶点为$\left(\dfrac{\sqrt{2}}{2}a,\dfrac{\sqrt{2}}{2}b\right)$，$\left(-\dfrac{\sqrt{2}}{2}a,\dfrac{\sqrt{2}}{2}b\right)$，$\left(-\dfrac{\sqrt{2}}{2}a,-\dfrac{\sqrt{2}}{2}b\right)$，$\left(\dfrac{\sqrt{2}}{2}a,-\dfrac{\sqrt{2}}{2}b\right)$的内接矩形的面积最大.

12. 高与底半径之比为$\sqrt{2}$时，帐篷的表面积最小.

13. 剪去的角应为 $\theta=2\pi\left(1-\sqrt{\dfrac{2}{3}}\right)$.

14. 在$[a,b]$的中点处作切线所得梯形的面积最大.

15. 记 $f(x)=\sum\limits_{i=1}^{n}(x-x_i)^2$，$f$ 在 $x^*=\dfrac{1}{n}(x_1+x_2+\cdots+x_n)$ 处取最小值.

16. 使得不等式 $a^x\geqslant x^a\ (x>0)$成立的 a 只有 $a=e$.

18. (1)～(5)中的函数都是所讨论区间上的凸函数.

练习题 3.6

1. (1) 1；　(2) 2；　(3) $-\frac{1}{3}$；　(4) $\frac{1}{6}$；　(5) $+\infty$；

(6) 0；　(7) 1；　(8) -1；　(9) 0；　(10) ∞；

(11) $\frac{1}{2}$；　(12) $-\frac{e}{2}$；　(13) $e^{-2/\pi}$；　(14) $e^{-2/\pi}$.

练习题 4.1

1. (1) $dy=-\frac{1}{x^2}dx$；　(2) $dy=\frac{a}{1+(ax+b)^2}dx$；

(3) $dy=x\sin x dx$　(4) $dy=\frac{dx}{\sqrt{x^2+a^2}}$.

3. (1) $dy=vwdu+uwdv+uvdw$；

(2) $dy=\frac{du}{v^2}-\frac{2u}{v^3}dv$；

(3) $dy=-(u^2+v^2+w^2)^{-3/2}(udu+vdv+wdw)$；

(4) $dy=(u^2+(vw)^2)^{-1}(vwdu-uvdw-uwdv)$；

(5) $dy=(u^2+v^2+w^2)^{-1}(udu+vdv+wdw)$.

4. (1) $y'=(1+e^y)^{-1}$；　(2) $y'=\frac{y}{1+y}$；

(3) $y'=\left(\frac{b}{a}\right)^2\frac{x}{y}$；　(4) $y'=\left(\frac{y}{x}\right)^{1/2}$；

(5) $y'=\frac{x^3+y^2\sqrt{x^2+y^2}}{2xy\sqrt{x^2+y^2}-x^2y}$.

5. (1) $\sqrt[4]{80}\approx 2.9907$；　(2) $\sin 29^\circ\approx 0.4849$；

(3) $\arctan 1.05\approx 0.8104$；　(4) $\lg 11\approx 1.0414$.

练习题 4.2

1. (1) $-\frac{1}{12}$；　(2) 1；　(3) $\frac{1}{6}$；　(4) $\ln^2 a$.

3. $\sqrt{e}$.

练习题 4.3

1. $3-12(x+1)+21(x+1)^2-16(x+1)^3+5(x+1)^4$.

2. (1) $1+2x+2x^2-2x^4+o(x^4)$;

(2) $1+2x+x^2-\frac{2}{3}x^3-\frac{5}{6}x^4-\frac{1}{15}x^5+o(x^5)$;

(3) $\frac{1}{2}x^2-\frac{1}{12}x^4-\frac{1}{45}x^6+o(x^6)$;

(4) $x+\frac{1}{3}x^3+\frac{2}{15}x^5+o(x^5)$;

(5) $1+\frac{1}{2}x^2+\frac{3}{8}x^4+\frac{5}{16}x^6+o(x^6)$.

3. (1) $\sin x = \sum_{k=0}^{n}\frac{(-1)^k}{(2k)!}\left(x-\frac{\pi}{2}\right)^{2k}+o\left(\left(x-\frac{\pi}{2}\right)^{2n+1}\right)$;

(2) $\cos x = \sum_{k=0}^{n}\frac{(-1)^{k+1}}{(2k)!}(x-\pi)^{2k}+o((x-\pi)^{2n+1})$;

(3) $e^x = e\sum_{k=0}^{n}\frac{1}{k!}(x-1)^k+o((x-1)^n)$;

(4) $\ln x = \ln 2+\sum_{k=1}^{n}\frac{(-1)^{k-1}}{k2^k}(x-2)^k+o((x-2)^n)$;

(5) $\frac{x}{1+x^2} = \sum_{k=0}^{n}(-1)^k x^{2k+1}+o(x^{2n+1})$.

练习题 5.1

(1) $4x+\frac{2}{3}x^6+\frac{x^{11}}{11}+c$;

(2) $x-2\ln|x|-\frac{1}{x}+c$;

(3) $\frac{2}{3}x^{3/2}+2x^{-1/2}+c$;

(4) $\sinh x+c$;

(5) $\cosh x+c$;

(6) $-\frac{2\cdot 5^{-x}}{\ln 5}+\frac{2^{-x}}{5\ln 2}+c$;

(7) $x-e^x+\frac{1}{2}e^{2x}+c$;

(8) $\begin{cases}-\cos x-\sin x+c, & 若 \sin x\geqslant\cos x,\\ \sin x+\cos x+c, & 若 \sin x\leqslant\cos x,\end{cases}$

(9) $\frac{1}{b-a}\ln\left|\frac{x+a}{x+b}\right|+c$;

(10) $\frac{x}{2}+\frac{1}{4}\sin 2x+c$;

(11) $\frac{x}{2}-\frac{1}{4}\sin 2x+c$；

(12) $\frac{x^5}{5}-\frac{x^4}{4}+\frac{x^3}{3}-\frac{x^2}{2}+x-\ln|1+x|+c$；

(13) $\tan x-\cot x+c$；

(14) $\frac{x^3}{3}-x+\arctan x+c$.

练习题5.2

1. (1) $x\arctan x-\frac{1}{2}\ln(1+x^2)+c$；

(2) $x\arcsin x+\sqrt{1-x^2}+c$；

(3) $\frac{1}{2}(x^2\operatorname{arccot} x+x-\arctan x)+c$；

(4) $\frac{1}{6}(x^3\arccos x+\frac{1}{3}(1-x^2)^{3/2}-\sqrt{1-x^2})+c$；

(5) $x\ln(x+\sqrt{1+x^2})-\sqrt{1+x^2}+c$；

(6) $\frac{2}{3}x^{3/2}\ln^2 x-\frac{8}{9}x^{3/2}\ln x+\frac{16}{27}x^{3/2}+c$；

(7) $x^2\sin x+2x\cos x-2\sin x+c$；

(8) $x\tan x+\ln|\cos x|+c$；

(9) $-\frac{1}{x}\arctan x+\ln|x|-\frac{1}{2}\ln(1+x^2)+c$；

(10) $x^2\sinh x-2x\cosh x+2\sinh x+c$；

(11) $\frac{x}{2}(\cos(\ln x)+\sin(\ln x))+c$；

(12) $\frac{x}{2}(\sin(\ln x)-\cos(\ln x))+c$.

2. $\left(\frac{1}{a}p(x)-\frac{1}{a^2}p'(x)+\cdots+(-1)^n\frac{1}{a^{n+1}}p^{(n)}(x)\right)e^{ax}+c$.

3. $xf'(x)-f(x)+c$.

4. (1) $-\frac{1}{2}e^{-x^2}+c$；

(2) $-\sqrt{1-x^2}+c$；

(3) $\frac{1}{3}\ln^3 x+c$；

(4) $\frac{1}{2}\ln(x^2+4)+c$；

(5) $2\arctan e^x + c$；

(6) $2\arctan \sqrt{x} + c$；

(7) $\ln\left|\tan \frac{x}{2}\right| + c$；

(8) $\ln \ln \ln x + c$；

(9) $\cos \frac{1}{x} + c$；

(10) $\frac{1}{3}(\arctan x)^3 + c$；

(11) $\frac{1}{b}\ln|a + bx| + c$；

(12) $\frac{1}{2}\left(\frac{1}{a-b}\cos(a-b)x - \frac{1}{a+b}\cos(a+b)x\right) + c$；

(13) $\frac{1}{2}\left(\frac{\sin(a+b)x}{a+b} + \frac{\sin(a-b)x}{a-b}\right) + c$；

(14) $\frac{1}{2}\left(\frac{\sin(a-b)x}{a-b} + \frac{\sin(a+b)x}{a+b}\right) + c$；

(15) $\frac{3}{8}x + \frac{1}{32}\sin 4x - \frac{1}{4}\sin 2x + c$；

(16) $-\cos x + \frac{2}{3}\cos^3 x - \frac{1}{5}\cos^5 x + c$；

(17) $\frac{3}{2}(\sin x - \cos x)^{2/3} + c$；

(18) $\frac{1}{\sqrt{2}}\arctan\left(\frac{1}{\sqrt{2}}\tan x\right) + c$；

(19) $\frac{1}{2(b^2 - a^2)}\ln|a^2 + (b^2 - a^2)\sin^2 x| + c$；

(20) $\frac{1}{\sqrt{2}}\ln\left|\tan \frac{1}{2}\left(x + \frac{\pi}{4}\right)\right| + c$；

(21) $\frac{1}{\sqrt{a^2 + b^2}}\ln\left|\tan \frac{1}{2}(x + \theta)\right| + c$，其中 $\theta = \arcsin \frac{a}{\sqrt{a^2 + b^2}}$；

(22) $\frac{1}{\sqrt{2}}\arcsin\left(\sqrt{\frac{2}{3}}\sin x\right) + c$；

(23) $\frac{2}{3}(1 + \ln x)^{3/2} - 2(\ln x + 1)^{+1/2} + c$；

(24) $\frac{1}{3}(1 - x^2)^{3/2} - (1 - x^2)^{1/2} + c$；

(25) $2\sqrt{1 + \sqrt{1 + x^2}} + c$；

(26) $\ln\left|\tan\left(\frac{1}{2}\arctan x\right)\right|+c$；

(27) $2e^{\sqrt{x}}(\sqrt{x}-1)+c$；

(28) $-\frac{1}{2}(x^2+1)e^{-x^2}+c$；

(29) $(x+1)\arctan\sqrt{x}-\sqrt{x}+c$；

(30) $(-2x^{3/2}+12x^{1/2})\cos\sqrt{x}+(6x-12)\sin\sqrt{x}+c$；

(31) $\frac{2}{n+2}\ln(x^{n/2+1}+\sqrt{1+x^{n+2}})+c$；

(32) $\frac{x}{2}\sqrt{a^2+x^2}-\frac{a^2}{2}\ln(x+\sqrt{a^2+x^2})+c$；

(33) $\frac{1}{2}\arctan(\sin^2 x)+c$.

5. 记 $I_n=\int\ln^n x\mathrm{d}x$，则

$$I_n = x\ln^n x - nI_{n-1}.$$

6. (1) $\frac{1}{a^2}\frac{x}{\sqrt{x^2+a^2}}+c$；

(2) $\frac{x}{2}\sqrt{x^2-a^2}+\frac{a^2}{2}\ln(x+\sqrt{x^2-a^2})+c$.

(3) $\frac{x}{2}\sqrt{x^2-a^2}-\frac{a^2}{2}\ln(x+\sqrt{x^2-a^2})+c$.

7. (1) $-\frac{1}{x}(x-1)^2e^x+(x-2)e^x-e^x+c$；

(2) $\frac{e^x}{1+x}+c$.

8. (1) $f(t)=2\sqrt{t}+c$；

(2) $f(t)=\frac{1}{2}\ln\frac{1+t}{1-t}+c$.

练习题 5.3

(1) $\frac{1}{10}\ln|2x+1|+\frac{2}{5}\ln|x-2|+c$；

(2) $\frac{19}{28}\ln|x+3|-\frac{1}{4}\ln|x-1|+\frac{11}{7}\ln|x-4|+c$；

(3) $\ln|x|-2\ln|2x+1|+\ln|x+1|+c$；

(4) $\ln|x+1|+\frac{4}{x+2}+c$；

(5) $-\frac{11}{2}(x-2)^{-2}-\frac{4}{x-2}+c$;

(6) $\frac{1}{x+2}-\frac{7}{3}\ln|x+2|-\frac{4}{x+4}+\frac{8}{3}\ln|x+4|+c$;

(7) $\ln|x+1|-3(2x+1)^{-2}+3(2x+1)^{-1}+c$;

(8) $\frac{1}{8}\ln|x+1|+\frac{1}{x+2}+2\ln|x+2|+\frac{1}{4}\frac{1}{(x+3)^2}+\frac{5}{4}\frac{1}{x+3}-\frac{17}{8}\ln|x+3|+c$;

(9) $\frac{1}{3}\ln|x+1|-\frac{1}{6}\ln(x^2-x+1)+\frac{\sqrt{3}}{3}\arctan\frac{2}{\sqrt{3}}\left(x-\frac{1}{2}\right)+c$;

(10) $\frac{1}{36}\left(\frac{x}{(x^2+9)^2}+\frac{1}{6}\frac{x}{x^2+9}+\frac{1}{18}\arctan\frac{x}{3}\right)+c$;

(11) $\ln|x|+\frac{1}{2}\frac{1}{x^2+1}-\frac{1}{2}\ln(x^2+1)+c$;

(12) $\frac{1}{2\sqrt{2}}\arctan\frac{x-\frac{1}{x}}{\sqrt{2}}-\frac{1}{4\sqrt{2}}\ln\left|\frac{x^2-\sqrt{2}x+1}{x^2+\sqrt{2}x+1}\right|+c$;

(13) $\frac{1}{\sqrt{2}}\arctan\frac{x^2-1}{\sqrt{2}x}+c$;

(14) $-\frac{1}{3}\frac{1}{x^3}+\frac{1}{x}+\arctan x+c$.

练习题 5.4

1. (1) $\frac{1}{3\cos^3 x}-\frac{1}{\cos x}+c$;

(2) $\frac{1}{3\cos^3 x}+\frac{1}{\cos x}-\frac{1}{2}\ln\left|\frac{1+\cos x}{1-\cos x}\right|+c$;

(3) $\frac{1}{\sqrt{5}}\arctan\left(\frac{3}{\sqrt{5}}\left(\tan\frac{x}{2}+\frac{1}{3}\right)\right)+c$;

(4) $\frac{1}{2}(\sin x-\cos x)-\frac{1}{2\sqrt{2}}\ln\left|\tan\frac{1}{2}\left(x+\frac{\pi}{4}\right)\right|+c$;

(5) $\frac{x}{2}+\frac{1}{2}\ln\frac{1+\tan^2\frac{x}{2}}{\left|1-\tan\frac{x}{2}\right|}+c$;

(6) $x-\frac{1}{\sqrt{2}}\arctan(\sqrt{2}\tan x)+c$;

(7) $\frac{1}{\sqrt{2}}\arctan\left(\frac{1}{\sqrt{2}}\tan 2x\right)+c$;

(8) $-8\cot 2x-\dfrac{8}{3}\cot^3 2x+c$;

(9) $\dfrac{1}{6}\ln|\tan^2 x-\tan x+1|+\dfrac{1}{\sqrt{3}}\arctan\dfrac{2\tan x-1}{\sqrt{3}}-\dfrac{1}{3}\ln|1+\tan x|+c$;

(10) 令 $\sqrt{\tan x}=t$，则 $\tan x=t^2, x=\arctan t^2, \mathrm{d}x=\dfrac{2t}{1+t^4}\mathrm{d}t$，$\int\sqrt{\tan x}\mathrm{d}x=2\int\dfrac{t^2}{1+t^4}\mathrm{d}t=2\left(\int\dfrac{1+t^2}{1+t^4}\mathrm{d}t-\int\dfrac{\mathrm{d}t}{1+t^4}\right)$，再由练习题 5.3 的第 12 题和第 13 题即得所要的结果；

(11) $\displaystyle\int\frac{\mathrm{d}x}{1+\varepsilon\cos x}=\frac{1}{a(1-\varepsilon)}\ln\left|\frac{\tan\frac{x}{2}-a}{\tan\frac{x}{2}+a}\right|+c$，其中 $a=\sqrt{\dfrac{1+\varepsilon}{\varepsilon-1}}$.

2. (1) $\dfrac{3}{2}(1+x)^{2/3}-3\sqrt[3]{1+x}+\ln(1+\sqrt[3]{1+x})+c$;

(2) $6\ln\dfrac{\sqrt[6]{x}}{1+\sqrt[6]{x}}+c$;

(3) $5\Big(\dfrac{1}{9}(x+1)^{3/2}-\dfrac{1}{8}(x+1)^{4/3}+\dfrac{1}{7}(x+1)^{7/6}-\dfrac{1}{6}(x+1)+\dfrac{1}{5}(x+1)^{5/6}$

$-\dfrac{1}{4}(x+1)^{2/3}\Big)+c$;

(4) $\ln(x+\sqrt{x^2+1})+\dfrac{1}{2\sqrt{2}}\ln\dfrac{\sqrt{2}\sqrt{1+x^2}-|x|}{\sqrt{2}\sqrt{1+x^2}+|x|}+c$;

(5) $\ln\left(\dfrac{\sqrt{1+x^2}-1}{\sqrt{1+x^2}+1}\right)+c$;

(6) $\dfrac{1}{12}(1+2x^2)^{3/2}-\dfrac{1}{4}(1+2x^2)^{1/2}+c$;

(7) 令 $\sqrt{x}=t$，则 $x=t^2, \mathrm{d}x=2t\mathrm{d}t$，

$$I=\int\sqrt{\frac{1-\sqrt{x}}{1+\sqrt{x}}}\mathrm{d}x=2\int\sqrt{\frac{1-t}{1+t}}t\mathrm{d}t,$$

再令 $\sqrt{\dfrac{1-t}{1+t}}=u$，则 $t=\dfrac{1-u^2}{1+u^2}, \mathrm{d}=-\dfrac{4u}{(1+u^2)^2}\mathrm{d}u$，

$$I=-8\int\frac{u^2(1-u^2)}{(1+u^2)^3}\mathrm{d}u,$$

问题就转化为求有理函数的原函数；

(8) $-\dfrac{1}{2a}\ln\dfrac{a+\sqrt{a^2-x^2}}{a-\sqrt{a^2-x^2}}+c$;

(9) 令$\sqrt{\frac{1-x}{1+x}}=t$,即可把积分化成

$$\int\sqrt{\frac{1-x}{1+x}}\frac{dx}{x^2}=4\left(\int\frac{dt}{1-t^2}-\int\frac{dt}{(1-t^2)^2}\right);$$

(10) $-\frac{1}{(a-b)^4}\left(\frac{1}{2}\left(\frac{x+a}{x+b}\right)^2-3\frac{x+a}{x+b}+3\ln\left|\frac{x+a}{x+b}\right|+\frac{x+a}{x+b}\right)+c$;

(11) 令$t=\frac{x+a}{x+b}$,那么

$$\int\frac{dx}{(x+a)^m(x+b)^n}=-\frac{1}{(a-b)^{m+n-1}}\int\frac{(t-1)^{m+n-2}}{t^m}dt;$$

(12) $\int\frac{dx}{(1+x^n)(1+x^n)^{1/n}}=\frac{x}{\sqrt[n]{1+x^n}}+c$.

练习题6.1

1. (1) $\frac{\pi}{8}(b-a)^2$;　　(2) $\frac{1}{4}(b-a)^2$.

2. $\frac{1}{3}(b^3-a^3)$.

3. $\frac{1}{a}-\frac{1}{b}$.

4. (1) $2-\frac{\pi}{2}$;　　(2) $\sum_{k=0}^{n}(-1)^k\binom{n}{k}\frac{2^{n-k}-1}{n-k}$;

(3) 当$\varepsilon<1$时,$\int\frac{dx}{1+\varepsilon\cos x}=\frac{2}{b(1-\varepsilon)}\arctan\left(\frac{1}{b}\tan\frac{x}{2}\right)+c$,其中$b=\sqrt{\frac{1+\varepsilon}{1-\varepsilon}}$,所以$\int^{\pi/2}\frac{dx}{1+\varepsilon\cos x}=\frac{2}{b(1-\varepsilon)}\arctan\frac{1}{b}$.

5. (1) 0;　　(2) 0.

7. (1) 2;　　(2) ln 2;　　(3) $\frac{\pi}{4}$;　　(4) $\frac{1}{p+1}$.

练习题6.2

3. (1) 取正值;　　(2) 取负值.

练习题6.3

1. (1) $a+b$.

(2) 记积分值为I,如果$n+m,n-m$为奇数,那么$I=\frac{n}{n^2-m^2}$;如果$n+m$和$n-m$

都是偶数,那么

$$I = \frac{1}{2}\left(\frac{1}{n+m}(1-(-1)^{\frac{n+m}{2}}) + \frac{1}{n-m}(1-(-1)^{\frac{n-m}{2}})\right).$$

(3) $\frac{20}{3}$.　　(4) $\frac{1}{26}(2^{13}-1)$.

6. $f(x)=\frac{c}{x}$.

练习题6.4

1. (1) $\frac{4}{3}$;　(2) -4π;　(3) $\frac{5}{3}$;　(4) $-\frac{\sqrt{3}}{2}+\frac{2}{3}\pi$;　(5) 0;

(6) $2(1-e^{-1})$;　(7) $\frac{5}{\pi}\left(\frac{7}{2}+\frac{\sin\frac{9}{10}\pi}{2\sin\frac{\pi}{10}}\right)$;　(8) $\frac{a^4}{16}\pi$;　(9) $2\left(1-\frac{\pi}{4}\right)$;

(10) $-\frac{1}{(n+1)^2}$;　(11) $a\ln(1+\sqrt{2})a-a(\sqrt{2}-1)$;

(12) 记积分值为 I,则

$$I=\begin{cases}\dfrac{1}{2b\sqrt{a^2-b^2}}\arctan\dfrac{\sqrt{a^2-b^2}}{b}, & a>b,\\ \dfrac{1}{2a\sqrt{b^2-a^2}}\arctan\dfrac{\sqrt{b^2-a^2}}{a}, & a<b,\\ \dfrac{1}{2a^2}, & a=b;\end{cases}$$

13. $(1+e^{1/x})^{-1}-\left(1+\frac{1}{e}\right)^{-1}$.

14. 记

$$I_1=\int^{\pi/2}\frac{\cos^2 x}{\cos x+\sin x}dx,\qquad I_2=\int^{\pi/2}\frac{\sin^2 x}{\cos x+\sin x}dx,$$

$$I_1=I_2=\frac{\sqrt{2}}{2}\ln(3+2\sqrt{2}).$$

练习题6.7

1. (1) $\frac{1}{p-1}(\ln 2)^{-(p-1)}$;　(2) 2.;　(3) -1;　(4) 1;　(5) $\ln 2$;

(6) $\frac{\pi}{2\sqrt{3}}$;　(7) π;　(8) $\frac{4}{3\sqrt{3}}\pi$;　(9) $(n-1)!$;　(10) $\frac{(2n-3)!!\,\pi}{2^n a^{2n-1}(n-1)!}$;

(11) $\frac{n!}{2}$；　(12) $\frac{\sqrt{2}}{2}\pi$.

3. (1) π；　(2) 0；　(3) $\frac{\pi}{2}$；　(4) $\frac{\pi}{\sqrt{2}}$；　(5) $\frac{\pi^2}{4}$；

(6) $(-1)^n n!$；　(7) $2\frac{(2n)!!}{(2n+1)!!}$.

4. $\sqrt{2}$.

6. (1) $\frac{\pi}{2}\ln 2$；　(2) $-\frac{\pi}{2}\ln 2$.

练习题 7.1

1. (1) $\frac{a^2}{3}$；　(2) $\frac{1}{6}$；　(3) $\frac{\pi}{2}$；　(5) $\frac{\pi}{4}a^2$.

2. (1) πab；　(2) $\frac{4}{3}\pi abc$.

3. (1) $\sqrt{2}(e^{2\pi}-1)$；　(2) $2a\pi^2$；　(3) $4c^2\sqrt{\frac{1}{a^2}+\frac{1}{b^2}}$；　(5) $\sqrt{2}\pi$；

(5) 50；　(6) $\frac{pb}{b^2-1}+\frac{p}{2}\ln\frac{b+1}{b-1}, b=\sqrt{\frac{2a+p}{2a}}$；　(7) $\frac{1}{2}\ln\frac{2+\sqrt{3}}{2-\sqrt{3}}$；

(8) $\frac{5}{4}\pi$.

4. (1) $8a$；　(2) $\frac{8\pi}{3}a^3$；　(3) $\frac{32}{5}\pi a^3$.

练习题 7.2

2. $\frac{2\rho}{a}$.

3. 2.96 小时.

练习题 7.3

6. $n\ln\ln n+O(n)$.

练习题 7.4

1. $2^{2n}n^{-1/2}$.

练习题 8.3

1. (1) $A^{\circ}=\varnothing, \bar{A}=A\cup\{0\}, \partial A=A\cup\{0\}$；

(2) $A^\circ = A, \bar{A} = A \cup \{$两条半直线$\}, \partial A = \{$两条半直线$\}$.

2. $A^\circ = \varnothing, (A^c)^\circ = \varnothing, \partial A = \mathbf{R}^2$.

练习题 8.6

3. (1) 0;　(2) 1;　(3) $\ln 2$;　(4) 0;　(5) 0;　(6) 0.

5. (1) 两个累次极限都是 0;

(2) 0,1;　(3) $\frac{1}{2}$,1.

练习题 8.7

1. (1) (0,0);　(2) (0,0);　(3) $\{(x,0): x \in (-\infty,0) \cup (0,+\infty)\}$.

5. $A = \{(x,0): x \in [1,+\infty)\}, B = \left\{\left(x, \frac{1}{x}\right): x \in [1,+\infty)\right\}$.

练习题 9.1

1. (1) $\sqrt{2}$;　(2) $\frac{2}{5}$.

2. $\theta = \frac{\pi}{4}$ 或 $\theta = \frac{3}{4}\pi$.

3. $\theta = 0$ 或 $\theta = \frac{\pi}{2}$.

4. $\left(\pm\frac{1}{\sqrt{2}}, \mp\frac{1}{\sqrt{2}}, 0\right), \left(0, \pm\frac{1}{\sqrt{2}}, \mp\frac{1}{\sqrt{2}}\right), \left(\pm\frac{1}{\sqrt{2}}, 0, \mp\frac{1}{\sqrt{2}}\right)$.

练习题 9.2

5. (1) $Jf = (2xy^3, 3x^2y^2)$;

(2) $Jf = (2xy\sin yz, x^2\sin yz + x^2yz\cos yz, x^2y^2\cos yz)$.

练习题 9.3

(1) $Jf(1,-1) = \begin{pmatrix} -5 & -2 \\ 3 & 10 \end{pmatrix}$;

$$\mathrm{d}f(1,-1) = \begin{pmatrix} -5 & -2 \\ 3 & 10 \end{pmatrix}\begin{pmatrix} h_1 \\ h_2 \end{pmatrix} = \begin{pmatrix} -5h_1 - 2h_2 \\ 3h_1 + 10h_2 \end{pmatrix}.$$

(2) $Jf(1,-2,3) = \begin{pmatrix} -18 & 25 & -12 \\ 12 & 24 & -4 \end{pmatrix}$;

$$\mathrm{d}f(1,-2,3)=\begin{pmatrix}-18h_1+25h_2-12h_3\\ 12h_1+24h_2-4h_3\end{pmatrix}.$$

(3) $\boldsymbol{J}f\left(1,\frac{\pi}{2}\right)=\begin{pmatrix}\frac{\mathrm{e}\pi}{2} & -\mathrm{e}\\ \mathrm{e} & 0\end{pmatrix}$;

$$\mathrm{d}f\left(1,\frac{\pi}{2}\right)=\begin{pmatrix}\frac{\mathrm{e}\pi}{2}h_1 & -\mathrm{e}h_2\\ \mathrm{e}h_1 & 0\end{pmatrix}.$$

2. (1) $\boldsymbol{J}f(r,\theta)=\begin{pmatrix}\cos\theta & -r\sin\theta\\ \sin\theta & r\cos\theta\end{pmatrix}$;

(2) $\boldsymbol{J}f(r,\theta,z)=\begin{pmatrix}\cos\theta & -\sin\theta & 0\\ \sin\theta & r\cos\theta & 0\\ 0 & 0 & 1\end{pmatrix}$.

(3) $\boldsymbol{J}f(r,\theta,\varphi)=\begin{pmatrix}\sin\theta\cos\varphi & r\cos\theta\cos\varphi & -r\sin\theta\sin\varphi\\ \sin\theta\sin\varphi & r\cos\theta\sin\varphi & r\sin\theta\cos\varphi\\ \cos\theta & -r\sin\theta & 0\end{pmatrix}$.

练习题 9.4

5. (1) 设 $\xi=x+y,\eta=xy$,则

$$\frac{\partial u}{\partial x}=\frac{\partial f}{\partial \xi}+\frac{\partial f}{\partial \eta}y,$$
$$\frac{\partial u}{\partial y}=\frac{\partial f}{\partial \xi}+\frac{\partial f}{\partial \eta}x.$$

(2) 设 $\xi=x,\eta=xy,\zeta=xyz$,则

$$\frac{\partial u}{\partial x}=\frac{\partial f}{\partial \zeta}+\frac{\partial f}{\partial \eta}y+\frac{\partial f}{\partial \zeta}yz,$$
$$\frac{\partial u}{\partial y}=\frac{\partial f}{\partial \eta}x+\frac{\partial f}{\partial \zeta}xz,$$
$$\frac{\partial u}{\partial y}=\frac{\partial f}{\partial \zeta}xy.$$

7. $\frac{\partial u}{\partial r}=\frac{\partial u}{\partial x}\frac{\partial x}{\partial r}+\frac{\partial u}{\partial y}\frac{\partial y}{\partial r}=3r^2(\cos\theta-\sin\theta)\sin\theta\cos\theta$.

同理可得$\frac{\partial u}{\partial \theta}$.

9. (1) $\boldsymbol{J}(\boldsymbol{f}\circ\boldsymbol{g})(2,1)=\begin{pmatrix}1 & 1\\ 4 & -2\\ 54 & 0\end{pmatrix}$;

(2) $J(\boldsymbol{f}\circ\boldsymbol{g})(s,t)=\begin{pmatrix}0 & e^t\varphi'(e^t+e^{-t})+e^{-t}\varphi'(e^t+e^{-t})\\ 0 & e^t\varphi'(e^t+e^{-t})-e^{-t}\varphi'(e^t+e^{-t})\end{pmatrix}$.

练习题9.5

1. $\begin{cases}x=1+t,\\ y=t,\\ z=0,\end{cases}$ $\begin{cases}x=e(1+t),\\ y=1+t,\\ z=1+2t.\end{cases}$

8. $\frac{1}{2a}(\cosh t)^{-2}$.

9. $\frac{\sqrt{2}}{3}$.

10. (1) $x+y+\sqrt{2}z=4$;　　(2) $x-y+2z=\frac{\pi}{2}$;

(3) $3x+2y-2z-1=0$;　　(4) $x+y-2z=0$.

11. $(x-1)+4(y-2)+6(z-2)=0$, $(x+1)+4(y+2)+6(z+2)=0$.

13. $\lambda=\frac{1}{3}$.

14. $\cos\theta=\frac{2bz}{a\sqrt{a^2+b^2}}$.

15. $x=ka^2$, $y=\sqrt{1-k^2(a^2+c^2)}$, $z=kc^2$.

16. $x+y=\frac{1-\sqrt{2}}{2}$, $x+y=\frac{1+\sqrt{2}}{2}$.

21. 设(x_0,y_0,z_0)为交线上的一点,它在 Oxy 平面上的投影为(x_0,y_0),过该点的切线方程为

$$\frac{x-x_0}{\begin{vmatrix}\frac{\partial F}{\partial y} & \frac{\partial F}{\partial z}\\ \frac{\partial G}{\partial y} & \frac{\partial G}{\partial z}\end{vmatrix}}=\frac{y-y_0}{\begin{vmatrix}\frac{\partial F}{\partial z} & \frac{\partial F}{\partial x}\\ \frac{\partial G}{\partial z} & \frac{\partial G}{\partial x}\end{vmatrix}}.$$

22. (1) $E=(a^2\cos^2 v+b^2\sin^2 v)\cos^2 u+c^2\sin^2 u$;

$F=(b^2-a^2)\cos u\sin u\cos v\sin v$;

$G=\sin^2 u(a^2\sin^2 v+b^2\cos^2 v)$.

24. $S=(1+a^2)(F(t_2)-F(t_1))$,其中

$$F(x)=\int_a^x\sqrt{1+t^2}\mathrm{d}t,\quad t_1=\frac{v_1}{\sqrt{1+a^2}},\quad t_2=\frac{v_2}{\sqrt{1+a^2}}.$$

练习题 9.6

1. (1) $\dfrac{\mathrm{d}y}{\mathrm{d}x}=-\dfrac{x+y}{x-y}$； (2) $\dfrac{\mathrm{d}y}{\mathrm{d}x}(0,1)=1$；

(3) $\dfrac{\mathrm{d}y}{\mathrm{d}x}=(1-\varepsilon\cos y)^{-1}$； (4) $\dfrac{\mathrm{d}y}{\mathrm{d}x}=\dfrac{\ln y-yx^{-1}}{\ln x-xy^{-1}}$.

2. (1) $\dfrac{\partial z}{\partial x}=\dfrac{yz}{\mathrm{e}^z-xy},\dfrac{\partial z}{\partial y}=\dfrac{xz}{\mathrm{e}^z-xy}$；

(2) $\dfrac{\partial z}{\partial x}=\dfrac{z}{x+z},\dfrac{\partial z}{\partial y}=\dfrac{z^2}{y(x+z)}$；

(3) $\dfrac{\partial z}{\partial x}=-1,\dfrac{\partial z}{\partial y}=-1$（这说明 $z=z(x,y)$是平面）；

(4) 1，−1.

4. 令 $\xi=x-y,\eta=y-z,\zeta=z-x$，则

$$\frac{\partial z}{\partial x}=\frac{\dfrac{\partial F}{\partial \zeta}-\dfrac{\partial F}{\partial \xi}}{\dfrac{\partial F}{\partial \zeta}-\dfrac{\partial F}{\partial \eta}},\quad \frac{\partial z}{\partial y}=\frac{\dfrac{\partial F}{\partial \xi}-\dfrac{\partial F}{\partial \eta}}{\dfrac{\partial F}{\partial \zeta}-\dfrac{\partial F}{\partial \eta}}.$$

5. 记 $\xi=x+y+z,\eta=x^2+y^2+z^2$，则

$$f(x,y,z)=F(x+y+z,x^2+y^2+z^2),$$

$$\frac{\partial z}{\partial x}=-\frac{\partial f}{\partial x}\left(\frac{\partial f}{\partial z}\right)^{-1}=-\left(\frac{\partial F}{\partial \xi}+2x\frac{\partial F}{\partial \eta}\right)\left(\frac{\partial F}{\partial \xi}+2z\frac{\partial F}{\partial \eta}\right)^{-1},$$

$$\frac{\partial z}{\partial y}=-\frac{\partial f}{\partial y}\left(\frac{\partial f}{\partial z}\right)^{-1}=-\left(\frac{\partial F}{\partial \xi}+2y\frac{\partial F}{\partial \eta}\right)\left(\frac{\partial F}{\partial \xi}+2z\frac{\partial F}{\partial \eta}\right)^{-1}.$$

练习题 9.7

1. $\dfrac{\mathrm{d}y}{\mathrm{d}x}=\dfrac{z-x}{y-z},\dfrac{\mathrm{d}\xi}{\mathrm{d}x}=\dfrac{x-y}{y-z}$.

2. $\dfrac{\mathrm{d}y}{\mathrm{d}x}=-\dfrac{x+6xz}{6yz+2y},\dfrac{\mathrm{d}z}{\mathrm{d}x}=\dfrac{x}{3z+1}$.

3. $\dfrac{\mathrm{d}y}{\mathrm{d}x}=\dfrac{2t-2t^{-3}}{1-t^{-2}},\dfrac{\mathrm{d}z}{\mathrm{d}x}=\dfrac{3t^2-3t^{-4}}{1-t^{-2}}$.

4. (1) $\begin{pmatrix}\dfrac{\partial x}{\partial u} & \dfrac{\partial x}{\partial v}\\ \dfrac{\partial y}{\partial u} & \dfrac{\partial y}{\partial v}\end{pmatrix}=-\dfrac{1}{u^2+v^2}\begin{pmatrix}ux+vy & vx-uy\\ -vx+uy & vy+ux\end{pmatrix}$；

(2) $\begin{pmatrix}\dfrac{\partial x}{\partial u} & \dfrac{\partial x}{\partial v}\\ \dfrac{\partial y}{\partial u} & \dfrac{\partial y}{\partial v}\end{pmatrix}=\dfrac{1}{\sin u+\sin v}\begin{pmatrix}\sin u+y\cos v & \sin u-x\cos v\\ \sin v-y\cos v & \sin v+x\cos v\end{pmatrix}$.

5. $\begin{pmatrix} \dfrac{\partial u}{\partial x} & \dfrac{\partial u}{\partial y} \\ \dfrac{\partial v}{\partial x} & \dfrac{\partial v}{\partial y} \\ \dfrac{\partial w}{\partial x} & \dfrac{\partial w}{\partial y} \end{pmatrix} = \dfrac{\pi}{4}\begin{pmatrix} 0 & 1 \\ 0 & -2 \\ 0 & 1 \end{pmatrix}$.

6. $\dfrac{\partial u}{\partial x} = \dfrac{\partial f}{\partial x}, \dfrac{\partial u}{\partial y} = \dfrac{\partial f}{\partial y} + \dfrac{\partial q}{\partial y}\left(\dfrac{\partial f}{\partial t}\dfrac{\partial h}{\partial z} - \dfrac{\partial f}{\partial z}\dfrac{\partial h}{\partial t}\right)\left(\dfrac{\partial g}{\partial z}\dfrac{\partial h}{\partial t} - \dfrac{\partial g}{\partial t}\dfrac{\partial h}{\partial z}\right)^{-1}$.

练习题 9.8

1. (1)和(2)都是开映射.

(3) 在不含 $y=0$ 和 $y=2x$ 的区域内是开映射.

2. $Jf^{-1} = \dfrac{1}{2}\begin{pmatrix} \dfrac{1}{x} & 0 \\ -\dfrac{y}{x^2} & 2x \end{pmatrix}$;

$Jf^{-1} = \begin{pmatrix} \cos y & \sin y \\ -\sin y & \cos y \end{pmatrix}$;

$Jf^{-1} = \dfrac{1}{2y(2x-y)}\begin{pmatrix} 4xy & -1 \\ -2y^2 & 1 \end{pmatrix}$.

练习题 9.9

6. (1) $u = x\varphi(y) + \psi(y)$;

(2) $u = \varphi(y,z) + \psi(x,z)$;

(3) $u = f(y,z) + g(x,z) + \varphi(x,y)$.

7. $\xi = x\varphi\left(\dfrac{y}{x}\right)$.

8. $u(x,y) = \varphi(x+\lambda_1 y) + \psi(x+\lambda_2 y)$.

练习题 9.10

1. (1) $5+\dfrac{1}{2}(4(x-1)^2-2(x-1)(y+2)-2(y+2)^2)$;

(2) $3[(x-1)^2+(y-1)^2+(z-1)^2]-3((x-1)(y-1)+(x-1)(z-1)+(y-1)(z-1)]$.

2. $f(x,y,z)+2(Ax+Dy+Fz)\Delta x+2(By+Dx+Ez)\Delta y+2(Cz+Fx+Ey)\Delta z+(\Delta x,\Delta y,\Delta z)\begin{pmatrix} A & D & F \\ D & B & E \\ F & E & C \end{pmatrix}\begin{pmatrix} \Delta x \\ \Delta y \\ \Delta z \end{pmatrix}$.

3. $x^y=1+(x-1)+(x-1)(y-1)+R_2$.

练习题 9.11

1. (1) 在$(2,-2)$处取严格极大值.

(2) 在$(0,0)$处不能判别;在$\left(\frac{1}{3},\frac{1}{3}\right)$,$\left(-\frac{1}{3},\frac{1}{3}\right)$处都不取极值.

(3) 在$(0,1)$处取严格极小值.

2. 在$(0,0)$,$(0\pm b)$,$(\pm a,0)$处都没有极值;

在$\left(\frac{\sqrt{3}}{3}a,\frac{\sqrt{3}}{3}b\right)$,$\left(-\frac{\sqrt{3}}{3}a,-\frac{\sqrt{3}}{3}b\right)$处取严格极大值$\frac{ab}{\sqrt{27}}$;

在$\left(\frac{\sqrt{3}}{3}a,-\frac{\sqrt{3}}{3}b\right)$,$\left(-\frac{\sqrt{3}}{3}a,\frac{\sqrt{3}}{3}b\right)$处取严格极小值$-\frac{ab}{\sqrt{27}}$.

3. 在$\left(\frac{\pi}{3},\frac{\pi}{6}\right)$处取严格极大值$\frac{3}{2}\sqrt{3}$.

5. 有3组解.

练习题 9.12

1. (1) $x=y=\frac{1}{2}$,取到最大值$\frac{1}{4}$,最小值不存在.

(2) 记$x_k=\frac{\pi}{8}+\frac{k\pi}{2}$,$y_k=-\frac{\pi}{8}+\frac{k\pi}{2}$.

当k为奇数时,u在(x_k,y_k)处取条件极小值;

当k为偶数时,u在(x_k,y_k)处取条件极大值.

(3) 记$\boldsymbol{p}=\left(-\frac{1}{3},\frac{2}{3},-\frac{2}{3}\right)$,$\boldsymbol{q}=\left(\frac{1}{3},-\frac{2}{3},\frac{2}{3}\right)$.

u在$\boldsymbol{p}$处取条件极小值-3;

u在$\boldsymbol{q}$处取条件极大值3.

(4) u在$\left(\frac{1}{5},\frac{1}{5},\frac{3}{5}\right)$处取条件极小值$\frac{3}{5}$.

4. 最小距离是$\frac{a}{3}$,最大距离是a.

练习题 10.1

2. $(\mathrm{e}-1)^2$.

练习题 10.3

1. (1) $\frac{\pi}{12}$;　　(2) 1;　　(3) 0.

2. $f(b,d)-f(a,d)-f(b,c)+f(a,c)$.

3. (1) $\frac{1}{3}$；　(2) $\frac{11}{20}$.

练习题 10.5

1. (1) -2；　(2) $\frac{32}{21}$；　(3) $\frac{e^4-1}{2e^3}$；　(4) $\frac{a^4}{2}$；　(5) 0；

(6) $3+\cos 2+2\cos 1-\pi$；　(7) $\frac{35}{12}\pi a^4$；　(8) 6.

2. (1) $\int_0^1 dx\int_0^{x^2} f(x,y) = dy = \int^1 dy\int_{\sqrt{7}}^1 f(x,y)dx$；

(2) $\int_1^e dx\int_0^{\ln x} f(x,y)dy = \int_0^1 dy\int_{e^y}^e f(x,y)dx$；

(3) $\int_0^1 dx\int_{x^2}^x f(x,y)dy = \int_0^1 dy\int_y^{\sqrt{y}} f(x,y)dx$；

问题的解答或提示

问题 1.1

1. 记 $k=\dfrac{a^2+b^2}{1+ab}$,设其为正整数.如果 $a=b$,可得 $(2-k)a^2=k$,由此可知 $k=1$,它当然是个平方数.

现不妨设 $a>b\geqslant 0$.如果 $b=0$,那么 $k=a^2$,它是一平方数.因此可设 $a>b>0$,现固定 b,讨论下面的二次方程:

$$x^2-kbx+b^2-k=0.$$

已知它有一个根 a,记另一个根为 a_1,那么

$$a+a_1=kb,\quad aa_1=b^2-k.$$

由前一式得 $a_1=kb-a$,可见 a_1 是一整数.由第二式得出

$$a_1=\frac{b^2-k}{a}<\frac{b^2}{a}=\frac{b}{a}\cdot b<b.$$

我们指出 $a_1\geqslant 0$.如若不然,由

$$0=a_1^2+b^2+(-a_1)bk-k\geqslant a_1^2+b^2>0,$$

得出矛盾,所以 $a>b>a_1\geqslant 0$.由此得

$$k=\frac{a^2+b^2}{1+ab}=\frac{a_1^2+b^2}{1+a_1b}.$$

如果 $a_1=0$,即得 $k=b^2$ 是一平方数.现设 $a_1>0$,这时 $b>a_1>0$,对 $k=\dfrac{b^2+a_1^2}{1+ba_1}$重复刚才的推理,可知存在整数 b_1,满足 $b>a_1>b_1\geqslant 0$,并使得

$$k=\frac{a_1^2+b_1^2}{1+a_1b_1}.$$

这样又回到了原来的情况,不过这时有

$$a>b>a_1>b_1.$$

这个过程不可能无限地进行下去,必然有一个 $a_i=0$ 或 $b_j=0$,不论何者发生,k 都是一个平方数.

2. 用数学归纳法和练习题 1.1 中的第 17 题.

3. 因为 $(a_i-a_j)(b_i-b_j)\geqslant 0$,故有

$$\sum_{i=1}^{n}\sum_{j=1}^{n}(a_i - a_j)(b_i - b_j) \geqslant 0,$$

由此即得要证的不等式.

4. 利用 Chebychëv 不等式.

5. 按照规定,x 的前若干项是

$$x = 0.011\,010\,100\,010\,10\cdots,$$

这是一个无尽小数,若能说明它不是循环的,那么它就是一个无理数.设 $k \geqslant 2$ 为任一正整数,考察以下 $k-1$ 个连续的正整数:

$$k!+2,\quad k!+3,\quad \cdots,\quad k!+k,$$

它们都不是素数,因为它们可分别被 $2,3,\cdots,k$ 整除.这表明,在正整数列中可以有任意长的一串连续数不是素数,也就是说,在 x 的小数表示中,可以有任意多的 0 连成一片而出现,因而 x 不可能是循环的.

6. 设正有理数 p/q 满足

$$\left|\pi - \frac{p}{q}\right| < \frac{355}{113} - \pi,$$

即

$$\left|\frac{p}{q} - \frac{355}{113}\right| \leqslant \left|\frac{p}{q} - \pi\right| + \left(\frac{355}{113} - \pi\right) < 2\left(\frac{355}{113} - \pi\right).$$

由此可得

$$0 < \frac{|113p - 355q|}{113q} < 2\left(\frac{16}{113} - (\pi - 3)\right) < 2(0.266\,765 \times 10^{-6}).$$

因此

$$q > \frac{10^6}{226 \times 0.266\,765} > 16\,586.$$

7. 作变换 $\theta_i = \arcsin(x_0 + x_1 + \cdots + x_i)(i = 0,1,\cdots,n)$.于是

$$x_i = \sin\theta_i - \sin\theta_{i-1},$$

$$\sqrt{1 + x_0 + \cdots + x_{i-1}}\,\sqrt{x_i + \cdots + x_n} = \cos\theta_{i-1},$$

$$\frac{x_i}{\sqrt{1 + x_0 + \cdots + x_{i-1}}\,\sqrt{x_i + \cdots + x_n}} < \theta_i - \theta_{i-1}.$$

由此即得结论.

8. 先证:对正整数 $N > 1$,必存在整数 $p, q, 0 < q < N$,使得 $|qx - p| < 1/N$.由这个不等式知,存在有理数 $p/q(q > 0)$,使得

$$\left|x - \frac{p}{q}\right| < \frac{1}{q^2}$$

成立.然后再用反证法证明这样的有理数有无穷多个.

问题 1.3

1. 利用题设的条件和例 4 的结论，先证明 $\lim\limits_{n\to\infty}\dfrac{x_{2n}}{2n}=0$，再证明 $\lim\limits_{n\to\infty}\dfrac{x_{2n+1}}{2n+1}=0$. 因而 $\lim\limits_{n\to\infty}\dfrac{x_n}{n}=0$，由此即得所要的结论.

2. 先设 $a=0$. 由于 $\lim\limits_{n\to\infty}a_n=0$，对任意的 $\varepsilon>0$，存在 N，当 $n>N$ 时，$|a_n|<\varepsilon/2$. 此时，

$$|x_n|\leqslant\sum_{k=1}^{n}t_{nk}|a_k|=\sum_{k=1}^{N}t_{nk}|a_k|+\sum_{k=N+1}^{n}t_{nk}|a_k|$$
$$\leqslant\sum_{k=1}^{N}t_{nk}|a_k|+\frac{\varepsilon}{2}\sum_{k=1}^{n}t_{nk}=\sum_{k=1}^{N}t_{nk}|a_k|+\frac{\varepsilon}{2}.$$

当 $n\to\infty$ 时，上式中的第一项是有限个无穷小量的和，因此存在 $N_1>N$，当 $n>N_1$ 时，有

$$|x_n|<\frac{\varepsilon}{2}+\frac{\varepsilon}{2}=\varepsilon.$$

此即 $\lim\limits_{n\to\infty}x_n=0$. 当 $a\neq0$ 时，有 $b_n=a_n-a\to0$. 若令 $x'_n=\sum\limits_{k=1}^{n}t_{nk}b_k$，则 $x'_n\to0$. 于是

$$x_n=\sum_{k=1}^{n}t_{nk}a_k=\sum_{k=1}^{n}t_{nk}b_k+a\sum_{k=1}^{n}t_{nk}=x'_n+a,$$

所以 $\lim\limits_{n\to\infty}x_n=a$.

注意，这是一个一般性的定理，取一些特殊的 $\{t_{nk}\}$，便可得到一些新的结论.

例如，取 $t_{nk}=1/n\ (k=1,2,\cdots,n)$，那么 $t_{nk}>0$，$\sum\limits_{k=1}^{n}t_{nk}=1$，$\lim\limits_{n\to\infty}t_{nk}=0$ 都满足. 这时

$$x_n=\sum_{k=1}^{n}t_{nk}a_k=\frac{1}{n}\sum_{k=1}^{n}a_k.$$

于是就得到：若 $\lim\limits_{n\to\infty}a_n=a$，则

$$\lim_{n\to\infty}\frac{a_1+\cdots+a_n}{n}=a.$$

这正是 1.3 节中例 4 的结论.

3. 在第 2 题中，取 $t_{nk}=\dfrac{2}{n(n+1)}k\ (k=1,2,\cdots,n)$.

4. 在第 2 题中，取 $t_{nk}=\dfrac{1}{2^n}\dbinom{n}{k}(k=0,1,\cdots,n)$.

问题 1.4

1. 将 $a_n=a_{n-1}+\dfrac{1}{a_{n-1}}$ 的两边平方，得

$$a_n^2 = a_{n-1}^2 + \frac{1}{a_{n-1}^2} + 2 > a_{n-1}^2 + 2.$$

由此得

$$a_{n-1}^2 > a_{n-2}^2 + 2, \quad \cdots, \quad a_1^2 > a_0^2 + 2.$$

把这些不等式加起来就得所要的结果.

2. 题中的条件可写为

$$\lim_{n\to\infty} \frac{a_n}{a_{n+1} + a_{n+2}} = 0.$$

用反证法,如果$\{a_n\}$有界,设$0<a_n<M(n=1,2,\cdots)$.由此可推出$\lim\limits_{n\to\infty} a_n=0$.于是对$\varepsilon>0$,存在$N$,当$n>N$时,有

$$a_n < \varepsilon, \quad a_n < (a_{n+1} + a_{n+2})\varepsilon.$$

从而有

$$\begin{aligned} a_{N+1} &< (a_{N+2} + a_{N+3})\varepsilon \\ &< ((a_{N+3} + a_{N+4}) + (a_{N+4} + a_{N+5}))\varepsilon^2 \\ &= (a_{N+3} + 2a_{N+4} + a_{N+5})\varepsilon^2 \\ &< (a_{N+4} + 3a_{N+5} + 3a_{N+6} + a_{N+7})\varepsilon^3 \\ &< \cdots \\ &< M\varepsilon^p\left(1 + \binom{p}{1} + \binom{p}{2} + \cdots + \binom{p}{p}\right) \\ &= M(2\varepsilon)^p, \end{aligned}$$

这里p是任意的正整数.现取$\varepsilon=1/4$,上式变为

$$0 < a_{N+1} < M\left(\frac{1}{2}\right)^p.$$

令$p\to+\infty$,即得$a_{N+1}=0$.这与$a_{N+1}>0$矛盾.

问题 1.5

1. 由平均值不等式,可得

$$a_{n+1} \geqslant \sqrt{c}a_n \geqslant \cdots \geqslant (\sqrt{c})^n a_1,$$

故当$c>1$时,$\lim\limits_{n\to\infty} a_n = +\infty$.

现设$0<c\leqslant 1$,将

$$a_{n+1} = \frac{c}{2} + \frac{1}{2}a_n^2, \quad a_n = \frac{c}{2} + \frac{1}{2}a_{n-1}^2$$

相减,即可推出$\{a_n\}$是递增数列.再用归纳法证明$\{a_n\}$有上界1.可设$\lim\limits_{n\to\infty} a_n = a$,于是得

$$a = \frac{c}{2} + \frac{a^2}{2}.$$

因此 $a=1-\sqrt{1-c}$.

2. 关键的一步是把递推公式改写为

$$u_{n+1}-a=(u_n-a)^2+u_n-a.$$

令 $v_n=u_n-a$,上式就变为

$$v_{n+1}=v_n^2+v_n, \tag{1}$$

其中 $v_1=b-a$,从式(1)出发可以证明,当 $b\in[a-1,a]$时,数列$\{u_n\}$收敛于 a.

3. 令 $x_n=Ay_n$,则 $x_{n+1}=x_n(2-x_n)(n=0,1,\cdots)$. 由此可以证明 $0<x_n<1$ 和 $x_n<x_{n+1}$,因而可设 $\lim\limits_{n\to\infty}x_n=a$,从递推公式即得 $a=1$. 所以 $\lim\limits_{n\to\infty}y_n=A^{-1}$.

4. 在递推公式的两边除以 3^n,得

$$\frac{a_n}{3^n}=\frac{1}{3}\left(\frac{2}{3}\right)^{n-1}-\frac{a_{n-1}}{3^{n-1}}.$$

令 $b_n=a_n/3^n$,上式可写为

$$b_n+b_{n-1}=\frac{1}{3}\left(\frac{2}{3}\right)^{n-1}.$$

由此可解出

$$b_{n+1}=(-1)^n\left[\frac{1}{5}\left(1-\left(-\frac{2}{3}\right)^{n+1}\right)-a_0\right].$$

要求$\{3^nb_n\}$严格递增,当 n 为偶数时,可得 $a_0\leqslant 1/5$;当 n 为奇数时,可得 $a_0\geqslant 1/5$. 因此 $a_0=1/5$.

问题 1.6

1. 由二项式定理,得

$$\left(1+\frac{1}{n}\right)^n=1+\frac{1}{1!}+\frac{1}{2!}\left(1-\frac{1}{n}\right)+\frac{1}{3!}\left(1-\frac{1}{n}\right)\left(1-\frac{2}{n}\right)+\cdots$$
$$+\frac{1}{n!}\left(1-\frac{1}{n}\right)\left(1-\frac{2}{n}\right)\cdots\left(1-\frac{n-1}{n}\right).$$

右边的不等式显然成立. 利用下面的事实:如果 $a_1,a_2,\cdots,a_k\in(0,1)$,那么

$$(1-a_1)(1-a_2)\cdots(1-a_k)>1-a_1-a_2-\cdots-a_k,$$

立刻可证得左边的不等式.

2. 利用等式

$$1+\frac{1}{2}+\frac{1}{3}+\cdots+\frac{1}{n}=\ln n+\gamma+\varepsilon_n,\quad \varepsilon_n\to 0(n\to\infty).$$

3. 取对数后利用练习题 1.6 中的第 7 题.

4. 由 k_n 的定义,得

$$H_{k_n-1}<n\leqslant H_{k_n},\quad 即\quad H_{k_n}-\frac{1}{k_n}<n\leqslant H_{k_n}.$$

由此可算出

$$\lim_{n\to\infty}(H_{k_{n+1}} - H_{k_n}) = 1.$$

再利用练习题 1.6 中第 10 题的公式即得.

5. 易知

$$\frac{(n-1)^{n-1}}{n^n} = \frac{1}{n-1}\left(1-\frac{1}{n}\right)^n = \frac{v_n}{n-1},$$

其中 $v_n=(1-1/n)^n$. 一方面,由于 v_n 递增地趋于 e^{-1},所以

$$\frac{1}{4} = v_2 < v_3 < \cdots < v_n < \frac{1}{e}.$$

但是

$$s_{n-1} < (n-1)(n-1)^{n-1} = (n-1)^n < n^n,$$

所以

$$s_n = s_{n-1} + n^n < 2n^n,$$

$$s_{n-1} < 2(n-1)^{n-1} = 2n^n\frac{v_n}{n-1} < \frac{2}{e}\frac{n^n}{n-1},$$

于是

$$s_n = s_{n-1} + n^n < n^n\left(1 + \frac{2}{e(n-1)}\right).$$

另一方面,

$$(n-1)^{n-1} = \frac{n^n}{n-1}v_n > \frac{n^n}{4(n-1)}.$$

所以

$$s_n = s_{n-1} + n^n > (n-1)^{n-1} + n^n > n^n\left(1 + \frac{1}{4(n-1)}\right).$$

问题 1.9

1. 用反证法. 如果不存在这样的 $\sigma>0$,这就是说,存在区间 $E_i\subset[a,b]$,虽然满足 $|E_i|<1/i$,但 E_i 不能被 $\{I_\lambda\}$ 中任一区间所包含. 从每个 E_i 中取定一点 x_i,得一数列 $\{x_i\}$,因为 $\{x_i\}\subset[a,b]$,故能取出收敛的子列 $\{x_{k_i}\}$,它的极限 x 仍在 $[a,b]$ 中. 因而存在开区间 $I\in\{I_\lambda\}$,使得 $x\in I$,故有 $\varepsilon>0$,使得 $(x-\varepsilon,x+\varepsilon)\subset I$. 取 i 充分大,使得 $i>2/\varepsilon$,并且 $x_{k_i}\in(x-\varepsilon/2,x+\varepsilon/2)$. 于是 $|E_{k_i}|<k_i^{-1}<i^{-1}<\varepsilon/2$. 对任意的 $y\in E_{k_i}$,有

$$|x-y| \leqslant |x-x_{k_i}| + |x_{k_i}-y| < \frac{\varepsilon}{2} + |E_{k_i}| < \frac{\varepsilon}{2} + \frac{\varepsilon}{2} = \varepsilon,$$

即 $y\in(x-\varepsilon,x+\varepsilon)$,从而 $E_{k_i}\subset(x-\varepsilon,x+\varepsilon)\subset I$,这是矛盾.

2. 不妨设 $b-a=1$,取 $n>\sigma^{-1}$,将区间 $[a,b]$ n 等分,这时每一个子区间的长度小于 σ,从 $\{I_\lambda\}$ 中可以选出 n 个开区间来,它们的并覆盖 $[a,b]$.

问题 1.10

1. 显然 $l \leqslant L$. 如果 $l = L$，那么 $\lim\limits_{n\to\infty} x_n = l = L$，命题成立. 现设 $l < L$，记 S 为 $\{x_n\}$ 的极限点所构成的集合. 显然 $S \subset [l, L]$，余下只需证明 $S \supset [l, L]$. 任取 $a \in (l, L)$，总可取 $\varepsilon > 0$ 充分小，使得 $(a - \varepsilon/2, a + \varepsilon/2) \subset (l, L)$. 从条件 $\lim\limits_{n\to\infty}(x_{n+1} - x_n) = 0$ 便可证得 $\{x_n\}$ 有子列 $\{x_{k_n}\}$ 以 a 为极限.

2. 用反证法. 若命题不成立，则必存在 N，当 $n \geqslant N$ 时，有

$$n\left(\frac{1 + a_{n+1}}{a_n} - 1\right) < 1,$$

即

$$\frac{a_n}{n} - \frac{a_{n+1}}{n+1} > \frac{1}{n+1} \quad (n = N, N+1, \cdots).$$

由此可得一串不等式，从这一串不等式即可导出矛盾.

问题 1.11

1. 先设 $q = 1$. 这时递推公式为

$$x_{n+1} = x_n(1 - x_n). \tag{1}$$

由此得 $0 < x_{n+1} < x_n$，故 $a = \lim\limits_{n\to\infty} x_n$ 存在，从式(1)得 $a = 0$. 再用 Stolz 定理，即可算得 $\lim\limits_{n\to\infty} nx_n = 1$. 如果 $q \in (0, 1)$，令 $y_n = qx_n$ 即可化成上述情形.

2. 记 $S_n = \sum\limits_{i=1}^{n} a_i^2$，所设条件为 $\lim\limits_{n\to\infty} a_n S_n = 1$. 如果能证明 $\lim\limits_{n\to\infty}(S_n^3 - S_{n-1}^3) = 3$，那么由 Stolz 定理，可得

$$\lim_{n\to\infty} \frac{1}{(3n)a_n^3} = \lim_{n\to\infty} \frac{S_n^3}{3n} = \lim_{n\to\infty} \frac{S_n^3 - S_{n-1}^3}{3} = 1,$$

问题就得到了证明. 所以问题归结为证明

$$\lim_{n\to\infty}(S_n^3 - S_{n-1}^3) = 3.$$

3. 注意到

$$\frac{\binom{n+1}{1}\binom{n+1}{2}\cdots\binom{n+1}{n}}{\binom{n}{1}\binom{n}{2}\cdots\binom{n}{n}} = \frac{1}{n!}(n+1)^n,$$

再用 Stolz 定理两次即可.

4. 记 $a_0 = b_0 = 0$，$t_{nk} = \dfrac{b_k - b_{k-1}}{b_n}$，则 $\sum\limits_{k=1}^{n} t_{nk} = 1$，$\lim\limits_{n\to\infty} t_{nk} = 0$，令 $u_n = \dfrac{a_n - a_{n-1}}{b_n - b_{n-1}}$，$v_n = \sum\limits_{k=1}^{n} t_{nk} u_k$，由 Toeplitz 定理即得 Stolz 定理.

问题 2.3

1. 令 $a=k^{1/T}$，$\varphi(x)=f(x)a^{-x}$即得.

2. (1) 在数轴上，x 关于a 对称的点y 满足$x+y=2a$，即 $y=2a-x$；同理，x 关于b 对称的点是 $2b-x$. 依条件

$$f(2a-x)=f(x)=f(2b-x),$$

即 $f(2a-x)=f(2a-x+2(b-a))$，令 $y=2a-x$，得

$$f(y)=f(y+2(b-a))\quad(y\in\mathbf{R}).$$

(2) 因为 f 的图像关于直线$x=a$ 对称，故

$$f(x)=f(2a-x)$$

对一切 x 成立. 由于 f 的图像关于点(b,y_0)中心对称，所以

$$f(x)+f(2b-x)=2y_0$$

对一切 x 成立. 因此

$$f(2a-x)+f(2b-x)=2y_0$$

对一切 x 成立. 由此便可推出 f 是以 $4(b-a)$为周期的周期函数.

(3) 由条件可得

$$f(a+x)+f(a-x)=2y_0,\quad f(b+x)+f(b-x)=2y_1.$$

现取 $c=\dfrac{y_1-y_0}{b-a}$，$\varphi(x)=f(x)-cx$，那么 φ 是以 $2b-a$ 为周期的周期函数.

问题 2.5

1. 任取 $a,b\in(0,+\infty)$，由条件可得

$$f(a)=f(2^n a),\quad f(b)=f(2^n b)\quad(n=1,2,\cdots).$$

令 $n\to\infty$，即得 $f(a)=f(b)$.

2. 在 $f(ax)=bf(x)$中令 $x=0$，即得 $f(0)=0$. 由条件可得

$$f(a^n x)=b^n f(x)\quad(n=1,2,\cdots).\tag{1}$$

由等式(1)以及 f 在$x=0$ 近旁有界，即可推出

$$\lim_{x\to0}f(x)=0=f(0).$$

3. 设 f 与g 的周期分别为 T_1 与 T_2，于是对任意固定的 x，有

$$0=\lim_{n\to\infty}(f(x+nT_1)-g(x+nT_1))=\lim_{n\to\infty}(f(x)-g(x+nT_1)).$$

由此得

$$\lim_{n\to\infty}g(x+nT_1)=f(x).$$

同理，可得$\lim\limits_{n\to\infty}f(x+nT_2)=g(x)$，由此便可证得 $f(x)=g(x)$.

4. (1) 用反证法. 若命题不成立，则必存在 N，当 $n\geqslant N$ 时，有

$$\left(\frac{x_1+x_{n+1}}{x_n}\right)^n\left(1+\frac{1}{n-1}\right)^{-n}<1,$$

即

$$\frac{x_1+x_{n+1}}{n}<\frac{x_n}{n-1},$$

由此即可导出矛盾.

(2) 为了说明 e 是最好的,取 $x_1=\varepsilon>0$ 待定,$x_n=n\ (n=2,3,\cdots)$,于是

$$\left(\frac{x_1+x_{n+1}}{x_n}\right)^n=\left(\frac{\varepsilon+n+1}{n}\right)^n=\left(1+\frac{\varepsilon+1}{n}\right)^n\to \mathrm{e}^{1+\varepsilon}\quad(n\to\infty).$$

由于 ε 可取任意小的正数,可见 e 是最大可能的常数.

问题 2.6

1. 由题设,对任给的 $\varepsilon>0$,存在 $\delta>0$,当 $0<|x|<\delta$ 时,有

$$f(x)-f\left(\frac{x}{2}\right)=x\beta(x)\quad(x\neq 0),$$

其中 $|\beta(x)|<\varepsilon$. 由此可得

$$f\left(\frac{x}{2^{k-1}}\right)-f\left(\frac{x}{2^k}\right)=\frac{x}{2^{k-1}}\beta\left(\frac{x}{2^{k-1}}\right)\quad(k=1,2,\cdots).$$

从而可得

$$\left|f(x)-f\left(\frac{x}{2^n}\right)\right|<2\,|\,x\,|\,\varepsilon.$$

令 $n\to\infty$,即得所要证的结果.

2. 在 $(0,+\infty)$ 上,定义

$$f(x)=\prod_{i=1}^{[x]+1}(1+|\,f_i(x)\,|),$$

它可具体地表示为

$$f(x)=\begin{cases}1+|\,f_1(x)\,|, & 0<x<1,\\(1+|\,f_1(x)\,|)(1+|\,f_2(x)\,|), & 1\leqslant x<2,\\(1+|\,f_1(x)\,|)(1+|\,f_2(x)\,|)(1+|\,f_3(x)\,|), & 2\leqslant x<3,\\\cdots.\end{cases}$$

容易证明它符合题中的要求.

问题 2.7

1. 利用等式

$$\max(f(x),g(x))=\frac{f(x)+g(x)+|\,f(x)-g(x)\,|}{2},$$

$$\min(f(x),g(x)) = \frac{f(x)+g(x)-|f(x)-g(x)|}{2}.$$

2. 由假定，f 在(a,b)中每一点 x_0 处的左右极限都是存在的，只需证明 $f(x_0+)=f(x_0-)=f(x_0)$.

3. (1) 利用条件 $f(x+y)=f(x)+f(y)$，从 f 在一点 x_0 处连续可推出 f 在$(-\infty,+\infty)$上连续，再用练习题 2.7 中第 10 题的结论.

(2) 在练习题 2.3 的第 6 题中已经证明 $f(x)=f(1)x$ 对一切有理数 x 成立，由此再根据 f 的单调性，即可证得 $f(x)=f(1)x$ 对一切 $x\in\mathbf{R}$ 成立.

4. 取 $x_0\in\mathbf{R}$，使得 $f(x_0)\neq 0$，于是

$$0\neq f(x_0)=f(x+x_0-x)=f(x)f(x_0-x),$$

由此知 f 在 $\mathbf{R}$ 上处处不为 0. 再由

$$f(x)=f\left(\frac{x}{2}+\frac{x}{2}\right)=f^2\left(\frac{x}{2}\right)>0,$$

知 f 恒取正值. 在等式 $f(x+y)=f(x)f(y)$的两边取对数，并对 $\ln f$ 用第 3 题中(1)的结果.

5. 对任何 $x,y\in(0,+\infty)$，存在 u,v，使得 $x=e^u$，$y=e^v$，这时条件变为

$$f(e^{u+v})=f(e^u)f(e^v).$$

若令 $g(t)=f(e^t)$，则上式可写为

$$g(u+v)=g(u)g(v).$$

这样便把问题转化为第 4 题的情形.

6. 先证明 $f(y^n)=(f(y))^n$，函数方程变为

$$f(x+y^n)=f(x)+f(y^n),$$

再令 $y^n=z$，得 $f(x+z)=f(x)+f(z)$，这样就化为第 3 题的情形.

7. 容易证明 f 是偶函数. 由条件可得

$$f(x)=f(x^{1/2^n})\quad (n=1,2,\cdots),$$

所以 $f(x)=f(1)$，再证 $f(1)=f(0)$即得.

问题 2.9

1. 由假定，对任何 $\varepsilon>0$，存在 $\delta>0$，当 $x,y\in[0,+\infty)$且 $|x-y|<\delta$ 时，有 $|f(x)-f(y)|<\varepsilon/2$. 取定充分大的 k，使得 $1/k<\delta$. 现在把$[0,1]$ k 等分，设其分点为 $x_i=i/k\ (i=0,1,\cdots,k)$，每个小区间的长度小于 δ. 对任意的 $x>1$，$x-[x]\in[0,1]$，故必有 $x_i\ (i=0,1,\cdots,k)$，使得$|x-[x]-x_i|<\delta$. 对每个 x_i，有 $\lim\limits_{n\to\infty}f(x_i+n)=0$. 故存在 N，当 $n>N$ 时，$|f(x_i+n)|<\varepsilon/2$ 对 $i=0,1,\cdots,k$ 都成立. 于是当 $x\geqslant N+1$ 时，有

$$|f(x)|\leqslant|f(x_i+[x])|+|f(x)-f(x_i+[x])|<\frac{\varepsilon}{2}+\frac{\varepsilon}{2}=\varepsilon.$$

仅由 f 的连续性推不出上面的结论，函数 $f(x)=\dfrac{x\sin\pi x}{1+x^2\sin^2\pi x}$便是这样一个例子.

2. 由假定,当 $x\geqslant a$ 时,

$$|f(x)|\leqslant|f(x)-f(a)|+|f(a)|\leqslant k(x-a)+|f(a)|\leqslant kx+|f(a)|,$$

$$\frac{|f(x)|}{x}\leqslant k+\frac{|f(a)|}{a}=k_1.$$

因而当 $x,y\in[a,+\infty)$时,有

$$\begin{aligned}\left|\frac{f(y)}{y}-\frac{f(x)}{x}\right| &= \frac{|xf(y)-yf(x)|}{xy}\\ &= \frac{|xf(y)-xf(x)+xf(x)-yf(x)|}{xy}\\ &\leqslant \frac{|f(y)-f(x)|}{y}+\frac{|x-y|}{y}\frac{|f(x)|}{x}\\ &\leqslant \frac{k}{a}|x-y|+\frac{k_1}{a}|x-y|\\ &\leqslant \frac{k+k_1}{a}|x-y|.\end{aligned}$$

问题 2.10

1. 用反证法.假设 $\lim\limits_{x\to\infty}f(x)\neq\infty$,那么存在常数 $A>0$ 及趋于∞的数列$\{x_n\}$,使得

$$|f(x_n)|\leqslant A\quad(n=1,2,\cdots).$$

这表示$\{f(x_n)\}\subset[-A,A]$.由推论 2.10.1,$\{f(f(x_n))\}$也落在一个有界区间中,这与 $\lim\limits_{n\to\infty}f(f(x))=\infty$矛盾.

2. 令 $F(x)=g(x)-f(x)$,则 $F(x_n)=f(x_{n+1})-f(x_n)$.由介值定理,存在 $\xi_n\in[a,b]$,使得

$$F(\xi_n)=\frac{1}{n}(F(x_1)+\cdots+F(x_n))=\frac{1}{n}(f(x_{n+1})-f(x_1)).$$

$\{\xi_n\}$有子列 $\xi_{k_n}\to x_0\in[a,b]$,代入上式,得

$$F(\xi_{k_n})=\frac{1}{k_n}(f(x_{k_n+1})-f(x_1)).$$

令 $n\to\infty$,即得 $F(x_0)=0$.

3. 用反证法.如果结论不成立,则必存在某个 $\lambda>0$ 和正整数 N,对一切 $x\geqslant N$,均有

$$|f(x+\lambda)-f(x)|\geqslant\frac{1}{N}.$$

由零值定理知,这时或者 $f(x+\lambda)-f(x)\geqslant1/N$ 对所有$x\geqslant N$ 成立,或者 $f(x+\lambda)-f(x)\leqslant-1/N$对一切$x\geqslant N$ 成立.由此便可推出 f 是无界的结论.

4. (1) 如果存在这样的 f,那么必有 $a<b$,使得 $f(a)=f(b)$,但对任意的 $x\in(a,b)$,必有 $f(x)\neq f(a)$.不妨设对所有 $x\in(a,b)$,均有 $f(x)>f(a)$.取 $x_0\in(a,b)$,使得 $f(x_0)$

$=M=\max\limits_{x\in[a,b]}f(x)$. 由假定，一定还有 x_1（不妨设 $x_1>x_0$），使得 $f(x_1)=f(x_0)=M$. 如果 $x_1\in(a,b)$，那么由图 1 可看出，f 在四个不同的点上取相同的值. 如果 x_1 在 (a,b) 之外，那么 f 在三个不同的点上取相同的值（图 2）.

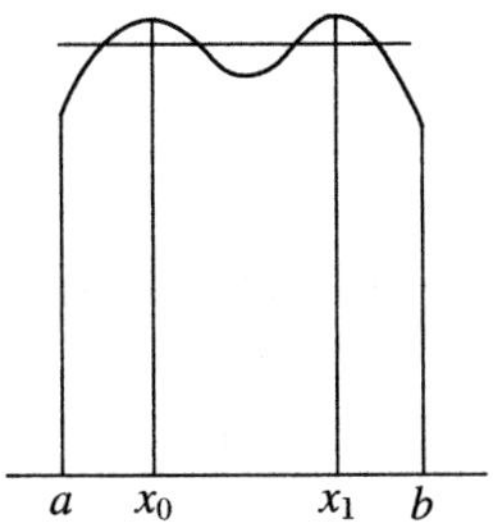

图 1

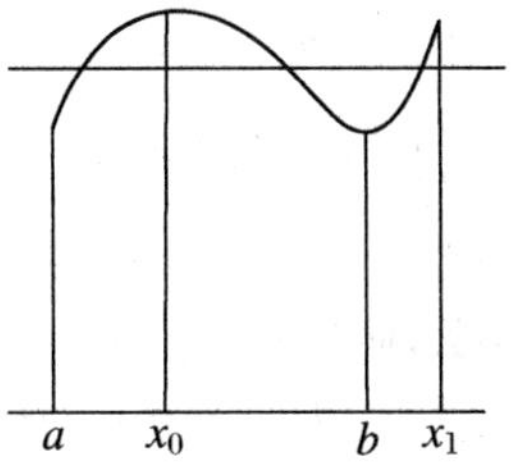

图 2

(2) 这样的函数是存在的，具体构造见图 3.

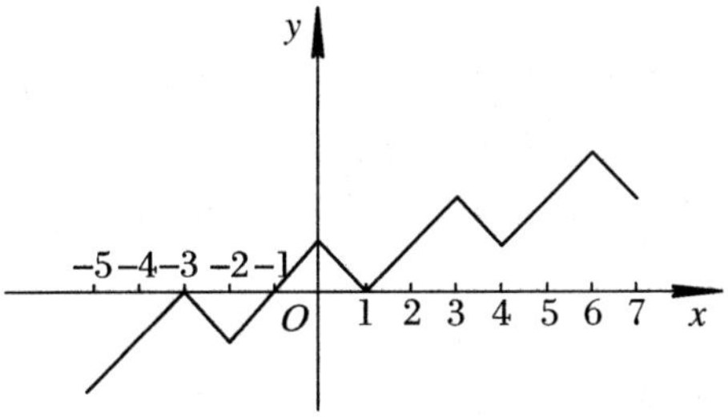

图 3

问题 3.1

1. 从 2.4 节中的例 8 知，Riemann 函数在有理点处不连续，当然不可导，余下只要证明 Riemann 函数在无理点处不可导. 设 a 是任一无理数，在它的近旁有无穷多个无理数，故若 $R'(a)$ 存在，必有 $R'(a)=0$，由此即可导出矛盾.

2. Dirichlet 函数就是这样的函数.

问题 3.2

1. 由导数的定义，并注意到 $f(0)=0$，可得

$$f(x) = xf'(0) + o(x) \quad (x \to 0).$$

由此可得

$$\sum_{k=1}^{n} f\left(\frac{k}{n^2}\right) = f'(0)\,\frac{1}{n^2}\sum_{k=1}^{n} k + o(1).$$

因此

$$\lim_{n\to\infty}\sum_{k=1}^{n} f\left(\frac{k}{n^2}\right) = \frac{f'(0)}{2}.$$

（1）$\lim\limits_{n\to\infty}\sum\limits_{k=1}^{n}\sin\dfrac{i}{n^2} = \dfrac{1}{2}.$

（2）$\lim\limits_{n\to\infty}\prod\limits_{i=1}^{n}\left(1+\dfrac{i}{n^2}\right) = \sqrt{\mathrm{e}}.$

2. 设 $p(x)=ax^2+bx+c\in V$，从 $p(0),p(1/2),p(1)$，即可推知 $|p'(0)|\leqslant 8$. 再找 V 上的一个函数，使其满足 $p'(0)=8$ 即得.

3. 令 $\varphi(x)=f(x)-mx-f(0)$，那么 $\varphi(0)=0,\lim\limits_{n\to\infty}\varphi(x)=0$，所以 φ 在 $x=0$ 处连续. 但是

$$\lim_{x\to 0}\frac{\varphi(2x)-\varphi(x)}{x} = 0,$$

即 $\varphi(2x)-\varphi(x)=o(x)(x\to 0)$. 由问题 2.6 中第 1 题的结果，知 $\varphi(x)=o(x)$，即 $f'(0)=m$.

4. 如果这样的 f 存在，我们来求 $f\circ f$ 的不动点，即满足 $f\circ f(x)=x$ 的 x. 由假设 $x=-x^3+x^2+1$，得 $x=1$，这表明 $f\circ f$ 有唯一的不动点 $x=1$. 现设 $f(1)=\alpha$，那么 $f(f(1))=f(\alpha)=1$，因而 $f(f(\alpha))=f(1)=\alpha$，这说明 α 也是 $f\circ f$ 的不动点，因而 $\alpha=1$，即 $f(1)=1$. 在等式

$$f(f(x)) = -x^3+x^2+1$$

的两边求导，得 $f'(f(x))f'(x)=-3x^2+2x$，令 $x=1$，即得

$$(f'(1))^2 = -1,$$

这是不可能的.

5. 和上一题的解法一样.

问题 3.3

1. 在恒等式

$$(1-x)^n = \sum_{k=0}^{n}(-1)^k\binom{n}{k}x^k$$

的两边对 x 求导后把 $x=1$ 代入，得

$$\sum_{k=0}^{n}(-1)^k\binom{n}{k}k = 0.$$

其他各式用同样的方法可得.

2. 用归纳法可证

$$(uvw)^{(n)} = \sum_{i+j+k=n}\frac{n!}{i!j!k!}u^{(i)}v^{(j)}w^{(k)},$$

上式的右边是对一切满足 $i+j+k=n$ 的非负整数组(i,j,k)的求和,共有$(n+1)(n+2)/2$个加项.

3. 用数学归纳法.

4. 用数学归纳法.

5. 对 n 用数学归纳法.令 $y=\arctan x$,则 $x=\tan y$,故

$$y'=f'(x)=\frac{1}{1+x^2}=\frac{1}{1+\tan^2 y}=\cos y\sin\left(y+\frac{\pi}{2}\right).$$

因此,$n=1$ 时等式成立.从 $n=k$ 的结论成立推出 $n=k+1$ 的结论成立,只要注意到 $y'=\cos^2 y$ 便不难完成.

6. 容易算得

$$\frac{f_n^{(n)}(x)}{n!}=\frac{f_{n-1}^{(n-1)}(x)}{(n-1)!}+\frac{1}{n}\quad(n=1,2,\cdots).$$

由此递推公式,便可得

$$\frac{f_n^{(n)}(x)}{n!}=\ln x+1+\frac{1}{2}+\cdots+\frac{1}{n}.$$

令 $x=1/n$,并令 $n\to\infty$,即得

$$\lim_{n\to\infty}\frac{f_n^{(n)}\left(\frac{1}{n}\right)}{n!}=\gamma,$$

这里 γ 是 Euler 常数.

7. 设 $p(x)=(x-a_1)\cdots(x-a_n)$,其中 $a_1,\cdots,a_n$ 都是实数,不等式对 $x=a_i(i=1,\cdots,n)$显然成立.对 $x\neq a_i$ 有

$$\frac{p'(x)}{p(x)}=\sum_{i=1}^{n}\frac{1}{x-a_i},$$

再求一次导数即得要证的不等式.

8. 令 $g(x)=(1-\sqrt{x})^{2n+2}$,则 $g^{(n)}(1)=0$.由二项式定理,得

$$f(x)+g(x)=2\sum_{k=0}^{n+1}\binom{2n+2}{2k}x^k.$$

由此即得

$$f^{(n)}(1)=4(n+1)(n+1)!.$$

问题 3.4

1. 令 $F(t)=f(\tan t)$,$G(t)=g(\tan t)$$(-\pi/2\leqslant t\leqslant\pi/2)$,定义

$$F\left(-\frac{\pi}{2}\right)=\lim_{t\to(-\pi/2)^+}f(\tan t)=f(-\infty),$$

$$F\left(\frac{\pi}{2}\right)=\lim_{t\to(-\pi/2)^-}f(\tan t)=f(+\infty).$$

类似地，定义 $G(-\pi/2)=g(-\infty)$，$G(\pi/2)=g(+\infty)$. 在区间 $[-\pi/2,\pi/2]$ 上对 F 与 G 用 Cauchy 定理.

2. 设 $x_1<x_2$，使得 $f(x_1)=f(x_2)=0$. 由条件知 $g(x_1)\neq 0$，$g(x_2)\neq 0$. 如果 g 在 (x_1,x_2) 中没有零点，对函数 $F(x)=f(x)/g(x)$ 用 Rolle 定理即得矛盾.

3. 注意

$$q(x)=(xp(x)+p'(x))(xp'(x)+p(x)),$$

记

$$f(x)=xp(x)+p'(x),\quad g(x)=xp'(x)+p(x).$$

我们有

$$f(x)=e^{-x^2/2}(e^{x^2/2}p(x))',\quad g(x)=(xp(x))'.$$

设 p 的 n 个大于 1 的不同的实根为

$$1<a_1<a_2<\cdots<a_n.$$

对 $e^{-x^2/2}p(x)$ 用 Rolle 定理，便知 f 至少有 $n-1$ 个实零点 $b_i(a_i<b_i<a_{i+1},i=1,2,\cdots,n-1)$. 类似地，$g$ 至少有 n 个实零点：$0<c_0<c_1<\cdots<c_{n-1}$，其中 $c_0\in(0,1)$，$a_i<c_i<a_{i+1}$. 现在证明 $b_i\neq c_i(i=1,2,\cdots,n-1)$. 用反证法，如果 $b_i=c_i=r>1$，我们有 $f(r)=0$，也就是 $p'(r)=-rp(r)$. 此外，$g(r)=0$，即 $p(r)=-rp'(r)$. 由此得到 $(r^2-1)p(r)=0$，即 $p(r)=0$. 这和 a_i 和 a_{i+1} 是 p 的相邻零点矛盾. 所以 $b_1,b_2,\cdots,b_{n-1}$ 和 $c_0,c_1,\cdots,c_{n-1}$ 是 q 的 $2n-1$ 个互不相同的零点.

4. 可用归纳法证明 $f(x)=\sum\limits_{k=1}^{n}c_ke^{kx}$ 至多只能有 $n-1$ 个不同的零点.

5. 先在 $[a,a+1/2]$ 上用中值定理，根据给定的条件证明 f 在 $[a,a+1/2]$ 上为 0. 由于 $f(a+1/2)=0$，把 $a+1/2$ 当作 a，可推出 f 在 $[a,a+1]$ 上为零，再一步一步往前推，可知 f 在 $[a,+\infty)$ 上为零.

6. 令 $\varphi(x)=\dfrac{x}{1+x^2}-f(x)(x\geqslant 0)$，则 $\varphi\geqslant 0$，$\varphi(0)=0$，$\varphi(+\infty)=\lim\limits_{x\to+\infty}\varphi(x)=0$. 如果 $\varphi=0$ 对 $x\geqslant 0$ 成立，结论显然成立. 否则，一定有正数 ξ，使得 $\varphi(\xi)$ 是 φ 的最大值，故 $\varphi'(\xi)=0$，这正是 $f'(\xi)=\dfrac{1-\xi^2}{(1+\xi^2)^2}$.

7. 记 $K=k_1+k_2+\cdots+k_n$，$y_0=0$，以及

$$y_i=\frac{1}{K}(k_1+k_2+\cdots+k_i)\quad(i=1,2,\cdots,n).$$

取 $x_0=0$，$x_n=1$，用介值定理，可以求得

$$0=x_0<x_1<\cdots<x_{n-1}<x_n=1,$$

使得 $f(x_i)=y_i(i=0,1,\cdots,n)$. 再在 $[x_{i-1},x_i]$ 上用中值定理即得.

问题 3.5

1. 由定理 3.5.10,对任何 $x_1<x_2<x$,有不等式

$$\frac{f(x_2)-f(x_1)}{x_2-x_1}\leqslant\frac{f(x)-f(x_2)}{x-x_2}. \tag{1}$$

当 $x\to x_2^+$ 时$\frac{f(x)-f(x_2)}{x-x_2}$递减有下界,故 f 在x_2 处存在有限的右导数.同理,f 在x_2 处也存在左导数.在式(1)的两边分别令 $x_1\to x_2^-$ 及 $x\to x_2^+$,便得 $f'_-(x_2)\leqslant f'_+(x_2)$.显然,它们都是递增的.

(2) 当 $x<x_0$ 时,$f'_+(x)\leqslant f'_-(x_0)$.由于 f'_+ 在 x_0 处左连续,所以有 $f'_+(x_0)=\lim\limits_{x\to x_0^-}f'_+(x)\leqslant f'_-(x_0)$.由式(1),知 $f'_-(x_0)\leqslant f'_+(x_0)$,故 $f'_-(x_0)=f'_+(x_0)$,即 f 在x_0 处可导.

(3) 设 $a<x_1<x_2<b$,由 f 的凸性,可知

$$\frac{f(x_1)-f(a)}{x_1-a}\leqslant\frac{f(x_2)-f(x_1)}{x_2-x_1}\leqslant\frac{f(b)-f(x_2)}{b-x_2},$$

但是

$$\frac{f(x_1)-f(a)}{x_1-a}\geqslant f'_+(a),\quad \frac{f(b)-f(x_2)}{b-x_2}\leqslant f'_-(b).$$

可见对上述的 x_1,x_2,$\frac{f(x_2)-f(x_1)}{x_2-x_1}$是有界的,即存在常数 M,使得

$$|f(x_2)-f(x_1)|\leqslant M|x_2-x_1|$$

对一切 $x_1,x_2\in[a,b]$成立.

2. 必要性.取 $a\in[f'_-(c),f'_+(c)]$即得.

充分性.设 $c\in(x_1,x_2)$,于是

$$\frac{f(x_2)-f(x)}{x_2-c}\geqslant a\geqslant\frac{f(x_1)-f(c)}{x_1-c},$$

这表明 f 是I 上的凸函数.

3. 利用上一题的结果,取 $a=f'(c)$.

4. 由题设立刻可得 $f(0)=0$;$x>0$ 时,$f(x)>0$.用反证法即可证得(1),(2).为证(3),从题设得

$$\frac{\ln x}{f(x)}=1+\frac{\ln f(x)}{f(x)},$$

只要证明

$$\lim_{x\to+\infty}\frac{\ln f(x)}{f(x)}=0$$

即可

5. 先证一个引理：如果多项式 p 使得 $p \pm p' \geqslant 0$ 在 $(-\infty, +\infty)$ 上成立，那么必有 $p \geqslant 0$. 这是因为从 $p \pm p' \geqslant 0$，可以断言 p 必然是一个首项系数为正的偶次多项式，因而

$$\lim_{x \to \pm\infty} p(x) = +\infty.$$

因此，p 必有最小值点 x_0，这时必有 $p'(x_0) = 0$. 于是

$$p(x) \geqslant p(x_0) = p(x_0) \pm p'(x_0) \geqslant 0$$

对一切 $x \in (-\infty, +\infty)$ 成立.

回到本题，由

$$p''' - p'' - p' + p = (p - p'') - (p - p'')' \geqslant 0,$$

可得 $p - p'' \geqslant 0$，再反复利用上面的引理即得.

6. 利用 $-\ln x$ 是凸函数这一事实即得.

7. 设有两个解 y_1, y_2. 令 $y = y_1 - y_2$，那么 y 满足

$$\begin{cases} y'' + p(x)y' + q(x)y = 0, \\ y(a) = y(b) = 0, \end{cases}$$

由此即可导出 $y(x) = 0 \ (a < x < b)$.

8. (1) 对 n 用数学归纳法.

(2) 对左边的不等式，用数学归纳法；对右边的不等式，展开 $(1 + x/n)^n$ 即得.

(3) 利用上面的两个不等式.

9. 令

$$g(x) = f(x) - \left(f(a) + \frac{f(b) - f(a)}{b - a}(x - a)\right).$$

只要证明 $g(x) = 0 \ (a < x < b)$. 定义

$$\varphi(x) = \pm g(x) + \varepsilon(x - a)(x - b) \quad (\varepsilon > 0).$$

直接验算可知

$$\mathrm{D}^2\varphi = \pm \mathrm{D}^2 g + 2\varepsilon = \pm \mathrm{D}^2 f + 2\varepsilon = 2\varepsilon > 0. \tag{1}$$

现在证明 φ 在 (a, b) 上不能取到最大值. 如果它在某点 $x_0 \in (a, b)$ 取到最大值，那么

$$\frac{\varphi(x_0 + h) + \varphi(x_0 - h) - 2\varphi(x_0)}{h^2} = \frac{\varphi(x_0 + h) - \varphi(x_0) + \varphi(x_0 - h) - \varphi(x_0)}{h^2} < 0.$$

因而 $\mathrm{D}^2\varphi(x_0) \leqslant 0$，这与式(1)矛盾，这说明 φ 的最大值只能在 (a, b) 的两个端点 a, b 处达到，而 $\varphi(a) = \varphi(b) = 0$，故 φ 在 (a, b) 上取负值，由此即可证明 $g(x) \equiv 0$.

10. 用数学归纳法. $n = 1$ 时命题成立. 记

$$S_n(x) = \sum_{k=1}^{n} \frac{\sin kx}{k}.$$

设 $S_{n-1}(x) > 0$ 在 $(0, \pi)$ 上成立. 由于 $S_n(0) = S_n(\pi) = 0$，如果 $S_n(x)$ 在 $(0, \pi)$ 上有取负值的点，那么 $S_n(x)$ 在 $[0, \pi]$ 上的最小值为负值，此取最小值的点必在 $(0, \pi)$ 中. 设 x_0 使 $S_n(x)$ 取到最小值. 于是 $S_n'(x_0) = 0$. 因而

$$0=2\sin\frac{x_0}{2}S'_n(x_0)=\sum_{k=1}^{n}2\sin\frac{x_0}{2}\cos kx_0=\sin\left(n+\frac{1}{2}\right)x_0-\sin\frac{x_0}{2}.$$

因此

$$\left(n+\frac{1}{2}\right)x_0=\frac{x_0}{2}+2k\pi, \tag{1}$$

或

$$\left(n+\frac{1}{2}\right)x_0=-\frac{x_0}{2}+(2k+1)\pi. \tag{2}$$

由于

$$\sin nx_0=\sin\left(n+\frac{1}{2}\right)x_0\cos\frac{x_0}{2}-\cos\left(n+\frac{1}{2}\right)x_0\sin\frac{x_0}{2}, \tag{3}$$

把式(1)和(2)分别代入式(3),便得 $\sin nx_0=0$ 或 $\sin nx_0=\sin x_0>0$. 于是,根据归纳假设,可得

$$S_n(x_0)=S_{n-1}(x_0)+\frac{\sin nx_0}{n}>0.$$

这与假设矛盾.

问题 4.2

1. 从

$$n\ln\left(1+\frac{1}{n}\right)=1-\frac{1}{2n}+\frac{1}{3}\frac{1}{n^2}+o\left(\frac{1}{n^2}\right),$$

可得 $(1+1/n)^n=e^{n\ln(1+1/n)}$ 的展开式. 由此可得

$$f(x)=\begin{cases}0, & x<2,\\ \dfrac{e}{2}, & x=2.\end{cases}$$

2. 用与上一题同样的方法,将 $\frac{1}{e}\left(1+\frac{1}{n}\right)^n$ 按 $1,\frac{1}{n},\frac{1}{n^2},\frac{1}{n^3},\frac{1}{n^4}$ 展开,即可算得结果.

3. 一方面,

$$-\ln(1-x)^2=-2\ln(1-x)=\sum_{k=1}^{n}\frac{2x^k}{k}+o(x^n)\quad(x\to 0);$$

另一方面,

$$-\ln(1-x)^2=-\ln(1-2x+x^2)=\sum_{k=1}^{n}\frac{(2x-x^2)^k}{k}+o(x^n)\quad(x\to 0).$$

两式相减,得

$$\sum_{k=1}^{n}\frac{1}{k}((2x-x^2)^k-2x^k)=o(x^n)\quad(x\to 0).$$

上式表明左边的多项式中不含 $1,x,\cdots,x^n$ 各项,因此能被 x^{n+1} 所整除.

4. 先证明 $\lim\limits_{n\to\infty}x_n$ 存在. 设 $\lim\limits_{n\to\infty}x_n=a$,则 $a=0$,即 $\lim\limits_{n\to\infty}\sin x_n=0$. 利用 Stolz 定理和 $\sin x$

的带 Peano 余项的 Taylor 公式，即可得

$$\lim_{n\to\infty}\frac{1}{nx_n^2}=\lim_{n\to\infty}\frac{\frac{1}{x_n^2}}{n}=\lim_{n\to\infty}\left(\frac{1}{x_{n+1}^2}-\frac{1}{x_n^2}\right)=\frac{1}{3}.$$

5. 记 $x_n=y_m/n$，则 $x_{n+1}=\ln(1+x_n)$. 先证$\{x_n\}$收敛，再记 $\lim\limits_{n\to\infty}x_n=0$，然后用 Stolz 定理和 $\ln(1+x)$的带 Peano 余项的 Taylor 公式，即可得要证的结果.

问题 4.3

1. 把 f 的带 Peano 余项的展开式

$$f(x_0+h)=f(x_0)+f'(x_0)h+\cdots+\frac{h^n}{n!}f^{(n)}(x_0)+\frac{h^{n+1}}{(n+1)!}f^{(n+1)}(x_0)+o(h^{n+1})$$

和原式相减，即能导出所要的结果.

2. 利用 Taylor 展开，得

$$f\left(\frac{a+b}{2}\right)=f(a)+\frac{1}{2}f''(\xi)\left(\frac{b-a}{2}\right)^2\quad\left(a<\xi<\frac{a+b}{2}\right),$$

$$f\left(\frac{a+b}{2}\right)=f(b)+\frac{1}{2}f''(\eta)\left(\frac{b-a}{2}\right)^2\quad\left(\frac{a+b}{2}<\eta<b\right),$$

两式相减易得相应的结果.

3. 存在 $x_1\in(0,1)$，使得 $f(x_1)=-1$，因此 $f'(x_1)=0$. 用 Taylor 定理，得

$$f(0)=f(x_1)+\frac{x_1^2}{2}f''(\xi_1)\quad(0<\xi_1<x_1),$$

$$f(1)=f(x_1)+\frac{1}{2}(1-x_1)^2f''(\xi_2)\quad(x_1<\xi_2<1).$$

由此得

$$x_1^2f''(\xi_1)=(1-x_1)^2f''(\xi_2)=2,$$

即

$$f''(\xi_1)f''(\xi_2)(x_1(1-x_1))^2=4.$$

所以 $f''(\xi_1)f''(\xi_2)\geqslant 8^2$，因此总有一个 ξ，使得 $f''(\xi)\geqslant 8$.

4. 先用中值公式，再用 Taylor 定理，可得

$$\frac{f(x_0+h)-f(x_0)}{h}=f'(x_0)+\frac{f^{(n)}(\xi)}{(n-1)!}(\theta h)^{n-1},$$

$$\frac{f(x_0+h)-f(x_0)}{h}=f'(x_0)+\frac{f^{(n)}(\eta)}{n!}h^{n-1}.$$

比较上面的两式并令 $h\to 0$，即得所要的结果.

5. 由 Taylor 定理，得

$$e^x=P_n(x)+\frac{e^{\theta x}}{(n+1)!}x^{n+1}>0.$$

由此易知(1)成立.当 n 为奇数时,$P'_n=P_{n-1}>0$,故 P_n 严格递增,由于 $\lim\limits_{n\to\pm\infty}P_n(x)=\pm\infty$,故(2)成立.

(3) 设 $P_{2n+1}(x)=0$ 的唯一实根为 x_n.首先证明 $|x_n|$ 严格递减.为此,利用等式

$$P_{2n+3}(x) = P_{2n+1}(x) + \frac{x^{2n+2}}{(2n+2)!}\left(1+\frac{x}{2n+3}\right), \tag{1}$$

用数学归纳法证明 $x_n>-(2n+3)$.于是由式(1),得

$$P_{2n+3}(x_n)>0.$$

由于 $P_{2n+3}(x_{n+1})=0$,利用 P_{2n+3} 的严格递增性即知 $x_n>x_{n+1}$.再用反证法证明 $|x_n|$ 没有下界.

6. 对一切 $x\in(0,2)$,用 Taylor 定理,得

$$f(0) = f(x) - xf'(x) + \frac{1}{2}f''(\xi)x^2,$$

$$f(2) = f(x) + (2-x)f'(x) + \frac{1}{2}f''(\eta)(2-x)^2,$$

两式相减即得.考察函数 $f(x)=\frac{1}{2}x^2-2x+1$,即知常数 2 是最小的.

7. 对任何 $x\in\mathbf{R}$ 及 $h>0$,由 Taylor 公式,得

$$f(x+h) = f(x) + f'(x)h + \frac{f''(\xi)}{2}h^2,$$

$$f(x-h) = f(x) - f'(x)h + \frac{f''(\eta)}{2}h^2,$$

两式相减,即可得

$$2hM_1 \leqslant 2M_0 + M_2h^2$$

对一切 $h>0$ 成立.实际上它对 $h\leqslant 0$ 也成立,即

$$M_2h^2 - 2M_1h + 2M_0 \geqslant 0$$

对一切 $h\in\mathbf{R}$ 成立.由此即得 $M_1^2\leqslant 2M_0M_2$.

问题 6.1

1. 因为 f 在 $[a,b]$ 上可积,所以可取一个特殊的分割来讨论.作分割使 $(a+b)/2$ 是一个分点,其他分点关于 $(a+b)/2$ 对称,值点也关于这一点对称.利用函数的凸性即可证得所要的不等式.

2. 要证的不等式等价于

$$\frac{1}{\sqrt{n}}\sum_{i=1}^{n}\frac{1}{\sqrt{2i+5n}}<\sqrt{7}-\sqrt{5}.$$

把左边的和式写成 Riemann 和即得.

问题 6.2

1. 利用不等式$(1-x^2)^n \geqslant 1-nx^2(0\leqslant x\leqslant 1)$和

$$\int_0^1 (1-x^2)^n \mathrm{d}x \geqslant \int_0^{1/\sqrt{n}} (1-x^2)^n \mathrm{d}x.$$

2. 只要证明 f 在(a,b)中的变号点多于 n 个. 若 f 在(a,b)中的全部变号点为 $x_1<x_2<\cdots<x_k$, 其中 $k\leqslant n$, 令

$$p(x) = (x_1 - x)(x_2 - x)\cdots(x_k - x),$$

那么

$$\int_a^b f(x)p(x)\mathrm{d}x > 0.$$

但所给条件为$\int_a^b f(x)p(x)\mathrm{d}x = 0$, 这就产生了矛盾.

3. 不妨设 $M>0$, 存在 $\xi\in[a,b]$, 使得 $f(\xi)=M$. 于是对任意给定的 $\varepsilon>0$, 存在$[c,d]\subset[a,b]$, 使得 $f(x)\geqslant M-\varepsilon$ 对$x\in[c,d]$成立, 因而

$$\left(\int_a^b f^n \mathrm{d}x\right)^{1/n} \geqslant \left(\int_c^d f^n \mathrm{d}x\right)^{1/n} \geqslant (M-\varepsilon)(d-c)^{1/n}. \tag{1}$$

另外, 显然有

$$\left(\int_a^b f^n \mathrm{d}x\right)^{1/n} \leqslant M(b-a)^{1/n}, \tag{2}$$

对式(1)取下极限($n\to\infty$), 再令 $\varepsilon\to 0$, 对式(2)取上极限($n\to\infty$)就得要证的结论.

4. 对任给的 $\varepsilon>0$,

$$\int_a^b f^p(t)\mathrm{d}t > \int_{b-\varepsilon}^b f^p(t)\mathrm{d}t > f^p(b-\varepsilon)\varepsilon. \tag{3}$$

由于 $f(b-\varepsilon)>f(b-2\varepsilon)$, 故存在 $A>0$, 当 $p>A$ 时,

$$\left(\frac{f(b-\varepsilon)}{f(b-2\varepsilon)}\right)^p > \frac{b-a}{\varepsilon},$$

即 $f^p(b-\varepsilon)\varepsilon>(b-a)f^p(b-2\varepsilon)$, 代入式(3), 得

$$\frac{1}{b-a}\int_a^b f^p(t)\mathrm{d}t > f^p(b-2\varepsilon),$$

即 $f^p(x_p)>f^p(b-2\varepsilon)$. 由此得 $x_p>b-2\varepsilon$, 因而

$$b-2\varepsilon < x_p < b,$$

所以 $\lim\limits_{p\to+\infty} x_p = b$.

5. 设 $f(x) = a_0 + a_1 x + \cdots + a_n x^n$, 要证 $a_0 = (n+1)^2\int_0^1 f(x)\mathrm{d}x$. 由假设$\frac{a_0}{k+1}+\frac{a_1}{k+2}+\cdots+\frac{a_n}{k+n+1} = 0\ (k=1,2,\cdots,n)$, 对上式的左边通分, 得

$$\frac{Q(k)}{(k+1)(k+2)\cdots(k+n+1)}=0\quad(k=1,2,\cdots,n),$$

其中 Q 是 k 的 n 次多项式，且以 $k=1,2,\cdots,n$ 为零点，因而可把 $Q(k)$ 写作 $Q(k)=c(k-1)\cdots(k-n)$. 在等式

$$\frac{c(k-1)\cdots(k-n)}{(k+1)(k+2)\cdots(k+n+1)}=\frac{a_0}{k+1}+\frac{a_1}{k+2}+\cdots+\frac{a_n}{k+n+1}$$

的两边乘 $k+1$ 后，再令 $k=-1$，即得 $a_0=c(-1)^n(n+1)$. 再在等式

$$\int_0^1 f(x)x^k\mathrm{d}x=\frac{Q(k)}{(k+1)(k+2)\cdots(k+n+1)}$$

中令 $k=0$，得

$$\int_0^1 f(x)\mathrm{d}x=c\,\frac{(-1)^n}{n+1}=\frac{a_0}{(n+1)^2},$$

于是 $a_0=(n+1)^2\int_0^1 f(x)\mathrm{d}x$.

问题 6.3

1. 令

$$F(t)=\int_a^t xf(x)\mathrm{d}x-\frac{a+t}{2}\int_a^t f(x)\mathrm{d}x,$$

证明 F 在 $[a,b]$ 上递增即可

2. 令 $f(x)=-1/x$，利用上一题的结果.

也可不用上一题的结果直接证. 因为 $f(x)=1/x$ 是 $(0,+\infty)$ 上的凸函数，在点 $\left(\frac{a+b}{2},\frac{2}{a+b}\right)$ 处作 $y=f(x)$ 的切线. 比较由 $y=f(x)$，$x=a$，$x=b$，x 轴围成的面积和由切线，$x=a$，$x=b$，x 轴围成的面积.

3. 令

$$F(t)=\left(\int_0^t f(x)\mathrm{d}x\right)^2-\int_0^t f^3(x)\mathrm{d}x,$$

证明 F 在 $[0,1]$ 上递增即可.

4. 当 $x\in[0,1]$ 时，$\mathrm{e}^{-x}\leqslant 1$，再利用等式

$$(\mathrm{e}^{-x}f(x))'=\mathrm{e}^{-x}(f'(x)-f(x)).$$

5. f 在 $[1,+\infty)$ 上严格递增，利用等式

$$f(x)=f(1)+\int_1^x f'(t)\mathrm{d}t.$$

问题 6.4

1. 任何 $x>T$ 均可表示为

$$x = m_x T + r_x,$$

其中 m_x 为正整数,$0 \leqslant r_x \leqslant T$. 于是

$$\int_0^x f(t)\mathrm{d}t = \int_0^{m_xT} f(t)\mathrm{d}t + \int_{m_xT}^{m_xT+r_x} f(t)\mathrm{d}t$$

$$= m_x \int_0^T f(t)\mathrm{d}t + \int_0^r f(t)\mathrm{d}t.$$

余下的证明是容易的.

2. 利用 $\sin^2 nt = (1-\cos 2nt)/2$,可得

$$I_{n+1} - I_n = \frac{1}{2n+1},$$

由此便知 $I_n = 1 + \frac{1}{3} + \frac{1}{5} + \cdots + \frac{1}{2n-1}$. 再由 Stolz 定理,得

$$\lim_{n\to\infty} \frac{I_n}{\ln n} = \frac{1}{2}.$$

3. $f(m,n) = \sum_{k=0}^{n} (-1)^k \binom{n}{k} \int_0^1 x^{m+k}\mathrm{d}x = \int_0^1 x^m (1-x)^n \mathrm{d}x$, 作代换 $t = 1-x$,即得 $f(m,n) = f(n,m)$. 由上式反复利用分部积分,可得

$$f(m,n) = \frac{m!\,n!}{(m+n+1)!}.$$

4. (1) 直接验算便知.

(2) 直接用 Leibniz 公式算出 $f^{(k)}(x)$,便知 $f^{(k)}(0)$和 $f^{(k)}(a/b)$为整数.

(3) 一方面,用分部积分,并由(2) 即知$\int_0^\pi f(x)\sin x\mathrm{d}x$ 为整数. 另一方面,当$0 \leqslant x \leqslant \pi = a/b$ 时,

$$0 < f(x) \leqslant \frac{\pi^n}{n!}\left(\frac{a}{4}\right)^n,$$

于是

$$0 < \int_0^\pi f(x)\sin x\mathrm{d}x \leqslant \frac{\pi^{n+1}}{n!}\left(\frac{a}{4}\right)^n \to 0 \quad (n\to\infty).$$

这个矛盾说明 π 不是有理数.

5. 用反证法. 如果对一切 $x \in (0,1)$, 有 $|f(x)| < 2^n(n+1)$, 那么从等式 $1 = \int_0^1 f(x)\left(x - \frac{1}{2}\right)^n \mathrm{d}x$ 即可导出矛盾.

6. 作三次多项式 $p(x) = x^3 - x^2$,它也满足 $p(0) = p(1) = p'(0) = 0, p'(1) = 1$,此时,

$$\int_0^1 (p''(x))^2 \mathrm{d}x = 4,$$

因此只要证明

$$\int_0^1 (f''(x))^2 \mathrm{d}x \geqslant \int_0^1 (p''(x))^2 \mathrm{d}x.$$

等号成立当且仅当 $f=p$.

问题 6.5

1. 由于对一切 $x\in[0,1]$,有 $0<m\leqslant f(x)\leqslant M$,所以

$$(M-f(x))\left(\frac{1}{m}-\frac{1}{f(x)}\right)\geqslant 0,$$

即

$$\frac{M}{m}+1\geqslant\frac{f(x)}{m}+\frac{M}{f(x)},$$

两边在[0,1]上积分并用几何平均-算术平均不等式.

2. 已知

$$f(x)=\frac{f(x)+f(-x)}{2}+\frac{f(x)-f(-x)}{2},$$

其中第一项为偶函数,第二项为奇函数.由假设条件即可推出 f 是奇函数.

3. 令 $h(t)=M+k\int_0^t|x(t)|\,\mathrm{d}t$,题设为 $|x(t)|\leqslant h(t)$,但是 $h'(t)=k|x(t)|$,所以 $h'(t)\leqslant kh(t)$,此即

$$(\mathrm{e}^{-kt}h(t))'\leqslant 0,$$

由此可得所要的结论.

问题 6.6

1. $f_\alpha(x)=h(x)+g(x)$,其中

$$h(x)=-\left(\frac{\alpha}{x}-\left[\frac{\alpha}{x}\right]\right),\quad g(x)=\alpha\left(\frac{1}{x}-\left[\frac{1}{x}\right]\right).$$

由于

$$\int_0^\alpha h(x)\mathrm{d}x=-\alpha\int_0^1\left(\frac{1}{t}-\left[\frac{1}{t}\right]\right)\mathrm{d}t=-\int_0^1 g(t)\mathrm{d}t,$$

所以

$$\int_0^1 f_\alpha(x)\mathrm{d}x=\int_\alpha^1 h(x)\mathrm{d}x=\alpha\ln\alpha.$$

2. 必要性是明显的.下证充分性.由于 f 在$[a,b]$上可积,它在$[a,b]$的任何区间上也可积,因而在每一子区间上必有 f 的连续点.对任何分割,取每一值点为 f 的连续点,这样所得的 Riemann 和为 0,因而积分也为 0.

问题 7.3

1. (1) 从图 4 中可以看出

$$f(a_1)-f(a_2)+f(a_3)-f(a_4)+f(a_5)$$

表示图中三块阴影部分的面积之和，这里已经用了 Newton-Leibniz 公式和 $f(0)=0$ 的条件，而

$$f(a_1-a_2+a_3-a_4+a_5)$$

等于直线 $x=a_1-a_2+a_3-a_4+a_5$ 与 x 轴，y 轴和曲线 $y=f'(x)$ 所围的面积. 通过比较面积，显然可以看出

$$f(a_1-a_2+a_3-a_4+a_5)\leqslant f(a_1)-f(a_2)+f(a_3)-f(a_4)+f(a_5).$$

容易看出，这里的推理对 n 为偶数也成立.

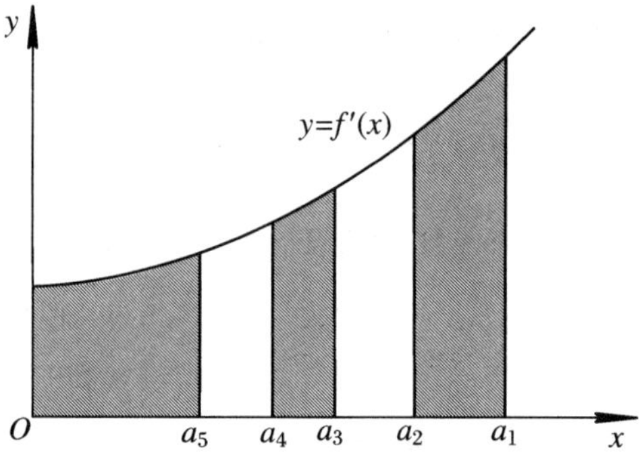

图 4

(2) 取 $f(x)=x^r$.

2. 记要计算的极限为 I，则

$$I=\int_0^1\left(\left[\frac{2}{x}\right]-2\left[\frac{1}{x}\right]\right)\mathrm{d}x=\sum_{k=1}^{\infty}\left(\int_{1/(k+1)}^{(k+1/2)^{-1}}+\int_{(k+1/2)^{-1}}^{1/k}\right)\left(\left[\frac{2}{x}\right]-2\left[\frac{1}{x}\right]\right)\mathrm{d}x.$$

由于

$$\int_{1/(k+1)}^{(k+1/2)^{-1}}\left(\left[\frac{2}{x}\right]-2\left[\frac{1}{x}\right]\right)\mathrm{d}x=\frac{2}{2k+1}-\frac{1}{k+1},$$

$$\int_{(k+1/2)^{-1}}^{1/k}\left(\left[\frac{2}{x}\right]-2\left[\frac{1}{x}\right]\right)\mathrm{d}x=0,$$

所以

$$I=2\sum_{k=1}^{\infty}\left(\frac{1}{2k+1}-\frac{1}{2k+2}\right)$$

$$=2\left(\frac{1}{3}-\frac{1}{4}+\frac{1}{5}-\frac{1}{6}+\cdots\right)=2\ln 2-1.$$

3. 按题意，$y=f(x)$ 的图像如图 5 所示，因此 $0\leqslant\int_a^b f(x)\mathrm{d}x\leqslant\triangle ABC$ 的面积. 写出切线 AC，BC 的方程，即可写出 C 点的坐标，从而可算出 $\triangle ABC$ 的面积，即得所要的不等式.

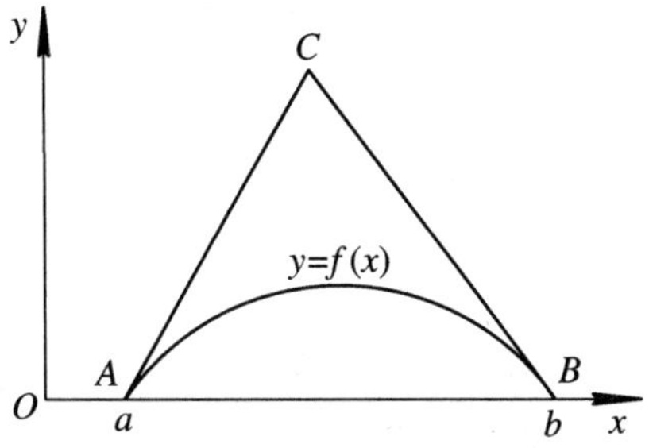

图 5

问题 7.4

1. 由题中所给的两个不等式,可得

$$\int_0^1 (1-x^2)^n \mathrm{d}x \leqslant \int_0^1 \mathrm{e}^{-nx^2}\mathrm{d}x < \int_0^{+\infty} \mathrm{e}^{-nx^2}\mathrm{d}x \leqslant \int_0^{+\infty} \frac{\mathrm{d}x}{(1+x^2)^n},$$

即

$$\sqrt{n}\int_0^1 (1-x^2)^n \mathrm{d}x < \int_0^{\sqrt{n}} \mathrm{e}^{-t^2}\mathrm{d}t \leqslant \sqrt{n}\int_0^{\pi/2} \cos^{2n-2}\theta \mathrm{d}\theta.$$

令 $n\to\infty$,利用练习题 7.4 中的第 2 题和 Wallis 公式,即得

$$\int_0^{+\infty} \mathrm{e}^{-t^2}\mathrm{d}t = \frac{\sqrt{\pi}}{2}.$$

2. S_n 可写为

$$\begin{aligned} S_n &= 1 + \sum_{k=1}^{n-1} \frac{(n-1)\cdots(n-k)}{(n+2)\cdots(n+k+1)}. \\ &= 1 + \frac{1}{\binom{2n}{n-1}} \sum_{k=1}^{n-1} \binom{2n}{n+k+1} \\ &= 1 + \frac{1}{\binom{2n}{n-1}} \left(\binom{2n}{n+2} + \binom{2n}{n+3} + \cdots + \binom{2n}{2n} \right) \\ &= 1 + \frac{1}{\binom{2n}{n-1}} \left(\sum_{k=0}^{2n} \binom{2n}{k} - 2\binom{2n}{n-1} - \binom{2n}{n} \right) \frac{1}{2} \\ &= \frac{1}{2} \frac{1}{\binom{2n}{n-1}} 2^{2n} - \frac{1}{2}\left(1 + \frac{1}{n}\right). \end{aligned}$$

由此可知

$$\lim_{n\to\infty}\frac{S_n}{\sqrt{n}}=\frac{1}{2}\lim_{n\to\infty}\frac{2^{2n}}{\sqrt{n}\binom{2n}{n-1}}=\frac{1}{2}\lim_{n\to\infty}\frac{(n-1)!(n+1)!2^{2n}}{(2n)!\sqrt{n}}.$$

最后用 Stirling 公式.

问题 8.3

1. 任取 $\boldsymbol{x}\in\partial\bar{E}$,要证 $\boldsymbol{x}\in\partial E$,即要证存在 $\delta>0$,使得 $B(\boldsymbol{x},\delta)$中既有 E 中的点,也有 E^c 中的点.因为 $\boldsymbol{x}\in\partial\bar{E}$,故存在 $\delta>0$,使得 $B(\boldsymbol{x},\delta)$中既有 $\bar{E}$ 中的点,也有 $\bar{E}^c$ 中的点.设 $\boldsymbol{x}_1\in B(\boldsymbol{x},\delta)\cap\bar{E}$,$\boldsymbol{x}_2\in B(\boldsymbol{x},\delta)\setminus\bar{E}$.若 $\boldsymbol{x}_1\in E$,则说明 $B(\boldsymbol{x},\delta)$中有 E 中的点.若 $\boldsymbol{x}_1\in\bar{E}\setminus E$,则 $\boldsymbol{x}_1$ 是 E 的凝聚点.因而存在 $\delta_1>0$,使得 $B(\boldsymbol{x}_1,\delta_1)\subset B(\boldsymbol{x},\delta)$,且 $B(\boldsymbol{x}_1,\delta_1)$中有 E 中的点,即 $B(\boldsymbol{x},\delta)$中有 E 中的点.由 $\boldsymbol{x}_2\in B(\boldsymbol{x},\delta)\setminus\bar{E}$,即知 $\boldsymbol{x}_2$ 为 E 的外点.由此即得证明.

2. 任取 $x_0\in G$,记 $F=[x_0,+\infty)\cap G^c$.因为 G 是有界开集,所以 F 是非空的闭集且有下界.记 $\beta=\inf F$,则 $\beta\geqslant x_0$.由于 $\beta\in F$,而 $x_0\notin F$,所以 $\beta>x_0$.容易证明$[x_0,\beta]\subset G$,于是对每一点 $x_0\in G$,存在着满足下面三个条件的 β:

(a) $\beta>x_0$;(b) $\beta\notin G$;(c) $[x_0,\beta)\subset G$.

用类似的方法可以证明还有如下的 α:

(a) $\alpha<x_0$;(b) $\alpha\notin G$;(c) $(\alpha,x_0]\subset G$.

这样,对每一个 $x_0\in G$,存在区间(α,β),满足:

(a) $x_0\in(\alpha,\beta)$;(b) $(\alpha,\beta)\subset G$;(c) $\alpha,\beta\notin G$.

这样的一个区间(α,β)称为 G 的构成区间.现设(α,β)和(γ,δ)是 G 的任意两个构成区间,容易证明,它们或者不相交或者完全重合.在每个构成区间中任取一有理数,则全部构成区间和有理数集的一个子集对应,因而至多是可数的.于是得

$$G=\bigcup_{k=1}^{\infty}(\alpha_k,\beta_k).$$

3. 记 $\alpha=\inf F$,$b=\sup F$,则 $F\subset[a,b]$.记 $G=[a,b]\setminus F$,则从 $G=(a,b)\cap F^c$,知 G 是一个有界开集.于是从第 2 题即得本题的证明.

问题 8.4

1. 用反证法.如果题中所说的 σ 不存在,那么一定存在 $\mathbf{R}^n$ 中的一列子集 $F_1,F_2,\cdots$,使得对 $m=1,2,\cdots$,$F_m\cap E\neq\varnothing$ 且 $\operatorname{diam}(F_m)<1/m$,但 F_m 不能被某一个 G_α 所包含.现取点 $\boldsymbol{x}_i\in F_i\cap E\,(i=1,2,\cdots)$.由于 E 是有界闭集,故是列紧的.点列$\{\boldsymbol{x}_i\}$中必有子列$\{\boldsymbol{x}_{k_i}\}$收敛于 $\boldsymbol{a}\in E$,因而存在某个开集 G_α,使得 $\boldsymbol{a}\in G_\alpha$.因为 G_α 是开集,并且 $\operatorname{diam}(F_{k_i})<1/k_i$,所以对充分大的 i,应有 $F_{k_i}\subset G_\alpha$,这是矛盾.

2. 设$\{G_\alpha\}$对应的 Lebesgue 数为 $\sigma>0$.用一个 n 维立方体把 E 包围在内,再用平行于各坐标平面的平面把上述立方体切成许多相等的小立方体,使小立方体的直径小于 σ.把那

些与 E 有公共点的闭小立方体记为 $F_1,F_2,\cdots,F_k$，则必存在 G_i，使得 $F_i\subset G_i(i=1,2,\cdots,k)$，于是

$$E\subset\bigcup_{i=1}^{k}F_i\subset\bigcup_{i=1}^{k}G_i.$$

问题 8.5

1. 用反证法. 如果 $\bar{E}$ 不连通，则有 $\bar{E}=A\cup B, A\cap B=\varnothing$，且有 $A'\cap B=\varnothing$ 和 $A\cap B'=\varnothing$. 令 $A_1=A\cap E, B_1=B\cap E$，则可证明 $E=A_1\cup B_1, A_1\cap B_1=\varnothing$，且有 $A_1'\cap B=\varnothing$ 和 $A_1\cap B'=\varnothing$. 这与 E 的连通性矛盾.

2. 易知

$$E=\left\{(x,y):(x,y)\in\mathbf{R}^2, y=\sin\frac{1}{x}, 0<x\leqslant\frac{2}{\pi}\right\}$$

是 $\mathbf{R}^2$ 中的一段连续曲线(图 6). 由于 E 上的任意两点可用一段连续曲线连接起来，故它是道路连通的，因而是连通的. 由于

$$y=\begin{cases}1, & x=\left(2k\pi+\dfrac{\pi}{2}\right)^{-1},\\ -1, & x=(2k\pi-\dfrac{\pi}{2})^{-1},\end{cases}$$

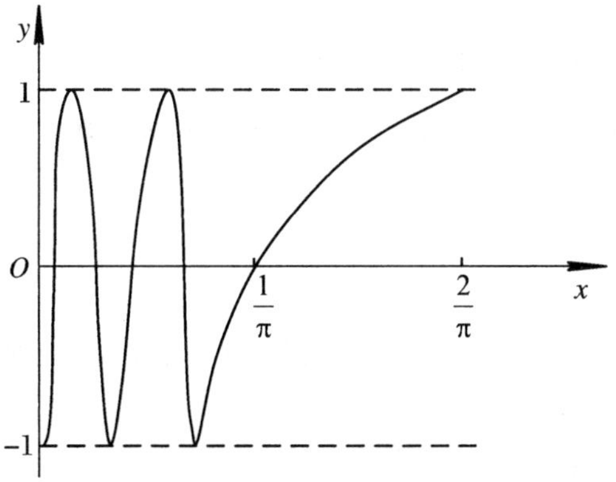

图 6

所以[-1,1]中的每一点都是 E 的凝聚点. 若记

$$F=\{(0,y):(0,y)\in\mathbf{R}^2, -1\leqslant y\leqslant 1\},$$

那么 $\bar{E}=E\cup F$. 下证 $\bar{E}$ 不是道路连通的. 用反证法. 如果 $\bar{E}$ 是道路连通的，任取 $\boldsymbol{a}\in E, \boldsymbol{b}\in F$，不妨设 $\boldsymbol{a}=(x_0,y_0)$，则有 $y_0=\sin\dfrac{1}{x_0}$，$\boldsymbol{b}=(0,y_1)$，那么一定存在位于 $\bar{E}$ 中的连续曲线

$$x=x(t),\quad y=y(t)\quad(0\leqslant t\leqslant 1),$$

使得

$$x(0) = x_0, \quad y(0) = y_0,$$
$$x(1) = 0, \quad y(1) = y_1.$$

现在令 $t_0 = \inf\{t:(x(t)),y(t))\in F\}$，则必有 $t_0>0$. 因为若 $t_0=0$，则有 $t_k\to 0$，使得 $(x(t_k),y(t_k))\in F$，于是 $x(0)=\lim\limits_{k\to\infty}x(t_k)=0$，这与 $x(0)=x_0\neq 0$ 矛盾. 由 t_0 的定义知，存在 $t_k\to t_0$，$(x(t_k),y(t_k))\in F$. 由连续性，知

$$\lim_{t\to t_0} x(t) = x(t_0) = \lim_{k\to\infty} x(t_k) = 0.$$

另一方面，由于 $t_0>0$，当 $0\leqslant t<t_0$ 时，对应的点 $(x(t),y(t))$ 不在 F 上，因而有 $(x(t),y(t))\in E$. 于是

$$y(t_0) = \lim_{t\to t_0^-} y(t) = \lim_{t\to t_0^-} \sin\frac{1}{x(t)}$$

不存在，从而引出矛盾.

问题 8.7

1. 利用练习题 8.7 中第 3 题的结果. 令

$$h(\boldsymbol{p}) = \frac{\rho(\boldsymbol{p},B)}{\rho(\boldsymbol{p},A)+\rho(\boldsymbol{p},B)},$$

这个 h 就满足问题中的三个条件.

2. 利用上一题中存在的 $\mathbf{R}^n$ 中的连续函数 h，定义

$$G = \left\{\boldsymbol{p}:\boldsymbol{p}\in\mathbf{R}^n, \frac{1}{2}<h(\boldsymbol{p})\leqslant 1\right\}, \quad H = \left\{\boldsymbol{p}:\boldsymbol{p}\in\mathbf{R}^n, 0\leqslant h(\boldsymbol{p})<\frac{1}{2}\right\}.$$

这时 G 和 H 就满足题中的要求.

问题 8.8

1. 用反证法. 如果 f^{-1} 在某点 $\boldsymbol{y}_0\in D$ 不连续，则必存在 $\varepsilon_0>0$，使得对任意的自然数 j，在 D 中存在点列 $\{\boldsymbol{y}_j\}$，使得

$$\|\boldsymbol{y}_j-\boldsymbol{y}_0\|<\frac{1}{j}, \quad 但 \quad \|f^{-1}(\boldsymbol{y}_j)-f^{-1}(\boldsymbol{y}_0)\|\geqslant\varepsilon_0.$$

记 $\boldsymbol{x}_j=f^{-1}(\boldsymbol{y}_j)$，$\boldsymbol{x}_0=f^{-1}(\boldsymbol{y}_0)$，则 $\boldsymbol{x}_j,\boldsymbol{x}_0\in E$. 利用 E 的紧致性和 f 是 E 上连续的单射，即可导出矛盾.

2. 由于 $[0,1]$ 是 $\mathbf{R}$ 中的紧集，如果存在 $[0,1]$ 到单位圆周上的一对一的连续映射，那么由上一题的结论，它的逆映射也是连续的，记此逆映射为 f，再记 $\varphi(\theta)=f(\cos\theta,\sin\theta)$，则 φ 把 $[0,2\pi)$ 一对一地映为 $[0,1]$. 由于 φ 是 $[0,2\pi]$ 上的连续函数，故必存在 θ_1,θ_2，使得 $f(\theta_1)=0$，$f(\theta_2)=1$，不妨设 $0\leqslant\theta_1<\theta_2<2\pi$. 由连续函数的介值定理，对任意的 $c\in(0,1)$，必有 $\theta\in(\theta_1,\theta_2)$，使得 $\varphi(\theta)=c$. 这说明 φ 把 $[\theta_1,\theta_2]$ 映成了 $[0,1]$. 这和 φ 把 $[0,2\pi]$ 一对一地映为

[0,1]相矛盾.

3. 利用第1题的结论,只要证明不存在[0,1]×[0,1]到[0,1]上的一对一的连续映射即可.如果存在这样的映射,即存在定义在正方形[0,1]×[0,1]上的连续函数 $f(x,y)$,它把[0,1]×[0,1]一对一地映射为区间[0,1].用和第2题类似的方法即可导出矛盾.

问题 9.1

1. 取对数,问题归结为证明不等式

$$\ln\ln a-\ln\ln b>b\ln a-a\ln b. \tag{1}$$

记 $y=\ln b>0, x=\dfrac{\ln a}{\ln b}>1$,式(1)变为

$$\ln x>y(x\mathrm{e}^{y}-\mathrm{e}^{xy})\quad(x>1,y>0). \tag{2}$$

记 $f(x,y)=x\mathrm{e}^{y}-\mathrm{e}^{xy}$,那么 $\dfrac{\partial f}{\partial y}=x(\mathrm{e}^{y}-\mathrm{e}^{xy})<0$.由此不难证得式(2).

2. 在 D 中任取两点 $(x_1,y_1),(x_2,y_2)$,对 $t\in[0,1]$,

$$(x_1+t(x_2-x_1),y_1+t(y_2-y_1))\in D.$$

记

$$\varphi(t)=f(x_1+t(x_2-x_1),y_1+t(y_2-y_1)),$$

那么 $\varphi(1)=f(x_2,y_2),\varphi(0)=f(x_1,y_1)$,于是

$$f(x_2,y_2)-f(x_1,y_1)=\varphi(1)-\varphi(0).$$

对 $\varphi(t)$ 用中值定理,再由已知条件,即可证得

$$|f(x_2,y_2)-f(x_1,y_1)|\leqslant M(|x_2-x_1|+|y_2-y_1|).$$

由此即知 f 在 D 上一致连续.

问题 9.2

1. 易知

$$f(x,y)=\int_0^x\frac{\partial f}{\partial x}(s,0)\mathrm{d}s+\int_0^y\frac{\partial f}{\partial y}(x,t)\mathrm{d}t.$$

由此即可推知所要证的结果.

2. 不妨设 $\dfrac{\partial f}{\partial y}$ 在 (x_0,y_0) 处连续.于是

$$\begin{aligned}
&f(x_0+h,y_0+k)-f(x_0,y_0)\\
&=f(x_0+h,y_0+k)-f(x_0+h,y_0)+f(x_0+h,y_0)-f(x_0,y_0)\\
&=\frac{\partial f}{\partial y}(x_0+h,y_0+\theta k)k+\frac{\partial f}{\partial x}(x_0,y_0)h+o(h)\\
&=\frac{\partial f}{\partial x}(x_0,y_0)h+\frac{\partial f}{\partial y}(x_0,y_0)k+\left(\frac{\partial f}{\partial y}(x_0+h,y_0+\theta k)-\frac{\partial f}{\partial y}(x_0,y_0)\right)k+o(h)
\end{aligned}$$

$$= \frac{\partial f}{\partial x}(x_0, y_0)h + \frac{\partial f}{\partial y}(x_0, y_0)k + r(h,k).$$

容易证明

$$r(h,k) = o(\sqrt{h^2 + k^2}) \quad (h \to 0, k \to 0).$$

所以 f 在(x_0, y_0)处可微.

问题 9.4

1. 充分性显然,下证必要性.记

$$u = ax + by + cz, \quad v = y, \quad w = z,$$

那么

$$f(x,y,z) = f\left(\frac{1}{a}(u - bv - cw), v, w\right) = h(u,v,w).$$

于是

$$\frac{\partial h}{\partial u} = \frac{\partial f}{\partial x}\frac{1}{a},$$

$$\frac{\partial h}{\partial v} = \frac{\partial f}{\partial x}\left(-\frac{b}{a}\right) + \frac{\partial f}{\partial y} = b\left(-\frac{1}{a}\frac{\partial f}{\partial x} + \frac{1}{b}\frac{\partial f}{\partial y}\right) = 0,$$

$$\frac{\partial h}{\partial w} = \frac{\partial f}{\partial x}\left(-\frac{c}{a}\right) + \frac{\partial f}{\partial z} = c\left(-\frac{1}{a}\frac{\partial f}{\partial x} + \frac{1}{c}\frac{\partial f}{\partial z}\right) = 0.$$

这说明 h 与 v, w 无关.记 $h(u,v,w) = g(u)$.于是

$$f(x,y,z) = g(u) = g(ax + by + cz).$$

2. 必要性显然:只要在 $f(tx_1, \cdots, tx_n) = t^q f(x_1, \cdots, x_n)$的两边对 t 求导,然后让 $t=1$ 即得.为证充分性,令

$$\varphi(t) = \frac{f(tx_1, \cdots, tx_n)}{t^q}.$$

易知 $\varphi'(t) = 0$.由此即得所要证的结果.

问题 9.6

1. 由问题 9.4 中的第 2 题,只要证明

$$x\frac{\partial \varphi}{\partial x} + y\frac{\partial \varphi}{\partial y} = \varphi \tag{1}$$

就行了.易知

$$f(x, y, \varphi(x,y)) = 0, \tag{2}$$

对式(2)中的 x, y 分别求导,得

$$\frac{\partial f}{\partial x}(x, y, \varphi(x,y)) + \frac{\partial f}{\partial z}(x, y, \varphi(x,y))\frac{\partial \varphi}{\partial x}(x,y) = 0, \tag{3}$$

$$\frac{\partial f}{\partial y}(x,y,\varphi(x,y))+\frac{\partial f}{\partial z}(x,y,\varphi(x,y))\frac{\partial \varphi}{\partial y}(x,y)=0. \tag{4}$$

式(3)×x+式(4)×y,得

$$x\frac{\partial f}{\partial x}(x,y,\varphi(x,y))+y\frac{\partial f}{\partial y}(x,y,\varphi(x,y))$$
$$+\left(x\frac{\partial \varphi}{\partial x}(x,y)+y\frac{\partial \varphi}{\partial y}(x,y)\right)\frac{\partial f}{\partial z}(x,y,\varphi(x,y))=0. \tag{5}$$

因为 f 是 q 次齐次函数,所以有

$$x\frac{\partial f}{\partial x}(x,y,\varphi(x,y))+y\frac{\partial f}{\partial y}(x,y,\varphi(x,y))+\varphi(x,y)\frac{\partial f}{\partial z}(x,y,\varphi(x,y))$$
$$=qf(x,y,\varphi(x,y))=0. \tag{6}$$

式(5)减式(6),即得

$$\left(x\frac{\partial \varphi}{\partial x}(x,y)+y\frac{\partial \varphi}{\partial y}(x,y)-\varphi(x,y)\right)\frac{\partial f}{\partial z}(x,y,\varphi(x,y))=0.$$

由此即得式(1).

2. 对 $x_0\in(a,b)$,任取 $y_1\in(-\infty,+\infty)$.令

$$g(y)=F(x_0,y_1)+m(y-y_1),$$

则

$$\lim_{y\to\infty}g(y)=+\infty,\quad \lim_{y\to-\infty}g(y)=-\infty.$$

由于

$$\frac{\mathrm{d}}{\mathrm{d}y}(F(x_0,y)-g(y))=\frac{\partial F}{\partial y}(x_0,y)-m>0,$$

且因 $F(x_0,y_1)-g(y_1)=0$,所以:

当 $y>y_1$ 时,$F(x_0,y)>g(y)$;当 $y<y_1$ 时,$F(x_0,y)<g(y)$.

从而得

$$\lim_{y\to+\infty}F(x_0,y)=+\infty,\quad \lim_{y\to-\infty}F(x_0,y)=-\infty.$$

故存在唯一的 $y_0\in(-\infty,+\infty)$,使得 $F(x_0,y_0)=0$.这样就得到唯一的 $y=f(x)$,满足 $F(x,f(x))=0$.容易证明 $f\in C(a,b)$.

问题 9.9

1. 记

$$\Delta=f(x_0+h,y_0+h)-f(x_0+h,y_0)-f(x_0,y_0+h)+f(x_0,y_0),$$
$$\varphi(x)=f(x,y_0+h)-f(x,y_0),$$

那么

$$\begin{aligned}\Delta&=\varphi(x_0+h)-\varphi(x_0)\\&=\varphi'(x_0+\theta h)h\end{aligned}$$

$$= \left(\frac{\partial f}{\partial x}(x_0+\theta h, y_0+h) - \frac{\partial f}{\partial x}(x_0+\theta h, y_0)\right)h$$

$$= \left[\left(\frac{\partial f}{\partial x}(x_0+\theta h, y_0+h) - \frac{\partial f}{\partial x}(x_0, y_0)\right) - \left(\frac{\partial f}{\partial x}(x_0+\theta h, y_0) - \frac{\partial f}{\partial x}(x_0, y_0)\right)\right]h$$

$$= \left[\left(\frac{\partial^2 f}{\partial x^2}(x_0, y_0)\theta h + \frac{\partial^2 f}{\partial y \partial x}(x_0, y_0)h + o(h)\right) - \left(\frac{\partial^2 f}{\partial x^2}(x_0, y_0)\theta h + o(h)\right)\right]h$$

$$= \frac{\partial^2 f}{\partial y \partial x}(x_0, y_0)h^2 + o(h^2). \tag{1}$$

再记

$$\psi(y) = f(x_0+h, y) - f(x_0, y).$$

和上面的讨论一样,可得

$$\Delta = \psi(y_0+h) - \psi(y) = \frac{\partial^2 f}{\partial x \partial y}(x_0, y_0)h^2 + o(h^2). \tag{2}$$

从式(1)和(2),即得

$$\frac{\partial^2 f}{\partial x \partial y}(x_0, y_0) = \frac{\partial^2 f}{\partial y \partial x}(x_0, y_0).$$

2. 充分性显然.下证必要性.记 $v=\ln u$,那么 $u=\mathrm{e}^v$,从而有$\frac{\partial^2 v}{\partial x \partial y}=0$.因而 $v(x,y)=\varphi(x)+\psi(y)$,所以

$$u = \mathrm{e}^v = \mathrm{e}^{\varphi(x)}\mathrm{e}^{\psi(y)} = f(x)g(y).$$

问题 9.10

1. 用中值公式,得

$$f(x,y,z) - f(x+y+z,0,0) = \frac{\partial f}{\partial x}(\boldsymbol{\xi})(-y-z) + \frac{\partial f}{\partial y}(\boldsymbol{\xi})y + \frac{\partial f}{\partial z}(\boldsymbol{\xi})z = 0,$$

因此

$$f(x,y,z) = f(x+y+z,0,0) > 0.$$

2. 必要性.因为 f 是 D 上的凸函数,所以对 $\boldsymbol{x},\boldsymbol{y}\in D$ 及 $\lambda\in[0,1]$,有

$$f(\lambda \boldsymbol{y} + (1-\lambda)\boldsymbol{x}) \leqslant \lambda f(\boldsymbol{y}) + (1-\lambda)f(\boldsymbol{x}),$$

即

$$f(\boldsymbol{x}+\lambda(\boldsymbol{y}-\boldsymbol{x})) - f(\boldsymbol{x}) \leqslant \lambda f(\boldsymbol{y}) - \lambda f(\boldsymbol{x}). \tag{1}$$

因为 f 可微,所以

$$f(\boldsymbol{x}+\lambda(\boldsymbol{y}-\boldsymbol{x}) - f(\boldsymbol{x})) = \frac{\partial f}{\partial x_1}(\boldsymbol{x})\lambda(y_1-x_1) + \cdots + \frac{\partial f}{\partial x_n}(\boldsymbol{x})\lambda(y_n-x_n)$$
$$+ \varepsilon_1\lambda(y_1-x_1) + \cdots + \varepsilon_n\lambda(y_n-x_n), \tag{2}$$

其中$\lim\limits_{\lambda\to 0}\varepsilon_i=0\ (i=1,\cdots,n)$.把式(2)代入式(1),两边再除以$\lambda$,并令$\lambda\to 0$,即得

$$\frac{\partial f}{\partial x_1}(\boldsymbol{x})(y_1-x_1)+\cdots+\frac{\partial f}{\partial x_n}(\boldsymbol{x})(y_n-x_n)\leqslant f(\boldsymbol{y})-f(\boldsymbol{x}).$$

这就是要证的式子.

充分性.如果原式成立,记$\boldsymbol{z}=\lambda\boldsymbol{x}+(1-\lambda)\boldsymbol{y}$,那么

$$f(\boldsymbol{x})\geqslant f(\boldsymbol{z})+(\boldsymbol{x}-\boldsymbol{z})Jf(\boldsymbol{z}),\tag{3}$$

$$f(\boldsymbol{y})\geqslant f(\boldsymbol{z})+(\boldsymbol{y}-\boldsymbol{z})Jf(\boldsymbol{z}).\tag{4}$$

式(3)$\times\lambda$+式(4)$\times(1-\lambda)$,得

$$\begin{aligned}\lambda f(\boldsymbol{x})+(1-\lambda)f(\boldsymbol{y})&\geqslant\lambda f(\boldsymbol{z})+(1-\lambda)f(\boldsymbol{z})+(\lambda(\boldsymbol{x}-\boldsymbol{z})+(1-\lambda)(\boldsymbol{y}-\boldsymbol{z}))Jf(\boldsymbol{z})\\&=f(\boldsymbol{z})+(\lambda\boldsymbol{x}+(1-\lambda)\boldsymbol{y}-\boldsymbol{z})Jf(\boldsymbol{z})\\&=f(\boldsymbol{z})=f(\lambda\boldsymbol{x}+(1-\lambda)\boldsymbol{y}),\end{aligned}$$

所以f是凸函数.

3. 充分性.由 Taylor 公式,对$\boldsymbol{x},\boldsymbol{y}\in D$,存在$\boldsymbol{\xi}=\boldsymbol{x}+\theta(\boldsymbol{y}-\boldsymbol{x})\ (0<\theta<1)$,使得

$$\begin{aligned}f(\boldsymbol{y})&=f(\boldsymbol{x})+(\boldsymbol{y}-\boldsymbol{x})Jf(\boldsymbol{x})+\frac{1}{2!}(\boldsymbol{y}-\boldsymbol{x})Hf(\boldsymbol{\xi})(\boldsymbol{y}-\boldsymbol{x})^{\mathrm{T}}\\&\geqslant f(\boldsymbol{x})+(\boldsymbol{y}-\boldsymbol{x})Jf(\boldsymbol{x}).\end{aligned}$$

由第 2 题,即知f是D上的凸函数.

必要性.一方面,如果f是D上的凸函数,但Hf在D上不是正定的,则必存在$\boldsymbol{x}\in D$及$\boldsymbol{h}\in\mathbf{R}^n$,使得

$$\boldsymbol{h}Hf(\boldsymbol{x})\boldsymbol{h}^{\mathrm{T}}<0.$$

另一方面,由带 Peano 余项的 Taylor 公式,知

$$\begin{aligned}f(\boldsymbol{x}+\lambda\boldsymbol{h})&=f(\boldsymbol{x})+\lambda\boldsymbol{h}Jf(\boldsymbol{x})+\frac{1}{2}\lambda\boldsymbol{h}Hf(\boldsymbol{x})\lambda\boldsymbol{h}^{\mathrm{T}}+o(\|\lambda\boldsymbol{h}\|^2)\\&=f(\boldsymbol{x})+\lambda\boldsymbol{h}Jf(\boldsymbol{x})\boldsymbol{h}^{\mathrm{T}}+\frac{1}{2}\lambda^2(\boldsymbol{h}Hf(\boldsymbol{x})\boldsymbol{h}^{\mathrm{T}}+o(1))\\&<f(\boldsymbol{x})+\lambda\boldsymbol{h}Jf(\boldsymbol{x}).\end{aligned}$$

由第 2 题知f不是凸函数,这是个矛盾.

问题 9.11

1. (1) 用反证法.如果结论不成立,那么必存在$(x_0,y_0)\in D$,使得$f(x_0,y_0)<0$.因而f在$\overline{D}$上的最小值必在D中的某点取到,不妨设就在(x_0,y_0)取到.由题设的条件(1),知

$$\frac{\partial^2 f}{\partial x^2}(x_0,y_0)+\frac{\partial^2 f}{\partial y^2}(x_0,y_0)=f(x_0,y_0)<0.$$

因此,$\dfrac{\partial^2 f}{\partial x^2}(x_0,y_0)$,$\dfrac{\partial^2 f}{\partial y^2}(x_0,y_0)$中至少有一个取负值.不妨设$\dfrac{\partial^2 f}{\partial x^2}(x_0,y_0)<0$,这说明单变量函数$f(x,y_0)$在$x_0$取到严格的极大值,这与$f(x,y)$在$(x_0,y_0)$取到极小值矛盾.

(2) 由假设,对充分小的 $\varepsilon>0$,

$$\varphi(x,y)=f(x,y)-\varepsilon(e^x+e^y)$$

在∂D 上也取正值,而且 φ 也满足

$$\frac{\partial^2\varphi}{\partial x^2}+\frac{\partial^2\varphi}{\partial y^2}=\varphi.$$

故由(1)的结论,对任意的$(x,y)\in D$,知 $\varphi(x,y)\geqslant 0$,因而

$$f(x,y)=\varphi(x,y)+\varepsilon(e^x+e^y)>0.$$

2. 若 f 在 $\bar{D}$ 上的最大值在 ∂D 上取到,命题就成立;若在 D 中的某点(x_0,y_0)取到,那么

$$\frac{\partial f}{\partial x}(x_0,y_0)=\frac{\partial f}{\partial y}(x_0,y_0)=0,$$

即

$$2ax_0+2by_0+d=0, \tag{1}$$

$$2bx_0+2cy_0+e=0. \tag{2}$$

式(1)$\times x_0$+式(2)$\times y_0$,得

$$2(ax_0^2+2bx_0y_0+cy_0^2+dx_0+ey_0)=dx_0+ey_0,$$

即

$$f(x_0,y_0)=\frac{1}{2}(dx_0+ey_0).$$

若能证明 $d\leqslant 0,e\leqslant 0$,结论就成立了.由于假定 f 在∂D 上不取正值,因此

$$f(x,0)=ax^2+dx\leqslant 0\quad(0<x<1),$$

从而有 $ax+d\leqslant 0,d\leqslant -ax$.令 $x\to 0^+$,即得

$$d\leqslant 0.$$

再看 $f(0,y_0)=cy^2+ey\leqslant 0\ (0<y<1)$,易知

$$cy+e\leqslant 0,\quad e\leqslant -cy.$$

令 $y\to 0^+$,即得 $e\leqslant 0$.命题得证.

索　　引

G

H

J

K

L

W

X

Y

Z